Springer-Lehrbuch

Mathematik für Informatiker

Herausgegeben von F. L. Bauer

Franz Locher

Numerische Mathematik für Informatiker

Zweite, unveränderte Auflage
Mit 138 Abbildungen

Springer-Verlag

Berlin Heidelberg New York
London Paris Tokyo
Hong Kong Barcelona
Budapest

Prof. Dr. Franz Locher
FernUniversität Hagen
FB Mathematik und Informatik
Postfach 940, D-58084 Hagen
Bundesrepublik Deutschland

CR-Klassifikation: G.1, G.2.2, I.3.5

ISBN 3-540-56784-4 Springer-Verlag Berlin Heidelberg New York

ISBN 3-540-54679-0 1. Aufl. Springer-Verlag Berlin Heidelberg New York

Die Deutsche Bibliothek – CIP-Einheitsaufnahme
Locher, Franz: Numerische Mathematik für Informatiker / Franz Locher. - 2., unveränd. Aufl. -
Berlin ; Heidelberg ; New York ; London ; Paris ; Tokyo ; Hong Kong ; Barcelona ; Budapest :
Springer, 1993 (Springer-Lehrbuch)
 ISBN 3-540-56784-4

Satz: Reproduktionsreife Vorlagen vom Autor

45 /3140-5 4 3 2 1 0 - Gedruckt auf säurefreiem Papier

Vorwort

Dieses Buch ist aus einem Fernstudienkurs entstanden, den ich seit dem Wintersemester 1989/90 in jährlichem Rhythmus den Studenten der FernUniversität Hagen im Diplomstudiengang Informatik als dritten Teil eines viersemestrigen Zyklus "Mathematik für Informatiker I-IV" anbiete. Form, Aufbau und Inhalt dieses Buches lassen seine Genesis erkennen; es ist in manchem anders als die meisten Lehrbücher über Numerik: Ein Fernstudienkurs muß selbstinstruierend sein, so daß der Lehrstoff etwas breiter als üblich dargestellt ist. Insbesondere sind viele Beispiele und Aufgaben, die teilweise auch Beweise vervollständigen, mit knappen Lösungshinweisen aufgeführt. Auch die zahlreichen Abbildungen und Tabellen unterstreichen den selbstinstruierenden Charakter dieses Buches. Ein Fernstudienkurs sollte, was den dargebotenen Lehrstoff anbelangt, weitgehend autark sein und nur die Anfängervorlesungen als Grundlage voraussetzen. Der Leser findet deshalb an einigen Stellen kurze "Ausflüge" in andere Gebiete der Mathematik, mit denen die Numerik fundiert wird, die aber andernorts verzichtbar sind, da sie den Studenten bei einem breiteren Mathematikangebot bereits vertraut sein müßten. Zentrale Begriffsbildungen müssen ohnedies von der konstruktiven Seite beleuchtet werden, auch wenn sie schon unter "reinen Aspekten" (Axiomatik, Existenz, Eindeutigkeit) behandelt wurden. Schließlich sollte die Stoffauswahl "Klassik" und "Moderne", grundlegende numerische Verfahren und aktuelle, computerbezogene Algorithmen verbinden. Der Nachdruck liegt dabei auf der Nähe zur Informatik: Großen Raum nehmen die mathematischen Grundlagen von Kurven- und Flächendarstellungen mit Hilfe von Splines, die Behandlung von periodischen Vorgängen mittels FFT sowie die speziellen Techniken für große, schwach besetzte lineare Gleichungssysteme ein. Dabei war es für mich wesentlich, beispielsweise einen geschlossenen Aufbau von der Definition der Bernstein-Polynome und der Splines bis zur konkreten Anwendung von interpolierenden Spline-Kurven und tensorierten bikubischen interpolierenden B-Spline-Flächen mit ihren Konvexitäts- und lokalen Trägereigenschaften zu entwickeln. Dies ist möglich, wenn man sich, wie es in den anderen Bereichen einer Numerik-Anfängervorlesung auch üblich ist, auf Grundalgorithmen konzentriert und ausgefeilte Verfeinerungen, die für die Praxis zugestandenermaßen unerläßlich sind, zunächst außer Betracht läßt. Zur Vertiefung des behandelten Stoffes sind hervorragende Monographien auf dem Markt, mit denen ein Lehrbuch für Anfänger und mittlere Semester nicht konkurrieren will und kann; gleiches gilt für Einführungs- und Begleitliteratur zu bestehenden numerischen Software-Bibliotheken (z.B. NAG). Ich hoffe, daß die Stoffauswahl und der gewählte Rahmen der Bedeutung der Numerik innerhalb der Informatik als Bindeglied zwischen Anwendungen und Computer angemessen sind. Allerdings bin ich nicht so vermessen zu glauben, daß der Stoff des ganzen Buches in einer einsemestrigen, vierstündigen Vorlesung behandelt werden kann. Dafür dürften ca. 200 Seiten genug sein; mehr sind nach meinen Erfahrungen nicht zumutbar. Mögliche Varianten können mit Hilfe des Blockschemas, das den logischen Aufbau des Buches widerspiegelt, zusammengestellt werden. Obwohl es zunächst für Informatik-Studenten geschrieben wurde, können sicher auch Studierende anderer Fächer – Mathematiker, Naturwissenschaftler, Ingenieure und Lehramtsanwärter – und Praktiker im Berufsalltag von diesem Buch oder wenigstens von einzelnen Teilen, die man kaum in Lehrbuchform ausgearbeitet findet, profitieren.

An der Entstehung dieses Buches war eine ganze Reihe von Personen beteiligt. Zu besonderem Dank bin ich Herrn Prof. Dr. F.L. Bauer verpflichtet. Nachdem ihm eine frühe Version des Manuskripts vom Springer-Verlag zur Rezension zugeleitet worden war, hat er spontan seine Bereitschaft erklärt, eine überarbeitete Fassung in die von ihm herausgegebene Reihe "Mathematik für Informatiker" zu übernehmen. Seine kritischen und sachkundigen Hinweise gaben Anlaß, verschiedene Stellen zu überarbeiten, was insgesamt für das Manuskript von großem Gewinn war. Den Herren Dr. J. Heinze und Dr. H. Wössner vom Springer-Verlag danke ich, daß sie schnell überzeugt waren, daß für dieses Buch ein Markt vorhanden ist, und daß sie geduldig auf die Fertigstellung, die sich doch immer wieder verzögerte, gewartet haben.

Dieses Buch ist in einem Zeitraum entstanden, der sich über mehrere Jahre hinzog. In dieser Zeit habe ich die Geduld meiner Mitarbeiter manchmal über Gebühr strapaziert: Das ursprüngliche Manuskript in der Form eines Fernstudienkurses wurde stark überarbeitet, und lange Passagen sind dazugekommen. Obwohl dabei manche Seiten ein halbes Dutzend Mal oder öfter umgeschrieben oder korrigiert und die meisten Abbildungen mehrmals gezeichnet werden mußten, blieben meine Mitarbeiter – allen voran Frau A. Jaskulla, die sich zu einer TEX-Spezialistin entwickelte – gleichbleibend motiviert, das Projekt rasch zu einem guten Abschluß zu bringen. Mein Mitarbeiter Dr. M.R. Skrzipek war wesentlich an der Gestaltung des Manuskripts beteiligt; er hat von Anfang an Korrektur gelesen, den größten Teil der Lösungshinweise erstellt und mir auch in vielen Diskussionen als Advocatus Diaboli geholfen, den richtigen Mittelweg zwischen Breite und Tiefe des dargestellten Stoffes zu finden. Für kritische Hinweise, sorgfältige Hilfe bei der Korrektur und das Erstellen der übrigen Lösungshinweise danke ich den Herren Doz. Dr. B. Lenze und Dipl.-Math. tech. J. Wenz. Die TEX-Version hat sehr gewissenhaft Frau A. Jaskulla erstellt; Frau B. Krieger hat die vielen Zeichnungen angefertigt, und schließlich haben die Herren Dr. M.R. Skrzipek und Dipl.-Math. tech. J. Wenz die druckTEXnische Endredaktion geleistet. Ohne meine Mitarbeiter wäre dieses Buch in dieser Form (zumindest) nicht (so schnell) erschienen.

Schließlich danke ich meiner Familie für das große Verständnis und die Geduld, die sie in den letzten Jahren wegen dieses Projekts für mich aufbringen mußte. Meinen Kindern Anke, Karin und Frank, für die die Informati(onstechni)k – gezwungenermaßen oder gern akzeptiert – zum Alltag gehört, widme ich dieses Buch, und dies nicht etwa, weil die ganze Geschichte mit Obelix und einem anderen Gallier namens Numerix beginnt.

Hagen, im Juli 1991   F. Locher

Inhaltsverzeichnis

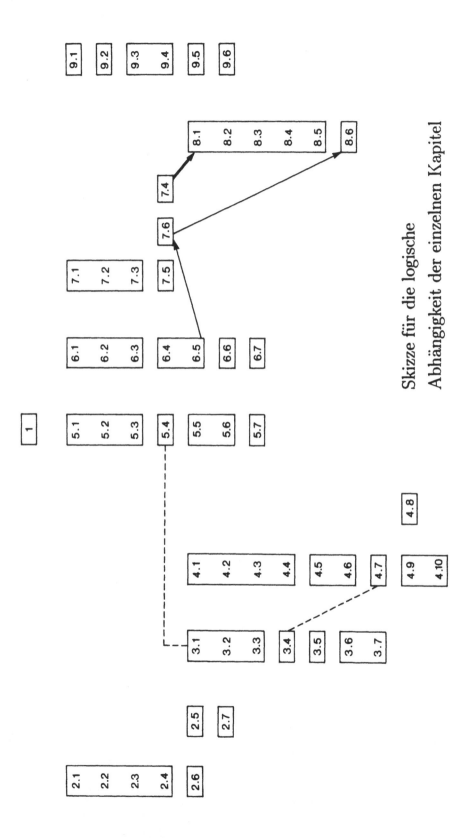

Skizze für die logische
Abhängigkeit der einzelnen Kapitel

1. Fehleranalyse

1.1 Einleitung

Zu Beginn eines Mathematik-Kurses sich lang und breit über Fehler auszulassen, mag manchem fast absurd erscheinen, wo doch gerade im Mathematikunterricht an der Schule und in den Grundvorlesungen an der Hochschule auf mathematische Strenge und Exaktheit größter Wert gelegt wird. Die Mathematik ist in ihrem Aufbau natürlich frei von logischen Fehlern. Hier geht es vielmehr darum, im Grunde außermathematische Einflüsse in ihrer Wirkung auf Resultate mathematischer Rechnungen zu analysieren und einzugrenzen. Um ein konkretes Problem aus den Anwendungen zu lösen, beschreibt man es mit dem Formalismus der Mathematik, formt es um, so daß es algorithmisch zugänglich ist und bestimmt schließlich eine genäherte Lösung mit Hilfe der verfügbaren Rechengeräte. In allen drei Stufen können Fehler auftreten, die man eingrenzen muß, um entscheiden zu können, ob man das erhaltene Resultat als akzeptablen Ersatz für das eigentlich gesuchte Ergebnis ansehen darf. Eine kleine Geschichte mag die Problematik erläutern.

Der berühmte Gallier Obelix wollte in der Nähe seines Dorfes eine Hinkelstein-Allee errichten. Die Steinreihe sollte 60 Steine umfassen und genau geradlinig verlaufen. Je zwei Steine sollten einen Abstand von 30 Obelix-Längen haben. Obelix hatte sich einen Stock geschnitten, der genau so lang war wie er selbst und den er als Maßstab benutzte. Zum Peilen, ob die Steine in einer Geraden stehen, verließ er sich auf sein scharfes Auge.

Alles war gut gegangen; aber beim 57. Stein gab es Probleme. Denn gleich nach dem 56. Stein war das Ufer eines kleinen, ungefähr 15 Obelix-Längen breiten Teiches. Wo genau sollte der 57. Stein aufgestellt werden?

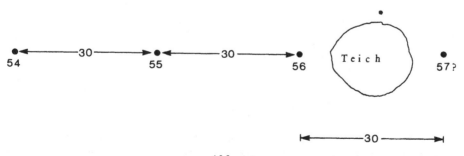

Abb. 1.1

Obelix überlegte hin und her; auch ein leckerer Wildschweinbraten half ihm nicht auf die richtige Spur. Schließlich holte er sich Rat bei seinem Freund aus einem Nachbardorf, dem Druiden Numerix, der bei so kniffligen Problemen oft ganz gute Ideen hatte.

Abb. 1.2

Kein Problem für Numerix! Er malte eine Skizze in den Sand und erklärte Obelix, daß er zwei Hilfshinkelsteine A und B genau mit den angegebenen Abständen plazieren solle. Dann könne er von A und B aus auch den 57. Stein genau positionieren. Wichtig seien die Abstände von 30 und 42 Obelix-Längen, was immer die Zahl 42 bedeuten mochte.

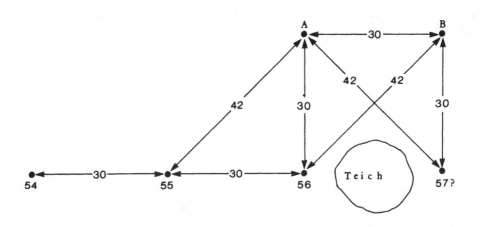

Abb. 1.3

Obelix ging ans Werk und plagte sich einen ganzen Tag (Numerix hatte vergessen, ihm zu raten, ein langes Seil zu verwenden!), bis er schließlich den 57. Stein aufgestellt hatte, der aber leider nicht in einer Fluchtlinie mit den anderen stand. Am nächsten Morgen zog er nochmals Numerix zu Rate. Der meinte zwar, ein bißchen mogeln müsse man am Schluß vielleicht schon, aber nicht so viel, wie es hier anscheinend nötig sei. Irgend etwas war faul im Staate Gallien. Numerix maß alles nach und stellte dann auch fest, daß der Abstand von A nach B nur 28 Längen betrug. (Obelix waren beim Abstecken zwei Wildschweine über den Weg gelaufen; er hatte seine Arbeit kurz unterbrochen und in der Aufregung die Wildschweine mitgezählt.) Als Numerix dies berichtigt hatte, stand auch der 57. Stein ganz ordentlich in der Reihe. Obelix freute sich; aber Numerix dachte, man hätte halt doch 42 und eine halbe Länge statt nur 42 nehmen sollen!

Für einen modernen Mathematiker ist schnell klar, warum auch beim zweiten Mal der 57. Stein nicht genau in der Fluchtlinie stand – offensichtlich eine Folge von Fehlern und von Fehlerakkumulation. Bei den Fehlern, mit denen Obelix kämpfte, können wir verschiedene Typen unterscheiden:

- menschlicher Irrtum,

- Modellfehler (der geometrischen Konstruktion liegt der Satz von Pythagoras[1] zu Grunde, der natürlich nur in vollkommen ebenem Gelände anwendbar ist),

- Meßfehler (z.B. bei der Peilung auf Geradlinigkeit),

- Rundungsfehler (1.4 statt $\sqrt{2}$).

1.2   Fehler

Wir listen im folgenden mögliche Fehlerquellen auf, die in der Praxis zu beachten sind. Als Ausgangssituation nehmen wir an, daß ein gewisser *funktionaler Zusammenhang* der Form

$$z_i = f_i(x_1, \ldots, x_n) , \quad 1 \leq i \leq m ,$$

zwischen einem vorgegebenen Satz $(x_1, \ldots, x_n)$ von *Daten* und einem gesuchten Satz $(z_1, \ldots, z_m)$ von *Resultaten* besteht.

1.2.1   Beispiel

(1) Gegeben seien die Koeffizienten (x_1, x_2) eines reellen quadratischen Polynoms p der Form

$$p(t) = t^2 + x_1 t + x_2 , \quad t \in \mathbb{R} .$$

Gesucht sind die Nullstellen (z_1, z_2) von P, welche wir nach der bekannten Formel

$$z_{1,2} = \frac{1}{2}(-x_1 \pm \sqrt{d})$$

erhalten, sofern $x_1^2 - 4x_2 =: d \geq 0$ gilt. Im Falle $d < 0$ lauten die konjugiert komplexen Nullstellen

$$\tilde{z}_{1,2} = \frac{1}{2}(-x_1 \pm i\sqrt{-d}) .$$

Der Zusammenhang zwischen den Daten und Ergebnissen wird also durch die Funktionen

$$f_i : \mathbb{R}^2 \to \mathbb{R} , \quad (x_1, x_2)^T \mapsto z_i , \quad \text{falls } d \geq 0 , \quad (i = 1, 2)$$

---

[1]Pythagoras von Samos (ca. 580–500 v. Chr.)

bzw.

$$g_i : \mathbb{R}^2 \to \mathbb{C} \,, \quad (x_1, x_2)^T \mapsto \tilde{z}_i \,, \quad \text{falls } d < 0 \,, \quad (i = 1, 2)$$

beschrieben.

(2) Es seien umgekehrt (z_1, z_2) die vorgegebenen reellen Nullstellen eines reellen quadratischen Polynoms p,

$$p(t) := t^2 + x_1 t + x_2 \,.$$

Gesucht sind die Koeffizienten (x_1, x_2).
Wegen

$$p(t) = t^2 + x_1 t + x_2 = (t - z_1)(t - z_2)$$

gilt ("Vietasche Wurzelsätze")[2]

$$x_1 = -(z_1 + z_2) \,,$$
$$x_2 = z_1 z_2 \,.$$

Hier wird der funktionale Zusammenhang beschrieben durch die Funktionen

$$f_1 : \mathbb{R}^2 \to \mathbb{R} \,, \quad (z_1, z_2)^T \mapsto x_1 = -(z_1 + z_2) \,,$$
$$f_2 : \mathbb{R}^2 \to \mathbb{R} \,, \quad (z_1, z_2)^T \mapsto x_2 = z_1 z_2 \,.$$

Der Satz von Resultaten kann durch grundverschiedene Typen von Fehlerquellen verfälscht werden:

- *Eingangsfehler (siehe oben: Meßfehler),*

- *Formelfehler (siehe oben: Modellfehler),*

- *Rundungsfehler,*

- *Rechenfehler (siehe oben: menschlicher Irrtum).*

Wie bereits der Name andeutet, liegen die *Eingangsfehler* zu Beginn einer Rechnung fest. Sie treten dann auf, wenn schon der Satz der Daten $(x_1, \ldots, x_n)$ mit Fehlern behaftet ist, also

- wenn es sich bei einem Datensatz um Meßdaten handelt, die nur mit einer begrenzten Meßgenauigkeit ermittelt werden konnten,

- oder wenn die Daten ihrerseits Resultate aus vorhergegangenen Rechenschritten sind (vgl. Fehlerfortpflanzung).

Wir kennzeichnen im folgenden fehlerbehaftete Werte ("Näherungswerte") stets mit einer Tilde; so steht etwa $(\tilde{x}_1, \ldots, \tilde{x}_n)$ für einen Satz gestörter Daten.
Eingangsfehler sind vom Standpunkt der Numerik aus gesehen unvermeidbare, man sagt auch *probleminhärente* Fehler, da sie sich mit Mitteln der Numerik nicht eliminieren lassen. Allerdings muß man dafür sorgen, daß der Einfluß dieser Eingangsfehler auf die Resultate so gering wie möglich bleibt. Wie dies zu geschehen hat, werden wir im Zusammenhang mit der Fehlerfortpflanzung und der Stabilität untersuchen.
Formelfehler entstehen durch unvollkommene Modellierung. Mit ihnen muß man insbesondere immer dann rechnen, wenn man einen infiniten oder kontinuierlichen Prozeß durch einen finiten oder diskreten ersetzt. Typische Beispiele sind etwa:

---

[2]Viète, François (1540–23.02.1603), latinisiert Vieta.

- n-tes Glied einer Folge statt des Grenzwerts,

- n-te Partialsumme statt der Reihe,

- Differenzenquotient statt der Ableitung,

- Riemannsche Summe statt des Integrals.

Verwendet man Dezimalzahlen einer begrenzten Stellenzahl, so muß man mit dem Auftreten von *Rundungsfehlern* rechnen. Den Einfluß von Fehlern dieses Typs darf man nicht unterschätzen, da in modernen Rechenanlagen in kurzer Zeit eine immense Anzahl von arithmetischen Operationen erfolgen kann, so daß insgesamt eine gefährliche Akkumulation von Rundungsfehlern möglich ist. Eine genaue Rundungsfehleranalyse ist in den meisten Fällen ein schwieriges Problem, wenn man sich nicht mit groben (und dann meistens nicht realistischen) Schranken begnügt.

Fehler, die man landläufig als *"Rechenfehler" (menschlicher Irrtum* oder *maschinelle Fehlfunktion)* bezeichnet, sind einer systematischen Behandlung nicht zugänglich und auch nicht Gegenstand der Numerischen Mathematik. Man sollte versuchen, sie durch geeignete Kontrollmaßnahmen weitgehend zu eliminieren.

Bisher haben wir verschiedene Fehlerquellen aufgezählt, welche zu verfälschten Resultaten führen können. In der Praxis werden Informationen über die Größe der auftretenden Fehler oft dazu benutzt, einen Zeitpunkt zu ermitteln, an dem ein Algorithmus (z.B. eine Iterationsschleife) sinnvollerweise abgebrochen werden soll.

1.2.2 Bezeichnung

Es sei $\tilde{x} := (\tilde{x}_1, \ldots, \tilde{x}_n)$ ein Satz von (reellen oder komplexen) Näherungswerten an einen Satz $x := (x_1, \ldots, x_n)$ von exakten Werten. Dann unterscheidet man zwei Fehlertypen:

(1) *Absolute Fehler* $\varepsilon_k := \tilde{x}_k - x_k$, $1 \le k \le n$,

(2) *Relative Fehler* $\delta_k := \dfrac{\tilde{x}_k - x_k}{x_k} = \dfrac{\varepsilon_k}{x_k}$, falls $x_k \neq 0$, $1 \le k \le n$.

In den nachfolgenden Abschnitten werden stets beide Fehlertypen angegeben, da sie sich in ihrem Verhalten durchaus grundsätzlich unterscheiden können, wie die Restriktion $x_k \neq 0$ schon vermuten läßt. Gute Algorithmen berücksichtigen daher bei Abbruchkriterien beide Fehlertypen.

1.3 Fehlerfortpflanzung und Stabilität

Wenn wir wie im vorigen Abschnitt aus vorgegebenen Daten $(x_1, \ldots, x_n)$ gewisse Resultate $(z_1, \ldots, z_m)$ mit Hilfe der Vorschrift

$$z_i = f_i(x_1, \ldots, x_n) , \quad 1 \le i \le m ,$$

berechnen, sind wir zunächst daran interessiert, die Auswirkungen von absoluten Eingangsfehlern $\varepsilon_k = \tilde{x}_k - x_k$ bzw. relativen Eingangsfehlern $\delta_k = \dfrac{\varepsilon_k}{x_k}$ für $x_k \neq 0$, $1 \le k \le n$, auf die Resultate abzuschätzen. Um Ergebnisse der Analysis anwenden zu können, interpretieren wir im folgenden einen Satz $(x_1, \ldots, x_n)$

von Daten als einen Vektor im $\mathbb{R}^n$ und entsprechend einen Satz von Resultaten $(z_1, \ldots, z_m)$ als Vektor im $\mathbb{R}^m$. Wir treffen zwei Vereinbarungen, die uns das Studium der Fehlerfortpflanzung erleichtern:

- Die Funktionen f_i, $1 \leq i \leq m$, seien in einer hinreichend großen Umgebung des Datenvektors differenzierbar, so daß wir mit Hilfe des Taylorschen Satzes[3] f durch eine lineare Näherungsfunktion ersetzen können.

- Sämtliche arithmetischen Operationen zur Auswertung der Funktionen f_i , $1 \leq i \leq m$, seien ohne Fehler (also exakt) möglich.

Als erstes bietet es sich an, die *arithmetischen Grundoperationen* hinsichtlich ihrer Anfälligkeit gegenüber Eingangsfehlern zu untersuchen. Gegeben seien die Daten $(\tilde{x}_1, \tilde{x}_2)$ mit den absoluten bzw. relativen Fehlern $(\varepsilon_1, \varepsilon_2)$ bzw. (δ_1, δ_2) . Gesucht sind Schranken für die bei (exakter) Addition (Subtraktion), Multiplikation und Division auftretenden Fehler, welche allein aus der Fortpflanzung der Eingangsfehler resultieren.

Bei der *Addition* (analog *Subtraktion*) setzen wir:

$$\tilde{z} := f(\tilde{x}_1, \tilde{x}_2) := \tilde{x}_1 + \tilde{x}_2 \ .$$

Dann folgt für das exakte Resultat z (das sich bei exakten Eingangsdaten (x_1, x_2) ergäbe):

$$z = x_1 + x_2 = \tilde{z} - \varepsilon_1 - \varepsilon_2$$

oder

$$\eta := \tilde{z} - z = \varepsilon_1 + \varepsilon_2 \ .$$

Dabei bezeichnet η den *absoluten Fehler* der Summe. Es folgt weiter für den *relativen Fehler* ξ aus

$$\xi := \frac{\eta}{z} = \frac{\varepsilon_1 + \varepsilon_2}{x_1 + x_2} \ , \quad x_1 \neq -x_2 \ ,$$

mittels $\delta_1 := \dfrac{\varepsilon_1}{x_1}$ und $\delta_2 := \dfrac{\varepsilon_2}{x_2}$, $x_1 \neq 0 \neq x_2$, die Darstellung

$$\xi = \frac{x_1}{x_1 + x_2} \delta_1 + \frac{x_2}{x_1 + x_2} \delta_2 \ .$$

Wir erkennen, daß sich der absolute Fehler η erwartungsgemäß additiv verhält. Komplizierter ist der Sachverhalt beim relativen Fehler. Sind x_1 und x_2 vorzeichengleich, so haben die (positiven) Faktoren

$$\frac{x_1}{x_1 + x_2} \quad \text{und} \quad \frac{x_2}{x_1 + x_2}$$

die Summe Eins und sind jeweils durch Eins beschränkt, also problemlos, da keine Fehlerverstärkung möglich ist. Dagegen kann bei ungleichen Vorzeichen von x_1 und x_2 eine gefährliche Verstärkung eintreten, falls x_1 näherungsweise gleich $-x_2$ (oder kurz: $x_1 \approx -x_2$) ist, da dann die Faktoren

$$\frac{x_1}{x_1 + x_2} \quad \text{und} \quad \frac{x_2}{x_1 + x_2}$$

eventuell sehr groß sind.

---

[3]Taylor, Brook (18.08.1685–29.12.1731)

1.3.1 Bezeichnung

Ist $x_1 \approx -x_2$, so tritt eine große Verstärkung des relativen Fehlers bei der Addition auf. (Man sagt auch: x_1 und x_2 sind groß im Vergleich zu x_1+x_2.) Man nennt diesen Effekt, wenn x_1 und x_2 als Dezimalzahlen angegeben sind, *Auslöschung führender Dezimalstellen*, maschinenintern entsprechend *Auslöschung führender Dualstellen*.

Man erkennt dieses Phänomen an folgendem Beispiel:

$$x_1 = 1.36 \,, \quad \tilde{x}_1 = 1.41 \,, \quad \varepsilon_1 = 0.05 \,, \quad \delta_1 = \frac{0.05}{1.36} = 0.0367\ldots$$

$$x_2 = -1.35 \,, \quad \tilde{x}_2 = -1.39 \,, \quad \varepsilon_2 = -0.04 \,, \quad \delta_2 = \frac{-0.04}{-1.35} = 0.0296\ldots \,,$$

$$z = x_1 + x_2 = 0.01 \,,$$

$$\tilde{z} = \tilde{x}_1 + \tilde{x}_2 = 0.02 \,,$$

$$\eta = \varepsilon_1 + \varepsilon_2 = 0.01 \,,$$

$$\xi = \frac{\eta}{z} = 1 \,.$$

Während die relativen Fehler der Eingangsdaten unterhalb von 5% liegen, hat das Resultat einen relativen Fehler von 100%.

Bei der *Multiplikation* setzen wir

$$z = f(x_1, x_2) := x_1 \cdot x_2 \,,$$

$$\tilde{z} := \tilde{x}_1 \cdot \tilde{x}_2 \,.$$

Für den absoluten Fehler gilt dann:

$$\begin{aligned} \eta \quad &:= \tilde{z} - z = \tilde{x}_1 \tilde{x}_2 - x_1 x_2 \\ &= (x_1 + \varepsilon_1)(x_2 + \varepsilon_2) - x_1 x_2 \\ &= \varepsilon_1 x_2 + \varepsilon_2 x_1 + \varepsilon_1 \varepsilon_2 \,. \end{aligned}$$

Das Produkt $\varepsilon_1 \varepsilon_2$ wird gegenüber den beiden anderen Summanden in der Regel klein sein. Wir vernachlässigen deshalb $\varepsilon_1 \varepsilon_2$ und erhalten für den absoluten Fehler des Produkts in erster Näherung (d.h. beim Ersetzen der Funktion f durch die lineare Taylor-Näherung in (x_1, x_2)):

$$\eta \doteq \varepsilon_1 x_2 + \varepsilon_2 x_1 \,.$$

Dabei soll hier und im folgenden $\doteq$ andeuten, daß die Gleichheit nur in linearer (erster) Näherung gilt. Es folgt weiter für $x_1 \neq 0 \neq x_2$

$$\xi := \frac{\eta}{z} \doteq \frac{\varepsilon_1 x_2 + \varepsilon_2 x_1}{x_1 x_2} = \frac{\varepsilon_1}{x_1} + \frac{\varepsilon_2}{x_2} = \delta_1 + \delta_2 \,;$$

in erster Näherung ist der *relative* Fehler eines Produkts gerade die Summe der relativen Fehler der Faktoren. Im Gegensatz zur Addition verhält sich die Multiplikation hinsichtlich des relativen Fehlers völlig problemlos.

Die Fehlerfortpflanzung bei der *Division* behandeln wir in folgender Aufgabe.

1.3.2   Aufgabe

Man zeige, daß bei der Division

$$z = f(x_1, x_2) = \frac{x_1}{x_2}, \quad x_2 \neq 0,$$

die Fehlerfortpflanzungsgesetze

$$\eta \doteq \frac{1}{x_2}\varepsilon_1 - \frac{x_1}{(x_2)^2}\varepsilon_2 \qquad \text{(absoluter Fehler)}$$

und

$$\xi \doteq \delta_1 - \delta_2 \qquad \text{(relativer Fehler)}$$

gelten.

Wir halten für eine spätere Verwendung diese Fehlerfortpflanzungsformeln fest.

1.3.3   Satz

Die Operanden x_1, x_2 seien näherungsweise gemäß

$$x_i = \tilde{x}_i - \varepsilon_i, \quad i = 1, 2,$$

bekannt; δ_1, δ_2 seien die entsprechenden relativen Fehler. Mit η bzw. ξ bezeichnen wir den absoluten bzw. relativen Fehler des Resultats, das aus x_1, x_2 durch Anwendung einer der arithmetischen Grundoperationen entsteht. Dann gilt, sofern die auftauchenden Nenner von Null verschieden sind,

$$
\begin{array}{ll}
(1) & \begin{array}{l} \eta = \varepsilon_1 + \varepsilon_2 \\ \xi = \dfrac{x_1}{x_1 + x_2}\delta_1 + \dfrac{x_2}{x_1 + x_2}\delta_2 \end{array} \left.\begin{array}{l} \\ \\ \end{array}\right\} \quad \textit{Addition}
\end{array}
$$

$$
\begin{array}{ll}
(2) & \begin{array}{l} \eta \doteq \varepsilon_2 x_1 + \varepsilon_1 x_2 \\ \xi \doteq \delta_1 + \delta_2 \end{array} \left.\begin{array}{l} \\ \\ \end{array}\right\} \quad \textit{Multiplikation}
\end{array}
$$

$$
\begin{array}{ll}
(3) & \begin{array}{l} \eta \doteq \dfrac{1}{x_2}\varepsilon_1 - \dfrac{x_1}{(x_2)^2}\varepsilon_2 \\ \xi \doteq \delta_1 - \delta_2 \end{array} \left.\begin{array}{l} \\ \\ \end{array}\right\} \quad \textit{Division.}
\end{array}
$$

Wir gehen nun dazu über, die allgemeine Situation, wie wir sie zu Beginn dieses Abschnittes angenommen hatten, zu untersuchen. Dabei setzen wir voraus, daß die Funktionen f_i, $i = 1, \ldots, m$, auf einer offenen und konvexen Menge $\Omega \subseteq \mathbb{R}^n$ definiert und stetig differenzierbar sind:

$$f_i : \Omega \to \mathbb{R}, \quad i = 1, \ldots, m.$$

Die betrachteten Daten fassen wir zu dem Datenvektor

$$x := (x_1, \ldots, x_n)^T,$$

die entsprechenden Fehler zu dem Fehlervektor

$$\varepsilon := (\varepsilon_1, \ldots, \varepsilon_n)^T$$

und die Funktionen f_i, $i = 1, \ldots, m$, zu der Vektorfunktion

$$f := (f_1, \ldots, f_m)^T$$

zusammen. Mit Hilfe der Taylor-Entwicklung folgen dann im Punkt

$$\tilde{x} := x + \varepsilon \in \Omega$$

für $i = 1, \ldots, m$ die Beziehungen

$$\tilde{z}_i := f_i(\tilde{x}) = f_i(x) + \left(\frac{\partial f_i}{\partial x_j}(\tau^{(i)}) \right)_{j=1,\ldots,n} \cdot \varepsilon .$$

Dabei ist

$$\tau^{(i)} := \left(\tau_1^{(i)}, \ldots, \tau_n^{(i)} \right)^T$$

eine Zwischenstelle auf der geradlinigen Verbindung von x und $\tilde{x}$. Der Resultats-fehlervektor

$$\eta := \tilde{z} - f(x)$$

hat also die Darstellung

$$\eta_i = \sum_{j=1}^{n} \left(\frac{\partial f_i}{\partial x_j}(\tau^{(i)}) \right) \varepsilon_j , \quad i = 1, \ldots, m ,$$

wobei

$$\eta =: (\eta_1, \ldots, \eta_m)^T$$

gesetzt wurde.

1.3.4 Bemerkung

Die Zwischenstellen $\tau^{(i)}$ sind i.a. nicht exakt bekannt. Zur Vereinfachung werden daher die $\tau^{(i)}$ durch x ersetzt. Dies ist gleichbedeutend mit dem Ersetzen von f durch das lineare Taylor-Polynom in x. Der durch das Ersetzen bedingte Fehler kann unter geeigneten Glattheitsbedingungen an f vernachlässigt werden. Wir erhalten hier also für die absoluten Fehler

$$\eta_i \doteq \sum_{j=1}^{n} \left(\frac{\partial f_i}{\partial x_j}(x) \right) \cdot \varepsilon_j , \quad i = 1, \ldots, m .$$

(Wir werden später entsprechend für die relativen Fehler vorgehen.)

1.3.5   Bezeichnung

Die Größe

$$\sigma_{ij} := \frac{\partial f_i}{\partial x_j}(x)$$

bezeichnen wir als die *Empfindlichkeit des i-ten Resultats in Bezug auf die j-te Komponente des Datenvektors (bezüglich des absoluten Fehlers)*.

Offensichtlich gibt die Zahl σ_{ij} in erster Näherung an, um welchen Faktor verstärkt (oder gedämpft) die Komponente ε_j in die Fehlerkomponente η_i eingeht. Wir gehen nun zum relativen Fehler über. Wegen

$$\delta_j = \frac{\varepsilon_j}{x_j}, \quad x_j \neq 0,$$

folgt

$$\xi_i = \frac{f_i(\tilde{x}) - f_i(x)}{f_i(x)} = \frac{\eta_i}{f_i(x)}$$

$$\doteq \sum_{j=1}^{n} \frac{x_j}{f_i(x)} \cdot \left(\frac{\partial f_i}{\partial x_j}(x) \right) \cdot \delta_j, \quad x_j \neq 0 \neq f_i(x), \quad j = 1, \dots, n, \quad i = 1, \dots, m.$$

1.3.6   Bezeichnung

Die Größe

$$\tau_{ij} := \frac{x_j}{f_i(x)} \left(\frac{\partial f_i}{\partial x_j}(x) \right)$$

bezeichnen wir als *Konditionszahl des i-ten Resultats in Bezug auf die j-te Komponente des Datenvektors (bezüglich des relativen Fehlers)*.

Zusätzlich zu den partiellen Ableitungen von f treten die Faktoren $\dfrac{x_j}{f_i(x)}$ auf, die besonders ungünstig sind, wenn man ein betragsmäßig kleines Resultat $f_i(x)$ aus betragsmäßig großen Komponenten x_j berechnet. Man beachte, daß die Größen τ_{ij} *unabhängig vom Maßstab sind*, in dem Daten und Resultate gemessen werden. Das gibt den Konditionszahlen eine hervorragende Bedeutung für das Rechnen mit Gleitkommazahlen (vgl. 1.4).

1.3.7   Aufgabe

Im Beispiel 1.2.1 hatten wir für ein quadratisches Polynom die Formeln aufgelistet, welche die Koeffizienten mit den Nullstellen verknüpfen. Man bestimme die Empfindlichkeiten für die absoluten und die Konditionszahlen für die relativen Fehler.

1.3.8   Bezeichnung

Tritt eine betragsmäßig große Konditionszahl $\dfrac{x_j}{f_i(x)} \dfrac{\partial f_i}{\partial x_j}(x)$ auf, so wirkt sich der relative Fehler $\dfrac{\varepsilon_j}{x_j}$ sehr ungünstig auf das Resultat $\dfrac{\eta_i}{f_i(x)}$ aus. Allgemein bezeichnet

man ein Problem mit großen Konditionszahlen als *schlecht konditioniert;* man spricht
auch von *natürlicher Instabilität* des Problems.

Man beachte, daß die natürliche Instabilität mit Mitteln der Numerik nicht
geändert werden kann. Diese Art von Instabilität hängt vom gegebenen Problem,
aber nicht vom gewählten Rechnungsgang ab.

Unabhängig von einer natürlichen Instabilität kann sich eine *numerische Instabilität* ungünstig auswirken. Sie hängt von dem gewählten Rechnungsverlauf ab, bei
dem *Rundungsfehler* das Ergebnis erheblich verfälschen können. Es kann durchaus
vorkommen, daß ein gut konditioniertes Problem durch eine ungeschickt gewählte
Berechnungsmethode numerisch instabil wird, so daß sich das gesuchte Resultat mit
diesem Verfahren nur sehr ungenau bestimmen läßt. Numerische Stabilität ist ein
Gütekriterium für Algorithmen.

Das *Problem der numerischen Stabilität* bzw. *Instabilität* untersuchen wir exemplarisch an Hand der numerischen Berechnung von

$$z := f(x) = \ln\left(x - \sqrt{x^2 - 1}\right)$$

für $x = 30$. Das mathematische Ergebnis ist

$$f(30) = -4.094066668632\ldots .$$

Wegen

$$f'(x) = \left(1 - \frac{x}{\sqrt{x^2 - 1}}\right) \frac{1}{x - \sqrt{x^2 - 1}} = \frac{-1}{\sqrt{x^2 - 1}}$$

gilt

$$f'(30) = -0.033\ldots , \quad \frac{30}{f(30)} f'(30) = 0.244\ldots .$$

Das gestellte Problem ist also offensichtlich sehr gut konditioniert. So erhält man
etwa bei einem absoluten Fehler ε der Eingangsgröße x mit

$$\varepsilon \approx 5 \cdot 10^{-2}$$

bei exakter Rechnung in erster Näherung für den absoluten Resultatsfehler

$$\tilde{z} - z = f(x + \varepsilon) - f(x) \doteq \varepsilon\, f'(30) \approx -0.00167 .$$

Tatsächlich ist das mathematische Ergebnis

$$f(30.05) = -4.095732872337\ldots .$$

Bei der *numerischen Rechnung* muß man aber trotzdem mit Schwierigkeiten
rechnen. Denn wegen

$$\sqrt{x^2 - 1}\, |_{x=30} = \sqrt{899} = 29.983328701130\ldots$$

tritt bei der Berechnung von $x - \sqrt{x^2 - 1}$ *Auslöschung* auf. So erhält man bei
4-stelliger Rechnung

$$x - \sqrt{x^2 - 1}\, |_{x=30} \approx 30 - 29.98 = 0.02 ,$$

während genau

$$x - \sqrt{x^2 - 1} \mid_{x=30} = 0.016671298870\ldots$$

gilt. Der hier auftretende absolute Fehler

$$0.02 - 0.01667\ldots = 0.0033\ldots$$

wird beim Übergang zum Logarithmus verstärkt, da hierbei die Empfindlichkeit (bezüglich der Eingangsgröße $0.01667\ldots$ und des absoluten Fehlers) sehr groß ist:

$$\sigma = \ln'(0.01667\ldots) = 59.98\ldots\,.$$

Man erhält also einen sehr großen absoluten Resultatsfehler

$$\ln(0.02) - \ln(0.01667\ldots) = 0.182\ldots\,,$$

während, wie gezeigt, bei exakter Rechnung, aber selbst bei starker Störung der Eingangsgröße ($x + \varepsilon$ mit $\varepsilon \approx 5 \cdot 10^{-2}$ anstelle von x) die absolute Abweichung des Resultats klein bleibt.

Auch die *Rechnung mit mehr Stellen* löst die beobachteten Probleme nicht. Wiederholt man nämlich die Rechnung mit einem 10-stelligen Taschenrechner, so ergibt sich

$$x - \sqrt{x^2 - 1} \mid_{x=30} \approx 30 - 29.98332870 \approx 0.01667130$$

sowie

$$f(30) \approx -4.094066601$$

mit einem absoluten Resultatsfehler $0.000000067632\ldots$. Wiederum sind die letzten beiden berechneten Stellen falsch.

Die Situation wird verschärft, wenn

$$f(3000) = -8.699514720432\ldots$$

berechnet werden soll. Der 10-stellige Taschenrechner liefert

$$f(3000) \approx -8.697516746$$

mit einem absoluten Resultatsfehler 0.001997974.

Eine *numerisch stabile Auswertung* von f garantiert die durch einfache Umformung zu gewinnende Darstellung

$$z := f(x) = -\ln(x + \sqrt{x^2 - 1})\,.$$

Nunmehr tritt bei der Berechnung keine Auslöschung mehr auf. 4-stellige Rechnung ergibt

$$x + \sqrt{x^2 - 1} \mid_{x=30} \approx 59.98\,, \quad f(30) \approx -4.094\,,$$

wobei sogar die letzte berechnete Stelle stimmt. Bei 10-stelliger Rechnung erhält man

$$x + \sqrt{x^2 - 1} \mid_{x=30} \approx 59.98332870\,, \quad f(30) \approx -4.094066669\,,$$

wobei die letzte berechnete Stelle richtig gerundet ist.

Schließlich ergibt sich

$$f(3000) \approx -8.699514720 ,$$

was ebenfalls bis auf die letzte berechnete Stelle mit dem exakten Wert von $f(3000)$ übereinstimmt.

Dieses Beispiel liefert uns die Motivation für eine eingehendere Untersuchung des Phänomens der *numerischen Stabilität* bzw. *Instabilität*. Ein Algorithmus zur Berechnung einer gesuchten Größe besteht aus einer Kette aufeinanderfolgender Elementaralgorithmen. Bei dem betrachteten Beispiel sind dies z.B. die folgenden:

(A) $\varphi_1 : \ \mathbb{R} \to \mathbb{R}^2 , \ x \mapsto (x, x^2)^T ,$ (B) $\tilde{\varphi}_1 : \ x \mapsto (x, x^2)^T ,$

     $\varphi_2 : \ \mathbb{R}^2 \to \mathbb{R}^2 , \ (y, z)^T \mapsto (y, z-1)^T ,$ $\tilde{\varphi}_2 : \ (y, z)^T \mapsto (y, z-1)^T ,$

     $\varphi_3 : \ \mathbb{R}^2 \to \mathbb{R}^2 , \ (s, t)^T \mapsto (s, \sqrt{|t|})^T ,$ $\tilde{\varphi}_3 : \ (s, t)^T \mapsto (s, \sqrt{|t|})^T ,$

     $\varphi_4 : \ \mathbb{R}^2 \to \mathbb{R} , \ (u, v)^T \mapsto u - v ,$ $\tilde{\varphi}_4 : \ (u, v)^T \mapsto (u + v) ,$

     $\varphi_5 : \ \mathbb{R} \setminus \{0\} \to \mathbb{R} , \ w \mapsto \ln(|w|) ,$ $\tilde{\varphi}_5 : \ w \mapsto -\ln(|w|) .$

Offensichtlich gilt dann für $x \in \mathbb{R}$ mit $x \geq 1$

$$z = f(x) = \varphi_5 \circ \varphi_4 \circ \varphi_3 \circ \varphi_2 \circ \varphi_1(x) = \tilde{\varphi}_5 \circ \tilde{\varphi}_4 \circ \tilde{\varphi}_3 \circ \tilde{\varphi}_2 \circ \tilde{\varphi}_1(x) .$$

Die Berechnung von

$$z = f(x)$$

wird also mit Hilfe einer *Faktorisierung* der Abbildung f gemäß

$$f = \varphi_5 \circ \varphi_4 \circ \varphi_3 \circ \varphi_2 \circ \varphi_1 \text{ bzw. } f = \tilde{\varphi}_5 \circ \tilde{\varphi}_4 \circ \tilde{\varphi}_3 \circ \tilde{\varphi}_2 \circ \tilde{\varphi}_1$$

durchgeführt.

Man wird allerdings bei einer komplexeren Abbildung f nicht so fein faktorisieren können, wie wir es eben in diesem Beispiel getan haben, da sonst die Anzahl der Elementaralgorithmen (φ_i bzw. $\tilde{\varphi}_i$) zu groß würde. Ähnlich wie man in einem strukturierten Programm Prozeduren als Bausteine des Programms betrachtet, kann man auch bei der Untersuchung der numerischen Stabilität gewisse Teile zusammenfassen, sofern diese Teilalgorithmen unproblematisch, d.h. numerisch stabil sind. Eine mögliche Variante im obigen Beispiel wäre dann die folgende:

(A) $\psi_1 : \ \mathbb{R} \to \mathbb{R}^2 , \ x \mapsto (x, \sqrt{|x^2 - 1|})^T ,$ (B) $\tilde{\psi}_1 : \ x \mapsto (x, \sqrt{|x^2 - 1|})^T ,$

     $\psi_2 : \ \mathbb{R}^2 \to \mathbb{R} , \ (u, v)^T \mapsto u - v ,$ $\tilde{\psi}_2 : \ (u, v)^T \mapsto u + v ,$

     $\psi_3 : \ \mathbb{R} \setminus \{0\} \to \mathbb{R} , \ y \mapsto \ln(|y|) ,$ $\tilde{\psi}_3 : \ y \mapsto -\ln(|y|) ,$

also für $x \in \mathbb{R}$ mit $x \geq 1$

$$z = f(x) = \psi_3 \circ \psi_2 \circ \psi_1(x) = \tilde{\psi}_3 \circ \tilde{\psi}_2 \circ \tilde{\psi}_1(x) .$$

An Hand einer solchen Faktorisierung der gegebenen Funktion f,

$$f = \psi_k \circ \psi_{k-1} \circ \ldots \circ \psi_1 ,$$

läßt sich nun entscheiden, ob ein Algorithmus, mit dessen Hilfe f ausgewertet werden soll, numerisch stabil ist oder nicht. Zum einen ist ein Fehler des Datensatzes $x^{(0)} := x$ in der Form

$$\tilde{x}^{(0)} = x^{(0)} + \varepsilon^{(0)}$$

zu erwarten, zum anderen treten bei der Auswertung der Teilalgorithmen ψ_i, $i = 1, \ldots, k$, anstelle der exakten Zwischenresultate

$$x^{(i)} := \psi_i(x^{(i-1)}) = \psi_i \circ \ldots \circ \psi_1(x)$$

durch Rundungsfehler verfälschte Zwischenergebnisse auf:

$$\tilde{x}^{(i)} = \psi_i(\tilde{x}^{(i-1)}) + \varepsilon^{(i)} \; .$$

Der Fehler $\varepsilon^{(i)}$ wird dann entsprechend der natürlichen Stabilität der restlichen Teilalgorithmen $\psi_{i+1}, \psi_{i+2}, \ldots, \psi_k$ an das Endresultat weitergegeben. Die natürliche Stabilität von $\psi_{i+1}, \ldots, \psi_k$ wird aber gerade durch deren partielle Ableitungen, insgesamt also durch ihre Funktionalmatrizen $D\psi_{i+1}, \ldots, D\psi_k$ bestimmt. Da sich bei einem Produkt von Abbildungen

$$h_i := \psi_k \circ \ldots \circ \psi_{i+1} \; , \quad i = 0, \ldots, k-1 \; ,$$

die Funktionalmatrizen nach der Kettenregel multiplizieren, geht der Fehler $\varepsilon^{(i)}$, $i = 0, \ldots, k-1$, um

$$Dh_i = D\psi_k(\psi_{k-1} \circ \ldots \circ \psi_{i+1}) \cdot D\psi_{k-1}(\psi_{k-2} \circ \ldots \circ \psi_{i+1}) \cdots D\psi_{i+1}$$

verstärkt (oder abgeschwächt) in das Endresultat ein:

$$\tilde{x}^{(k)} - f(x) \doteq Df(x)\varepsilon^{(0)} + Dh_1(\psi_1(x))\varepsilon^{(1)} + \ldots + Dh_{k-1}(\psi_{k-1}(\ldots(\psi_1(x))\ldots))\varepsilon^{(k-1)} + \varepsilon^{(k)}.$$

Der Algorithmus ist also gefährlich, wenn Elemente der Matrizen Dh_i betragsmäßig groß sind im Vergleich zu den Elementen von Df, da dann ein Fehler, der bei ψ_i auftritt, sehr ungünstig in das Endresultat eingeht. Man spricht in diesem Fall von *numerischer Instabilität*.

Im obigen Beispiel ergibt sich für $f'(x)$ im günstigen Fall (B) die Faktorisierung

$$f'(x) \;\; = Df(x) = D\tilde{\psi}_3(\tilde{\psi}_2 \circ \tilde{\psi}_1(x)) \cdot D\tilde{\psi}_2(\tilde{\psi}_1(x)) \cdot D\tilde{\psi}_1(x)$$

$$= \frac{-1}{x + \sqrt{x^2 - 1}} \cdot (1,1) \cdot \left(\begin{array}{c} 1 \\ \dfrac{x}{\sqrt{x^2 - 1}} \end{array} \right) = -\frac{1}{\sqrt{x^2 - 1}} \; ,$$

im ungünstigen Fall (A) ergibt sich dagegen

$$f'(x) = \frac{1}{x - \sqrt{x^2 - 1}} \cdot (1, -1) \cdot \left(\begin{array}{c} 1 \\ \dfrac{x}{\sqrt{x^2 - 1}} \end{array} \right) \; .$$

Man sieht, daß hier die Funktionalmatrix $D\psi_3(\psi_2 \circ \psi_1(x))$ für die Gefährlichkeit des Algorithmus (A) verantwortlich ist, da ihre Einträge (es ist nur einer) groß im Verhältnis zu $f'(x)$ sind.

1.3.9   Bemerkung

Geht man bei der numerischen Berechnung von $z = f(x)$ davon aus, daß der Datensatz mit Eingangsfehlern behaftet ist,

$$\tilde{x}^{(0)} = x + \varepsilon^{(0)} =: x + \varepsilon \,,$$

und daß nur mit einer bestimmten endlichen Stellenzahl gerechnet werden kann, so daß reelle Zahlen und Vektoren gerundet werden müssen, liefert die Faktorisierung von f im günstigsten Fall höchstens

$$\varepsilon^{(1)} = \ldots = \varepsilon^{(k-1)} = 0 \,,$$

$$\psi_k(\tilde{x}^{(k-1)}) = \psi_k(x + \varepsilon) = f(x + \varepsilon) \,,$$

$$\varepsilon^{(k)} = rd(f(x + \varepsilon)) - f(x + \varepsilon) \,.$$

Dabei sei $rd(f(x+\varepsilon))$ der Vektor aus den n gerundeten Komponenten von $f(x+\varepsilon)$ (vgl. 1.4). Damit tritt bei jedem Algorithmus in erster Näherung mindestens der von der gewählten Faktorisierung unabhängige Fehler

$$Df(x) \cdot \varepsilon + rd(f(x + \varepsilon)) - f(x + \varepsilon)$$

auf, den wir als *unvermeidbaren* Fehler bezeichnen. Das Problem, einen günstigen *(gutartigen)* Algorithmus zu finden, besteht also darin, dafür zu sorgen, daß die aufgrund der Faktorisierung durch Fortpflanzung in das Endresultat eingehenden Fehler im Rahmen des unvermeidbaren Fehlers bleiben.

1.4   Rundungsfehler bei Gleitkomma-Arithmetik

Elektronische Taschenrechner, PCs und Großrechenanlagen unterscheiden mehrere Typen von Zahlen mit unterschiedlicher Darstellungs- und Verarbeitungsweise. Die beiden wichtigsten sind:

- *Festkomma-Zahlen* (fixed point):
  Bei dieser Darstellung ist die Zahl n_1 und n_2 der Stellen vor bzw. nach dem (Dezimal-, Dual-,...) Punkt durch die Anlage fixiert, z.B. für $n_1 = 3$, $n_2 = 6$ wird 30.43 dargestellt durch 030.430000 .

- *Gleitkomma-Zahlen* (floating point):
  Hier ist die Lage des (Dezimal-, Dual-,...) Punktes nicht a priori vorgegeben, sondern wird mit Hilfe des sogenannten Exponenten angegeben (siehe weiter unten).

Die *Festkomma-Darstellung* ist angebracht, wenn man die Größenordnung aller im Verlauf einer Rechnung auftretenden Zahlen a priori kennt (typisches Beispiel: Kontoführung einer Bank).

Da die Datenwortlänge (= Informationseinheit einer Speicherzelle) bei Rechenautomaten begrenzt ist, ist auch der Wertebereich einer Festkomma-Zahl begrenzt. Bei einer Wortlänge von z.B. 24 Bit (= **Binary Digit**, kleinste Informationseinheit) sind beispielsweise alle ganzen Zahlen von $-8\,388\,607$ ($= -2^{23} + 1$) bis $8\,388\,607$ ($= 2^{23} - 1$) darstellbar.

Festkomma-Zahlen traten bei technisch-wissenschaftlichen Rechnungen in der Vergangenheit praktisch nur als ganze Zahlen (vom Typ Integer) auf, etwa zum Zählen sich wiederholender Vorgänge oder zum Numerieren von Speicherplätzen (Arrays). Es zeichnet sich aber ab, daß auch die Ganzzahl-Arithmetik im technisch-wissenschaftlichen Bereich an Bedeutung gewinnen wird (Computer-Algebra). Ganzzahl-Arithmetik arbeitet rundungsfrei.

Die *Gleitkomma-Darstellung* vergrößert den Zahlenbereich in Rechenautomaten beträchtlich und spielt daher bei technisch-wissenschaftlichen Rechnungen heute die Hauptrolle. Denn bei derartigen Anwendungen kennt man die Größenordnung der auftretenden Zwischenresultate i.a. nicht. Hier ermöglicht die Gleitkomma-Darstellung eine hohe Flexibilität.

Jede Zahl wird in halbexponentieller Form durch

- *Vorzeichen, Mantisse* und *Exponent*

dargestellt. Dem Zahlenwert -8432.1 entspricht z.B. in Gleitkomma-Darstellung

$$- \qquad 0.84321 \quad \times \qquad 10^4$$

$$\uparrow \qquad\qquad \uparrow \qquad\qquad\qquad \uparrow \qquad\quad \nwarrow \text{ Exponent } e = 4 \ .$$

$$\text{Vorzeichen} \quad \text{Mantisse} \qquad \text{Basis } \beta = 10$$

Zahlenwerte werden zwar im Dezimalsystem eingegeben, zur eigentlichen Rechnung aber in das interne Zahlensystem des Rechenautomaten umgesetzt.

Beim weitverbreiteten Dualsystem mit $\beta = 2$ wird dabei jede Zahl $z > 0$ nach Zweierpotenzen entwickelt:

$$z = \alpha_k 2^k + \alpha_{k-1} 2^{k-1} + \dots \ , \quad \alpha_k \neq 0 \ , \quad \alpha_j \in \{0,1\} \ , \quad j = k, k-1, \dots \ ,$$

so daß ihr dann die Darstellung

$$z \sim \alpha_k \alpha_{k-1} \alpha_{k-2} \dots$$

entspricht.

Bezüglich einer beliebigen Basis $\beta \in \mathbb{N} \setminus \{1\}$ hat eine Gleitkomma-Zahl $x \neq 0$ also die Darstellung

$$x = \pm \underbrace{\left(\frac{x_1}{\beta} + \frac{x_2}{\beta^2} + \dots + \frac{x_t}{\beta^t} \right)}_{\text{Mantisse}} \cdot \beta^e \ ,$$

wobei für die Zahlen $x_1, \dots, x_t$ jeweils

$$0 \leq x_j \leq \beta - 1 \ , \quad 1 \leq j \leq t \ ,$$

gilt sowie für den Exponenten $e \in \mathbb{Z}$ die Abschätzung

$$L \leq e \leq U \ ,$$

da wiederum nur eine feste Stellenzahl für Mantisse und Exponent verfügbar ist.

Man spricht von *normalisierter Gleitkomma-Darstellung*, wenn Mantissen, die von Null verschieden sind, so durch Modifikation der Exponenten normiert sind, daß die erste Stelle (von links her) von Null verschieden ist (also in unserer Bezeichnung $x_1 \neq 0$).

Die folgende Tabelle gibt einen exemplarischen Überblick über einige Rechenautomaten und deren Parameterspezifikationen. Für den Fall, daß die Stellenzahl $t \notin \mathbb{N}$ ist (z.B. TR 440), gilt $\beta = 2^k$, und $k \cdot t$ Bits werden für die interne Darstellung der Mantisse verwendet.

Computer	β	t	L	U	β^{1-t}
Hewlett Packard 11C, 15C	10	10	-99	99	1.00×10^{-9}
Texas Instruments SR-5x	10	12	-98	100	1.00×10^{-11}
Intel 8087	2	24	-126	127	1.19×10^{-7}
Intel 8087	2	53	-1022	1023	2.22×10^{-16}
DEC VAX	2	24	-128	127	1.19×10^{-7}
Univac 1108	2	27	-128	127	1.49×10^{-8}
Telefunken TR440	16	$9\frac{1}{2}$	-127	127	5.84×10^{-11}
Control Data 6600	2	48	-976	1070	7.11×10^{-15}
Cray-1	2	48	-16384	8191	7.11×10^{-15}
ILLIAC-IV	2	48	-16384	16383	7.11×10^{-15}
CDC CYBER 170	2	48	-976	1071	7.11×10^{-15}
IBM 360 und 370	16	6	-64	63	9.54×10^{-7}
IBM 360 und 370	16	14	-64	63	2.22×10^{-16}

Die endliche Menge $M_\beta(t, [L, U])$ aller darstellbaren normalisierten Zahlen – der (normalisierten) *Maschinenzahlen* – ist durch die Parameter β, t sowie das Intervall $[L, U]$ festgelegt. Man kann sich überlegen, daß $M_\beta(t, [L, U])$ genau $2(\beta - 1)\beta^{t-1}(U - L + 1) + 1$ Zahlen umfaßt (die Zahl 0 inbegriffen), welche, über der reellen Zahlenachse aufgetragen, keineswegs äquidistant liegen, wie das folgende einfache Beispiel für die speziellen Parameter

$$\beta = 2, \quad t = 3, \quad L = -1, \quad U = 2$$

verdeutlichen soll (vertikale Linien repräsentieren Elemente aus $M_2(3, [-1, 2])$) :

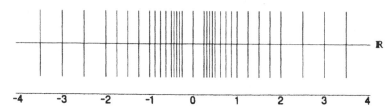

Abb. 1.4

Eine vorgegebene reelle Zahl z wird sich i.a. nicht durch eine Maschinenzahl darstellen lassen, insbesondere nicht, wenn sie irrational ist, aber auch, wenn sie betragsmäßig größer als $\max\{|y| \mid y \in M_\beta(t, [L, U])\} =: M$ ist oder kleiner als $\min\{|y| \mid y \in M_\beta(t, [L, U]) \setminus \{0\}\} =: m$. Für $m \leq |z| \leq M$ muß z durch eine nächstgelegene Maschinenzahl approximiert werden, die wir ab jetzt mit $rd(z)$ bezeichnen wollen. Für diese gilt also stets

$$|z - rd(z)| \leq |z - y| \quad \text{für alle} \quad y \in M_\beta(t, [L, U]) .$$

In der Regel ist $rd(z)$ eindeutig bestimmt. Liegt z exakt in der Mitte zwischen zwei Maschinenzahlen, so kann $rd(z)$ zwei verschiedene Werte annehmen. Oft wird für diesen Fall ad hoc eine Festlegung getroffen.

Die Abbildung $rd : \mathbb{R} \to M_\beta(t, [L, U]) : z \mapsto rd(z)$ heißt *Rundung*. Wir erläutern den Prozeß der Rundung am Beispiel $\beta = 10$: Es sei $z = x \cdot 10^e$ eine normalisierte Gleitkomma-Zahl, d.h.

$$|x| = 0.x_1 x_2 \ldots x_t\, x_{t+1} \ldots$$

und

$$x_i \in \{0, 1, 2, \ldots, 9\}\,, \quad x_1 \neq 0\,.$$

Setzt man

$$\tilde{x} := \begin{cases} 0.x_1 x_2 \ldots x_t & , \text{ falls } 0 \leq x_{t+1} \leq 4 \text{ gilt}, \\ 0.x_1 x_2 \ldots x_t + 10^{-t} & , \text{ falls } 5 \leq x_{t+1} \leq 9 \text{ gilt}, \end{cases}$$

so erhalten wir die gesuchte Maschinenzahl durch

$$rd(z) := \text{sign}\,(z) \cdot \tilde{x} \cdot 10^e\,.$$

Man beachte, daß wir hierbei eine eventuell notwendige Normalisierung sowie mögliche Bereichsüberschreitungen (engl.: overflow, underflow) im Zusammenhang mit $e \in [L, U]$ ignoriert haben. (Es sei ab jetzt $e \in \mathbb{Z}$ beliebig).

Als nächstes interessieren wir uns für den *relativen Rundungsfehler*. Es gilt wegen $|x| \geq \beta^{-1}$ für $z \neq 0$ die Abschätzung

$$|\delta_{rd}(z)| = \frac{|rd(z) - z|}{|z|} \leq \frac{\frac{1}{2} \cdot \beta^{-t}}{|x|} \leq \frac{1}{2} \cdot \beta^{1-t}\,.$$

Die Größe $\frac{1}{2} \cdot \beta^{1-t}$, welche bei t-stelliger normalisierter Gleitkomma-Rundung zur Basis β eine Schranke für den relativen Fehler liefert, bezeichnet man als *Maschinengenauigkeit*. (Man beachte, daß sich $\frac{1}{2} \cdot \beta^{1-t}$ und nicht, wie man vielleicht erwarten könnte, $\frac{1}{2} \cdot \beta^{-t}$ ergibt; dies liegt an der Normierung "Komma links von der führenden Stelle"). Die obige Abschätzung können wir uminterpretieren zu

$$rd(z) = z(1 + \varepsilon)\,, \quad |\varepsilon| \leq \frac{1}{2} \cdot 10^{1-t}\,,$$

wenn wir ab jetzt $\beta = 10$ zugrunde legen.

1.4.1 Resultat

Ist beliebiges $e \in \mathbb{Z}$ zugelassen, so gelten bei t-stelliger normalisierter Gleitkomma-Arithmetik zur Basis $\beta = 10$ für die beiden Rundungsfehler die Abschätzungen

$$(1) \qquad \frac{|rd(z) - z|}{|z|} \leq 5 \cdot 10^{-t}\,, \quad z \neq 0\,,$$

$$(2) \qquad rd(z) = z(1 + \varepsilon)\,, \quad |\varepsilon| \leq 5 \cdot 10^{-t}\,.$$

Falls $[L, U]$ endlich und $e \notin [L, U]$ ist, brauchen diese Abschätzungen nicht mehr allgemein richtig zu sein. Man konstruiere Beispiele, die dies belegen! (Dabei achte man auf eine sinnvolle Definition der Rundung für betragsmäßig große und kleine Zahlen.)

Wir wenden uns jetzt den *arithmetischen Grundoperationen* zu. Diese liefern als Resultate i.a. selbst dann keine Maschinenzahlen, wenn die Operanden Maschinenzahlen sind. Daher sind in aller Regel maschineninterne Rundungen erforderlich. Als Resultat der arithmetischen Grundoperationen erhält man also gewisse Näherungen:

$$x \overset{*}{+} y \, , \quad x \overset{*}{-} y \, , \quad x \overset{*}{\times} y \text{ sowie } x \overset{*}{/} y \text{ (nur für } y \neq 0 \text{)},$$

wobei $*$ jeweils auf die maschinenintern realisierte Gleitkomma-Operation hinweist.

Die Genauigkeit der Gleitkomma-Arithmetik wird oft auch durch Angabe des *Maschinen-Epsilons* charakterisiert, der kleinsten Gleitkomma-Zahl ε_0, für welche

$$1 \overset{*}{+} \varepsilon_0 > 1$$

gilt.

1.4.2 Aufgabe

Man ermittle das Maschinen-Epsilon eines Taschenrechners/PCs/Großrechners. (Der Wert wird vermutlich in dem zugehörigen Handbuch stehen.)

Während Summen $x \overset{*}{+} y$ (mit $x, y \in M_\beta(t, [L, U])$) noch einigermaßen häufig wieder in $M_\beta(t, [L, U])$ liegen, ist die Wahrscheinlichkeit bei Produkten $x \overset{*}{\times} y$ schon sehr gering, da i.a. $2t$ signifikante Stellen zu berücksichtigen sind. Die Gleitkomma-Operationen $\overset{*}{+}$ und $\overset{*}{\times}$ sind zwar (bei guten Maschinen) kommutativ, jedoch nicht assoziativ oder distributiv. Auf Grund dieser fehlenden algebraischen Rechengesetze ist eine Rundungsfehleranalyse i.a. ein sehr kompliziertes Unterfangen. Erschwerend kommt hinzu, daß von Rechenanlage zu Rechenanlage Unterschiede bei der Ausführung von Gleitkomma-Operationen auftreten. Den folgenden einfachen Untersuchungen legen wir daher ein Modell zugrunde, das auf zahlreiche Rechenanlagen zutrifft:

(1) Aus je zwei Operanden einer arithmetischen Grundoperation wird zunächst ein Zwischenresultat mit doppelter Wortlänge gebildet.

(2) Anschließend wird dieses Ergebnis auf die normale Stellenzahl gerundet.

(3) Das gerundete Ergebnis wird gegebenenfalls noch normalisiert.

Wir untersuchen jetzt den bei diesem Modell auftretenden relativen Fehler bzgl. der Basis $\beta = 10$ und beginnen mit der *Gleitkomma-Addition* bzw. -*Subtraktion*. Gegeben seien zwei normalisierte Gleitkomma-Zahlen

$$x = \text{sign}\,(x) \cdot a \cdot 10^{b_1} \, , \qquad a = \sum_{\nu=1}^{t} \alpha_\nu 10^{-\nu} \, , \quad \alpha_1 \neq 0 \, ,$$

$$y = \text{sign}\,(y) \cdot b \cdot 10^{b_2} \, , \qquad b = \sum_{\nu=1}^{t} \beta_\nu 10^{-\nu} \, , \quad \beta_1 \neq 0 \, .$$

Ohne Beschränkung der Allgemeinheit gelte

$$|x| \geq |y| \ .$$

Wir nehmen außerdem

$$\text{sign} \ (x) = 1$$

an und untersuchen zunächst den Fall

$$d := b_1 - b_2 \leq t \ .$$

Der Exponent von y wird durch Verschieben der Mantisse b nach rechts um d Stellen dem Exponenten von x angeglichen:

$$y \ = \text{sign} \ (y) \cdot \tilde{b} \cdot 10^{b_1} \ ,$$

$$\tilde{b} \ = \sum_{\nu=1}^{t} \beta_\nu 10^{-d-\nu} = \sum_{\nu=d+1}^{t+d} \beta_{\nu-d} 10^{-\nu} \ .$$

Mit

$$\alpha_\nu \quad := 0 \ \text{für} \ \nu = t+1, \ldots, 2t$$

$$\beta_{\nu-d} \quad := 0 \ \text{für} \ \nu = 1, \ldots, d \ \text{und} \ \nu = t+d+1, \ldots, 2t$$

erhält man bei $2t$-stelliger Addition von x und y :

$$\sum_{\nu=1}^{2t} \alpha_\nu 10^{-\nu} + \text{sign} \ (y) \cdot \sum_{\nu=1}^{2t} \beta_{\nu-d} 10^{-\nu} =: \gamma_0 + \sum_{\nu=1}^{2t} \gamma_\nu 10^{-\nu} \ ,$$

wobei $\gamma_0 \in \{0,1\}$ und $\gamma_\nu \in \{0,\ldots,9\}$ für $\nu = 1,\ldots,2t$. Dabei ist $\gamma_0 = 1$ nur möglich für

$$\text{sign} \ (y) = 1 \ , \quad a + \tilde{b} \geq 1 \ .$$

Wir veranschaulichen uns diesen Sachverhalt:

	$10^{-1}\ldots10^{-d}$	$10^{-d-1}\ldots10^{-t}$	$10^{-t-1}\ldots10^{-t-d}$	$10^{-t-d-1}\ldots10^{-2t}$
a	$\alpha_1\ldots\alpha_d$	$\alpha_{d+1}\ldots\alpha_t$	$0\ldots0$	$0\ldots0$
$\tilde{b}$	$0\ldots0$	$\beta_1\ldots\beta_{t-d}$	$\beta_{t-d+1}\ldots\beta_t$	$0\ldots0$
$a \pm \tilde{b}$	$\gamma_0\gamma_1\ldots\gamma_d$	$\gamma_{d+1}\ldots\gamma_t$	$\gamma_{t+1}\ldots\gamma_{t+d}$	$\gamma_{t+d+1}\ldots\gamma_{2t}$

Die Addition ist exakt, da alle Summanden $\beta_{\nu-d}10^{-\nu}$ von $\tilde{b}$ in die Rechnung eingehen:

$$a + \text{sign} \ (y)\tilde{b} = \gamma_0 + \sum_{\nu=1}^{2t} \gamma_\nu \ 10^{-\nu} \ .$$

Dieses Ergebnis wird nun auf t Stellen gerundet, und man definiert vereinbarungsgemäß (wobei wiederum eine eventuell notwendige Normalisierung unberücksichtigt bleibt)

$$x \stackrel{*}{+} y := rd(a + \text{sign}(y) \ \tilde{b}) \cdot 10^{b_1} \ .$$

Wegen

$$10^{b_1} rd(a \pm \tilde{b}) = rd(a\,10^{b_1} \pm \tilde{b}\,10^{b_1}) = rd(x + y)$$

gilt

$$x \stackrel{*}{+} y = rd(x + y) \,.$$

Aus Resultat 1.4.1 folgt dann

$$x \stackrel{*}{+} y = rd(x + y) = (x + y)(1 + \varepsilon) \,, \quad |\varepsilon| \leq 5 \cdot 10^{-t} \,.$$

Im Fall $d = b_1 - b_2 > t$ ist

$$|\tilde{b}| < 10^{-d} \leq 10^{-t-1} \,.$$

Das vereinbarte Modell liefert daher

$$x \stackrel{*}{+} y := x \,,$$

und man erkennt leicht

$$rd(x + y) = x \,.$$

Daher erhält man auch hier unter Verwendung von Resultat 1.4.1

$$x \stackrel{*}{+} y = rd(x + y) = (x + y)(1 + \varepsilon) \,, \quad |\varepsilon| \leq 5 \cdot 10^{-t} \,.$$

Es ergibt sich damit $\varepsilon_0 = 5 \cdot 10^{-t}$. Für $x < 0$ geht man entsprechend vor.

Die Untersuchung der *Gleitkomma-Multiplikation* und -*Division* ist Gegenstand der folgenden Aufgabe.

1.4.3 Aufgabe

Man zeige: Falls keine Bereichsüberschreitungen auftreten, gilt bei t-stelliger Gleitkomma-Rechnung mit normalisierten Gleitkomma-Zahlen

$$x \stackrel{*}{\times} y = rd(x \times y) = (x \times y)(1 + \varepsilon) \,, \quad |\varepsilon| \leqq 5 \cdot 10^{-t} \,,$$
$$x \stackrel{*}{/} y = rd(x/y) = (x/y)(1 + \varepsilon) \,, \quad |\varepsilon| \leqq 5 \cdot 10^{-t} \,.$$

1.4.4 Resultat

Bei den arithmetischen Grundoperationen $\stackrel{*}{+}$, $\stackrel{*}{-}$, $\stackrel{*}{\times}$, $\stackrel{*}{/}$ von t-stelligen normalisierten Gleitkomma-Zahlen erhält man

$$x \stackrel{*}{\pm} y = rd(x \pm y) = (x \pm y)(1 + \varepsilon) \,, \quad |\varepsilon| \leqq 5 \cdot 10^{-t} \,,$$
$$x \stackrel{*}{\times} y = rd(x \times y) = (x \times y)(1 + \varepsilon) \,, \quad |\varepsilon| \leqq 5 \cdot 10^{-t} \,,$$
$$x \stackrel{*}{/} y = rd(x/y) = (x/y)(1 + \varepsilon) \,, \quad |\varepsilon| \leqq 5 \cdot 10^{-t} \,.$$

1.4.5 Bemerkung

Beim vereinbarten Modell der Realisierung der Gleitkomma-Operationen besteht
also zwischen dem exakten Ergebnis z einer arithmetischen Operation und dem
maschinenintern realisierten Ergebnis $\overset{*}{z}$ die Beziehung

$$\overset{*}{z} = rd(z) = z(1 + \varepsilon) \quad \text{mit} \ |\varepsilon| \le 5 \cdot 10^{-t} \ .$$

Aus den Darstellungen

$$
\begin{aligned}
x \overset{*}{+} y &= (x + y)(1 + \varepsilon_1) = x(1 + \varepsilon_1) + y(1 + \varepsilon_1) &&, \quad |\varepsilon_1| \le 5 \cdot 10^{-t} \ , \\
x \overset{*}{\times} y &= x(1 + \varepsilon_2) \times y &&, \quad |\varepsilon_2| \le 5 \cdot 10^{-t} \ , \\
x \overset{*}{/} y &= x(1 + \varepsilon_3)/y &&, \quad |\varepsilon_3| \le 5 \cdot 10^{-t} \ ,
\end{aligned}
$$

erkennt man, daß das gerundete Resultat als *exaktes* Resultat leicht gestörter Daten
angesehen werden kann. Diese Betrachtungsweise führt auf die *Rückwärtsanalyse*
(*backward analysis*) im Sinne von Wilkinson[4], die auf der folgenden Idee beruht:
Arbeitet man mit Daten, die schon durch Eingangsfehler (Meßfehler oder Fehler aus
vorhergegangenen Schritten) verfälscht sind, so wird man auftretende Rundungsfehler als irrelevant ansehen, wenn das numerische Resultat als exaktes Resultat von
verfälschten Daten gedeutet werden kann, wobei diese Störungen größenordnungs-
mäßig noch unterhalb der Eingangsfehler liegen.

Sei beispielsweise $z = f(x)$ zu berechnen. Auf Grund von Rundungsfehlern bei
der Rechnung erhält man das Resultat $\tilde{z}$. Bei der Rückwärtsanalyse deutet man
das fehlerhafte Resultat als exaktes Resultat eines gestörten Datenvektors $x + r$,

$$\tilde{z} = f(x + r) \ ,$$

und bestimmt für den Residuenvektor r eine Schranke. Da man den Residuenvektor r als Eingangsfehler ansehen kann, erhält man mit Hilfe der im Abschnitt 1.3
entwickelten Fehlerfortpflanzungsgesetze aus Schranken für r Schranken für den Resultatsfehler. Dieses scheinbar umständliche Verfahren (erst Residuenabschätzung,
dann Resultatsfehlerabschätzung) erweist sich in Anwendungen gegenüber einer direkten Resultatsfehlerabschätzung häufig als leichter durchführbar.

1.4.6 Aufgabe

Man schätze den Rundungsfehler ab, der bei einer mehrfachen, von links nach rechts ausgewerteten
Summe

$$S(x_1, \dots, x_n) := (\dots((x_1 + x_2) + x_3) + \dots + x_{n-1}) + x_n$$

auftritt.

Die im Resultat 1.4.4 zusammengestellten Schranken für die bei den Gleitkomma-
Operationen $\overset{*}{+}$, $\overset{*}{-}$, $\overset{*}{\times}$, $\overset{*}{/}$ zu erwartenden Fehler sollten sinngemäß auch bei den
Standard-Prozeduren gelten, welche man mit einem Compiler aufrufen kann. Von
einer guten sin-Routine, d.h. einer maschinenintern realisierten Näherungsprozedur

---

[4]Wilkinson, James Hardy (27.09.1919-05.10.1986)

$\sin^*$ für die aus der Analysis bekannte sin-Funktion, erwartet man, daß für eine t-stellige normalisierte Gleitkomma-Zahl x

$$\sin^*(x) = \sin(x) \cdot (1 + \varepsilon) , \quad |\varepsilon| \le 5 \cdot 10^{-t} ,$$

gilt. Dann ist der Fehler, den $\sin^*$ hervorruft, von der Größenordnung der Fehler der arithmetischen Grundoperationen. Bei einer Fehleranalyse kann man somit die Grundoperationen und den Aufruf einer Standard-Prozedur ($\exp^*$, $\log^*$, $\sin^*$, $\cos^*$, $\sqrt{\ }^*$,...) gleich behandeln. Da $\sin^*$ selbst wieder mit Hilfe einer ersatzweisen polynomialen oder rationalen Funktion (z.B. Interpolationspolynom vom Grade 11, vgl. Abschnitt 2.1) sowie einer gewissen Anzahl von Gleitkomma-Operationen (z.B. ca. 11 Additionen $\overset{*}{+}$ und 11 Multiplikationen $\overset{*}{\times}$ bei einer 10-stelligen Genauigkeit) realisiert wird, hat man bei der maschineninternen Festlegung dieser Prozeduren entsprechende Sicherheitsmaßnahmen (Mitführung von weiteren Schutzstellen) vorzunehmen, die die gewünschte Fehlerabschätzung sichern. Für welchen Unterbereich der Maschinenzahlen Abschätzungen des obigen Typs tatsächlich gelten, sollte dem Compiler-Handbuch zu entnehmen sein.

In den letzten Jahren sind verstärkt Versuche unternommen worden, neben den üblichen Standard-Prozeduren für die elementaren Funktionen weitere Routinen, die häufig gebraucht werden, standardmäßig in Compiler einzubauen. Eine der grundlegenden Aufgaben in der numerischen Linearen Algebra ist die Auswertung des *inneren Produkts* $\langle x, y \rangle$ von zwei Vektoren $x, y \in \mathbb{R}^m$:

$$\langle x, y \rangle := \sum_{\nu=1}^{m} x_\nu y_\nu , \quad x := \begin{pmatrix} x_1 \\ \vdots \\ x_m \end{pmatrix} , \quad y := \begin{pmatrix} y_1 \\ \vdots \\ y_m \end{pmatrix} .$$

Bei Verwendung des üblichen Auswertungsschemas

$$\begin{aligned} z_1 &:= x_1 \overset{*}{\times} y_1 , \\ z_\nu &:= x_\nu \overset{*}{\times} y_\nu \overset{*}{+} z_{\nu-1} , \quad \nu = 2, \ldots, m , \\ \langle x, y \rangle^* &:= z_m , \end{aligned}$$

werden $m - 1$ Additionen und m Multiplikationen verwendet, die entsprechend $2m - 1$ Rundungsfehler hervorrufen können. Dabei können Rundungsfehler in einem Zwischenschritt durch eventuelle Auslöschung verstärkt an das Endresultat weitergegeben werden. Ein interessanter Vorschlag zur Kontrolle der Rundungsfehler im Bereich der numerischen Linearen Algebra, wo innere Produkte von grundlegender Bedeutung sind (Bildung des Produkts einer Matrix mit einem Vektor oder allgemeiner von zwei Matrizen), besteht darin, systemseitig eine Routine zu installieren, die das innere Produkt zweier beliebig langer Vektoren mit einer *einzigen* Rundung realisiert. Die Berechnung eines Elements der Produktmatrix AB aus einer Zeile von A und einer Spalte von B ist dann für den Benutzer gewissermaßen mit einer Elementaroperation (statt $2m - 1$ Gleitkomma-Operationen) möglich. Da dies natürlich nur durch interne Verarbeitung mit genügend langen (möglicherweise durch entsprechende Software simulierten) Rechenregistern möglich ist, bedeutet dies auch längere Rechenzeiten. Hohe Genauigkeit mit kalkulierbarem Fehler hat ihren Preis!

2. Polynome und rationale Funktionen

2.1 Einleitung

Die Polynome und in geringerem Maß auch die rationalen Funktionen spielen in der Mathematik und ihren Anwendungen eine wichtige Rolle. Dies hat verschiedene Gründe, von denen wir einige besonders bedeutsame auflisten:

- Polynom-Funktionen sind vom Standpunkt der Analysis aus sehr einfache Funktionen, mit deren Hilfe man das Verhalten von komplizierteren Funktionen oft ziemlich gut beschreiben kann (Taylorscher Satz).

- In der Linearen Algebra analysiert man das Eigenwertproblem einer Matrix u.a. mit Hilfe ihres charakteristischen Polynoms.

- Das asymptotische Verhalten einer linearen Rekursion (Abklingen oder Anwachsen) wird durch die Nullstellen eines zugehörigen Polynoms bzw. durch die Pole einer zugehörigen rationalen Funktion bestimmt.

- Arithmetik unter Verwendung der vier Grundrechenarten $(+, -, \times, /)$ erlaubt es, Quotienten von Polynomen, also rationale Funktionen, auszuwerten. Divisionsfrei sind genau polynomiale Ausdrücke berechenbar. Alle anderen Funktionen (z.B. die sogenannten elementaren Funktionen sin, cos, exp, log, $\sqrt{\ }$, ...) können nur näherungsweise berechnet werden, indem man ersatzweise eine polynomiale oder rationale Funktion auswertet. Benutzt man auch Verzweigungen, so kann man stückweise polynomiale oder rationale Funktionen (Splines) berechnen. Dies ist die allgemeinste Klasse von Funktionen, die mit Hilfe der hardwaremäßig installierten Schaltlogik ausgewertet werden können.

Diese Liste zeigt, daß Polynome in der Numerik einerseits Hilfsmittel, andererseits aber auch Gegenstand der numerischen Analyse sind. Wichtig sind Algorithmen zur Auswertung von Polynomen und zur Berechnung von Polynom-Nullstellen. Die Auswertungsalgorithmen, auf die wir in diesem Kapitel eingehen, können im Zusammenhang mit Rekursionen oder dem Euklidischen Divisionsalgorithmus[5] gesehen werden. Die Analyse der numerischen Stabilität des Horner-Schemas[6] zeigt, daß dessen rekursiver Aufbau zu gefährlicher numerischer Instabilität führen kann.

---

[5]Euklid von Alexandria (ca. 365–300 v. Chr.)
[6]Horner, William George (1786–22.09.1837)

Damit ist insbesondere zu rechnen, wenn man ein Polynom auswertet, bei dem die Koeffizienten zu den hohen Potenzen groß sind verglichen mit denjenigen zu den niedrigen. Dieses ungünstige Verhalten tritt allerdings nicht auf, wenn die Polynom-Koeffizienten mit wachsenden Potenzen abklingen, wie es i.a. der Fall ist, wenn man ein Approximationspolynom (Taylor-Polynom) für eine elementare Funktion auswertet. Die Auswertung rationaler Funktionen kann für Zähler und Nenner getrennt mit Hilfe eines Polynom-Auswertungsalgorithmus oder mit spezielleren Algorithmen (Kettenbrüche) erfolgen. Zum Schluß dieses Kapitels zeigen wir, wie das asymptotische Verhalten einer linearen Rekursion von der Lage der Nullstellen des zugehörigen charakteristischen Polynoms bzw. von den Polen der zugehörigen erzeugenden Funktion abhängt.

2.2 Polynome

Polynome werden im folgenden immer wieder als wichtiges Konstruktionsmittel benutzt. Deshalb stellen wir einige grundlegende Resultate über Polynome in diesem Abschnitt zusammen.

2.2.1 Definition

Es sei $\mathbb{K} = \mathbb{R}$ oder $\mathbb{K} = \mathbb{C}$. Für $a_\nu \in \mathbb{K}$, $\nu = 0, ..., n$, bezeichnet man

$$p_n : \mathbb{K} \rightarrow \mathbb{K}, \quad p_n(x) := \sum_{\nu=0}^{n} a_\nu \, x^\nu \, ,$$

als *Polynom (-Funktion) n-ten Grades*. Gilt $a_n \neq 0$, so hat p_n den *genauen* Grad n. In diesem Fall schreiben wir Grad $p_n = n$; a_n bezeichnet man als *Höchstkoeffizient*.

Definiert man die Addition von Polynomen p_n, q_n und die Multiplikation mit Elementen $\alpha, \beta \in \mathbb{K}$ in naheliegender Weise gemäß

$$(\alpha \, p_n + \beta \, q_n)(x) := \alpha \, p_n(x) + \beta \, q_n(x) \, ,$$

so erkennt man, daß die Polynome n-ten Grades einen $\mathbb{K}$-Vektorraum bilden. Ein Polynom des speziellen Typs $m_\nu : x \mapsto x^\nu$, $\nu = 0, 1, ...$, bezeichnet man als *Monom* vom Grad ν.

2.2.2 Satz

Die Monome m_ν, $\nu = 0, 1, ...$, sind linear unabhängig.

Beweis. Angenommen, es existiere eine Linearkombination φ,

$$\varphi(x) := a_0 + a_1 \, x + ... + a_n \, x^n \, , \quad \text{mit } \varphi(x) = 0 \quad \text{für alle } x \in \mathbb{K} \, ,$$

wobei nicht alle a_ν gleich Null sind. Ist $a_k \neq 0$ und k minimal, so folgt nach Division durch x^k auch

$$\frac{\varphi(x)}{x^k} = a_k + a_{k+1} \, x + ... + a_n \, x^{n-k} = 0 \, , \quad x \in \mathbb{K} \setminus \{0\} \, .$$

Andererseits gilt

$$\lim_{x \to 0} \frac{\varphi(x)}{x^k} = a_k \neq 0 \ ,$$

also existiert eine punktierte Umgebung von 0 (das ist eine Umgebung von 0, die den Nullpunkt nicht enthält), in der $\dfrac{\varphi(x)}{x^k} \neq 0$ ist, was den gewünschten Widerspruch ergibt.   □

Die Polynome von höchstens n-tem Grad bilden somit einen $(n+1)$-dimensionalen Vektorraum über $\mathbb{K}$; die Monome m_ν, $\nu = 0, 1, ..., n$, sind eine Basis dieses Vektorraums, den wir mit Π_n bezeichnen.

Da ein Vektorraum viele verschiedene Basen besitzt, können wir je nach Problemstellung auch andere Basen von Π_n heranziehen. Eine sehr wichtige Möglichkeit, solche Basen zu konstruieren, bilden die *Rekursionsformeln*, insbesondere die dreigliedrigen, da viele Polynome, auf die man in anderem Zusammenhang stößt, einer solchen Rekursionsvorschrift genügen. Es sei

$$
\begin{aligned}
u_0(x) \quad &= 1 \ , \\
u_1(x) \quad &= \alpha_0(x - \beta_0)u_0(x) \ , \\
u_{n+1}(x) &= \alpha_n(x - \beta_n)u_n(x) - \gamma_n\, u_{n-1}(x) \ , \quad n = 1, 2, \ldots,
\end{aligned}
$$

mit drei bekannten Folgen

$$(\alpha_n)_{n \in \mathbb{N}_0} \ , \qquad (\beta_n)_{n \in \mathbb{N}_0} \ , \qquad (\gamma_n)_{n \in \mathbb{N}}$$

in $\mathbb{K}$. Wenn $\alpha_n \neq 0$, $n = 0, 1, 2, \ldots$, gilt, so erzeugt diese *dreigliedrige Rekursion* offensichtlich Polynome u_n von jeweils genauem Grad n, also eine Basis des Polynomraums Π_n. Die Monome lassen sich diesem Konzept trivial unterordnen mit

$$\alpha_n = 1 \ , \qquad \beta_n = \gamma_n = 0 \ .$$

Eine besonders wichtige Klasse von Polynomen, die einer dreigliedrigen Rekursion genügen, sind die charakteristischen Polynome von *hermiteschen Tridiagonalmatrizen*. [7] Dies sind Matrizen $A = (a_{ik})_{i,k=1,...,n}$ mit

$$a_{ik} = \bar{a}_{ki} \quad \text{sowie} \quad a_{ik} = 0 \ , \quad \text{falls} \ |i - k| \geq 2 \ .$$

Es sind also nur Elemente ungleich Null in der Diagonalen und den beiden Nebendiagonalen; deshalb "tridiagonal" von lat. "tres", d.h. drei. Da eine solche Matrix für großes n sehr viele Nullen enthält, bezeichnet man sie auch als schwach besetzt. A hat also die Gestalt

$$A = \begin{pmatrix} * & * & & \text{\Large 0} \\ * & \ddots & \ddots & \\ & \ddots & \ddots & * \\ \text{\Large 0} & & * & * \end{pmatrix} \ .$$

---

[7] Hermite, Charles (24.12.1822–14.01.1901)

2.2.3 Aufgabe

Es sei A_n eine n-reihige hermitesche Tridiagonalmatrix. Mit A_ν, $\nu = 1, \ldots, n$, bezeichnen wir die Hauptuntermatrizen von A_n, die aus A_n durch Streichen der letzten $n - \nu$ Zeilen und Spalten entstehen, und mit q_ν,

$$q_\nu(x) = \det(A_\nu - x E_\nu) , \quad \nu = 1, \ldots, n ,$$

deren charakteristische Polynome. Dabei bezeichne E_ν die ν-reihige Einheitsmatrix. Man zeige: Durch

$$q_0(x) \quad := 1 ,$$
$$q_1(x) \quad := a_{11} - x ,$$
$$q_{\nu+1}(x) \quad := (a_{\nu+1\,\nu+1} - x)q_\nu(x) - |a_{\nu\,\nu+1}|^2 q_{\nu-1}(x) , \quad \nu = 1, \ldots, n-1 ,$$

erhält man eine dreigliedrige Rekursion zur Berechnung des charakteristischen Polynoms

$$q_n(x) = \det(A_n - x E_n)$$

von A_n.

Von Bedeutung ist, daß man Polynome auch miteinander multiplizieren kann. Geht man aus von den beiden Polynomen p, q mit

$$p(x) = \sum_{\nu=0}^{n} a_\nu\, x^\nu , \quad q(x) = \sum_{\nu=0}^{m} b_\nu\, x^\nu ,$$

so hat das Produkt $r := p \cdot q$ den Grad $n + m$ und die Monom-Darstellung

$$r(x) = \sum_{\nu=0}^{n+m} c_\nu\, x^\nu , \quad c_\nu = \sum_{\substack{\sigma+\tau=\nu \\ 0 \le \sigma \le n \\ 0 \le \tau \le m}} a_\sigma\, b_\tau , \quad \nu = 0, \ldots, n + m ,$$

(Cauchy-Produkt[8]).

Wichtig ist auch, daß man für Polynome den *Euklidischen Divisionsalgorithmus* durchführen kann.

2.2.4   Satz

Sind p, q zwei vom Nullpolynom verschiedene Polynome mit Grad $q \le$ Grad p, so existieren Polynome s, r derart, daß

$$p = sq + r$$

gilt mit

$$\text{Grad } r < \text{ Grad } q \quad \text{oder} \quad r = o \quad \text{(Nullpolynom)}.$$

Beweis. Wir denken uns die auftretenden Polynome in Monom-Darstellung

$$p(x) = \sum_{\nu=0}^{n} a_\nu\, x^\nu , \qquad a_n \ne 0 , \qquad q(x) = \sum_{\nu=0}^{m} b_\nu\, x^\nu , \quad b_m \ne 0 ,$$

$$s(x) = \sum_{\nu=0}^{n-m} c_\nu\, x^\nu , \qquad\qquad r(x) = \sum_{\nu=0}^{m-1} d_\nu\, x^\nu$$

---

[8]Cauchy, Augustin Louis (21.08.1789–23.05.1857)

gegeben. Mit Hilfe des Cauchy-Produkts und eines Koeffizientenvergleichs läuft die behauptete Zerlegung $p = sq + r$ auf die Lösung des Gleichungssystems

$$
\begin{aligned}
a_n &= b_m \, c_{n-m} \, , \\
a_{n-1} &= b_{m-1} \, c_{n-m} + b_m \, c_{n-m-1} \, , \\
&\;\;\vdots \\
a_m &= b_0 \, c_m + b_1 \, c_{m-1} + \ldots + b_m \, c_0 \, , \\
a_{m-1} &= b_0 \, c_{m-1} + \ldots + b_{m-1} \, c_0 + d_{m-1} \, , \\
&\;\;\vdots \\
a_0 &= b_0 \, c_0 + d_0 \, ,
\end{aligned}
$$

für die Größen $c_0, \ldots, c_{n-m}, d_0, \ldots, d_{m-1}$ hinaus. Man sieht, daß man wegen $b_m \neq 0$ von oben her nach c_{n-m}, c_{n-m-1} , ..., c_0 auflösen kann. Aus den restlichen m Gleichungen erhält man d_{m-1}, d_{m-2} , ..., d_0.   □

2.2.5 Bemerkung

Den Euklidischen Divisionsalgorithmus kann man zur Bestimmung des *größten gemeinsamen Teilers* zweier Polynome verwenden. Seien p_1, p_2 zwei vom Nullpolynom verschiedene Polynome, Grad $p_2 \leq$ Grad p_1. Auf Grund von Satz 2.2.4 können wir nun sukzessiv die "Division mit Rest" durchführen:

$$
\begin{aligned}
p_1 &= q_1 \, p_2 + p_3 \quad \text{mit} \quad p_3 = \text{o} \quad \text{oder Grad } p_3 < \text{ Grad } p_2 \, , \text{ falls } p_3 \neq \text{o ist.} \\
p_2 &= q_2 \, p_3 + p_4 \quad \text{mit} \quad p_4 = \text{o} \quad \text{oder Grad } p_4 < \text{ Grad } p_3 \, , \text{ falls } p_4 \neq \text{o ist.} \\
&\;\;\vdots \\
p_l &= q_l \, p_{l+1} + p_{l+2} \quad \text{mit} \quad p_{l+2} = \text{o} \quad (p_{l+1} \neq \text{o}) \text{ für ein } l \leq \text{ Grad } p_2 + 1 \, .
\end{aligned}
$$

Dieser Algorithmus terminiert nach endlich vielen Schritten, da $(\text{Grad } p_i)_{i \in \mathbb{N}}$ eine monoton fallende Folge natürlicher Zahlen ist. Das Polynom p_{l+1} teilt alle Polynome p_l, $p_{l-1}, \ldots, p_2$, p_1, wie man durch Einsetzen in die Rekursion von unten her sieht. Es ist insbesondere der größte gemeinsame Teiler der Ausgangspolynome p_1 und p_2 und enthält somit alle *gemeinsamen* Nullstellen dieser beiden Polynome.

2.2.6 Aufgabe

Man wende auf die Polynome p_n und q, $p_n(x) = x^n - 1$, $q(x) = x - 1$, den Euklidischen Divisionsalgorithmus an und gewinne so die Summationsformel für die n-te Teilsumme der geometrischen Reihe.

2.3   Čebyšev-Polynome

Eine besonders wichtige Klasse von Polynomen, die einer dreigliedrigen Rekursion genügen, sind die *Čebyšev-Polynome*[9] *erster bzw. zweiter Art.*

2.3.1   Definition

Die durch die Rekursion

$$
\begin{aligned}
T_0(x) &:= 1 \, , \\
T_1(x) &:= x \, , \\
T_{n+1}(x) &:= 2x \, T_n(x) - T_{n-1}(x) \, , \quad n = 1, 2, \dots,
\end{aligned}
$$

definierten Polynome T_n bezeichnet man als *Čebyšev-Polynome erster Art,* während man durch die Rekursion

$$
\begin{aligned}
U_0(x) &:= 1 \, , \\
U_1(x) &:= 2x \, , \\
U_{n+1}(x) &:= 2x \, U_n(x) - U_{n-1}(x) \, , \quad n = 1, 2, \dots,
\end{aligned}
$$

die *Čebyšev-Polynome zweiter Art* erhält.

Es ist leicht zu sehen, daß T_n den *Höchstkoeffizienten* 2^{n-1}, $n = 1, 2, \dots$, besitzt, während dieser für U_n den Wert 2^n, $n = 0, 1, \dots$, hat. Besonders handlich werden die Čebyšev-Polynome, wenn man ihren Zusammenhang mit den trigonometrischen Funktionen ausnutzt. Das Additionstheorem liefert

$$
\begin{aligned}
\cos(n+1)t &= \cos nt \cos t - \sin nt \sin t \, , \\
\cos(n-1)t &= \cos nt \cos t + \sin nt \sin t \, ,
\end{aligned}
$$

also durch Addition dieser zwei Identitäten

$$
\cos(n+1)t + \cos(n-1)t = 2\cos t \cos nt \, .
$$

Wir haben somit für

$$
\varphi_n(t) := \cos nt \, , \quad n = 0, 1, 2, \dots,
$$

die Rekursion

$$
\begin{aligned}
\varphi_0(t) &= 1 \, , \\
\varphi_1(t) &= \cos t \, , \\
\varphi_{n+1}(t) &= 2\cos t \, \varphi_n(t) - \varphi_{n-1}(t) \, , \quad n = 1, 2, \dots,
\end{aligned}
$$

---

[9]Čebyšev, Pafnutij Lvovič (14.05.1821–26.11.1894)
(andere Schreibweisen z.B. Tschebyscheff, Chebyshev, Tchebichev)

gewonnen. Da die Zuordnungen

$$x \mapsto t := \arccos x \quad \text{und} \quad t \mapsto x := \cos t$$

für $x \in [-1, 1]$ und $t \in [0, \pi]$ jeweils bijektiv sind, genügen die durch

$$\psi_n(x) := \varphi_n(t) = \varphi_n(\arccos x)$$
$$= \cos(n \arccos x), \quad x \in [-1, 1] \,,$$

definierten Funktionen ψ_n der Rekursion

$$\psi_0(x) = 1 \,,$$
$$\psi_1(x) = x \,,$$
$$\psi_{n+1}(x) = 2x \, \psi_n(x) - \psi_{n-1}(x) \,, \quad n = 1, 2, \ldots$$

Die Rekursion für ψ_n stimmt also mit derjenigen von T_n überein. Daher gilt

$$T_n(x) = \cos(n \arccos x) \,, \quad x \in [-1, 1] \,.$$

Man beachte, daß durch die Definition 2.3.1 die Polynome T_n für alle $x \in \mathbb{K}$ eingeführt sind, während die Darstellung mittels trigonometrischer Funktionen nur für $x \in [-1, 1]$ gilt.

2.3.2 Aufgabe

Man zeige: Für $x \in \mathbb{R} \setminus (-1, 1)$ gilt die Darstellung mittels hyperbolischer Funktionen

$$T_n(x) = \begin{cases} \cosh(n \operatorname{arcosh} x) & , \quad x \geq 1 \,, \\ (-1)^n \cosh(n \operatorname{arcosh}(-x)) & , \quad x \leq -1 \,. \end{cases}$$

Insgesamt haben wir somit bekannte und bedeutsame Darstellungen der T_n-Polynome auf ganz $\mathbb{R}$ gewonnen.

2.3.3 Satz

Für $x \in \mathbb{R}$ haben die Čebyšev-Polynome erster Art die Darstellung

$$T_n(x) = \begin{cases} \cos(n \arccos x) & , \quad x \in [-1, 1] \,, \\ \cosh(n \operatorname{arcosh} x) & , \quad x \geq 1 \,, \\ (-1)^n \cosh(n \operatorname{arcosh}(-x)) & , \quad x \leq -1 \,. \end{cases}$$

Mit Hilfe dieser Darstellungen kann man nun leicht Aussagen über den qualitativen Verlauf der T_n-Polynome machen. Im Intervall $[-1, 1]$ hat der Graph von T_n einen qualitativ ähnlichen Verlauf wie φ_n, $\varphi_n(t) = \cos(nt)$, im Intervall $[0, \pi]$.

2.3.4 Satz

Es gilt:

(1) $|T_n(x)| \leq 1$ *für* $x \in [-1, 1]$.

(2) $|T_n(x)| > 1$ *für* $x \in \mathbb{R} \setminus [-1, 1]$.

(3) T_n *hat im Intervall* $[-1, 1]$ *die Extremalpunkte*

$$x_k^{(n)} = \cos\left(k\frac{\pi}{n}\right) , \quad k = 0, \ldots, n ,$$

mit $T_n(x_k^{(n)}) = (-1)^k$ *("Oszillationseigenschaft ").*

(4) T_n *hat die* n *einfachen und im Intervall* $(-1, 1)$ *gelegenen Nullstellen*

$$\tilde{x}_k^{(n)} = \cos\left(\frac{2k - 1}{2}\frac{\pi}{n}\right) , \quad k = 1, \ldots, n .$$

(5) *Zwischen je zwei Nullstellen von* T_{n+1} *liegt eine Nullstelle von* T_n, $n = 1, 2, \ldots$ *("Trennungseigenschaft der Nullstellen").*

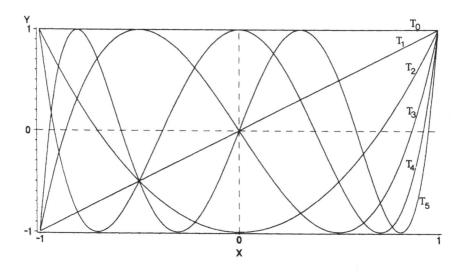

Abb. 2.1

Beweis. Aussage (1) gilt wegen $|\cos t| \leq 1$ für $t \in [0, \pi]$. Entsprechend folgt (2) aus $|\cosh t| > 1$ für $t \in \mathbb{R} \setminus \{0\}$. Aus

$$T_n(x_k^{(n)}) = \cos k\pi = (-1)^k , \quad k = 0, \ldots, n ,$$

und

$$T_n(\tilde{x}_k^{(n)}) = \cos\left(\frac{2k - 1}{2}\pi\right) = 0 , \quad k = 1, \ldots, n ,$$

erhalten wir die Aussagen (3) und (4). Auf Grund der Ungleichungen

$$\tilde{x}_{k+1}^{(n+1)} < \tilde{x}_k^{(n)} < \tilde{x}_k^{(n+1)} \ , \quad k = 1, \ldots, n \ ,$$

folgt schließlich (5).   □

Um für *Čebyšev-Polynome zweiter Art* eine Rekursion herzuleiten, betrachten wir die beiden Identitäten

$$\sin(n+1)t = \sin nt \ \cos t + \cos nt \ \sin t \ ,$$

$$\sin(n-1)t = \sin nt \ \cos t - \cos nt \ \sin t \ ,$$

also

$$\sin(n+1)t + \sin(n-1)t = 2\sin nt \ \cos t \ .$$

Die Funktionen

$$\tilde{\varphi}_n(t) := \frac{\sin(n+1)t}{\sin t} \ , \quad t \in [0, \pi] \ , \quad n \in \mathbb{N}_0 \ ,$$

(de l'Hospital-Grenzwert[10] für $t = 0$ und $t = \pi$) genügen also der Rekursion

$$\begin{aligned} \tilde{\varphi}_0(t) \quad &= 1 \ , \\ \tilde{\varphi}_1(t) \quad &= 2\cos t \ , \\ \tilde{\varphi}_{n+1}(t) \ &= 2\cos t \ \tilde{\varphi}_n(t) - \tilde{\varphi}_{n-1}(t) \ , \quad n = 1, 2, \ldots \end{aligned}$$

Setzt man

$$\tilde{\psi}_n(x) := \tilde{\varphi}_n(\arccos x) \ , \quad -1 \leq x \leq 1 \ ,$$

so folgt die Rekursion

$$\begin{aligned} \tilde{\psi}_0(x) \quad &= 1 \ , \\ \tilde{\psi}_1(x) \quad &= 2x \ , \\ \tilde{\psi}_{n+1}(x) \ &= 2x \ \tilde{\psi}_n(x) - \tilde{\psi}_{n-1}(x) \ , \quad n = 1, 2, \ldots \ , \end{aligned}$$

also gerade die U_n-Rekursion.

2.3.5 Satz

Es gilt die trigonometrische Darstellung

$$U_n(x) = \frac{\sin((n+1)\arccos x)}{\sin(\arccos x)} \ , \quad -1 \leq x \leq 1 \ ,$$

(de l'Hospital-Grenzwert für $x = \pm 1$).

---

[10]l'Hospital, Guillaume François Antoine de (1661–03.02.1704)

2.3.6 Aufgabe

Man zeige:
a) $|U_n(x)| \leq U_n(1) = n + 1$, $-1 \leq x \leq 1$.
b) U_n, $n \geq 1$, hat die n einfachen, im Intervall $(-1, 1)$ gelegenen Nullstellen

$$\tilde{x}_k^{(n)} = \cos\left(\frac{k\pi}{n+1}\right) , \quad k = 1, \ldots, n ;$$

dies sind die relativen Extrema von T_{n+1} .
c) Die Nullstellen von U_n trennen diejenigen von U_{n+1}, $n = 1, 2, \ldots$

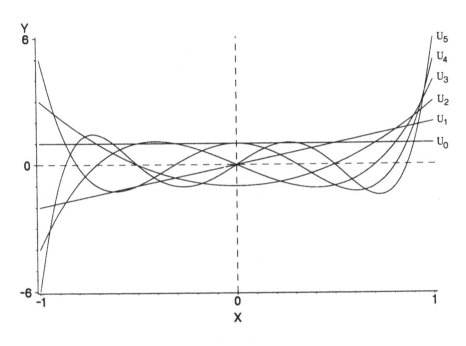

Abb. 2.2

2.3.7 Satz

Es gilt $T_n'(x) = n\, U_{n-1}(x) , \quad n = 1, 2, \ldots$

Beweis. Man differenziert die trigonometrische Darstellung von T_n und vergleicht sie mit derjenigen von U_{n-1}.   □

2.3.8 Aufgabe

Mit Hilfe der Rekursionsformel der Čebyšev-Polynome T_n und vollständiger Induktion zeige man die Darstellung

$$T_n(x) = \sum_{k=0}^{\lfloor n/2 \rfloor} (-1)^k \frac{n}{n-k} \binom{n-k}{k} 2^{n-2k-1} x^{n-2k} , \quad n = 1, 2, \ldots$$

2.4   Polynomauswertung

Die Berechnung von Werten eines Polynoms ist eine ähnlich bedeutsame Aufgabe wie die Grundrechenarten. Da ein Polynom bezüglich verschiedener Basen dargestellt werden kann, ist ein Auswertungsalgorithmus von der gewählten Darstellung abhängig. Wir beginnen zunächst mit der Monom-Darstellung

$$p_n(x) = \sum_{\nu=0}^{n} a_\nu x^\nu \ .$$

Das Problem, $p_n(\alpha)$ für ein gegebenes $\alpha \in \mathbb{K}$ zu berechnen, läßt sich kostengünstig mit Hilfe des *Horner-Algorithmus* lösen. Diesen kann man auf zweierlei Weise begründen.

Die erste Möglichkeit besteht darin, die Monom-Darstellung *geschachtelt* als

$$p_n(x) = (\dots (a_n x + a_{n-1})x + a_{n-2})x + \dots + a_1)x + a_0$$

zu schreiben und die Klammern von innen nach außen abzuarbeiten. Dies führt auf folgende Rekursion.

2.4.1   Algorithmus nach Horner

Zu gegebenen Werten $a_\nu \in \mathbb{K}$, $\nu = 0, \dots, n$, *und* $\alpha \in \mathbb{K}$ *definiert man* $a_\nu^{(1)}$ *gemäß*

$$\begin{aligned}
a_n^{(1)} &:= a_n \ , \\
a_{n-\nu}^{(1)} &:= a_{n-\nu+1}^{(1)} \alpha + a_{n-\nu} \ , \quad \nu = 1, 2, \dots, n \ .
\end{aligned}$$

Dann gilt

$$a_0^{(1)} = \sum_{\nu=0}^{n} a_\nu \alpha^\nu \ .$$

Die zweite Möglichkeit besteht darin, den *Euklidischen Divisionsalgorithmus* heranzuziehen. Dividiert man das gegebene Polynom p durch das lineare Polynom q mit

$$q(x) = x - \alpha \ ,$$

so verläuft dies, wie ein Vergleich mit Satz 2.2.4 zeigt, gemäß dem Horner-Algorithmus 2.4.1. Es gilt also

$$\sum_{\nu=0}^{n} a_\nu x^\nu = (x - \alpha) \sum_{\nu=1}^{n} a_\nu^{(1)} x^{\nu-1} + a_0^{(1)} \ ,$$

und durch Einsetzen folgt

$$a_0^{(1)} = \sum_{\nu=0}^{n} a_\nu \alpha^\nu \ .$$

Übersichtlich kann man den Horner-Algorithmus auch im sogenannten *Horner-Schema* anordnen.

$$
\begin{array}{c|cccccc}
 & a_n & a_{n-1} & a_{n-2} & \cdots & a_1 & a_0 \\
\alpha & - & \alpha a_n^{(1)} & \alpha a_{n-1}^{(1)} & \cdots & \alpha a_2^{(1)} & \alpha a_1^{(1)} \\
\hline
 & a_n^{(1)} & a_{n-1}^{(1)} & a_{n-2}^{(1)} & \cdots & a_1^{(1)} & \boxed{a_0^{(1)}}
\end{array}
$$

Ist α eine Nullstelle des Polynoms p_n, so folgt

$$
p_n(x) = \sum_{\nu=0}^{n} a_\nu x^\nu = (x - \alpha) \sum_{\nu=1}^{n} a_\nu^{(1)} x^{\nu-1} \ .
$$

Man kann den Horner-Algorithmus also zum Abspalten einer bekannten Nullstelle α benutzen, d.h. zur Bestimmung des Polynoms $p_{n-1}^{(1)}$,

$$
p_{n-1}^{(1)}(x) = \sum_{\nu=1}^{n} a_\nu^{(1)} x^{\nu-1} \ ,
$$

welches einen um Eins niedrigeren Grad besitzt und aus dem die bekannte Nullstelle α abdividiert ist. Man nennt diesen Vorgang auch *Deflation* (als Gegensatz zu "Inflation", d.h. "Aufblähung" von lat. "flare" = "blasen").

Kennt man n Nullstellen z_i, $i = 1, \ldots, n$, die nicht alle verschieden sein müssen, so kann man diese mit n-facher Anwendung des Horner-Schemas abspalten. Man erhält so die *Produktform*

$$
p_n(x) = a_n(x - z_1) \cdots (x - z_n)
$$

des gegebenen Polynoms. Da keine weiteren Nullstellen abgespalten werden können, haben wir somit auch die "leichte" Richtung des *Fundamentalsatzes der Algebra* bewiesen, daß nämlich ein Polynom n-ten Grades für $n \geq 1$ höchstens n Nullstellen besitzt. Schwieriger ist es zu beweisen, daß ein Polynom tatsächlich auch Nullstellen – zumindest im Komplexen – besitzt. Dies läßt sich am einfachsten mit Mitteln der Funktionentheorie, d.h. der Theorie der Funktionen mit komplexen Argumenten und Werten beweisen. Wir werden diesen Satz aber ohne Beweis verwenden.

2.4.2 Satz (Fundamentalsatz der Algebra)

Ein Polynom $p_n : \mathbb{K} \to \mathbb{K}$,

$$
p_n(x) = \sum_{\nu=0}^{n} a_\nu x^\nu \ , \quad a_n \neq 0 \ , \quad a_\nu \in \mathbb{K} \ , \quad \nu = 0, \ldots, n \ ,
$$

vom Grade $n \geq 1$ *besitzt genau* n *Nullstellen* $z_i \in \mathbb{C}$, $i = 1, \ldots, n$, *(mit ihrer Vielfachheit gezählt) und läßt sich darstellen in der Produktform*

$$
p_n(x) = a_n(x - z_1) \cdots (x - z_n) \ .
$$

Wendet man das Horner-Schema mit derselben Stelle α n-fach an, so erhält man die Entwicklung

$$p_n(x) = a_0^{(1)} + a_1^{(2)}(x - \alpha) + \ldots + a_{n-1}^{(n)}(x - \alpha)^{n-1} + a_n^{(n+1)}(x - \alpha)^n \ .$$

Im Horner-Schema verläuft die Rechnung so *(vollständiges Horner-Schema)*:

Der Vergleich mit der Taylor-Entwicklung

$$p_n(x) = \sum_{\nu=0}^{n} \frac{p^{(\nu)}(\alpha)}{\nu!}(x - \alpha)^\nu$$

zeigt, daß

$$a_\nu^{(\nu+1)} = \frac{p^{(\nu)}(\alpha)}{\nu!} \ , \quad \nu = 0, 1, \ldots, n \ ,$$

gilt. Mit dem Horner-Schema kann man also auch Ableitungswerte eines Polynoms berechnen.

Im vorigen Abschnitt hatten wir nachdrücklich darauf hingewiesen, daß man ein Polynom bezüglich verschiedener Basen darstellen kann. Das Horner-Schema ist auf die Monom-Darstellung zugeschnitten. Wir wollen jetzt ein *Auswertungsschema für die Čebyšev-Darstellung*

$$p_n(x) = \sum_{\nu=0}^{n} a_\nu \, T_\nu(x) \qquad \text{bzw.} \qquad p_n(x) = \sum_{\nu=0}^{n} b_\nu \, U_\nu(x)$$

gewinnen. Dazu betrachten wir zunächst die Rekursion der Čebyšev-Polynome erster Art

$$
\begin{aligned}
T_0(x) &= 1 \ , \\
T_1(x) &= x \ , \\
T_{\nu+1}(x) &= 2x\, T_\nu(x) - T_{\nu-1}(x) \ , \quad \nu = 1, 2, \ldots
\end{aligned}
$$

Diese verwenden wir, um die Darstellung

$$
p_n(\alpha) = a_n\, T_n(\alpha) + a_{n-1}\, T_{n-1}(\alpha) + \ldots + a_1\, T_1(\alpha) + a_0\, T_0(\alpha)
$$

"von ober her" aufzurollen. Wir erhalten so

$$
\begin{aligned}
p_n(\alpha) &= (2\alpha\, a_n + a_{n-1})T_{n-1}(\alpha) + (-a_n + a_{n-2})T_{n-2}(\alpha) \\
&\quad + a_{n-3}\, T_{n-3}(\alpha) + \ldots + a_1\, T_1(\alpha) + a_0\, T_0(\alpha) \ .
\end{aligned}
$$

Setzt man

$$
\begin{aligned}
a_n^{(1)} &:= a_n \ , \\
a_{n-1}^{(1)} &:= 2\alpha\, a_n^{(1)} + a_{n-1} \ ,
\end{aligned}
$$

so folgt

$$
\begin{aligned}
p_n(\alpha) &= a_{n-1}^{(1)}\, T_{n-1}(\alpha) + (-a_n^{(1)} + a_{n-2})T_{n-2}(\alpha) \\
&\quad + a_{n-3}\, T_{n-3}(\alpha) + \ldots + a_1\, T_1(\alpha) + a_0\, T_0(\alpha) \\
&= (2\alpha\, a_{n-1}^{(1)} - a_n^{(1)} + a_{n-2})T_{n-2}(\alpha) \\
&\quad + (-a_{n-1}^{(1)} + a_{n-3})T_{n-3}(\alpha) + \ldots + a_1\, T_2(\alpha) + a_0\, T_0(\alpha) \\
&=: a_{n-2}^{(1)}\, T_{n-2}(\alpha) + (-a_{n-1}^{(1)} + a_{n-3})T_{n-3}(\alpha) + \ldots + a_1\, T_1(\alpha) + a_0\, T_0(\alpha) \ .
\end{aligned}
$$

In dieser Weise fortfahrend folgt schließlich

$$
p_n(\alpha) = a_1^{(1)}\, T_1(\alpha) + (-a_2^{(1)} + a_0)T_0(\alpha) = \alpha\, a_1^{(1)} + (-a_2^{(1)} + a_0) =: a_0^{(1)} \ .
$$

Auf diese Weise erhalten wir den sogenannten *Clenshaw-Algorithmus*[11].

2.4.3 Clenshaw-Algorithmus

Setze

$$
\begin{aligned}
a_n^{(1)} &:= a_n \ , \\
a_{n-1}^{(1)} &:= 2\alpha\, a_n^{(1)} + a_{n-1} \ , \\
a_{n-\nu}^{(1)} &:= 2\alpha\, a_{n-\nu+1}^{(1)} + a_{n-\nu} - a_{n-\nu+2}^{(1)} \ , \quad \nu = 2, \ldots, n-1 \ , \\
a_0^{(1)} &:= \alpha\, a_1^{(1)} + a_0 - a_2^{(1)} \ .
\end{aligned}
$$

Dann gilt

$$
a_0^{(1)} = \sum_{\nu=0}^{n} a_\nu\, T_\nu(\alpha) \ .
$$

---

[11]Clenshaw, Charles William, zeitgenössischer britischer Mathematiker.

Schematisch läßt sich der Clenshaw-Algorithmus folgendermaßen darstellen:

$$
\begin{array}{c|cccccc}
 & a_n & a_{n-1} & a_{n-2} & \cdots & a_2 & a_1 & a_0 \\[4pt]
 & - & - & -a_n^{(1)} & \cdots & -a_4^{(1)} & -a_3^{(1)} & -a_2^{(1)} \\[4pt]
\alpha & - & 2\alpha\,a_n^{(1)} & 2\alpha\,a_{n-1}^{(1)} & \cdots & 2\alpha\,a_3^{(1)} & 2\alpha\,a_2^{(1)} & \alpha\,a_1^{(1)} \\[4pt]
\hline
 & a_n^{(1)} & a_{n-1}^{(1)} & a_{n-2}^{(1)} & \cdots & a_2^{(1)} & a_1^{(1)} & \boxed{a_0^{(1)}}
\end{array}
$$

Man macht sich leicht klar, daß ein analoges Auswertungsschema für jede Polynomdarstellung

$$p_n(x) = \sum_{\nu=0}^{n} a_\nu\, P_\nu(x)$$

gilt, falls die Polynome P_ν einer dreigliedrigen Rekursionsformel genügen.

2.4.4 Aufgabe

a) Man formuliere einen entsprechenden Auswertungsalgorithmus für eine U_n-Entwicklung

$$p_n(x) = \sum_{\nu=0}^{n} a_\nu\, U_\nu(x)\;.$$

b) Man werte das Polynom p_6 ,

$$p_6(x) = 5T_6(x) + 2T_5(x) + 3T_4(x) - T_3(x) - 4T_2(x) + T_1(x) - 10T_0(x)\;,$$

mit Hilfe des Clenshaw-Algorithmus an der Stelle $x = \frac{1}{2}$ aus.

2.5 Rationale Funktionen

Dividiert man ein Polynom $p_m \in \Pi_m$ durch ein Polynom $q_n \in \Pi_n$, welches nicht das Nullpolynom ist, so ist der Quotient $r_{mn} := \dfrac{p_m}{q_n}$ eine *rationale Funktion*. Man nennt p_m das *Zählerpolynom* und q_n das *Nennerpolynom*. Im Zähler und Nenner gemeinsam als Faktoren vorkommende nicht-konstante Polynome kann man abdividieren. In der Bemerkung 2.2.5 hatten wir darauf hingewiesen, daß man den größten gemeinsamen Teiler $g_l \in \Pi_l$ von p_m und q_n mit Hilfe des Euklidischen Algorithmus ermitteln kann. Dividiert man p_m und q_n durch ihren größten gemeinsamen Teiler g_l, so ergibt

$$\tilde{r}_{m-l\;n-l} := \frac{\tilde{p}_{m-l}}{\tilde{q}_{n-l}}\;,\qquad \tilde{p}_{m-l} := \frac{p_m}{g_l}\;,\qquad \tilde{q}_{n-l} := \frac{q_n}{g_l}\;,$$

eine "ausdividierte" Darstellung von r_{mn}, bei der Zähler- und Nennerpolynom teilerfremd sind. Eine solche Darstellung werden wir im folgenden immer voraussetzen.

2.5.1 Definition

Es seien $p_m \in \Pi_m$ und $q_n \in \Pi_n \setminus \{o\}$ zwei teilerfremde Polynome. Dann bezeichnet man den Quotienten $r_{mn} := \dfrac{p_m}{q_n}$ als *rationale Funktion vom Zählergrad m und Nennergrad n* oder *vom Typ* (m, n).

Jedes Polynom vom Grad m kann man als rationale Funktion vom Typ $(m, 0)$ deuten, weshalb man Polynome auch als *ganz-rationale Funktionen* bezeichnet. Für eine rationale Funktion $r_{mn} = \dfrac{p_m}{q_n}$ mit $m \geq n$ kann man das Zählerpolynom p_m mit Hilfe des Euklidischen Algorithmus zerlegen gemäß

$$p_m = p_{m-n} q_n + p_k \quad \text{mit} \quad p_{m-n} \in \Pi_{m-n} \,, \quad p_k \in \Pi_k \,, \quad k < n \,.$$

Also folgt im Fall $m \geq n$ die Darstellung

$$r_{mn} = p_{m-n} + r_{kn} \,, \quad r_{kn} := \frac{p_k}{q_n} \,,$$

in der r_{mn} zerlegt ist in die Summe eines Polynoms p_{m-n} und einer *echt gebrochenen* rationalen Funktion r_{kn} vom Typ (k, n) mit $k < n$. Bei der Untersuchung von strukturellen Eigenschaften rationaler Funktionen vom Typ (m, n) können wir uns somit auf den Fall $m < n$ beschränken.

Um mit einer rationalen Funktion rechnen zu können, benötigt man eine Darstellung von ihr. Dazu kann man jede Polynom-Darstellung heranziehen. Am gebräuchlichsten ist die Monom-Darstellung: Mit $p_m(x) = \sum\limits_{\mu=0}^{m} \tilde{a}_\mu x^\mu$, $q_n(x) = \sum\limits_{\nu=0}^{n} \tilde{b}_\nu x^\nu$, Grad $q_n = n$, folgt

$$r_{mn}(x) = \frac{\sum\limits_{\mu=0}^{m} \tilde{a}_\mu x^\mu}{\sum\limits_{\nu=0}^{n} \tilde{b}_\nu x^\nu} \,.$$

Kürzt man mit $\tilde{b}_n$, so erhält man die standardisierte Darstellung

$$r_{mn}(x) = \frac{\sum\limits_{\mu=0}^{m} a_\mu x^\mu}{x^n + \sum\limits_{\nu=0}^{n-1} b_\nu x^\nu} \,, \quad a_\mu := \frac{\tilde{a}_\mu}{\tilde{b}_n} \,, \quad b_\nu := \frac{\tilde{b}_\nu}{\tilde{b}_n} \,,$$

welche zeigt, daß eine rationale Funktion vom Typ (m, n) von $m+n+1$ Parametern a_μ, $\mu = 0, \ldots, m$, und b_ν, $\nu = 0, \ldots, n-1$, abhängt.

Die *Auswertung* einer rationalen Funktion vom Typ (m, n), die als Quotient von zwei Polynomen vorliegt, nimmt man dadurch vor, daß man das Zähler- und Nennerpolynom jeweils mit einem der bekannten Auswertungsalgorithmen für Polynome (Horner-Schema, Clenshaw-Algorithmus) auswertet. Die Verwendung des Horner-Schemas erfordert dann $m + n$ Additionen, $m + n$ Multiplikationen und eine abschließende Division.

2.5.2 Aufgabe

Es sei $p_6 := T_6 - T_0$, $q_3 := T_3 - \frac{1}{2}T_2 - T_1 + \frac{1}{2}T_0$ (T_n : n-tes Čebyšev-Polynom erster Art). Man bestimme für $r_{63} := \dfrac{p_6}{q_3}$ die bisher diskutierten Darstellungen.

Mit Hilfe des Euklidischen Algorithmus kann man von der Darstellung $r_{mn} = \dfrac{p_m}{q_n}$ als *ein* Quotient zu einem *mehrfach geschachtelten Quotienten* übergehen. So gilt z.B.

$$\frac{x}{x^2+1} = \frac{1}{x + \dfrac{1}{x}}, \qquad \frac{x^2+1}{x^3+2x} = \frac{1}{x + \dfrac{1}{x + \dfrac{1}{x}}} \,.$$

Diese Darstellungen unterscheiden sich bei der Auswertung dadurch, daß in der Form eines geschachtelten Quotienten mehr Divisionen, aber weniger Multiplikationen erforderlich sind; außerdem verhalten sich die Darstellungen unterschiedlich hinsichtlich ihrer numerischen Stabilität. Solche mehrfach geschachtelten Quotienten-Darstellungen, sogenannte *Kettenbruch-Darstellungen*, kann man rekursiv gewinnen.

Seien p_m und q_n, $m < n$, teilerfremde Polynome. Dann gilt

$$q_n = p_{n-m}p_m + p_k \quad \text{mit} \quad k < m \,.$$

Für die rationale Funktion $r_{mn} = \dfrac{p_m}{q_n}$ erhalten wir somit

$$r_{mn} = \frac{1}{\dfrac{q_n}{p_m}} = \frac{1}{p_{n-m} + \dfrac{p_k}{p_m}} \,.$$

Setzt man $r_{mn}^{(0)} := r_{mn}$, $r_{km}^{(1)} := \dfrac{p_k}{p_m}$, $p_{\nu_1} := p_{n-m}$, so haben wir die Darstellung

$$r_{mn}^{(0)} = \frac{1}{p_{\nu_1} + r_{km}^{(1)}} \quad \text{mit} \quad k < m < n \,, \; \nu_1 := n - m \,,$$

hergeleitet, die rekursiv angewendet werden kann. Die Rekursion bricht ab, da $r_{km}^{(1)}$ kleineren Zähler- und Nennergrad als $r_{mn}^{(0)}$ hat. Wir erhalten somit die folgende (verallgemeinerte) *Kettenbruch-Darstellung*.

2.5.3 Satz

Eine rationale Funktion r_{mn} *vom Typ* (m,n) *mit* $m < n$ *läßt sich in der Form*

$$r_{mn} = \frac{1}{p_{\nu_1} + \dfrac{1}{p_{\nu_2} + \ddots \cfrac{}{\; + \dfrac{1}{p_{\nu_s}}}}}$$

darstellen, wobei p_{ν_i} *Polynome vom Grad* ν_i, $i = 1, \ldots, s$, *mit* $\sum\limits_{i=1}^{s} \nu_i = n$ *sind.*

Die Auswertung von r_{mn} in der Kettenbruch-Darstellung erfordert s Divisionen und $s - 1$ Additionen sowie insgesamt jeweils $\sum_{i=1}^{s} \nu_i = n$ Additionen und Multiplikationen zur Auswertung der Polynome p_{ν_i}, $i = 1, \ldots, s$. Die Anzahl der Divisionen ist extremal, falls $\nu_i = 1$, $i = 1, \ldots, s$, gilt. Dann ist r_{mn} als (gewöhnlicher) Kettenbruch dargestellt mit linearen Polynomen p_{ν_i}, $p_{\nu_i}(x) = \alpha_i x + \beta_i$:

$$r_{mn}(x) = \cfrac{1}{\alpha_1 x + \beta_1 + \cfrac{1}{\alpha_2 x + \beta_2 + \cfrac{}{\ddots + \cfrac{1}{\alpha_n x + \beta_n}}}} .$$

Wir verwenden hierfür die auf Pringsheim[12] zurückgehende Schreibweise

$$r_{mn}(x) = \frac{1}{\lvert \alpha_1 x + \beta_1} + \frac{1}{\lvert \alpha_2 x + \beta_2} + \ldots + \frac{1}{\lvert \alpha_n x + \beta_n} .$$

2.5.4 Aufgabe

Mit Hilfe der Rekursionsformel der Čebyšev-Polynome T_n bestimme man die Kettenbruch-Entwicklung von $r_{n\,n+1} := \dfrac{T_n}{T_{n+1}}$ und von $r_{n+1\,n} := \dfrac{T_{n+1}}{T_n}$.

Neben den oben betrachteten Kettenbruch-Darstellungen spielen auch Darstellungen rationaler Funktionen des Typs

$$\tilde{r}(x) := \alpha_0 + \frac{\alpha_1 x + \beta_1}{\lvert\quad 1} + \ldots + \frac{\alpha_n x + \beta_n}{\lvert\quad 1}$$

sowie die hieraus durch Kombination oder Erweitern und Kürzen entstehenden Mischformen eine Rolle. Dies gibt Anlaß zu folgender Definition.

2.5.5 Definition

Es seien $A := (a_\nu)_{\nu=1,2,\ldots}$, $B := (b_\nu)_{\nu=0,1,\ldots}$ zwei Folgen reeller oder komplexer Zahlen. Dann nennt man

$$k_n := b_0 + \frac{a_1}{\lvert b_1} + \frac{a_2}{\lvert b_2} + \ldots + \frac{a_n}{\lvert b_n} := b_0 + \cfrac{a_1}{b_1 + \cfrac{a_2}{b_2 + \cfrac{}{\ddots + \cfrac{a_n}{b_n}}}}$$

den von A und B erzeugten *Kettenbruch der Länge n*, falls keiner der auftretenden Nenner

$$b_n\,, \quad b_{n-1} + \frac{a_n}{\lvert b_n}\,, \quad b_{n-2} + \frac{a_{n-2}}{\lvert b_{n-1}} + \frac{a_n}{\lvert b_n}\,, \ldots$$

verschwindet. Falls $a_\nu = 1$, $\nu = 1, \ldots, n$, gilt, bezeichnet man k_n als *regelmäßigen Kettenbruch*.

---

[12]Pringsheim, Alfred (02.09.1850–25.06.1941)

Ein Kettenbruch k_n ist also ein arithmetischer Ausdruck, bei dessen Auswertung alle vier Grundoperationen $+$, $-$, $\times$, $/$ zur Anwendung kommen und der insoweit eine Verallgemeinerung des Begriffs der mehrfachen Summe $s_n := \sum_{\nu=1}^{n} a_\nu$ und des mehrfachen Produkts $p_n := \prod_{\nu=1}^{n} a_\nu$ darstellt. Wenn die Parameter a_ν, b_ν selbst wieder polynomiale Funktionen, im einfachsten Fall lineare Funktionen, einer Variablen x sind, ist k_n eine rationale Funktion von x.

Kettenbrüche kann man mit einem auf Euler[13] und Wallis[14] zurückgehenden Algorithmus rekursiv auswerten. Für einen Kettenbruch k_n,

$$k_n = b_0 + \frac{a_1|}{|b_1} + \frac{a_2|}{|b_2} + \ldots + \frac{a_n|}{|b_n} =: \frac{P_n}{Q_n} \ ,$$

betrachten wir die Abschnittskettenbrüche

$$k_\mu := b_0 + \frac{a_1|}{|b_1} + \ldots + \frac{a_\mu|}{|b_\mu} =: \frac{P_\mu}{Q_\mu} \ , \quad \mu = 0, \ldots, n \ ,$$

wobei wir $P_0 := b_0$ und $Q_0 := 1$ setzen. Der Auswertungsalgorithmus von Euler und Wallis besteht darin, P_n und Q_n rekursiv zu berechnen. Es gilt

$$P_1 = b_0 b_1 + a_1 \ , \quad Q_1 = b_1 \ .$$

Setzt man ferner $P_{-1} := 1$, $Q_{-1} := 0$, so folgt

$$P_1 = b_1 P_0 + a_1 P_{-1} \ , \quad Q_1 = b_1 Q_0 + a_1 Q_{-1} \ .$$

Wir verifizieren mit Hilfe vollständiger Induktion die auf Grund dieser Identitäten zu vermutenden Rekursionsformeln

$$P_\mu = b_\mu P_{\mu-1} + a_\mu P_{\mu-2} \ , \quad Q_\mu = b_\mu Q_{\mu-1} + a_\mu Q_{\mu-2} \ .$$

Man überlegt zunächst, daß man den Abschnittskettenbruch k_μ der Länge μ als Kettenbruch der Länge $\mu - 1$ deuten kann, wenn man das Schlußglied modifiziert gemäß

$$k_\mu = b_0 + \frac{a_1|}{|b_1} + \ldots + \frac{a_{\mu-1} \quad |}{|b_{\mu-1} + \frac{a_\mu}{b_\mu}} \ .$$

Mit mehrmaliger Anwendung der Induktionsvoraussetzung folgt dann mit $b_\mu \neq 0$

$$k_\mu = \frac{(b_{\mu-1} + \frac{a_\mu}{b_\mu})P_{\mu-2} + a_{\mu-1}P_{\mu-3}}{(b_{\mu-1} + \frac{a_\mu}{b_\mu})Q_{\mu-2} + a_{\mu-1}Q_{\mu-3}} = \frac{b_{\mu-1}P_{\mu-2} + a_{\mu-1}P_{\mu-3} + \frac{a_\mu}{b_\mu}P_{\mu-2}}{b_{\mu-1}Q_{\mu-2} + a_{\mu-1}Q_{\mu-3} + \frac{a_\mu}{b_\mu}Q_{\mu-2}}$$

$$= \frac{P_{\mu-1} + \frac{a_\mu}{b_\mu}P_{\mu-2}}{Q_{\mu-1} + \frac{a_\mu}{b_\mu}Q_{\mu-2}} = \frac{b_\mu P_{\mu-1} + a_\mu P_{\mu-2}}{b_\mu Q_{\mu-1} + a_\mu Q_{\mu-2}} = \frac{P_\mu}{Q_\mu} \ .$$

[13]Euler, Leonhard (15.04.1707 – 18.09.1783)
[14]Wallis, John (23.11.1616 – 28.10.1703)

Dieser Ausdruck kann auch noch für $b_\mu \to 0$ sinnvoll sein. Ist $b_\mu = 0$ und $a_\mu Q_{\mu-2} \neq 0$, so erhalten wir $k_\mu = k_{\mu-2}$. Für $b_\mu = a_\mu Q_{\mu-2} = 0$ lassen sich p_μ und Q_μ zwar mit der soeben hergeleiteten Rekursion auswerten, aber wegen $Q_\mu = 0$ ist k_μ nicht definiert.

2.5.6 Algorithmus von Euler und Wallis

Der Zähler P_n *und der Nenner* Q_n *des Kettenbruchs* k_n,

$$k_n = b_0 + \frac{a_1|}{|b_1} + \ldots + \frac{a_n|}{|b_n} =: \frac{P_n}{Q_n} \,,$$

lassen sich getrennt mit Hilfe der Rekursionen

$$
\begin{aligned}
P_{-1} &:= 1\,, \quad P_0 := b_0\,, \\
P_\mu &:= b_\mu P_{\mu-1} + a_\mu P_{\mu-2}\,, \quad \mu = 1, 2, \ldots, n\,, \\
Q_{-1} &:= 0\,, \quad Q_0 := 1\,, \\
Q_\mu &:= b_\mu Q_{\mu-1} + a_\mu Q_{\mu-2}\,, \quad \mu = 1, 2, \ldots, n\,,
\end{aligned}
$$

auswerten.

2.5.7 Bemerkung

Ein Kettenbruch k_n,

$$k_n(x) = \beta_0 + \frac{\gamma_1\quad|}{|\alpha_1 x + \beta_1} + \ldots + \frac{\gamma_n\quad|}{|\alpha_n x + \beta_n} =: \frac{P_n(x)}{Q_n(x)} \,,$$

stellt somit eine rationale Funktion vom Typ (n, n) dar, deren Zählerpolynom P_n und Nennerpolynom Q_n jeweils mit der gleichen dreigliedrigen Rekursion, aber zu verschiedenen Anfangswerten berechnet werden können:

$$
\begin{aligned}
P_{-1}(x) &= 1\,, \quad P_0(x) = \beta_0\,, \\
P_\mu(x) &= (\alpha_\mu x + \beta_\mu) P_{\mu-1}(x) + \gamma_\mu P_{\mu-2}(x)\,, \quad \mu = 1, 2, \ldots, n\,, \\
Q_{-1}(x) &= 0\,, \quad Q_0(x) = 1\,, \\
Q_\mu(x) &= (\alpha_\mu x + \beta_\mu) Q_{\mu-1}(x) + \gamma_\mu Q_{\mu-2}(x)\,, \quad \mu = 1, 2, \ldots, n\,.
\end{aligned}
$$

Die Auswertung von P_n und Q_n kann also mit einem Algorithmus vom Clenshaw-Typ 2.4.3 erfolgen.

Eine weitere wichtige Darstellung einer rationalen Funktion $r_{mn} = \frac{p_m}{q_n}$, $m < n$, ist die *Partialbruchzerlegung*. Dabei wird r_{mn} zerlegt in die Summe einfacherer rationaler Funktionen, welche mit Hilfe der *Pole* von r_{mn} definiert sind. An einer Nullstelle ξ von q_n hat r_{mn} einen Pol, d.h. für $x \to \xi$ bleibt $r_{mn}(x)$ nicht beschränkt. ξ ist ein Pol der Ordnung s von r_{mn}, wenn ξ eine Nullstelle der Ordnung s von q_n ist.

Die Partialbruchzerlegung läßt sich ebenfalls *rekursiv* gewinnen. Es sei $\xi_1 \in \mathbb{C}$ eine Nullstelle der Ordnung s_1 von q_n. Dann gilt

$$q_n(x) = (x - \xi_1)^{s_1} q_{n-s_1}(x) \, , \quad q_{n-s_1} \in \Pi_{n-s_1} \, , \quad q_{n-s_1}(\xi_1) \neq 0 \, .$$

Mit $\alpha := \dfrac{p_m(\xi_1)}{q_{n-s_1}(\xi_1)}$ zerlegen wir r_{mn} in der Form

$$r_{mn}(x) = \frac{\alpha}{(x - \xi_1)^{s_1}} + \left[\frac{p_m(x)}{q_n(x)} - \frac{\alpha}{(x - \xi_1)^{s_1}} \right] =: \frac{\alpha}{(x - \xi_1)^{s_1}} + \tilde{r}(x) \, .$$

Im Fall $\tilde{r} = 0$ hat r_{mn}, $r_{mn}(x) = \dfrac{\alpha}{(x - s_1)^{s_1}}$, bereits die gesuchte einfachere Darstellung. Andernfalls hat $\tilde{r}$ die Gestalt

$$\tilde{r}(x) = \frac{p_m(x) - \alpha q_{n-s_1}(x)}{(x - \xi_1)^{s_1} q_{n-s_1}(x)} \, .$$

Das Zählerpolynom $\tilde{p} := p_m - \alpha q_{n-s_1}$ von $\tilde{r}$ hat eine Nullstelle für $x = \xi_1$, und es gilt Grad $\tilde{p} = \max(m, n - s_1) < n$. Kürzt man $\tilde{r}$ mit dem Linearfaktor $x - \xi_1$ und weiteren möglicherweise vorhandenen polynomialen Faktoren, um teilerfremden Zähler und Nenner zu erzeugen, so entsteht eine rationale Funktion $r_{\mu\nu}$ vom Typ (μ, ν) mit $\mu < \nu < n$. Also ist für r_{mn} mit $m < n$ die Zerlegung

$$r_{mn}(x) = \frac{\alpha}{(x - \xi_1)^{s_1}} + r_{\mu\nu}(x) \, , \quad \mu < \nu < n \, , \quad \alpha \neq 0 \, ,$$

gezeigt. Eine rekursive Anwendung dieser Zerlegung ergibt die Partialbruchzerlegung von r_{mn}.

2.5.8 Satz

Das Nennerpolynom q_n der rationalen Funktion $r_{mn} = \dfrac{p_m}{q_n}$, $m < n$, habe die Produktdarstellung

$$q_n(x) = \prod_{i=1}^{s} (x - \xi_i)^{s_i} \, , \quad \xi_i \in \mathbb{C} \, , \quad \xi_i \neq \xi_j \quad \text{für} \quad i \neq j \, , \quad s_i \in \mathbb{N} \, , \quad \sum_{i=1}^{s} s_i = n \, .$$

Dann gibt es Konstanten $\alpha_{i\lambda} \in \mathbb{C}$, $\lambda = 1, \ldots, s_i$, mit $\alpha_{is_i} \neq 0$, $i = 1, \ldots, s$, so daß für r_{mn} die Darstellung (Partialbruchzerlegung)

$$r_{mn} = \sum_{i=1}^{s} H_i \, , \quad H_i(x) := \sum_{\lambda=1}^{s_i} \frac{\alpha_{i\lambda}}{(x - \xi_i)^{\lambda}} \, , \quad i = 1, \ldots, s \, ,$$

gilt. (Man bezeichnet die rationale Funktion H_i als den Hauptteil *von r_{mn} an der Stelle ξ_i.)*

Der Existenznachweis für die Partialbruchzerlegung wurde konstruktiv geführt und läßt sich somit auch algorithmisch nachvollziehen. Man beachte aber, daß die Partialbruchzerlegung einer rationalen Funktion mit *rationalen* Koeffizienten *irrationale* Pole haben kann und somit numerisch nur *näherungsweise* bestimmt werden kann.

2.5.9 Aufgabe

Man leite für r_{45}, $r_{45}(x) := \dfrac{x^4 + 5x^3 + 7x^2 + 4x - 1}{(x+1)^4(x-1)}$, die Partialbruchzerlegung her.

Besonders einfach kann man die Partialbruchzerlegung erhalten, wenn q_n nur einfache Nullstellen, r_{mn} also nur einfache Pole hat. Nach obigem Satz 2.5.8 gilt dann

$$r_{mn}(x) = \sum_{i=1}^{n} \frac{\alpha_i}{x - \xi_i} \, ,$$

also

$$\lim_{x \to \xi_k} (x - \xi_k) r_{mn}(x) = \sum_{i=1}^{n} \alpha_i \lim_{x \to \xi_k} \frac{x - \xi_k}{x - \xi_i} = \alpha_k \, .$$

Wegen $q_n(\xi_k) = 0$ folgt aber andererseits

$$\lim_{x \to \xi_k} (x - \xi_k) r_{mn}(x) = \lim_{x \to \xi_k} \frac{p_m(x)}{\frac{q_n(x)}{x - \xi_k}} = \frac{p_m(\xi_k)}{q_n'(\xi_k)} \, ,$$

also insgesamt $\alpha_k = \dfrac{p_m(\xi_k)}{q_n'(\xi_k)}$. Wir erhalten somit:

2.5.10 Satz

Hat die rationale Funktion $r_{mn} = \dfrac{p_m}{q_n}$, $m < n$, nur einfache Pole ξ_i, $i = 1, \ldots, n$, so gilt die Partialbruchzerlegung

$$r_{mn}(x) = \sum_{i=1}^{n} \frac{p_m(\xi_i)}{q_n'(\xi_i)} \frac{1}{x - \xi_i} \, , \quad x \in \mathbb{C} \setminus \{\xi_1, \ldots, \xi_n\} \, .$$

2.5.11 Aufgabe

Man leite für r_{04}, $r_{04}(x) := \dfrac{1}{T_4(x)}$, die Partialbruchzerlegung her.

2.6 Numerische Stabilität von arithmetischen Ausdrücken

Die Hardware elektronischer Rechenmaschinen erlaubt es, arithmetische Ausdrücke, die mit Hilfe der Grundoperationen $+$, $-$, $\times$, $/$ aufgebaut sind, auszuwerten. Auswertbar sind also Polynome, wenn man die Division nicht zuläßt, oder im allgemeinen rationale Funktionen. Wir beschränken uns auf reelle Arithmetik. Legt man normalisierte Gleitpunkt-Arithmetik zu Grunde, so ist es vernünftig, bei der Untersuchung des relativen Fehlers sowohl den Definitionsbereich als auch den Wertebereich zu normieren. Wir setzen also voraus, daß eine polynomiale Funktion p_n vom Grad n bzw. eine rationale Funktion r_{mn} vom Typ (m, n) an einer Stelle $x \in [-1, 1]$ auszuwerten sei; dabei gelte auch $p_n(x) \in [-1, 1]$ bzw. $r_{mn}(x) \in [-1, 1]$.

Wir wenden uns der *Polynomauswertung* zu. Obwohl Polynome als "harmlose" Funktionen gelten, bei denen man keine Probleme erwartet, kann es sowohl zu natürlicher Instabilität als auch zu numerischer Instabilität bei Verwendung eines Auswertungsalgorithmus, z.B. des Horner-Schemas, kommen. Mit folgenden Fehlerquellen muß man rechnen:

- *Argumentfehler* und *Koeffizientenfehler* können eine natürliche Instabilität hervorrufen.

- Der *Auswertungsalgorithmus* (Horner-Schema, Clenshaw-Algorithmus) kann numerisch instabil sein.

In beiden Fällen wird sich die Auswertung eines Čebyšev-Polynoms T_n als problematisch herausstellen.

Die Auswirkung des *Argumentfehlers* kann man in linearer Näherung (symbolisiert durch $\doteq$ statt $=$) mit Hilfe des Taylorschen Satzes abschätzen. Wegen

$$p_n(x) = p_n(\hat{x} + \varepsilon) \doteq p_n(\hat{x}) + \varepsilon p_n'(\hat{x})$$

folgt

$$|p_n(x) - p_n(\hat{x})| \doteq |\varepsilon| \cdot |p_n'(\hat{x})| \ .$$

Speziell für $\hat{x} = 1$ und $p_n = T_n$ gilt wegen Satz 2.3.7 und Aufgabe 2.3.6 a)

$$T_n'(1) = n \, U_{n-1}(1) = n^2 \ .$$

Man erhält somit die Abschätzung

$$|T_n(x) - T_n(1)| \doteq n^2 |\varepsilon| \quad \text{für} \quad |x - 1| \leq \varepsilon \ .$$

Es läßt sich zeigen, worauf wir aber verzichten, daß der Faktor n^2 extremal ist: Für *jedes* Polynom $p_n \in \Pi_n$ gilt für $x \in [-1, 1]$

$$|p_n'(x)| \leq n^2 \max_{|t| \leq 1} |p_n(t)|$$

(Markov-Ungleichung[15] für Polynome); hierbei ist der Faktor n^2 bestmöglich, wie das Beispiel der Čebyšev-Polynome T_n zeigt. Die Argumentfehler können sich also gefährlicher auswirken, als man landläufig erwartet. Für $n = 10$ kann man zwei und für $n = 30$ bereits drei Dezimalstellen an Genauigkeit verlieren. So erhält man mit $x = 0.99995$, $\hat{x} = 1$, $\varepsilon = 5 \cdot 10^{-5}$, den Näherungswert $T_n(\hat{x}) = 1$ statt der exakten Werte $T_{10}(x) = 0.9950\ldots$, $T_{30}(x) = 0.95\ldots$, $T_{100}(x) = 0.54\ldots$.

2.6.1 Bemerkung

In der Analysis gelten Polynome üblicherweise als harmlose Funktionen, da sie "sehr schöne" Eigenschaften besitzen: Sie sind auf $\mathbb{R}$ oder $\mathbb{C}$ beliebig oft differenzierbar, und alle Ableitungen von der $(n+1)$-ten an verschwinden identisch. Man verwendet sie als Näherungen beim Taylorschen Satz, und jede auf einem kompakten Intervall stetige Funktion ist auf Grund des Weierstraßschen Approximationssatzes[16] der

---

[15]Markov, Andrej Andrejevič (14.06.1856–20.07.1922)
[16]Weierstraß, Karl (31.10.1815–19.02.1897)

Grenzwert einer geeigneten, gleichmäßig konvergenten Polynomfolge. Die letztge-
nannte Eigenschaft läßt aber für Polynome auch "unangenehme" Phänomene erwarten, da man stetige Funktionen, die aber nicht überall oder sogar nirgends differenzierbar sind, leicht definieren kann. Allerdings kann man solche "pathologischen"
Funktionen nur mit Polynomen hohen Grades simulieren. Völlig anders geartet ist
die Situation, wenn man eine Funktion f betrachtet, die in einem Intervall I mit
$[-1, 1] \subset I$ in eine Taylorreihe entwickelt werden kann, z.B. exp, sin, cos, $\log(\cdot + a)$
mit $a > 1$. Hier lassen sich die Taylor-Polynome p_n mit kleinen, insbesondere nicht
mit n^2 wachsenden Konstanten c_n in der Ungleichung

$$|p_n'(x)| \leq c_n \max_{|t| \leq 1} |p_n(t)| , \quad x \in [-1, 1] ,$$

abschätzen. Dies impliziert, daß der Einfluß von Argumentfehlern auf den Polynom-
wert i.a. wesentlich geringer als bei den Čebyšev-Polynomen ist. Meist wird nur die
letzte mitgeführte Stelle beeinflußt.

2.6.2 Aufgabe

Es sei p_n, $p_n(x) = \sum_{\nu=0}^{n} \dfrac{x^\nu}{\nu!}$, das n-te Taylor-Polynom der exp-Funktion. Man bestimme eine
möglichst gute Abschätzung vom Typ

$$|p_n'(x)| \leq c_n \cdot \max_{|t| \leq 1} |p_n(t)| , \quad x \in [-1, 1] .$$

Eine weitere Fehlerquelle bilden *fehlerbehaftete Koeffizienten* β_ν, $\nu = 0, \ldots, n$,
in einer Basis-Darstellung $p_n = \sum_{\nu=0}^{n} \beta_\nu v_\nu$, $v_\nu \in \Pi_n$, des auszuwertenden Polynoms
p_n. Sind $\hat{\beta}_\nu$ Näherungen für die Koeffizienten β_ν, $\nu = 0, \ldots, n$, so folgt mit
$\hat{p}_n := \sum_{\nu=0}^{n} \hat{\beta}_\nu v_\nu$ die Abschätzung

$$|p_n(x) - \hat{p}_n(x)| \leq \sum_{\nu=0}^{n} |\beta_\nu - \hat{\beta}_\nu| |v_\nu(x)| \leq \sum_{\nu=0}^{n} |v_\nu(x)| \cdot \max_{\nu=0,\ldots,n} |\beta_\nu - \hat{\beta}_\nu| .$$

Für die Monom- oder Čebyšev-Darstellung folgt wegen $|x^\nu| \leq 1$ und $|T_\nu(x)| \leq 1$
für $|x| \leq 1$

$$|p_n(x) - \hat{p}_n(x)| \leq (n + 1) \cdot \max_{\nu=0,\ldots,n} |\beta_\nu - \hat{\beta}_\nu| , \quad \text{falls } |x| \leq 1 .$$

Der Einfluß der Koeffizientenfehler ist also für $n \geq 2$ wegen des Faktors $n + 1$
statt n^2 für diese beiden Polynom-Darstellungen geringer als derjenige, den die
Argumentfehler ausüben.

2.6.3 Satz

Es sei p_n ein Polynom vom Grad n mit $|p_n(x)| \leq 1$ für $|x| \leq 1$. Für das Argument x und seine Näherung $\hat{x}$ gelte $|x - \hat{x}| \leq \varepsilon$, $|x| \leq 1$, $|\hat{x}| \leq 1$. Für die Koeffizienten β_ν und ihre Näherungen $\hat{\beta}_\nu$, $\nu = 0, \ldots, n$, in der Basis-Darstellung $p_n = \sum\limits_{\nu=0}^{n} \beta_\nu v_\nu$, $\hat{p}_n := \sum\limits_{\nu=0}^{n} \hat{\beta}_\nu v_\nu$ gelte $|\beta_\nu - \hat{\beta}_\nu| \leq \delta$, $\nu = 0, \ldots, n$. Dann lassen sich der Einfluß des Argumentfehlers und der Koeffizientenfehler abschätzen gemäß:

(1) $|p_n(x) - p_n(\hat{x})| \doteq \varepsilon |p'_n(\hat{x})| \leq n^2 \varepsilon$.

(2) $|p_n(x) - \hat{p}_n(x)| \leq \delta \sum\limits_{\nu=0}^{n} |v_\nu(x)|$, wobei $\sum\limits_{\nu=0}^{n} |v_\nu(x)| \leq n+1$ im Fall $v_\nu(x) = x^\nu$ oder $v_\nu(x) = T_\nu(x)$ gilt.

Der Gesamtfehler genügt also im Fall der Monom- oder Čebyšev-Darstellung der Abschätzung

(3) $|p_n(x) - \hat{p}_n(\hat{x})| \leq n^2 \varepsilon + (n+1)\delta$.

Wir wenden uns nun der *Stabilitätsuntersuchung von Auswertungsalgorithmen für Polynome* zu und betrachten exemplarisch das Horner-Schema. Wie im Abschnitt 1.3 dargelegt wurde, geht es dabei darum, den unvermeidbaren Fehler, der von Fehlern des Arguments x und der Koeffizienten β_ν in der Monom-Darstellung herrührt und den wir im obigen Satz 2.6.3 (3) abgeschätzt haben, mit dem durch Rundung und Fortpflanzung im Horner-Schema resultierenden Fehler zu vergleichen. Die Auswertung von p_n, $p_n(x) = \sum\limits_{\nu=0}^{n} a_\nu x^\nu$, erfolgt im Horner-Schema 2.4.1 rekursiv:

$$
\begin{aligned}
a_n^{(1)} &:= a_n \, , \\
a_{n-i}^{(1)} &:= a_{n-i+1}^{(1)} x + a_{n-i} \, , \quad i = 1, \ldots, n \, ;
\end{aligned}
$$

es gilt $p_n(x) = a_0^{(1)}$. Für Maschinenzahlen x, a_i, $i = 0, \ldots, n$, ergeben sich statt der exakten Werte $a_{n-i}^{(1)}$ durch Rundungseffekte verfälschte Werte $\hat{a}_{n-i}^{(1)}$, $i = 0, \ldots, n$, gemäß der Rekursion

$$
\begin{aligned}
\hat{a}_n^{(1)} &= a_n \, , \\
\hat{a}_{n-i}^{(1)} &= (\hat{a}_{n-i+1}^{(1)} \overset{*}{\times} x) \overset{*}{+} a_{n-i} \, , \quad i = 1, \ldots, n \, .
\end{aligned}
$$

Auf Grund der Fehleranalyse 1.4.4 für die arithmetischen Grundoperationen folgt

$$
\hat{a}_{n-i}^{(1)} = ((\hat{a}_{n-i+1}^{(1)} x)(1 + \eta_i) + a_{n-i})(1 + \varepsilon_i) \, , \quad |\eta_i| \leq 5 \cdot 10^{-t} \, , \quad |\varepsilon_i| \leq 5 \cdot 10^{-t},
$$

für $i = 1, \ldots, n$. Dabei bezeichnet ε_i den Additions- und η_i den Multiplikationsfehler im i-ten Schritt des Horner-Algorithmus. Unter Ausnutzung von $\hat{a}_n^{(1)} = a_n$, also $\varepsilon_0 := 0 =: \eta_0$, folgt durch sukzessives Einsetzen

$$\hat{a}_0^{(1)} = (\hat{a}_1^{(1)} x (1 + \eta_n) + a_0)(1 + \varepsilon_n)$$

$$= ((\hat{a}_2^{(1)} x (1 + \eta_{n-1}) + a_1)(1 + \varepsilon_{n-1}) x (1 + \eta_n) + a_0)(1 + \varepsilon_n)$$

$$\vdots$$

$$= \sum_{i=0}^{n} a_{n-i} x^{n-i} \prod_{j=i}^{n} (1 + \varepsilon_j) \prod_{j=i+1}^{n} (1 + \eta_j) .$$

Setzt man die im Horner-Algorithmus verwendete Beziehung

$$a_{n-i} = a_{n-i}^{(1)} - a_{n-i+1}^{(1)} x , \quad i = 1, \ldots, n ,$$

ein, so folgt mit $a_{n+1}^{(1)} := 0$

$$\hat{a}_0^{(1)} = \sum_{i=0}^{n} \left\{ a_{n-i}^{(1)} - a_{n-i+1}^{(1)} x \right\} x^{n-i} \prod_{j=i}^{n} (1 + \varepsilon_j) \prod_{j=i+1}^{n} (1 + \eta_j) .$$

Nach Umsummation erhält man

$$\hat{a}_0^{(1)} - a_0^{(1)} = \sum_{i=0}^{n-1} \left[\left\{ a_{n-i}^{(1)} (1 + \varepsilon_i)(1 + \eta_{i+1}) - a_{n-i}^{(1)} \right\} x^{n-i} \prod_{j=i+1}^{n} (1 + \varepsilon_j) \prod_{j=i+2}^{n} (1 + \eta_j) \right]$$
$$+ a_0^{(1)} (1 + \varepsilon_n) - a_0^{(1)} .$$

In linearer Näherung, d.h. unter Vernachlässigung von Größen, die Produkte von ε_j, η_j enthalten, folgt hieraus

$$\hat{a}_0^{(1)} - a_0^{(1)} \doteq \sum_{i=0}^{n-1} a_{n-i}^{(1)} \left\{ \varepsilon_i + \eta_{i+1} \right\} x^{n-i} + a_0^{(1)} \varepsilon_n .$$

Setzt man $\eta_{n+1} := 0$, so erhalten wir zusammenfassend das nachfolgende Ergebnis.

2.6.4   Resultat

Der bei t-stelliger normalisierter Gleitkomma-Rechnung im Horner-Algorithmus unter Verwendung von Maschinenzahlen x, a_i, $i = 0, \ldots, n$, durch Rundung verursachte Fehler hat in linearer Näherung die Darstellung

$$\hat{a}_0^{(1)} - a_0^{(1)} \doteq \sum_{i=0}^{n} a_{n-i}^{(1)} \{ \varepsilon_i + \eta_{i+1} \} x^{n-i} ;$$

$$|\varepsilon_i| \leq 5 \cdot 10^{-t} , \quad |\eta_i| \leq 5 \cdot 10^{-t} , \quad \varepsilon_0 := \eta_{n+1} := 0 ;$$

dabei bezeichnet ε_i den Additions- und η_i den Multiplikationsfehler im i-ten Schritt des Horner-Algorithmus.

Die numerische Stabilität des Horner-Schemas hängt also entscheidend von den *Horner-Zwischensummen* $a_{n-i}^{(1)}$ ab. Treten im Vergleich zum gesuchten Ergebnis $a_0^{(1)}$ große Zwischensummen $a_{n-i}^{(1)}$, $0 \le i < n$, auf, so ist mit Auslöschung zu rechnen. Ein Indiz für numerische Instabilität sind also betragsmäßig große Zwischensummen $|a_{n-i}^{(1)}|$ im Vergleich zum Ergebnis $|a_0^{(1)}|$. Daß das Horner-Schema für manche Polynome sehr instabil sein kann, läßt sich an Hand der Auswertung der Čebyšev-Polynome T_n demonstrieren, die vergleichsweise große Koeffizienten zu den hohen Potenzen (2^{n-1} und größer) und kleine Koeffizienten zu den niedrigen Potenzen ($a_0 \in \{-1, 0, 1\}$) besitzen. Dabei beschränken wir uns auf den Fall $x = 1$ und $n = 2m$, $m \in \mathbb{N}$. Da die Koeffizienten $a_{2\mu}$ von $T_{2m}(x) = \sum\limits_{\mu=0}^{m} a_{2\mu} x^{2\mu}$ dem Vorzeichen nach alternieren, d.h. $a_{2\mu} \cdot a_{2\mu+2} < 0$ gilt, folgt ($i^2 = -1$)

$$|T_{2m}(i)| = |\sum_{\mu=0}^{m} a_{2\mu}(-1)^\mu| = \sum_{\mu=0}^{m} |a_{2\mu}| \ .$$

Daraus ergibt sich

$$|a_{2\mu_0}| := \max_{\mu=0,\dots,m} |a_{2\mu}| \ge \frac{1}{m+1} |T_{2m}(i)| \ .$$

Da die Koeffizienten a_{2k+1}, $k = 0, \dots, m-1$, verschwinden, gilt

$$a_{n-2\nu}^{(1)} = a_{n-2\nu+2}^{(1)} + a_{n-2\nu} \ , \quad \nu = 1, \dots, m \ ,$$

und es folgt

$$|a_{n-2\nu}| = |a_{n-2\nu}^{(1)} - a_{n-2\nu+2}^{(1)}| \le 2 \cdot \max\{|a_{n-2\nu}^{(1)}|, |a_{n-2\nu+2}^{(1)}|\} \ .$$

Kombiniert man für $\nu = \mu_0$ beide Ungleichungen, so resultiert die Abschätzung

$$\max_{\nu=0,\dots,m} |a_{n-2\nu}^{(1)}| \ge \frac{1}{2(m+1)} |T_{2m}(i)| \ .$$

Wegen $T_{2m}(x) = T_m(T_2(x))$ folgt mit $T_2(i) = -3$

$$|T_{2m}(i)| = |T_m(-3)| = T_m(3) = \cosh(m \operatorname{arcosh}(3)) \ .$$

Da aber $\operatorname{arcosh}(t) = \log(t + \sqrt{t^2 - 1})$ für $t \ge 1$ gilt, folgt

$$T_m(3) = \cosh(m \log(3 + \sqrt{8})) = \tfrac{1}{2}\{(3 + \sqrt{8})^m + (3 + \sqrt{8})^{-m}\}$$

$$> \tfrac{1}{2}(3 + \sqrt{8})^m = \tfrac{1}{2}(1 + \sqrt{2})^{2m} \ .$$

Insgesamt zeigt sich, daß mit $n = 2m$ wegen

$$\max_{\nu=0,\dots,m} |a_{n-2\nu}^{(1)}| > \frac{1}{n+2} |T_n(i)| > \frac{1}{2(n+2)} (1 + \sqrt{2})^n$$

die Zwischensummen, die sich bei Auswertung von T_n im Horner-Schema ergeben, exponentiell anwachsen. Für $n = 10$ muß man bereits mit dem Verlust von drei signifikanten Stellen rechnen, bei $n = 20$ können bereits 6 Stellen falsch sein, und für $n \approx 30$ kann sich bei 10-stelliger Rechnung ein in sämtlichen Dezimalstellen falsches Resultat ergeben.

Beispielsweise erhält man im Fall $n = 10$ und

$$T_{10}(x) = 512x^{10} - 1280x^8 + 1120x^6 - 400x^4 + 50x^2 - 1$$

statt des exakten Wertes $T_{10}(0.9999) = 0.99001648\ldots$ mit dem Horner-Algorithmus bei 5-stelliger Gleitpunkt-Arithmetik den Näherungswert 0.98960 und bei 7-stelliger Rechnung die Näherung 0.9900020. Für den Verlust von etwa drei signifikanten Stellen ist dabei die extremale Zwischensumme $|a_{n-1}^{(1)}| \approx 768$ verantwortlich.

Beim *Clenshaw-Algorithmus* 2.4.3 hängt die numerische Stabilität ebenfalls von den entsprechenden Zwischensummen $a_{n-i}^{(1)}$, $i = 1, \ldots, n-1$, ab. Man würde deshalb eigentlich kein günstigeres Stabilitätsverhalten als beim Horner-Schema erwarten. Bei der Auswertung eines konkret gegebenen Polynoms p_n ist der Clenshaw-Algorithmus in der Regel aber wesentlich stabiler als das Horner-Schema. Dies hat seinen Grund im völlig unterschiedlichen Verhalten der Koeffizienten a_ν bzw. α_ν, $\nu = 0, \ldots, n$, der Monom- bzw. Čebyšev-Darstellung

$$p_n(x) = \sum_{\nu=0}^{n} a_\nu x^\nu = \sum_{\nu=0}^{n} \alpha_\nu T_\nu(x)$$

von p_n. Da T_ν in der Monom-Entwicklung (vgl. 2.3.8)

$$T_\nu(x) = \sum_{\mu=0}^{\nu} a_{\nu\mu} x^\mu , \quad \nu = 0, 1, \ldots ,$$

vergleichsweise große Koeffizienten $a_{\nu\mu}$ zu den hohen Potenzen x^ν, $x^{\nu-1}, \ldots$ hat, sind die Koeffizienten α_n, $\alpha_{n-1}, \ldots$ zu den großen Indizes n, $n-1, \ldots$ wesentlich kleiner, etwa um den Faktor 2^{1-n}, als die entsprechenden Koeffizienten a_n, $a_{n-1}, \ldots$ Dies impliziert, daß für dasselbe Polynom p_n die Zwischensummen beim Clenshaw-Algorithmus in der Regel nicht so groß sind wie die beim Horner-Algorithmus. Wenn also das Horner-Schema für ein Polynom numerisch instabil ist, kann es empfehlenswert sein, zu einer T_n-Darstellung und dem Clenshaw-Algorithmus überzugehen. Dies wird sich dann lohnen, wenn das Polynom oft ausgewertet werden muß, da dann der Rechenaufwand für die Umentwicklung (eventuell mit höherer Genauigkeit durchgeführt) nicht ins Gewicht fällt.

Aus diesen Fehleruntersuchungen kann man folgendes Fazit ziehen:

- Die Auswertung von Polynomen relativ niedrigen Grades ($n \approx 20$ bei 10-stelliger Genauigkeit) kann ein numerisch sehr instabiler Prozeß sein. Die Tatsache, daß ein Polynom einen relativ niedrigen Grad hat, ist noch keine Garantie dafür, daß man nicht signifikante Stellen in größerer Zahl verliert.

- Polynome mit zusätzlichen Struktureigenschaften (z.B. Taylor-Polynome von Funktionen f, die in einem Intervall I mit $[-1,1] \subset I$ in eine Potenzreihe entwickelbar sind) lassen sich i.a. mit dem Horner-Algorithmus oder mit dem Clenshaw-Algorithmus numerisch stabil auswerten.

2.7   Lineare Rekursionen

Beim Einsatz von programmierbaren Rechengeräten ist man besonders an rekursiv definierten Verfahren interessiert, da im wesentlichen nur ein einziger Rekursionsschritt bei der Programmierung implementiert werden muß, während das Verfahren selbst über eine möglicherweise sehr große Zahl von Rekursionsschritten "automatisch" abläuft. Andererseits ist man natürlich auch daran interssiert, die Berechnungskomplexität des Verfahrens, also die Anzahl der erforderlichen Rechenoperationen möglichst niedrig zu halten. Kennt man die Komplexität eines Rekursionsschritts, so kann man die des Verfahrens insgesamt ebenfalls rekursiv bestimmen. Um die Komplexität von Algorithmen messen und vergleichen zu können, benötigt man also Aussagen über die Entwicklung von Rekursionen über viele Schritte hinweg. Besonders gut kennt man das asymptotische Verhalten von Folgen, die mit Hilfe von sogenannten *linearen Rekursionen k-ter Ordnung* definiert sind. (Diese sind auch in der Numerik bei der Lösung von Differentialgleichungen sowie in der Digitaltechnik bei der Analyse von digitalen Filtern von großer Bedeutung.)

Wir betrachten den $\mathbb{K}$-Vektorraum S, der aus allen Folgen

$$x = (x_n)_{n \in \mathbb{N}_0} , \quad x_n \in \mathbb{K} ,$$

besteht, mit der üblichen linearen Struktur: Für $x, y \in S$, $\alpha, \beta \in \mathbb{K}$ gelte

$$\alpha x + \beta y := (\alpha x_n + \beta y_n)_{n \in \mathbb{N}_0} .$$

Zu gegebenen Größen $\beta_\nu \in \mathbb{K}$, $\nu = 0, \ldots, k$, mit $\beta_0 \beta_k \neq 0$ sowie einer gegebenen Folge $d = (d_n)_{n \in \mathbb{N}_0}$ und gegebenen Anfangsgliedern $x_0, x_1, \ldots, x_{k-1}$ wird durch

$$(R) \qquad \sum_{\nu=0}^{k} \beta_\nu x_{n-\nu} = d_n , \quad n = k, k+1, \ldots$$

implizit eine Folge x *linear rekursiv* definiert; in expliziter Form gilt

$$x_n = -\frac{1}{\beta_0} \sum_{\nu=1}^{k} \beta_\nu x_{n-\nu} + \frac{d_n}{\beta_0} .$$

Man darf offensichtlich o.B.d.A. $\beta_0 = 1$ annehmen. Die auf diese Weise definierte *lineare Rekursion* heißt *homogen*, falls $d_n = 0$, $n \geq k$, gilt, andernfalls *inhomogen*. Man nennt die Folge x auch *Lösung* von (R); dabei betrachtet man (R) als unendliches lineares Gleichungssystem für x_n, $n = k, k+1, \ldots$ Bei den Anwendungen, die wir zum Ziel haben, spielt aber nur die Rekursionsidee eine Rolle. Die Lösungstheorie linearer Rekursionsgleichungen verläuft weitgehend analog zur Theorie linearer Gleichungssysteme (vgl. folgende Aufgabe 2.7.1).

2.7.1   Aufgabe

Man zeige:

a) Die **Lösungen** einer homogenen Rekursion (R) bilden einen k-dimensionalen Untervektorraum S_k von S.

b) Die von den Anfangsgliedern $x_0^{(\mu)}, \ldots, x_{k-1}^{(\mu)}$ mit $x_\nu^{(\mu)} = \delta_{\nu\mu}$ (Kronecker-Symbol[17]) erzeugten Folgen $x^{(\mu)}$, $\mu = 0, \ldots, k-1$, bilden eine Basis von S_k.

c) Jede Lösung x der inhomogenen Rekursion (R) läßt sich darstellen in der Form $x = v + s$, wobei $s \in S_k$ und v eine spezielle Lösung der inhomogenen Rekursion ist.

Gewisse Folgen, die linear rekursiv definiert sind, kann man im homogenen Fall elegant mit Hilfe der sogenannten *erzeugenden Funktion* in übersichtlicher Form darstellen.

2.7.2   Definition

Für die Folge $x = (x_n)_{n \in \mathbb{N}_0}$ gelte $r := \limsup\limits_{n \to \infty} \sqrt[n]{|x_n|} < \infty$. Dann bezeichnet man die durch die Potenzreihe

$$X(z) := \sum_{n=0}^{\infty} x_n z^n , \quad |z| < 1/r ,$$

definierte Funktion X als *erzeugende Funktion* der Folge x.

Man beachte, daß wir nur Folgen betrachten, die nicht zu schnell wachsen. Die Folge $(n!)_{n \in \mathbb{N}_0}$ z.B. besitzt keine erzeugende Funktion im Sinne der Definition 2.7.2. Jede im Nullpunkt in eine Taylorreihe entwickelbare (analytische) Funktion X ist eine erzeugende Funktion und zwar der Folge x mit $x_n = \dfrac{X^{(n)}(0)}{n!}$. Eine Folge $x = (x_n)_{n \in \mathbb{N}_0}$ mit $\limsup\limits_{n \to \infty} \sqrt[n]{|x_n|} < \infty$ und ihre erzeugende Funktion X entsprechen sich also umkehrbar eindeutig. Dies erlaubt es uns, statt der Folge x die erzeugende Funktion X und umgekehrt zu betrachten.

Um die homogene lineare Rekursion

$$\sum_{\nu=0}^{k} \beta_\nu x_{n-\nu} = 0 , \quad n = k, k+1, \ldots ,$$

zu gegebenen Anfangsgliedern $x_0, \ldots, x_{k-1}$ zu lösen, verwenden wir die erzeugende Funktion X, $X(z) = \sum\limits_{n=0}^{\infty} x_n z^n$, der gesuchten Folge $x = (x_n)_{n \in \mathbb{N}_0}$. Daß dies erlaubt ist, d.h. daß x überhaupt eine erzeugende Funktion hat, wird sich später herausstellen, wenn wir nämlich zeigen, daß X eine rationale Funktion vom Typ (l, k) mit $l < k$ ist, die im Nullpunkt keinen Pol hat. Es sei $f = (f_n)_{n \in \mathbb{N}_0}$ die Folge mit

$$f_n := \begin{cases} x_n , & n = 0, 1, \ldots, k-1 , \\ \displaystyle\sum_{\nu=0}^{k} \beta_\nu x_{n-\nu} , & n = k, k+1, \ldots \end{cases}$$

Dann gilt $f_n = 0$ für $n = k, k+1, \ldots$; also gehört zu f das Polynom F,

---

[17]Kronecker, Leopold (07.12.1823–29.12.1891)

$F(z) = \sum\limits_{n=0}^{k-1} x_n z^n$, als erzeugende Funktion. Andererseits gilt nach Definition

$$F(z) = \sum_{n=0}^{\infty} f_n z^n = \sum_{n=0}^{k-1} x_n z^n + \sum_{n=k}^{\infty} f_n z^n = F(z) + \sum_{n=k}^{\infty} \left(\sum_{\nu=0}^{k} \beta_\nu x_{n-\nu} \right) z^n \, .$$

In einer Umgebung des Nullpunkts ist diese Potenzreihe absolut konvergent, also ist dort Umordnung erlaubt. Dies ergibt nach Subtraktion von $F(z)$

$$\sum_{\nu=0}^{k} \beta_\nu z^\nu \left(\sum_{n=k}^{\infty} x_{n-\nu} z^{n-\nu} \right) = 0 \, .$$

Hier stimmen die inneren Summen bis auf die ersten $k-1-\nu$ Summanden mit $X(z)$ überein. Es folgt also

$$\sum_{\nu=0}^{k} \beta_\nu z^\nu \left(\sum_{n=0}^{k-1-\nu} x_n z^n + \sum_{n=k}^{\infty} x_{n-\nu} z^{n-\nu} \right) = \sum_{\nu=0}^{k} \beta_\nu z^\nu \left(\sum_{n=0}^{k-1-\nu} x_n z^n \right)$$
$$= \sum_{\nu=0}^{k-1} \left(\sum_{n=\nu}^{k-1} \beta_\nu x_{n-\nu} z^n \right) \, .$$

Durch Vertauschen der Summationsreihenfolge auf der rechten Seite erhält man

$$\sum_{\nu=0}^{k} \beta_\nu z^\nu \cdot X(z) = \sum_{n=0}^{k-1} \left(\sum_{\nu=0}^{n} \beta_\nu x_{n-\nu} \right) z^n \, .$$

Setzt man

$$H_k(z) := \sum_{n=0}^{k} \beta_n z^n \, , \quad G_{k-1}(z) := \sum_{n=0}^{k-1} \left(\sum_{\nu=0}^{n} \beta_\nu x_{n-\nu} \right) z^n \, ,$$

so folgt für X die Darstellung

$$X(z) = \frac{G_{k-1}(z)}{H_k(z)} \, , \quad G_{k-1} \in \Pi_{k-1} \, , \quad H_k \in \Pi_k \, ,$$

dabei hat G_{k-1} höchstens den Grad $k-1$, während H_k den genauen Grad k hat. Außerdem hängt H_k *nicht* von den Anfangsgliedern $x_0, \ldots, x_{k-1}$ ab, und es gilt $H_k(0) = \beta_0 \neq 0$. Man bezeichnet H_k als *charakteristisches Polynom* der Rekursion (R). Wir halten fest:

2.7.3   Satz

Die erzeugende Funktion X der mit Hilfe der Anfangsglieder $x_0, \ldots, x_{k-1}$ durch die homogene lineare Rekursion

$$(R) \qquad \sum_{\nu=0}^{k} \beta_\nu x_{n-\nu} = 0 \, , \quad n = k, k+1, \ldots, \quad \beta_0 \beta_k \neq 0 \, ,$$

erzeugten Folge $x = (x_n)_{n \in \mathbb{N}_0}$ ist eine rationale Funktion vom Typ (l, k), $l < k$, und hat die Darstellung

$$X(z) \quad = \frac{G_{k-1}(z)}{H_k(z)} \;,$$

$$G_{k-1}(z) := \sum_{n=0}^{k-1} \left(\sum_{\nu=0}^{n} \beta_\nu x_{n-\nu} \right) z^n \;, \quad H_k(z) := \sum_{n=0}^{k} \beta_n z^n \;.$$

Der Nullpunkt $z = 0$ ist kein Pol von X.

2.7.4 Beispiel

Wir betrachten die Fibonacci-Rekursion[18]

$$x_n = x_{n-1} + x_{n-2} \;, \quad n = 2, 3, \ldots$$

Mit $\beta_0 = 1$, $\beta_1 = \beta_2 = -1$ folgt $H_2(z) = 1 - z - z^2$, $G_1(z) = x_0 + (x_1 - x_0)z$, also $X(z) = \dfrac{x_0 + (x_1 - x_0)z}{1 - z - z^2}$. Zu den Anfangsgliedern $x_0 = x_1 = 1$ gehört $X_1(z) := \dfrac{1}{1 - z - z^2}$, während zu $x_0 = 0$, $x_1 = 1$ die erzeugende Funktion $X_2(z) := \dfrac{z}{1 - z - z^2}$ gehört.

Wir bestimmen nun ein System spezieller Lösungen der homogenen Rekursion (R) durch eine geeignete Wahl der Anfangsbedingungen, so daß man ihr asymptotisches Verhalten besonders gut erkennen kann. Die Koeffizienten a_n, $n = 0, \ldots, k-1$, des Zählerpolynoms G_{k-1} hängen von den Koeffizienten β_ν und den Anfangsgliedern x_ν, $\nu = 0, \ldots, k-1$, ab in der Form

$$a_n = \sum_{\nu=0}^{n} \beta_\nu x_{n-\nu} \;, \quad n = 0, \ldots, k-1 \;.$$

Dies ist ein lineares Gleichungssystem mit Dreiecksgestalt für die Unbekannten x_ν, $\nu = 0, \ldots, k-1$, das man wegen $\beta_0 \neq 0$ durch sukzessives Einsetzen nach $x_0, x_1, \ldots, x_{k-1}$ auflösen kann. Anders formuliert: Zu gegebenen Polynom-Koeffizienten a_n, $n = 0, \ldots, k-1$, existiert genau ein Satz von Anfangsgliedern x_ν, $\nu = 0, \ldots, k-1$, d.h. man kann zu jedem Polynom $p_{k-1} \in \Pi_{k-1}$ einen Satz von Anfangsgliedern $x_0, \ldots, x_{k-1}$ finden, so daß die von diesen erzeugte Folge x die erzeugende Funktion

$$X(z) = \frac{p_{k-1}(z)}{H_k(z)}$$

hat. Sind $\zeta_1, \ldots, \zeta_s$ die untereinander verschiedenen Nullstellen von H_k mit ihren jeweiligen Vielfachheiten $m_1, \ldots, m_s$, so gilt, da H_k den Höchstkoeffizienten β_k hat,

$$H_k(z) = \beta_k (z - \zeta_1)^{m_1} \cdots (z - \zeta_s)^{m_s} \;, \quad \sum_{i=1}^{s} m_i = k \;.$$

Durch Wahl von k speziellen Sätzen von Anfangsgliedern erhalten wir für p_{k-1} spezielle Polynome $p_{i\nu}$, $\nu = 1, \ldots, m_i$, $i = 1, \ldots, s$, und für X die erzeugenden Funktionen

$$X_{i\nu} := \frac{p_{i\nu}}{H_k} \;, \quad \nu = 1, \ldots, m_i \;, \quad i = 1, \ldots, s \;,$$

---

[18] "Filius Bonaccii", Beiname für Leonardo von Pisa (ca. 1180 – ca. 1250)

von Folgen $x_{i\nu}$ (statt x). Unser Ziel ist es, die $p_{i\nu}$ so zu wählen, daß die $X_{i\nu}$, $\nu = 1, \ldots, m_i$, $i = 1, \ldots, s$, eine besonders einfache Form haben. Wir setzen zu diesem Zweck

$$p_{i\nu}(z) := \beta_k(-1)^k \zeta_i(\nu - 1)! z^{\nu-1}(\zeta_i - z)^{m_i-\nu} \prod_{\substack{\lambda=1 \\ \lambda \neq i}}^{s} (\zeta_\lambda - z)^{m_\lambda} .$$

Dann folgt nach Einsetzen und Kürzen

$$X_{i\nu}(z) = \zeta_i(\nu-1)! \frac{z^{\nu-1}}{(\zeta_i - z)^\nu} = \frac{(\nu-1)!}{\zeta_i^{\nu-1}} \frac{z^{\nu-1}}{(1 - \frac{z}{\zeta_i})^\nu} , \quad z \in \mathbb{C} \setminus \{\zeta_i\} .$$

Wir wenden uns nun dem Problem zu, die rationalen Funktionen $X_{i\nu}$ in Potenzreihen zu entwickeln. Wichtig ist der Zusammenhang mit der geometrischen Reihe; es gilt für $i = 1, \ldots, s$

$$X_{i1}(z) = \frac{1}{1 - \frac{z}{\zeta_i}} = \sum_{n=0}^{\infty} \zeta_i^{-n} z^n , \quad |z| < |\zeta_i| .$$

X_{i1} ist somit die erzeugende Funktion der Folge $x_{i1} := (\zeta_i^{-n})_{n \in \mathbb{N}_0}$. Durch $(\nu-1)$-fache Differentiation von X_{i1} und der zugehörigen geometrischen Reihe (gliedweise durchgeführt) folgt

$$X'_{i1}(z) \quad = \frac{1}{\zeta_i} \frac{1}{(1 - \frac{z}{\zeta_i})^2} \quad = \sum_{n=1}^{\infty} n \zeta_i^{-n} z^{n-1}$$

$$\vdots$$

$$X_{i1}^{(\nu-1)}(z) \quad = \frac{1}{\zeta_i^{\nu-1}} \frac{(\nu-1)!}{(1 - \frac{z}{\zeta_i})^\nu} \quad = \sum_{n=\nu-1}^{\infty} n(n-1) \cdots (n - (\nu-2)) \zeta_i^{-n} z^{n-(\nu-1)} .$$

Wegen

$$X_{i\nu}(z) = z^{\nu-1} X_{i1}^{(\nu-1)}(z)$$

erhalten wir somit die Potenzreihenentwicklung

$$X_{i\nu}(z) = \sum_{n=\nu-1}^{\infty} n(n-1) \cdots (n - (\nu-2)) \zeta_i^{-n} z^n , \quad |z| < |\zeta_i| .$$

Da

$$n(n-1) \cdots (n - (\nu-2)) = 0 \quad \text{für} \quad n = 0, 1, \ldots, \nu-2$$

gilt, folgt schließlich

$$X_{i\nu}(z) = \sum_{n=0}^{\infty} n(n-1) \cdots (n - (\nu-2)) \zeta_i^{-n} z^n , \quad |z| < |\zeta_i| .$$

Diese Darstellung zeigt, daß $X_{i\nu}$ die erzeugende Funktion der Folge

$$x_{i\nu} := \left(n(n-1) \cdots (n - (\nu-2)) \zeta_i^{-n} \right)_{n \in \mathbb{N}_0} , \quad \nu = 1, \ldots, m_i , \quad i = 1, \ldots, s ,$$

ist. Man sieht, daß eine Nullstelle ζ_i von H_k eine Lösung von (R) erzeugt, die mit ζ_i^{-n} wächst, falls $|\zeta_i| < 1$, bzw. abklingt, falls $|\zeta_i| > 1$ gilt. Ist die Vielfachheit m_i von ζ_i größer als Eins, so tritt im Fall $\nu = m_i$ multiplikativ ein Faktor von der Größenordnung n^{m_i-1} hinzu. Dieser entscheidet im Grenzfall $|\zeta_i| = 1$ darüber, ob die zugehörige Folge $x_{i\nu}$ beschränkt bleibt oder nicht. Es ist plausibel (wir verzichten aber auf den Beweis), daß diese Folgen $x_{i\nu}$, $\nu = 1, \ldots, m_i$, $i = 1, \ldots, s$, eine Basis des Lösungsraumes von (R) bilden. Wir halten fest.

2.7.5 Satz

Das charakteristische Polynom H_k, $H_k(z) = \sum_{\nu=0}^{k} \beta_\nu z^\nu$, der homogenen linearen Rekursion

(R) $$\sum_{\nu=0}^{k} \beta_\nu x_{n-\nu} = 0 , \quad n = k, k+1, \ldots, \quad mit \quad \beta_0 \beta_k \neq 0$$

habe die Faktorisierung

$$H_k(z) = \beta_k \prod_{i=1}^{s} (z - \zeta_i)^{m_i} .$$

Dann gilt:
(1) Die Folgen $x_{i\nu} = \big(n(n-1)\cdots(n-(\nu-2))\zeta_i^{-n}\big)_{n \in \mathbb{N}_0}$, $\nu = 1, \ldots, m_i$, $i = 1, \ldots, s$, bilden eine Basis des Lösungsraumes von (R).
(2.1) Gilt $|\zeta_i| < 1$ für $i = 1, \ldots, s$, so sind alle nichttrivialen Lösungen von (R) unbeschränkt für $n \to \infty$.
(2.2) Gilt $|\zeta_i| > 1$ für $i = 1, \ldots, s$, so konvergieren alle Lösungen von (R) für $n \to \infty$ gegen Null.
(2.3) Gilt $|\zeta_i| \geq 1$ für $i = 1, \ldots, s$, und gilt $m_\lambda = 1$, falls $|\zeta_\lambda| = 1$ für ein $\lambda \in \{1, \ldots, s\}$, so bleiben alle Lösungen von (R) beschränkt für $n \to \infty$.

2.7.6 Beispiel

Für die Fibonacci-Rekursion $x_n = x_{n-1} + x_{n-2}$, $n = 2, 3, \ldots$, gilt

$$H_2(z) = 1 - z - z^2 = -(z - \zeta_1)(z - \zeta_2) ,$$

$$\zeta_1 = \frac{-1 + \sqrt{5}}{2} , \quad \zeta_2 = \frac{-1 - \sqrt{5}}{2} = -1/\zeta_1 .$$

Die Fibonacci-Rekursion erzeugt also wegen $|\zeta_1| < 1$ sowohl unbeschränkte, als auch wegen $|\zeta_2| > 1$ abklingende Lösungen. Die Elemente jeder Lösung von (R) haben die Form $x_n = \alpha \zeta_1^{-n} + \beta \zeta_2^{-n}$, $n = 0, 1, \ldots$, wobei α, β durch die Anfangsglieder x_0, x_1 bestimmt sind.

2.7.7 Aufgabe

Man bestimme für die Rekursion

(R) $$4x_n - 8x_{n-1} + 5x_{n-2} - x_{n-3} = 0 , \quad n = 3, 4, \ldots,$$

eine Basis des Lösungsraums.

Um eine *inhomogene* Rekursion explizit lösen zu können, benötigt man neben einer Basis des Lösungsraums der homogenen Rekursion, wofür wir eine vollständige Theorie entwickelt haben, eine spezielle Lösung v der inhomogenen. Je nach der Gestalt der Inhomogenität $(d_n)_{n \geq k}$ sind verschiedene Techniken entwickelt worden.

So sind oft folgende Ansätze erfolgreich:

d_n	v
$n^k,\ k \in \mathbb{N}$	$\alpha_k + \alpha_{k-1} n + \ldots + \alpha_0 n^k$
$\sin n\alpha$ oder $\cos n\alpha$	$a_0 \sin n\alpha + a_1 \cos n\alpha$

Durch Einsetzen von v in die Rekursion ergeben sich damit Bedingungen an $\alpha_0, \ldots, \alpha_k$ bzw. a_0, a_1. Wir erläutern eine Möglichkeit im folgenden Beispiel.

2.7.8 Beispiel

Gesucht sei die Lösung der Rekursion

$$(R) \qquad x_n - x_{n-1} - x_{n-2} = 8 - n^2 \ , \quad n = 2, 3, \ldots$$

zu den Anfangswerten $x_0 = 5$, $x_1 = 15$. Hierzu bestimmen wir zunächst die allgemeine Lösung von (R). Da $d_n = 8 - n^2$ ein Polynom vom Grad 2 in n ist, machen wir den Ansatz

$$v_n := \alpha_0 n^2 + \alpha_1 n + \alpha_2 \ , \quad \alpha_0, \alpha_1, \alpha_2 \in \mathbb{K} \ ,$$

um eine spezielle Lösung $v = (v_n)_{n \in \mathbb{N}_0}$ von (R) zu finden. Durch Einsetzen in (R) und Umordnen der linken Seite nach Potenzen von n erhalten wir

$$-\alpha_0 n^2 + (6\alpha_0 - \alpha_1)n - 5\alpha_0 + 3\alpha_1 - \alpha_2 = 8 - n^2$$

und hieraus durch Koeffizientenvergleich der Potenzen von n die Lösung $\alpha_0 = 1$, $\alpha_1 = 6$, $\alpha_2 = 5$. Aus der Lösbarkeit folgt, daß $v = (v_n)_{n \in \mathbb{N}_0}$ mit $v_n = n^2 + 6n + 5$ eine spezielle Lösung von (R) ist.

Die allgemeine Lösung der homogenen Rekursion wurde im Beispiel 2.7.6 hergeleitet. Auf Grund von Aufgabe 2.7.1 c) haben die Elemente der allgemeinen Lösung $x = (x_n)_{n \in \mathbb{N}_0}$ von (R) die Form

$$x_n = \alpha \zeta_1^{-n} + \beta \zeta_2^{-n} + n^2 + 6n + 5 \ , \quad \alpha, \beta \in \mathbb{K} \ .$$

Wegen $x_0 = 0$, $x_1 = 15$ folgt $\alpha = \frac{3}{5}\sqrt{5} = -\beta$, also $x_n = \frac{3}{5}\sqrt{5}\zeta_1^{-n} - \frac{3}{5}\sqrt{5}\zeta_2^{-n} + n^2 + 6n + 5$, $n \in \mathbb{N}_0$.

2.7.9 Bemerkung

Falls $\beta_\nu \in \mathbb{R}$, $\nu = 0, \ldots, k$, gilt, sind die Nullstellen ζ_i von H_k reell, oder sie treten in konjugiert-komplexen Paaren auf. Bei entsprechender Numerierung der ζ_i folgt also $\operatorname{Im} \zeta_i > 0$, $i = 1, \ldots, \tau$, $\zeta_i = \bar{\zeta}_{i-\tau}$, $i = \tau + 1, \ldots, 2\tau$, $\zeta_i \in \mathbb{R}$, $i = 2\tau + 1, \ldots, k$. In diesem Fall bilden die Folgen (vgl. Satz 2.7.5)

$$\hat{x}_{i\nu} := \begin{cases} \operatorname{Re} x_{i\nu} & , \quad i = 1, \ldots, \tau \ , \\ \operatorname{Im} x_{i-\tau\, \nu} & , \quad i = \tau + 1, \ldots, 2\tau \ , \\ x_{i\nu} & , \quad i = 2\tau + 1, \ldots, k \ , \quad \nu = 1, \ldots, m_i \ , \end{cases}$$

eine *reelle* Lösungsbasis von (R).

3. Interpolation und Quadratur

3.1 Einleitung

Die Interpolation und die Quadratur, die Gegenstand dieses Paragraphen sind, entstanden aus dem Wunsch heraus, den Verlauf einer Funktion f bzw. deren Integral zu bestimmen, obwohl nur einzelne Werte $f(x_i)$, $i = 0, \ldots, n$, von f bekannt sind. Daß diese Problemstellung nur sinnvoll ist, wenn man zusätzliche Forderungen an f stellt, leuchtet unmittelbar ein. Denn es gibt einerseits beliebig viele *stetige* Funktionen g, die mit f die Werte $g(x_i) = f(x_i)$, $i = 0, \ldots, n$, gemeinsam haben, aber andererseits i.a. keine *lineare* Funktion h, die ebenfalls die Werte $f(x_i)$, $i = 0, \ldots, n$, annimmt (Abb. 3.1).

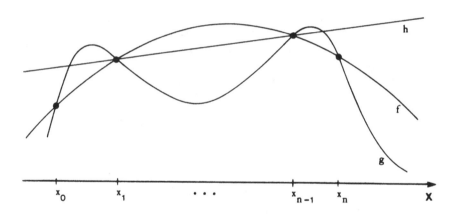

Abb. 3.1

Da eine Polynom-Funktion p mit

$$p(x) = \sum_{\nu=0}^{n} a_\nu x^\nu$$

linear von $n + 1$ Parametern a_ν, $\nu = 0, \ldots, n$, abhängt, kann man hoffen, daß man bei $n + 1$ vorgegebenen Werten $f(x_i)$ ein eindeutig bestimmtes Polynom vom Grad n finden kann, das diese Werte annimmt, also $p(x_i) = f(x_i)$, $i = 0, \ldots, n$, liefert. Außerdem kann man einen Näherungswert für $\int_a^b f(x) \, dx$

durch $\int_a^b p(x)\,dx$ erhalten (Abb. 3.2); diesen Näherungsprozeß bezeichnen wir als interpolatorische Quadratur. Die Frage ist allerdings, wie gut diese Näherung ist.

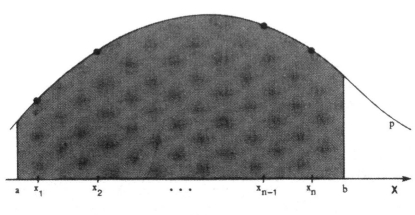

Abb. 3.2

Historisch von großer Bedeutung für die Entwicklung der Interpolation war der Wunsch, "zwischen den Werten einer Funktionstafel zu lesen". Es ist erst wenig mehr als ein Jahrzehnt her, als Funktionstafeln ("Logarithmentafeln") für die elementaren Funktionen ($\sqrt{\ }$, sin, cos, log, exp,...) im Schulunterricht und im Studium allgemeine Verwendung fanden. Auszugsweise findet man z.B.

$$\sin 30° \approx 0.50000\,,$$
$$\sin 30°10' \approx 0.50252\,,$$
$$\sin 30°20' \approx 0.50503\,,$$
$$\sin 30°30' \approx 0.50754\,.$$

(Dabei bedeutet $\approx$, daß auf der rechten Seite dieses Symbols gerundete Näherungswerte angegeben sind.) In einer solchen Tafel findet man Näherungen für die 540 Sinus-Werte $\sin 0°$ bis $\sin 89°50'$ mit 10 Minuten fortschreitend. Andere Werte erreicht man mit Hilfe des Additionstheorems. Heute liefert dagegen ein einfacher Taschenrechner auf Knopfdruck acht- bis zehnstellige Näherungen für jeden gewünschten Sinus-Wert in Echtzeit. Offensichtlich hat die Elektronik hier eine völlig neue Entwicklung bewirkt. Dies liegt an einer vollkommen unterschiedlichen Kostenentwicklung der Speichermedien im Vergleich zur Arithmetik. Vor dem Aufkommen allgemein verfügbarer billiger elektronischer Rechengeräte war die Arithmetik – und die damit verbundene menschliche Arbeitskraft – teuer im Vergleich zu den damals üblichen Speichern in Form gedruckter Funktionstafeln. Heute sind große elektronische Speicher immer noch teuer, während der Preis eines Taschenrechners etwa dem Preis einer Funktionstafel entspricht.

Während man früher versuchte, wenig zu rechnen auf Kosten großer Speicher, geht man heute den umgekehrten Weg und bemüht sich, wenig zu speichern auf Kosten einer schnellen Arithmetik. Natürlich kommt ein Taschenrechner oder ein PC nicht ohne gespeicherte Konstanten aus, etwa die Taylor-Koeffizienten der Sinus-Funktion oder einige ihrer Funktionswerte. Daß man aber tatsächlich mit sehr wenigen gespeicherten Werten auskommen kann, läßt sich mit Hilfe der Interpolation zeigen. Würde man z.B. die Sinus-Funktion für 10-stellige Genauigkeit im Intervall $[0, 1]$ (Bogenmaß) vollständig vertafeln, so müßte man 10^{10} 10-stellige Zahlen abspeichern. Dies ergäbe ca. 10^8 Druckseiten, also ein Buch von etwa 10^6 cm oder 10 km Dicke. Auch elektronische Massenspeicher wären diesem Problem nicht gewachsen. Stattdessen bevorzugt man das Abspeichern einiger weniger – zum Beispiel 12 – "geschickt" gewählter Funktionswerte der Sinus-Funktion (vgl. Abschnitt 3.5). Wird der Wert dieser Funktion an einer Stelle $t \in [0, 1]$ benötigt, bestimmt man ein Polynom p vom Grad 11, das diese Werte interpoliert, und erhält durch $p(t)$ einen geeigneten Näherungswert für $\sin t$. Dabei kostet die Auswertung von $p(t)$ nur 11 Additionen und 11 Multiplikationen, kann also in Echtzeit durchgeführt werden.

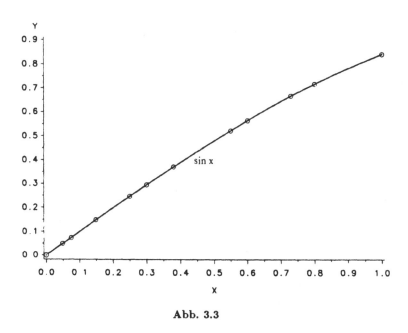

Abb. 3.3

(Der Ehrlichkeit halber sei darauf hingewiesen, daß man bei der Sinus-Funktion zwar so vorgehen könnte, es aber noch etwas ausgeklügeltere Methoden gibt.)

3.2 Algebraische Interpolation

Die allbekannte Tatsache, daß zwei voneinander verschiedene Punkte eine Gerade eindeutig festlegen, ist der Ausgangspunkt der Interpolation. Allgemein handelt es sich um folgende Aufgabenstellung.

3.2.1   Interpolationsproblem

Gegeben seien $n + 1$ *paarweise verschiedene* Punkte

$$x_0, x_1, \ldots, x_n \in \mathbb{K} ,$$

welche man als *Stützstellen* oder *Knoten* bezeichnet, sowie ein System von $n + 1$ weiteren (nicht notwendig verschiedenen) Punkten

$$y_0, y_1, \ldots, y_n \in \mathbb{K},$$

die wir als *Stützwerte* bezeichnen. Gesucht ist ein Polynom p von höchstens n-tem Grad mit der Eigenschaft

$$p(x_k) = y_k , \quad k = 0, 1, \ldots, n.$$

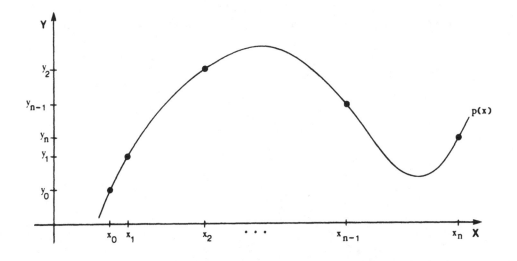

Abb. 3.4

Ohne die Forderung, daß p den Höchstgrad n hat, ist das Interpolationsproblem eventuell gar nicht oder nicht eindeutig lösbar, wie folgende Aufgabe zeigt:

3.2.2   Aufgabe

a) Man zeige, daß es eine Schar von Polynomen $p \in \Pi_3$ gibt, welche das Interpolationsproblem

$$p(1) = p(-1) = 1 , \quad p(0) = 0$$

lösen. (Interpolationsproblem mit vielen Lösungen).

b) Man zeige, daß das Interpolationsproblem

$$p(1) = -p(\frac{1}{2}) = p(-\frac{1}{2}) = -p(-1) = 1$$

keine Lösung $p \in \Pi_2$ besitzt (unlösbares Interpolationsproblem).

Die Forderung, daß p den Höchstgrad n haben soll, ist also eine natürliche Bedingung; denn ein Polynom vom Grad n enthält $n+1$ Parameter, also ebenso viele, wie Interpolationsbedingungen gestellt werden. Man kann daher hoffen, daß diese $n+1$ Bedingungen die $n+1$ Polynomkoeffizienten in eindeutiger Weise festlegen. Dies kann man mit Hilfe der Linearen Algebra oder auf direktem Weg zeigen.

3.2.3 Lemma

Das Interpolationsproblem 3.2.1 hat höchstens eine Lösung.

Beweis. Wenn $p, q \in \Pi_n$ Lösungen des Interpolationsproblems 3.2.1 sind, so folgen für das Differenzpolynom $r := p - q$ die Bedingungen

$$r(x_k) = 0 , \quad k = 0, \dots, n , \quad r \in \Pi_n ;$$

r hat also $n+1$ verschiedene Nullstellen und ist somit nach dem Fundamentalsatz der Algebra das Nullpolynom. Also folgt $p = q$. □

Daß das Interpolationsproblem 3.2.1 überhaupt eine Lösung hat, zeigen wir dadurch, daß wir sie explizit angeben. Dazu führen wir die *Lagrange-Grundpolynome*[19] ein.

3.2.4 Definition

Es seien $n+1$ paarweise verschiedene Punkte $x_k \in \mathbb{K}$, $k = 0, \dots, n$, gegeben. Dann bezeichnet man die Polynome l_ν ,

$$l_\nu(x) := \prod_{\substack{j=0 \\ j \neq \nu}}^{n} \frac{x - x_j}{x_\nu - x_j} , \quad \nu = 0, \dots, n,$$

als die zu diesen Knoten gehörenden *Lagrange-Grundpolynome.*

Man erkennt unmittelbar

(1) $l_\nu \in \Pi_n$,

(2) $l_\nu(x_k) = \delta_{\nu k}$, $\quad 0 \leq \nu, k \leq n$.

Also hat das Polynom $p \in \Pi_n$,

$$p(x) := \sum_{\nu=0}^{n} y_\nu \, l_\nu(x) ,$$

die Eigenschaft

$$p(x_k) = \sum_{\nu=0}^{n} y_\nu \, l_\nu(x_k) = y_k ;$$

es ist also eine Lösung des Problems 3.2.1 und nach Lemma 3.2.3 die einzige.

---

[19]Lagrange, Josef Louis (25.01.1736–10.04.1813)

3.2.5 Satz

Das Interpolationsproblem 3.2.1 hat genau eine Lösung, die sich darstellen läßt in der Lagrange-Form

$$p = \sum_{\nu=0}^{n} y_\nu \, l_\nu \, .$$

In der Sprache der Linearen Algebra kann man dies auch so formulieren: Bei fest gewählten Stützstellen $x_k \in \mathbb{K}$, $k = 0, \ldots, n$, definieren wir die Abbildung

$$L_n : \mathbb{K}^{n+1} \longrightarrow \Pi_n \, , \quad L_n(y) := \sum_{\nu=0}^{n} y_\nu \, l_\nu \, .$$

L_n ist offensichtlich linear:

$$L_n(\alpha y + \beta \tilde{y}) = \alpha L_n(y) + \beta L_n(\tilde{y}) \, , \quad \alpha, \beta \in \mathbb{K} \, , \quad y, \tilde{y} \in \mathbb{K}^{n+1} \, ,$$

also ein Vektorraumhomomorphismus zwischen $\mathbb{K}^{n+1}$ und Π_n und nach Satz 3.2.5 sogar ein Isomorphismus.

3.2.6 Bemerkung

In der Literatur bezeichnet man $p = \sum_{\nu=0}^{n} y_\nu \, l_\nu$ oft als das "Lagrange-Interpolations-polynom". Dies ist eine unpräzise Formulierung. Es muß präziser *"Interpolations-polynom in der Lagrange-Darstellung"* heißen. Eindeutig bestimmt ist das Interpolationspolynom; dagegen ändert sich durch Wahl einer anderen Basis von Π_n sehr wohl die Darstellung.

3.2.7 Aufgabe

a) Man zeige

$$\det \begin{pmatrix} 1 & x_0 & \ldots & x_0^n \\ \vdots & \vdots & & \vdots \\ 1 & x_n & \ldots & x_n^n \end{pmatrix} = \prod_{k>j} (x_k - x_j)$$

(Vandermonde-Determinante[20]).

b) Gegeben sei das Interpolationsproblem 3.2.1. Man gewinne eine Darstellung des Interpolationspolynoms p bzgl. der Monom-Basis, d.h. von der Form

$$p(x) = \sum_{\nu=0}^{n} \alpha_\nu \, x^\nu \, .$$

Der Vorteil der Lagrange-Darstellung liegt vor allem darin, daß sie sich gut für theoretische Untersuchungen eignet. Sie läßt den linearen Charakter der Interpolation erkennen. Mit ihrer Hilfe kann man den Einfluß von Fehlern der Daten y_ν, $\nu = 0, \ldots, n$, abschätzen und sogenannte interpolatorische Quadraturformeln konstruieren. Darauf gehen wir an späterer Stelle dieses Kapitels ein.

---

[20]Vandermonde, Alexandre Théophile (28.02.1735–11.01.1796)

3.3 Die Newton-Darstellung des Interpolationspolynoms

Nachdem man in Π_n eine Basis $\{u_\nu \mid \nu = 0, \ldots, n\}$ gewählt hat, läuft die Bestimmung des Interpolationspolynoms p auf die Lösung des linearen Gleichungssystems

$$\sum_{\nu=0}^{n} \alpha_\nu \, u_\nu(x_k) = y_k \,, \quad k = 0, 1, \ldots, n \,,$$

hinaus.

Im Fall der Lagrange-Basis $u_\nu = l_\nu$, $\nu = 0, 1, \ldots, n$, ist die Matrix $(u_\nu(x_k))$ dieses Gleichungssystems die *Einheitsmatrix*, also von extrem einfacher Bauart. Allerdings ändern sich alle Lagrange-Grundpolynome, wenn man nur einen einzigen Knoten ändert, wie man an der Definition von l_ν, $\nu = 0, 1, \ldots, n$, unmittelbar sieht.

Der Grundgedanke der *Newton-Darstellung*[21] besteht darin, eine Basis $\{u_\nu \mid \nu = 0, \ldots, n\}$ so zu wählen, daß $(u_\nu(x_k))_{\substack{k=0,\ldots,n \\ \nu=0,\ldots,n}}$ eine *Dreiecksmatrix* ist. Dazu setzt man rekursiv

$$u_0(x) \ := 1 \,,$$
$$u_\nu(x) \ := (x - x_{\nu-1})u_{\nu-1}(x) \,, \quad \nu = 1, \ldots, n \,,$$

d.h. explizit

$$u_\nu(x) = \prod_{\mu=1}^{\nu}(x - x_{\mu-1}), \quad \nu = 1, \ldots, n \,.$$

Die u_ν heißen *Newton-Grundpolynome*. Für $\nu = 0, 1, \ldots, n$ folgt

$$u_\nu(x_k) = \begin{cases} 0 & , \quad k < \nu \,, \\[2mm] \prod_{\mu=1}^{\nu}(x_k - x_{\mu-1}) & , \quad k \geq \nu \,; \end{cases}$$

die Matrix $(u_\nu(x_k))_{\substack{k=0,\ldots,n \\ \nu=0,\ldots,n}}$ hat also Dreiecksgestalt,

$$(u_\nu(x_k))_{\substack{k=0,\ldots,n \\ \nu=0,\ldots,n}} = \begin{pmatrix} 1 & 0 & \cdots\cdots\cdots & 0 \\ 1 & x_1 - x_0 & \ddots & \vdots \\ 1 & x_2 - x_0 & \ddots & \vdots \\ \vdots & \vdots & \ddots & 0 \\ 1 & x_n - x_0 & \cdots\cdots & \prod_{\mu=0}^{n-1}(x_n - x_\mu) \end{pmatrix} \,.$$

Die Berechnung der Koeffizienten α_ν, $\nu = 0, 1, \ldots, n$, kann dann *rekursiv* erfolgen, indem man das Gleichungssystem

$$\sum_{\nu=0}^{n} \alpha_\nu \, u_\nu(x_k) = y_k \,, \quad k = 0, 1, \ldots, n \,,$$

"von oben her" auflöst.

---

[21] Newton, Isaak (25.12.1642–20.03.1727)

Um dies in einer effizienten Weise bewerkstelligen zu können, holen wir zunächst etwas weiter aus: Es sei a_j der Koeffizient der höchsten Potenz x^j des Interpolationspolynoms p_j zu den Stützstellen $x_0, \ldots, x_j$ und den Stützwerten $y_0, \ldots, y_j$. Dann ist a_j wegen der eindeutigen Lösbarkeit der Interpolationsaufgabe wohldefiniert. Um die Abhängigkeit der a_j von den Stützwerten $y_0, \ldots, y_j$ zu verdeutlichen, schreiben wir auch genauer

$$a_j = a_j(y_0, \ldots, y_j) \ .$$

Aus der Lagrange-Darstellung

$$p_j(x) = \sum_{\nu=0}^{j} y_\nu \prod_{\substack{k=0 \\ k \neq \nu}}^{j} \frac{x - x_k}{x_\nu - x_k}$$

folgert man die Darstellung

$$a_j = \sum_{\nu=0}^{j} y_\nu \prod_{\substack{k=0 \\ k \neq \nu}}^{j} \frac{1}{x_\nu - x_k} = \sum_{\nu=0}^{j} w_\nu \, y_\nu$$

mit den "Gewichten"

$$w_\nu := \prod_{\substack{k=0 \\ k \neq \nu}}^{j} \frac{1}{x_\nu - x_k} \ .$$

Man erkennt, daß (bei festgehaltenen Stützstellen)

$$a_j : \mathbb{K}^{j+1} \longrightarrow \mathbb{K} \ , \quad a_j(y) := w^T y \ , \quad w := \begin{pmatrix} w_0 \\ \vdots \\ w_j \end{pmatrix} \ , \quad y := \begin{pmatrix} y_0 \\ \vdots \\ y_j \end{pmatrix} ,$$

ein lineares Funktional auf $\mathbb{K}^{j+1}$ ist.

3.3.1 Satz

Für die Größe $a_j(y_0, \ldots, y_j)$ zu den untereinander verschiedenen Stützstellen x_ν und Stützwerten y_ν, $\nu = 0, \ldots, j$, gilt:

(1) $a_j(y_0, \ldots, y_j) = \sum_{\nu=0}^{j} w_\nu \, y_\nu$, $\quad w_\nu := \prod_{\substack{k=0 \\ k \neq \nu}}^{j} \dfrac{1}{x_\nu - x_k}$, $\quad \nu = 0, \ldots, j$.

(2) $a_j(y_0, \ldots, y_j)$ *ist invariant gegenüber einer Permutation von $y_0, \ldots, y_j$; gleichzeitig sind dabei natürlich auch die Stützstellen entsprechend zu permutieren.*

(3) $a_j(y_0, \ldots, y_j)$ *läßt sich rekursiv gewinnen aus*

$$a_0(y_i) := y_i \ , \quad i = 0, \ldots, j \ ,$$

$$a_l(y_i, \ldots, y_{i+l}) := \frac{a_{l-1}(y_{i+1}, \ldots, y_{i+l}) - a_{l-1}(y_i, \ldots, y_{i+l-1})}{x_{i+l} - x_i} \ , i = 0, 1, \ldots, j - l,$$

$$l = 1, \ldots, j \ .$$

(4) *Falls die Stützstellen reell und der Größe nach geordnet sind, gilt für die Gewichte*

$$\mathrm{sign}\, w_\nu = (-1)^{j-\nu}\,, \quad \nu = 0,\ldots,j\,,$$

sowie

$$\sum_{\nu=0}^{j} w_\nu = 0\,, \quad \text{falls }\ j > 0\,.$$

(5) *Es gilt*

$$a_j(y_0,\ldots,y_j) = 0\,,$$

falls y_ν, $\nu = 0,\ldots,j$, *die Werte eines Polynoms* p_{j-1} *vom Höchstgrad* $j-1$ *sind, d.h. falls*

$$y_\nu = p_{j-1}(x_\nu)\,, \quad \nu = 0,\ldots,j\,.$$

Beweis. (1) ist bereits gezeigt worden.

(2) ist klar, da das Interpolationspolynom p_j und somit auch sein Höchstkoeffizient eindeutig bestimmt ist.

(3) Es sei $p \in \Pi_{l-1}$ das Interpolationspolynom durch die l Punkte (x_ν, y_ν), $\nu = i,\ldots,i+l-1$, und $q \in \Pi_{l-1}$ das Interpolationspolynom zu den l Punkten (x_ν, y_ν), $\nu = i+1,\ldots,i+l$. Der Leitkoeffizient von p bzw. q ist $a_{l-1}(y_i,\ldots,y_{i+l-1})$ bzw. $a_{l-1}(y_{i+1},\ldots,y_{i+l})$. Das Polynom $r \in \Pi_l$,

$$r(x) := \frac{1}{x_{i+l} - x_i}[(x - x_i)q(x) - (x - x_{i+l})p(x)]\,, \quad x \in \mathbb{R}\,,$$

interpoliert die $l+1$ Punkte (x_ν, y_ν), $\nu = i,\ldots,i+l$. Als Leitkoeffizienten von r erhalten wir einerseits $a_l(y_i, y_{i+1},\ldots,y_{i+l})$ und andererseits aus der obigen Darstellung

$$\frac{1}{x_{i+l} - x_i}[a_{l-1}(y_{i+1},\ldots,y_{i+l}) - a_{l-1}(y_i,\ldots,y_{i+l-1})]\,.$$

(4) Die Behauptung über das Vorzeichen der Gewichte folgt sofort aus deren Produktdarstellung. Interpoliert man im Fall $j > 0$ das Monom m_0

$$m_0 : x \;\mapsto\; m_0(x) = 1\,,$$

so stimmt dieses mit seinem Interpolationspolynom überein. Also gilt

$$a_j(y_0,\ldots,y_j) = 0 = \sum_{\nu=0}^{j} w_\nu\,, \quad j > 0\,.$$

(5) Vgl. Aufgabe 3.3.2. □

3.3.2 Aufgabe

Man beweise die Behauptung (5) von 3.3.1.

In Anlehnung an Satz 3.3.1 (3) führen wir rekursiv die sogenannten *"dividierten Differenzen"* zu den Stützstellen x_ν und Stützwerten y_ν ein gemäß

$$[y_\nu] := y_\nu \,, \quad \nu = 0, \ldots, n \,,$$

$$[y_\nu, \ldots, y_{\nu+j}] := \frac{[y_{\nu+1}, \ldots, y_{\nu+j}] - [y_\nu, \ldots, y_{\nu+j-1}]}{x_{\nu+j} - x_\nu} \,, \quad \nu = 0, \ldots, n-j \,, \ j = 1, \ldots, n \,.$$

Die Berechnung erfolgt in einem Dreiecksschema:

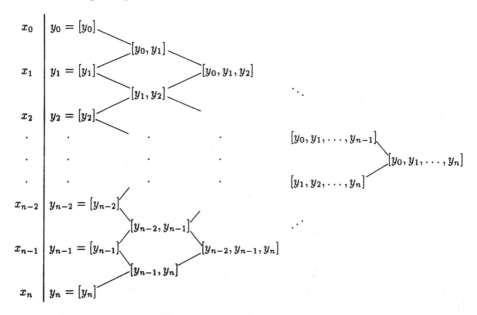

Man beachte, daß man bei Hinzunahme weiterer Interpolationspunkte das Schema einfach "nach unten" zu verlängern hat.

Da $a_\nu(y_0, \ldots, y_\nu)$ und $[y_0, \ldots, y_\nu]$ der gleichen Rekursion und Anfangsbedingung genügen, erhalten wir die Beziehung

$$a_\nu(y_0, \ldots, y_\nu) = [y_0, \ldots, y_\nu] \,, \quad \nu = 0, \ldots, n \,.$$

Wir zeigen nun, daß für die Koeffizienten α_ν in der Newton-Darstellung $\alpha_\nu = [y_0, \ldots, y_\nu]$, $\nu = 0, \ldots, n$, gilt.

3.3.3 Satz

Das Interpolationspolynom p_n zu den Stützstellen x_ν und Stützwerten y_ν, $\nu = 0, \ldots, n$, hat die Darstellung

$$p_n(x) = [y_0] + [y_0, y_1](x - x_0) + \ldots + [y_0, \ldots, y_n](x - x_0) \cdots (x - x_{n-1}) \,.$$

Beweis. Es sei

$$p_n = \sum_{\nu=0}^{n} \alpha_\nu u_\nu, \ u_\nu(x) := \prod_{k=0}^{\nu-1} (x - x_k) \,,$$

die Newton-Darstellung des Interpolationspolynoms zu den Stützstellen x_k und Stützwerten y_k, $k = 0, \ldots, n$. Dann ist α_n offensichtlich der Höchstkoeffizient von p_n; also gilt nach Definition der dividierten Differenzen

$$\alpha_n = [y_0, \ldots, y_n] \,.$$

Wegen $u_n(x_k) = 0$, $k = 0, \ldots, n-1$, interpoliert das Polynom

$$p_{n-1} := \sum_{\nu=0}^{n-1} \alpha_\nu u_\nu$$

an den Stützstellen x_k die Stützwerte y_k, $k = 0, \ldots, n-1$. Mit p_{n-1} statt p_n folgt mit derselben Argumentation

$$\alpha_{n-1} = [y_0, \ldots, y_{n-1}]$$

und so fortfahrend schließlich

$$\alpha_\nu = [y_0, \ldots, y_\nu] \,, \quad \nu = n, n-1, \ldots, 0 \,. \qquad \square$$

Falls die Stützstellen x_ν äquidistant verteilt sind, d.h. falls

$$x_\nu = x_0 + \nu h \,, \quad h > 0 \,, \quad \nu = 1, \ldots, n \,,$$

gilt, lassen sich die dividierten Differenzen einfacher mit Hilfe *vorwärts genommener Differenzen* berechnen. Diese definiert man rekursiv durch

$$\Delta^0 y_i := y_i \,,$$
$$\Delta^k y_i := \Delta^{k-1} y_{i+1} - \Delta^{k-1} y_i \,, \quad k \geq 1 \,.$$

3.3.4 Aufgabe

Man zeige für äquidistante Stützstellen mit Hilfe vollständiger Induktion

$$[y_i, \ldots, y_{i+k}] = \frac{1}{h^k k!} \Delta^k y_i \,,$$

also

$$p_n(x) = \sum_{k=0}^{n} \frac{1}{h^k} \frac{\Delta^k y_0}{k!} \prod_{\nu=0}^{k-1} (x - x_0 - \nu h) \,.$$

Auch hier kann die Berechnung der vorwärts genommenen Differenzen in einem Dreiecksschema erfolgen :

$$
\begin{array}{cccccc}
y_i & & & & & \\
& \triangle y_i & & & & \\
y_{i+1} & & \triangle^2 y_i & & & \\
& \triangle y_{i+1} & & \vdots & \ddots & \\
y_{i+2} & \vdots & & \vdots & & \triangle^k y_i \\
\vdots & \vdots & \vdots & \cdot^{\displaystyle\cdot^{\displaystyle\cdot}} & \\
\vdots & \vdots & \triangle^2 y_{i+k-2} & & \\
\vdots & \triangle y_{i+k-1} & & & \\
y_{i+k} & & & & \\
\end{array}
$$

3.4 Integraldarstellung dividierter Differenzen und B-Splines

Nachdem wir uns im Kapitel 2 mit Polynomen beschäftigt haben, wird sich im folgenden der Gebrauch von Funktionen, die "nur" noch stückweise aus algebraischen Polynomen zusammengesetzt sind, als sehr nützlich erweisen. Betrachten wir hierzu die für spätere Problemstellungen (Quadraturfehler und Splines) bedeutsame *Integraldarstellung der dividierten Differenzen*. Im folgenden sei $\mathbb{K} = \mathbb{R}$. Falls f' im Intervall $[a, b]$, $a < b$, stetig ist, folgt nach dem Hauptsatz der Differential- und Integralrechnung

$$
f(b) - f(a) = \int_a^b f'(t) \, dt \; ,
$$

d.h. die dividierte Differenz

$$
f[a, b] := [f(a), f(b)] = \frac{f(b) - f(a)}{b - a}
$$

zu den Funktionswerten von f an den Stellen a und b hat die Integraldarstellung

$$
f[a, b] = \frac{1}{b - a} \int_a^b f'(t) \, dt \; .
$$

Mit Hilfe der *charakteristischen Funktion* χ_X einer Teilmenge $X \subseteq \mathbb{R}$,

$$
\chi_X(t) := \begin{cases} 1 \; , & \text{falls } t \in X \; , \\ 0 \; , & \text{falls } t \in \mathbb{R} \setminus X \; , \end{cases}
$$

können wir $f[a, b]$ auch schreiben in der Form

$$
f[a, b] = \frac{1}{b - a} \int_{-\infty}^{\infty} f'(t) \, \chi_{[a,b]}(t) \, dt \; .
$$

In der Numerischen Mathematik hat sich in den letzten beiden Jahrzehnten die Verwendung der sogenannten *abgeschnittenen Potenz* (*truncated power function*)

$$x_+^m := \begin{cases} x^m & , \quad \text{falls } x \geq 0 , \\ 0 & , \quad \text{falls } x < 0 , \end{cases}$$

für $m \in \mathbb{N}_0$ eingebürgert. Offensichtlich gilt

$$\chi_{(a,b]}(t) = (b-t)_+^0 - (a-t)_+^0 .$$

Da die Abänderung des Integranden an der Stelle $t = a$ ohne Einfluß auf den Wert des Integrals bleibt, erhalten wir somit auch

$$f[a,b] = \int_{-\infty}^{\infty} f'(t) \frac{(b-t)_+^0 - (a-t)_+^0}{b-a} \, dt .$$

Der in dieser Integraldarstellung auftretende *Kern* B_0 mit

$$B_0(t) := \frac{(b-t)_+^0 - (a-t)_+^0}{b-a}$$

verschwindet außerhalb des Intervalls $(a,b]$, also gilt auch

$$f[a,b] = \int_c^d f'(t) \, B_0(t) \, dt ,$$

wenn $[c,d]$ ein (möglicherweise unbeschränktes) Intervall bezeichnet, welches das Intervall $(a,b]$ enthält und in dem f stetig differenzierbar ist.

3.4.1   Satz

Falls die Funktion f in einem Intervall $(c,d]$ mit $-\infty \leq c \leq a < b \leq d \leq \infty$ stetig differenzierbar ist, gilt für die dividierte Differenz $f[a,b]$ die Integraldarstellung

$$f[a,b] = \int_c^d f'(t) \, B_0(t) \, dt$$

mit

$$B_0(t) = \frac{(b-t)_+^0 - (a-t)_+^0}{b-a} .$$

Wir betrachten nun für $m > 0$ dividierte Differenzen m-ter Ordnung, die von $m+1$ verschiedenen und der Größe nach geordneten Knoten $x_0 < x_1 < \ldots < x_m$ und den Werten einer m-mal stetig differenzierbaren Funktion f durch

$$f[x_0,\ldots,x_m] := [f(x_0),\ldots,f(x_m)]$$

erzeugt werden. Im Satz 3.3.1 haben wir die Darstellung

$$f[x_0,\ldots,x_m] = \sum_{\nu=0}^m w_\nu \, f(x_\nu) , \quad w_\nu = \prod_{\substack{k=0 \\ k \neq \nu}}^m \frac{1}{x_\nu - x_k}$$

gezeigt. Wir betrachten nun in Verallgemeinerung von B_0 die Funktion B_{m-1},

$$B_{m-1}(t) := m \sum_{\nu=0}^{m} w_\nu (x_\nu - t)_+^{m-1} \, , \qquad m \geq 1 \, .$$

Für jedes $t \in \mathbb{R}$ erhält man $B_{m-1}(t)$ also dadurch, daß man für $u_{t,m-1}$,

$$u_{t,m-1} : x \longmapsto m(x-t)_+^{m-1} \, ,$$

die m-te dividierte Differenz bildet, d.h.

$$B_{m-1}(t) = u_{t,m-1}[x_0, \ldots, x_m] \, .$$

3.4.2 Definition

Man bezeichnet für $x_0 < x_1 < \ldots < x_m$, $m \in \mathbb{N}$, die durch

$$B_{m-1}(t) := m \sum_{\nu=0}^{m} w_\nu (x_\nu - t)_+^{m-1} \, , \quad t \in \mathbb{R} \, , \quad w_\nu := \prod_{\substack{k=0 \\ k \neq \nu}}^{m} \frac{1}{x_\nu - x_k} \, ,$$

definierte Funktion B_{m-1} als *B-Spline $(m-1)$-ten Grades zu den Knoten $x_0, \ldots, x_m$.*

Die Bezeichnung B-Spline (basic spline function) wurde von Schoenberg[22] eingeführt, der auch das Studium der Spline-Funktionen entscheidend gefördert hat.

Für $t \geq x_m$ und $m > 1$ gilt nach Definition der abgeschnittenen Potenz $B_{m-1}(t) = 0$ sowie $B'_{m-1}(t) = \ldots = B_{m-1}^{(m-2)}(t) = 0$. Man sieht leicht ein, daß

$$x_+^m = x^m + (-1)^{m+1}(-x)_+^m \, , \quad m \in \mathbb{N} \, ,$$

gilt. Also folgt

$$B_{m-1}(t) = m \sum_{\nu=0}^{m} w_\nu (x_\nu - t)^{m-1} + m(-1)^m \sum_{\nu=0}^{m} w_\nu (t - x_\nu)_+^{m-1} \quad \text{für} \quad m \geq 2 \, .$$

Für $t \leq x_0$ erhalten wir somit, wiederum mit Hilfe der Definition der abgeschnittenen Potenz,

$$B_{m-1}(t) = m \sum_{\nu=0}^{m} w_\nu (x_\nu - t)^{m-1}$$

sowie

$$B_{m-1}^{(k)}(t) = (-1)^k \prod_{\mu=0}^{k} (m-\mu) \sum_{\nu=0}^{m} w_\nu (x_\nu - t)^{m-1-k} \, , \quad k = 0, \ldots, m-2 \, , \quad m \geq 2 \, .$$

Die hier auftretenden Summen können wir als dividierte Differenzen für die Polynome $(m-1-k)$-ten Grades $v_{t,m-1}^{(k)}$,

$$v_{t,m-1}^{(k)}(x) := (-1)^k \prod_{\mu=0}^{k} (m-\mu) \, (x-t)^{m-1-k} \, ,$$

---

[22]Schoenberg, Isaak Joseph (21.04.1903 – 21.02.1990)

deuten, also gilt für $m \geq 2$ und $t \leq x_0$

$$B_{m-1}^{(k)}(t) = v_{t,m-1}^{(k)}[x_0, \ldots, x_m] \; , \quad k = 0, \ldots, m-2 \; .$$

Da auf Grund von Satz 3.3.1 (5) eine dividierte Differenz m-ter Ordnung für Polynome $(m-1)$-ten Grades verschwindet, gilt also

$$B_{m-1}^{(k)}(t) = 0 \; , \quad \text{falls } t \leq x_0 \; , \quad k = 0, \ldots, m-2 \; .$$

3.4.3   Satz

Ein B-Spline B_{m-1} , $m \geq 2$, zu den Knoten $x_0 < x_1 < \ldots < x_m$ verschwindet zusammen mit seinen ersten $m-2$ Ableitungen außerhalb von (x_0, x_m) :

$$B_{m-1}^{(k)}(t) = 0 \; , \quad k = 0, \ldots, m-2 \; , \quad t \in \mathbb{R} \setminus (x_0, x_m) \; .$$

Insbesondere hat B_{m-1} in x_0 und x_m jeweils eine Nullstelle der Ordnung $m-1$.

3.4.4   Aufgabe

Man skizziere für $m = 1, 2, 3$ und äquidistante Knoten $x_\nu = x_0 + \nu h$, $\nu = 0, \ldots, m$, $h > 0$, den Verlauf des zugehörigen B-Splines B_{m-1}.

Das Resultat dieser Aufgabe legt die Vermutung nahe, daß ein B-Spline im Innern seines "Träger-Intervalls" $[x_0, x_m]$ positiv ist. (Als *Träger* einer Funktion f bezeichnen wir den Abschluß der Menge $\{x \mid f(x) \neq 0\}$). Dies läßt sich durch eine indirekte Anwendung des Satzes von Rolle[23] zeigen.

3.4.5   Aufgabe

Man zeige: Ist die Funktion $f \in C^k[a, b]$, $k \geq 1$, und hat $f^{(k)}$ im Intervall $[a, b]$ Nullstellen mit einer Gesamtvielfachheit höchstens N, so hat f in $[a, b]$ Nullstellen mit einer Gesamtvielfachheit von höchstens $N + k$ (Satz von Rolle "rückwärts"). Dabei werden Intervalle, auf denen eine k-mal stetig differenzierbare Funktion identisch verschwindet, jeweils als eine Nullstelle der Vielfachheit k gezählt.

Dieses Resultat wenden wir nun auf einen B-Spline B_{m-1}, $m > 1$, zu den Knoten $x_0 < x_1 < \ldots < x_m$ an. B_{m-1} hat in x_0 und x_m eine je $(m-1)$-fache Nullstelle, also Nullstellen einer Gesamtvielfachheit $2m-2$. Weitere Nullstellen kann B_{m-1} nicht haben. Denn $B_{m-1}^{(m-2)}$ ist ein Polygonzug mit Knickstellen höchstens in $x_0, x_1, \ldots, x_m$ und hat daher maximal m Nullstellen in $[x_0, x_m]$. Also hat B_{m-1} in $[x_0, x_m]$ Nullstellen mit einer Gesamtvielfachheit von höchstens $m + m - 2 = 2m - 2$,

---

[23]Rolle, Michel (21.04.1652–08.11.1719)

d.h. B_{m-1} ist in (x_0, x_m) von Null verschieden; dies gilt auch im Fall $m = 1$, da B_0 in (x_0, x_1) positiv ist (Abb. 3.5).

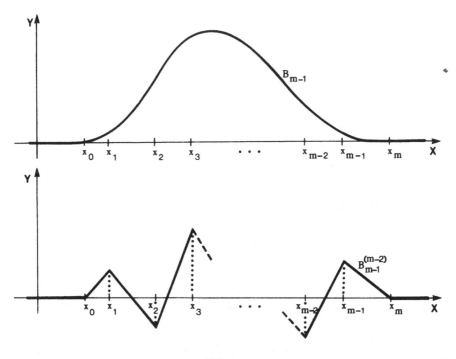

Abb. 3.5

Wegen $w_m > 0$ sowie

$$B_{m-1}(t) = m w_m (x_m - t)_+^{m-1} > 0 \quad \text{für} \quad t \in (x_{m-1}, x_m)$$

folgt also auf Grund der obigen Überlegungen und der Definition der abgeschnittenen Potenz

$$B_{m-1}(t) > 0 \quad \text{für} \quad t \in (x_0, x_m) \ .$$

3.4.6   Satz

Der B-Spline B_{m-1} zu den Knoten $x_0 < \ldots < x_m$ ist in (x_0, x_m) positiv.

Den Zusammenhang der B-Splines mit dividierten Differenzen liefert folgende Überlegung: Ausgehend von der zu Beginn dieses Abschnitts bereits benutzten Integralform des Mittelwertsatzes

$$f(x) = f(a) + \int_a^x f'(t) dt$$

folgt durch partielle Integration

$$f(x) = f(a) + [-(x - t)f'(t)]\Big|_{t=a}^{x} + \int_a^x (x - t)f''(t)dt$$

$$= f(a) + f'(a)(x - a) + \int_a^x (x - t)f''(t)dt \ .$$

Nach wiederholter partieller Integration folgt so für m-mal stetig differenzierbares f der Taylorsche Satz mit dem Restglied in Integraldarstellung

$$f(x) = \sum_{\nu=0}^{m-1} \frac{f^{(\nu)}(a)}{\nu!}(x - a)^\nu + \int_a^x \frac{(x - t)^{m-1}}{(m - 1)!} f^{(m)}(t)dt \ .$$

Nach Definition der abgeschnittenen Potenz folgt für $a \le x \le b$ auch

$$f(x) = p_{m-1}(x) + \int_a^b \frac{(x - t)_+^{m-1}}{(m - 1)!} f^{(m)}(t)dt \ , \quad p_{m-1}(x) := \sum_{\nu=0}^{m-1} \frac{f^{(\nu)}(a)}{\nu!}(x - a)^\nu \ .$$

Für die dividierte Differenz $f[x_0, \ldots, x_m]$ kennen wir bereits die Darstellung

$$f[x_0, \ldots, x_m] = \sum_{\nu=0}^{m} w_\nu f(x_\nu) \ , \quad w_\nu = \prod_{\substack{k=0 \\ k \ne \nu}}^{m} \frac{1}{x_k - x_\nu} \ .$$

Ist $f \in C^m[x_0, x_m]$, so folgt dann mit Hilfe des Taylorschen Satzes

$$f[x_0, \ldots, x_m] = \sum_{\nu=0}^{m} w_\nu p_{m-1}(x_\nu) + \sum_{\nu=0}^{m} w_\nu \int_{x_0}^{x_m} \frac{(x_\nu - t)_+^{m-1}}{(m - 1)!} f^{(m)}(t)dt \ .$$

Wegen $p_{m-1} \in \Pi_{m-1}$ gilt

$$\sum_{\nu=0}^{m} w_\nu p_{m-1}(x_\nu) = p_{m-1}[x_0, \ldots, x_m] = 0 \ .$$

Nach Vertauschung von Summation und Integration erhält man schließlich

$$f[x_0, \ldots, x_m] = \int_{x_0}^{x_m} f^{(m)}(t) \left\{ \sum_{\nu=0}^{m} w_\nu \frac{(x_\nu - t)_+^{m-1}}{(m - 1)!} \right\} dt \ .$$

Wegen

$$B_{m-1}(t) = m \sum_{\nu=0}^{m} w_\nu (x_\nu - t)_+^{m-1}$$

haben wir somit die bemerkenswerte Integraldarstellung

$$f[x_0, \ldots, x_m] = \frac{1}{m!} \int_{x_0}^{x_m} f^{(m)}(t) B_{m-1}(t)dt$$

hergeleitet.

3.4.7 Satz

Ist $f \in C^m[x_0, x_m]$, so hat die dividierte Differenz $f[x_0, \ldots, x_m]$ zu den Knoten $x_0 < \ldots < x_m$ die Integraldarstellung

$$f[x_0, \ldots, x_m] = \frac{1}{m!} \int_{x_0}^{x_m} f^{(m)}(t) \, B_{m-1}(t) \, dt \; .$$

Da der (von f unabhängige) B-Spline-Kern B_{m-1} in der Integraldarstellung von $f[x_0, \ldots, x_m]$ im Integrationsintervall (x_0, x_m) positiv ist, können wir den erweiterten Mittelwertsatz der Integralrechnung anwenden und erhalten

$$f[x_0, \ldots, x_m] = \frac{f^{(m)}(\xi)}{m!} \int_{x_0}^{x_m} B_{m-1}(t) \, dt \; , \quad x_0 \leq \xi \leq x_m \; .$$

Um die von der Funktion f unabhängige Formelkonstante

$$C_{m-1} := \int_{x_0}^{x_m} B_{m-1}(t) \, dt$$

zu berechnen, betrachten wir das Polynom q_m,

$$q_m(x) := \prod_{\nu=0}^{m-1} (x - x_\nu) \; ,$$

m-ten Grades. Dann gilt $q_m^{(m)}(x) = m!$. Interpolieren wir q_m an den Stellen $x_0, \ldots, x_m$ durch Polynome m-ten Grades, so folgt mittels der Newton-Darstellung

$$q_m(x) = q_m[x_0] + q_m[x_0, x_1](x - x_0) + \ldots + q_m[x_0, \ldots, x_m](x - x_0) \cdots (x - x_{m-1})$$
$$= q_m[x_0, \ldots, x_m](x - x_0) \cdots (x - x_{m-1}) \; .$$

Wir erhalten so $q_m[x_0, \ldots, x_m] = 1$ und damit $C_{m-1} = 1$.

3.4.8 Satz

Ist $f \in C^m[x_0, x_m]$, so hat die dividierte Differenz $f[x_0, \ldots, x_m]$ zu den Knoten $x_0 < \ldots < x_m$ die Darstellung

$$f[x_0, \ldots, x_m] = \frac{1}{m!} \, f^{(m)}(\xi),$$

für ein $\xi \in [x_0, x_m]$.

3.4.9 Bemerkung

In der Literatur wird die Bezeichnung "B-Spline" nicht einheitlich verwendet. Die von uns verwendeten Funktionen B_{m-1} sind zu

$$\int_{-\infty}^{\infty} B_{m-1}(t) \, dt = 1$$

normiert und haben damit die Eigenschaften einer *Dichte* im Sinne der Wahrschein-
lichkeitstheorie. Die Integraldarstellung der dividierten Differenzen im Satz 3.4.7
nennt man oft auch *Peano-Darstellung*[24] *der dividierten Differenzen*. Der B-Spline-
Kern B_{m-1} wird dann in diesem Zusammenhang auch *Peano-Kern der dividierten
Differenzen* genannt.

3.5 Interpolationsfehler

Die Interpolation ist – wie bereits erwähnt – aus dem Wunsch entstanden, "zwischen den Werten einer Funktionstafel zu lesen". Da elektronische Rechengeräte
(Taschenrechner, PCs u.s.w.) Funktionstafeln weitgehend überflüssig machen, hat
dieser Aspekt der Interpolation erheblich an Bedeutung verloren. Aktuell ist dagegen
immer noch das Problem, durch ein System gegebener Punkte (x_k, y_k), $k = 0, \ldots, n$,
ein Polynom p_n höchstens n-ten Grades zu legen. Sind die Stützwerte y_k Werte einer
Funktion f,

$$y_k = f(x_k), \quad k = 0, \ldots, n,$$

so kann man fragen, wie groß der Fehler

$$r_n(x) := f(x) - p_n(x)$$

ist. Natürlich gilt $r_n(x_k) = 0$, $k = 0, \ldots, n$; aber für $x \neq x_k$ kann der Fehler
beträchtliche Größe annehmen. Abb. 3.6 zeigt dies für $k = 1$.

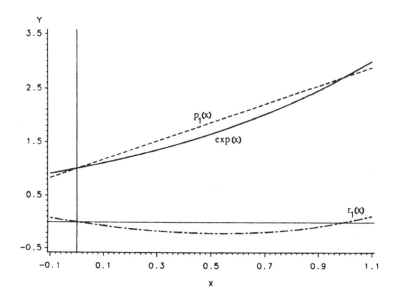

Abb. 3.6

---

[24]Peano, Guiseppe (27.08.1858 – 20.04.1932)

Dies ist eine ähnliche Fragestellung wie beim Taylorschen Satz in der Analysis. Ist f $(n+1)$-mal stetig differenzierbar in einer offenen Umgebung von $x_0 \in \mathbb{R}$ und kennt man die Ableitungswerte $f^{(k)}(x_0)$, $k = 0, \ldots, n$, so kann man das Taylor-Polynom

$$q_n(x) = \sum_{k=0}^{n} \frac{f^{(k)}(x_0)}{k!}(x - x_0)^k$$

definieren. Der Taylorsche Satz liefert dann eine Abschätzung für den Fehler

$$\rho_n(x) := f(x) - q_n(x)$$

für die Punkte x aus einer offenen Umgebung von x_0.

3.5.1 Satz

(1) Bei der Interpolation von f durch ein Polynom $p_n \in \prod_n$ in den paarweise verschiedenen Stützstellen x_k, $k = 0, \ldots, n$, gilt die Fehlerdarstellung

$$f(x) - p_n(x) = f[x_0, \ldots, x_n, x]\omega_{n+1}(x) \ .$$

(2) Ist f in dem kleinsten Intervall I, das $x, x_0, \ldots, x_n$ enthält, $(n+1)$-mal stetig differenzierbar, so läßt sich der Interpolationsfehler in der Cauchy-Form

$$f(x) - p_n(x) = \frac{f^{(n+1)}(\xi_x)}{(n+1)!}\omega_{n+1}(x)$$

mit einem $\xi_x \in I$ darstellen.

Hierbei sei ω_{n+1} das durch

$$\omega_{n+1}(x) := \prod_{k=0}^{n}(x - x_k)$$

definierte Knotenpolynom.

Man beachte die formale und inhaltliche Analogie des Cauchy-Restgliedes mit dem Taylor-Restglied.

Beweis. Sei zunächst $x \neq x_\nu$, $\nu = 0, \ldots, n$. Dann können wir die beiden Interpolationspolynome (in der unabhängigen Variablen t) für die Stützstellen x_ν, $\nu = 0, \ldots, n$, und Stützwerte $f(x_\nu)$, $\nu = 0, \ldots, n$, sowie für die Stützstellen x, x_ν, $\nu = 0, \ldots, n$, und die Stützwerte $f(x)$, $f(x_\nu)$, $\nu = 0, \ldots, n$, betrachten. In der Newton-Darstellung haben diese die Form

$$p_n(t) = f[x_0] + f[x_0, x_1](t - x_0) + \ldots + f[x_0, \ldots, x_n](t - x_0)\cdots(t - x_{n-1})$$

bzw.

$$\begin{aligned} p_{n+1}(t) &= f[x_0] + f[x_0, x_1](t - x_0) + \ldots + f[x_0, \ldots, x_n](t - x_0)\cdots(t - x_{n-1}) \\ &\quad + f[x_0, \ldots, x_n, x](t - x_0)\cdots(t - x_n) \ , \end{aligned}$$

also
$$p_{n+1}(t) - p_n(t) = f[x_0, \ldots, x_n, x](t - x_0) \cdots (t - x_n) \ .$$

Für $t = x$ folgt hier wegen
$$f(x) = p_{n+1}(x)$$
die Darstellung des Interpolationsfehlers
$$f(x) - p_n(x) = f[x_0, \ldots, x_n, x](x - x_0) \cdots (x - x_n) \ .$$

Ist f genügend oft differenzierbar, so können wir Satz 3.4.8 anwenden, woraus wir die im Satz angegebene Cauchy-Fehlerdarstellung erhalten. Beide Fehlerdarstellungen sind offenbar auch für $x = x_\nu$, $\nu \in \{0, 1, \ldots, n\}$, gültig.   □

3.5.2 Beispiel

Wir betrachten den Interpolationsfehler r_n ,
$$r_n(x) = \exp(x) - p_n(x) = \frac{\exp(\xi_x)}{(n+1)!} \, \omega_{n+1}(x) \ ,$$

der für die Exponentialfunktion auftritt. Liegen x und die Stützstellen $x_0 < x_1 < \cdots < x_n$, im Intervall $[0, 1]$, dann auch ξ_x. Also gilt $1 \leq \exp(\xi_x) \leq e$. Außerdem kann $\omega_{n+1}(x)$ abgeschätzt werden gemäß
$$|\omega_{n+1}(x)| = \prod_{k=0}^{n} |x - x_k| \leq 1 \ .$$

Es folgt insgesamt
$$|\exp(x) - p_n(x)| \leq \frac{e}{(n+1)!} \ ,$$

falls $0 \leq x \leq 1$ gilt. Man sieht, daß der Interpolationsfehler für wachsendes n schnell klein wird:

$$
\begin{aligned}
|r_0(x)| &\leq 2.72 \ , \\
|r_5(x)| &\leq 3.78 \cdot 10^{-3} \ , \\
|r_{10}(x)| &\leq 6.81 \cdot 10^{-8} \ , \\
|r_{20}(x)| &\leq 5.33 \cdot 10^{-20} \ , \quad x \in [0, 1] \ .
\end{aligned}
$$

Man beachte, daß die Fehlerfunktion r_n den typischen oszillierenden Verlauf hat. Sie wechselt an jeder Stützstelle das Vorzeichen. Daß dies die einzigen Zeichenwechsel sind, liegt offensichtlich daran, daß der Exponentialfaktor in der Fehlerdarstellung positiv ist.

3.5.3 Aufgabe

Die exp-Funktion werde im Intervall $[-1, 1]$ an $n + 1$ beliebig, aber verschieden gewählten Stellen interpoliert. Man schätze den Fehler ab und bestimme den Minimalgrad n , so daß der Fehler gleichmäßig für $x \in [-1, 1]$ kleiner als 10^{-10} ist.

Zum Formelfehler, den wir mit dem Cauchyschen Restglied abschätzen können, kommt möglicherweise ein Fehler aus fehlerbehafteten Stützwerten y_k hinzu. Es gelte also
$$y_k = \tilde{y}_k + \varepsilon_k \ , \quad |\varepsilon_k| \leq \varepsilon \ , \quad k = 0, \ldots, n \ .$$

Wir bezeichnen nun mit p, $\tilde{p}$, η der Reihe nach die Interpolationspolynome

$$p = \sum_{k=0}^{n} y_k \cdot l_k \ , \quad \tilde{p} = \sum_{k=0}^{n} \tilde{y}_k \cdot l_k \ , \quad \eta = \sum_{k=0}^{n} \varepsilon_k \cdot l_k$$

in der Lagrange-Darstellung. Offensichtlich gilt $\eta = p - \tilde{p}$; η mißt den Einfluß der fehlerbehafteten Stützwerte $\tilde{y}_k$. Mit Hilfe der Dreiecksungleichung folgt

$$|\eta(x)| \le \sum_{k=0}^{n} |\varepsilon_k| \cdot |l_k(x)| \le \varepsilon \cdot \sum_{k=0}^{n} |l_k(x)| \ .$$

Für x, $x_k \in [a,b]$, $k = 0, \ldots, n$, folgt weiter

$$\max_{x \in [a,b]} |\eta(x)| \le \varepsilon \cdot \max_{x \in [a,b]} \sum_{k=0}^{n} |l_k(x)| \ .$$

Man sieht, daß der Einfluß der Datenfehler ε_k mit der sogenannten *"Lebesgue-Funktion"* [25]

$$L_n(x) := \sum_{k=0}^{n} |l_k(x)|$$

und der *"Lebesgue-Konstante"*

$$\Lambda_n := \max_{x \in [a,b]} L_n(x)$$

abgeschätzt werden kann.

3.5.4   Satz

Gilt für die Stützwerte

$$y_k = \tilde{y}_k + \varepsilon_k \ , \quad |\varepsilon_k| \le \varepsilon \ , \quad k = 0, \ldots, n \ ,$$

so folgen für den dadurch verursachten Fehler $\eta = p - \tilde{p}$ die Abschätzungen

$$|\eta(x)| \le \varepsilon \cdot L_n(x) \quad und \quad \max_{x \in [a,b]} |\eta(x)| \le \varepsilon \cdot \Lambda_n \ .$$

Man beachte, daß die Lebesgue-Funktion und die Lebesgue-Konstante nur von der Anzahl und der Lage der Stützstellen abhängen. Die Fehlerschranken $\varepsilon \cdot L_n(x)$ bzw. $\varepsilon \cdot \Lambda_n$ sind also aufgespalten in einen nur von den Daten abhängigen Fehler ε und einen nur von der Art der Interpolation abhängigen Teil $L_n(x)$ bzw. Λ_n.

In der nachfolgenden Abb. 3.7 sind für $n = 10$ und äquidistante Stützstellen

$$x_k = -1 + \frac{k}{5} \ , \quad k = 0, 1, \ldots, 10 \ ,$$

(gestrichelte Kurve) sowie für trigonometrisch verteilte Stützstellen

$$x_k = -\cos \frac{k\pi}{10} \ , \quad k = 0, 1, \ldots, 10 \ ,$$

---

[25]Lebesgue, Henri (28.06.1875–26.07.1941)

(durchgezogene Kurve) die Lebesgue-Funktionen dargestellt. Man erkennt, daß im äquidistanten Fall die Lebesgue-Funktion wesentlich größere Ausschläge hat. Qualitativ ähnlich verläuft jeweils die Funktion $|\omega_{n+1}(x)|$. Man beachte, daß somit die Wahl der Stützstellenverteilung sowohl den Formelfehler als auch den Fortpflanzungsfehler, der durch ungenaue Stützwerte verursacht wird, gleichermaßen beeinflußt.

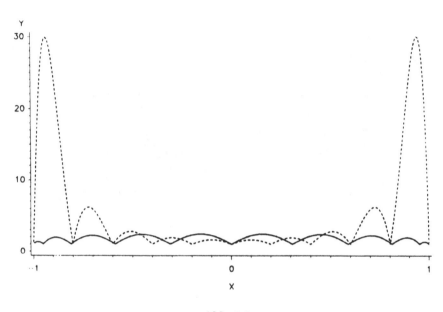

Abb. 3.7

3.5.5 Aufgabe

Die fehlerbehafteten Daten

$$y_0 = \tilde{y}_0 + \varepsilon_0 \,, \quad y_1 = \tilde{y}_1 + \varepsilon_1 \,,$$

werden in den Stützstellen $x_0 < x_1$ mit einem linearen Polynom interpoliert. Man schätze den dadurch verursachten Fehler für $x \in [x_0, x_1]$ ab.

3.6 Quadratur mit Hilfe von Interpolation

Bei der Quadratur geht es darum, Näherungswerte für bestimmte Integrale zu berechnen. Die einfachste Näherungsmethode wird bei der Summendefinition des Riemann-Integrals[26] verwendet. Nachdem man eine Zerlegung

$$a = x_0 < x_1 < \ldots < x_m = b$$

des zu Grunde liegenden Intervalls gewählt hat, erhält man einen Näherungswert

---

[26] Riemann, Bernhard (17.09.1826–20.07.1866)

für das gesuchte Integral in der Form einer Riemannschen Summe

$$I(f) := \int_a^b f(x)\,dx \sim \sum_{\nu=1}^m f(\eta_\nu) \cdot (x_\nu - x_{\nu-1})\,; \qquad \eta_\nu \in [x_{\nu-1}, x_\nu]\,.$$

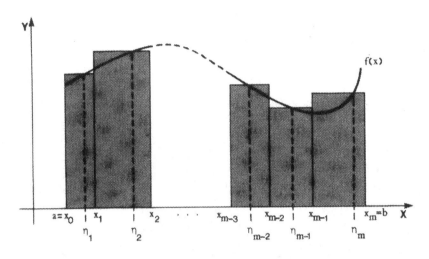

Abb. 3.8

Ist f Riemann-integrierbar, so konvergiert die rechte Seite, falls man die Zerlegung immer weiter verfeinert, gegen das Riemann-Integral $I(f)$. Während für diesen Grenzprozeß die Wahl der Zerlegung und der Zwischenpunkte η_ν ohne Belang ist, muß ein Algorithmus auch dafür eine explizite Konstruktionsvorschrift enthalten.

Hierzu konstruiert man zunächst für jedes Teilintervall geeignete Quadraturformeln $Q_\nu(f)$ zur näherungsweisen Berechnung von

$$I_\nu(f) := \int_{x_\nu}^{x_{\nu+1}} f(x)dx\,, \quad \nu = 0,\dots,m-1\,.$$

Bei Wahl von

$$\eta_\nu = \frac{1}{2}(x_{\nu+1} + x_\nu)$$

erhalten wir die sogenannte *Mittelpunkt-* oder *Rechteck-Regel*

$$Q_\nu(f) := (x_{\nu+1} - x_\nu) f\left(\frac{x_{\nu+1} + x_\nu}{2}\right)\,,$$

die wegen ihrer geometrischen Veranschaulichung auch *Tangenten-Trapez-Regel* genannt wird.

Ersetzt man den Funktionswert $f(\eta_\nu)$ durch den Mittelwert $\frac{1}{2}(f(x_\nu)+f(x_{\nu+1}))$, so erhält man die *Trapez-Regel*

$$Q_\nu(f) := \frac{x_{\nu+1} - x_\nu}{2}(f(x_\nu) + f(x_{\nu+1}))\,.$$

Der Name dieser Formel rührt daher, daß man den Wert des Integrals durch eine Trapez-Fläche approximiert.

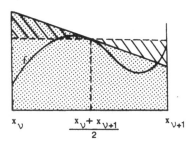   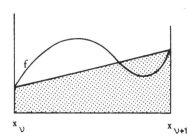

Mittelpunkt-Regel   Trapez-Regel

Abb. 3.9

Wegen

$$I(f) = \sum_{\nu=0}^{m-1} I_\nu(f)$$

erhält man ausgehend von den *Elementarformeln* $Q_\nu(f)$ durch

$$Q(f) := \sum_{\nu=0}^{m-1} Q_\nu(f)$$

eine Näherung an $I(f)$. Die so erhaltenen *summierten Quadraturformeln* gestatten eine Approximation des Integrals zu vorgegebener Genauigkeit, wenn man $\max\limits_{\nu=0}^{m-1}(x_{\nu+1} - x_\nu)$ hinreichend klein wählt.

Wenden wir beispielsweise für äquidistant verteilte Knoten $x_\nu := a + \nu h$, $h = \frac{b-a}{m}$, $\nu = 0, \ldots, m$, in jedem Teilintervall $[x_\nu, x_{\nu+1}]$ die Mittelpunkt- oder Trapezregel an, so erhalten wir

$$I(f) \sim \frac{b-a}{m} \sum_{\nu=1}^{m} f\left(a + \frac{2\nu - 1}{2}h\right)$$

(*summierte Mittelpunkt-Regel*), bzw.

$$I(f) \sim \frac{b-a}{m} \left\{ \frac{f(a)}{2} + \sum_{\nu=1}^{m-1} f(a + \nu h) + \frac{f(b)}{2} \right\}$$

(*summierte Trapez-Regel*).

Die summierte Mittelpunkt-Regel ist ein Beispiel für eine *offene* Formel, weil die beiden Intervallendpunkte a und b nicht als Knoten verwendet werden. Im Gegensatz dazu ist die Trapez-Regel eine *geschlossene* Formel, da $x_0 = a$ und $x_m = b$ gilt. Offene Formeln sind angebracht, wenn der Integrand f in a oder b eine (integrierbare) Singularität besitzt, z.B. $f(x) = (x^2 - 1)^{-1/2}$ für $a = -1$ und $b = 1$.

Die bisher vorgestellten Verfahren sind Spezialfälle eines allgemeineren Vorgehens, das an die Interpolation anschließt. Um eine Näherung für $I(f)$ zu gewinnen, wählen wir $m+1$ paarweise verschiedene Stützstellen $x_\nu \in [a,b]$, $\nu = 0,\ldots,m$. Dann hat das zugehörige Interpolationspolynom für f die Lagrange-Darstellung

$$p = \sum_{\nu=0}^{m} f(x_\nu)\, l_\nu \,,$$

und durch Integration von p erhalten wir eine Näherung für $I(f)$:

$$\int_a^b f(x)\, dx \sim \int_a^b p(x)\, dx \,.$$

Integrieren wir p in der Lagrange-Darstellung und berücksichtigen wir den Fehler durch Einführung eines Restgliedes R_m, so erhalten wir die Quadraturformel

$$\int_a^b f(x)\, dx = \sum_{\nu=0}^{m} a_\nu f(x_\nu) + R_m(f) \,, \qquad a_\nu := \int_a^b l_\nu(x)\, dx \,, \quad \nu = 0,\ldots,m\,.$$

Man spricht hier von einer *interpolatorischen Quadraturformel* und bezeichnet a_ν, $\nu = 0,\ldots,m$, als *Gewichte*.

3.6.1 Aufgabe

Man zeige: Es gilt $R_m(q) = 0$, falls q ein beliebiges Polynom vom Höchstgrad m bezeichnet.

Die Stützstellen x_ν und die Gewichte a_ν, $\nu = 0,\ldots,m$, legen eine Quadraturformel fest; es sind Formelkonstanten. Man kann diese in tabellarischer Form ablegen und dann bei Bedarf abrufen. Es stört allerdings noch, daß die spezielle Lage des Intervalls $[a,b]$ eingeht, während doch die Integration invariant gegen eine Substitution $x \longmapsto x + \rho$ ist. Diesem Problem kann man dadurch abhelfen, daß man durch eine affine Transformation

$$x = \frac{1}{2}\{(b-a)t + a + b\} \,, \quad t = \frac{1}{b-a}\{2x - (a+b)\}$$

von dem Intervall $[a,b]$ zum Standardintervall $[-1,1]$ übergeht.

Transformieren wir die Knoten $x_\nu \in [a,b]$ zu Knoten $t_\nu \in [-1,1]$, $\nu = 0,\ldots,m$, und vergleichen die Gewichte $\tilde{a}_\nu$ der "standardisierten" Formel

$$\int_{-1}^{1} g(t)dt = \sum_{\nu=0}^{m} \tilde{a}_\nu g(t_\nu) + \tilde{R}_m(g) \,,$$

$$\tilde{a}_\nu = \int_{-1}^{1} \tilde{l}_\nu(t)dt \,, \quad \tilde{l}_\nu(t) = \prod_{\substack{\mu=0 \\ \mu \neq \nu}}^{m} \frac{t - t_\mu}{t_\nu - t_\mu} \,, \quad \nu = 0,\ldots,m \,,$$

mit den Gewichten a_ν der "allgemeinen" Formel

$$\int_a^b f(x)dx = \sum_{\nu=0}^{m} a_\nu f(x_\nu) + R_m(f) \,,$$

$$a_\nu = \int_a^b l_\nu(x)dx \,, \quad l_\nu(x) = \prod_{\substack{\mu=0 \\ \mu \neq \nu}}^{m} \frac{x - x_\mu}{x_\nu - x_\mu} \,, \quad \nu = 0,\ldots,m \,,$$

so gilt $l_\nu(x) = \tilde{l}_\nu\left(\dfrac{1}{b-a}(2x - (a+b))\right)$ und $a_\nu = \dfrac{b-a}{2}\tilde{a}_\nu$, $\nu = 0,\ldots,m$.

3.6.2   Satz

(1) Gegeben seien $m+1$ *Knoten* $x_0, \ldots, x_m$ *mit* $a \le x_0 < x_1 < \ldots < x_m \le b$. *Die Gewichte* a_ν *der interpolatorischen Quadraturformel*

$$\int_a^b f(x)dx = \sum_{\nu=0}^m a_\nu f(x_\nu) + R_m(f) ,$$

$$R_m(q) = 0 \quad \text{für jedes Polynom } q \in \Pi_m ,$$

erhält man durch Integration der Lagrange-Grundpolynome:

$$a_\nu = \int_a^b l_\nu(x)dx , \quad l_\nu(x) = \prod_{\substack{\mu=0 \\ \mu \ne \nu}}^m \frac{x - x_\mu}{x_\nu - x_\mu} , \quad \nu = 0, \ldots, m .$$

(2) Ist eine interpolatorische Quadraturformel für das Intervall $[-1, 1]$ *und zu den Knoten* $t_0, \ldots, t_m$, $-1 \le t_0 < t_1 < \ldots < t_m \le 1$ *gegeben durch*

$$\int_{-1}^1 g(t)dt = \sum_{\nu=0}^m \tilde{a}_\nu g(t_\nu) + \tilde{R}_m(g) ,$$

$$\tilde{R}_m(g) = 0 \quad \text{für jedes Polynom } g \in \Pi_m ,$$

$$\tilde{a}_\nu = \int_{-1}^1 \tilde{l}_\nu(t)dt , \quad \tilde{l}_\nu(t) = \prod_{\substack{\mu=0 \\ \mu \ne \nu}}^m \frac{t - t_\mu}{t_\nu - t_\mu} , \quad \nu = 0, \ldots, m ,$$

so erhält man die in (1) angegebene Quadraturformel vermöge

$$x_\nu = \frac{1}{2}[(b - a)t_\nu + a + b] ,$$

$$a_\nu = \frac{b - a}{2}\tilde{a}_\nu , \quad \nu = 0, \ldots, m .$$

3.6.3   Beispiel

Wir betrachten die *Simpson-Regel*[27], auch *Keplersche Faßregel*[28] genannt. Dazu wählen wir die Stützstellen

$$t_0 = -1 , \quad t_1 = 0 , \quad t_2 = 1 .$$

Die zugehörigen Lagrange-Grundpolynome sind dann

$$l_0(t) = \tfrac{1}{2}t(t - 1) ,$$
$$l_1(t) = -(t - 1)(t + 1) ,$$
$$l_2(t) = \tfrac{1}{2}t(t + 1) = l_0(-t) .$$

Es folgt

$$a_0 = \int_{-1}^1 \frac{t(t - 1)}{2}\, dt = \frac{1}{3} , \quad a_1 = \int_{-1}^1 (1 - t^2)\, dt = \frac{4}{3} ,$$

$$a_2 = \int_{-1}^1 l_0(-t)\, dt = \int_{-1}^1 l_0(t)\, dt = a_0 = \frac{1}{3} .$$

---

[27]Simpson, Thomas (20.08.1710–14.05.1761)
[28]Kepler, Johannes (27.12.1571–15.11.1630)

Wir erhalten so die Formeln

$$\int_{-1}^{1} g(t)\, dt = \frac{1}{3}\{g(-1) + 4g(0) + g(1)\} + \tilde{R}^{S}(g)\,,$$

$$\int_{a}^{b} f(x)\, dx = \frac{b-a}{6}\{f(a) + 4f(\frac{a+b}{2}) + f(b)\} + R^{S}(f)\,,$$

wobei nach Konstruktion

$$\tilde{R}^{S}(q) = R^{S}(q) = 0$$

gilt, falls q ein Polynom vom Höchstgrad 2 ist. Tatsächlich gilt dies sogar, falls q ein Polynom vom Höchstgrad 3 ist, wie man durch Einsetzen von $g(t) = t^3$ sofort erkennt. (Für diesen höheren Exaktheitsgrad, als er nach Konstruktion zu erwarten wäre, sind Symmetriegründe verantwortlich; die Stützstellenanzahl ist ungerade, und die Stützstellen sind symmetrisch verteilt.)

Wählt man $m + 1$ äquidistante Stützstellen $x_\nu = a + \nu h$, $\nu = 0, \dots, m$, $h = \dfrac{b-a}{m}$, aus $[a,b]$ und wendet die Simpson-Regel für jedes Teilintervall $[x_\nu, x_{\nu+1}]$, $\nu = 0, \dots, m-1$, an, so erhält man die *summierte Simpson-Regel*

$$\int_{a}^{b} f(x)dx \sim \frac{h}{3}\left[\frac{1}{2}f(a) + 2\sum_{\nu=1}^{m} f\left(\frac{x_{\nu-1} + x_\nu}{2}\right) + \sum_{\nu=1}^{m-1} f(x_\nu) + \frac{1}{2}f(b)\right]\,.$$

Da der Quadraturfehler einer summierten Quadraturformel gleich der Summe der Quadraturfehler der Elementarformeln zur Berechnung von $\int_{x_\nu}^{x_{\nu+1}} f(x)dx$ ist, ist die summierte Simpson-Regel exakt für Polynome vom Höchstgrad 3.

3.6.4 Satz

Die summierte Simpson-Regel

$$\int_{a}^{b} f(x)dx \sim \frac{h}{3}\left[\frac{1}{2}f(a) + 2\sum_{\nu=1}^{m} f\left(\frac{x_{\nu-1} + x_\nu}{2}\right) + \sum_{\nu=1}^{m-1} f(x_\nu) + \frac{1}{2}f(b)\right]$$

mit $x_\nu = a + \nu h$, $\nu = 0, \dots, m$, $h = \dfrac{b-a}{m}$, ist exakt für Polynome vom Höchstgrad 3.

3.6.5 Aufgabe

Man konstruiere die interpolatorische Quadraturformel zu den Knoten

$$t_0 = -1\,, \quad t_1 = -\frac{1}{3}\,, \quad t_2 = \frac{1}{3}\,, \quad t_3 = 1\,.$$

($\frac{3}{8}$-Regel; von Newton auch "Pulcherrima", d.h. "die Schönste" genannt.)

Obwohl der Exaktheitsgrad von summierten Quadraturformeln nicht größer als der von den zugrundeliegenden Elementarformeln ist, erwartet man, daß sie bei genügend vielen Stützstellen eine höhere Genauigkeit besitzen als die Elementarformeln. Aus diesem Grunde sind wir an Darstellungen für den Quadraturfehler interessiert, die die Anzahl der Stützstellen mit berücksichtigen.

3.7 Quadraturfehler

Vereinbarungsgemäß bezeichnet man die Differenz

$$R_k(f) := \int_a^b f(x)\, dx - \sum_{\nu=0}^{m} a_\nu\, f(x_\nu)$$

zwischen dem gesuchten Integralwert und der numerischen Näherung als den Quadraturfehler; der Index k zeigt an, daß die Quadratur für Polynome vom Höchstgrad k exakt ist, d.h. daß

$$R_k(p) = 0\,, \quad \text{falls}\ \ p \in \Pi_k\,,$$

gilt. Bisher hatten wir Formeln kennengelernt, die mit Hilfe von Interpolation konstruiert waren. Dabei ergab sich nach Konstruktion ein von der Anzahl der Knoten abhängiger Exaktheitsgrad für Polynome. Der Zusammenhang zwischen Knotenzahl und algebraischem Exaktheitsgrad ist auch Inhalt des folgenden Satzes.

3.7.1 Satz

(1) Gilt $k \geq m$, so ist die Formel interpolatorisch, d.h. es gilt

$$a_\mu = \int_a^b l_\mu(x)\, dx\,, \quad \mu = 0,\ldots,m\,,$$

wenn l_μ, $\mu = 0,\ldots,m$, die Lagrange-Grundpolynome zu den paarweise verschiedenen Knoten $x_0,\ldots,x_m$ bezeichnen.

(2) Es gilt stets $k \leq 2m + 1$.

Beweis. (1) Die Lagrange-Grundpolynome l_μ haben den Grad m, also gilt für $k \geq m$

$$R_k(l_\mu) = 0\,, \quad \mu = 0,\ldots,m\,,$$

d.h.

$$\int_a^b l_\mu(x)\, dx = \sum_{\nu=0}^{m} a_\nu\, l_\mu(x_\nu) = a_\mu\,.$$

(2) Das Quadrat des Knotenpolynoms hat den Grad $2m + 2$:

$$(\omega_{m+1}(x))^2 = \prod_{\nu=0}^{m} (x - x_\nu)^2\,;$$

außerdem ist dieses Polynom nicht das Nullpolynom und es ist nichtnegativ:

$$(\omega_{m+1})^2 \neq o \quad \text{und} \quad (\omega_{m+1}(x))^2 \geq 0 \ \text{für}\ x \in \mathbb{R}\,.$$

Für dieses Polynom gilt dann

$$R_k((\omega_{m+1})^2) = \int_a^b (\omega_{m+1}(x))^2\, dx - \sum_{\nu=0}^{m} a_\nu\, (\omega_{m+1}(x_\nu))^2 = \int_a^b (\omega_{m+1}(x))^2\, dx > 0\,,$$

also ist k echt kleiner als $2m + 2$. □

Daß tatsächlich $(m+1)$-punktige Formeln existieren, die für Polynome vom Grad $2m + 1$ exakt sind, hat zuerst Gauß[29] gezeigt. Darauf kommen wir im nächsten Abschnitt zurück.

Für *interpolatorische* Formeln erhalten wir eine Fehlerdarstellung durch Integration des Interpolationsrestglieds (vgl. Satz 3.5.1).

3.7.2   Satz

Für eine $(m + 1)$-punktige Quadraturformel zu $a \leq x_0 < x_1 < \cdots < x_m \leq b$,

$$\int_a^b f(x) \, dx = \sum_{\nu=0}^m a_\nu \, f(x_\nu) + R_k(f) \, ,$$

$$R_k(p) = 0 \, , \quad falls \ p \in \Pi_k \, ,$$

vom Exaktheitsgrad $k \geq m$ gelten die Fehlerdarstellungen

(1)
$$R_k(f) = \int_a^b f[x, x_0, \ldots, x_m]\omega_{m+1}(x) \, dx \, ,$$

(2)
$$R_k(f) = \int_a^b \frac{f^{(m+1)}(\xi_x)}{(m + 1)!}\omega_{m+1}(x) \, dx \, , \quad mit \ \xi_x \in [a, b] \, ,$$

falls f mindestens $(m + 1)$-mal stetig differenzierbar ist.

Diese Darstellungen lassen sich in manchen Fällen mit Gewinn verwenden.

3.7.3   Beispiel

Wir betrachten den Fehler der Trapez-Regel

$$R_1^T(f) = \int_a^b f(x)dx - \frac{b - a}{2}[f(a) + f(b)] \, .$$

Nach dem obigen Satz gilt

$$R_1^T(f) = \int_a^b f[x, a, b](x - a)(x - b) \, dx \, .$$

Da das Polynom
$$\omega_2(x) = (x - a)(x - b)$$
im Integrationsintervall $[a, b]$ sein Vorzeichen nicht wechselt, können wir den erweiterten Mittelwertsatz der Integralrechnung anwenden. Dies ergibt

$$R_1^T(f) = f[\eta, a, b] \int_a^b (x - a)(x - b) \, dx \, ,$$

wenn η eine Zwischenstelle im Intervall $[a, b]$ bezeichnet. Durch Integration folgt schließlich

$$R_1^T(f) = -\frac{(b - a)^3}{6} f[\eta, a, b] \, .$$

---

[29]Gauß, Carl Friedrich (20.04.1777 – 23.02.1855)

und hieraus unter Beachtung von Satz 3.4.8

$$R_1^T(f) = -\frac{(b-a)^3}{12} f''(\xi) , \quad a \le \xi \le b ,$$

falls $f \in C^2[a,b]$ gilt. Der Trick, den verallgemeinerten Mittelwertsatz der Integralrechnung anzuwenden, versagt schon bei den nächsteinfacheren Formeln, der Mittelpunkt-Regel und der Simpson-Regel, da in diesen Fällen das jeweilige Knotenpolynom im Integrationsintervall sein Vorzeichen wechselt. Bei diesen Formeln beachte man auch, daß sie den erhöhten Exaktheitsgrad $k = m + 1$ haben. Dies ist eine Konsequenz der Symmetrie der Formeln zum Mittelpunkt des Integrationsintervalls.

Um eine Fehlerdarstellung zu bekommen, welche die Abhängigkeit des Quadraturfehlers von der $(k+1)$-ten Ableitung besonders deutlich zeigt, gehen wir ähnlich vor wie bei der Herleitung der Integraldarstellung der dividierten Differenzen. Wir betrachten den Fehler einer $(m+1)$-punktigen Quadraturformel vom Exaktheitsgrad $k \ge 0$:

$$R_k(f) = \int_a^b f(x)\,dx - \sum_{\nu=0}^m a_\nu\, f(x_\nu) ,$$

$$a \le x_0 < \ldots < x_m \le b , \quad R_k(p) = 0 , \text{ falls } p \in \Pi_k .$$

Wenn F eine Stammfunktion von f bezeichnet, können wir diesen Fehler in der Form

$$\tilde{R}_k(F) = F(b) - F(a) - \sum_{\nu=0}^m a_\nu\, F'(x_\nu) , \quad \tilde{R}_k(P) = 0 , \quad \text{falls } P \in \Pi_{k+1} ,$$

schreiben. In dieser Darstellung ist der Quadraturfehler schon recht nahe mit einer dividierten Differenz von F

$$F[x_0,\ldots,x_m] = \sum_{\nu=0}^m w_\nu\, F(x_\nu)$$

verwandt. Der wesentliche Unterschied besteht darin, daß beim Quadraturfehler nur die beiden Funktionswerte $F(a)$, $F(b)$ auftreten und zusätzlich $m+1$ Ableitungswerte, während in der Darstellung der dividierten Differenz $m+1$ Funktionswerte vorkommen. In Analogie zu den B-Splines betrachten wir die sogenannten *Monosplines*

$$M_{k,m}(t) := (b-t)_+^{k+1} - (a-t)_+^{k+1} - (k+1)\sum_{\nu=0}^m a_\nu(x_\nu - t)_+^k .$$

Man beachte, daß diese Funktionen (zunächst ganz formal) den B-Splines

$$B_{k-1}(t) = k\sum_{\nu=0}^k \omega_\nu(x_\nu - t)_+^{k-1}$$

nachgebildet sind. Der Exaktheitsgrad geht dabei als Exponent der abgeschnittenen Potenz ein, und das Auftreten von Ableitungswerten $F'(x_\nu)$ berücksichtigen wir durch Differentiation der Summenglieder.

3.7.4 Aufgabe

Man zeige:

a) Der Monospline $M_{k,m}$ verschwindet außerhalb von $[a,b]$ identisch.

b)   i) Ist $x_0 = a$, so hat $M_{k,m}$ in $t = a$ eine Nullstelle der Ordnung k .

  ii) Ist $a < x_0$, so hat $M_{k,m}$ in $t = a$ eine Nullstelle der Ordnung $k+1$.

  iii) Entsprechendes gilt für $t = b$.

Mit Hilfe des Taylorschen Satzes mit dem Restglied in Integralform folgt

$$\frac{1}{(k+1)!} \int_a^b F^{(k+2)}(t)\, M_{k,m}(t)\, dt = F(b) - F(a) - \sum_{\nu=0}^m a_\nu\, F'(x_\nu) = \tilde{R}_k(F) \ .$$

Setzt man $f = F'$, so folgt die *Peano-Darstellung des Integrationsfehlers*.

3.7.5 Satz

Der Fehler $R_k(f)$ einer $(m+1)$-punktigen Quadraturformel des Exaktheitsgrades k

$$\int_a^b f(x)\, dx = \sum_{\nu=0}^m a_\nu f(x_\nu) + R_k(f) \ ,$$

$$a \le x_0 < \ldots < x_m \le b \ ,$$

$$R_k(p) = 0 \ , \quad \text{falls } p \in \Pi_k \ ,$$

läßt sich für $(k+1)$-mal stetig differenzierbares f in der Peano-Form

$$R_k(f) \quad = \int_a^b f^{(k+1)}(t) \frac{M_{k,m}(t)}{(k+1)!}\, dt \ ,$$

$$M_{k,m}(t) \quad = (b-t)_+^{k+1} - (a-t)_+^{k+1} - (k+1) \sum_{\nu=0}^m a_\nu (x_\nu - t)_+^k$$

darstellen. Die von f unabhängige Funktion $M_{k,m}$ heißt Peano-Kern der Quadraturformel.

3.7.6 Beispiel

Wir betrachten die Mittelpunkt-Regel

$$\int_{-1}^1 f(x)\, dx = 2f(0) + R_M(f)$$

oder in integrierter Form

$$\tilde{R}^M(F) \quad = F(1) - F(-1) - 2F'(0) \ ,$$
$$\tilde{R}^M(P) \quad = 0 \ , \quad \text{falls } P \in \Pi_2 \ .$$

Der zugehörige Monospline hat die Form

$$M_{1,0}(t) = (1-t)_+^2 - (-1-t)_+^2 - 4(-t)_+ \ .$$

Mit Hilfe partieller Integration rechnet man leicht nach, daß

$$\tilde{R}^M(F) = \frac{1}{2} \int_{-1}^{1} F'''(t) M_{1,0}(t) \, dt \ ,$$

d.h.

$$R^M(f) = \frac{1}{2} \int_{-1}^{1} f''(t) M_{1,0}(t) \, dt$$

gilt. Der Peano-Kern $M_{1,0}$ besteht aus zwei Parabelbögen und ist im Intervall $(-1,1)$ positiv.

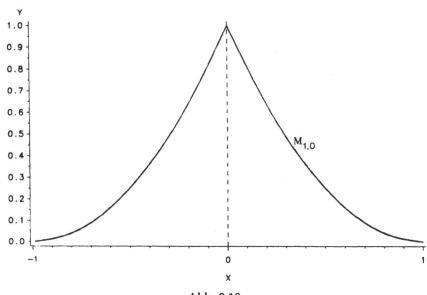

Abb. 3.10

Der erweiterte Mittelwertsatz der Integralrechnung ist somit anwendbar und liefert

$$R^M(f) \ = \frac{1}{2} f''(\xi) \int_{-1}^{1} M_{1,0}(t) \, dt \ , \quad -1 < \xi < 1 \ ,$$

$$= f''(\xi) \int_{0}^{1} M_{1,0}(t) \, dt = f''(\xi) \int_{0}^{1} (1-t)^2 \, dt = \frac{1}{3} f''(\xi) \ .$$

Ein Vergleich mit der im Beispiel 3.7.3 behandelten Trapez-Regel zeigt, daß der Faktor, der bei der zweiten Ableitung auftritt, für die Mittelpunkt-Regel nur halb so groß ist.

3.7.7 Aufgabe

Man zeige:

a) Der Peano-Kern $M_{3,2}$,

$$M_{3,2}(t) = (1-t)_{+}^{4} - (-1-t)_{+}^{4} - 4\left[\frac{1}{3}(-1-t)_{+}^{3} + \frac{4}{3}(-t)_{+}^{3} + \frac{1}{3}(1-t)_{+}^{3}\right] \ ,$$

der Simpson-Regel wechselt das Vorzeichen nicht.

b) Es gilt für viermal stetig differenzierbares f die Fehlerdarstellung

$$R^S(f) = -\frac{1}{90} \cdot f^{(4)}(\xi) \ , \quad -1 < \xi < 1 \ .$$

Sei $f \in C^{k+1}[a,b]$. Schreiben wir $I(f)$ in der Form

$$I(f) = \int_a^b f(x)dx = c_m h \sum_{\nu=0}^m a_{\nu m} f(a+\nu h) + b_m h^{k+2} f^{(k+1)}(\xi), \quad \xi \in [a,b], \quad h = \frac{b-a}{m},$$

so erhalten wir die in der nachfolgenden Tabelle aufgeführten interpolatorischen Quadraturformeln. Wegen $a_{\nu m} = a_{m-\nu\ m}$, $\nu = 0,\ldots,m$, notieren wir nur die Gewichte $a_{\nu m}$, $\nu = 0,\ldots,\lfloor \frac{m}{2} \rfloor$.

Bezeichnung	m	c_m	a_{0m}	a_{1m}	a_{2m}	a_{3m}	a_{4m}	b_m	k
Trapez-Regel	1	$\frac{1}{2}$	1		—	—	—	$-\frac{1}{12}$	1
Simpson-Regel	2	$\frac{1}{3}$	1	4		—	—	$-\frac{1}{90}$	3
$\frac{3}{8}$ – Regel	3	$\frac{3}{8}$	1	3			—	$-\frac{3}{80}$	3
—	4	$\frac{2}{45}$	7	32	12			$-\frac{8}{945}$	5
Milne-Regel [30]	5	$\frac{5}{288}$	19	75	50			$-\frac{275}{12096}$	5
Weddle-Regel	6	$\frac{1}{140}$	41	216	27	272		$-\frac{9}{1400}$	7
—	7	$\frac{7}{17280}$	751	3577	1323	2989		$-\frac{8183}{518400}$	7
—	8	$\frac{4}{14175}$	989	5888	-928	10496	-4540	$-\frac{2368}{467775}$	9
—	9	$\frac{9}{89600}$	2857	15741	1080	19344	5778	$-\frac{173}{14620}$	9

Ist $f \in C^2[a,b]$, so gilt für die Mittelpunkt-Regel

$$\int_a^b f(x)dx = (b-a)f\left(\frac{b-a}{2}\right) + \frac{(b-a)^3}{24} f''(\xi) \quad \text{für ein } \xi \in [a,b]$$

(Beispiel 3.7.6 und Satz 3.6.2).

3.7.8 Aufgabe

Gegeben seien äquidistant verteilte Stützstellen $x_\nu = a + \nu h$, $\nu = 0,\ldots,m$, $h = \frac{b-a}{m}$. Man zeige:

a) Für die Gewichte einer $(m+1)$-punktigen interpolatorischen Quadraturformel gilt

$$a_{\nu m} = a_{m-\nu\ m}, \quad \nu = 0,\ldots,m.$$

b) Ist $m = sn$ und wird in jedem Teilintervall $[x_\mu, x_{\mu+s}]$, $\mu = 0, s, 2s, \ldots, (n-1)s$, von $[a,b]$ dieselbe $(s+1)$-punktige interpolatorische Quadraturformel

$$\int_{x_\mu}^{x_{\mu+s}} f(x)dx = c_s h \sum_{\nu=0}^s a_{\nu s} f(x_\mu+\nu h) + b_s h^{k+2} f^{(k+1)}(\xi_\mu), \quad \xi_\mu \in [x_\mu, x_{\mu+s}], \quad \mu = 0, s, \ldots, (n-1)s,$$

vom Exaktheitsgrad k benutzt, so besitzt das Restglied der summierten Quadraturformel zur Berechnung von $\int_a^b f(x)dx$, $f \in C^{k+1}[a,b]$, die Darstellung

$$R_k(f) = b_s h^{k+2} n f^{(k+1)}(\xi)$$

für ein $\xi \in [a,b]$.

---

[30] Milne, Edward Arthur (14.02.1896–21.09.1950)

3.8   Gauß-Quadraturformeln

Im Satz 3.7.1 hatten wir gezeigt, daß der Exaktheitsgrad k einer $(m+1)$-punktigen Quadraturformel nicht höher als $2m+1$ sein kann:

$$k \le 2m + 1 \; .$$

Wir wollen nun eine solche extremale, nach Gauß benannte Formel konstruieren. O.B.d.A. betrachten wir eine interpolatorische Formel im Intervall $[-1, 1]$

$$\int_{-1}^{1} f(x) \, dx = \sum_{\nu=0}^{m} a_\nu \, f(x_\nu) + R_k(f) \; ,$$

$$R_k(p) = 0 \; , \quad \text{falls } p \in \Pi_k \; , \quad k \ge m \; .$$

Mit Hilfe des Knotenpolynoms ω_{m+1} ,

$$\omega_{m+1}(x) = \prod_{\nu=0}^{m} (x - x_\nu) \; ,$$

können wir ein beliebiges Polynom p_s vom Grad $s \ge m+1$ mit Hilfe des Euklidischen Divisionsalgorithmus' zerlegen in der Form

$$p_s = q_{s-m-1} \, \omega_{m+1} + r_m \; ;$$

dabei haben q_{s-m-1} und r_m den Grad $s-m-1$ bzw. m . Für den Fehler $R_k(p_s)$ folgt

$$R_k(p_s) \; = R_k(q_{s-m-1}\omega_{m+1}) + R_k(r_m) = R_k(q_{s-m-1}\omega_{m+1})$$

$$= \int_{-1}^{1} q_{s-m-1}(x)\omega_{m+1}(x) \, dx - \sum_{\nu=0}^{m} a_\nu \, q_{s-m-1}(x_\nu)\omega_{m+1}(x_\nu)$$

$$= \int_{-1}^{1} q_{s-m-1}(x)\omega_{m+1}(x) \, dx \; .$$

Man erkennt, daß der Exaktheitsgrad s ist, d.h.

$$R_k(p_s) = 0 \text{ für alle } p_s \in \Pi_s$$

gilt, falls

$$\int_{-1}^{1} q_{s-m-1}(x)\omega_{m+1}(x) \, dx = 0 \text{ für alle } q_{s-m-1} \in \Pi_{s-m-1}$$

gilt.

Im extremalen Fall $s = 2m+1$ geht es also darum, ω_{m+1} so zu wählen, daß

$$\int_{-1}^{1} q_m(x)\omega_{m+1}(x) \, dx = 0 \text{ für alle } q_m \in \Pi_m$$

gilt. Man sagt, "ω_{m+1} ist orthogonal zu allen Polynomen vom Höchstgrad m". Bei der Herleitung des Taylor-Restglieds in der Integraldarstellung hatte sich partielle Integration als wichtiges Hilfsmittel erwiesen. Wenden wir diese auf die Orthogonalitätsbedingung an, so folgt

$$\int_{-1}^{1} q_m(x)\omega_{m+1}(x)\,dx = q_m(x)\Omega_1(x)\Big|_{-1}^{1} - \int_{-1}^{1} q_m'(x)\Omega_1(x)\,dx\ ,$$

$$\Omega_1(x) := \int_{-1}^{x} \omega_{m+1}(t)\,dt$$

und rekursiv

$$\int_{-1}^{1} q_m(x)\omega_{m+1}(x)\,dx = \sum_{\nu=0}^{m}(-1)^\nu q_m^{(\nu)}(x)\Omega_{\nu+1}(x)\Big|_{-1}^{1}\ ,$$

wobei

$$\Omega_\nu(x) := \int_{-1}^{x} \Omega_{\nu-1}(t)\,dt\ ,\quad \nu = 2,\ldots,m+1\ .$$

Nach Konstruktion gilt

$$\Omega_\nu(-1) = 0\ ,\quad \nu = 1,\ldots,m+1\ ,$$

also

$$\int_{-1}^{1} q_m(x)\,\omega_{m+1}(x)\,dx = \sum_{\nu=0}^{m}(-1)^\nu q_m^{(\nu)}(1)\,\Omega_{\nu+1}(1)\ .$$

Wenn also zusätzlich auch

$$\Omega_\nu(1) = 0\ ,\quad \nu = 1,\ldots,m+1\ ,$$

gilt, ist die Orthogonalität erfüllt. Für Ω_{m+1} bedeutet dies, daß Ω_{m+1} eine je $(m+1)$-fache Nullstelle in -1 und 1 hat. Da Ω_{m+1} den Grad

$$m+1\ +\ m+1 = 2m+2$$

hat, gilt also

$$\Omega_{m+1}(x) = C_{m+1}(x^2-1)^{m+1}\ .$$

Da andererseits

$$\Omega_{m+1}(x) = \int_{-1}^{x}\int_{-1}^{t_m}\cdots\int_{-1}^{t_1} \omega_{m+1}(t_0)\,dt_0\ldots dt_m\ ,$$

also

$$\Omega_{m+1}^{(m+1)}(x) = \omega_{m+1}(x)$$

gilt, ist C_{m+1} so zu bestimmen, daß $\Omega_{m+1}^{(m+1)}$ den Höchstkoeffizienten 1 hat, also

$$C_{m+1} = \frac{1}{2m+2}\cdot\frac{1}{2m+1}\cdots\frac{1}{m+2} = \frac{(m+1)!}{(2m+2)!}\ .$$

Wir wählen daher

$$\omega_{m+1}(x) := \frac{(m+1)!}{(2m+2)!}\,\frac{d^{m+1}}{dx^{m+1}}\{(x^2-1)^{m+1}\}$$

als Knotenpolynom einer interpolatorischen $(m+1)$-punktigen Quadraturformel. Dabei zeigt der Satz von Rolle, daß ω_{m+1} tatsächlich $m+1$ verschiedene Nullstellen – also Knoten – in $(-1,1)$ hat. Die so konstruierte Quadraturformel hat dann den gewünschten extremalen Exaktheitsgrad $2m+1$.

3.8.1   Satz

Wählt man die $m+1$ Nullstellen des Polynoms

$$\omega_{m+1}(x) := \frac{(m+1)!}{(2m+2)!} \frac{d^{m+1}}{dx^{m+1}} \{(x^2-1)^{m+1}\}$$

als Knoten einer interpolatorischen Quadraturformel für das Integrationsintervall
$[-1,1]$, *so erhält man eine Gauß-Formel mit dem maximalem Exaktheitsgrad* $2m+1$.

3.8.2   Aufgabe

Man bestimme die Knoten $x_{0m}, \ldots, x_{mm}$ und Gewichte $a_{0m}, \ldots, a_{mm}$ der $(m+1)$-punktigen
Gauß-Formel für $m = 0, 1, \ldots, 4$.

Die Gauß-Formeln sind zusätzlich zu ihrem maximalem Exaktheitsgrad auch
durch Positivitätseigenschaften ausgezeichnet.

3.8.3   Satz

Die Gewichte einer Gauß-Formel sind alle positiv.

Beweis. Die Lagrange-Grundpolynome l_μ, $\mu = 0, \ldots, m$, zu den Nullstellen von
ω_{m+1} haben den Grad m ; also haben ihre Quadrate l_μ^2, $\mu = 0, \ldots, m$, den Grad
$2m$ und werden somit exakt integriert, d.h.

$$0 < \int_{-1}^{1} (l_\mu(x))^2 \, dx = \sum_{\nu=0}^{m} a_\nu \, (l_\mu(x_\nu))^2 = a_\mu , \quad \mu = 0, \ldots, m . \qquad \square$$

Wir wenden uns nun der Fehlerdarstellung zu und benutzen dabei den zugehörigen
Peano-Kern $M_{2m+1,m}$. Da hier die Knotenzahl $m+1$ mit der Ordnung $2m+1$ in
eindeutiger Weise gekoppelt ist, schreiben wir im folgenden vereinfachend M_{2m+1}
statt $M_{2m+1,m}$.

3.8.4   Satz

Der Peano-Kern M_{2m+1} in der Darstellung

$$R_{2m+1}(f) = \int_{-1}^{1} f^{(2m+2)}(t) \frac{M_{2m+1}(t)}{(2m+2)!} \, dt$$

einer $(m+1)$-punktigen Gauß-Formel ist im Intervall $(-1,1)$ positiv.

Beweis. Nach Aufgabe 3.7.4 hat M_{2m+1} in $t = -1$ und $t = 1$ jeweils eine
Nullstelle der Ordnung $2m+2$, also Nullstellen der Gesamtvielfachheit $4m+4$.
Dies ist die Maximalzahl, die ein Mono-Spline M_{2m+1} ,

$$M_{2m+1}(t) = (1-t)_+^{2m+2} - (-1-t)_+^{2m+2} - (2m+2) \sum_{\nu=0}^{m} a_\nu (x_\nu - t)_+^{2m+1} ,$$

im Intervall $[-1, 1]$ haben kann. Denn wegen

$$M_{2m+1}^{(2m)}(t) = \begin{cases} (2m+2)!(-1)^{2m}\left[\dfrac{(1-t)^2}{2} - \displaystyle\sum_{\nu=0}^{m} a_\nu(x_\nu - t)\right] & \text{für } t \in [-1, x_0]\,, \\[3mm] (2m+2)!(-1)^{2m}\left[\dfrac{(1-t^2)}{2} - \displaystyle\sum_{\nu=\mu}^{m} a_\nu(x_\nu - t)\right] & \text{für } t \in [x_{\mu-1}, x_\mu]\,, \\ & \mu = 1,\dots,m\,, \\[3mm] (2m+2)!(-1)^{2m}\dfrac{(1-t)^2}{2} & \text{für } t \in [x_m, 1]\,, \end{cases}$$

besteht $M_{2m+1}^{(2m)}$ in $[-1, x_0], [x_0, x_1], \dots, [x_{m-1}, x_m], [x_m, 1], -1 \le x_0 < \dots < x_m \le 1$, jeweils aus einem Stück einer Parabel zweiter Ordnung, das höchstens 2 Nullstellen haben kann. Die maximal $m + 2$ Parabelstücke können also insgesamt höchstens $2m+4$ Nullstellen besitzen. Nach dem Satz von Rolle "rückwärts" (vgl. Aufgabe 3.4.5) hat dann M_{2m+1} höchstens $2m + 2m + 4 = 4m + 4$ Nullstellen. Alle Nullstellen von M_{2m+1} liegen somit in 1 und -1; M_{2m+1} ist also in $(-1, 1)$ von Null verschieden.

Wir zeigen nun, daß M_{2m+1} in $(-1, 1)$ positiv ist: Auf die Fehlerdarstellung

$$R_{2m+1}(f) = \int_{-1}^{1} f^{(2m+2)}(t)\frac{M_{2m+1}(t)}{(2m+2)!}\, dt$$

können wir den erweiterten Mittelwertsatz der Integralrechnung anwenden und erhalten

$$R_{2m+1}(f) = f^{(2m+2)}(\xi)\int_{-1}^{1}\frac{M_{2m+1}(t)}{(2m+2)!}\, dt\,, \quad -1 \le \xi \le 1\,.$$

Setzen wir hier für f das Quadrat des Knotenpolynoms

$$[\omega_{m+1}(x)]^2 = \left[\frac{(m+1)!}{(2m+2)!}\frac{d^{m+1}}{dx^{m+1}}\left\{(x^2-1)^{m+1}\right\}\right]^2$$

ein, so folgt einerseits

$$R_{2m+1}(\omega_{m+1}\cdot\omega_{m+1}) = \int_{-1}^{1} M_{2m+1}(t)\, dt$$

und andererseits mit den Überlegungen wie zu Beginn dieses Abschnitts

$$R_{2m+1}(\omega_{m+1}\cdot\omega_{m+1}) = \int_{-1}^{1}\omega_{m+1}(x)\,\omega_{m+1}(x)\, dx$$

$$= \left[\frac{(m+1)!}{(2m+2)!}\right]^2\int_{-1}^{1}\left(\frac{d^{m+1}}{dx^{m+1}}\left[(x^2-1)^{m+1}\right]\right)^2 dx\,.$$

Integrieren wir das letzte Integral $(m+1)$-mal partiell, so erhalten wir

$$\int_{-1}^{1} M_{2m+1}(t)\, dt = (-1)^{m+1}\left[\frac{(m+1)!}{(2m+2)!}\right]^2\int_{-1}^{1}(x^2-1)^{m+1}\, dx\,.$$

Wegen $(x^2 - 1)^{m+1} = (-1)^{m+1}(1 - x^2)^{m+1}$ und $\int_{-1}^{1}(1 - x^2)^{m+1}\,dx > 0$ ist auch

$$\int_{-1}^{1} M_{2m+1}(t)dt > 0 \ .$$

Da $M_{2m+1}(t) \neq 0$ für $t \in (-1,1)$ ist, folgt somit auch $M_{2m+1}(t) > 0$, $t \in (-1,1)$.

□

3.8.5 Aufgabe

Man zeige mit Hilfe partieller Integration :

$$\int_{-1}^{1}(x^2 - 1)^{m+1}\,dx = (-1)^{m+1}\frac{[(m+1)!]^2}{(2m+2)!}\frac{2^{2m+3}}{2m+3} \ .$$

Insgesamt ergibt sich so die folgende Fehlerdarstellung für die $(m+1)$-punktige Gauß-Formel:

3.8.6 Satz

Falls f im Intervall $[-1,1]$ $(2m+2)$-mal stetig differenzierbar ist, gilt für die $(m+1)$-punktige Gauß-Formel die Fehlerdarstellung

$$R_{2m+1}(f) = \frac{2^{2m+3}}{2m+3}\frac{[(m+1)!]^4}{[(2m+2)!]^3}\,f^{(2m+2)}(\xi) \ , \quad -1 \leq \xi \leq 1 \ .$$

3.8.7 Aufgabe

Für $f : [-1,1] \rightarrow \mathbb{R}$, $f(x) = \ln(x + 2)$, bestimme man den Exaktheitsgrad der Gauß-Formel, der mindestens erforderlich ist, um die Berechnung von $\int_{-1}^{1} f(x)\,dx$ auf eine Genauigkeit von 10 Dezimalstellen zu gewährleisten. Wieviel Knoten sind erforderlich, um diese Genauigkeit mit der summierten Trapez-Regel zu erreichen?

4. Splines und Graphik

4.1 Einleitung

Polynome spielten jahrhundertelang in der Mathematik und ihren Anwendungsgebieten eine zentrale Rolle. Demgegenüber hatten Funktionen, die nur stückweise aus Polynomen zusammengesetzt sind (Signum-Funktion, Betragsfunktion), eher eine Nebenrolle. Dies hat sich mit der Verbreitung der elektronischen Rechenmaschinen (Taschenrechner, PCs usw.) in den Anwendungsgebieten der Mathematik, vor allem bei technisch-wissenschaftlichen Berechnungen und im Bereich der Graphik, völlig verändert. Hier spielen Funktionen, die aus Polynomen stückweise zusammengesetzt sind, die Hauptrolle und "reine" Polynom-Funktionen eher die Nebenrolle. Dies hat verschiedene Gründe.

- Von Seiten der Hardware spricht nichts gegen die Verwendung stückweise polynomialer Funktionen. Die Arithmetik elektronischer Rechenmaschinen enthält neben den Maschinenoperationen zur Simulation der Grundrechenarten $(+, -, \times, /)$ auch Verzweigungen als elementare Operationen, die in einem Maschinentakt abgearbeitet werden. Das "Umsteigen" von einer genäherten Darstellung einer Funktion f

$$f(x) \approx \sum_{\nu=0}^{n} \alpha_\nu (x-a)^\nu \ , \quad |x-a| \leq \alpha \ ,$$

  auf eine andere Näherung

$$f(x) \approx \sum_{\mu=0}^{m} \beta_\mu (x-b)^\mu \ , \quad |x-b| \leq \beta \ ,$$

  derselben Funktion f, nur in einem anderen Argumentbereich, läßt sich also im Bereich von Maschinenzykluszeiten durchführen.

- Auch in der "klassischen" Mathematik vor dem Computerzeitalter setzte man bei konkreten Rechnungen gelegentlich Funktionen geeignet zusammen.

- Stückweise polynomial zusammengesetzte Funktionen können interessante Minimaleigenschaften besitzen und Glattheit mit genügend Flexibilität vereinen.

4.1.1 Beispiel

(1) Obwohl die Taylor-Entwicklung der Exponentialfunktion in der Form

$$e^z = \sum_{\nu=0}^{\infty} \frac{z^\nu}{\nu!}$$

für alle $z \in \mathbb{R}$ gültig ist, konvergiert die Reihe nur für z in der Nähe von Null sehr rasch, während man schon für $z = 10$ ein wesentlich ungünstigeres Konvergenzverhalten vorfindet, das sich auch darin ausdrückt, daß die Reihenglieder zunächst anwachsen. Gute Näherungen kann man dadurch erhalten, daß man die Lage des Arguments z berücksichtigt. Konkret kann man so vorgehen: Man zerlegt z in seinen größten ganzen Teil und einen Rest gemäß $z = \lfloor z \rfloor + x$, $0 \le x < 1$. Dann folgt

$$e^z = e^{\lfloor z \rfloor} \cdot e^x = e^{\lfloor z \rfloor} \cdot \sum_{\nu=0}^{\infty} \frac{x^\nu}{\nu!} = e^{\lfloor z \rfloor} \cdot \{ p_n(x) + r_n(x) \} \, ,$$

wenn p_n die n-te Partialsumme und r_n den Reihenrest bezeichnet. Einen Näherungswert für e^z erhält man durch $e^{\lfloor z \rfloor} \cdot p_n(x)$ mit einem relativen Fehler

$$\left| \frac{e^z - e^{\lfloor z \rfloor} p_n(x)}{e^z} \right| = \frac{e^{\lfloor z \rfloor} |r_n(x)|}{e^{\lfloor z \rfloor + x}} = \frac{|r_n(x)|}{e^x} \le |r_n(x)| \, , \quad \text{da } 0 \le x < 1 \, .$$

Bei diesem Vorgehen "vererbt" sich also das gute Konvergenzverhalten der Exponentialreihe im Intervall $[0,1]$ auf andere Bereiche. Hier hat eine aus Polynomen stückweise zusammengesetzte Näherung offensichtliche Vorteile gegenüber der Taylor-Reihe.

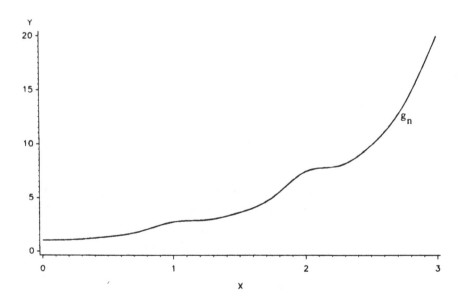

Abb. 4.1. Graph der Funktion g_n , $g_n(z) = e^{\lfloor z \rfloor} \sum_{\nu=0}^{n} \frac{(z - \lfloor z \rfloor)^\nu}{\nu!}$, für $n = 9$

(2) Wenn man für eine Funktion $f \in C^2[a,b]$ ein System von Punkten $(x_i, f(x_i))^T$, $x_i \in [a,b]$, $i = 0, ..., n$, in der Ebene gegeben hat, kann man ein elastisches Kurvenlineal (z.B. einen dünnen Stahlstab) an diesen Punkten fixieren. Das Lineal nimmt dann eine bestimmte Form an (vgl.

Abb. 4.2). Man kann zeigen, daß die sich einstellende Form in vereinfachender Näherung dadurch ausgezeichnet ist, daß die Energie, die man zum Verbiegen des Kurvenlineals aufwenden muß, minimal ist und daß der Kurvenverlauf näherungsweise durch eine Funktion beschrieben werden kann, die zwischen je zwei aufeinanderfolgenden Knoten x_i und x_{i+1} aus einem kubischen Polynom besteht und insgesamt zweimal stetig differenzierbar ist.

Abb. 4.2

Für eine Funktion $f \in C^2[a,b]$ ist der *Krümmungsradius* – also der Radius des Kreises, der f im Knoten x von dritter Ordnung berührt – durch

$$\rho(x) := \frac{[1 + (f'(x))^2]^{\frac{3}{2}}}{|f''(x)|}$$

gegeben, wobei wir natürlich $f''(x) \neq 0$ voraussetzen. Ist $|f'(x)|$ klein, so kann die *Krümmung* im Punkt $(x, f(x))^T$ durch

$$\kappa(x) := \frac{1}{\rho(x)} \approx |f''(x)| \, ,$$

angenähert werden.

Die Verbiegungsenergie ist in erster Näherung proportional zu $\int_a^b (f''(x))^2 dx$ und damit auch zur "mittleren Krümmung" $\kappa(f)$ von f, wo $\kappa(f)$ definiert ist durch

$$\kappa(f) := \int_a^b (\kappa(x))^2 \, dx \approx \int_a^b (f''(x))^2 \, dx \, .$$

$\kappa(f)$ ist also ein Maß für die Krümmung von f und gibt an, wieviel Energie man aufwenden muß, um ein biegsames Kurvenlineal dem Graphen von f anzupassen.

Man bezeichnet eine Funktion, die unter Annahme der obigen Näherung für die Verbiegungsenergie den Verlauf des Kurvenlineals beschreibt, als einen kubischen Spline. Solche Spline-Funktionen spielen bei Graphik-Anwendungen eine besondere Rolle, um Kurven darzustellen. In Graphik-Programmen kommen in der Regel Geraden, Kreise (Ellipsen) und Splines als Grundelemente vor, wobei man Splines zur Darstellung aller nicht-geradlinigen oder nicht-ellipsenförmigen Kurven verwendet.

4.2 Mathematische Filter

Optische Filter verwendet man – etwa beim Fotografieren – dazu, um bestimmte Effekte hervorzuheben oder abzuschwächen. Überträgt man dieses Konzept auf die Mathematik, so geht es darum, Mechanismen zu entwickeln, die einer gegebenen Funktion f eine in gewissem Sinn einfacher gebaute Funktion g zuordnen, welche aber bestimmte Eigenschaften besitzt, an denen man besonderes Interesse hat.

Um konkreter zu werden, erinnern wir uns an den Aufbau des Integralbegriffs; dort spielen Treppenfunktionen eine wichtige Rolle. Wir stellen uns also das Problem, einer stetigen Funktion $f : \mathbb{R} \longrightarrow \mathbb{R}$ eine Folge von Treppenfunktionen zuzuordnen. Ein systematisches Verfahren, das dies leistet, geht aus von einer elementaren Treppenfunktion W_0,

$$
W_0(t) = \begin{cases} 1 & , \quad \text{falls } |t| < \dfrac{1}{2} , \\[2mm] \dfrac{1}{2} & , \quad \text{falls } t = \dfrac{1}{2} \text{ oder } t = -\dfrac{1}{2} , \\[2mm] 0 & , \quad \text{falls } |t| > \dfrac{1}{2} . \end{cases}
$$

Bis auf die Werte in $t = \pm\frac{1}{2}$ stimmt W_0 mit dem B-Spline B_0 zu den Knoten $\pm\frac{1}{2}$ überein. Durch "Stauchung" gehen wir von W_0 zu W_0^n mit

$$
W_0^n(t) := W_0(nt) = \begin{cases} 1 & , \quad \text{falls } |t| < \dfrac{1}{2n} , \\[2mm] \dfrac{1}{2} & , \quad \text{falls } t = \dfrac{1}{2n} \text{ oder } t = -\dfrac{1}{2n} , \\[2mm] 0 & , \quad \text{falls } |t| > \dfrac{1}{2n} , \end{cases}
$$

über.

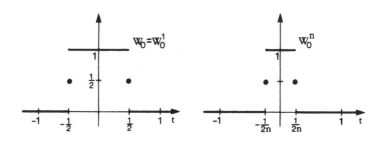

Abb. 4.3

Der Funktion f können wir nun die Folge der Treppenfunktionen $P_0^n f$,

$$
(P_0^n f)(x) := \sum_{\nu=-\infty}^{\infty} f\left(\frac{\nu}{n}\right) W_0^n\left(x - \frac{\nu}{n}\right) , \quad n = 1, 2, \ldots ,
$$

zuordnen. Man stößt bei der Reihe auf keine Konvergenzprobleme, da für jedes $x \in \mathbb{R}$ höchstens zwei Summanden von Null verschieden sind. Nach Konstruktion ist $P_0^n f$ eine Treppenfunktion, die in den Intervallen

$$I_{\mu,n} := \left(\frac{\mu}{n} - \frac{1}{2n} \,, \ \frac{\mu}{n} + \frac{1}{2n} \right) \,, \quad \mu \in \mathbb{Z} \,,$$

den konstanten Wert $f\left(\frac{\mu}{n}\right)$ hat. Weiterhin gilt an den Nahtstellen

$$(P_0^n f)\left(\frac{2\mu - 1}{2n}\right) \ = \ f\left(\frac{\mu-1}{n}\right) W_0^n \left(\frac{1}{2n}\right) + f\left(\frac{\mu}{n}\right) W_0^n \left(-\frac{1}{2n}\right)$$

$$= \ \frac{1}{2}\left[f\left(\frac{\mu-1}{n}\right) + f\left(\frac{\mu}{n}\right) \right]$$

sowie

$$(P_0^n f)\left(\frac{2\mu + 1}{2n}\right) \ = \ \frac{1}{2}\left[f\left(\frac{\mu+1}{n}\right) + f\left(\frac{\mu}{n}\right) \right] \,.$$

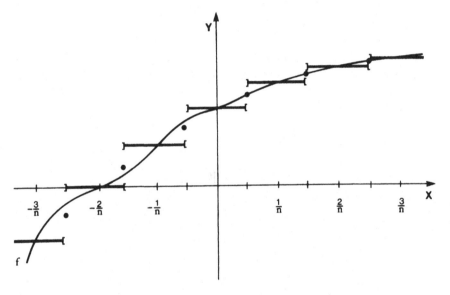

Abb. 4.4

4.2.1   Satz

Für eine stetige Funktion $f : \mathbb{R} \to \mathbb{R}$ gilt

$$\lim_{n \to \infty} (P_0^n f)(x) = f(x) \quad \text{für alle } x \in \mathbb{R} \,,$$

wobei

$$P_0^n f := \sum_{\nu = -\infty}^{\infty} f\left(\frac{\nu}{n}\right) W_0^n \left(\cdot - \frac{\nu}{n} \right)$$

die Folge der Treppenfunktionen bezeichnet, welche f an den Stellen $\frac{\nu}{n}$, $\nu \in \mathbb{Z}$, $n \in \mathbb{N}$, interpolieren.

Beweis. Es seien $x \in \mathbb{R}$ sowie $\varepsilon > 0$ beliebig gegeben. Da f stetig ist, existiert ein $\delta > 0$, so daß für alle $y \in [x - \delta, x + \delta]$ gilt:

$$|f(x) - f(y)| < \varepsilon .$$

Zu diesem δ wählen wir uns ein $n \in \mathbb{N}$ mit $n > \frac{1}{2\delta}$.

1. Fall: Es gibt ein $k \in \mathbb{Z}$ mit $x \in \left(\frac{k}{n} - \frac{1}{2n}, \frac{k}{n} + \frac{1}{2n} \right)$. Wegen $|x - \frac{k}{n}| < \frac{1}{2n} < \delta$ gilt:

$$|f(x) - (P_0^n f)(x)| = |f(x) - f(\frac{k}{n})| < \varepsilon .$$

2. Fall: Es gibt ein $k \in \mathbb{Z}$ mit $x = \frac{k}{n} + \frac{1}{2n}$, d.h. $|x - \frac{k}{n}| = |x - \frac{k+1}{n}| = \frac{1}{2n} < \delta$. Dann folgt

$$
\begin{aligned}
|f(x) - (P_0^n f)(x)| &= |f(x) - \tfrac{1}{2}[f(\tfrac{k}{n}) + f(\tfrac{k+1}{n})]| \\
&\leq \tfrac{1}{2}|f(x) - f(\tfrac{k}{n})| + \tfrac{1}{2}|f(x) - f(\tfrac{k+1}{n})| < \varepsilon .
\end{aligned}
$$

Entsprechend argumentiert man im Fall $x = \frac{k}{n} - \frac{1}{2n}$ für ein $k \in \mathbb{Z}$. Insgesamt ist damit für alle $n \in \mathbb{N}$ mit $n > \frac{1}{2\delta}$ gezeigt, daß

$$|f(x) - (P_0^n f)(x)| < \varepsilon$$

gilt; also konvergiert $(P_0^n f)(x)$ für $n \to \infty$ gegen $f(x)$ für jedes $x \in \mathbb{R}$. $\qquad \square$

Um die soeben betrachteten Treppenfunktionen zu konstruieren und Konvergenz zu erhalten, ist offensichtlich wichtig:

(a) $W_0^n(0) = 1$.

(b) $W_0^n(x) \neq 0$ gilt nur in einem schmalen Intervall um Null; man sagt, "W_0^n hat einen schmalen Träger".

(c) $P_0^n f$ wird mit den *Translaten* $W_0^n(\cdot - \frac{\nu}{n})$ aufgebaut (von lat. "translatus" = "verschoben").

Ein schwerwiegender Nachteil ist, daß $P_0^n f$ i.a. nicht stetig ist. Diesen kann man zu beheben versuchen, indem man die elementare Treppenfunktion W_0 durch eine auf $\mathbb{R}$ stetige Funktion ersetzt. Als einfachste Möglichkeit bietet sich an, einen elementaren Polygonzug, etwa den B-Spline B_1 zu den Knoten 0 und ± 1 mit

$$
B_1(t) = \begin{cases}
1 + t & , \quad \text{falls } -1 \leq t \leq 0 , \\
1 - t & , \quad \text{falls } 0 \leq t \leq 1 , \\
0 & , \quad \text{falls } t \in \mathbb{R} \setminus [-1, 1] ,
\end{cases}
$$

zu betrachten und entsprechend die "gestauchten" Polygonzüge

$$B_1^n(t) := B_1(nt)$$

einzuführen (Abb. 4.5).

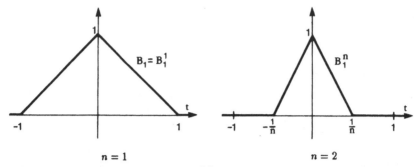

Abb. 4.5

Der die Funktion f an den Knoten $\frac{\nu}{n}$, $\nu \in \mathbb{Z}$, $n \in \mathbb{N}$, interpolierende Polygonzug $P_1^n f$ wird dann definiert durch

$$(P_1^n f)(x) := \sum_{\nu=-\infty}^{\infty} f\left(\frac{\nu}{n}\right) B_1^n\left(x - \frac{\nu}{n}\right) ,$$

wobei für jedes $x \in \mathbb{R}$ höchstens zwei Summanden von Null verschieden sind.

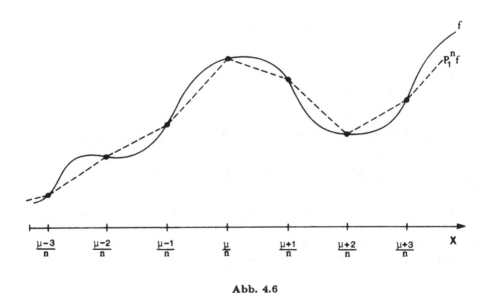

Abb. 4.6

4.2.2 Bemerkung

Auf Grund der Stetigkeit von f gilt auch hier

$$\lim_{n \to \infty} (P_1^n f)(x) = f(x) \quad \text{für alle } x \in \mathbb{R} .$$

Wie man noch glattere Approximierende konstruieren kann, werden wir im Abschnitt 4.7 dieses Kapitels sehen.

4.3   Bernstein-Polynome

Die Interpolation mit elementaren Treppenfunktionen oder Polygonzügen hat den offensichtlichen Nachteil, daß die Interpolationsfunktionen nicht überall differenzierbar, ja im ersten Fall nicht einmal überall stetig sind. Man kann sich fragen, ob man nicht die Glattheit der Polynome in unser bisheriges Konzept einarbeiten kann. Da es kein Polynom gibt, das an einer Stelle von Null verschieden ist und in einem ganzen Teilintervall von $\mathbb{R}$ verschwindet, muß man unsere Vorgehensweise modifizieren. Wie man vorgehen kann, hat S. Bernstein[31] 1912 bei seinem Beweis des *Weierstraßschen Approximationssatzes* aufgezeigt.

Wir beschränken uns auf ein kompaktes Intervall. Ohne Beschränkung der Allgemeinheit dürfen wir dabei das Intervall $[0,1]$ annehmen; jedes andere Intervall $[a,b]$ läßt sich darauf durch eine affine Abbildung

$$t = \frac{x-a}{b-a} \quad \text{mit} \ \ t \in [0,1] \ , \quad x \in [a,b] \ ,$$

bijektiv zurückführen. Dann liefern Polynome $b_{\nu n}$, $\nu = 0,\ldots,n$, mit den Eigenschaften

(a) Grad $b_{\nu n} = n$,

(b) $b_{\nu n}(t) \geq 0$ für $t \in [0,1]$,

(c) $b_{\nu n}$ hat sein Maximum an der Stelle $\frac{\nu}{n}$,

das polynomiale Analogon zu den Funktionen B_ν^n.

Solche Polynome kann man leicht mit Hilfe der Binomialentwicklung erhalten. Wir betrachten

$$1 = (x + (1-x))^n = \sum_{\nu=0}^{n} \binom{n}{\nu} x^\nu (1-x)^{n-\nu} \ .$$

Diese für alle $x \in \mathbb{R}$ gültige Identität gibt Anlaß zu folgender Definition.

4.3.1   Definition

Man bezeichnet die Polynome $b_{\nu n}$, $\nu = 0,1,\ldots,n$, $n \in \mathbb{N}_0$,

$$b_{\nu n}(t) := \binom{n}{\nu} t^\nu (1-t)^{n-\nu} \ ,$$

als *Bernstein-Grundpolynome vom Grad n*.

Die wichtigsten Eigenschaften dieser Polynome fassen wir in den folgenden Sätzen zusammen.

---

[31]Bernstein, Sergej Natanovič (05.03.1880–26.10.1968)

4.3.2   Satz

Für $n \in \mathbb{N}$, $0 \le \nu \le n$, $n \ge \nu \in \mathbb{N}_0$, gilt:

(1) $b_{\nu n}$ hat eine ν-fache Nullstelle für $t = 0$.

(2) $b_{\nu n}$ hat eine $(n - \nu)$-fache Nullstelle für $t = 1$.

(3) $b_{\nu n}$ ist strikt positiv für $0 < t < 1$ und hat genau ein Maximum im Intervall $[0, 1]$ und zwar an der Stelle $t = \frac{\nu}{n}$.

(4) Die Polynome $b_{\nu n}$, $\nu = 0, \dots, n$, sind linear unabhängig; sie bilden also eine Basis von Π_n.

Beweis. Die Aussagen (1) und (2) sind evident.
(3) Offensichtlich ist $b_{\nu n}$ in $[0, 1]$ nichtnegativ. Nach (1) und (2) hat $b_{\nu n}$ in den Punkten 0 und 1 Nullstellen der Gesamtvielfachheit n, also keine weiteren Nullstellen; $b_{\nu n}$ ist somit in $(0, 1)$ strikt positiv. Weiter folgt für ν mit $0 < \nu < n$ durch Differentiation

$$b'_{\nu n}(t) = \binom{n}{\nu} \left\{ \nu t^{\nu-1}(1-t)^{n-\nu} - (n - \nu)t^\nu (1 - t)^{n-\nu-1} \right\} .$$

Somit erhalten wir

$$b'_{\nu n}(t) = \begin{cases} -n(1-t)^{n-1} & , \text{ falls } \nu = 0 , \\ n\, t^{n-1} & , \text{ falls } \nu = n , \\ \binom{n}{\nu} t^{\nu-1}(1-t)^{n-\nu-1}(\nu - nt) & , \text{ falls } 0 < \nu < n . \end{cases}$$

Für $\nu = 0$ bzw. $\nu = n$ verläuft also $b_{\nu n}$ in $[0, 1]$ monoton, so daß in $\frac{0}{n} = 0$ bzw. $\frac{n}{n} = 1$ jeweils Randmaxima sind. Im Fall $0 < \nu < n$ ist in $t = \frac{\nu}{n}$ jeweils ein absolutes inneres Maximum von $b_{\nu n}$.
(4) Der Beweis ist der Inhalt der folgenden Aufgabe.   □

4.3.3   Aufgabe

Man zeige, daß die Bernstein-Grundpolynome vom Grad n linear unabhängig sind.

4.3.4   Bemerkung

Die erste Anwendung fanden die Bernstein-Grundpolynome beim Beweis des Weierstraßschen Approximationssatzes. Man kann zeigen, daß für eine im Intervall $[0, 1]$ stetige Funktion f die Folge der zugeordneten Bernstein-Polynome $P_n f$ mit

$$(P_n f)(x) := \sum_{\nu=0}^{n} f\left(\frac{\nu}{n}\right) b_{\nu n}(x)$$

für $n \to \infty$ gleichmäßig auf $[0, 1]$ gegen f konvergiert. (Beim Beweis wird wesentlich die "Buckeleigenschaft" (3) von Satz 4.3.2 benutzt). Die Folge $P_n f$ konvergiert allerdings i.a. sehr langsam. Man kann z.B. zeigen, daß für das Monom $m_2 : t \mapsto t^2$ die Fehlerdarstellung

$$t^2 - (P_n m_2)(t) = \frac{t - t^2}{n}, \qquad n \in \mathbb{N},$$

gilt; für fest gewähltes $t \in \mathbb{R} \backslash \{0, 1\}$ nimmt also der Fehler für $n \to \infty$ nur wie $\frac{\text{const.}}{n}$ ab. Um eine gegebene Funktion (z.B. $f = \exp$) durch Polynome mit einer *hohen* Genauigkeit zu approximieren, sind die Bernstein-Polynome schlecht geeignet. Dagegen haben sie Eigenschaften, die sie für Anwendungen im Graphik-Bereich sehr interessant machen.

In den folgenden Abbildungen sind die Bernstein-Grundpolynome für $n = 2, 3$ skizziert. (Für $n = 1$ stellen die Graphen von b_{01}, b_{11}, $b_{01}(x) = 1 - x$, $b_{11}(x) = x$, Geraden dar).

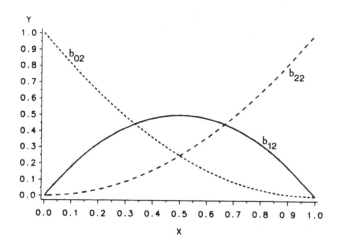

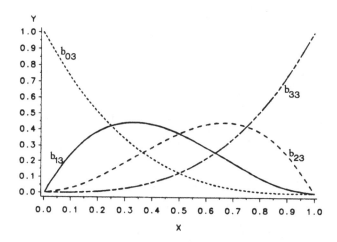

Abb. 4.7

Auf die im nachfolgenden Satz angegebenen Eigenschaften der Bernstein-Grund-polynome werden wir an späterer Stelle mehrmals zurückgreifen.

4.3.5 Satz

Für $t \in \mathbb{R}$ *gilt*

(1) $\displaystyle\sum_{\nu=0}^{n} b_{\nu n}(t) = 1$, $n \in \mathbb{N}_0$,

(2) $\displaystyle\sum_{\nu=0}^{n} \frac{\nu}{n} b_{\nu n}(t) = t$, $n \in \mathbb{N}$.

Beweis. (1) haben wir bereits mit Hilfe der Binomial-Entwicklung gezeigt, als wir die Bernstein-Grundpolynome in Definition 4.3.1 eingeführt haben.
(2) Für $n \geq 1$ und $\nu \geq 1$ ist

$$\frac{\nu}{n}\binom{n}{\nu} = \frac{\nu \cdot n \cdot (n-1)\cdots(n-\nu+1)}{n \cdot 1 \cdot 2 \cdot 3 \cdots (\nu-1) \cdot \nu} = \binom{n-1}{\nu-1} .$$

Somit gilt

$$\sum_{\nu=0}^{n}\frac{\nu}{n} b_{\nu n}(t) = \sum_{\nu=0}^{n}\frac{\nu}{n}\binom{n}{\nu}t^{\nu}(1-t)^{n-\nu} = t\sum_{\nu=1}^{n}\binom{n-1}{\nu-1}t^{\nu-1}(1-t)^{n-1-(\nu-1)}$$

$$= t\sum_{\nu=0}^{n-1}\binom{n-1}{\nu}t^{\nu}(1-t)^{n-1-\nu} = t$$

für $n \geq 1$, wenn man das Resultat (1) für $n-1$ statt n benutzt.   □

Von Bedeutung ist auch die Differentiationsformel der Bernstein-Grundpolynome. Für $0 < \nu < n$ folgt wegen

$$b'_{\nu n}(t) = \binom{n}{\nu}\left\{\nu t^{\nu-1}(1-t)^{n-\nu} - (n-\nu)t^{\nu}(1-t)^{n-\nu-1}\right\}$$

und

$$\binom{n}{\nu}\nu = n\binom{n-1}{\nu-1} ,$$

$$\binom{n}{\nu}(n-\nu) = n\binom{n}{\nu} - \nu\binom{n}{\nu} = n\binom{n}{\nu} - n\binom{n-1}{\nu-1} = n\binom{n-1}{\nu}$$

die wichtige Beziehung

$$b'_{\nu n}(t) = n\left\{b_{\nu-1\ n-1}(t) - b_{\nu\ n-1}(t)\right\} ,   0 < \nu < n .$$

Weiter gilt

$$b'_{0n}(t) = -n\, b_{0\ n-1}(t) ,$$
$$b'_{nn}(t) = n\, b_{n-1\ n-1}(t) .$$

Setzen wir

$$b_{lk} := o \qquad \text{(Nullpolynom)},$$

falls $l < 0$ oder $l > k$ gilt, so folgt einheitlich für $0 \leq \nu \leq n$, $n \in \mathbb{N}_0$,

$$b'_{\nu n}(t) = n \{b_{\nu-1 \ n-1}(t) - b_{\nu \ n-1}(t)\} \ .$$

Die Differentiation eines Grundpolynoms n-ten Grades läuft also auf die Differenz-bildung von Grundpolynomen $(n-1)$-ten Grades hinaus. Man kann diesen Prozeß natürlich iterieren und kommt so zu einer Darstellung der k-ten Ableitung von $b_{\nu n}$ mit Hilfe von $b_{\nu-k \ n-k}, \ldots, b_{\nu \ n-k}$.

4.3.6 Satz

Es gilt

$$b_{\nu n}^{(k)}(t) = \prod_{j=0}^{k-1}(n-j) \cdot \sum_{\mu=0}^{k}(-1)^{\mu}\binom{k}{\mu}b_{\nu-k+\mu \ n-k}(t) \ ,$$

wobei

$$b_{\nu-k+\mu \ n-k} := o \qquad \text{(Nullpolynom)}$$

gesetzt wird, falls

$$\nu - k + \mu < 0 \quad oder \quad \nu - k + \mu > n - k$$

eintritt.

4.3.7 Aufgabe

Man verifiziere die Aussage von Satz 4.3.6.

4.4   Die Bézier-Darstellung eines Polynoms

Da die Bernstein-Grundpolynome $b_{\nu n}$, $\nu = 0, \ldots, n$, eine Basis von Π_n bilden, können wir jedes Polynom $p \in \Pi_n$ bezüglich dieser Basis darstellen in der Form

$$p = \sum_{\nu=0}^{n} \beta_{\nu} \, b_{\nu n} \ ,$$

der sogenannten *Bézier-Darstellung* [32] von p. Die Koeffizienten β_{ν}, $\nu = 0, \ldots, n$, heißen *Bézier-Koeffizienten*; die Punkte $\begin{pmatrix} \frac{\nu}{n} \\ \beta_{\nu} \end{pmatrix} \in \mathbb{R}^2$, $\nu = 0, \ldots, n$, werden *Bézier-Punkte* genannt. Außerdem hat man den Begriff des *Bézier-Polygons* eingeführt, das dadurch entsteht, daß man die Bézier-Punkte geradlinig verbindet. Da nur b_{0n} und b_{nn} die Eigenschaft der Lagrange-Grundpolynome $b_{0n}(0) = 1$, $b_{nn}(1) = 1$ haben, liegen i.a. nur die Ecken $(0, \beta_0)^T$ und $(1, \beta_n)^T$ des Bézier-Polygons auf dem Graphen des zugehörigen Polynoms.

---

[32] Bézier, Pierre, zeitgenössischer französischer Mathematiker

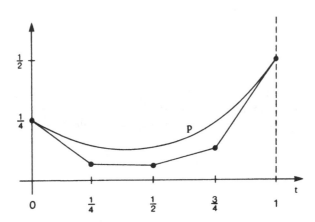

Abb. 4.8. Bézier-Polygon zu einem Polynom $p \in \Pi_4$

4.4.1 Aufgabe

Für das Polynom p, $p(t) = 4t^3 - 3t$, bestimme man die Bézier-Darstellung und zeichne den Graphen von p sowie das zugehörige Bézier-Polygon.

Die Bézier-Darstellung eines Polynoms hat besondere geometrische Eigenschaften, die bei Graphik-Anwendungen ausgenutzt werden. Zu ihrem Verständnis benötigen wir den Begriff der *Konvexität*.

4.4.2 Definition

Eine Teilmenge $K \subseteq \mathbb{R}^n$ heißt *konvex*, falls für $x, y \in K$ auch

$$z(\lambda) := (1 - \lambda)x + \lambda y \in K$$

für alle $\lambda \in [0, 1]$ gilt.

Da die eben eingeführten Punkte $z(\lambda)$ auf der Geraden durch x und y liegen und $z(0) = x$, $z(1) = y$ gilt, bedeutet Konvexität einer Menge K, daß mit je zwei Punkten aus K auch die Verbindungsstrecke dieser Punkte in K liegt. Wesentlich für Konvexität ist, daß die Faktoren $1 - \lambda$ und λ nichtnegativ sind und zusammen den Wert 1 ergeben. Offensichtlich sind Strecken und Dreiecke konvexe Mengen.

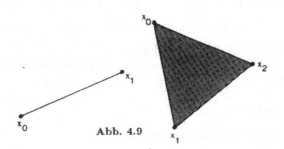

Abb. 4.9

Jeden Punkt x eines Dreiecks kann man als *Konvexkombination* seiner Ecken x_0, x_1, x_2 darstellen, d.h.

$$x = \lambda_0\, x_0 + \lambda_1\, x_1 + \lambda_2\, x_2\,, \quad \lambda_i \geq 0\,, \quad i = 0, 1, 2\,, \quad \sum_{i=0}^{2} \lambda_i = 1\,.$$

Allgemein kann man zu $m+1$ Punkten $x_i \in \mathbb{R}^n$, $i = 0, \ldots, m$, die Menge aller Konvexkombinationen dieser Punkte, die sogenannte *konvexe Hülle*, betrachten, also die Menge

$$\mathrm{conv}\,(x_0, \ldots, x_m) := \left\{ x \in \mathbb{R}^n \mid x = \sum_{i=0}^{m} \lambda_i\, x_i\,, \quad 0 \leq \lambda_i \leq 1\,, \quad \sum_{i=0}^{m} \lambda_i = 1 \right\}.$$

4.4.3 Aufgabe

Man zeige, daß $\mathrm{conv}\,(x_0, \ldots, x_m)$ eine konvexe Menge ist.

Es ist anschaulich klar, daß $\mathrm{conv}\,(x_0, \ldots, x_m)$ ein konvexes Vieleck – also ohne einspringende Ecken – mit höchstens $m + 1$ Ecken (nämlich den Punkten $x_0, \ldots, x_m$) ist. Die Eckenzahl ist kleiner, wenn einer der Punkte, etwa x_k, sich als Konvexkombination der anderen Punkte x_i, $i \neq k$, darstellen läßt.

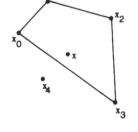

$$x_0, x_1 \in \mathrm{conv}(x_0, x_1), \qquad\qquad x, x_0, x_1, x_2, x_3 \in \mathrm{conv}(x_0, x_1, x_2, x_3),$$
$$x, x_2, x_3, x_4 \notin \mathrm{conv}(x_0, x_1) \qquad\qquad x_4 \notin \mathrm{conv}(x_0, x_1, x_2, x_3)$$

Abb. 4.10

Für ein Polynom p in Bézier-Darstellung

$$p = \sum_{\nu=0}^{n} \beta_\nu\, b_{\nu n}$$

kann man für $0 \leq t \leq 1$ den Punkt $\begin{pmatrix} t \\ p(t) \end{pmatrix} \in \mathbb{R}^2$ betrachten. Nach Satz 4.3.5 (2) gilt für $t \in \mathbb{R}$

$$\begin{pmatrix} t \\ p(t) \end{pmatrix} = \begin{pmatrix} \sum_{\nu=0}^{n} \dfrac{\nu}{n}\, b_{\nu n}(t) \\ \sum_{\nu=0}^{n} \beta_\nu\, b_{\nu n}(t) \end{pmatrix} = \sum_{\nu=0}^{n} b_{\nu n}(t) \begin{pmatrix} \frac{\nu}{n} \\ \beta_\nu \end{pmatrix}.$$

Für $t \in [0,1]$ ist also auf Grund von Satz 4.3.2 (3) und Satz 4.3.5 (1) der Punkt $\begin{pmatrix} t \\ p(t) \end{pmatrix}$ auf dem Graphen von p eine Konvexkombination der Bézier-Punkte $\begin{pmatrix} \frac{\nu}{n} \\ \beta_\nu \end{pmatrix}$, $\nu = 0, \ldots, n$. Wir halten fest:

4.4.4 Satz

Für $t \in [0,1]$ liegt der Graph eines Polynoms in der konvexen Hülle seiner Bézier-Punkte.

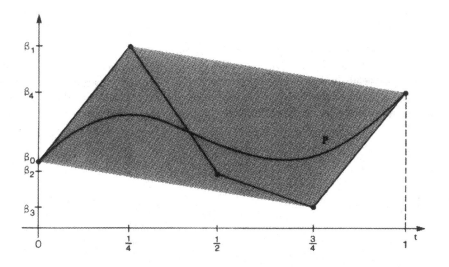

Abb. 4.11. Konvexe Hülle des Bézier-Polygons zu $p \in \Pi_4$

Der Graph und das Bézier-Polygon eines Polynoms p berühren sich tangential in den Randpunkten $t = 0$ und $t = 1$. Den allgemeineren Zusammenhang zwischen einer Bézier-Darstellung eines Polynoms und seinen Ableitungen stellt der folgende Satz her, wobei Δ^k die im Abschnitt 3.3 eingeführten vorwärts genommenen Differenzen bezeichnen.

4.4.5 Satz

Für die Bézier-Darstellung $p = \sum_{\nu=0}^{n} \beta_\nu b_{\nu n}$ eines Polynoms $p \in \Pi_n$ gilt die Differentiationsformel

$$p^{(k)}(t) = n(n-1)\cdots(n-k+1) \sum_{\nu=0}^{n-k} \Delta^k \beta_\nu \cdot b_{\nu\ n-k}(t)$$

und speziell

$$p^{(k)}(0) = n(n-1)\cdots(n-k+1)\Delta^k \beta_0 ,$$
$$p^{(k)}(1) = n(n-1)\cdots(n-k+1)\Delta^k \beta_{n-k} .$$

Beweis. Aus $p = \sum_{\nu=0}^{n} \beta_\nu \, b_{\nu n}$ folgt mit Hilfe von Satz 4.3.6

$$p'(t) = n \sum_{\nu=0}^{n} \beta_\nu \left[b_{\nu-1 \, n-1}(t) - b_{\nu \, n-1}(t) \right]$$

$$= n \left[-\beta_0 \, b_{0 \, n-1}(t) + \beta_1 \, b_{0 \, n-1}(t) - \beta_1 \, b_{1 \, n-1}(t) \pm \ldots + \beta_n \, b_{n-1 \, n-1}(t) \right]$$

$$= n \left[(\beta_1 - \beta_0) b_{0 \, n-1}(t) + (\beta_2 - \beta_1) b_{1 \, n-1}(t) + \ldots + (\beta_n - \beta_{n-1}) b_{n-1 \, n-1}(t) \right]$$

und allgemein (vollständige Induktion!)

$$p^{(k)}(t) = n(n-1) \cdots (n-k+1) \sum_{\nu=0}^{n-k} \Delta^k \beta_\nu \cdot b_{\nu \, n-k}(t) \; .$$

Um die Bézier-Darstellung von $p^{(k)}$ zu erhalten, muß man also nur die k-ten Differenzen der Bézier-Koeffizienten von p bilden. Für $t = 0$ gilt insbesondere

$$p^{(k)}(0) = n(n-1) \cdots (n-k+1) \sum_{\nu=0}^{n-k} \Delta^k \beta_\nu \cdot b_{\nu \, n-k}(0)$$

$$= n(n-1) \cdots (n-k+1) \Delta^k \beta_0 \; .$$

Entsprechend folgt das Resultat für $t = 1$.   □

4.4.6 Bemerkung

Wegen

$$p(t) = \sum_{\nu=0}^{n} \frac{p^{(\nu)}(0)}{\nu!} t^\nu = \sum_{\nu=0}^{n} \frac{n(n-1) \cdots (n-\nu+1)}{\nu!} \Delta^\nu \beta_0 \cdot t^\nu$$

$$= \sum_{\nu=0}^{n} \binom{n}{\nu} \Delta^\nu \beta_0 \cdot t^\nu$$

kann man aus der Bézier-Darstellung die Monom-Darstellung (d.h. die Taylor-Entwicklung um 0) durch Differenzenbildung der Bézier-Koeffizienten erhalten. Das umgekehrte Problem ist Gegenstand der folgenden Aufgabe.

4.4.7 Aufgabe

Gegeben sei die Monom-Darstellung

$$p(t) = \sum_{\nu=0}^{n} a_\nu t^\nu \; .$$

Man gewinne hieraus die Bézier-Darstellung.

Um ein Polynom in der Monom-Darstellung oder in der Čebyšev-Darstellung auszuwerten, hatten wir den Horner- und den Clenshaw-Algorithmus entwickelt, die beide auf der Rekursionsformel der verwendeten Basis-Polynome beruhen. Ein Auswertungsschema für die Bézier-Darstellung ist der *Algorithmus von de Casteljau*[33], der auf der Rekursionsformel

$$b_{0n}(t) = (1-t)b_{0\ n-1}(t) \ ,$$
$$b_{\nu n}(t) = (1-t)b_{\nu\ n-1}(t) + t\ b_{\nu-1\ n-1}(t) \ , \quad 0 < \nu < n \ ,$$
$$b_{nn}(t) = t\ b_{n-1\ n-1}(t)$$

der Bernstein-Grundpolynome beruht. Verwendet man diese Rekursion bei der Bézier-Darstellung

$$p(t) = \beta_0\ b_{0n}(t) + \beta_1\ b_{1n}(t) + \ldots + \beta_n\ b_{nn}(t) \ ,$$

so folgt im ersten Schritt

$$p(t) = \beta_0(1-t)b_{0\ n-1}(t) + \beta_1\left[(1-t)b_{1\ n-1}(t) + t\ b_{0\ n-1}(t)\right] + \ldots + \beta_n t\ b_{n-1\ n-1}(t)$$

$$= [\beta_0(1-t) + \beta_1 t]\ b_{0\ n-1}(t) + \ldots + [\beta_{n-1}(1-t) + \beta_n t]\ b_{n-1\ n-1}(t) \ .$$

Definiert man die (von der Stelle t abhängenden) Koeffizienten $\beta_\nu^{(1)}$ durch

$$\beta_\nu^{(1)} := \beta_\nu(1-t) + \beta_{\nu+1}t \ , \quad \nu = 0,\ldots,n-1 \ ,$$

so folgt die Bézier-Darstellung

$$p(t) = \sum_{\nu=0}^{n-1} \beta_\nu^{(1)}\ b_{\nu\ n-1}(t) \ .$$

Rekursive Anwendung liefert schließlich $p(t) = \beta_0^{(n)}$.

4.4.8 Algorithmus von de Casteljau

Ein Polynom p *in der Bézier-Darstellung*

$$p = \sum_{\nu=0}^{n} \beta_\nu\ b_{\nu n}$$

läßt sich an einer Stelle t *auswerten mit Hilfe der Rekursion*

$$\beta_\nu^{(0)} := \beta_\nu \ , \quad \nu = 0, 1, \ldots, n \ ,$$
$$\beta_\nu^{(k)} := (1-t)\beta_\nu^{(k-1)} + t\ \beta_{\nu+1}^{(k-1)} \ , \quad \nu = 0, 1, \ldots, n-k, \quad k = 1, 2, \ldots, n.$$

Es gilt $p(t) = \beta_0^{(n)}$.

---

[33] de Casteljau, Paul de Faget, zeitgenössischer französischer Mathematiker

Bei manueller Rechnung empfiehlt es sich, die de Casteljau-Rekursion für eine Stelle t in einem Dreiecksschema anzuordnen:

$$
\begin{array}{ccccccc}
\beta_0^{(0)} \\
& \beta_0^{(1)} \\
\beta_1^{(0)} & & \beta_0^{(2)} \\
& \beta_1^{(1)} & & \ddots \\
\beta_2^{(0)} & & & & \beta_0^{(n)} \\
\vdots & \vdots & \vdots & \ddots \\
\beta_{n-1}^{(0)} & & \beta_{n-2}^{(2)} \\
& \beta_{n-1}^{(1)} \\
\beta_n^{(0)}
\end{array}
$$

4.4.9 Aufgabe

Man werte das Polynom p mit den Bézier-Koeffizienten

$$\beta_0 = 0, \quad \beta_1 = -1, \quad \beta_2 = -2, \quad \beta_3 = 1$$

an den Stellen $t = \frac{1}{4}$, $t = \frac{1}{2}$, $t = \frac{3}{4}$ aus.

Von Bedeutung an der Bézier-Darstellung und am de Casteljau-Algorithmus ist, daß sie sich geometrisch deuten lassen. Sei zunächst stets $t \in [0,1]$. Ausgehend von den Bézier-Koeffizienten kann man das Bézier-Polygon zeichnen, das für $t = 0$ und $t = 1$ die Tangente an das gegebene Polynom liefert.

Die Berechnung der Größen $\beta_\nu^{(k)}$, $\nu = 0, 1, \ldots, n-k$, $k = 1, 2, \ldots, n$, gemäß

$$\beta_\nu^{(k)} = (1-t)\beta_\nu^{(k-1)} + t\beta_{\nu+1}^{(k-1)}$$

kann man als eine gewichtete Mittelung von $\beta_\nu^{(k-1)}$ und $\beta_{\nu+1}^{(k-1)}$ deuten. Auf Grund dieser Interpretation liegt zunächst der Punkt $\begin{pmatrix} x_\nu \\ y_\nu \end{pmatrix}$,

$$x_\nu = (1-t)\frac{\nu}{n} + t\frac{\nu+1}{n} = \frac{\nu+t}{n}, \quad y_\nu = (1-t)\beta_\nu^{(0)} + t\beta_{\nu+1}^{(0)}, \quad \nu = 0, \ldots, n-1,$$

auf der Verbindungsstrecke von $\begin{pmatrix} \frac{\nu}{n} \\ \beta_\nu^{(0)} \end{pmatrix}$ und $\begin{pmatrix} \frac{\nu+1}{n} \\ \beta_{\nu+1}^{(0)} \end{pmatrix}$, also auf dem Bézier-Polygon. Durch die Rekursion des de Casteljau-Algorithmus erhält man somit ein System reeller Zahlen $\beta_\nu^{(k)}$, $\nu = 0, \ldots, n-k$, $k = 1, \ldots, n$, die durch sukzessive lineare Interpolation aus den Bézier-Koeffizienten $\beta_0, \ldots, \beta_n$ hervorgehen. Dies wird in

Abb. 4.12 angedeutet. Hierbei schreiben wir zur Vereinfachung nur die Ordinaten-werte $\beta_\nu^{(k)}$, $\nu = 0, \ldots, n - k$, $k = 1, \ldots, n$, an die entsprechenden Punkte.

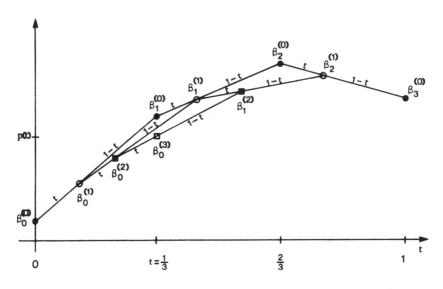

Abb. 4.12. Geometrische Deutung des de Casteljau-Algorithmus $(t = \frac{1}{3})$

Ohne Beweis sei auf folgende Besonderheit des de Casteljau-Schemas verwiesen: Durch die Stelle t mit $0 < t < 1$ erhält man eine Zerlegung des Intervalls $[0,1]$ in die Intervalle $[0,t]$ und $[t,1]$. Ein gegebenes Polynom p mit der Bézier-Darstellung

$$p = \sum_{\nu=0}^{n} \beta_\nu^{(0)} \, b_{\nu n}$$

hat dann auch die beiden Darstellungen

$$p = \sum_{\nu=0}^{n} \beta_0^{(\nu)} \, b_{\nu n}\left(\frac{\cdot}{t}\right) \quad \text{in } [0,t]$$

und

$$p = \sum_{\nu=0}^{n} \beta_\nu^{(n-\nu)} \, b_{\nu n}\left(\frac{\cdot - t}{1 - t}\right) \quad \text{in } [t,1] \, ,$$

die sich auf diese Intervalle beziehen. Die Ränder des de Casteljau-Dreieckschemas ergeben also drei verschiedene Darstellungen desselben Polynoms. Dies sind die Bézier-Darstellungen zu den Intervallen $[0,1]$, $[1,t]$ und $[t,1]$.

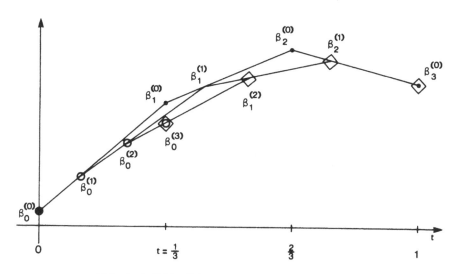

Abb. 4.13. Bézier-Polygone und -Punkte zum Intervall

$\bullet : [0,1]$, $\circ : [0,t]$, $\Diamond : [t,1]$, $0 < t < 1$

Die Auswertung der Bézier-Darstellung mit Hilfe des de Casteljau-Algorithmus kann man also als eine Umentwicklung der Bézier-Darstellung deuten. Dies ist analog zum vollständigen Horner-Schema, mit dem man eine Umentwicklung der Monom-Darstellung erhält.

4.5   Stückweise polynomiale Funktionen

Stückweise aus Polynomen zusammengesetzte Funktionen, wobei an den Anschlußstellen noch zusätzlich gewisse Differenzierbarkeitsforderungen gestellt werden, spielen in der Numerischen Mathematik eine große Rolle. Im Abschnitt 3.4 sind uns mit den B-Splines B_{m-1} bereits Beispiele derartiger Funktionen begegnet.

Wir betrachten speziell Funktionen S, die auf ganz $\mathbb{R}$ erklärt sind und auf Intervallen der Form $[\nu, \nu + 1)$, $\nu \in \mathbb{Z}$, jeweils mit einem Polynom p_ν vom Grad m übereinstimmen und r-mal stetig differenzierbar auf ganz $\mathbb{R}$ sind. Nach einer Variablentransformation $t \mapsto t - \nu$ können wir (vgl. Satz 4.3.2 (4)) jedes der Polynome p_ν für $t \in [\nu, \nu + 1)$ darstellen gemäß

$$p_\nu(t) = \sum_{\mu=0}^{m} \beta_{\mu\nu}\, b_{\mu m}(t - \nu)$$

und erhalten so für jedes Intervall $[\nu, \nu + 1)$ die Bézier-Koeffizienten $\beta_{0\nu}, \ldots, \beta_{m\nu}$ und das entsprechende Bézier-Polygon (Abb. 4.14). Wir wollen nun untersuchen, welche Bedingungen die Bézier-Koeffizienten erfüllen müssen, damit an einer "Naht-stelle" $\nu \in \mathbb{Z}$ Differenzierbarkeit bis zu einer gewissen Ordnung gewährleistet ist.

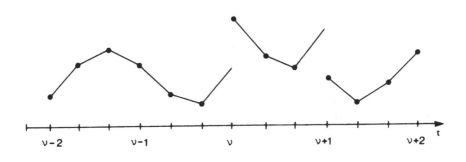

Abb. 4.14

Wegen

$$p_{\nu-1}(\nu) = \sum_{\mu=0}^{m} \beta_{\mu\ \nu-1}\ b_{\mu m}(1) = \beta_{m\ \nu-1}\,,$$

$$p_{\nu}(\nu) = \sum_{\mu=0}^{m} \beta_{\mu\nu}\ b_{\mu m}(0) = \beta_{0\nu}$$

ist S an der Stelle ν genau dann stetig, wenn $\beta_{m\ \nu-1} = \beta_{0\nu}$ gilt.

Allgemein ist S mindestens r-mal stetig differenzierbar an der Stelle $\nu \in \mathbb{Z}$ genau dann, wenn

$$p_{\nu-1}^{(\rho)}(\nu) = p_{\nu}^{(\rho)}(\nu)\,, \quad \rho = 0,\ldots,r\,,$$

gilt. Wegen Satz 4.4.5 ist aber

$$p_{\nu-1}^{(\rho)}(\nu) = m \cdot (m-1)\cdots(m-\rho+1)\Delta^{\rho}\beta_{m-\rho\ \nu-1}\,,$$

$$p_{\nu}^{(\rho)}(\nu) = m \cdot (m-1)\cdots(m-\rho+1)\Delta^{\rho}\beta_{0\ \nu}\,.$$

Somit ist S mindestens r-mal stetig differenzierbar an der Stelle ν genau dann, wenn

$$\Delta^{\rho}\beta_{m-\rho\ \nu-1} = \Delta^{\rho}\beta_{0\ \nu}\,, \quad \rho = 0,\ldots,r\,,$$

gilt.

4.5.1 Satz

Eine stückweise polynomial zusammengesetzte Funktion S mit

$$S(t) = \begin{cases} \quad\vdots & \quad\vdots \\ \displaystyle\sum_{\mu=0}^{m} \beta_{\mu-1} b_{\mu m}(t+1) \ , & t \in [-1,0) \ , \\ \displaystyle\sum_{\mu=0}^{m} \beta_{\mu 0}\, b_{\mu m}(t) \ , & t \in [0,1) \ , \\ \displaystyle\sum_{\mu=0}^{m} \beta_{\mu 1} b_{\mu m}(t-1) \ , & t \in [1,2) \ , \\ \quad\vdots & \quad\vdots \end{cases}$$

ist r-mal stetig differenzierbar auf $\mathbb{R}$ *genau dann, wenn*

$$\Delta^{\rho}\beta_{m-\rho\ \nu-1} = \Delta^{\rho}\beta_{0\ \nu}, \quad \rho = 0,\ldots,r \ , \quad \nu \in \mathbb{Z} \ ,$$

gilt.

Falls S außerhalb eines beschränkten Intervalls identisch verschwindet – man spricht dann von einer "Funktion mit kompaktem Träger" – genügt es, sich auf diejenigen Intervalle $[\nu, \nu+1]$ zu beschränken, in denen S von Null verschiedene Werte annimmt.

4.5.2 Beispiel

Wir betrachten für $m = 3$ auf $\mathbb{R}$ die Funktion S,

$$S(t) = \begin{cases} \qquad\qquad\qquad\qquad b_{33}(t) & , t \in [0,1) \ , \\ b_{03}(t-1) + 2b_{13}(t-1) + 4b_{23}(t-1) + 4b_{33}(t-1) & , t \in [1,2) \ , \\ 4b_{03}(t-2) + 4b_{13}(t-2) + 2b_{23}(t-2) + b_{33}(t-2) & , t \in [2,3) \ , \\ b_{03}(t-3) & , t \in [3,4) \ , \\ 0 & , t \notin [0,4) \ , \end{cases}$$

mit den Bézier-Koeffizienten $0,0,0,1$; $1,2,4,4$; $4,4,2,1$; $1,0,0,0$. Es gilt $S^{(\nu)}(t) = 0$ für $t \notin (0,4)$, $\nu = 0,1,2$, und $S^{(3)}(0-) = 0 \neq S^{(3)}(0+) = -6$. Wegen $r \leq 2$ müssen nur die vorwärtsgenommenen Differenzen Δ^{ρ} für $0 \leq \rho \leq 2$, betrachtet werden. Man hat somit folgende Differenzenschemata für $\nu = 1,2,3$ zu bilden:

$$\begin{array}{llll}
\beta_{0\ \nu-1} & & & \\
 & \Delta\beta_{0\ \nu-1} & & \\
\beta_{1\ \nu-1} & & \Delta^{2}\beta_{0\ \nu-1} & \\
 & \Delta\beta_{1\ \nu-1} & & \\
\beta_{2\ \nu-1} & & \Delta^{2}\beta_{1\ \nu-1} & \\
 & \Delta\beta_{2\ \nu-1} & & \\
\beta_{3\ \nu-1} & & &
\end{array} \qquad\qquad
\begin{array}{llll}
\beta_{0\ \nu} & & & \\
 & \Delta\beta_{0\ \nu} & & \\
\beta_{1\ \nu} & & \Delta^{2}\beta_{0\ \nu} & \\
 & \Delta\beta_{1\ \nu} & & \\
\beta_{2\ \nu} & & \Delta^{2}\beta_{1\ \nu} & \\
 & \Delta\beta_{2\ \nu} & & \\
\beta_{3\ \nu} & & &
\end{array}$$

Wir erhalten daher die Schemata

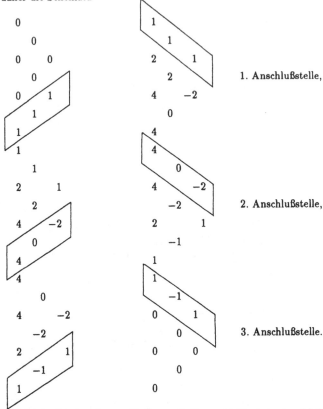

1. Anschlußstelle,

2. Anschlußstelle,

3. Anschlußstelle.

Da die erste und letzte Schrägzeile nur Nullen enthalten und für jede Anschlußstelle die letzte Schrägzeile des linken Schemas mit der ersten Schrägzeile des rechten Schemas übereinstimmt, ist S eine zweimal stetig differenzierbare Funktion mit den Anschlußstellen 1, 2, 3.

Weil das rechte Schema an der k-ten Anschlußstelle mit dem linken an der $(k+1)$-ten Anschlußstelle übereinstimmt, reicht es, jedes Schema nur einmal zu berechnen. (Wir vermerken an dieser Stelle, daß $S = 6B_3$ gilt, wobei B_3 den kubischen B-Spline zu den Knoten 0, 1, 2, 3, 4 bezeichnet. Darauf kommen wir an späterer Stelle zurück.)

4.5.3 Aufgabe

Man bestimme die Bézier-Darstellung des quadratischen B-Splines B_2 zu den Knoten 0, 1, 2, 3.

Da die Ableitungen in einer Anschlußstelle durch Differenzenbildung der Bézier-Koeffizienten im linken bzw. rechten Anschlußintervall dieser Stelle gefunden werden können, hängt die r-malige stetige Differenzierbarkeit an einer Anschlußstelle nur von dieser Stelle und den r links- bzw. r rechtsseitigen Nachbar-Bézier-Koeffizienten ab. Der de Casteljau-Algorithmus zur Auswertung eines Polynoms p in Bézier-Darstellung an der Stelle t liefert nun einen weiteren Test, ob an einer Anschlußstelle die gewünschte Differenzierbarkeitsordnung gewährleistet ist.

Bisher hatten wir im Zusammenhang mit dem de Casteljau-Algorithmus $t \in [0,1]$ vorausgesetzt. Nun lassen wir diese Voraussetzung fallen und betrachten zunächst die de Casteljau-Rekursion für $t = 2$, also

$$\beta_\nu^{(0)} := \beta_\nu \qquad\qquad , \quad \nu = 0, 1, \ldots, m \ ,$$

$$\beta_\nu^{(k)} := 2\beta_{\nu+1}^{(k-1)} - \beta_\nu^{(k-1)} \quad , \quad \nu = 0, 1, \ldots, m-k \ ; \quad k = 1, 2, \ldots, m \ .$$

Trägt man $\beta_\nu^{(k)}$ jeweils wieder über der Abszisse $\dfrac{\nu + 2k}{m}$, $\nu = 0, 1, \ldots, m-k$, $k = 1, 2, \ldots, m$, auf, so kann man wegen

$$2\left(\genfrac{}{}{0pt}{}{\frac{\nu+1+2k-2}{m}}{\beta_{\nu+1}^{(k-1)}}\right) - \left(\genfrac{}{}{0pt}{}{\frac{\nu+2k-2}{m}}{\beta_\nu^{(k-1)}}\right) = \left(\genfrac{}{}{0pt}{}{\frac{\nu+2k}{m}}{\beta_\nu^{(k)}}\right)$$

die de Casteljau-Rekursion als eine lineare *Extrapolation* deuten, d.h. zur Konstruktion des Systems der $\beta_\nu^{(k)}$, $\nu = 0, 1, \ldots, m-k$, $k = 1, \ldots, m$, können auch Abszissenwerte $\dfrac{\nu + 2k}{m} \notin [0, 1]$ herangezogen werden (vgl. Abb. 4.15).

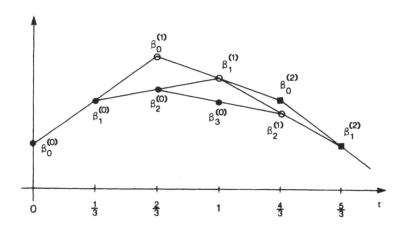

Abb. 4.15. Deutung der de Casteljau-Rekursion als lineare Extrapolation ($m = 3$)

Anschaulich kann man dieses Netzwerk von Geradenstücken als ein Gebälk interpretieren, das Kräfte überträgt. Als "Kräfte" kann man die "inneren Bindungen" ansehen, die zwischen den $m + 1$ Bézier-Koeffizienten im Intervall $[0, 1]$ und denjenigen im Anschlußintervall $[1, 2]$ bestehen. Wenn es sich um dasselbe Polynom in $[0, 1]$ und $[1, 2]$ handelt, legen die Bézier-Koeffizienten zum Intervall $[0, 1]$ diejenigen für $[1, 2]$ in umkehrbar eindeutiger Weise fest. Nur wenn alle $m + 1$ "Bindungen" an der Anschlußstelle 1 weitergegeben werden, liegt ein Polynom vom Grad m im Gesamtintervall $[0, 2]$ vor. Wenn das "Gebälk" nur "Bindungen" von $r < m$ Nachbarpunkten links und rechts vermittelt, ist nur r-malige Differenzierbarkeit an der Anschlußstelle gesichert. In diesem Fall sind noch Freiheitsgrade "ungesättigt", die z.B. für Interpolationsbedingungen verwendet werden können.

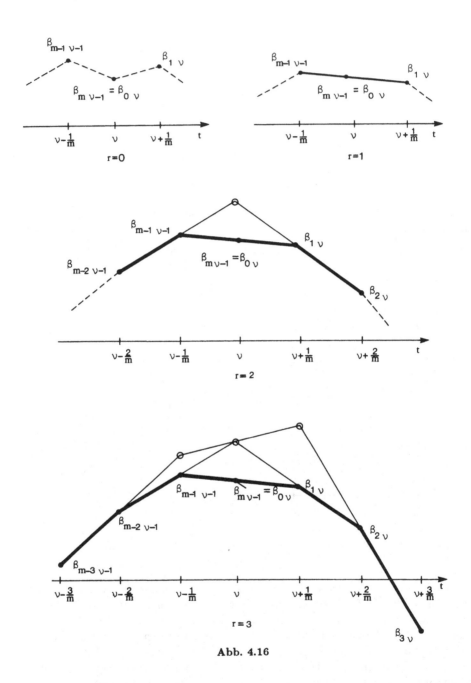

Abb. 4.16

Man sieht, wie bei wachsender Differenzierbarkeitsordnung immer weitere Punkte rechts und links von der Anschlußstelle ins Spiel kommen. An der Anschlußstelle selbst ergibt sich zunächst eine Bedingung für den Funktionswert, dann für eine Richtung, dann für einen Hilfspunkt x, dann für eine Richtung in diesem Hilfspunkt u.s.w. Dies sind die Bedingungen:

$$\beta_{m\ \nu-1} = \beta_{0\nu}\ ,$$

$$\beta_{m\ \nu-1} - \beta_{m-1\ \nu-1} = \beta_{1\nu} - \beta_{0\nu}\ ,$$

$$2\beta_{m-1\ \nu-1} - \beta_{m-2\ \nu-1} = 2\beta_{1\nu} - \beta_{2\nu}\ ,$$

$$(2\beta_{m-1\ \nu-1} - \beta_{m-2\ \nu-1}) - (2\beta_{m-2\ \nu-1} - \beta_{m-3\ \nu-1}) = (2\beta_{2\nu} - \beta_{3\nu}) - (2\beta_{1\nu} - \beta_{2\nu})\ ,$$

$$\dots$$

Wir haben hier geometrisch argumentiert, daß die Bézier-Koeffizienten durch das de Casteljau-"Gebälk" in eindeutiger Weise die Anschlußbedingungen festlegen. Umgekehrt kann man die geometrische Konstruktion auch rückwärts durchlaufen, d.h. die Anschlußbedingungen legen auch die Bézier-Koeffizienten fest. Während Satz 4.5.1 die Differenzierbarkeitsordnung an einer Nahtstelle mit Hilfe von Differenzen rein analytisch charakterisiert, sind die im folgenden Satz 4.5.4 angegebenen Bedingungen geometrisch begründet. Sie besagen gerade, daß sich die de Casteljau-Konstruktion an einer Nahtstelle aus den beiden Nachbarintervallen heraus von genügend hoher Ordnung schließt.

4.5.4 Satz

Eine stückweise polynomiale Funktion S mit

$$S(t) = \begin{cases} \quad \vdots & \qquad \vdots \\ \displaystyle\sum_{\mu=0}^{m} \beta_{\mu 0}\ b_{\mu m}(t) & ,\quad t \in [0,1)\ , \\ \displaystyle\sum_{\mu=0}^{m} \beta_{\mu 1} b_{\mu m}(t-1) & ,\quad t \in [1,2)\ , \\ \quad \vdots & \qquad \vdots \end{cases}$$

ist an der Stelle $t = \lambda \in \mathbb{Z}$,

(1) stetig, falls

$$\beta_{m\ \lambda-1} = \beta_{0\lambda}\ ,$$

(2) stetig differenzierbar, falls $(m \geq 1)$ zusätzlich

$$\beta_{m\ \lambda-1} - \beta_{m-1\ \lambda-1} = -\beta_{0\lambda} + \beta_{1\lambda}\ ,$$

(3) zweimal stetig differenzierbar, falls $(m \geq 2)$ zusätzlich

$$2\beta_{m-1\ \lambda-1} - \beta_{m-2\ \lambda-1} = 2\beta_{1\lambda} - \beta_{2\lambda}\ ,$$

(4) dreimal stetig differenzierbar, falls $(m \geq 3)$ zusätzlich

$$2\beta_{m-1\ \lambda-1} - 3\beta_{m-2\ \lambda-1} + \beta_{m-3\ \lambda-1} = -2\beta_{1\lambda} + 3\beta_{2\lambda} - \beta_{3\lambda}$$

gilt.

4.5.5 Aufgabe

Gegeben sei ein Polynom p zweiten Grades durch seine Bézier-Koeffizienten $\beta_0, \beta_1, \beta_2$ im Intervall $[0, 1]$. Man bestimme geometrisch, d.h. nur mit Bleistift und Lineal, die Bézier-Koeffizienten für ein Intervall $[\nu, \nu + 1]$, $\nu \in \mathbb{Z}$.

4.6   Spline-Funktionen

Spezielle Spline-Funktionen sind uns schon im Abschnitt 3.4 begegnet und zwar die B-Splines B_{m-1} mit

$$B_{m-1}(t) = m \sum_{\nu=0}^{m} w_\nu (x_\nu - t)_+^{m-1}, \quad w_\nu := \prod_{\substack{k=0 \\ k \neq \nu}}^{m} \frac{1}{(x_\nu - x_k)}.$$

Sie bestehen stückweise aus Polynomen vom Grad $m - 1$, und sie sind insgesamt $(m - 2)$-mal stetig differenzierbar. Dies sind die wesentlichen Eigenschaften von Spline-Funktionen. Wie im letzten Abschnitt beschränken wir uns wieder auf äquidistante Nahtstellen (Knoten).

4.6.1   Definition

(1) Die Funktion $S : \mathbb{R} \to \mathbb{R}$ erfülle die folgenden Bedingungen:
    i) S stimmt auf jedem Intervall $[\nu, \nu + 1)$, $\nu \in \mathbb{Z}$, mit einem Polynom $p_\nu \in \Pi_m$, $m \in \mathbb{N}$, überein.
    ii) Es gilt $S \in C^{m-1}(\mathbb{R})$.
    Dann heißt S *polynomialer Spline vom Grad m (mit den Knoten $\nu \in \mathbb{Z}$)*.

(2) Ist $\tilde{S} : [k, l] \to \mathbb{R}$ die Restriktion eines polynomialen Splines S vom Grad m auf das Intervall $[k, l]$, $k, l \in \mathbb{Z}$, $k < l$, so heißt $\tilde{S}$ *polynomialer Spline vom Grad m auf dem Intervall $[k, l]$ (mit den Knoten ν, $\nu = k, \ldots, l$)*.

Besonders wichtige Fälle sind

$$m = 1 : \quad \text{Polygonzug,}$$
$$m = 2 : \quad \text{quadratischer Spline,}$$
$$m = 3 : \quad \text{kubischer Spline.}$$

4.6.2   Bemerkungen

(1) Für einen polynomialen Spline S vom Grad m, $m \in \mathbb{N}$, mit Knoten $\nu \in \mathbb{Z}$ können wir die Darstellung

$$S(t) = \sum_{\mu=0}^{m} \beta_{\mu\nu} b_{\mu m}(t - \nu), \quad t \in [\nu, \nu + 1), \; \nu \in \mathbb{Z},$$

verwenden.

(2) Für einen polynomialen Spline S vom Grad m auf dem Intervall $[k, l)$, $k, l \in \mathbb{Z}$, benutzen wir entsprechend die Darstellung

$$S(t) = \sum_{\mu=0}^{m} \beta_{\mu\nu} b_{\mu m}(t - \nu), \quad t \in [\nu, \nu + 1), \quad \nu \in \{k, k+1, \ldots, l-1\}.$$

Für $m \geq 1$ ist auf Grund von Definition 4.6.1 (1) ii) jeweils sogar $t \in [\nu, \nu + 1]$ zugelassen, und die obige Darstellung von S gilt in ganz $[k, l]$.

Wir untersuchen nun den besonders wichtigen Fall $m = 3$ der kubischen Splines genauer. Für einen kubischen Spline S sind nach Satz 4.5.1 in jedem Knoten drei Bedingungen zu erfüllen:

$$(1) \qquad \beta_{3\,\nu-1} = \beta_{0\nu},$$

$$(2) \qquad \beta_{3\,\nu-1} - \beta_{2\,\nu-1} = \beta_{1\nu} - \beta_{0\nu},$$

$$(3) \qquad 2\beta_{2\,\nu-1} - \beta_{1\,\nu-1} = 2\beta_{1\nu} - \beta_{2\nu}, \quad \nu \in \mathbb{Z}.$$

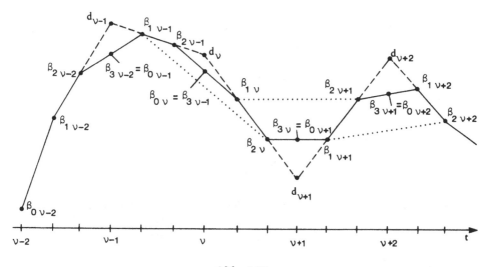

Abb. 4.17

Im vorigen Abschnitt (vgl. Abb. 4.16) wurde darauf hingewiesen, daß die zweimalige stetige Differenzierbarkeit an einer Anschlußstelle bedeutet, daß außer dem Wert und der Richtung an dieser Anschlußstelle auch die Hilfspunkte, die durch Extrapolation an den mittleren Bézier-Punkten entstehen, übereinstimmen. Es erweist sich deshalb als günstig, die Hilfsgrößen

$$d_\nu := 2\beta_{1\nu} - \beta_{2\nu}, \quad \nu \in \mathbb{Z},$$

einzuführen. Dann ist die dritte Bedingung (3), welche die zweimalige stetige Differenzierbarkeit in den Knoten $t = \nu \in \mathbb{Z}$ sichert, gleichwertig mit

$$d_\nu = 2\beta_{2\,\nu-1} - \beta_{1\,\nu-1}, \quad \nu \in \mathbb{Z}.$$

Man beachte, daß wegen $S(\nu) = \beta_{0\nu}$, $S''(\nu) = m(m-1)\Delta^2\beta_{0\nu}$, $\nu \in \mathbb{Z}$, für kubische Splines $(m = 3)$ auch

$$d_\nu = S(\nu) - \frac{S''(\nu)}{6} \,, \quad \nu \in \mathbb{Z} \,,$$

gilt. Die folgenden geometrischen Eigenschaften (vgl. Abb. 4.17) lassen sich leicht verifizieren:

4.6.3   Aufgabe

Gegeben sei ein kubischer Spline. Man zeige:

a) Die Geraden durch die Punkte $\begin{pmatrix} \nu - \frac{1}{3} \\ \beta_{2\ \nu-1} \end{pmatrix}$ und $\begin{pmatrix} \nu + \frac{1}{3} \\ \beta_{1\nu} \end{pmatrix}$ und durch die Punkte $\begin{pmatrix} \nu - \frac{2}{3} \\ \beta_{1\ \nu-1} \end{pmatrix}$ und $\begin{pmatrix} \nu + \frac{2}{3} \\ \beta_{2\nu} \end{pmatrix}$ sind parallel.

b) Die Punkte $\begin{pmatrix} \nu + \frac{1}{3} \\ \beta_{1\nu} \end{pmatrix}$ und $\begin{pmatrix} \nu + \frac{2}{3} \\ \beta_{2\nu} \end{pmatrix}$ liegen auf der Verbindungsgeraden von $\begin{pmatrix} \nu \\ d_\nu \end{pmatrix}$ und $\begin{pmatrix} \nu + 1 \\ d_{\nu+1} \end{pmatrix}$.

Wir betrachten nun den kubischen Spline zu den Knoten ν, $\nu = 0, \ldots, k$. Definieren wir d_ν, $\nu = 0, \ldots, k-1$, wie oben und setzen

$$d_k \quad := 2\beta_{2\ k-1} - \beta_{1\ k-1} \,,$$
$$\beta_{0k} \quad := \beta_{3\ k-1} \,,$$

so gilt wegen $S''(k) = 6\Delta^2\beta_{1\ k-1}$ (vgl. Satz 4.4.5) auch hier

$$d_\nu = \beta_{0\nu} - \frac{S''(\nu)}{6} \,, \quad \nu = 0, \ldots, k \,.$$

Wie die Aufgabe 4.6.3 zeigt, ist dem Bézier-Polygon ein Polygonzug überlagert, dessen Ecken durch die Hilfsgrößen d_ν bestimmt sind. Dabei stimmen das Bézier-Polygon und dieser d_ν-Polygonzug auf den inneren Intervallen $[\nu + \frac{1}{3}, \nu + \frac{2}{3}]$, $\nu = 0, \ldots, k-1$, überein.

Die Bézier-Koeffizienten $\beta_{\mu\nu}$, $\mu = 0, \ldots, 3$, $\nu = 0, \ldots, k-1$, eines kubischen Splines S,

$$S(t) = \sum_{\mu=0}^{3} \beta_{\mu\nu}\, b_{\mu 3}(t - \nu) \,, \quad t \in [\nu, \nu+1] \,, \quad \nu = 0, \ldots, k-1 \,,$$

sind durch die Anschlußbedingungen

$$\beta_{3\ \nu-1} \qquad\qquad - \ \beta_{0\nu} = 0$$
$$- \ \beta_{2\ \nu-1} + \ \beta_{3\ \nu-1} - \ \beta_{1\nu} + \ \beta_{0\nu} = 0$$
$$- \ \beta_{1\ \nu-1} + \ 2\beta_{2\ \nu-1} \qquad\quad - \ 2\beta_{1\nu} + \ \beta_{2\nu} = 0 \,, \quad \nu = 1, \ldots, k-1 \,,$$

miteinander verknüpft. Dies sind $3(k-1)$ homogene lineare Gleichungen für die $4k$ Koeffizienten $\beta_{\mu\nu}$ für $\mu = 0,1,2,3$ und $\nu = 0,\ldots,k-1$. Dieses homogene lineare Gleichungssystem hat einen Lösungsraum V mit

$$\dim V \geq 4k - 3(k-1) = k + 3 \, .$$

Da β_{00} und $\beta_{3\,k-1} =: \beta_{0k}$ in den Anschlußbedingungen nicht vorkommen, können wir die Elemente von V mit Hilfe von β_{00} und β_{0k} parametrisieren. Wir zeigen, daß die Bézier-Koeffizienten β_{10}, $\beta_{0\nu}$, $\nu = 0,\ldots,k$, und $\beta_{2\,k-1}$ eine Parametrisierung der Elemente von V ergeben. Anders ausgedrückt bedeutet dies folgendes:

4.6.4 Satz

Zu jedem Vektor

$$\beta := (\beta_{00}, \, \beta_{10}, \, \beta_{01}, \, \beta_{02}, \ldots, \, \beta_{0\,k-1}, \, \beta_{2\,k-1}, \, \beta_{0k})^T \in \mathbb{R}^{k+3}$$

gibt es genau einen kubischen Spline S auf dem Intervall $[0,k]$ mit

$$S(t) = \sum_{\mu=0}^{3} \beta_{\mu\nu} \, b_{\mu3}(t-\nu) \, , \quad t \in [\nu, \nu+1] \, , \quad \nu = 0,\ldots,k-1 \, .$$

(Von $4k$ Parametern $\beta_{\mu\nu}$, $\mu = 0,1,2,3$, $\nu = 0,\ldots,k-1$, sind also durch die Anschlußbedingungen $4k - (k+3) = 3\,k - 3$ Parameter festgelegt.)

Beweis. Mit den oben eingeführten Hilfsgrößen

$$d_\nu \; := 2\beta_{1\nu} - \beta_{2\nu} \, , \quad \nu = 0,\ldots,k-1,$$

$$d_k \; := 2\beta_{2\,k-1} - \beta_{1\,k-1},$$

sind die Anschlußbedingungen, welche die Stetigkeit der zweiten Ableitung in $(0,k)$ sichern, gleichwertig zu

$$d_\nu = 2\beta_{2\,\nu-1} - \beta_{1\,\nu-1} \, , \quad \nu = 1,\ldots,k-1 \, .$$

Es gilt dann einerseits $d_{\nu-1} + 2d_\nu = 3\beta_{2\,\nu-1}$, $\nu = 1,\ldots,k$, und andererseits $2d_\nu + d_{\nu+1} = 3\beta_{1\nu}$, $\nu = 0,\ldots,k-1$. Durch Addition folgt hieraus

$$d_{\nu-1} + 4d_\nu + d_{\nu+1} = 3(\beta_{2\,\nu-1} + \beta_{1\nu}) \, , \quad \nu = 1,\ldots,k-1 \, .$$

Die Stetigkeit der ersten Ableitung ergibt die Gleichung $\beta_{2\,\nu-1} + \beta_{1\nu} = \beta_{3\,\nu-1} + \beta_{0\nu}$, also

$$d_{\nu-1} + 4d_\nu + d_{\nu+1} = 3(\beta_{3\,\nu-1} + \beta_{0\nu}) \, , \quad \nu = 1,\ldots,k-1 \, .$$

Wegen der Stetigkeitsbedingung $\beta_{3\,\nu-1} = \beta_{0\nu}$, $\nu = 1,\ldots,k-1$, folgt schließlich

$$d_{\nu-1} + 4d_\nu + d_{\nu+1} = 6\beta_{0\nu} \, , \quad \nu = 1,\ldots,k-1 \, .$$

Die Bedingungen für $\nu = 0$ bzw. $\nu = k$ haben wir bereits weiter oben angegeben.

Insgesamt sind die Anschlußbedingungen also dem Gleichungssystem

$$\begin{pmatrix} 2 & 1 & & & 0 \\ 1 & 4 & 1 & & \\ & \ddots & \ddots & \ddots & \\ & & 1 & 4 & 1 \\ 0 & & & 1 & 2 \end{pmatrix} \begin{pmatrix} d_0 \\ d_1 \\ \vdots \\ d_{k-1} \\ d_k \end{pmatrix} = \begin{pmatrix} 3\beta_{10} \\ 6\beta_{01} \\ \vdots \\ 6\beta_{0\,k-1} \\ 3\beta_{2\,k-1} \end{pmatrix}$$

gleichwertig. Mit dem nachfolgenden Satz 4.6.5 zeigt sich, daß dieses Gleichungssystem eindeutig auflösbar ist. Zu jeder rechten Seite existiert also genau ein Vektor $(d_0, \ldots, d_k)^T$, der außerdem von β_{00} und $\beta_{0k} := \beta_{3\,k-1}$ unabhängig ist.

Zu gegebenen Werten $\beta_{10}, \beta_{01}, \ldots, \beta_{0\,k-1}, \beta_{2\,k-1}$ erhält man also durch Auflösung dieses linearen Gleichungssystems die Hilfsgrößen $d_0, \ldots, d_k$. Mit deren Hilfe ergeben sich dann die übrigen Bézier-Koeffizienten aus

$$\beta_{2\,\nu-1} = \tfrac{1}{3}(d_{\nu-1} + 2d_\nu)\,, \quad \nu = 1, \ldots, k\,,$$

$$\beta_{1\nu} = \tfrac{1}{3}(2d_\nu + d_{\nu+1})\,, \quad \nu = 0, \ldots, k-1\,;$$

β_{00} und $\beta_{3\,k-1}$ kann man frei wählen, da sie von $d_0, \ldots, d_k$ unabhängig sind.

$\square$

Methoden, wie man geschickt lineare Gleichungssysteme auflöst, werden wir später kennenlernen. An dieser Stelle sollte man sich eventuell nochmals mit der Lösungstheorie, wie sie in der Linearen Algebra behandelt wird, vertraut machen.

4.6.5 Satz

Eine Matrix $A = (a_{\nu\mu})_{\nu,\mu=1,\ldots,n} \in \mathbb{K}^{n \times n}$ *mit*

$$|a_{\nu\nu}| > \sum_{\substack{\mu=1 \\ \mu \neq \nu}}^{n} |a_{\nu\mu}|\,, \quad \nu = 1, \ldots, n\,,$$

ist invertierbar. (Man nennt A *auch "diagonal-dominant".)*

Beweis. Für einen indirekten Beweis nehmen wir an, das homogene lineare Gleichungssystem $Ax = o$ besitze eine nichttriviale Lösung $x \neq o$. Es sei x_k eine betragsmaximale Komponente von x, also $|x_k| = \max_{\nu=1,\ldots,n} |x_\nu| > 0$. Dann folgt für die k-te Gleichung von $Ax = o$

$$a_{kk}\,x_k + \sum_{\substack{\mu=1 \\ \mu \neq k}}^{n} a_{k\mu}\,x_\mu = 0$$

oder

$$|a_{kk}| = \left| \sum_{\substack{\mu=1 \\ \mu \neq k}}^{n} a_{k\mu} \frac{x_\mu}{x_k} \right| \leq \sum_{\substack{\mu=1 \\ \mu \neq k}}^{n} |a_{k\mu}| \left| \frac{x_\mu}{x_k} \right| \leq \sum_{\substack{\mu=1 \\ \mu \neq k}}^{n} |a_{k\mu}|$$

im Widerspruch dazu, daß A diagonaldominant ist. $\square$

4.6.6 Beispiel

Es sei $k = 4$ und

$$\beta_{00} = \beta_{10} = \beta_{23} = \beta_{33} = 0 \ , \quad \beta_{01} = \beta_{03} = \frac{1}{4} \ , \quad \beta_{02} = 1 \ .$$

Man hat also das System

$$\begin{pmatrix} 2 & 1 & & & 0 \\ 1 & 4 & 1 & & \\ & 1 & 4 & 1 & \\ & & 1 & 4 & 1 \\ 0 & & & 1 & 2 \end{pmatrix} \begin{pmatrix} d_0 \\ d_1 \\ d_2 \\ d_3 \\ d_4 \end{pmatrix} = 6 \begin{pmatrix} 0 \\ \frac{1}{4} \\ 1 \\ \frac{1}{4} \\ 0 \end{pmatrix}$$

mit der Lösung $d_0 = d_1 = d_3 = d_4 = 0$, $d_2 = \frac{3}{2}$. Es folgt

$$\beta_{20} = \beta_{13} = 0 \ , \quad \beta_{11} = \beta_{22} = \frac{1}{2} \ , \quad \beta_{21} = \beta_{12} = 1 \ ;$$

also haben wir bis auf den Faktor $\frac{3}{2}$ den kubischen B-Spline vorliegen.

Da $\beta_{0\nu}$, $\nu = 0, \dots, k$, die Werte von S an den Stellen $t = \nu$ sind und

$$S'(0) \ = 3(\beta_{10} - \beta_{00}) \ ,$$
$$S'(k) \ = 3(\beta_{3\ k-1} - \beta_{2\ k-1})$$

gilt, können wir den obigen Satz 4.6.4 auch als einen Interpolationssatz deuten:

4.6.7 Satz

Zu einem gegebenen Datensatz $y_0, \dots, y_k$ und gegebenen Randsteigungen m_0, m_k gibt es genau einen kubischen Spline S,

$$S(t) = \sum_{\mu=0}^{3} \beta_{\mu\nu} \, b_{\mu 3}(t - \nu) \ , \quad t \in [\nu, \nu+1] \ , \quad \nu = 0, \dots, k-1 \ ,$$

auf dem Intervall $[0, k]$ mit

$$\begin{aligned} \beta_{0\nu} \ &= y_\nu \ , \quad \nu = 0, \dots, k-1 \ , \\ \beta_{3\ k-1} \ &= y_k \ , \\ \beta_{10} \ &= y_0 + \tfrac{1}{3}m_0 \ , \\ \beta_{2\ k-1} \ &= y_k - \tfrac{1}{3}m_k \ . \end{aligned}$$

S interpoliert die Daten y_ν, also $S(\nu) = y_\nu$, $\nu = 0, \dots, k$, und hat die Randsteigungen

$$S'(0) = m_0 \ , \quad S'(k) = m_k \ .$$

4.6.8   Bemerkung

(1) Für einen kubischen Spline S auf einem Intervall $[0, k]$ kann man statt der sogenannten *Hermite-Randbedingungen*

$$S'(0) = m_0 , \quad S'(k) = m_k ,$$

auch *natürliche* oder *periodische* Randbedingungen fordern: Es existiert ein eindeutig bestimmter kubischer Spline $\tilde{S}$ auf $[0, k]$, der die Bedingungen

$$\tilde{S}(\nu) = y_\nu, \quad \nu = 0, \ldots, k ,$$
$$\tilde{S}''(0) = \tilde{S}''(k) = 0 ,$$

erfüllt. (Man bezeichnet $\tilde{S}$ als *natürlichen Interpolationsspline*, da ein vollelastisches Lineal, das in $(\nu, y_\nu)^T \in \mathbb{R}^2$, $\nu = 0, \ldots, k$, fixiert ist, diese Bedingungen erfüllt; es verläuft nämlich für $t \leq 0$ und $t \geq k$ geradlinig.)

Es existiert auch ein eindeutig bestimmter kubischer Spline $\hat{S}$ auf $[0, k]$, der die Bedingungen

$$\hat{S}(\nu) = y_\nu , \quad \nu = 0, \ldots, k ,$$
$$\hat{S}'(0) = \hat{S}'(k) , \quad \hat{S}''(0) = \hat{S}''(k) ,$$

erfüllt. $\hat{S}$ bezeichnet man als *periodischen Interpolationsspline*.

(2) Wir haben uns auf den Fall äquidistanter Knoten beschränkt, da dann die hergeleiteten Formeln technisch einfacher zu gewinnen sind. Man kann aber, das sei hier der Vollständigkeit halber erwähnt, auch den allgemeineren Fall mit beliebig verteilten Knoten behandeln und die Existenz interpolierender kubischer Splines mit vorgegebenen Randbedingungen nachweisen.

4.7   Kubische B-Splines

Ein Polynom $p \in \Pi_n$ haben wir dargestellt in der Bernstein-Form

$$p = \sum_{\nu=0}^{n} \beta_\nu \, b_{\nu n} .$$

Dabei waren für uns die "Buckeleigenschaften" der Bernstein-Grundpolynome

$$\sum_{\nu=0}^{n} b_{\nu n}(t) = 1 , \quad b_{\nu n}(t) \geq 0 , \text{ für } t \in [0, 1] , \quad \nu = 0, 1, \ldots, n ,$$

welche wir mit Konvexitätseigenschaften in Verbindung bringen konnten, besonders wichtig. Man kann sich nun fragen, ob es auch "Buckel-Splines" gibt, die ähnliche Eigenschaften haben. Da Splines – im Gegensatz zu den Polynomen – auf einem Teilintervall von $\mathbb{R}$ verschwinden können, ohne daß sie auf ganz $\mathbb{R}$ verschwinden, kann man versuchen, besonders einfache "Buckel-Splines" dadurch zu finden, daß man fordert, daß sie nur in einem möglichst schmalen Intervall Werte ungleich Null haben sollen.

4.7.1 Satz

Es gibt genau einen **kubischen Spline** *S mit folgenden Eigenschaften:*

(1) $S(t) = 0$ für $t \in \mathbb{R} \setminus (0,4)$,

(2) S ist jeweils ein Polynom vom Höchstgrad 3 in $[0,1]$, $[1,2]$, $[2,3]$ und $[3,4]$,

(3) $S(2) = \frac{2}{3}$. (S ist so normiert, daß $S(1) + S(2) + S(3) = 1$ gilt.)

Es gilt $S = B_3$, wobei B_3 der kubische B-Spline zu den Knoten $0,1,2,3,4$ ist.

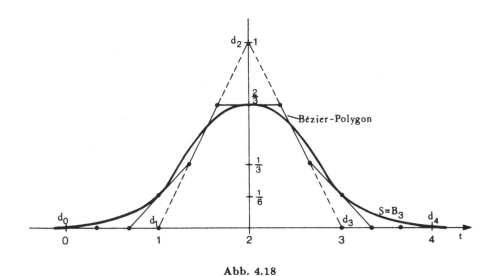

Abb. 4.18

Beweis (konstruktiv). Die Bézier-Darstellung von S lautet

$$S(t) = \sum_{\mu=0}^{3} \beta_{\mu\nu} b_{\mu3}(t-\nu) , \quad t \in [\nu, \nu+1] , \quad \nu = 0,\ldots,3 ,$$

wenn wir $\beta_{\mu\nu} := 0$ für $\nu \geq 4$ oder $\nu < 0$ setzen. Auf Grund von (1) erhalten wir

$$
\begin{aligned}
0 &= S(0) &&= \beta_{00} , \\
0 &= S'(0) &&= 3\Delta\beta_{00} &&= 3(\beta_{10} - \beta_{00}) , \\
0 &= S''(0) &&= 6\Delta^2\beta_{00} &&= 6(\beta_{20} - 2\beta_{10} + \beta_{00}) , \\
0 &= S(4) &&= \beta_{33} , \\
0 &= S'(4) &&= 3\Delta\beta_{23} &&= 3(\beta_{33} - \beta_{23}) , \\
0 &= S''(4) &&= 6\Delta^2\beta_{13} &&= 6(\beta_{33} - 2\beta_{23} + \beta_{13}) ,
\end{aligned}
$$

also $\beta_{00} = \beta_{10} = \beta_{20} = \beta_{33} = \beta_{23} = \beta_{13} = 0$. Die Beziehung (3) liefert uns

$$\frac{2}{3} = S(2) = \beta_{02} = \beta_{31} .$$

Weiterhin gilt

$$0 = 2\beta_{10} - \beta_{20} = d_0 \, ,$$
$$0 = 2\beta_{20} - \beta_{10} = d_1 \, ,$$
$$0 = 2\beta_{13} - \beta_{23} = d_3 \, ,$$
$$0 = 2\beta_{23} - \beta_{13} = d_4 \, .$$

Aus den Anschlußbedingungen erhalten wir das lineare Gleichungssystem

$$
\begin{pmatrix}
2 & 1 & & & 0 \\
1 & 4 & 1 & & \\
& 1 & 4 & 1 & \\
& & 1 & 4 & 1 \\
0 & & & 1 & 2
\end{pmatrix}
\begin{pmatrix}
0 \\ 0 \\ d_2 \\ 0 \\ 0
\end{pmatrix}
=
\begin{pmatrix}
3\beta_{10} \\ 6\beta_{01} \\ 6\beta_{02} \\ 6\beta_{03} \\ 3\beta_{23}
\end{pmatrix}
=
\begin{pmatrix}
0 \\ 6\beta_{01} \\ 4 \\ 6\beta_{03} \\ 0
\end{pmatrix} \, ,
$$

also $d_2 = 1$, $\beta_{01} = \beta_{03} = \frac{1}{6}$. Aus

$$0 = d_3 = 2\beta_{22} - \beta_{12} \, ,$$
$$1 = d_2 = -\beta_{22} + 2\beta_{12} \, ,$$

folgt $\beta_{22} = \frac{1}{3}$, $\beta_{12} = \frac{2}{3}$. Da S als kubischer Spline auch an den inneren Anschlußpunkten 1 und 2 zweimal stetig differenzierbar sein muß, gilt

$$2\beta_{20} - \beta_{10} = 2\beta_{11} - \beta_{21} \, ,$$
$$2\beta_{21} - \beta_{11} = 2\beta_{12} - \beta_{22} \, ,$$

d.h. $\beta_{21} = \frac{2}{3}$ und $\beta_{11} = \frac{1}{3}$. Unter Ausnutzung von $\beta_{3\,\nu-1} = \beta_{0\nu}$, $\nu = 1,2,3$, erhalten wir dann sämtliche Bézier-Koeffizienten:

$$(\beta_{00}, \beta_{10}, \beta_{20}, \beta_{30} \; ; \; \beta_{01}, \beta_{11}, \beta_{21}, \beta_{31} \; ; \; \beta_{02}, \beta_{12}, \beta_{22}, \beta_{32} \; ; \; \beta_{03}, \beta_{13}, \beta_{23}, \beta_{33})$$
$$= (\, 0 \, , \, 0 \, , \, 0 \, , \tfrac{1}{6} \; ; \; \tfrac{1}{6} \, , \tfrac{1}{3} \, , \tfrac{2}{3} \, , \tfrac{2}{3} \; ; \; \tfrac{2}{3} \, , \tfrac{2}{3} \, , \tfrac{1}{3} \, , \tfrac{1}{6} \; ; \; \tfrac{1}{6} \, , 0 \, , 0 \, , 0 \,) .$$

Mit den Bézier-Koeffizienten von S ist auch S eindeutig bestimmt und muß daher mit B_3 übereinstimmen.   □

Aus Satz 4.6.4 folgt, daß die Menge aller kubischen Splines auf $[0,k]$ des Typs

$$S(t) = \sum_{\mu=0}^{3} \beta_{\mu\eta} b_{\mu3}(t - \eta) \, , \quad t \in [\eta, \eta+1] \, , \quad \eta = 0, 1, \ldots, k-1 \, ,$$

einen $(k+3)$-dimensionalen Vektorraum V über $\mathbb{R}$ bilden. Von den $4k$ Parametern $\beta_{\mu\eta}$, $\mu = 0,1,2,3$, $\eta = 0,\ldots,k-1$, sind nämlich durch die Anschlußbedingungen $3k-3$ Parameter festgelegt.

Im Satz 4.7.1 hatten wir uns den kubischen Spline B_3 zu den Knoten $0,1,2,3,4$ konstruiert. Setzen wir nun $B_{\eta3}(t) := B_3(t+2-\eta)$, $\eta \in \mathbb{Z}$, so bilden die geshifteten und in Symmetrie zur y-Achse gebrachten kubischen B-Splines $B_{\eta 3}$, $\eta \in \mathbb{Z}$, einen unendlich-dimensionalen Vektorraum über $\mathbb{R}$.

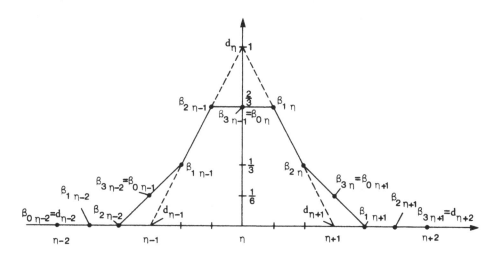

Abb. 4.19. Bézier-Polygon zu $B_{\eta 3} := B_3(\cdot + 2 - \eta)$, $\eta \in \mathbb{Z}$

In $[0, k]$ sind jedoch nur die Elemente

$$B_{-13}, \ B_{03}, \ B_{13}, \ B_{23}, \ldots, B_{k-23}, \ B_{k-13}, \ B_{k3}, \ B_{k+13}$$

nicht überall identisch Null. Die $B_{\eta 3}$, $\eta = 2, \ldots, k-2$, sind als Basiselemente von V geeignet, da deren Träger ganz in $[0, k]$ liegen. Entsprechend sind die Restriktionen von $B_{\eta 3}$, $\eta = -1, 0, 1, k-1, k, k+1$, auf $[0, k]$ Basiselemente von V.

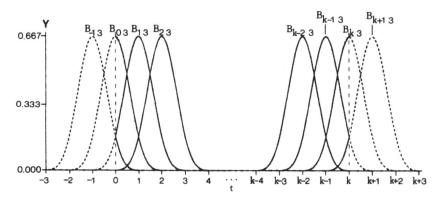

Abb. 4.20

Jede Linearkombination

$$\sigma = \sum_{\nu=-1}^{k+1} \alpha_\nu \, B_{\nu 3}$$

ist im Intervall $[0,k]$ zweimal stetig differenzierbar, da alle $B_{\nu 3}$ dies auch sind. Also ist σ eine kubische Spline-Funktion. Genauer gilt sogar der folgende Satz, den wir ohne Beweis festhalten wollen:

4.7.2   Satz

Die geshifteten B-Splines $B_{\eta 3}$ mit

$$B_{\eta 3}(t) := B_3(t+2-\eta) \,, \quad \eta = -1, 0, \ldots, k+1 \,,$$

bilden eine Basis des Vektorraums der kubischen Splines auf dem Intervall $[0,k]$ mit Anschlußstellen bei $t = \nu$ für $\nu = 1, \ldots, k-1$.

Jeder kubische Spline σ auf dem Intervall $[0,k]$ mit Anschlußstellen bei $t = \nu$, $\nu = 1, \ldots, k-1$, läßt sich somit einerseits in der Bézier-Darstellung

$$\sigma(t) = \sum_{\mu=0}^{3} \beta_{\mu\nu} b_{\mu 3}(t-\nu) \,, \quad t \in [\nu, \nu+1] \,, \quad \nu = 0, \ldots, k-1 \,,$$

und andererseits mit Hilfe von B-Splines als

$$\sigma(t) = \sum_{\nu=-1}^{k+1} \alpha_\nu B_{\nu 3}(t)$$

darstellen. Insbesondere gilt dies auch für den nach Satz 4.6.7 eindeutig bestimmten kubischen Spline S, der die Interpolationsbedingungen

$$
\begin{aligned}
S'(0) &= m_0 \,, \\
S(\mu) &= y_\mu \,, \quad \mu = 0, \ldots, k \,, \\
S'(k) &= m_k \,,
\end{aligned}
$$

erfüllt. Für $\mu \in \mathbb{Z}$ gilt

$$
B_{\nu 3}(\mu) = \begin{cases}
\frac{1}{6} \,, & \mu = \nu - 1 \,, \quad \mu = \nu + 1 \,, \\
\frac{2}{3} \,, & \mu = \nu \,, \\
0 \,, & \text{sonst} \,,
\end{cases}
$$

$$
B'_{\nu 3}(\mu) = \begin{cases}
\frac{1}{2} \,, & \mu = \nu - 1 \,, \\
-\frac{1}{2} \,, & \mu = \nu + 1 \,, \\
0 \,, & \text{sonst} \,.
\end{cases}
$$

Die Koeffizienten $\alpha_{-1}, \ldots, \alpha_{k+1}$ in der B-Spline-Darstellung

$$S = \sum_{\nu=-1}^{k+1} \alpha_\nu \, B_{\nu 3}$$

des interpolierenden Splines S zu den Daten y_μ, $\mu = 0, \ldots, k$, und Anfangssteigungen m_0, m_k sind also durch das lineare Gleichungssystem

$$\sum_{\nu=-1}^{k+1} \alpha_\nu\, B'_{\nu 3}(0) = m_0\,,$$

$$\sum_{\nu=-1}^{k+1} \alpha_\nu\, B_{\nu 3}(\mu) = y_\mu\,, \quad \mu = 0, \ldots, k\,,$$

$$\sum_{\nu=-1}^{k+1} \alpha_\nu\, B'_{\nu 3}(k) = m_k\,,$$

bestimmt, das die einfache Form

$$
\begin{aligned}
-\tfrac{1}{2}\alpha_{-1} && + \tfrac{1}{2}\alpha_1 &= m_0\,, \\
\tfrac{1}{6}\alpha_{-1} + \tfrac{2}{3}\alpha_0 &+ \tfrac{1}{6}\alpha_1 &= y_0\,, \\
\tfrac{1}{6}\alpha_{\mu-1} + \tfrac{2}{3}\alpha_\mu &+ \tfrac{1}{6}\alpha_{\mu+1} &= y_\mu\,, \quad \mu = 1, \ldots, k-1\,, \\
\tfrac{1}{6}\alpha_{k-1} + \tfrac{2}{3}\alpha_k &+ \tfrac{1}{6}\alpha_{k+1} &= y_k\,, \\
-\tfrac{1}{2}\alpha_{k-1} && + \tfrac{1}{2}\alpha_{k+1} &= m_k\,,
\end{aligned}
$$

annimmt. Dieses lineare Gleichungssystem von $k + 3$ Gleichungen für die $k + 3$ Unbekannten $\alpha_{-1}, \ldots, \alpha_{k+1}$ läßt sich dadurch etwas vereinfachen, daß man aus den beiden ersten Gleichungen α_{-1} und aus den beiden letzten Gleichungen α_{k+1} eliminiert. Kombinieren wir nämlich die beiden ersten und die beiden letzten Gleichungen so, daß der Faktor von α_{-1} und von α_{k+1} jeweils verschwindet, und multiplizieren wir diese Gleichungen mit dem Faktor 3 und die restlichen Gleichungen mit dem Faktor 6, so folgt

$$
\begin{aligned}
2\alpha_0 + \alpha_1 &= 3y_0 + m_0\,, \\
\alpha_{\mu-1} + 4\alpha_\mu + \alpha_{\mu+1} &= 6y_\mu\,, \quad \mu = 1, \ldots, k-1\,, \\
\alpha_{k-1} + 2\alpha_k &= 3y_k - m_k\,.
\end{aligned}
$$

Die Matrix dieses Systems stimmt mit derjenigen aus Satz 4.6.4 überein, die bei der Bestimmung der Hilfsgrößen d_μ, $\mu = 0, \ldots, k$, auftritt. Die Koeffizienten $\alpha_0, \ldots, \alpha_k$ sind aus dem obigen linearen Gleichungssystem also eindeutig berechenbar. Die beiden restlichen Koeffizienten α_{-1} und α_{k+1} ergeben sich anschließend durch Einsetzen aus den beiden kombinierten Gleichungspaaren als

$$\alpha_{-1} = 6y_0 - 4\alpha_0 - \alpha_1 \quad \text{oder} \quad \alpha_{-1} = -2m_0 + \alpha_1$$

und

$$\alpha_{k+1} = 6y_k - \alpha_{k-1} - 4\alpha_k \quad \text{oder} \quad \alpha_{k+1} = 2m_k + \alpha_{k-1}\,.$$

Wir fassen zusammen:

4.7.3 Satz

(1) *Es gibt zu vorgegebenen Werten* y_μ, $\mu = 0, \ldots, k$, *und Randsteigungen* m_0 *und* m_k *genau einen kubischen Spline* S, *der diese Daten interpoliert, d.h. mit*

$$
\begin{aligned}
S'(0) &= m_0 \,, \\
S(\mu) &= y_\mu \,, \quad \mu = 0, \ldots, k \,, \\
S'(k) &= m_k \,.
\end{aligned}
$$

(2) *S hat die B-Spline-Darstellung*

$$
S = \sum_{\nu=-1}^{k+1} \alpha_\nu \, B_{\nu 3} \,.
$$

Die B-Spline-Koeffizienten α_ν, $\nu = -1, \ldots, k+1$, *erhält man als Lösung des eindeutig lösbaren linearen Gleichungssystems*

$$
\begin{aligned}
\sum_{\nu=-1}^{k+1} \alpha_\nu B'_{\nu 3}(0) &= m_0 \,, \\
\sum_{\nu=-1}^{k+1} \alpha_\nu B_{\nu 3}(\mu) &= y_\mu, \ \mu = 0, \ldots, k \,, \\
\sum_{\nu=-1}^{k+1} \alpha_\nu B'_{\nu 3}(k) &= m_k \,.
\end{aligned}
$$

(3) *Algorithmisch geschickter erhält man die* α_ν, $\nu = -1, \ldots, k+1$, *indem man zunächst die Koeffizienten* α_ν, $\nu = 0, \ldots, k$, *durch Lösen des linearen Gleichungssystems*

$$
\begin{pmatrix}
2 & 1 & & & & 0 \\
1 & 4 & 1 & & & \\
 & \ddots & \ddots & \ddots & & \\
 & & & 1 & 4 & 1 \\
0 & & & & 1 & 2
\end{pmatrix}
\begin{pmatrix}
\alpha_0 \\ \alpha_1 \\ \vdots \\ \alpha_{k-1} \\ \alpha_k
\end{pmatrix}
=
\begin{pmatrix}
3y_0 + m_0 \\ 6y_1 \\ \vdots \\ 6y_{k-1} \\ 3y_k - m_k
\end{pmatrix}
$$

bestimmt und $\alpha_{-1}, \alpha_{k+1}$ *anschließend durch Einsetzen aus den Gleichungen*

$$
\begin{aligned}
\alpha_{-1} &= 6y_0 - 4\alpha_0 - \alpha_1 && \text{oder} \quad \alpha_{-1} = -2m_0 + \alpha_1 \,, \\
\alpha_{k+1} &= 6y_k - \alpha_{k-1} - 4\alpha_k && \text{oder} \quad \alpha_{k+1} = 2m_k + \alpha_{k-1} \,,
\end{aligned}
$$

ermittelt.

4.7.4 Aufgabe

Man zeige: Es gilt

a) $\alpha_\nu = d_\nu = S(\nu) - \frac{1}{6}S''(\nu)$, $\nu = 0, \ldots, k$.

b) $\alpha_{-1} = 2S(0) - S(1) + \frac{2}{3}S''(0) + \frac{1}{6}S''(1)$.

c) $\alpha_{k+1} = 2S(k) - S(k-1) + \frac{1}{6}S''(k-1) + \frac{2}{3}S''(k)$.

(Hinweis: Man vergleiche das Gleichungssystem des Satzes 4.7.3 mit demjenigen von Satz 4.6.4.)

Eine andere Möglichkeit der Spline-Interpolation ist dadurch gegeben, daß man im $\mathbb{R}$-Vektorraum

$$V_k := \text{span } \{B_{\nu 3} \mid \nu = 0, \ldots, k\}$$

dasjenige Element bestimmt, welches gegebene Daten y_μ in den Knoten $t_\mu = \mu$, $\mu = 0, \ldots, k$, interpoliert. Im Gegensatz zu der im Satz 4.7.3 behandelten Spline-Interpolation ignoriert man die Randsteigungen.

4.7.5 Satz

(1) *Zu gegebenen Daten* y_μ, $\mu = 0, \ldots, k$, *existiert genau ein Spline des Typs*

$$S = \sum_{\nu=0}^{k} \alpha_\nu B_{\nu 3} ,$$

der diese Daten an den Stellen $t_\mu = \mu$, $\mu = 0, \ldots, k$, *interpoliert.*

(2) *Die Koeffizienten* α_ν, $\nu = 0, \ldots, k$, *erhält man als Lösung des eindeutig lösbaren linearen Gleichungssystems*

$$\begin{pmatrix} 4 & 1 & & & & 0 \\ 1 & 4 & 1 & & & \\ & \ddots & \ddots & \ddots & & \\ & & 1 & 4 & 1 \\ 0 & & & 1 & 4 \end{pmatrix} \begin{pmatrix} \alpha_0 \\ \alpha_1 \\ \vdots \\ \alpha_{k-1} \\ \alpha_k \end{pmatrix} = 6 \begin{pmatrix} y_0 \\ y_1 \\ \vdots \\ y_{k-1} \\ y_k \end{pmatrix} .$$

Beweis. Wegen

$$B_{\nu 3}(\mu) = \begin{cases} \frac{2}{3} , & \mu = \nu , \\ \frac{1}{6} , & \mu = \nu + 1, \ \mu = \nu - 1 , \\ 0 , & \text{sonst} , \end{cases}$$

sind die Interpolationsbedingungen

$$S(\mu) = \sum_{\nu=0}^{k} \alpha_\nu B_{\nu 3}(\mu) = y_\mu, \ \mu = 0, \ldots, k ,$$

äquivalent zu dem diagonaldominanten und damit nach Satz 4.6.5 eindeutig lösbaren linearen Gleichungssystem

$$
\begin{aligned}
4\alpha_0 \;+\; \alpha_2 &= 6y_0 \\
\alpha_0 \;+\; 4\alpha_1 \;+\; \alpha_2 &= 6y_1 \\
\vdots \qquad\qquad & \\
\alpha_{k-2} \;+\; 4\alpha_{k-1} \;+\; \alpha_k &= 6y_{k-1} \\
\alpha_{k-1} \;+\; 4\alpha_k &= 6y_k \,. \qquad \square
\end{aligned}
$$

Diese Art der Spline-Interpolation haben wir im Hinblick auf eine mögliche Verallgemeinerung auf höhere Dimensionen bereitgestellt. Wir werden im übernächsten Abschnitt dieses Kapitels darauf wieder zurückkommen.

Die B-Splines haben ähnliche Konvexitätseigenschaften wie die Bernstein-Grundpolynome. Da die Monome m_i, $m_i(t) = t^i$, $i = 0, 1, 2$, trivialerweise kubische Splines sind, können wir aus den in Aufgabe 4.7.4 angegebenen Formeln durch Einsetzen der Monome m_i, $i = 0, 1, 2$, die Koeffizienten α_ν, $\nu = -1, \ldots, k + 1$, errechnen und erhalten auf Grund von Satz 4.7.3 für $t \in [0, k]$:

$$
1 = \sum_{\nu=-1}^{k+1} B_{\nu 3}(t) \,,
$$

$$
t = \sum_{\nu=-1}^{k+1} \nu B_{\nu 3}(t) \,,
$$

$$
t^2 = \sum_{\nu=-1}^{k+1} \left\{ \nu^2 - \frac{1}{3} \right\} B_{\nu 3}(t) \,.
$$

Für einen Punkt $\begin{pmatrix} t \\ S(t) \end{pmatrix}$ auf dem Graphen des Splines S mit

$$
S(t) = \sum_{\nu=-1}^{k+1} \alpha_\nu B_{\nu 3}(t)
$$

erhält man somit

$$
\begin{pmatrix} t \\ S(t) \end{pmatrix} = \sum_{\nu=-1}^{k+1} \begin{pmatrix} \nu \\ \alpha_\nu \end{pmatrix} B_{\nu 3}(t) \,,
$$

wobei für $t \in [0, k]$ die beiden Bedingungen

$$
B_{\nu 3}(t) \geq 0 \,, \quad \nu = -1, \ldots, k + 1 \,,
$$

$$
\sum_{\nu=-1}^{k+1} B_{\nu 3}(t) = 1 \,,
$$

erfüllt sind. In Analogie zur Bézier-Darstellung eines Polynoms bezeichnet man die Punkte $\begin{pmatrix} \nu \\ \alpha_\nu \end{pmatrix} \in \mathbb{R}^2$, $\nu = -1, \ldots, k+1$, als *de Boor-Punkte*[34] und den sie verbindenden Polygonzug als *de Boor-Polygon* des kubischen Splines S. Wir haben somit einen Einschließungssatz bewiesen: Für $t \in [0, k]$ gilt

$$\begin{pmatrix} t \\ S(t) \end{pmatrix} \in \text{conv} \left\{ \begin{pmatrix} \nu \\ \alpha_\nu \end{pmatrix} \middle| \nu = -1, \ldots, k+1 \right\} .$$

Diese Aussage läßt sich aber unter Verwendung der Trägereigenschaft der kubischen B-Splines wesentlich verschärfen. Denn da der B-Spline $B_{\nu 3}$ nur im Intervall $(\nu - 2, \nu + 2)$ von Null verschiedene Werte besitzt, gilt für $t \in [\mu, \mu+1]$, $\mu \in \{0, \ldots, k-1\}$,

$$\sum_{\nu=-1}^{k+1} B_{\nu 3}(t) = \sum_{\nu=\mu-1}^{\mu+2} B_{\nu 3}(t) = 1 .$$

Dies bedeutet, daß für $t \in [\mu, \mu+1]$ der Punkt $\begin{pmatrix} t \\ S(t) \end{pmatrix}$ bereits in der konvexen Hülle der vier Nachbarpunkte $\begin{pmatrix} \nu \\ \alpha_\nu \end{pmatrix}$, $\nu = \mu - 1, \ldots, \mu + 2$, liegt. Global gesehen verläuft der Graph von S also in der Vereinigung dieser konvexen Teilbereiche. Der von den Punkten $\begin{pmatrix} \nu \\ \alpha_\nu \end{pmatrix}$, $\nu = -1, \ldots, k+1$, gebildete Einschließungsbereich ist aber i.a. "gröber" als derjenige, den man mit Hilfe der Bézier-Darstellung erhält.

4.7.6 Satz

Der Graph $\begin{pmatrix} t \\ S(t) \end{pmatrix}$ *eines kubischen Splines* S,

$$S = \sum_{\nu=-1}^{k+1} \alpha_\nu B_{\nu 3} ,$$

läßt sich folgendermaßen einschließen:

(1) *Für* $t \in [\mu, \mu+1]$, $\mu \in \{0, 1, \ldots, k-1\}$, *verläuft er innerhalb der konvexen Hülle* C_μ *der vier de Boor-Punkte* $\begin{pmatrix} \nu \\ \alpha_\nu \end{pmatrix}$, $\nu = \mu - 1, \ldots, \mu + 2$.

(2) *Für* $t \in [0, k]$ *verläuft er innerhalb des Bereichs*

$$C := \bigcup_{\mu=0}^{k-1} C_\mu .$$

---

[34]de Boor, Carl, zeitgenössischer amerikanischer Mathematiker

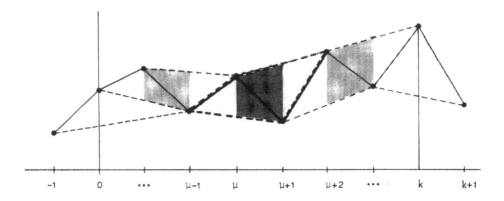

Abb. 4.21. De Boor-Polygon und Einschließungsbereich des kubischen Splines

4.7.7 Aufgabe

Gegeben seien die Daten $(\nu, y_\nu)^T$, $\nu = 0, \ldots, 4$, durch die folgende Tabelle:

ν	0	1	2	3	4
y_ν	0	1	$\sqrt{5}-1$	1	0

sowie $m_0 = 2$, $m_4 = -2$. Man ermittle die B-Spline-Darstellung des kubischen Interpolations-splines S und zeichne den Graphen von S sowie den zugehörigen Einschließungsbereich.

4.7.8 Bemerkung

Der schmale Träger der kubischen B-Splines erlaubt es, *lokale* Veränderungen am Graphen eines kubischen Splines vorzunehmen. Verändert man nämlich in der B-Spline-Darstellung von S,

$$S = \sum_{\nu=-1}^{k+1} \alpha_\nu B_{\nu 3} \, ,$$

einen einzelnen Koeffizienten α_μ, $\mu \in \{0, 1, \ldots, k\}$, so wird dadurch der Verlauf von S nur in $(\mu-2, \mu+2)$ beeinflußt, da der B-Spline $B_{\mu 3}$ außerhalb dieses Intervalls den Wert Null hat. Gleichzeitig liefert aber der eben bewiesene Einschließungssatz 4.7.6 eine einfache Kontrollmöglichkeit über die Änderung des Graphen, ohne daß man diesen für jeden Wert $t \in (\mu-2, \mu+2)$ bestimmen muß. Man nutzt diesen Effekt im CAD-Bereich beim interaktiven Konstruieren am Bildschirm aus. Um etwa noch vorhandene "Beulen" an einem Graphen, den man interpolatorisch bestimmt hat, auszugleichen, verschiebt man einen oder mehrere der Boor-Punkte, die in der Nähe der "Beule" liegen. Der so veränderte Graph interpoliert dann möglicherweise nicht mehr alle gegebenen Daten exakt. Aber er hat insgesamt einen erwünschten glatteren Verlauf und nimmt auch an den Interpolationspunkten die geforderten Werte innerhalb einer bekannten Toleranz an. (In Abb. 4.22 ist angedeutet, wie ein einzelner, offensichtlich falsch markierter Punkt P den Verlauf des Splines beeinflußt, und wie der korrigierte Wert P' einen wesentlich kleineren Einschließungsbereich erzeugt.)

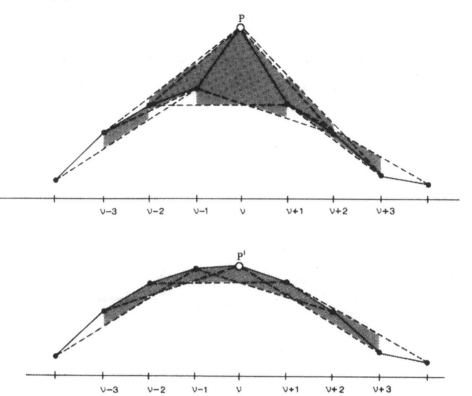

Abb. 4.22. Korrektur eines falsch plazierten de Boor-Punktes; die unterlegten Flächen geben den jeweiligen Einschließungsbereich des kubischen Spines an

Im Abschnitt 4.2 hatten wir mathematische Filter sehr einfachen Typs kennengelernt, nämlich Abbildungen P_0^n bzw. P_1^n, welche eine gegebene stetige Funktion $f : \mathbb{R} \to \mathbb{R}$ lediglich auf den *Abtastpunkten* $\frac{\mu}{n}$, $n \in \mathbb{N}$, $\mu \in \mathbb{Z}$, auswerten und ihr *Treppenfunktionen* $P_0^n f$,

$$(P_0^n f)(x) = \sum_{\nu=-\infty}^{\infty} f\left(\frac{\nu}{n}\right) W_0^n \left(x - \frac{\nu}{n}\right) ,$$

bzw. *Polygonzüge* $P_1^n f$,

$$(P_1^n f)(x) = \sum_{\nu=-\infty}^{\infty} f\left(\frac{\nu}{n}\right) B_1^n \left(x - \frac{\nu}{n}\right) ,$$

zuordnen, die f jeweils an den Abtastpunkten interpolieren und für $n \to \infty$ gegen f konvergieren (hinsichtlich Details vergleiche Abschnitt 4.2).

Wir gehen nun mit Hilfe der kubischen B-Splines als erzeugende Approximationsfunktionen analog vor, d.h., wir ordnen einer beliebigen stetigen Funktion

$f : \mathbb{R} \to \mathbb{R}$ die durch Abtastung entstehenden kubischen Splines $P_3^n f$,

$$(P_3^n f)(x) = \sum_{\nu=-\infty}^{\infty} f\left(\frac{\nu}{n}\right) B_3^n \left(x - \frac{\nu}{n}\right) ,$$

zu, wobei B_3^n die gestauchten und geshifteten kubischen B-Splines gemäß

$$B_3^n(t) := B_3(nt+2) = B_{03}(nt) , \quad t \in \mathbb{R} , \quad n \in \mathbb{N} ,$$

bezeichnen mögen.

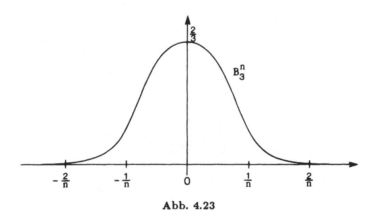

Abb. 4.23

Wegen

$$\begin{aligned}
(P_3^n f)\left(\tfrac{\mu}{n}\right) &= \sum_{\nu=-\infty}^{\infty} f\left(\frac{\nu}{n}\right) B_3^n \left(\frac{\mu-\nu}{n}\right) = \sum_{\nu=\mu-1}^{\mu+1} f\left(\frac{\nu}{n}\right) B_3(\mu-\nu+2) \\
&= \frac{1}{6} f\left(\frac{\mu-1}{n}\right) + \frac{2}{3} f\left(\frac{\mu}{n}\right) + \frac{1}{6} f\left(\frac{\mu+1}{n}\right)
\end{aligned}$$

interpoliert $P_3^n f$ die Funktion f an den Abtaststellen i.a. *nicht*. Der Mittelwert $(P_3^n f)\left(\frac{\mu}{n}\right)$ von f in $\frac{\mu}{n}$ und den beiden Nachbarpunkten $\frac{\mu-1}{n}$ und $\frac{\mu+1}{m}$ stimmt mit dem oben angegebenen gemittelten Funktionswert überein (beachte: $\frac{1}{6}+\frac{2}{3}+\frac{1}{6}=1$, Mittelpunkt $f(\frac{\mu}{n})$ höher gewichtet). Daher nennt man $P_3^n f$ häufig *Quasi-Interpolierende* von f. Analog zu Satz 4.2.1 und Bemerkung 4.2.2 erhalten wir auch hier:

4.7.9 Satz

Für eine stetige Funktion $f : \mathbb{R} \to \mathbb{R}$ gilt

$$\lim_{n\to\infty} (P_3^n f)(x) = f(x) \quad \textit{für alle } x \in \mathbb{R} ,$$

wobei

$$P_3^n f := \sum_{\nu=-\infty}^{\infty} f\left(\frac{\nu}{n}\right) B_3^n \left(\cdot - \frac{\nu}{n}\right)$$

die Folge der kubischen Splines bezeichnet, welche f quasi-interpolieren.

Beweis. Es seien $x \in \mathbb{R}$ sowie $\varepsilon > 0$ beliebig gegeben. Da f stetig ist, existiert ein $\delta > 0$, so daß für alle $y \in [x - \delta, x + \delta]$ gilt: $|f(x) - f(y)| < \varepsilon$.

Sei nun weiterhin $n \in \mathbb{N}$ mit $n > \frac{3}{\delta}$ beliebig gegeben. Dann gibt es zunächst genau ein $k \in \mathbb{Z}$ mit $x \in [\frac{k}{n} - \frac{1}{2n}, \frac{k}{n} + \frac{1}{2n})$.

Wegen $|x - \frac{k}{n}| \leq \frac{1}{2n} < \delta$, $|x - \frac{k \pm 1}{n}| \leq \frac{3}{2n} < \delta$ und $|x - \frac{k \pm 2}{n}| \leq \frac{5}{2n} < \delta$ sowie

$$\sum_{\nu=-\infty}^{\infty} B_3^n \left(x - \frac{\nu}{n} \right) = \sum_{\nu=-\infty}^{\infty} B_3(nx - \nu + 2) = \sum_{\nu=k-2}^{k+2} B_3(nx - \nu + 2) = 1$$

folgt somit:

$$
\begin{aligned}
|f(x) - (P_3^n f)(x)| &= \left| \sum_{\nu=-\infty}^{\infty} \left(f(x) - f\left(\frac{\nu}{n} \right) \right) B_3^n \left(x - \frac{\nu}{n} \right) \right| \\
&\leq \sum_{\nu=k-2}^{k+2} \left| f(x) - f\left(\frac{\nu}{n} \right) \right| B_3(nx - \nu + 2) \\
&< \varepsilon \sum_{\nu=k-2}^{k+2} B_3(nx - \nu + 2) = \varepsilon \, .
\end{aligned}
$$

Insgesamt ist damit für alle $n \in \mathbb{N}$ mit $n > \frac{3}{\delta}$ gezeigt, daß

$$|f(x) - (P_3^n f)(x)| < \varepsilon$$

gilt, also, daß $(P_3^n f)(x)$ für $n \to \infty$ gegen $f(x)$ konvergiert. $\qquad \square$

4.8   Die Minimalkrümmungseigenschaft

Die interpolierenden kubischen Splines haben eine wichtige Minimaleigenschaft, auf die wir bei unserem einleitenden Beispiel des elastischen Kurvenlineals im Abschnitt 4.1 gestoßen waren. Wir betrachten alle möglichen zweimal stetig differenzierbaren Kurvenverläufe f durch den gegebenen Satz von Interpolationsdaten $(\nu, y_\nu)^T$, $\nu = 0, \ldots, k$, wobei die Funktionen f auch die Anfangsbedingungen

$$f'(0) = m_0 \, , \quad f'(k) = m_k \, ,$$

erfüllen mögen.

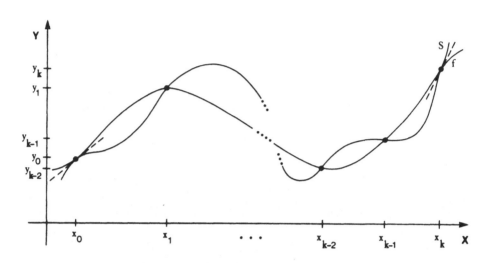

Abb. 4.24

Neben vielen anderen Funktionen verläuft auch der interpolierende kubische Spline S durch diese Punkte und erfüllt die Anfangsbedingungen. Wegen der Beziehung $f(x) = S(x) + [f(x) - S(x)]$ folgt dann

$$\int_0^k [f''(x)]^2 dx = \int_0^k [S''(x)]^2 dx + 2\int_0^k S''(x)[f''(x) - S''(x)]dx + \int_0^k [f''(x) - S''(x)]^2 dx \,.$$

Für den mittleren Summanden erhält man durch Aufspaltung des Integrals und anschließende partielle Integration

$$\int_0^k S''(x)[f''(x) - S''(x)]dx = \sum_{\nu=0}^{k-1} \int_\nu^{\nu+1} S''(x)[f''(x) - S''(x)]dx$$

$$= \sum_{\nu=0}^{k-1} \left\{ S''(x)[f'(x) - S'(x)] \Big|_\nu^{\nu+1} - \int_\nu^{\nu+1} S'''(x)[f'(x) - S'(x)]dx \right\}$$

$$= -\sum_{\nu=0}^{k-1} \int_\nu^{\nu+1} S'''(x)[f'(x) - S'(x)]dx \,,$$

da die Anfangsbedingungen

$$f'(0) - S'(0) = 0 = f'(k) - S'(k)$$

ergeben. In den Intervallen $[\nu, \nu + 1]$, $\nu = 0, \ldots, k - 1$, ist S''' jeweils konstant. Wegen $f(\nu) = S(\nu)$, $\nu = 0, \ldots, k$, folgt daher

$$\int_0^k S''(x)[f''(x) - S''(x)]dx = -\sum_{\nu=0}^{k-1} S'''(\nu) \int_\nu^{\nu+1} [f'(x) - S'(x)]dx$$

$$= -\sum_{\nu=0}^{k-1} S'''(\nu)[f(x) - S(x)] \Big|_{x=\nu}^{\nu+1} = 0 \,.$$

Wir erhalten somit

$$\int_0^k [f''(x)]^2 dx = \int_0^k [S''(x)]^2 dx + \int_0^k [f''(x) - S''(x)]^2 dx$$

und hieraus

$$\int_0^k [S''(x)]^2 dx \leq \int_0^k [f''(x)]^2 dx \ ,$$

wobei das Gleichheitszeichen nur dann eintritt, wenn

$$\int_0^k [f''(x) - S''(x)]^2 dx = 0$$

gilt. Dieses Integral verschwindet aus Stetigkeitsgründen nur, wenn

$$f''(x) - S''(x) = 0 \ \ \text{für} \ \ x \in [0, k]$$

gilt, d.h. f und S können sich höchstens um ein Polynom $p \in \Pi_1$ unterscheiden. Die Interpolationsbedingungen erzwingen dann $p = o$ (Nullpolynom). Wir fassen zusammen:

4.8.1 Satz

Für einen gegebenen Datensatz y_ν , $\nu = 0, \dots, k$, und gegebene Anfangssteigungen m_0 , m_k minimiert der interpolierende kubische Spline unter allen zweimal stetig differenzierbaren Funktionen das Integral über das Quadrat der zweiten Ableitung:

$$\int_0^k [S''(x)]^2 dx = \min_{f \in M} \left(\int_0^k [f''(x)]^2 dx \right) \ ,$$

wobei

$$M := \left\{ f \in C^2[0, k] \ | \ f(\nu) = y_\nu \ , \ \ \nu = 0, \dots, k \ , \ \ f'(0) = m_0 \ , \ \ f'(k) = m_k \right\}$$

sei.

Man bezeichnet dies als die *Minimalkrümmungseigenschaft* der interpolierenden kubischen Splines, da $\int_0^k [f''(x)]^2 dx$ eine gute Näherung für die mittlere Krümmung $\kappa(f)$ einer Funktion f darstellt, wie wir bereits in der Einleitung zu diesem Kapitel erwähnt haben.

4.9 Kubische Spline-Kurven und das Prinzip eines Zeichengenerators

Kubische Splines spielen eine große Rolle bei der Modellierung von Kurven und Flächen. Bisher haben wir uns auf die näherungsweise Darstellung von Funktionsgraphen mit Hilfe von Splines beschränkt. In den Anwendungen liegt aber oft der allgemeinere Fall vor, daß eine Kurve - also eine geometrische Figur, die auch

Überschneidungen oder "übereinanderliegende" Äste haben kann – zu approximieren ist. Auf dieses Problem stößt man nicht nur als Anwender, z.B. als Architekt oder Ingenieur, sondern auch in der Informatik selbst, wenn man für ein Graphik-Programm spezielle Zeichen, z.B. " & ", welche nicht hardwaremäßig auf der Ausgabeseite verfügbar sind, generieren muß. Man kann solche Zeichen pixelweise abspeichern oder aber oft günstiger durch eine Routine interpolatorisch aus wenigen gespeicherten Daten berechnen lassen. Die zweite Variante ist sehr flexibel gegenüber Maßstabsänderungen, perspektivischen Veränderungen und Anpassungen an die Schriftgröße und den Schrifttyp, z.B. kursiv. Wir befassen uns dabei aber "nur" mit dem Problem, die Form eines Zeichens zu gewinnen, wenn man es idealisiert als gekrümmten Faden ohne Strichdicke betrachtet. Die für die kalligraphische Gestaltung wichtige Frage, wie man die Strichbreite dem Zeichen entlang variabel wählt, lassen wir außer Betracht. Daß auch dies erheblichen Aufwand kosten kann, zeigt ein genauerer Blick auf die Zeichen dieses Textes, die mit den TEX- und LATEX-Systemen gestaltet wurden.

Wir beginnen mit einem kurzen Abriß über *Parameterdarstellungen von ebenen Kurven*, die für das Verständnis unseres Problems unerläßlich sind. Es geht dabei darum, eine Punktmenge, mit der man anschaulich die Vorstellung einer Kurve oder mehrerer Kurvenbögen verbindet, in eindeutiger Weise als "Funktion" eines Intervalls zu beschreiben. Dabei sollten wichtige Begriffsbildungen der Analysis (Stetigkeit, Differenzierbarkeit) anwendbar werden, um so auch die Glattheit einer Kurve mit Hilfe der Differentialrechnung beschreiben zu können. Bekanntlich kann man vom Einheitskreis

$$E := \left\{ \begin{pmatrix} x \\ y \end{pmatrix} \in \mathbb{R}^2 \mid x^2 + y^2 = 1 \right\}$$

der $\begin{pmatrix} x \\ y \end{pmatrix}$-Ebene nur gewisse Teile als Funktionsgraphen auffassen, so z.B. die untere bzw. obere Hälfte durch

$$y(x) = -\sqrt{1 - x^2} \quad \text{bzw.} \quad y(x) = \sqrt{1 - x^2} \,,$$

während man die linke bzw. rechte Hälfte durch

$$x(y) = -\sqrt{1 - y^2} \quad \text{bzw.} \quad x(y) = \sqrt{1 - y^2}$$

darstellen kann.

Eine "geschlossene" analytische Darstellung des Einheitskreises erhält man durch

$$x(t) = \cos t \,, \quad y(t) = \sin t \quad \text{für} \quad 0 \le t < 2\pi \,.$$

Man stellt dabei jede der Koordinaten x und y als Funktion eines reellen Parameters t dar, der das Intervall $[0, 2\pi)$ durchläuft. Der Einheitskreis erhält dadurch in natürlicher Weise eine *Orientierung*: Ein Punkt $P_1 := \begin{pmatrix} \cos t_1 \\ \sin t_1 \end{pmatrix}$ liegt *vor* $P_2 := \begin{pmatrix} \cos t_2 \\ \sin t_2 \end{pmatrix}$, wenn $t_1 < t_2$ gilt.

Den Verlauf des Einheitskreises hält man intuitiv für "glatt", was sich auch darin widerspiegelt, daß beide Komponentenfunktionen $x(t) = \cos t$, $y(t) = \sin t$, beliebig oft differenzierbar sind. Mit dem Begriff einer zumindest "stückweise glatten" Kurve wird man aber auch die Schnittkurve durch ein "gefülltes Eishörnchen" verbinden.

4.9.1 Beispiel

Für die in Abb. 4.25 dargestellte Kurve, die aus einem Halbkreis und zwei Strecken besteht, kann man folgende Parametrisierung wählen:

$$x(t) = \begin{cases} \cos t & , \text{ falls } 0 \leq t < \pi , \\ \dfrac{2}{\pi}(t - \dfrac{3}{2}\pi) & , \text{ falls } \pi \leq t < 2\pi , \end{cases}$$

$$y(t) = \begin{cases} \sin t & , \text{ falls } 0 \leq t < \pi , \\ \dfrac{6}{\pi}(\pi - t) & , \text{ falls } \pi \leq t < \dfrac{3}{2}\pi , \\ \dfrac{6}{\pi}(t - 2\pi) & , \text{ falls } \dfrac{3}{2}\pi \leq t < 2\pi . \end{cases}$$

Man sieht, daß beide Komponentenfunktionen im Intervall $[0, 2\pi)$ zwar stetig sind; aber an den Nahtstellen $\begin{pmatrix} 1 \\ 0 \end{pmatrix}$, $\begin{pmatrix} -1 \\ 0 \end{pmatrix}$, $\begin{pmatrix} 0 \\ -3 \end{pmatrix}$ ist jeweils mindestens eine von beiden nicht differenzierbar. So entsteht der Eindruck einer stetigen, aber nur stückweise glatten Kurve.

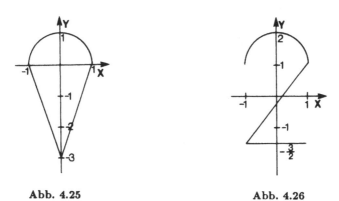

Abb. 4.25   **Abb. 4.26**

4.9.2 Aufgabe

Man gebe eine Parameterdarstellung der in Abb. 4.26 dargestellten Kurve an, die aus einem Halbkreis und zwei Strecken besteht und mit etwas gutem Willen als Approximation für die Ziffer "2" angesehen werden kann.

Physikalisch kann man t als die Zeit interpretieren und den Punkt $\begin{pmatrix} x(t) \\ y(t) \end{pmatrix}$ als den Ort in der Ebene, an dem sich ein Teilchen zum Zeitpunkt t befindet. Dann ist die zugehörige Kurve

$$K := \left\{ \begin{pmatrix} x(t) \\ y(t) \end{pmatrix} \mid a \leq t \leq b \right\} \subset \mathbb{R}^2$$

die Bahn (Orbit) des Teilchens, welche dieses in der Zeitspanne von $t = a$ bis $t = b$ durchläuft.

Man macht sich an den bisher behandelten Beispielen leicht klar, daß man dieselbe Kurve, als geometrische Figur betrachtet, auf verschiedene Weise parametrisiert darstellen kann. Wir gehen nicht auf die Frage ein, wann zwei Parametrisierungen dieselbe Kurve darstellen. Wir werden immer annehmen, daß wir für eine
gegebene Kurve eine Parameterdarstellung kennen, an der wir dann festhalten werden.

Es hat sich eingebürgert, die Ableitung nach der Variablen t – als Zeit inter-
pretiert – durch einen Punkt zu kennzeichnen, also

$$\dot{x}(t) := \frac{d}{dt}x(t) , \quad \dot{y}(t) := \frac{d}{dt}y(t) .$$

Aus einem hier nicht näher zu erörternden Grund läßt man nur Parametrisierungen
zu, für die

$$(\dot{x}(t))^2 + (\dot{y}(t))^2 > 0$$

gilt.

4.9.3   Definition

Gegeben seien ein Intervall $[a, b] \subset \mathbb{R}$ und eine Zerlegung $a = \xi_0 < \xi_1 < \ldots < \xi_n = b$
dieses Intervalls in $n \geq 1$ Teilintervalle $I_\nu := [\xi_\nu, \xi_{\nu+1}]$, $\nu = 0, \ldots, n - 1$, sowie zwei
stetige Funktionen

$$x : [a, b] \longrightarrow \mathbb{R}, \quad y : [a, b] \longrightarrow \mathbb{R} ,$$

die in I_ν, $\nu = 0, \ldots, n - 1$, stetig differenzierbar seien (in ξ_ν, $\nu = 0, \ldots, n$,
mindestens einseitig). Es gelte

$$(\dot{x}(t))^2 + (\dot{y}(t))^2 > 0 \quad \text{für } t \in [a, b] .$$

Dann bezeichnet man die Punktmenge

$$K := \left\{ \begin{pmatrix} x(t) \\ y(t) \end{pmatrix} \mid a \leq t \leq b \right\}$$

als *stückweise glatte (ebene) Kurve* mit dem *Anfangspunkt* $A := \begin{pmatrix} x(a) \\ y(a) \end{pmatrix}$ und dem

Endpunkt $E := \begin{pmatrix} x(b) \\ y(b) \end{pmatrix}$. Falls Anfangs- und Endpunkt übereinstimmen, nennt man
K *geschlossen*.

Man beachte, daß hier zugelassen ist, daß Teile der Kurve K oder ganz K
mehrfach durchlaufen werden. Die durch die Parameterdarstellung gegebene Zuordnung $[a, b] \longrightarrow K$ ist also i.a. nur surjektiv.

Die in diesem Kapitel entwickelte Bézier- und B-Spline-Technik übertragen wir
nun auf ebene Kurven, indem wir beide Komponentenfunktionen x und y mit
diesen Techniken approximieren. Dabei können wir annehmen, daß das Paramete-
rintervall $[a, b]$ mit dem Intervall $[0, k]$ für geeignetes $k \in \mathbb{N}$ zusammenfällt, da
eine affine Änderung $\tilde{t} = ct + d$, $c \neq 0$, des Parameters vorgenommen werden darf,
wie man mit Hilfe der Kettenregel leicht verifiziert.

Eine gegebene Kurve

$$K := \left\{ \begin{pmatrix} x(t) \\ y(t) \end{pmatrix} \mid 0 \leq t \leq k \right\} \subset \mathbb{R}^2$$

approximieren wir interpolatorisch mit Hilfe von kubischen Splines. Nach Satz 4.7.3 gibt es zu vorgegebenen Anfangssteigungen m_{0x}, m_{kx}, m_{0y}, m_{ky} zwei eindeutig bestimmte kubische Splines S_x, S_y auf dem Intervall $[0, k]$ mit

$$S_x(\mu) = x(\mu) \ , \qquad \mu = 0, \ldots, k,$$
$$\dot{S}_x(0) = m_{0x} \ , \qquad \dot{S}_x(k) = m_{kx} \ ,$$

$$S_y(\mu) = y(\mu) \ , \qquad \mu = 0, \ldots, k,$$
$$\dot{S}_y(0) = m_{0y} \ , \qquad \dot{S}_y(k) = m_{ky} \ .$$

Es empfiehlt sich,

$$m_{0x} := \dot{x}(a) \ , \qquad m_{kx} := \dot{x}(b) \ ,$$
$$m_{0y} := \dot{y}(a) \ , \qquad m_{ky} := \dot{y}(b)$$

zu wählen. Dabei lassen sich S_x, S_y mit Hilfe geshifteter B-Splines in der Form

$$S_x = \sum_{\nu=-1}^{k+1} \alpha_{\nu x} B_{\nu 3} \ , \qquad S_y = \sum_{\nu=-1}^{k+1} \alpha_{\nu y} B_{\nu 3}$$

darstellen, wobei $\alpha_{\nu x}$, $\alpha_{\nu y}$ sich jeweils als Lösung eines tridiagonalen linearen Gleichungssystems ergeben. Die kubischen Splines S_x, S_y erzeugen eine *Spline-Kurve*

$$K_S := \left\{ \begin{pmatrix} S_x(t) \\ S_y(t) \end{pmatrix} \mid 0 \leq t \leq k \right\} \ ,$$

die eine Approximation an die Ausgangskurve K darstellt und mit dieser in den Punkten $\begin{pmatrix} x(\mu) \\ y(\mu) \end{pmatrix}$, $\mu = 0, \ldots, k$, sowie in den Anfangs- und Endsteigungen $\dot{x}(a)$, $\dot{x}(b)$, $\dot{y}(a)$, $\dot{y}(b)$ übereinstimmt.

Da ein Punkt P auf der Spline-Kurve K_S sich darstellen läßt gemäß

$$P = \begin{pmatrix} S_x(t) \\ S_y(t) \end{pmatrix} = \sum_{\nu=-1}^{k+1} \begin{pmatrix} \alpha_{\nu x} \\ \alpha_{\nu y} \end{pmatrix} B_{\nu 3}(t)$$

für ein geeignetes $t \in [0, k]$ und $B_{\nu 3}(t) \geq 0$, $\sum_{\nu=-1}^{k+1} B_{\nu 3}(t) = 1$ gilt, ist P eine Konvexkombination der Punkte $\begin{pmatrix} \alpha_{\nu x} \\ \alpha_{\nu y} \end{pmatrix}$, $\nu = -1, \ldots, k+1$; P liegt also in der konvexen Hülle dieser sogenannten *de Boor-Punkte* $\begin{pmatrix} \alpha_{\nu x} \\ \alpha_{\nu y} \end{pmatrix} \in \mathbb{R}^2$, $\nu = -1, \ldots, k+1$. Das sie verbindende Polygon wird *de Boor-Polygon* genannt. Die gerade formulierte Einschließung läßt sich wie beim Satz 4.7.6 verschärfen: Für $t \in [\mu, \mu+1]$,

$\mu \in \{0, \ldots, k-1\}$ liegt P bereits in der konvexen Hülle C_μ der vier de Boor-Punkte $\begin{pmatrix} \alpha_{\nu x} \\ \alpha_{\nu y} \end{pmatrix}$, $\nu = \mu - 1, \ldots, \mu + 2$, und für $t \in [0, k]$ entsprechend in der Vereinigung der C_μ, $\mu = 0, \ldots, k-1$.

4.9.4 Beispiel

Wir betrachten den Einheitskreis mit der Parameterdarstellung

$$K := \left\{ \begin{pmatrix} \cos \dfrac{\pi}{2} t \\ \sin \dfrac{\pi}{2} t \end{pmatrix} \mid 0 \le t \le 4 \right\} .$$

Die fünf Punkte $\begin{pmatrix} 1 \\ 0 \end{pmatrix}, \begin{pmatrix} 0 \\ 1 \end{pmatrix}, \begin{pmatrix} -1 \\ 0 \end{pmatrix}, \begin{pmatrix} 0 \\ -1 \end{pmatrix}, \begin{pmatrix} 1 \\ 0 \end{pmatrix}$ und die Anfangs- und Endsteigungen

$$m_{0x} = m_{4x} = 0, \ m_{0y} = m_{4y} = 1$$

ergeben die beiden linearen Gleichungssysteme

$$\begin{pmatrix} 2 & 1 & & & \\ 1 & 4 & 1 & & \\ & 1 & 4 & 1 & \\ & & 1 & 4 & 1 \\ & & & 1 & 2 \end{pmatrix} \begin{pmatrix} \alpha_{0x} \\ \alpha_{1x} \\ \alpha_{2x} \\ \alpha_{3x} \\ \alpha_{4x} \end{pmatrix} = \begin{pmatrix} 3 \\ 0 \\ -6 \\ 0 \\ 3 \end{pmatrix} ,$$

$$\begin{pmatrix} 2 & 1 & & & \\ 1 & 4 & 1 & & \\ & 1 & 4 & 1 & \\ & & 1 & 4 & 1 \\ & & & 1 & 2 \end{pmatrix} \begin{pmatrix} \alpha_{0y} \\ \alpha_{1y} \\ \alpha_{2y} \\ \alpha_{3y} \\ \alpha_{4y} \end{pmatrix} = \begin{pmatrix} 1 \\ 6 \\ 0 \\ -6 \\ -1 \end{pmatrix}$$

mit den Lösungen

$$\begin{array}{llll} \alpha_{0x} &= -\alpha_{2x} = \alpha_{4x} = \dfrac{3}{2} , & \alpha_{1x} &= \alpha_{3x} = 0, \\[2mm] \alpha_{0y} &= -\alpha_{4y} = -\dfrac{2}{7} , & \alpha_{1y} &= -\alpha_{3y} = \dfrac{11}{7} , \\[2mm] \alpha_{2y} &= 0 . \end{array}$$

Weiter gilt

$$\begin{array}{ll} \alpha_{-1x} = \alpha_{1x} = 0 , & \alpha_{5x} = \alpha_{3x} = 0 , \\[2mm] \alpha_{-1y} = -2 + \alpha_{1y} = -\dfrac{3}{7} , & \alpha_{5y} = 2 + \alpha_{3y} = \dfrac{3}{7} . \end{array}$$

Insgesamt folgt

$$\begin{aligned} S_x &= \tfrac{3}{2} B_{03} - \tfrac{3}{2} B_{23} + \tfrac{3}{2} B_{43} , \\ S_y &= -\tfrac{3}{7} B_{-13} - \tfrac{2}{7} B_{03} + \tfrac{11}{7} B_{13} - \tfrac{11}{7} B_{33} + \tfrac{2}{7} B_{43} + \tfrac{3}{7} B_{53} , \end{aligned}$$

und wir erhalten

$$\begin{aligned} \begin{pmatrix} S_x \\ S_y \end{pmatrix} &= \begin{pmatrix} 0 \\ -\tfrac{3}{7} \end{pmatrix} B_{-13} + \begin{pmatrix} \tfrac{3}{2} \\ -\tfrac{2}{7} \end{pmatrix} B_{03} + \begin{pmatrix} 0 \\ \tfrac{11}{7} \end{pmatrix} B_{13} + \\ &\quad + \begin{pmatrix} -\tfrac{3}{2} \\ 0 \end{pmatrix} B_{23} + \begin{pmatrix} 0 \\ -\tfrac{11}{7} \end{pmatrix} B_{33} + \begin{pmatrix} \tfrac{3}{2} \\ \tfrac{2}{7} \end{pmatrix} B_{43} + \begin{pmatrix} 0 \\ \tfrac{3}{7} \end{pmatrix} B_{54} . \end{aligned}$$

In Abb. 4.27 sind K, K_S und das de Boor-Polygon gezeichnet. Man stellt eine gute Approximation von K durch K_S trotz der wenigen Interpolationspunkte fest. (Die Approximationsgüte ließe sich in der Nähe des Punktes $(1,0)^T$ durch eine stärkere Berücksichtigung der Periodizität verbessern.)

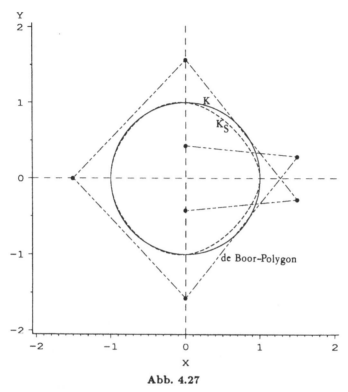

Abb. 4.27

Bisher waren wir davon ausgegangen, daß eine Kurve K durch eine Parameterdarstellung gegeben ist. Die äquidistante Auswahl der Interpolationspunkte konnte dann problemlos mit Hilfe der Parametrisierung vorgenommen werden. Zum Schluß wollen wir nun auf den in der Praxis ebenso wichtigen Fall eingehen, daß eine Kurve gezeichnet vorliegt und wir keine Parameterdarstellung kennen. Wie kommt man in diesem Fall zu einer äquidistanten Wahl von Interpolationspunkten? Zunächst "bettet" man die Kurve in ein kartesisches Koordinatensystem mit geeignetem Maßstab ein. Man kann zeigen, daß für jede stückweise glatte Kurve die *Bogenlänge* eine mögliche Parametrisierung ist. Eine günstige Wahl der Interpolationspunkte erhält man, indem man sie äquidistant, der Kurve entlang gemessen, verteilt. Um zu geeigneten Anfangs- und Endsteigungen zu kommen, zeichnet man die Tangente am Anfangs- und Endpunkt in Richtung der Kurve und wählt die Länge des Tangentenvektors etwa so groß wie den Abstand zweier Interpolationspunkte. Dann ergeben die Komponenten des Tangentenvektors die Steigungen m_{0x}, m_{0y} bzw. m_{kx}, m_{ky}. Damit haben wir insgesamt das *Prinzip eines Zeichengenerators* entwickelt:

- Einbettung der Kurve in ein kartesisches Koordinatensystem bei Wahl eines geeigneten Maßstabs.

- Äquidistante Verteilung (der Kurve entlang gemessen) von $k+1$ Punkten P_ν bei geeigneter Wahl von k. (Für eine Genauigkeit im Rahmen der Bildschirmauflösung von 640×320 Pixels reicht bei nicht zu starker Welligkeit der Kurve ein Wert von $k \approx 20$ aus.)

- Abtastung der Koordinaten von P_ν, $\nu = 0, \ldots, k$.

- Entnahme von Näherungswerten für die Anfangs- und Endsteigungen.

- Berechnung der kubischen B-Spline-Kurve, welche diese Punkte und Steigungen interpoliert.

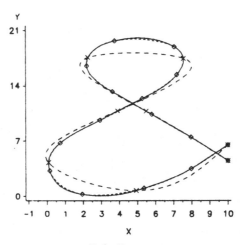

Abb. 4.28. Generierung des Zeichens " $\&$ " (durchgezogene Linie) durch verschiedene interpolatorische B-Spline-Kurven: – – – : 7 äquidistante Stützstellen,

– - – - – : 15 äquidistante Stützstellen (der Kurve entlang gemessen)

4.10 Tensorierung und kubische Spline-Flächen

Die Vorgehensweise, die wir bei der Approximation von Funktionen einer Veränderlichen und von ebenen Kurven mit Hilfe von Splines bzw. Spline-Kurven gewählt haben, läßt sich auf höhere Dimensionen übertragen. Splines spielen auch bei der Darstellung von Flächen eine zentrale Rolle, so bei der Visualisierung von dreidimensionalen Gebilden in Graphikprogrammen (CAD im Automobilbau, Bildverarbeitung in der Medizin, Animation im Trickfilmbereich, Steuerung von CNC-Werkzeugmaschinen). Ein bewährtes Konzept, eindimensionale Strategien erfolgreich auf höhere Dimensionen zu übertragen, besteht darin, Produkte von eindimensionalen Grundfunktionen zu verwenden. Man bezeichnet diese Vorgehensweise als *Tensorierung*.

Wir gehen zunächst von dem Problem aus, den Graphen einer Funktion $f : Q_k \longrightarrow \mathbb{R}$, wobei

$$Q_k := \left\{ (x,y)^T \in \mathbb{R}^2 \mid 0 \leq x, y \leq k \right\}$$

ein Quadrat mit der Seitenlänge $k \in \mathbb{N}$ bezeichnet, durch einfachere Funktionen zu approximieren.

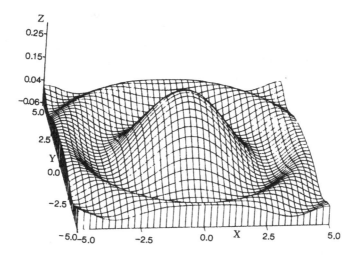

Abb. 4.29. Graph von $f(x,y) := \dfrac{\cos\left(\dfrac{x^2+y^2}{4}\right)}{x^2+y^2+4}$

Durch Produktbildung der eindimensionalen Dachfunktion B_1,

$$B_1(t) = \begin{cases} 1+t & \text{, falls } -1 \le t < 0\,, \\ 1-t & \text{, falls } 0 \le t \le 1\,, \\ 0 & \text{, falls } t \in \mathbb{R} \setminus [-1,1]\,, \end{cases}$$

mit sich selbst gemäß

$$D_{11}(x,y) := B_1(x)B_1(y)\,, \quad (x,y)^T \in \mathbb{R}^2\,,$$

erhält man einen sehr einfachen Typ einer auf $\mathbb{R}^2$ stetigen Grundfunktion D_{11}, wobei von Null verschiedene Werte nur für $-1 < x, y < 1$ auftreten.

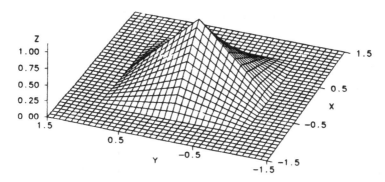

Abb. 4.30. Graph von D_{11}

Hält man eine Variable fest, so ist D_{11} als Funktion der jeweils anderen Variablen stückweise linear. Der Graph von D_{11} hat also das Aussehen einer auf die (x,y)-Ebene aufgesetzten vierflächigen Pyramide mit Spitze über dem Nullpunkt. Allerdings sind die Seitenflächen nicht eben, wie man vielleicht erwarten würde, sondern sattelförmig gekrümmt.

Durch Linearkombination der Translate von D_{11} erhält man *bilineare Splines* S_{11} gemäß

$$S_{11}(x,y) := \sum_{i \in \mathbb{Z}} \sum_{j \in \mathbb{Z}} \alpha_{ij} D_{11}(x-i, y-j) , \quad \alpha_{ij} \in \mathbb{R} .$$

Da für jeden Punkt $(x,y)^T \in \mathbb{R}^2$ jeweils höchstens vier Summanden der Doppelreihe von Null verschieden sind, treten keine Konvergenzprobleme auf. Wählt man speziell $\alpha_{ij} := f(i,j)$, $i,j \in \mathbb{Z}$, so erhält man den offensichtlich eindeutig bestimmten bilinearen Interpolationsspline für die Daten $f(i,j)$, $(i,j)^T \in \mathbb{Z} \times \mathbb{Z}$. Wenn wir, wie zu Beginn dieses Abschnitts geschildert, auf einem Quadrat Q_k interpolieren wollen, so brechen wir die Summation entsprechend ab.

4.10.1 Satz

Zu den Daten f_{ij}, $0 \le i,j \le k$, $k \in \mathbb{N}$, existiert ein eindeutig bestimmter bilinearer Spline S_{11} mit

$$S_{11}(i,j) = f_{ij} , \quad 0 \le i,j \le k ;$$

S_{11} *hat die Darstellung*

$$S_{11}(x,y) = \sum_{i=0}^{k} \sum_{j=0}^{k} f_{ij} D_{11}(x-i, y-j) , \qquad (x,y)^T \in \mathbb{R}^2 .$$

Die Tensorierungsmethode wird oft angewendet, da sie es gestattet, eine erfolgreiche eindimensionale Strategie problemlos auf höhere Dimensionen zu übertragen.

4.10.2 Satz

Ist das Interpolationsproblem

$$\sum_{\nu=0}^{n} \alpha_\nu \sigma_\nu(k) = f_k , \qquad k = 0, \ldots, n ,$$

für jeden Datensatz $(f_k)_{k=0,\ldots,n} \in \mathbb{R}^{n+1}$ eindeutig lösbar, so hat auch das durch Tensorierung gewonnene Problem

$$\sum_{\nu=0}^{n} \sum_{\mu=0}^{n} \alpha_{\nu\mu} D_{\nu\mu}(k,l) = f_{kl} , \quad k = 0, \ldots, n , \quad l = 0, \ldots, n ,$$

mit

$$D_{\nu\mu}(x,y) := \sigma_\nu(x)\sigma_\mu(y) , \quad \nu = 0, \ldots, n , \quad \mu = 0, \ldots, n ,$$

für jeden Datensatz $(f_{kl})_{\substack{k=0,\ldots,n \\ l=0,\ldots,n}} \in \mathbb{R}^{n+1} \times \mathbb{R}^{n+1}$ eine eindeutig bestimmte Lösung.

Beweis. Wegen der Produktform von $D_{\nu\mu}$ folgt

$$\sum_{\nu=0}^{n}\sum_{\mu=0}^{n}\alpha_{\nu\mu}D_{\nu\mu}(k,l) = \sum_{\nu=0}^{n}\left(\sum_{\mu=0}^{n}\alpha_{\nu\mu}\sigma_\mu(l)\right)\sigma_\nu(k)\;.$$

Setzt man

$$\tau_{\nu l} := \sum_{\mu=0}^{n}\alpha_{\nu\mu}\sigma_\mu(l),\;\; \nu = 0,\ldots,n\;,\;\; l = 0,\ldots,n\;,$$

so kann man die gesuchten Koeffizienten $\alpha_{\nu\mu}$, $\nu,\mu = 0,\ldots,n$, erhalten, indem man nacheinander die $2n+2$ eindimensionalen, nach Voraussetzung eindeutig lösbaren Interpolationsprobleme

$$\sum_{\nu=0}^{n}\tau_{\nu l}\sigma_\nu(k) = f_{kl}\;,\;\; k = 0,\ldots,n\;,\;\; l = 0,\ldots,n\;,$$

und

$$\sum_{\mu=0}^{n}\alpha_{\nu\mu}\sigma_\mu(l) = \tau_{\nu l}\;,\;\; l = 0,\ldots,n\;,\;\; \nu = 0,\ldots,n\;,$$

löst.   □

4.10.3 Bemerkungen

(1) Die Beweisführung von Satz 4.10.2 zeigt, daß die Knotenzahl nicht endlich zu sein braucht. Man kann also auch die kardinale Interpolation tensorieren gemäß

$$\sum_{\nu\in\mathbb{Z}}\sum_{\mu\in\mathbb{Z}}\alpha_{\nu\mu}D_{\nu\mu}(k,l) = f_{kl}\;,\;\; (k,l)^T \in \mathbb{Z}\times\mathbb{Z}\;,$$

wobei

$$D_{\nu\mu}(x,y) := \sigma_\nu(x)\sigma_\mu(y)$$

gelte und das kardinale Problem

$$\sum_{\nu\in\mathbb{Z}}\alpha_\nu\sigma_\nu(k) = f_k\;,\;\; k\in\mathbb{Z}\;,$$

stets eindeutig lösbar sei.

(2) Man beachte, daß das ursprüngliche lineare Gleichungssystem für $\alpha_{\nu\mu}$, $\nu,\mu = 0,\ldots,n$, insgesamt $(n+1)^2$ Unbekannte enthält, also eine Koeffizientenmatrix von ebensoviel Zeilen und Spalten und $(n+1)^4$ Elementen erzeugt. Durch die Tensorierungsstrategie kann man die Problemgröße entscheidend reduzieren: Man hat $2n+2$ Systeme in jeweils $n+1$ Unbekannten vorliegen, die jeweils Koeffizientenmatrizen mit "nur" $(n+1)^2$ Elementen erzeugen.

Wir kehren nun zum Problem der genäherten Flächendarstellung zurück. Wenn f eine glatte Funktion ist – etwa ein Stück eines Kotflügels, der Oberfläche eines Flugzeugtragflügels oder eines Waschbeckens, um nur einige Anwendungsgebiete zu nennen – so wird man mit der Approximation durch bilineare Interpolationssplines nicht zufrieden sein, da die approximierende Fläche Kanten und Spitzen aufweist. Man wird deshalb Produkte von glatteren eindimensionalen Grundfunktionen verwenden. Bewährt haben sich die durch Tensorierung gewonnenen bikubischen Splines D_{33} mit

$$D_{33}(x,y) := B_{03}(x)B_{03}(y) , \quad (x,y)^T \in \mathbb{R}^2 ,$$

wobei B_{03} den kubischen B-Spline mit Anschlußstellen $-2, -1, 0, 1, 2$ und den speziellen Werten

$$B_{03}(j) = \begin{cases} \frac{2}{3} & , \quad j = 0 , \\ \frac{1}{6} & , \quad |j| = 1 , \end{cases}$$

bezeichnet. D_{33} verschwindet außerhalb des Quadrates $[-2,2] \times [-2,2]$, und es gilt

$$D_{33}(i,j) = \begin{cases} \frac{1}{36} & , \quad |i| = |j| = 1 , \\ \frac{1}{9} & , \quad |i| = 1 , \quad j = 0 , \\ \frac{1}{9} & , \quad i = 0 , \quad |j| = 1 , \\ \frac{4}{9} & , \quad i = j = 0 . \end{cases}$$

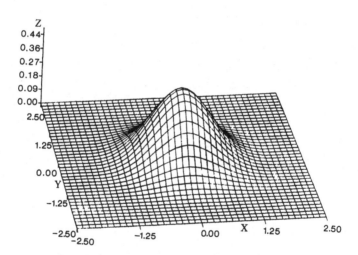

Abb. 4.31. Graph von D_{33}

Mit Hilfe von D_{33} und Shift in beide Koordinatenrichtungen bilden wir nun *bikubische Splines* S_{33} gemäß

$$S_{33}(x,y) := \sum_{\nu \in \mathbb{Z}} \sum_{\mu \in \mathbb{Z}} \alpha_{\nu\mu} D_{33}(x - \nu, y - \mu) , \quad \alpha_{\nu\mu} \in \mathbb{R} .$$

Für jeden Punkt $(x,y)^T \in \mathbb{R}^2$ sind höchstens 16 Summanden von Null verschieden, so daß keine Konvergenzprobleme auftreten.

4.10.4   Bemerkung

Falls wir die Interpolation oder Approximation auf einem Quadrat $Q_k = [0, k] \times [0, k]$ zum Ziel haben, können wir entsprechend Satz 4.7.3 oder Satz 4.7.5 vorgehen. Die Tensorierung der Spline-Interpolation mit Berücksichtigung von Randableitungen führt auf ein technisch schwierigeres Problem, dessen Lösung wir im Satz 4.10.6 ohne Beweis angeben werden. Wesentlich einfacher, allerdings unter Inkaufnahme von schlechteren Approximationseigenschaften, ist es, das Interpolationsproblem

$$S = \sum_{\nu=0}^{k} \alpha_\nu B_{\nu 3} \,,$$

$$S(\mu) = f_\mu \,, \quad \mu = 0, \ldots, k \,,$$

entsprechend Satz 4.7.5 zu tensorieren. Dies führt auf das Interpolationsproblem

$$S_{33} = \sum_{\nu=0}^{k} \sum_{\mu=0}^{k} \alpha_{\nu\mu} B_{\nu 3} B_{\mu 3} \,,$$

$$S_{33}(i, j) = f_{ij} \,, \quad i, j = 0, \ldots, k \,.$$

Hier ist Satz 4.10.2 direkt anwendbar. Man erhält so:

4.10.5   Satz

(1) Zu vorgegebenen Daten f_{ij}, $i, j = 0, \ldots, k$, gibt es genau einen bikubischen Spline S_{33} der Gestalt

$$S_{33}(x, y) = \sum_{\nu=0}^{k} \sum_{\mu=0}^{k} \alpha_{\nu\mu} B_{\nu 3}(x) B_{\mu 3}(y) \,,$$

der diese Daten an den Stellen $t_{ij} = (i, j)$ interpoliert, d.h. mit

$$S_{33}(i, j) = f_{ij} \,, \quad i, j = 0, \ldots, k \,.$$

(2) Die Koeffizienten $\alpha_{\nu\mu}$, $\nu, \mu = 0, \ldots, k$, erhält man dadurch, daß man nacheinander die folgenden $2k + 2$ linearen Gleichungssysteme löst:
  Für $j = 0, \ldots, k$ löse

$$\sum_{\nu=0}^{k} \tau_{\nu j} B_{\nu 3}(i) = f_{ij} \,, \quad i = 0, \ldots, k \,.$$

Für $\nu = 0, \ldots, k$ löse

$$\sum_{\mu=0}^{k} \alpha_{\nu\mu} B_{\mu 3}(j) = \tau_{\nu j} \,, \quad j = 0, \ldots, k \,.$$

(3) Die in (2) auftretenden linearen Gleichungssysteme haben die äquivalente Form:

Für $j = 0, \ldots, k$ löse

$$
\begin{pmatrix}
4 & 1 & & & & \Large 0 \\
1 & 4 & 1 & & & \\
& \ddots & \ddots & \ddots & & \\
& & & 1 & 4 & 1 \\
\Large 0 & & & & 1 & 4
\end{pmatrix}
\begin{pmatrix}
\tau_{0j} \\
\tau_{1j} \\
\vdots \\
\tau_{k-1\,j} \\
\tau_{kj}
\end{pmatrix}
= 6
\begin{pmatrix}
f_{0j} \\
f_{1j} \\
\vdots \\
f_{k-1\,j} \\
f_{kj}
\end{pmatrix} .
$$

Für $\nu = 0, \ldots, k$ löse

$$
\begin{pmatrix}
4 & 1 & & & & \Large 0 \\
1 & 4 & 1 & & & \\
& \ddots & \ddots & \ddots & & \\
& & & 1 & 4 & 1 \\
\Large 0 & & & & 1 & 4
\end{pmatrix}
\begin{pmatrix}
\alpha_{\nu 0} \\
\alpha_{\nu 1} \\
\vdots \\
\alpha_{\nu\, k-1} \\
\alpha_{\nu k}
\end{pmatrix}
= 6
\begin{pmatrix}
\tau_{\nu 0} \\
\tau_{\nu 1} \\
\vdots \\
\tau_{\nu\, k-1} \\
\tau_{\nu k}
\end{pmatrix} .
$$

Die im folgenden zu behandelnden Beispiele zeigen, daß die Tensorierung mit Berücksichtigung von Randsteigungen der eben ausgeführten Vorgehensweise weit überlegen ist. In der Praxis wird man deshalb nach Möglichkeit Randsteigungen verwenden.

Falls wir das eindimensionale Interpolationsproblem unter Berücksichtigung von Randableitungen entsprechend Satz 4.7.3 tensorieren wollen, müssen wir erst klären, welche Daten beim tensorierten Problem vorgeschrieben werden. Zusätzlich zu den Werten f_{ij}, $0 \le i, j \le n$, wird man gewisse partielle Ableitungen in den Knoten, welche auf dem Rand von Q_k liegen, vorschreiben, also die Werte

$$
\frac{\partial}{\partial x} S_{33}(i, j) \quad \text{für} \quad i = 0, \quad j = 0, \ldots, k\,,
$$
$$
i = n, \quad j = 0, \ldots, k\,,
$$

sowie

$$
\frac{\partial}{\partial y} S_{33}(i, j) \quad \text{für} \quad j = 0, \quad i = 0, \ldots, k\,,
$$
$$
j = k, \quad i = 0, \ldots, k\,.
$$

Damit sind $(k+1)^2$ Funktionswerte und $4(k+1)$ Ableitungswerte vorgeschrieben, also insgesamt $k^2 + 6k + 5$ Werte. Dies sind aber weniger als die Zahl der Parameter $\alpha_{\nu\mu}$, $\nu, \mu = -1, \ldots, k+1$, die auftreten, wenn man die obige Darstellung von S_{33} dem Quadrat Q_k anpaßt gemäß

$$
S_{33}(x, y) = \sum_{\nu=-1}^{k+1} \sum_{\mu=-1}^{k+1} \alpha_{\nu\mu} D_{33}(x - \nu, y - \mu)\,, \quad (x, y)^T \in Q_k\,.
$$

Für die $(k+3)^2 = k^2 + 6k + 9$ Parameter $\alpha_{\nu\mu}$, $\nu, \mu = -1, \ldots, k+1$, haben wir erst $k^2 + 6k + 5$ Bedingungen aufgestellt. Um eindeutige Lösbarkeit erwarten zu können, sind also noch vier weitere Werte vorzuschreiben. Die Abbildung 4.32 läßt es plausibel erscheinen, daß die gemischten partiellen Ableitungen $\frac{\partial^2}{\partial x \partial y} S_{33}(i,j)$, $i = 0$, $i = k$, $j = 0$, $j = k$, eine geeignete Wahl sind.

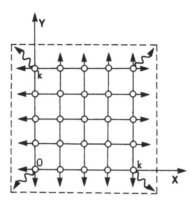

Abb. 4.32. o: Funktionswerte,   →: partielle Ableitungen,   ↝: gemischte Ableitungen

Kombiniert man den Satz 4.10.2 mit Satz 4.7.3, so ist plausibel, daß ein bikubischer Spline existiert, der vorgeschriebene Werte, Randsteigungen und gemischte partielle Ableitungswerte in den Ecken von Q_k interpoliert. Der Beweis ist länglich, aber durchaus elementar, und soll hier nicht vorgeführt werden. Wir halten fest:

4.10.6 Satz

(1) Es gibt zu vorgegebenen Werten f_{ij}, $i,j = 0,\dots,k$, und Randsteigungen m_{i0}, m_{ik}, $i = 0,\dots,k$, und m_{0j}, m_{kj}, $j = 0,\dots,k$, sowie "gemischten partiellen Eckenableitungen" g_{00}, g_{0k}, g_{k0}, g_{kk} genau einen bikubischen Spline S, der diese Daten interpoliert, d.h. mit

$$S(i,j) \quad = f_{ij} \quad , \quad i,j = 0,\dots,k \ ,$$

$$\frac{\partial}{\partial x}S(0,j) \quad = m_{0j} \quad , \quad \frac{\partial}{\partial x}S(k,j) \quad = m_{kj} \ , \quad j = 0,\dots,k \ ,$$

$$\frac{\partial}{\partial y}S(i,0) \quad = m_{i0} \quad , \quad \frac{\partial}{\partial y}S(i,k) \quad = m_{ik} \ , \quad i = 0,\dots,k \ ,$$

$$\frac{\partial^2}{\partial x \partial y}S(0,0) \ = g_{00} \quad , \quad \frac{\partial^2}{\partial x \partial y}S(0,k) \ = g_{0k} \ ,$$

$$\frac{\partial^2}{\partial x \partial y}S(k,0) \ = g_{k0} \quad , \quad \frac{\partial^2}{\partial x \partial y}S(k,k) \ = g_{kk} \ .$$

(2) S hat die bikubische B-Spline-Darstellung

$$S(x,y) = \sum_{\nu=-1}^{k+1} \sum_{\mu=-1}^{k+1} \alpha_{\nu\mu} B_{\nu 3}(x) B_{\mu 3}(y) \ .$$

Die Koeffizienten $\alpha_{\nu\mu}$, $\nu,\mu = -1,\ldots,k+1$, *erhält man folgendermaßen:*

a) *Die zu interpolierenden Daten faßt man in einer Matrix* $(y_{\kappa\lambda})_{\kappa,\lambda=-1,\ldots,k+1}$
zusammen, indem man

$$
y_{\kappa\lambda} := \begin{cases}
f_{\kappa\lambda}, & \kappa,\lambda = 0,\ldots,k, \\
m_{0\lambda}, & \kappa = -1, \quad \lambda = 0,\ldots,k, \\
m_{k\lambda}, & \kappa = k+1, \quad \lambda = 0,\ldots,k, \\
m_{\kappa 0}, & \kappa = 0,\ldots,k, \quad \lambda = -1, \\
m_{\kappa k}, & \kappa = 0,\ldots,k, \quad \lambda = k+1, \\
g_{00}, & \kappa = \lambda = -1, \\
g_{0k}, & \kappa = -1, \quad \lambda = k+1, \\
g_{k0}, & \kappa = k+1, \quad \lambda = -1, \\
g_{kk}, & \kappa = \lambda = k+1
\end{cases}
$$

setzt.

b) *Für* $\lambda = -1,\ldots,k+1$ *löse*

$$
\begin{pmatrix}
2 & 1 & & & & \\
1 & 4 & 1 & & & \\
& \ddots & \ddots & \ddots & & \\
& & 1 & 4 & 1 \\
0 & & & 1 & 2
\end{pmatrix}
\begin{pmatrix}
\tau_{0\lambda} \\ \tau_{1\lambda} \\ \vdots \\ \tau_{k-1\,\lambda} \\ \tau_{k\lambda}
\end{pmatrix}
=
\begin{pmatrix}
3y_{0\lambda} + y_{-1\,\lambda} \\ 6y_{1\lambda} \\ \vdots \\ 6y_{k-1\,\lambda} \\ 3y_{k\lambda} - y_{k+1\,\lambda}
\end{pmatrix} ;
$$

setze anschließend

$$
\begin{aligned}
\tau_{-1\,\lambda} &= 6y_{0\lambda} - 4\tau_{0\lambda} - \tau_{1\lambda} && oder & \tau_{-1\,\lambda} &= -2y_{-1\,\lambda} + \tau_{1\lambda}, \\
\tau_{k+1\,\lambda} &= 6y_{k\lambda} - \tau_{k-1\,\lambda} - 4\tau_{k\lambda} && oder & \tau_{k+1\,\lambda} &= 2y_{k+1\,\lambda} + \tau_{k-1\,\lambda}.
\end{aligned}
$$

c) *Für* $\nu = -1,\ldots,k+1$ *löse*

$$
\begin{pmatrix}
2 & 1 & & & & \\
1 & 4 & 1 & & & \\
& \ddots & \ddots & \ddots & & \\
& & 1 & 4 & 1 \\
0 & & & 1 & 2
\end{pmatrix}
\begin{pmatrix}
\alpha_{\nu 0} \\ \alpha_{\nu 1} \\ \vdots \\ \alpha_{\nu\,k-1} \\ \alpha_{\nu k}
\end{pmatrix}
=
\begin{pmatrix}
3\tau_{\nu 0} + \tau_{\nu\,-1} \\ 6\tau_{\nu 1} \\ \vdots \\ 6\tau_{\nu\,k-1} \\ 3\tau_{\nu k} - \tau_{\nu\,k+1}
\end{pmatrix} ;
$$

setze anschließend

$$
\begin{aligned}
\alpha_{\nu\,-1} &= 6\tau_{\nu 0} - 4\alpha_{\nu 0} - \alpha_{\nu 1} && oder & \alpha_{\nu\,-1} &= -2\tau_{\nu\,-1} + \alpha_{\nu 1}, \\
\alpha_{\nu\,k+1} &= 6\tau_{\nu k} - \alpha_{\nu\,k-1} - 4\alpha_{\nu k} && oder & \alpha_{\nu\,k+1} &= 2\tau_{\nu\,k+1} + \alpha_{\nu\,k-1}.
\end{aligned}
$$

4.10.7   Aufgabe

Wir gehen aus von einem Zylinder vom Durchmesser 10, dessen Achse mit der y-Achse zusammenfällt. Dann liegt ein Punkt $(x, y, z) \in \mathbb{R}^3$ mit $z := f(x, y) := \sqrt{25 - x^2}$ auf dem "positiven Quadranten" dieses Zylinders. Man interpoliere den Zylinder in Q_4 durch jeweils einen bikubischen Spline, der die Daten $f_{ij} := \sqrt{25 - i^2}$, $i, j = 0, \ldots, 4$, interpoliert.

a) Randableitungen sollen nicht berücksichtigt werden.

b) Die Randsteigungen m_{i0}, m_{i4}, $i = 0, \ldots, 4$, m_{0j}, m_{4j}, $j = 0, \ldots, 4$, sowie die gemischten partiellen Ableitungen $g_{00}, g_{04}, g_{40}, g_{44}$ sollen ebenfalls interpoliert werden.

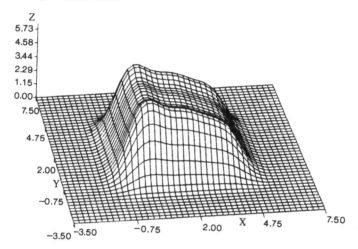

Abb. 4.33. Bikubische B-Spline-Interpolierende eines Zylindersegments (25 Interpolationspunkte)

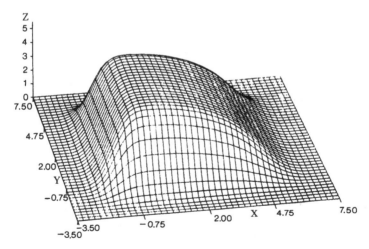

Abb. 4.34. Bikubische B-Spline-Interpolierende eines Zylindersegments unter Berücksichtigung von Randableitungen (25 Interpolationspunkte)

Die Abb. 4.33 zeigt die bikubische B-Spline-Interpolierende für ein Zylindersegment bei Verwendung von 25 Interpolationspunkten ohne Berücksichtigung von

Randableitungen (entsprechend Aufgabe 4.10.7). Man stellt eine gute Approximation für Punkte im Innern des Quadrats Q_4 fest, während am Rand, z.B. entlang der Geraden $x = 0$, eine stärkere Welligkeit mit einem Ausschlag nach oben zu beobachten ist. Dafür sind die Kanten des Graphen, z.B. für $x = 0$, verantwortlich. Mit diesen Ausschlägen muß man rechnen, wenn man Funktionen mit Sprungstellen (z.B. den B-Spline B_0) oder mit Kanten wie im betrachteten Fall approximiert. Bei dem betrachteten Beispiel kann man die Welligkeit dadurch wesentlich verringern, daß man auch Randableitungen berücksichtigt (vgl. Abb. 4.34). Dies gelingt, indem man die tensorierte bikubische Spline-Interpolation gemäß Satz 4.10.6 verwendet.

Im vorigen Abschnitt hatten wir gesehen, daß sich eine Kurve i.a. nicht als Graph einer Funktion darstellen läßt; man geht deshalb zu Parameterdarstellungen über. Dieses Konzept verwendet man auch für die Darstellung von Flächen, die sich ebenfalls i.a. nicht mit Hilfe des Graphen einer Funktion $f : \mathbb{R}^2 \to \mathbb{R}$ darstellen lassen. Dazu wählt man einen *Parameterbereich* der Ebene, den wir (nach eventueller Transformation) als Quadrat

$$Q_k = \left\{ (s,t)^T \in \mathbb{R}^2 \mid 0 \leq s, t \leq k \right\}$$

annehmen wollen. Mit Hilfe von drei stetig differenzierbaren Funktionen

$$x, y, z : Q_k \longrightarrow \mathbb{R} ,$$

stellt bei gewissen, hier nicht näher zu erörternden Zusatzbedingungen die Punktmenge $F \subset \mathbb{R}^3$ mit

$$F := \left\{ \begin{pmatrix} x(s,t) \\ y(s,t) \\ z(s,t) \end{pmatrix} \mid (s,t)^T \in Q_k \right\}$$

ein *glattes Flächenstück* dar. Wir wollen an dieser Stelle nicht auf Feinheiten eingehen, sondern mit der Anschauung argumentieren und annehmen, daß für die auftretenden Flächen "naheliegende" und "problemlose" Parameterdarstellungen existieren und auch bekannt sind.

4.10.8 Aufgabe

Man gebe eine Parametrisierung der Erdkugel an, welche der in der Kartographie üblichen entspricht (Unterteilung in Längen- und Breitengrade). Die Erde werde idealisiert als Kugel mit Radius r mit Mittelpunkt im Koordinatenursprung angenommen. Das Koordinatensystem sei so gelegt, daß die Äquatorebene mit der $\binom{x}{y}$-Ebene übereinstimmt und der Längenkreis durch Greenwich in der $\binom{x}{z}$-Ebene liegt.

Ein Flächenstück F kann man dadurch approximieren, daß man jede der drei Parameterfunktionen x, y, z einzeln mit Hilfe bikubischer Splines auf Q_k entsprechend Satz 4.10.5 interpoliert. Sind dann S_{33}^x, S_{33}^y, S_{33}^z die so erhaltenen bikubischen

Interpolationssplines für x, y, z, so erhält man mit

$$F_S := \left\{ \begin{pmatrix} S_{33}^x(s,t) \\ S_{33}^y(s,t) \\ S_{33}^z(s,t) \end{pmatrix} \mid (s,t)^T \in Q_k \right\}$$

eine Parameterdarstellung eines *Spline-Flächenstücks* F_S, welches F in den Punkten

$$P_{ij} := \begin{pmatrix} x(i,j) \\ y(i,j) \\ z(i,j) \end{pmatrix} , \quad 0 \le i, j \le k,$$

interpoliert. Noch bessere Approximationen erhält man, indem man gemäß Satz 4.10.6 interpoliert .

Durch unser Vorgehen werden nur *glatte* Flächen ohne Kanten und Spitzen erfaßt; die bilineare Spline-Fläche, die von D_{11} erzeugt wird, ist zunächst nicht zugelassen. Man kann natürlich in vielen Fällen Flächen, die aus endlich vielen glatten Stücken stetig zusammengesetzt sind, dadurch behandeln, daß man jedes glatte Teilstück parametrisiert und die Gesamtfläche aus diesen Teilstücken zusammensetzt.

4.10.9 Aufgabe

Gegeben sei die Parameterdarstellung

$$F := \left\{ \begin{pmatrix} x(s,t) \\ y(s,t) \\ z(s,t) \end{pmatrix} = \begin{pmatrix} \cos\frac{\pi}{2}s \ \cos\frac{\pi}{8}t \\ \sin\frac{\pi}{2}s \ \cos\frac{\pi}{8}t \\ \sin\frac{\pi}{8}t \end{pmatrix} \mid (s,t)^T \in Q_4 \right\}$$

der oberen Hälfte der Einheitskugel. Man bestimme eine Parameterdarstellung der bikubischen interpolierenden Spline-Fläche, die F in den Punkten P_{ij}, $0 \le i, j \le 4$, ohne Berücksichtigung von Randsteigungen interpoliert.

In der nachfolgenden Abb. 4.35 ist die bikubische Spline-Interpolierende für die obere Hälfte der Einheitskugel unter Verwendung der "kartographischen" Parameterdarstellung gezeichnet; in Abb. 4.36 ist die Schnittlinie entlang des Nullmeridians dargestellt (vgl. Aufgabe 4.10.9). Es ergibt sich trotz der wenigen Interpolationspunkte eine optisch gute Übereinstimmung mit dem Original mit Ausnahme des Nordpols und längs des Äquators, wo sich jeweils stärkere Ausschläge ergeben. Für mittlere Breitengrade ist die Übereinstimmung erstaunlich gut. Die Ausschläge am Pol und am Äquator ließen sich durch eine tensorierte Spline-Interpolation, die auch die Randableitungen berücksichtigt, deutlich reduzieren.

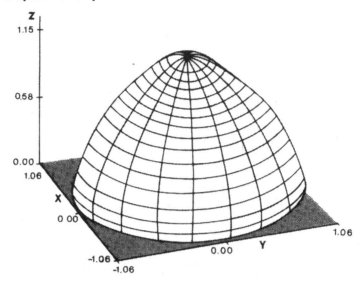

Abb. 4.35. Bikubische Spline-Interpolierende einer Halbkugel (25 Interpolationspunkte für jede Koordinatenfunktion x, y, z)

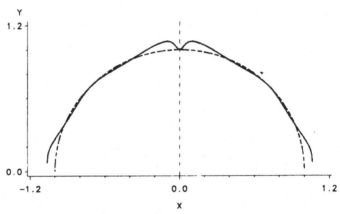

Abb. 4.36. Schnitt längs des Nullmeridians durch die bikubische Spline-Interpolierende einer Halbkugel

Die Beispiele zeigen, daß die Spline-Interpolation schon mit relativ wenigen Interpolationspunkten gute Approximationen liefert, deren Genauigkeit für graphische Zwecke ausreicht. Ein Vorzug von B-Spline-Kurven oder -Flächen ist, daß sie bei der Approximation gering oszillierender Kurven oder Flächen i.a. keine zusätzliche Welligkeit verursachen, wie es z.B. bei der Polynom-Interpolation der Fall wäre. Die Glattheit muß man allerdings bezahlen mit im Vergleich zur Polynom-Interpolation größeren Fehlern, die aber im Graphik-Bereich i.a. nicht so sehr ins Gewicht fallen, da hier Fehler im Promille-Bereich oft schon tolerabel sind, wenn die erzeugte Fläche genügend realistisch ist. Weiterhin verteilt sich der (relativ große) Fehler bei Splines gleichmäßig über eine große Fläche (mit nur wenigen "kurzen Wellen"), während bei Polynomen ein kleiner Fehler das Vorzeichen oft wechselt ("Hagelschadenblech").

Es ist von großer Bedeutung (besonders für das interaktive Konstruieren am Bildschirm), daß bei der Tensorierung von kubischen B-Splines nicht nur die Interpolationseigenschaft, sondern auch die konvexe Einschließung und die Möglichkeit, lokale Veränderungen vorzunehmen, erhalten bleiben. Ist S,

$$S(x,y) = \sum_{\nu=-1}^{k+1} \sum_{\mu=-1}^{k+1} \alpha_{\nu\mu} B_{\nu 3}(x) B_{\mu 3}(y) \, ,$$

ein bikubischer Spline in B-Spline-Darstellung, so entsteht dadurch, daß man jeden *de Boor-Punkt* $(\nu, \mu, \alpha_{\nu\mu})^T \in \mathbb{R}^3$, $-1 \leq \nu, \mu \leq k+1$, mit seinen (maximal) vier direkten Nachbarn geradlinig verbindet, das sogenannte *de Boor-Netz*, das eine dem de Boor-Polygon entsprechende Bedeutung hat. Da für $t \in [0, k]$

$$\sum_{\nu=-1}^{k+1} B_{\nu 3}(t) = 1 \, , \quad \sum_{\nu=-1}^{k+1} \nu B_{\nu 3}(t) = t \, , \quad B_{\nu 3}(t) \geq 0 \, , \quad \nu = -1, \ldots, k+1 \, ,$$

gilt (vgl. den Beweis von Satz 4.7.6), folgen für $(x, y)^T \in Q_k = [0, k] \times [0, k]$ die "tensorierten" Beziehungen

$$\sum_{\nu=-1}^{k+1} \sum_{\mu=-1}^{k+1} \nu B_{\nu 3}(x) B_{\mu 3}(y) = x \, ,$$

$$\sum_{\nu=-1}^{k+1} \sum_{\mu=-1}^{k+1} \mu B_{\nu 3}(x) B_{\mu 3}(y) = y \, ,$$

$$B_{\nu 3}(x) B_{\mu 3}(y) \geq 0 \, , \quad -1 \leq \nu, \mu \leq k+1 \, .$$

Für $(x, y)^T \in Q_k$ gilt also

$$\begin{pmatrix} x \\ y \\ S(x,y) \end{pmatrix} = \sum_{\nu=-1}^{k+1} \sum_{\mu=-1}^{k+1} \begin{pmatrix} \nu \\ \mu \\ \alpha_{\nu\mu} \end{pmatrix} B_{\nu 3}(x) B_{\mu 3}(y) \, ;$$

der Punkt $(x, y, S(x,y))^T$ auf dem Graphen von S liegt somit in der konvexen Hülle der de Boor-Punkte $(\nu, \mu, \alpha_{\nu\mu})^T$, $-1 \leq \nu, \mu \leq k+1$. Auch diese Einschließung läßt sich wie beim Satz 4.7.6 wesentlich verschärfen, indem man die Trägereigenschaft der kubischen B-Splines beachtet: Für $(x, y)^T \in [\sigma, \sigma+1] \times [\lambda, \lambda+1]$ mit $\sigma, \lambda \in \{0, 1, \ldots, k-1\}$ verläuft der Graph $(x, y, S(x,y))^T$ in der konvexen Hülle $C_{\sigma\lambda}$ der 16 benachbarten de Boor-Punkte $(\nu, \mu, \alpha_{\nu\mu})^T$, $\nu = \sigma-1, \ldots, \sigma+2$, $\mu = \lambda-1, \ldots, \lambda+2$. Die Vereinigung dieser konvexen Bereiche $C_{\sigma\lambda}$ ergibt schließlich einen Einschließungsbereich für den Graphen auf Q_k.

Was wir für den Graphen einer bikubischen Spline-Funktion gezeigt haben, läßt sich sinngemäß auch für ein bikubisches, parametrisiertes Flächenstück

$$F_S = \left\{ \begin{pmatrix} S_{33}^x(u,v) \\ S_{33}^y(u,v) \\ S_{33}^z(u,v) \end{pmatrix} \middle| 0 \leq u, v \leq k \right\}$$

nachweisen: Sind

$$S_{33}^x(u,v) = \sum_{\nu=-1}^{k+1} \sum_{\mu=-1}^{k+1} \alpha_{\nu\mu} B_{\nu 3}(u) B_{\mu 3}(v) \, ,$$

$$S_{33}^y(u,v) = \sum_{\nu=-1}^{k+1} \sum_{\mu=-1}^{k+1} \beta_{\nu\mu} B_{\nu 3}(u) B_{\mu 3}(v) \, ,$$

$$S_{33}^z(u,v) = \sum_{\nu=-1}^{k+1} \sum_{\mu=-1}^{k+1} \gamma_{\nu\mu} B_{\mu 3}(u) B_{\mu 3}(v)$$

die Koordinatenfunktionen in B-Spline-Darstellung, so liegt das Flächenstück F_S in der konvexen Hülle der de Boor-Punkte $(\alpha_{\nu\mu}, \beta_{\nu\mu}, \gamma_{\nu\mu})^T$, $-1 \leq \nu, \mu \leq k+1$. Auch hier reichen für $(u,v)^T \in [\sigma, \sigma+1] \times [\lambda, \lambda+1]$ die 16 Nachbarpunkte $(\alpha_{\nu\mu}, \beta_{\nu\mu}, \gamma_{\nu\mu})^T$, $\sigma-1 \leq \nu \leq \sigma+2$, $\lambda-1 \leq \mu \leq \lambda+2$, zur Einschließung aus.

Abschließend sei darauf hingewiesen, daß die B-Spline-Darstellung einer bikubischen Spline-Funktion S es erlaubt, lokale Veränderungen am Verlauf des Graphen vorzunehmen: Ändert man einen einzelnen Wert $\alpha_{\nu\mu}$, $\nu, \mu \in \{0, 1, \ldots, k\}$, so hat dies nur Auswirkungen auf den Verlauf von S im Bereich $(x,y)^T \in (\nu-2, \nu+2) \times (\mu-2, \mu+2)$, d.h. dem Träger von $B_{\nu 3} B_{\mu 3}$. Auch dies gilt sinngemäß für parametrisierte bikubische Spline-Flächen.

5. Periodizität und schnelle Fourier-Transformation

5.1 Einleitung

Periodische Vorgänge spielen in der Natur und in der Technik eine zentrale Rolle (Pulsschlag, Planetenbewegung, Takt und Tonfrequenz in der Musik, Taktfrequenz eines PCs, Zündfolge eines Motors,...). Dabei kann die Periodenlänge über weite Bereiche streuen. (Ein Umlauf der Erde um die Sonne erfolgt in einem Jahr; die Pulsfrequenz beträgt etwa eine Sekunde, während die "innere Uhr" eines PCs bei 25 MHz 25 Millionen Mal je Sekunde schlägt.) Weil periodische Vorgänge in allen Bereichen von Naturwissenschaft, Technik und Medizin vorkommen, hat man schon frühzeitig versucht, geschickte Rechentechniken für die Analyse dieser Phänomene zu entwickeln. Innerhalb der Mathematik spielen die Arbeiten von Euler und Gauß, welche den Zusammenhang der (einfachsten) periodischen Funktionen Sinus und Kosinus mit der Exponentialfunktion aufgedeckt haben, und von Fourier[35], der gezeigt hat, daß man periodische Vorgänge adäquat mit Hilfe der trigonometrischen Funktionen beschreiben kann, historisch eine grundlegende Rolle. Gauß hat auch schon geschickte Rechenverfahren entwickelt, die später von Runge[36] verfeinert wurden. Den entscheidenden rechentechnischen Durchbruch erzielten aber erst Cooley [37] und Tukey [38] zu Beginn der sechziger Jahre, obwohl die Idee ihrer Methode möglicherweise schon Gauß bekannt war. Dieser neue Algorithmus revolutionierte die Numerik periodischer Vorgänge und ermöglichte es, digitale Signale zu verarbeiten, d.h. zu analysieren, zu filtern und zu glätten. Die Erfolge der Bildverarbeitung – Fernerkundung mit Hilfe von Satelliten oder optische Darstellungsverfahren in der Medizin, um nur zwei besonders spektakuläre Methoden zu nennen – wären ohne die computergestützte Fourier-Analyse nicht denkbar. Aber auch in einem Bereich, den man zunächst mit periodischen Vorgängen gar nicht in Zusammenhang bringt, spielt die Methode von Cooley und Tukey eine zentrale Rolle: In den letzten Jahren ist es gelungen, "sehr lange" Zahlen arithmetisch miteinander zu verknüpfen, also zu addieren und zu multiplizieren. Man stößt auf dieses Problem, wenn man nach großen Primzahlen sucht oder spezielle Zahlen auf viele Dezimalstellen berechnen will. Welche Dimensionen diese Aufgabe hat, erkennt man daran, daß es vor kurzem

---

[35] Fourier, Jean-Baptiste-Joseph (21.03.1768 – 16.05.1830)
[36] Runge, Carl (30.08.1856–03.01.1927)
[37] Cooley, J.W., zeitgenössischer amerikanischer Mathematiker
[38] Tukey, J.W., zeitgenössischer amerikanischer Mathematiker

(Stand: 1990) gelungen ist, π auf mehrere Hundert Millionen Dezimalstellen zu berechnen.

5.2 Exponentialfunktion und trigonometrische Funktionen

Wir setzen voraus, daß der Leser weiß, wie man im Körper $\mathbb{C}$ der komplexen Zahlen rechnet, was man unter Polarkoordination versteht und was die Konjugierte $\bar{z}$ einer Zahl z ist. In der Analysis werden im Reellen die trigonometrischen Funktionen Sinus, Kosinus und die Exponentialfunktion untersucht. Wir werden diese Funktionen auch im Komplexen behandeln. Dazu "setzen wir die im Reellen definierten Funktionen ins Komplexe fort". Darunter hat man folgendes zu verstehen.

Bekanntlich konvergieren die Taylor-Reihen von Sinus, Kosinus und der Exponentialfunktion auf ganz $\mathbb{R}$, d.h. für $x \in \mathbb{R}$ gilt

$$\sin x = \sum_{\nu=0}^{\infty}(-1)^{\nu}\frac{x^{2\nu+1}}{(2\nu+1)!} \ , \quad \cos x = \sum_{\nu=0}^{\infty}(-1)^{\nu}\frac{x^{2\nu}}{(2\nu)!} \ , \quad \exp(x) = \sum_{\nu=0}^{\infty}\frac{x^{\nu}}{\nu!} \ .$$

Da diese Reihen auf $\mathbb{R}$ absolut konvergieren, konvergieren sie auch für beliebiges $z \in \mathbb{C}$ absolut. Man erhält also durch die Festsetzungen

$$\sin z := \sum_{\nu=0}^{\infty}(-1)^{\nu}\frac{z^{2\nu+1}}{(2\nu+1)!} \ , \quad \cos z := \sum_{\nu=0}^{\infty}(-1)^{\nu}\frac{z^{2\nu}}{(2\nu)!} \ , \quad \exp(z) := \sum_{\nu=0}^{\infty}\frac{z^{\nu}}{\nu!} \ ,$$

für beliebiges $z \in \mathbb{C}$ jeweils einen wohldefinierten Wert, also auf ganz $\mathbb{C}$ definierte, komplexwertige Funktionen, wobei diese für reelles Argument mit den entsprechenden, aus der Analysis bekannten Funktionen übereinstimmen. Wir erwähnen, daß die aus dem Reellen bekannten Eigenschaften auch im Komplexen erhalten bleiben. So sind Sinus und Kosinus 2π-periodisch

$$\begin{aligned}\sin(z + 2k\pi) &= \sin z \ , \\ \cos(z + 2k\pi) &= \cos z \ , \quad z \in \mathbb{C} \ , \quad k \in \mathbb{Z} \ ,\end{aligned}$$

während die Exponentialfunktion den Funktionalgleichungen

$$\begin{aligned}\exp(u + v) &= \exp(u) \cdot \exp(v) \ , \\ [\exp(u)]^{v} &= \exp(uv) \ , \quad u, v \in \mathbb{C} \ ,\end{aligned}$$

genügt.

Die reellen Funktionen Sinus (sin), Kosinus (cos) und die Exponentialfunktion (exp) haben sehr unterschiedliches Verhalten: exp ist auf ganz $\mathbb{R}$ monoton, während sin und cos periodisch sind. Die komplexen Funktionen sin, cos und exp sind dagegen eng verwandt. Dies liegt am formal ähnlichen Aufbau der Taylor-Reihen. Für

$$\exp(iz) = \sum_{\nu=0}^{\infty}\frac{i^{\nu}z^{\nu}}{\nu!} \ , \quad i^2 = -1 \ ,$$

folgt nämlich durch Umordnen, was wegen der absoluten Konvergenz der Reihe erlaubt ist,

$$\exp(iz) = \sum_{\nu=0}^{\infty} \frac{i^{2\nu} z^{2\nu}}{(2\nu)!} + \sum_{\nu=0}^{\infty} \frac{i^{2\nu+1} z^{2\nu+1}}{(2\nu+1)!} = \sum_{\nu=0}^{\infty} (-1)^{\nu} \frac{z^{2\nu}}{(2\nu)!} + i \sum_{\nu=0}^{\infty} (-1)^{\nu} \frac{z^{2\nu+1}}{(2\nu+1)!} \ .$$

Man erhält somit die fundamentale *Eulersche Formel*

$$\exp(iz) = \cos z + i \sin z \ .$$

Da cos eine gerade und sin eine ungerade Funktion ist, wie man an der Reihendarstellung erkennt, folgt

$$\exp(-iz) = \cos z - i \sin z \ ,$$

also durch Addition und Subtraktion der beiden Identitäten

$$\cos z = \frac{1}{2} \left(\exp(iz) + \exp(-iz) \right) \ ,$$

$$\sin z = \frac{1}{2i} \left(\exp(iz) - \exp(-iz) \right) \ .$$

Setzt man $\eta := iz$, $z := -i\eta$, so folgt auch

$$\exp(\eta) = \cos(i\eta) - i \sin(i\eta) \ .$$

5.2.1   Satz

Für $z \in \mathbb{C}$ gelten die Eulerschen Identitäten:

(1) $\exp(iz) = \cos z + i \sin z$,
(2) $\exp(z) = \cos(iz) - i \sin(iz)$,
(3) $\cos z = \frac{1}{2} (\exp(iz) + \exp(-iz))$,
(4) $\sin z = \frac{1}{2i} (\exp(iz) - \exp(-iz))$.

Da die Funktionen sin und cos auch im Komplexen 2π-periodisch sind, folgt unter Verwendung der Eulerschen Identitäten

$$\begin{aligned}
\exp(z + 2k\pi i) &= \cos\left(i(z + 2k\pi i)\right) - i \sin\left(i(z + 2k\pi i)\right) \\
&= \cos(iz - 2k\pi) - i \sin(iz - 2k\pi) \\
&= \cos(iz) - i \sin(iz) = \exp(z) \ , \quad z \in \mathbb{C} \ , \quad k \in \mathbb{Z} \ ;
\end{aligned}$$

die komplexe Exponentialfunktion hat also die Periode $2\pi i$.

Die trigonometrischen Funktionen sind also durch ihre Werte in einem Streifen der Breite 2π parallel zur imaginären Achse und die Exponentialfunktion durch die Werte in einem Streifen der Breite 2π parallel zur reellen Achse bestimmt.

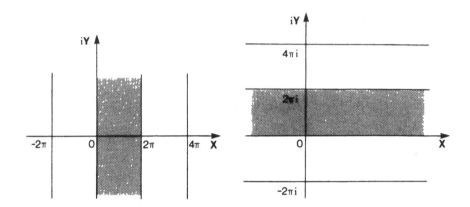

Periodizität von sin und cos   Periodizität von exp

Abb. 5.1

5.3   Die N-ten Einheitswurzeln

In diesem Kapitel untersuchen wir (beidseitig) *periodische* Folgen reeller oder komplexer Zahlen. Eine Folge $x = (x_n)_{n \in \mathbb{Z}}$, $x_n \in \mathbb{K}$, bezeichnet man als (beidseitig) *N-periodisch*, falls

$$x_{n+\mu N} = x_n , \quad n = 0, 1, \dots, N-1 , \quad \mu \in \mathbb{Z} ,$$

gilt; ein Folgenabschnitt $x_\lambda, x_{\lambda+1}, \dots, x_{\lambda+N-1}$, $\lambda \in \mathbb{Z}$, der Länge N legt also bereits die ganze Folge fest. Man kann sich eine N-periodische Folge aber auch mit Hilfe der homogenen linearen Rekursion N-ter Ordnung

$$(R) \qquad\qquad x_n - x_{n-N} = 0 , \quad n = N, N+1, \dots ,$$

aus den N Anfangsgliedern $x_0, x_1, \dots, x_{N-1}$ entstanden denken, indem man die Rekursion auch für negative n verwendet. Das zu (R) gehörende charakteristische Polynom H_N hat wegen $\beta_0 = 1$, $\beta_\nu = 0$, $\nu = 1, \dots, N-1$, $\beta_N = -1$, die spezielle Gestalt

$$H_N(z) = 1 - z^N .$$

Zu einer N-periodischen Folge x mit den Anfangsgliedern $x_0, \dots, x_{N-1}$ gehört somit nach Satz 2.7.3 die erzeugende Funktion X,

$$X = \frac{G_{N-1}}{H_N} , \quad G_{N-1}(z) := \sum_{\nu=0}^{N-1} x_\nu z^\nu , \quad H_N(z) := 1 - z^N .$$

Da das charakteristische Polynom H_N und die Rekursion (R) sich gegenseitig eindeutig festlegen, ist es plausibel, daß bei einer N-periodischen Folge die Nullstellen von H_N eine besondere Bedeutung haben. Diese sogenannten *N-ten Einheitswurzeln*, mit denen man nach Satz 2.7.5 eine Basis des Lösungsraumes von (R) erhalten kann, untersuchen wir nun genauer.

Für unsere weiteren Überlegungen in diesem Abschnitt sind der Einheitskreis der komplexen Ebene und die ihm einbeschriebenen regelmäßigen N-Ecke besonders wichtig.

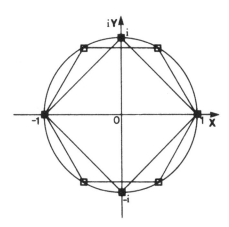

Abb. 5.2. • $N = 4$, □ $N = 6$

Dazu betrachten wir die Menge $E := \{z \mid z = \exp(it),\ t \in \mathbb{R}\}$. Mit Hilfe der Eulerschen Formeln aus Satz 5.2.1 folgt $z = \exp(it) = \cos t + i \sin t$ und somit

$$(\operatorname{Re}\ z)^2 + (\operatorname{Im}\ z)^2 = 1\ .$$

Es gilt also $|z| = 1$, und bereits wenn t nur das reelle Intervall $[0, 2\pi)$ durchläuft, durchläuft $z = \exp(it)$ schon den gesamten Einheitskreis E der komplexen Ebene, und zwar genau einmal. Die Zuordnung $[0, 2\pi) \longleftrightarrow E$ ist also bijektiv.

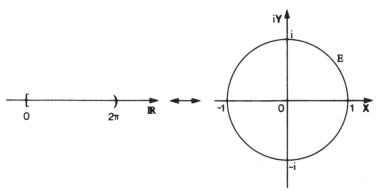

Abb. 5.3

Für $N \in \mathbb{N}$ betrachten wir die Punkte

$$z_{\nu N} := \exp\left(\frac{2\pi i}{N}\nu\right) , \quad \nu = 0, \ldots, N-1 .$$

Dann gilt

$$z_{\nu N} = \cos\left(\frac{2\pi}{N}\nu\right) + i\sin\left(\frac{2\pi}{N}\nu\right) ,$$

d.h. $z_{\nu N}$ liegt auf E, und der Strahl, welcher die 0 mit $z_{\nu N}$ verbindet, schließt mit der positiven reellen Achse den – gegen den Uhrzeigersinn und im Bogenmaß gemessenen – Winkel $\frac{2\pi}{N}\nu$ ein. Dies bedeutet, daß $z_{\nu N}$ eine Ecke des regelmäßigen N-Ecks ist, das dem Einheitskreis einbeschrieben ist und das eine Ecke bei $z_{0N} = 1$ hat. Man stellt fest, daß

$$\begin{aligned}
z_{\nu N} &= (z_{1N})^\nu , \\
(z_{\nu N})^N &= 1 , \quad \nu = 0, 1, \ldots, N-1 ,
\end{aligned}$$

gilt. Dies gibt Anlaß zu folgender Definition.

5.3.1 Definition

Man bezeichnet

$$z_{\nu N} := \exp\left(\frac{2\pi i}{N}\nu\right) , \quad \nu = 0, \ldots, N-1 ,$$

als *N-te Einheitswurzeln* und

$$\omega_N := \exp\left(\frac{2\pi i}{N}\right)$$

als eine *primitive N-te Einheitswurzel*.

Der Begriff "N-te Einheitswurzel" bedeutet, daß $z_{\nu N}$ die Lösungen der Gleichung

$$z^N = 1$$

sind. Man bezeichnet ω_N als "primitive" N-te Einheitswurzel, weil die übrigen N-ten Einheitswurzeln aus ihr durch Potenzierung hervorgehen. Anschaulich gesprochen ist ω_N die erste auf $z_{0N} = 1$ folgende Ecke des regelmäßigen N-Ecks, wenn man den Einheitskreis in mathematisch positiver Richtung, d.h. gegen den Uhrzeigersinn durchläuft. (Man macht sich leicht klar, daß es mehrere verschiedene primitive N-te Einheitswurzeln geben kann: Falls z.B. N eine Primzahl ist, sind die Potenzen ω_N^λ, $\lambda \neq kN$, $k \in \mathbb{Z}$, primitive N-te Einheitswurzeln.)

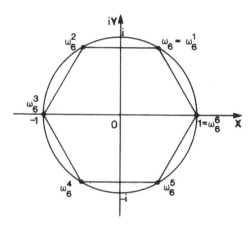

Abb. 5.4

Offensichtlich bilden die Potenzen ω_N^ν, $\nu \in \mathbb{Z}$, eine N-periodische Folge, d.h.

$$\omega_N^{\nu+kN} = \omega_N^\nu , \quad \nu = 0,\dots,N-1 , \quad k \in \mathbb{Z} ,$$

und liegen symmetrisch zur reellen Achse; es gilt also

$$\overline{\omega_N^\nu} = \omega_N^{-\nu} , \quad \nu = 0,\dots,N-1 .$$

Wenn man versucht, einen gegebenen Datensatz $f_0,\dots,f_{N-1}$ an den N-ten Einheitswurzeln ω_N^μ, $\mu = 0,\dots,N-1$, durch ein Polynom p_{N-1},

$$p_{N-1}(z) = \sum_{\nu=0}^{N-1} a_\nu z^\nu ,$$

vom Grad $N-1$ zu interpolieren, so läuft dies auf die Lösung des linearen Gleichungssystems

$$\sum_{\nu=0}^{N-1} a_\nu \left(\omega_N^\mu\right)^\nu = f_\mu , \quad \mu = 0,\dots,N-1 ,$$

hinaus. Für dieses Interpolationsproblem ist somit die Matrix

$$W_N := \left(\omega_N^{\mu\nu}\right)_{\substack{\mu=0,\dots,N-1 \\ \nu=0,\dots,N-1}} ,$$

von Bedeutung; W_N enthält in der ν-ten Spalte die ν-ten Potenzen der N-ten Einheitswurzeln ω_N^μ, $\mu = 0,1,\dots,N-1$. Weiter gilt

$$W_N^T = W_N ,$$
$$\overline{W}_N = \left(\omega_N^{-\mu\nu}\right)_{\substack{\mu=0,\dots,N-1 \\ \nu=0,\dots,N-1}} .$$

Ferner ist W_N invertierbar. Dies zeigen wir durch explizite Angabe der Inversen W_N^{-1}. Wir benötigen dazu die Summenformel für die geometrische Summe, die aber bereits bekannt sein müßte.

5.3.2 Aufgabe

Man zeige mit Hilfe des Horner-Schemas die Identität

$$z^N - 1 = (z-1) \sum_{\nu=0}^{N-1} z^\nu$$

und damit die Summenformel

$$\sum_{\nu=0}^{N-1} z^\nu = \begin{cases} N & , \quad z = 1 , \\ \dfrac{z^N - 1}{z - 1} & , \quad z \in \mathbb{C} \setminus \{1\} . \end{cases}$$

Wir erinnern an die "Kongruent-modulo N"-Sprechweise: Zwei ganze Zahlen $\nu, \mu \in \mathbb{Z}$ heißen "kongruent modulo N" ("ergeben bei ganzzahliger Division durch N den gleichen Rest"), falls

$$\nu - \mu = rN \quad \text{für ein} \quad r \in \mathbb{Z} ,$$

gilt. Man schreibt dafür auch

$$\nu \equiv \mu \bmod N ,$$

lies: "ν ist kongruent μ modulo N".

5.3.3 Satz

Es gilt

$$\sum_{\nu=0}^{N-1} \omega_N^{\mu\nu} = \begin{cases} N & , \quad \text{falls } \mu \equiv 0 \bmod N, \\ 0 & , \quad \text{sonst.} \end{cases}$$

Beweis. Für $\mu \equiv 0 \bmod N$ folgt $\omega_N^\mu = 1$, also

$$\sum_{\nu=0}^{N-1} \omega_N^{\mu\nu} = \sum_{\nu=0}^{N-1} 1^\nu = N .$$

Falls μ kein ganzzahliges Vielfaches von N ist, folgt $\omega_N^\mu \neq 1$, und wir erhalten mit Hilfe der Summenformel

$$\sum_{\nu=0}^{N-1} \omega_N^{\mu\nu} = \frac{(\omega_N^\mu)^N - 1}{\omega_N^\mu - 1} = \frac{1 - 1}{\omega_N^\mu - 1} = 0 . \qquad \square$$

Unter Ausnutzung des oben bewiesenen Satzes können wir nun W_N^{-1} explizit bestimmen.

5.3.4 Satz

Es gilt

$$W_N^{-1} = \frac{1}{N}\overline{W}_N = \frac{1}{N}\left(\omega_N^{-\mu\nu}\right)_{\substack{\mu=0,\ldots,N-1 \\ \nu=0,\ldots,N-1}} \ .$$

Beweis. Es sei

$$(e_{\mu\nu})_{\substack{\mu=0,\ldots,N-1 \\ \nu=0,\ldots,N-1}} := \frac{1}{N}\cdot W_N\overline{W}_N \ .$$

Dann folgt

$$e_{\mu\nu} = \frac{1}{N}\sum_{\lambda=0}^{N-1}\omega_N^{\mu\lambda}\omega_N^{-\lambda\nu} = \frac{1}{N}\sum_{\lambda=0}^{N-1}\omega_N^{(\mu-\nu)\lambda} = \begin{cases} 1 \ , & \text{falls } \mu \equiv \nu \bmod N, \\ 0 \ , & \text{sonst.} \end{cases}$$

Also ist $(e_{\mu\nu})_{\substack{\mu=0,\ldots,N-1 \\ \nu=0,\ldots,N-1}}$ die N-reihige Einheitsmatrix und folglich

$$W_N^{-1} = \frac{1}{N}\overline{W}_N \ .$$

$\square$

Für die Matrix W_N der Potenzen der N-ten Einheitswurzeln können wir somit die Inverse durch Übergang zu konjugierten Werten, also ohne echte Rechnung leicht ermitteln. Wir werden in diesem Kapitel noch eine weitere Besonderheit dieser Matrix zeigen, die von fundamentaler Bedeutung für die Rechentechnik ist. Die Bildung des Produkts einer $(N \times N)$-Matrix A mit einem N-komponentigen Vektor x erfordert wegen

$$Ax = \left(\sum_{j=0}^{N-1} a_{ij}x_j\right)_{i=0,\ldots,N-1}$$

N^2 Multiplikationen. Ist $A = W_N$ mit $N = 2^k$, $k \in \mathbb{N}$, so kann man mit Hilfe einer speziellen Technik die Anzahl der Multiplikationen von N^2 auf kN verringern. Um dies zu zeigen, bedarf es zunächst einiger Vorbereitungen.

Die sogenannte "Summenorthogonalität" (vgl. Satz 5.3.3 und den Beweis von Satz 5.3.4)

$$\frac{1}{N}\sum_{\lambda=0}^{N-1}\omega_N^{(\mu-\nu)\lambda} = \begin{cases} 1 \ , & \text{falls } \mu \equiv \nu \bmod N, \\ 0 \ , & \text{sonst} \end{cases}$$

der N-ten Einheitswurzeln hat auch Konsequenzen für gewisse trigonometrische Summen, wie man mit Hilfe der Eulerschen Formeln erkennt.

5.3.5 Aufgabe

Man zeige die Summenformeln

$$\frac{1}{N} \sum_{\lambda=0}^{N-1} \cos\left(\frac{2\pi}{N}\mu\lambda\right) = \begin{cases} 1 & , \quad \text{falls } \mu \equiv 0 \bmod N, \\ 0 & , \quad \text{sonst}, \end{cases}$$

$$\frac{1}{N} \sum_{\lambda=0}^{N-1} \sin\left(\frac{2\pi}{N}\mu\lambda\right) = 0, \quad \mu \in \mathbb{Z}\,.$$

Mit Hilfe dieser Summenformel können wir nun eine "Summenorthogonalitäts-formel" für die trigonometrischen Funktionen Sinus und Kosinus herleiten. Man muß dabei unterscheiden, ob die Anzahl n der verwendeten Punkte $t_\mu = \frac{2\pi}{n}\mu$, $\mu = 0, \ldots, n-1$, gerade oder ungerade ist.

5.3.6 Satz

Es gilt für $0 \le \mu, \nu \le n$:

$$(1) \quad \frac{2}{2n+1} \sum_{\lambda=0}^{2n} \cos\left(\frac{2\pi}{2n+1}\mu\lambda\right) \cos\left(\frac{2\pi}{2n+1}\nu\lambda\right) = \begin{cases} 2 & , \quad \mu = \nu = 0, \\ 1 & , \quad \mu = \nu \ne 0, \\ 0 & , \quad \mu \ne \nu, \end{cases}$$

$$(2) \quad \frac{2}{2n+1} \sum_{\lambda=0}^{2n} \sin\left(\frac{2\pi}{2n+1}\mu\lambda\right) \sin\left(\frac{2\pi}{2n+1}\nu\lambda\right) = \begin{cases} 0 & , \quad \mu = \nu = 0, \\ 1 & , \quad \mu = \nu \ne 0, \\ 0 & , \quad \mu \ne \nu, \end{cases}$$

$$(3) \quad \frac{2}{2n+1} \sum_{\lambda=0}^{2n} \sin\left(\frac{2\pi}{2n+1}\mu\lambda\right) \cos\left(\frac{2\pi}{2n+1}\nu\lambda\right) = 0\,,$$

$$(4) \quad \frac{1}{n} \sum_{\lambda=0}^{2n-1} \cos\left(\frac{\pi}{n}\mu\lambda\right) \cos\left(\frac{\pi}{n}\nu\lambda\right) = \begin{cases} 2 & , \quad \mu = \nu = 0, \\ 2 & , \quad \mu = \nu = n, \\ 1 & , \quad \mu = \nu \ne 0, n, \\ 0 & , \quad \mu \ne \nu, \end{cases}$$

$$(5) \quad \frac{1}{n} \sum_{\lambda=0}^{2n-1} \sin\left(\frac{\pi}{n}\mu\lambda\right) \sin\left(\frac{\pi}{n}\nu\lambda\right) = \begin{cases} 0 & , \quad \mu = \nu = 0, \\ 0 & , \quad \mu = \nu = n, \\ 1 & , \quad \mu = \nu \ne 0, n, \\ 0 & , \quad \mu \ne \nu, \end{cases}$$

$$(6) \quad \frac{1}{n} \sum_{\lambda=0}^{2n-1} \sin\left(\frac{\pi}{n}\mu\lambda\right) \cos\left(\frac{\pi}{n}\nu\lambda\right) = 0\,.$$

Beweis. Wir verwenden die Additionstheoreme für die trigonometrischen Funktionen, um die Resultate der Aufgabe 5.3.5 anwenden zu können.

(1) Wegen

$$2 \cos \alpha \cos \beta = \cos(\alpha + \beta) + \cos(\alpha - \beta)$$

erhalten wir

$$\frac{2}{2n+1} \sum_{\lambda=0}^{2n} \cos\left(\frac{2\pi}{2n+1}\mu\lambda\right) \cos\left(\frac{2\pi}{2n+1}\nu\lambda\right)$$

$$= \frac{1}{2n+1} \sum_{\lambda=0}^{2n} \left\{ \cos\left(\frac{2\pi}{2n+1}(\mu+\nu)\lambda\right) + \cos\left(\frac{2\pi}{2n+1}(\mu-\nu)\lambda\right) \right\} .$$

Für $\mu = \nu = 0$ ist die Richtigkeit der Behauptung evident. Für $\mu = \nu \neq 0$ gilt

$$\mu - \nu \equiv 0 \bmod (2n+1) , \quad \mu + \nu = 2\mu \not\equiv 0 \bmod (2n+1) ;$$

also folgt mit dem Resultat aus Aufgabe 5.3.5 ebenfalls die Behauptung. Für $\mu \neq \nu$, $0 \leq \mu, \nu \leq n$, gilt

$$\mu - \nu \not\equiv 0 \bmod (2n+1) , \quad \mu + \nu \not\equiv 0 \bmod (2n+1) ,$$

also liefert 5.3.5 ebenfalls die Behauptung.
Der Beweis von (2) – (6) ist Inhalt der folgenden Aufgabe.   □

5.3.7 Aufgabe

Man verifiziere die Aussagen (2) – (6) aus Satz 5.3.6.

Die Summenorthogonalität zeigt, daß man die Inverse der Matrix

$$A_{2n+1} := \begin{pmatrix} \frac{1}{\sqrt{2}} & \frac{1}{\sqrt{2}} & \cdots & \frac{1}{\sqrt{2}} \\ 1 & \cos\left(\frac{2\pi}{2n+1}1\right) & \cdots & \cos\left(\frac{2\pi}{2n+1}2n\right) \\ \vdots & \vdots & & \vdots \\ 1 & \cos\left(\frac{2\pi}{2n+1}n\right) & \cdots & \cos\left(\frac{2\pi}{2n+1}n\,2n\right) \\ 0 & \sin\left(\frac{2\pi}{2n+1}1\right) & \cdots & \sin\left(\frac{2\pi}{2n+1}2n\right) \\ \vdots & \vdots & & \vdots \\ 0 & \sin\left(\frac{2\pi}{2n+1}n\right) & \cdots & \sin\left(\frac{2\pi}{2n+1}n\,2n\right) \end{pmatrix}$$

bis auf einen Faktor durch die Transponierte A_{2n+1}^T bekommt.

5.3.8 Satz

Es gilt $A_{2n+1}^{-1} = \dfrac{2}{2n+1} A_{2n+1}^T$.

5.3.9 Aufgabe

Man übertrage die Aussage von Satz 5.3.8 auf eine gerade Anzahl von Knoten $x_\mu = \frac{\mu}{n}$, $\mu = 0, \ldots, 2n - 1$.

5.4   Trigonometrische Interpolation

Wir betrachten ein Polynom p_n,

$$p_n(z) = \sum_{\nu=0}^{n} a_\nu z^\nu \; , \quad a_\nu \in \mathbb{C} \; ,$$

vom Grad n auf dem Einheitskreis $E = \{z \mid z = \exp(it), \; t \in \mathbb{R}\}$ der komplexen Ebene; dann folgt

$$p_n(\exp(it)) = \sum_{\nu=0}^{n} a_\nu \exp(i\nu t) \; .$$

Dem Polynom p_n entspricht somit die 2π-periodische Funktion T_n mit

$$T_n(t) := \sum_{\nu=0}^{n} a_\nu \exp(i\nu t) \; .$$

Mit Hilfe der im Satz 5.2.1 (1) angegebenen Eulerschen Identität folgt

$$T_n(t) = \sum_{\nu=0}^{n} a_\nu \cos(\nu t) + i \sum_{\nu=0}^{n} a_\nu \sin(\nu t) \; .$$

Dies ist der Grund dafür, daß man T_n als *komplexes trigonometrisches Polynom vom Grad n* bezeichnet.

5.4.1   Definition

Für $a_\nu \in \mathbb{C}$, $\nu = 0, \ldots, n$, $a_n \neq 0$, bezeichnet man T_n mit

$$T_n(t) = \sum_{\nu=0}^{n} a_\nu \exp(i\nu t) \; , \quad t \in \mathbb{R} \; ,$$

als *komplexes trigonometrisches Polynom vom (genauen) Grad n.*

5.4.2   Aufgabe

Man zeige: Ein komplexes trigonometrisches Polynom T_n vom Grad n hat in jedem halboffenen Intervall $[a, a + 2\pi)$, $a \in \mathbb{R}$, höchstens n Nullstellen.

Es ist üblich, einen Ausdruck τ_n,

$$\tau_n(t) := \frac{a_0}{2} + \sum_{\nu=1}^{n} [a_\nu \cos(\nu t) + b_\nu \sin(\nu t)] \; , \quad a_\nu, b_\nu \in \mathbb{R} \; ,$$

als *reelles trigonometrisches Polynom vom Grad n* zu bezeichnen. Mit Hilfe der Eulerschen Formeln folgt

$$\tau_n(t) \;= \frac{a_0}{2} + \sum_{\nu=1}^{n} \left\{ \frac{a_\nu}{2} \left[\exp(i\nu t) + \exp(-i\nu t)\right] + \frac{b_\nu}{2i} \left[\exp(i\nu t) - \exp(-i\nu t)\right] \right\}$$

$$= \sum_{\nu=-n}^{n} \alpha_\nu \exp(i\nu t) \; ,$$

wobei

$$\alpha_0 := \frac{a_0}{2} \, ,$$

$$\alpha_\nu := \frac{1}{2}\left(a_\nu + \frac{b_\nu}{i}\right) = \frac{1}{2}(a_\nu - ib_\nu) \, , \quad \nu = 1, \ldots, n \, ,$$

$$\alpha_{-\nu} := \frac{1}{2}\left(a_\nu - \frac{b_\nu}{i}\right) = \frac{1}{2}(a_\nu + ib_\nu) = \bar{\alpha}_\nu \, , \quad \nu = 1, \ldots, n \, ,$$

gilt. Wegen

$$\tau_n(t) = \exp(-int) \sum_{\nu=-n}^{n} \alpha_\nu \exp(i(\nu + n)t) = \exp(-int) \sum_{\nu=0}^{2n} \alpha_{\nu-n} \exp(i\nu t)$$

ist also T_{2n}, $T_{2n}(t) := \exp(int)\tau_n(t)$, ein komplexes trigonometrisches Polynom vom Grad $2n$.

Ausgehend von einem komplexen trigonometrischen Polynom vom Grad $2n$ kann man auch umgekehrt ein reelles trigonometrisches Polynom definieren. Es muß allerdings gewährleistet sein, daß a_ν, $b_\nu \in \mathbb{R}$ gilt; nur solche komplexen trigonometrischen Polynome sind zugelassen.

5.4.3   Satz

Einem reellen trigonometrischen Polynom τ_n,

$$\tau_n(t) = \frac{a_0}{2} + \sum_{\nu=1}^{n} [a_\nu \cos(\nu t) + b_\nu \sin(\nu t)] \, , \quad a_\nu, b_\nu \in \mathbb{R} \, ,$$

ist durch

$$T_{2n}(t) = \exp(int)\tau_n(t)$$

umkehrbar eindeutig das komplexe trigonometrische Polynom T_{2n} *mit*

$$\begin{aligned}
T_{2n}(t) &= \sum_{\nu=0}^{2n} \alpha_{\nu-n} \exp(i\nu t), \\
\alpha_0 &= \frac{a_0}{2} \quad\quad\quad , \quad a_0 = 2\alpha_0, \\
\alpha_\nu &= \frac{1}{2}(a_\nu - ib_\nu) \quad , \quad a_\nu = \alpha_\nu + \alpha_{-\nu}, \\
\alpha_{-\nu} &= \frac{1}{2}(a_\nu + ib_\nu) \quad , \quad b_\nu = i(\alpha_\nu - \alpha_{-\nu}) \, , \quad \nu = 1, \ldots, n,
\end{aligned}$$

zugeordnet.

Der in diesem Satz dargestellte Zusammenhang zwischen reellen und komplexen trigonometrischen Polynomen erlaubt den Übergang von einer reellen zu einer komplexen Betrachtungsweise. Eine nützliche Anwendung findet sich in folgender Aufgabe.

5.4.4   Aufgabe

Man leite die Summenformel

$$\frac{1}{2} + \sum_{\nu=1}^{n} \cos(\nu t) = \begin{cases} \dfrac{2n+1}{2} & , \quad \text{falls } t = 2k\pi, \\[2mm] \dfrac{\sin\frac{2n+1}{2}t}{2\sin\frac{t}{2}} & , \quad \text{falls } t \neq 2k\pi, \quad k \in \mathbb{Z}, \end{cases}$$

her. (Hinweis: Man verwende die Eulerschen Formeln und die Summenformel der geometrischen Summe.)

Zu den äquidistant verteilten Stützstellen

$$x_{\mu+kN} := \frac{2\pi}{N}\mu + 2k\pi , \quad \mu = 0, \ldots, N-1 , \quad k \in \mathbb{Z} ,$$

und den N-periodischen Daten $f_\mu \in \mathbb{C}$, $f_{\mu+kN} = f_\mu$, $\mu \in \mathbb{Z}$, $k \in \mathbb{Z}$, betrachten wir mit einem komplexen trigonometrischen Polynom T_{N-1},

$$T_{N-1}(t) = \sum_{\nu=0}^{N-1} a_\nu \exp(i\nu t) ,$$

das Interpolationsproblem

$$T_{N-1}(x_{\mu+kN}) = f_{\mu+kN} , \quad \mu = 0, \ldots, N-1 , \quad k \in \mathbb{Z} .$$

Da T_{N-1} und die Stützstellen 2π-periodisch und die Daten N-periodisch vorausgesetzt sind, genügt es, das Problem im Intervall $[0, 2\pi)$ zu betrachten, also

$$T_{N-1}(x_\mu) = f_\mu , \quad \mu = 0, \ldots, N-1 .$$

Gesucht ist also die Lösung $a_0, \ldots, a_{N-1}$ des linearen Gleichungssystems

$$\sum_{\nu=0}^{N-1} a_\nu \exp(i\nu x_\mu) = f_\mu , \quad \mu = 0, \ldots, N-1 ,$$

d.h.

$$\sum_{\nu=0}^{N-1} a_\nu \omega_N^{\mu\nu} = f_\mu , \quad \mu = 0, \ldots, N-1 ,$$

oder in Matrixschreibweise $W_N a = f$,

$$W_N = (\omega_N^{\mu\nu})_{\substack{\mu=0,\ldots,N-1 \\ \nu=0,\ldots,N-1}} , \quad a = \begin{pmatrix} a_0 \\ \vdots \\ a_{N-1} \end{pmatrix} , \quad f = \begin{pmatrix} f_0 \\ \vdots \\ f_{N-1} \end{pmatrix} .$$

Wir wissen bereits, daß W_N invertierbar ist und somit eine eindeutige Lösung $a = W_N^{-1} f$ existiert. Wegen

$$W_N^{-1} = \frac{1}{N}\overline{W}_N = \frac{1}{N}\left(\omega_N^{-\mu\nu}\right)_{\substack{\mu=0,\ldots,N-1 \\ \nu=0,\ldots,N-1}}$$

(vgl. Satz 5.3.4) folgt $a = \frac{1}{N}\overline{W}_N f$, d.h. komponentenweise

$$a_\nu = \frac{1}{N}\sum_{\lambda=0}^{N-1} f_\lambda \, \omega_N^{-\nu\lambda} , \quad \nu = 0, \ldots, N-1 .$$

5.4.5 Satz

Das komplexe trigonometrische Polynom T_{N-1}, das die Daten f_μ an den Stützstellen $x_\mu = \frac{2\pi\mu}{N}$, $\mu = 0, \ldots, N-1$, interpoliert, d.h. die Eigenschaft

$$T_{N-1}\left(\frac{2\pi}{N}\mu\right) = f_\mu , \quad \mu = 0, \ldots, N-1 ,$$

besitzt, ist eindeutig bestimmt. Es hat die Gestalt

$$T_{N-1}(t) = \sum_{\nu=0}^{N-1} a_\nu \exp(i\nu t)$$

mit

$$a_\nu = \frac{1}{N} \sum_{\lambda=0}^{N-1} f_\lambda\, \omega_N^{-\nu\lambda} , \quad \nu = 0, \ldots, N-1 .$$

5.4.6 Aufgabe

a) Man bestimme das zu den Knoten $x_\mu = \frac{2\pi\mu}{N}$ und den Daten

$$f_\mu = \begin{cases} 1 & , \quad \mu \equiv 0 \bmod N, \\ 0 & , \quad \text{sonst}, \end{cases}$$

gehörende komplexe trigonometrische Interpolationspolynom l_0 vom Grad $N-1$ (Lagrange-Grundpolynom der trigonometrischen Interpolation).
b) Wie erhält man hieraus die übrigen Grundpolynome vom Lagrange-Typ?
c) Für den Fall $N = 2n+1$, $n \in \mathbb{N}$, zeige man die Darstellung

$$l_0(t) = \begin{cases} \dfrac{1}{2n+1} \exp(int)\dfrac{\sin\frac{2n+1}{2}t}{\sin\frac{t}{2}} & , \quad t \neq 2k\pi , \\ \\ 1 & , \quad t = 2k\pi , \quad k \in \mathbb{Z} . \end{cases}$$

Wir diskutieren nun die Interpolation mit reellen trigonometrischen Polynomen, zunächst für eine *ungerade* Anzahl $2n+1$ von Stützstellen. Dazu ziehen wir entsprechend zum komplexen Fall die Summenorthogonalität der trigonometrischen Funktionen Sinus und Kosinus heran.

5.4.7 Satz

Das reelle trigonometrische Polynom τ_{2n},

$$\tau_{2n}(t) = \frac{a_0}{2} + \sum_{\nu=1}^{n} [a_\nu \cos(\nu t) + b_\nu \sin(\nu t)] ,$$

$$a_\nu := \frac{2}{2n+1} \sum_{\lambda=0}^{2n} f_\lambda \cos\left(\frac{2\pi}{2n+1}\nu\lambda\right) , \quad \nu = 0, \ldots, n ,$$

$$b_\nu := \frac{2}{2n+1} \sum_{\lambda=0}^{2n} f_\lambda \sin\left(\frac{2\pi}{2n+1}\nu\lambda\right) , \quad \nu = 1, \ldots, n ,$$

interpoliert die Daten f_μ an den Stützstellen $x_\mu = \frac{2\pi\mu}{2n+1}$, $\mu = 0, \ldots, 2n$, d.h. es gilt

$$\tau_{2n}\left(\frac{2\pi}{2n+1}\mu\right) = f_\mu \,, \quad \mu = 0, \ldots, 2n \,.$$

Beweis. Aus

$$\tau_{2n}\left(\frac{2\pi}{2n+1}\mu\right) = \frac{a_0}{2} + \sum_{\nu=1}^{n}\left[a_\nu \cos\left(\frac{2\pi}{2n+1}\mu\nu\right) + b_\nu \sin\left(\frac{2\pi}{2n+1}\mu\nu\right)\right]$$

$$= \frac{2}{2n+1}\left\{\frac{1}{2}\sum_{\lambda=0}^{2n} f_\lambda \cos\left(\frac{2\pi}{2n+1}0\lambda\right)\right.$$

$$+ \sum_{\nu=1}^{n}\left[\sum_{\lambda=0}^{2n} f_\lambda \cos\left(\frac{2\pi}{2n+1}\nu\lambda\right)\cos\left(\frac{2\pi}{2n+1}\mu\nu\right)\right.$$

$$\left.\left. + \sum_{\lambda=0}^{2n} f_\lambda \sin\left(\frac{2\pi}{2n+1}\nu\lambda\right)\sin\left(\frac{2\pi}{2n+1}\mu\lambda\right)\right]\right\}$$

folgt durch Vertauschung der Summationsreihenfolge

$$\tau_{2n}\left(\frac{2\pi}{2n+1}\mu\right) = \sum_{\lambda=0}^{2n} f_\lambda \frac{2}{2n+1}\left\{\frac{1}{2} + \sum_{\nu=1}^{n}\cos\left(\frac{2\pi}{2n+1}\nu\lambda\right)\cos\left(\frac{2\pi}{2n+1}\mu\nu\right)\right.$$

$$\left. + \sum_{\nu=1}^{n}\sin\left(\frac{2\pi}{2n+1}\nu\lambda\right)\sin\left(\frac{2\pi}{2n+1}\mu\lambda\right)\right\} \,.$$

Verwendet man die Relationen

$$\cos(\alpha)\cos(\beta) = \frac{1}{2}\left(\cos(\alpha)\cos(\beta) + \cos(2\pi - \alpha)\cos(2\pi - \beta)\right) \,,$$

$$\sin(\alpha)\sin(\beta) = \frac{1}{2}\left(\sin(\alpha)\sin(\beta) + \sin(2\pi - \alpha)\sin(2\pi - \beta)\right) \,,$$

für $\alpha = \frac{2\pi}{2n+1}\nu\lambda$ und $\beta = \frac{2\pi}{2n+1}\nu\mu$, so folgt weiter

$$\tau_{2n}\left(\frac{2\pi}{2n+1}\mu\right) = \sum_{\lambda=0}^{2n} f_\lambda \frac{1}{2n+1}\sum_{\nu=0}^{2n}\left[\cos\left(\frac{2\pi}{2n+1}\nu\lambda\right)\cos\left(\frac{2\pi}{2n+1}\nu\mu\right)\right.$$

$$\left. + \sin\left(\frac{2\pi}{2n+1}\nu\lambda\right)\sin\left(\frac{2\pi}{2n+1}\nu\mu\right)\right]$$

$$= \sum_{\lambda=0}^{2n} f_\lambda \delta_{\mu\lambda} = f_\mu \,,$$

wie man mit Hilfe der Summenorthogonalität (Satz 5.3.6) erkennt.   □

Im Fall einer *geraden* Anzahl von Stützstellen spielt, wie die Summenorthogonalität zeigt, neben a_0 auch a_n eine Sonderrolle. Man verifiziert wie im eben behandelten Fall folgende Darstellung des trigonometrischen Interpolationspolynoms.

5.4.8   Satz

Das reelle trigonometrische Polynom τ_{2n-1},

$$\tau_{2n-1}(t) \;=\; \frac{a_0}{2} + \sum_{\nu=1}^{n-1} [a_\nu \cos(\nu t) + b_\nu \sin(\nu t)] + \frac{a_n}{2}\cos(nt) \;,$$

$$a_\nu \;:=\; \frac{1}{n}\sum_{\lambda=0}^{2n-1} f_\lambda \cos\left(\frac{\pi}{n}\lambda\nu\right) \;,\quad \nu = 0,1,\ldots,n \;,$$

$$b_\nu \;:=\; \frac{1}{n}\sum_{\lambda=0}^{2n-1} f_\lambda \sin\left(\frac{\pi}{n}\lambda\nu\right) \;,\quad \nu = 1,2,\ldots,n-1 \;,$$

interpoliert die Daten f_μ *an den Stützstellen* $x_\mu = \frac{\pi\mu}{n}$, $\mu = 0,\ldots,2n-1$, *d.h. es gilt*

$$\tau_{2n-1}\left(\frac{\pi}{n}\mu\right) = f_\mu \;,\quad \mu = 0,\ldots,2n-1 \;.$$

5.4.9   Aufgabe

Man beweise Satz 5.4.8.

5.5   Der diskrete Fourier-Operator

Für die Lösung des komplexen, von $f_0,\ldots,f_{N-1}$ abhängigen Interpolationsproblems mit den N-ten Einheitswurzeln als Stützstellen sind die Größen

$$a_\nu = a_\nu(f_0,\ldots,f_{N-1}) := \frac{1}{N}\sum_{\lambda=0}^{N-1} f_\lambda \omega_N^{-\nu\lambda} \;,\quad \nu = 0,\ldots,N-1 \;,$$

entscheidend. Kennt man diese, so ist das Interpolationspolynom bestimmt. Jedes a_ν kann man als Linearform $a_\nu : \mathbb{C}^N \to \mathbb{C}$, $(f_0,\ldots,f_{N-1})^T \mapsto a_\nu(f_0,\ldots f_{N-1})$ auffassen. Im Hinblick auf die nachfolgenden Untersuchungen setzen wir die Interpolationsdaten beidseitig N-periodisch fort gemäß $(x_\nu, f_\nu) = (x_{\nu+kN}, f_{\nu+kN})$, $\nu, k \in \mathbb{Z}$. Dies führt auf folgende Definition.

5.5.1   Definition

Für eine N-periodische Folge $f = (f_\nu)_{\nu\in\mathbb{Z}}$ bezeichnet man den durch die Linearform $d_\mu^{(N)}$, $\mu \in \mathbb{Z}$,

$$d_\mu^{(N)}(f) := \frac{1}{N}\sum_{\lambda=0}^{N-1} f_\lambda \omega_N^{-\mu\lambda} \;,$$

gelieferten Wert als μ-*ten diskreten Fourier-Koeffizienten von* f.

Die Menge der N-periodischen komplexen Folgen

$$V_N := \{f \mid f = (f_\nu)_{\nu\in\mathbb{Z}} \;,\quad f_\nu \in \mathbb{C} \;,\quad f_{\nu+kN} = f_\nu \;;\quad \nu, k \in \mathbb{Z}\}$$

bildet einen N-dimensionalen Vektorraum über dem Körper $\mathbb{C}$, wenn man Addition und Skalarmultiplikation komponentenweise definiert:

$$\alpha f + \beta g = (\alpha f_\nu + \beta g_\nu)_{\nu \in \mathbb{Z}} \ .$$

Es sind also $d_\mu^{(N)}$, $\mu \in \mathbb{Z}$, Linearformen auf dem N-dimensionalen Vektorraum der komplexwertigen N-periodischen Folgen V_N. Dabei ist für $f \in V_N$ die Folge $\left(d_\mu^{(N)}(f)\right)_{\mu \in \mathbb{Z}}$ bemerkenswerterweise selbst N-periodisch, d.h.

$$d_{\mu+kN}^{(N)}(f) = d_\mu^{(N)}(f) \ , \quad \mu, k \in \mathbb{Z} \ ,$$

wie mit Hilfe der N-Periodizität von f leicht zu verifizieren ist. Also liegt auch $(d_\mu^{(N)}(f))_{\mu \in \mathbb{Z}}$ in V_N, und wir können somit einen Isomorphismus $\mathcal{F}_N$ auf V_N definieren durch

$$\mathcal{F}_N : V_N \longrightarrow V_N \ , \quad f = (f_\nu)_{\nu \in \mathbb{Z}} \mapsto \left(d_\mu^{(N)}(f)\right)_{\mu \in \mathbb{Z}} \ .$$

Die Bijektivität von $\mathcal{F}_N$ kann man an der Invertierbarkeit der Matrix W_N aus Satz 5.3.4 sehen. Man kann auch leicht eine explizite Darstellung des inversen Isomorphismus $\mathcal{F}_N^{-1}$ herleiten.

5.5.2 Aufgabe

Man zeige, daß

$$\mathcal{F}_N^{-1} : V_N \longrightarrow V_N \ , \quad f \mapsto \left(\sum_{\lambda=0}^{N-1} f_\lambda \, \omega_N^{\mu\lambda}\right)_{\mu \in \mathbb{Z}} \ ,$$

gilt.

5.5.3 Definition

Man bezeichnet den Isomorphismus $\mathcal{F}_N$ mit

$$\mathcal{F}_N : V_N \longrightarrow V_N \ , \quad f \mapsto \left(\frac{1}{N} \sum_{\lambda=0}^{N-1} f_\lambda \omega_N^{-\mu\lambda}\right)_{\mu \in \mathbb{Z}} \ ,$$

als *diskreten Fourier-Operator* und den dazu inversen Isomorphismus $\mathcal{F}_N^{-1}$ mit

$$\mathcal{F}_N^{-1} : V_N \longrightarrow V_N \ , \quad f \mapsto \left(\sum_{\lambda=0}^{N-1} f_\lambda \omega_N^{\mu\lambda}\right)_{\mu \in \mathbb{Z}} \ ,$$

als *inversen diskreten Fourier-Operator*.

Im Vektorraum V_N der N-periodischen Folgen komplexer Zahlen kann man auch eine multiplikative Struktur einführen, sogar auf zweierlei Art: Das *komponentenweise Produkt* (auch *Hadamard-Produkt*[39]) erhält man für $f = (f_\nu)_{\nu \in \mathbb{Z}} \in V_N$ und $g = (g_\nu)_{\nu \in \mathbb{Z}} \in V_N$ durch

$$f \cdot g := (f_\nu g_\nu)_{\nu \in \mathbb{Z}} \ .$$

---

[39]Hadamard, Jaques (08.12.1865 – 17.10.1963)

Außerdem kann man das *Faltungsprodukt* definieren durch

$$f * g := \left(\sum_{\lambda=0}^{N-1} f_\lambda g_{\nu-\lambda} \right)_{\nu \in \mathbb{Z}} .$$

Das Faltungsprodukt spielt eine Rolle bei der Multiplikation von zwei Polynomen. Für p, q mit

$$p(x) = \sum_{\nu=0}^{n} a_\nu x^\nu , \qquad q(x) = \sum_{\mu=0}^{m} b_\mu x^\mu ,$$

erhält man die Koeffizienten c_λ von pq,

$$p(x)q(x) = \sum_{\lambda=0}^{n+m} c_\lambda x^\lambda ,$$

mit Hilfe des Cauchy-Produkts, das man auf das Faltungsprodukt zurückführen kann. Darauf werden wir an späterer Stelle dieses Kapitels zurückkommen.

5.5.4 Aufgabe

a) Für die Folge $e^{(r,N)} \in V_N$ mit

$$e_\nu^{(r,N)} = \begin{cases} 1 , & \text{falls } \nu \equiv r \bmod N, \quad \nu \in \mathbb{Z} , \\ 0 , & \text{falls } \nu \not\equiv r \bmod N, \quad \nu \in \mathbb{Z} , \end{cases}$$

bestimme man die Folge

$$\delta^{(r,s,N)} := e^{(r,N)} * e^{(s,N)} , \quad r,s \in \mathbb{Z} .$$

b) Man verifiziere, daß beide Produktbildungen $\cdot$ und $*$ mit der Vektorraumstruktur von V_N verträglich, d.h. bilinear sind.

c) Man zeige: Für $f, g \in V_N$ gilt

$$\begin{aligned} \mathcal{F}_N(f * g) &= N \mathcal{F}_N(f) \mathcal{F}_N(g) , \\ \mathcal{F}_N^{-1}(f * g) &= \mathcal{F}_N^{-1}(f) \mathcal{F}_N^{-1}(g) . \end{aligned}$$

Um $\mathcal{F}_N(f \cdot g)$ darzustellen, betrachten wir mit φ, $\psi \in V_N$ die Identität

$$\mathcal{F}_N^{-1}(\varphi * \psi) = \mathcal{F}_N^{-1}(\varphi) \mathcal{F}_N^{-1}(\psi)$$

und setzen darin $\varphi := \mathcal{F}_N(f)$, $\psi := \mathcal{F}_N(g)$. Dann folgt

$$\mathcal{F}_N^{-1}\left(\mathcal{F}_N(f) * \mathcal{F}_N(g)\right) = \mathcal{F}_N^{-1}\left(\mathcal{F}_N(f)\right) \cdot \mathcal{F}_N^{-1}\left(\mathcal{F}_N(g)\right) = f \cdot g .$$

Wendet man nun auf beiden Seiten $\mathcal{F}_N$ an, so erhält man

$$\mathcal{F}_N(f) * \mathcal{F}_N(g) = \mathcal{F}_N(f \cdot g) .$$

Entsprechend folgt

$$\mathcal{F}_N^{-1}(f) * \mathcal{F}_N^{-1}(g) = N \mathcal{F}_N^{-1}(f \cdot g) .$$

Wir halten diese wichtigen Identitäten fest.

5.5.5   Satz

Für $f, g \in V_N$ *gilt:*

$$
\begin{aligned}
(1) \quad & \mathcal{F}_N(f * g) &&= N\mathcal{F}_N(f) \cdot \mathcal{F}_N(g) \, . \\
(2) \quad & \mathcal{F}_N(f \cdot g) &&= \mathcal{F}_N(f) * \mathcal{F}_N(g) \, . \\
(3) \quad & \mathcal{F}_N^{-1}(f * g) &&= \mathcal{F}_N^{-1}(f) \cdot \mathcal{F}_N^{-1}(g) \, . \\
(4) \quad & \mathcal{F}_N^{-1}(f \cdot g) &&= \tfrac{1}{N}\mathcal{F}_N^{-1}(f) * \mathcal{F}_N^{-1}(g) \, .
\end{aligned}
$$

Das Faltungsprodukt kann man, wie aus (1) durch Anwendung von $\mathcal{F}_N^{-1}$ folgt, in der Form

$$
f * g = N\mathcal{F}_N^{-1}\left(\mathcal{F}_N(f) \cdot \mathcal{F}_N(g)\right)
$$

darstellen. Zweimalige Anwendung von $\mathcal{F}_N$, komponentenweise Produktbildung und Anwendung von $\mathcal{F}_N^{-1}$ liefert somit das Faltungsprodukt. Dies ist von großer Bedeutung, weil für die Anwendung von $\mathcal{F}_N$ und $\mathcal{F}_N^{-1}$ wesentlich weniger Rechenoperationen als für die Auswertung von $f * g$ nach der Definitionsgleichung

$$
f * g = \left(\sum_{\lambda=0}^{N-1} f_\lambda g_{\nu-\lambda}\right)_{\nu \in \mathbb{Z}} \, ,
$$

benötigt werden, die N^2 Multiplikationen erfordert. Dies werden wir im nächsten Abschnitt sehen.

Die bei der Definition des diskreten Fourier-Operators $\mathcal{F}_N$,

$$
(\mathcal{F}_N f)_{\mu \in \mathbb{Z}} = \left(\frac{1}{N}\sum_{\lambda=0}^{N-1} f_\lambda \omega_N^{-\mu\lambda}\right)_{\mu \in \mathbb{Z}} \, ,
$$

auftretenden Produkte komplexer Zahlen f_λ und $\omega_N^{-\mu\lambda}$ entsprechen jeweils vier Produkten reeller Zahlen, was den Rechenaufwand anbetrifft. Man wird hoffen, daß für *reelle* N-periodische Folgen $(f_\lambda)_{\lambda \in \mathbb{Z}}$, $f_\lambda \in \mathbb{R}$, der Rechenaufwand verringert werden kann. Dies ist in der Tat möglich, wenn man gewisse Symmetrieeigenschaften ausnutzt.

Es sei also für gerades N, eine reelle N-periodische Folge $f = (f_\lambda)_{\lambda \in \mathbb{Z}}$ gegeben. Dann folgt

$$
\begin{aligned}
N \cdot \mathcal{F}_N f \; &= \left(\sum_{\lambda=0}^{N-1} f_\lambda \omega_N^{-\mu\lambda}\right)_{\mu \in \mathbb{Z}} \\
&= \left(\sum_{\lambda=0}^{\frac{N}{2}-1} f_{2\lambda}\omega_N^{-2\mu\lambda}\right)_{\mu \in \mathbb{Z}} + \left(\sum_{\lambda=0}^{\frac{N}{2}-1} f_{2\lambda+1}\omega_N^{-\mu(2\lambda+1)}\right)_{\mu \in \mathbb{Z}} \\
&= \left(\sum_{\lambda=0}^{\frac{N}{2}-1} f_{2\lambda}\omega_{\frac{N}{2}}^{-\mu\lambda}\right)_{\mu \in \mathbb{Z}} + \left(\omega_N^{-\mu}\sum_{\lambda=0}^{\frac{N}{2}-1} f_{2\lambda+1}\omega_{\frac{N}{2}}^{-\mu\lambda}\right)_{\mu \in \mathbb{Z}} \, .
\end{aligned}
$$

Wenn wir mit $f^{(g)}$ und $f^{(u)}$ die reellen $\frac{N}{2}$-periodischen Folgen

$$f^{(g)} := \left(f_\lambda^{(g)}\right)_{\lambda \in \mathbb{Z}} := (f_{2\lambda})_{\lambda \in \mathbb{Z}} \ , \qquad f^{(u)} := \left(f_\lambda^{(u)}\right)_{\lambda \in \mathbb{Z}} := (f_{2\lambda+1})_{\lambda \in \mathbb{Z}} \ ,$$

und mit $(\mathcal{F}_N f)_\mu$ das μ-te Element der Folge $(\mathcal{F}_N f)_{\mu \in \mathbb{Z}}$ bezeichnen, so erhalten wir also

$$N \cdot (\mathcal{F}_N f)_\mu = \frac{N}{2} \left[\left(\mathcal{F}_{\frac{N}{2}} f^{(g)} \right)_\mu + \omega_N^{-\mu} \left(\mathcal{F}_{\frac{N}{2}} f^{(u)} \right)_\mu \right] \ , \quad \mu \in \mathbb{Z} \ .$$

Für die komplexe $\frac{N}{2}$-periodische Folge F,

$$F := f^{(g)} + i f^{(u)} \ ,$$

folgt

$$\left(\mathcal{F}_{\frac{N}{2}} F \right)_\mu = \frac{2}{N} \sum_{\lambda=0}^{\frac{N}{2}-1} \left(f_\lambda^{(g)} + i f_\lambda^{(u)} \right) \omega_{\frac{N}{2}}^{-\mu\lambda} \ .$$

Wir definieren nun

$$c_\mu \ := \frac{1}{2} \left[\left(\mathcal{F}_{\frac{N}{2}} F \right)_\mu + \overline{\left(\mathcal{F}_{\frac{N}{2}} F \right)_{-\mu}} \right] \ ,$$

$$d_\mu \ := \frac{1}{2i} \left[\left(\mathcal{F}_{\frac{N}{2}} F \right)_\mu - \overline{\left(\mathcal{F}_{\frac{N}{2}} F \right)_{-\mu}} \right] \ .$$

5.5.6 Aufgabe

Man zeige: Es gilt

$$c_\mu = \left(\mathcal{F}_{\frac{N}{2}} f^{(g)} \right)_\mu \text{ sowie } d_\mu = \left(\mathcal{F}_{\frac{N}{2}} f^{(u)} \right)_\mu \ .$$

Insgesamt haben wir also folgendes Resultat für reelle N-periodische Folgen erhalten.

5.5.7 Satz

Gegeben sei für gerades N die N-periodische reelle Folge $f = (f_\lambda)_{\lambda \in \mathbb{Z}}$. Definiert man die $\frac{N}{2}$-periodische Folge F durch

$$F_\lambda := f_{2\lambda} + i\, f_{2\lambda+1} \ , \quad \lambda \in \mathbb{Z} \ ,$$

so gilt

$$(\mathcal{F}_N f)_{\mu \in \mathbb{Z}} = \frac{1}{4} \left(\left(\mathcal{F}_{\frac{N}{2}} F \right)_\mu + \overline{\left(\mathcal{F}_{\frac{N}{2}} F \right)_{-\mu}} \right)_{\mu \in \mathbb{Z}} + \frac{1}{4i} \left(\omega_N^{-\mu} \left[\left(\mathcal{F}_{\frac{N}{2}} F \right)_\mu - \overline{\left(\mathcal{F}_{\frac{N}{2}} F \right)_{-\mu}} \right] \right)_{\mu \in \mathbb{Z}} \ .$$

Der Rechenaufwand zur Auswertung von $\mathcal{F}_N f$ für eine reelle Folge f ist also ungefähr gleich groß wie der Aufwand für die Auswertung von $\mathcal{F}_{\frac{N}{2}} F$ für eine komplexe Folge F; $\mathcal{F}_N$ läßt sich für reelle Folgen also ungefähr doppelt so schnell auswerten wie für komplexe Folgen.

5.6   Der FFT-Algorithmus

Die Berechnung von N diskreten Fourier-Koeffizienten erfordert bei direkter Auswertung der Formel

$$d_\mu^{(N)}(f) := \frac{1}{N} \sum_{\lambda=0}^{N-1} f_\lambda \omega_N^{-\mu\lambda} , \quad \mu = 0, \ldots, N-1 ,$$

offensichtlich für jeden Index μ (von Sonderfällen, wie z.B. $\mu = 0$, abgesehen) rund N Multiplikationen und ebenso viele Additionen, also insgesamt je N^2 Additionen und Multiplikationen. Für eine Zweierpotenz $N = 2^k$ läßt sich mit Hilfe des FFT-Algorithmus (**Fast Fourier Transform**, Schnelle Fourier-Transformation) die Anzahl der Multiplikationen wesentlich reduzieren, und zwar von $N^2 = 2^{2k}$ auf $kN = k2^k$. Dies ist eine gewaltige Ersparnis:

k	N^2	kN
10	$\sim 10^6$	$\sim 10^4$
14	$\sim 10^8$	$\sim 10^5$
20	$\sim 10^{12}$	$\sim 10^7$

Selbst für sehr schnelle Großrechner mit 100 Mega-Flops (100 Millionen **F**loating **P**oint **O**perations per Second) sind 10^{12} Rechenoperationen in knapp 3 Stunden, 10^7 Operationen dagegen in Bruchteilen einer Sekunde ausführbar. Erst der FFT-Algorithmus hat gewisse Anwendungen (Bildverarbeitung, Glättung von Daten) mit kleineren Prozeßrechnern oder auch schon im Mikroprozessorbereich ermöglicht. Da der Rechenaufwand gegenüber den bekannten Methoden dramatisch absinkt, bezeichnet man diesen Algorithmus als *schnell* (engl.: fast).

Der FFT-Algorithmus beruht auf einer geschickten Zusammenfassung von Summanden, um die besonderen Eigenschaften der N-ten Einheitswurzeln ausnutzen zu können. Um nicht den Faktor $\frac{1}{N}$ mitschleppen zu müssen, betrachten wir im folgenden den inversen diskreten Fourier-Operator. Es geht also darum, für eine N-periodische Folge $f = (f_\lambda)_{\lambda \in \mathbb{Z}}$ die N Summen

$$c_\mu^{(N)}(f) := \sum_{\lambda=0}^{N-1} f_\lambda \omega_N^{\mu\lambda} , \quad \mu = 0, \ldots, N-1 ,$$

möglichst geschickt zu berechnen.

Betrachten wir als einführendes Beispiel den Fall $N = 8$, also $k = 3$. Dann lassen sich die jeweils 8 auftretenden Summanden folgendermaßen zusammenfassen:

$$c_\mu^{(N)}(f) = f_0\omega_8^0 + f_1\omega_8^\mu + f_2\omega_8^{2\mu} + f_3\omega_8^{3\mu} + f_4\omega_8^{4\mu} + f_5\omega_8^{5\mu} + f_6\omega_8^{6\mu} + f_7\omega_8^{7\mu}$$

$$= \left\{ f_0 + f_2\omega_8^{2\mu} + f_4\omega_8^{4\mu} + f_6\omega_8^{6\mu} \right\} + \omega_8^\mu \left\{ f_1 + f_3\omega_8^{2\mu} + f_5\omega_8^{4\mu} + f_7\omega_8^{6\mu} \right\}$$

$$= \left\{ f_0 + f_2\omega_4^\mu + f_4\omega_4^{2\mu} + f_6\omega_4^{3\mu} \right\} + \omega_8^\mu \left\{ f_1 + f_3\omega_4^\mu + f_5\omega_4^{2\mu} + f_7\omega_4^{3\mu} \right\}$$

$$= \left\{ \left[f_0 + f_4\omega_4^{2\mu} \right] + \omega_4^\mu \left[f_2 + f_6\omega_4^{2\mu} \right] \right\} + \omega_8^\mu \left\{ \left[f_1 + f_5\omega_4^{2\mu} \right] + \omega_4^\mu \left[f_3 + f_7\omega_4^{2\mu} \right] \right\}$$

$$= \left\{ \left[f_0 + f_4(-1)^\mu \right] + \omega_4^\mu \left[f_2 + f_6(-1)^\mu \right] \right\} + \omega_8^\mu \left\{ \left[f_1 + f_5(-1)^\mu \right] + \omega_4^\mu \left[f_3 + f_7(-1)^\mu \right] \right\} \,.$$

Man sieht, daß man mit $k-1=2$ Stufen die ursprüngliche Summe in eine geschachtelte Form bringen kann, wobei in der ersten Stufe nach geraden und ungeraden Indizes sortiert wird und in der zweiten Stufe eine entsprechende Sortierung auf die in der ersten Stufe entstandenen Teilsummen angewandt wird. Dieses Beispiel legt die Vermutung nahe, daß man im Fall $N = 2^k$ die Länge der auszuwertenden Summen schrittweise reduzieren kann, indem man der Reihe nach geeignete Teilsummen bildet, deren Summanden jeweils gleiche Faktoren aus Potenzen von Einheitswurzeln besitzen, und indem man außerdem Potenzen von Einheitswurzeln nach Möglichkeit reduziert. Dies ist ein *rekursiver* Prozeß.

Ein Rekursionsschritt läßt sich folgendermaßen beschreiben: Wie man leicht erkennt, gibt es für $\lambda \in \{0, \dots, N-1\}$ und N gerade eine eindeutige Darstellung in der Form

$$\lambda = \lambda_1 \cdot 2 + \lambda_0 \,, \quad \lambda_0 \in \{0, 1\} \,, \quad \lambda_1 \in \left\{ 0, \dots, \frac{N}{2} - 1 \right\} \,.$$

Die zu berechnenden Summen

$$c_\mu^{(N)}(f) = \sum_{\lambda=0}^{N-1} f_\lambda \omega_N^{\mu\lambda} \,, \quad \mu = 0, \dots, N-1 \,,$$

lassen sich dann als Doppelsumme

$$c_\mu^{(N)}(f) = \sum_{\lambda_1=0}^{\frac{N}{2}-1} \sum_{\lambda_0=0}^{1} f_{\lambda_1 \cdot 2 + \lambda_0} \, \omega_N^{\mu(\lambda_1 \cdot 2 + \lambda_0)}$$

darstellen. Nach Vertauschung der Summationsreihenfolge erhält man

$$c_\mu^{(N)}(f) = \sum_{\lambda_0=0}^{1} \sum_{\lambda_1=0}^{\frac{N}{2}-1} f_{\lambda_1 \cdot 2 + \lambda_0} \, \omega_N^{2\mu\lambda_1 + \mu\lambda_0}$$

und hieraus unter Beachtung von

$$\omega_N^{2\mu\lambda_1 + \mu\lambda_0} = \omega_N^{2\mu\lambda_1} \omega_N^{\mu\lambda_0} = \omega_{\frac{N}{2}}^{\mu\lambda_1} \omega_N^{\mu\lambda_0}$$

schließlich die Darstellung

$$c_\mu^{(N)}(f) = \sum_{\lambda_0=0}^{1} \omega_N^{\mu\lambda_0} \sum_{\lambda_1=0}^{\frac{N}{2}-1} f_{\lambda_1 \cdot 2 + \lambda_0} \, \omega_{\frac{N}{2}}^{\mu\lambda_1} \,, \quad \mu = 0, \dots, N-1 \,.$$

Bezeichnen wir mit $f^{(\lambda_0)} := (f_{\lambda_1 \cdot 2 + \lambda_0})_{\lambda_1 \in \mathbb{Z}}$, $\lambda_0 = 0, 1$, die beiden $\frac{N}{2}$-periodischen Teilfolgen der N-periodischen Folge f, die mit geraden bzw. ungeraden Indizes der Folgenglieder gebildet werden, so gilt wegen $f_\lambda^{(\lambda_0)} = f_{\lambda \cdot 2 + \lambda_0}$

$$c_\mu^{\left(\frac{N}{2}\right)}\left(f^{(\lambda_0)}\right) = \sum_{\lambda=0}^{\frac{N}{2}-1} f_\lambda^{(\lambda_0)} \omega_{\frac{N}{2}}^{\mu\lambda} = \sum_{\lambda=0}^{\frac{N}{2}-1} f_{\lambda \cdot 2 + \lambda_0} \, \omega_{\frac{N}{2}}^{\mu\lambda} \,.$$

Da es auf die Bezeichnung des Summationsindex nicht ankommt, erhält man also

$$c_\mu^{(N)}(f) = \sum_{\lambda_0=0}^{1} \omega_N^{\mu\lambda_0} c_\mu^{(\frac{N}{2})}\left(f^{(\lambda_0)}\right) \ .$$

Insgesamt folgt somit die Rekursionsformel

$$c_\mu^{(N)}(f) = c_\mu^{(\frac{N}{2})}(f^{(0)}) + \omega_N^\mu c_\mu^{(\frac{N}{2})}(f^{(1)}) \ , \quad \mu = 0,\ldots,N-1 \ ,$$

bzw. wegen der $\frac{N}{2}$-Periodizität der Folgen $\left(c_\mu^{(\frac{N}{2})}(f^{(0)})\right)_{\mu\in\mathbb{Z}}$ und $\left(c_\mu^{(\frac{N}{2})}(f^{(1)})\right)_{\mu\in\mathbb{Z}}$ schließlich

$$\begin{aligned} c_\mu^{(N)}(f) &= c_\mu^{(\frac{N}{2})}(f^{(0)}) + \omega_N^\mu c_\mu^{(\frac{N}{2})}(f^{(1)}) \ , \\ c_{\frac{N}{2}+\mu}^{(N)}(f) &= c_\mu^{(\frac{N}{2})}(f^{(0)}) + \omega_N^{\frac{N}{2}+\mu} c_\mu^{(\frac{N}{2})}(f^{(1)}) \ , \quad \mu = 0,1,\ldots,\frac{N}{2}-1 \ . \end{aligned}$$

N Summen der Länge N können also dadurch berechnet werden, daß man zweimal $\frac{N}{2}$ Summe der Länge $\frac{N}{2}$ auswertet und außerdem N-mal multipliziert und addiert.

5.6.1 Satz (Rekursive Form des FFT-Algorithmus)

Es sei $N > 1$ gerade. Mit $f^{(\lambda_0)}$, $\lambda_0 = 0,1$, seien die $\frac{N}{2}$-periodischen Teilfolgen $f^{(\lambda_0)} := (f_{\lambda_1\cdot 2+\lambda_0})_{\lambda_1\in\mathbb{Z}}$ der N-periodischen Folge $f = (f_\lambda)_{\lambda\in\mathbb{Z}}$ bezeichnet. Dann gilt für die beim inversen diskreten Fourier-Operator auftretenden Summen

$$c_\mu^{(N)}(f) = \sum_{\lambda=0}^{N-1} f_\lambda \omega_N^{\mu\lambda} \ , \quad \mu = 0,\ldots,N-1 \ ,$$

die rekursive Darstellung

$$\begin{aligned} c_\mu^{(N)}(f) &= c_\mu^{(\frac{N}{2})}(f^{(0)}) + \omega_N^\mu c_\mu^{(\frac{N}{2})}(f^{(1)}) \ , \\ c_{\frac{N}{2}+\mu}^{(N)}(f) &= c_\mu^{(\frac{N}{2})}(f^{(0)}) + \omega_N^{\frac{N}{2}+\mu} c_\mu^{(\frac{N}{2})}(f^{(1)}) \ , \quad \mu = 0,1,\ldots,\frac{N}{2}-1 \ . \end{aligned}$$

Der FFT-Algorithmus für eine Folge der Länge $N = 2^k$ läuft also rekursiv ab, wobei ein Rekursionsschritt aus drei Stufen besteht:

- Sortierung der zu transformierenden Folge nach geraden und ungeraden Indizes,

- zweimalige Anwendung eines FFT-Algorithmus der halben Länge,

- Rekombination zweier Folgen der halben Länge zu einer Folge der vollen Länge.

Der Rekombinationsschritt läßt sich mit Hilfe des sogenannten "Schmetterlingsschemas" erläutern. Aus je zwei Werten $c_\mu^{(\frac{N}{2})}(f^{(0)})$ und $c_\mu^{(\frac{N}{2})}(f^{(1)})$ werden die Werte $c_\mu^{(N)}(f)$, $\mu = 0, \ldots, N-1$, linear kombiniert. Graphisch wird dies durch das Pfeilschema in Abb. 5.5 veranschaulicht. Es deutet an, wie aus den Ausgangsdaten (Pfeilenden) durch Linearkombination die Resultate (Pfeilspitzen) gebildet werden.

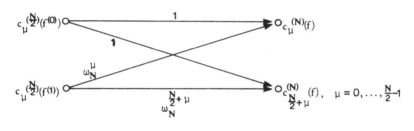

Abb. 5.5

Die rekursive Struktur des FFT-Algorithmus wird aus Abb. 5.6 deutlich.

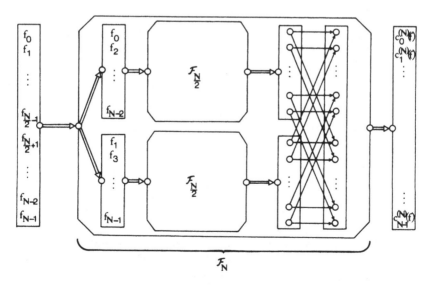

Abb. 5.6

Wir wenden uns nun dem Problem zu, die rekursive Struktur des FFT-Algorithmus aufzulösen, um eine explizite Formulierung zu gewinnen. Das Sortieren nach geraden und ungeraden Indizes läßt sich am bequemsten mit Hilfe der Binärdarstellung nachvollziehen. Für λ mit $0 \leq \lambda \leq 2^k - 1$ betrachten wir die Darstellung im Dualsystem

$$[\lambda_{k-1}, \ldots, \lambda_1, \lambda_0] := \lambda = \sum_{\nu=0}^{k-1} \lambda_\nu 2^\nu \ ,$$

wobei $\lambda_\nu \in \{0,1\}$, $\nu = 0, \ldots, k-1$, gilt.

5.6.2 Aufgabe

Man zeige, daß für $N = 2^k$ gilt

$$\omega_N^{\mu[\lambda_{k-1}, \ldots, \lambda_1, \lambda_0]} = \prod_{\nu=0}^{k-1} \omega_{2^{k-\nu}}^{\mu\lambda_\nu} \ , \quad \mu \in \mathbb{Z} \ .$$

Insbesondere gilt also

$$\omega_N^{\mu[\lambda_{k-1}, \ldots, \lambda_1, \lambda_0]} = \begin{cases} \omega_N^{\mu \cdot 0} \displaystyle\prod_{\nu=1}^{k-1} \omega_{2^{k-\nu}}^{\mu\lambda_\nu} = \omega_{\frac{N}{2}}^{\mu[\lambda_{k-1}, \ldots, \lambda_1]} & , \quad \lambda_0 = 0 \ , \\[3mm] \omega_N^{\mu \cdot 1} \displaystyle\prod_{\nu=1}^{k-1} \omega_{2^{k-\nu}}^{\mu\lambda_\nu} = \omega_N^\mu \omega_{\frac{N}{2}}^{\mu[\lambda_{k-1}, \ldots, \lambda_1]} & , \quad \lambda_0 = 1 \ . \end{cases}$$

Mit Hilfe der Binärdarstellung des Summationsindex λ spalten wir nun eine "lange" Summe in viele "kurze" Teilsummen auf:

$$\begin{aligned} c_\mu^{(N)}(f) &= \sum_{\lambda=0}^{N-1} f_\lambda \omega_N^{\mu\lambda} = \sum_{\lambda_{k-1}=0}^{1} \cdots \sum_{\lambda_1=0}^{1} \sum_{\lambda_0=0}^{1} f_{[\lambda_{k-1}, \ldots, \lambda_1, \lambda_0]} \omega_N^{\mu[\lambda_{k-1}, \ldots, \lambda_1, \lambda_0]} \\ &= \sum_{\lambda_{k-1}=0}^{1} \cdots \sum_{\lambda_1=0}^{1} \left\{ f_{[\lambda_{k-1}, \ldots, \lambda_1, 0]} \omega_N^{\mu[\lambda_{k-1}, \ldots, \lambda_1, 0]} + f_{[\lambda_{k-1}, \ldots, \lambda_1, 1]} \omega_N^{\mu[\lambda_{k-1}, \ldots, \lambda_1, 1]} \right\} \ . \end{aligned}$$

Unter Verwendung von Aufgabe 5.6.2 folgt hieraus

$$\begin{aligned} c_\mu^{(N)}(f) &= \sum_{\lambda_{k-1}=0}^{1} \cdots \sum_{\lambda_1=0}^{1} \left\{ f_{[\lambda_{k-1}, \ldots, \lambda_1, 0]} \omega_{\frac{N}{2}}^{\mu[\lambda_{k-1}, \ldots, \lambda_1]} + f_{[\lambda_{k-1}, \ldots, \lambda_1, 1]} \omega_N^\mu \omega_{\frac{N}{2}}^{\mu[\lambda_{k-1}, \ldots, \lambda_1]} \right\} \\ &= \sum_{\lambda_{k-1}=0}^{1} \cdots \sum_{\lambda_1=0}^{1} f_{[\lambda_{k-1}, \ldots, \lambda_1, 0]} \omega_{\frac{N}{2}}^{\mu[\lambda_{k-1}, \ldots, \lambda_1]} \\ &\qquad\qquad + \omega_N^\mu \sum_{\lambda_{k-1}=0}^{1} \cdots \sum_{\lambda_1=0}^{1} f_{[\lambda_{k-1}, \ldots, \lambda_1, 1]} \omega_{\frac{N}{2}}^{\mu[\lambda_{k-1}, \ldots, \lambda_1]} \ . \end{aligned}$$

Man sieht, daß die zur Berechnung von $c_\mu^{(N)}(f)$, $\mu = 0, \ldots, N-1$, benötigte Summe der Länge N auf zwei Summen der Länge $\frac{N}{2}$ und eine zusätzliche Multiplikation mit dem Faktor ω_N^μ sowie eine weitere Addition zurückgeführt wurde. Dies ist der Anfang einer Rekursion, die jetzt auf die Summen der Längen $\frac{N}{2}$ angewendet wird usw.

Man kann das Bildungsgesetz dieser Rekursion gut nachvollziehen, wenn man $c_\mu^{(N)}(f)$ in folgender Form schreibt:

$$c_\mu^{(N)}(f) = \sum_{\lambda_0=0}^{1} \omega_N^{\mu\lambda_0} \sum_{\lambda_{k-1}=0}^{1} \cdots \sum_{\lambda_1=0}^{1} f_{[\lambda_{k-1},\dots,\lambda_1,\lambda_0]}\omega_{\frac{N}{2}}^{\mu[\lambda_{k-1},\dots,\lambda_1]} \ .$$

Hieraus ergibt sich

$$c_\mu^{(N)}(f) = \sum_{\lambda_0=0}^{1} \omega_N^{\mu\lambda_0} \sum_{\lambda_1=0}^{1} \omega_{\frac{N}{2}}^{\mu\lambda_1} \sum_{\lambda_2=0}^{1} \cdots \omega_4^{\mu\lambda_{k-2}} \sum_{\lambda_{k-1}=0}^{1} f_{[\lambda_{k-1},\dots,\lambda_0]}\omega_2^{\mu\lambda_{k-1}} \ .$$

Da $\omega_s^{\mu\lambda_\nu} = 1$ gilt, falls $\lambda_\nu = 0$ ist, tritt nur jeweils dann eine echte Multiplikation auf, falls $\lambda_\nu = 1$ für $\nu = 0,\dots,k-1$ gilt, d.h. für jedes $\mu = 0,\dots,N-1$, insgesamt k-mal. Man benötigt also zur Berechnung von $c_\mu^{(N)}(f)$, $\mu = 0,\dots,N-1$, entsprechend dieser Darstellung nur kN statt N^2 Multiplikationen.

An der Darstellung stört nur noch, daß für $\lambda = [\lambda_{k-1},\dots,\lambda_0] \in \{0,1,\dots,2^k-1\}$ die Werte f_λ nicht in ihrer natürlichen Reihenfolge, d.h. für monoton wachsende λ-Werte benötigt werden. Bei der innersten Summe wird nämlich gerade über das höchste Bit λ_{k-1} summiert, d.h. es wird auf Werte f_λ zugegriffen, deren Indizes einen "Abstand" 2^{k-1} haben. Dem kann man dadurch abhelfen, daß man die Werte $f_{[\lambda_{k-1},\dots,\lambda_0]}$ in der umgekehrten Bit-Reihenfolge umsortiert, d.h. man setzt

$$g_{[\lambda_0,\dots,\lambda_{k-1}]} := f_{[\lambda_{k-1},\dots,\lambda_0]} \ .$$

Dann erhält man die Darstellung

$$c_\mu^{(N)}(f) = \sum_{\lambda_0=0}^{1} \omega_N^{\mu\lambda_0} \sum_{\lambda_1=0}^{1} \omega_{\frac{N}{2}}^{\mu\lambda_1} \sum_{\lambda_2=0}^{1} \cdots \omega_4^{\mu\lambda_{k-2}} \sum_{\lambda_{k-1}=0}^{1} g_{[\lambda_0,\dots,\lambda_{k-1}]}\omega_2^{\mu\lambda_{k-1}} \ ,$$

wobei jetzt die Werte g_λ so angeordnet sind, wie sie bei der Auswertung dieser Summen benötigt werden. Man speichert also entsprechend dem folgenden Schema:

f_0	$= f_{[0,\dots,0,0]}$		g_0	$= g_{[0,\dots,0,0]}$	$= f_{[0,\dots,0,0]}$
f_1	$= f_{[0,\dots,0,1]}$		g_1	$= g_{[0,\dots,0,1]}$	$= f_{[1,\dots,0,0]}$
f_2	$= f_{[0,\dots,1,0]}$	$\longrightarrow$	g_2	$= g_{[0,\dots,1,0]}$	$= f_{[0,1,\dots,0,0]}$
f_3	$= f_{[0,\dots,0,1,1]}$		g_3	$= g_{[0,\dots,0,1,1]}$	$= f_{[1,1,0,\dots,0,0]}$
$\vdots$					$\vdots$
f_{2^k-2}	$= f_{[1,1,\dots,1,0]}$		g_{2^k-2}	$= g_{[1,\dots,1,0]}$	$= f_{[0,1,\dots,1,1]}$
f_{2^k-1}	$= f_{[1,1,\dots,1,1]}$		g_{2^k-1}	$= g_{[1,\dots,1,1]}$	$= f_{[1,1,\dots,1,1]}$

5.6.3 Satz

Die beim inversen diskreten Fourier-Operator auftretenden Summen

$$c_\mu^{(N)}(f) = \sum_{\lambda=0}^{N-1} f_\lambda \omega_N^{\mu\lambda}, \quad \mu = 0,\dots,N-1 \ ,$$

kann man im Fall $N = 2^k$ kostengünstig mit kN Multiplikationen mit Hilfe des FFT-Algorithmus auswerten:

(1) Umspeicherung der Werte $f_\lambda = f_{[\lambda_{k-1},...,\lambda_0]}$ in umgekehrter Bit-Reihenfolge gemäß

$$g_{[\lambda_0,...,\lambda_{k-1}]} := f_{[\lambda_{k-1},...,\lambda_0]} \; .$$

(2) Auswertung von $c_\mu^{(N)}(f)$, $\mu = 0, ..., N-1$, gemäß

$$c_\mu^{(N)}(f) = \sum_{\lambda_0=0}^{1} \omega_N^{\mu\lambda_0} \sum_{\lambda_1=0}^{1} \omega_{\frac{N}{2}}^{\mu\lambda_1} \sum_{\lambda_2=0}^{1} \ldots \omega_4^{\mu\lambda_{k-2}} \sum_{\lambda_{k-1}=0}^{1} g_{[\lambda_0,...,\lambda_{k-1}]} \omega_2^{\mu\lambda_{k-1}} \; .$$

5.6.4   Aufgabe

Man mache sich das Schema des FFT-Algorithmus im Fall $k = 4$ klar.

Das Prinzip des FFT-Algorithmus ist nicht nur im Fall $N = 2^k$ anwendbar, sondern immer dann, wenn N das Produkt von natürlichen Zahlen ist, sich also in der Form $N = \prod_{i=1}^{k} p_i$, $p_i \in \mathbb{N} \setminus \{1\}$, $i = 1, ..., k$, $k > 1$, darstellen läßt. Dann kann man die auszuwertenden Summen der Länge N

$$c_\mu^{(N)}(f) = \sum_{\lambda=0}^{N-1} f_\lambda \omega_N^{\mu\lambda} \;, \quad \mu = 0, ..., N-1 \;,$$

rekursiv auf Summen der Länge p_i, $i = 1, ..., k$, zurückführen (vgl. Aufgabe 5.6.5). Dies reduziert die Berechnungskomplexität gegenüber einer direkten Auswertung von $c_\mu^{(N)}(f)$, $\mu = 0, ..., N-1$, beträchtlich; die Kostenersparnis ist allerdings extremal im Fall einer Zweier-Potenz $N = 2^k$.

5.6.5   Aufgabe

Man zeige: Falls $N = p_1 p_2$, $p_i \in \mathbb{N} \setminus \{1\}$, $i = 1, 2$, gilt, folgt

$$c_\mu^{(N)}(f) = \sum_{\lambda_0=0}^{p_1-1} \omega_N^{\mu\lambda_0} \sum_{\lambda_1=0}^{p_2-1} f_{\lambda_1}^{(\lambda_0)} \omega_{p_2}^{\mu\lambda_1} \;, \quad \mu = 0, ..., N-1 \;,$$

wobei $f^{(\lambda_0)}$ die p_1-periodische Teilfolge $f^{(\lambda_0)} = (f_{\lambda_1 p_1 + \lambda_0})_{\lambda_1 \in \mathbb{Z}}$ der Folge $f = (f_\lambda)_{\lambda \in \mathbb{Z}}$ bezeichnet.

Da die diskrete Faltung auf die diskrete und die inverse diskrete Fourier-Transformation zurückgeführt werden kann, kann man somit auch "schnell" falten.

5.6.6   Satz

Die Faltung $c = a * b$ zweier N-periodischer Folgen a und b kann für $N = 2^k$ mit Hilfe des FFT-Algorithmus mit $(3k+2)N$ Multiplikationen durchgeführt werden.

5.6.7   Aufgabe

Man verifiziere die Aussage von Satz 5.6.6.

5.7   Schnelle Multiplikation großer Zahlen

Eine interessante und zunehmend an Bedeutung gewinnende Anwendung findet der FFT-Algorithmus bei der Aufgabe, zwei große nichtnegative ganze Zahlen p und $q \in \mathbb{N}_0$ miteinander zu multiplizieren. Wir setzen hierbei eine b-adische Darstellung mit $b \geq 2$, $b \in \mathbb{N}$, voraus, die man mit Hilfe des *Euklidischen Divisionsalgorithmus* gewinnen kann: Definiert man, von $u_0 := p \in \mathbb{N}$ ausgehend, u_ν, p_ν rekursiv mit Hilfe des Euklidischen Divisionsalgorithmus (ganzzahlige Division durch b mit Rest)

$$u_\nu = u_{\nu+1} b + p_\nu , \quad 0 \leq p_\nu < b , \quad \nu = 0, 1, \ldots ,$$

so gilt mit geeignetem $s \in \mathbb{N}$, da der Algorithmus bekanntlich abbricht,

$$[p_{s-1}, \ldots, p_0] := p = \sum_{\nu=0}^{s-1} p_\nu b^\nu .$$

Jede natürliche Zahl p mit $0 \leq p \leq b^s - 1$ läßt sich also in eindeutiger Weise *b-adisch* in der Form $[p_{s-1}, \ldots, p_0]$ darstellen. Zu dieser *b-adischen Darstellung* von p gehört in natürlicher Weise das Polynom φ mit

$$\varphi(x) = \sum_{\nu=0}^{s-1} p_\nu x^\nu$$

und der Eigenschaft $\varphi(b) = p$. Die Multiplikation zweier b-adisch gegebenen Zahlen

$$p = [p_{s-1}, \ldots, p_0] , \quad q = [q_{s-1}, \ldots, q_0] , \quad 0 \leq p, q \leq b^s - 1 ,$$

ist also eng verwandt mit der Multiplikation der beiden Polynome φ, ψ mit

$$\varphi(x) = \sum_{\nu=0}^{s-1} p_\nu x^\nu , \quad \psi(x) = \sum_{\nu=0}^{s-1} q_\nu x^\nu .$$

Das Produkt $\eta := \varphi \psi$ hat die Darstellung

$$\eta(x) = \sum_{\nu=0}^{2s-2} r_\nu x^\nu ,$$

wobei

$$r_0 = p_0 q_0 ,$$
$$r_1 = p_0 q_1 + p_1 q_0 ,$$
$$r_2 = p_0 q_2 + p_1 q_1 + p_2 q_0 ,$$

und allgemein

$$r_\nu = \sum_{\lambda=0}^{\nu} p_\lambda q_{\nu-\lambda}$$

gilt, wenn $p_\lambda := 0$ und $q_\lambda := 0$ für $\lambda \geq s$ gesetzt wird. Die Berechnung der Koeffizienten r_ν erfordert offensichtlich

$$1 + 2 + 3 + \ldots + s - 1 + s + s - 1 + \ldots + 1 = \frac{s(s+1)}{2} + \frac{(s-1)s}{2} = s^2$$

Multiplikationen, wenn man diese Darstellung direkt auswertet.

Die Koeffizienten r_ν, $\nu = 0, \ldots, 2s - 2$, kann man aber auch durch Faltung gewinnen. Zu diesem Zweck definieren wir die $2s$-periodischen Folgen $\tilde{p}$ und $\tilde{q}$, indem wir mit Nullen auffüllen, also

$$
\begin{aligned}
\tilde{p} &= (\ldots, 0, p_0, p_1, \ldots, p_{s-1}, 0, \ldots, 0, p_0, \ldots) \ , \\
\tilde{q} &= (\ldots, 0, q_0, q_1, \ldots, q_{s-1}, 0, \ldots, 0, q_0, \ldots) \ .
\end{aligned}
$$

Das Faltungsprodukt $\tilde{r} := \tilde{p} * \tilde{q}$ enthält dann die gewünschten Polynomkoeffizienten r_ν, also

$$
\tilde{r} = (\ldots, 0, r_0, r_1, \ldots, r_{2s-2}, 0, r_0, \ldots) \ .
$$

(Wir weisen darauf hin, daß wir eigentlich mit $(2s-1)$-periodischen Folgen auskommen würden. Aber wir werden den FFT-Algorithmus anwenden, für den wir eine gerade Periodenlänge benötigen.) Wir halten fest:

5.7.1 Satz

Sind $\tilde{p}, \tilde{q}$ die mit den Koeffizienten der beiden Polynome φ, ψ,

$$
\varphi(x) = \sum_{\nu=0}^{s-1} p_\nu x^\nu \ , \quad \psi(x) = \sum_{\nu=0}^{s-1} q_\nu x^\nu \ ,
$$

durch Auffüllen mit Nullen und Periodisierung gebildeten $2s$-periodischen Folgen, so erhält man die zum Produkt $\eta = \varphi\psi$,

$$
\eta(x) = \sum_{\nu=0}^{2s-2} r_\nu x^\nu \ ,
$$

gehörende Folge $\tilde{r}$ durch Faltung $\tilde{r} = \tilde{p} * \tilde{q}$.

Wertet man das Faltungsprodukt durch zwei diskrete und eine inverse diskrete Fourier-Transformation aus (vgl. Aufgabe 5.6.7 für $N = 2^{k+1}$), so kann man im Fall $s = 2^k$, $k \in \mathbb{N}$, das Produkt zweier Polynome "schnell" gewinnen: Statt $s^2 = 2^{2k}$ *reelle* Multiplikationen benötigt man nur $(3k + 5)2^{k+1}$ *komplexe* Multiplikationen.

5.7.2 Aufgabe

Für komplexe Polynome schätze man den Polynomgrad $s_{krit} - 1 = 2^{k_{krit}} - 1$ ab, ab dem die schnelle Polynommultiplikation der herkömmlichen Methode überlegen ist.

Die schnelle Polynom-Multiplikation wenden wir nun auf die Multiplikation von nichtnegativen ganzen Zahlen an. Ausgehend von den b-adischen Darstellungen

$$
p = [p_{s-1}, \ldots, p_0] \ , \quad q = [q_{s-1}, \ldots, q_0]
$$

und den zugehörigen $2s$-periodischen Folgen $\tilde{p}, \tilde{q}$ erhalten wir die Produktfolge $\tilde{r}$ von

$$
pq = \sum_{\nu=0}^{2s-2} r_\nu b^\nu
$$

durch Faltung $\tilde{r} = \tilde{p} * \tilde{q}$. Allerdings sind $r_0, \ldots, r_{2s-2}$ i.a. nicht die Koeffizienten von pq in der b-adischen Darstellung, da sie offensichtlich größer als b werden können. Wie man an der definierenden Gleichung

$$r_\nu = \sum_{\lambda=0}^{\nu} p_\lambda q_{\nu-\lambda} \,, \quad p_\lambda, q_\lambda = 0 \ \text{für} \ \lambda \geq s \,,$$

abliest, gilt

$$0 \leq r_\nu \leq s(b-1)^2 \,.$$

Man muß also r_ν mit Hilfe des Euklidischen Algorithmus umentwickeln zu

$$r_\nu = \sum_{\mu=0}^{l} r_{\nu\mu} b^\mu \,, \quad 0 \leq r_{\nu\mu} < b \,.$$

Für s mit $0 \leq s \leq b^k$ gilt wegen $(b-1)^2 < b^2$ auch $r_\nu < b^{k+2}$, also $l \leq k+1$. Dann folgt

$$pq = \sum_{\nu=0}^{2s-2} \left(\sum_{\mu=0}^{l} r_{\nu\mu} b^\mu \right) b^\nu = \sum_{\nu=0}^{2s-2} \left(\sum_{\mu=0}^{l} r_{\nu\mu} b^{\nu+\mu} \right) = \sum_{\lambda=0}^{2s-2+l} \left(\sum_{\mu=0}^{\min\{l,\lambda\}} r_{\lambda-\mu\ \mu} \right) b^\lambda \,.$$

Auch dieses ist i.a. noch nicht die b-adische Darstellung, da für $l > 0$ der Koeffizient von b^λ den Wert $(l+1)(b-1) \geq b$ erreichen kann. Man muß also durch "Stellenübertrag" – bei $\lambda = 0$ beginnend – korrigieren. Man beachte aber, daß das Problem der b-adischen Darstellung von r_ν und der eben besprochene Stellenübertrag auch bei der herkömmlichen Integer-Multiplikation auftritt. Der Gewinn, den wir durch die Berechnung des Faltungsprodukts mit Hilfe von FFT erreichen, wird also durch diesen Teil der Produktbildung nicht geschmälert.

5.7.3 Aufgabe

Man entwerfe einen "schnellen" Multiplizierer, der zwei maximal 65536-stellige ($s = 2^{16}$) Dezimalzahlen ($b = 10$) miteinander multiplizieren kann.

6. Approximationsverfahren

6.1 Einleitung

Die elementaren Funktionen (Quadratwurzel, trigonometrische Funktionen und ihre Umkehrfunktionen, Logarithmus und Exponentialfunktion) lassen sich durch Tastendruck an einem Taschenrechner oder durch Aufruf einer entsprechenden Routine in jeder höheren Programmiersprache bequem und schnell berechnen. Für den Anwender ist in der Regel, selbst unter Benutzung eines entsprechenden Handbuchs, nicht nachvollziehbar, wie diese Funktionsroutinen ablaufen. Für ihn arbeitet eine "Black Box", die auf undurchsichtige Weise z.B. für $x > 0$ den Wert $\log x$ "hervorzaubert". Die Implementierung solcher Routinen hat in der Frühphase der elektronischen Datenverarbeitung eine wichtige Rolle gespielt und eine ganze Forschungsrichtung, die sogenannte Approximationstheorie (von lat. "approximare" = annähern) innerhalb der Mathematik neu aufblühen lassen. Die Fragestellung ist aber auch heute noch sehr aktuell im Rahmen des Scientific Computing, wo man versucht, in neuen Compilern hochgenaue Routinen zu installieren. Wie eine solche Routine tatsächlich abläuft, ist zwar im Detail von Maschine zu Maschine und von Compiler zu Compiler unterschiedlich, aber die Grobstruktur ist in allen Fällen dieselbe, und nur auf diese wollen wir eingehen.

Wir betrachten exemplarisch eine Log-Routine zur Berechnung des natürlichen Logarithmus. Diese läuft in zwei Stufen ab:

- Reduktion des Arguments auf ein festes Grundintervall mit Hilfe der Funktionalgleichung.

- Auswertung einer Polynom-Näherung an die Logarithmusfunktion in diesem Grundintervall.

Die *Reduktion des Arguments* hängt von der verwendeten Zahldarstellung ab. Rechnet man im Dualsystem, so kann man sich beispielsweise auf das Grundintervall $\left[\frac{1}{\sqrt{2}}, \sqrt{2}\right)$ beschränken. Ein Argument $x > 0$ können wir dann in eindeutiger Weise darstellen in der Form

$$x = \gamma \cdot (\sqrt{2})^{2t}, \quad \gamma \in \left[\frac{1}{\sqrt{2}}, \sqrt{2}\right), \quad t \in \mathbb{Z}.$$

Die Funktionalgleichung $\log(ab) = \log a + \log b$ liefert

$$\log x = \log \gamma + 2t \log(\sqrt{2}) = \log \gamma + t \log 2.$$

Da $t\log 2$ unter Verwendung des als bekannt angenommenen Wertes $\log 2 \approx 0.301029995\ldots$ durch eine Multiplikation mit t berechnet werden kann, können wir somit $\log x$ auf $\mathbb{R}^+$ hinreichend genau berechnen, falls wir $\log\gamma$ für $\gamma \in \left[\frac{1}{\sqrt{2}}, \sqrt{2}\right)$ genügend genau ermitteln können.

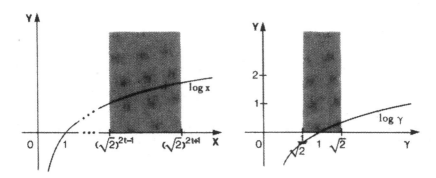

Abb. 6.1

Um die Problemstellung zu standardisieren, betrachten wir nun eine affine Transformation v,

$$v(\tau) = \frac{1}{2\sqrt{2}}(\tau + 3) , \quad \tau \in [-1, 1] ,$$

mit der wir das Intervall $[-1, 1]$ in das Intervall $\left[\frac{1}{\sqrt{2}}, \sqrt{2}\right]$ überführen, bzw. deren Umkehrung τ,

$$\tau(v) = 2\sqrt{2}\,v - 3 , \quad v \in \left[\frac{1}{\sqrt{2}}, \sqrt{2}\right] .$$

Insbesondere gilt $v(\tau) \in \left[\frac{1}{\sqrt{2}}, \sqrt{2}\right)$ für $\tau \in [-1, 1)$.

Da in einem elektronischen Rechengerät intern nur die arithmetischen Grundoperationen und Verzweigungen verfügbar sind, geht es also nun darum, eine Polynom-Näherung an

$$\log(v(\tau)) = \log\left(\frac{1}{2\sqrt{2}}(\tau + 3)\right) = \log\left(\frac{3}{2\sqrt{2}}\right) + \log\left(1 + \frac{\tau}{3}\right) , \quad \tau \in [-1, 1] ,$$

zu finden. Die additiv auftretende Konstante

$$\log\left(\frac{3}{2\sqrt{2}}\right) = \log 3 - \frac{3}{2}\log 2 \approx 0.025576261\ldots$$

berechnet man vorweg; dann ist das Problem also auf die Polynom-Approximation von $\log\left(1 + \frac{\tau}{3}\right)$ im Intervall $[-1, 1]$ zurückgeführt. Eine solche Näherung erhält man z.B. durch eine Partialsumme der Taylorreihe

$$\log\left(1 + \frac{\tau}{3}\right) = \sum_{\nu=1}^{\infty} (-1)^{\nu-1} \frac{1}{\nu 3^\nu} \tau^\nu , \quad |\tau| < 3 .$$

Damit eine Genauigkeit von 10^{-10} für alle $\tau \in [-1, 1]$ einheitlich erreicht wird, benötigt man das Taylor-Polynom von mindestens dem Grad 18. Ein Ziel der Approximationstheorie ist es, eine Polynom-Näherung wesentlich niedrigeren Grades aber mit höchstens gleichem Fehler zu bestimmen, um damit vor allem Rechenzeit, aber auch Speicherplatz für die Polynomkoeffizienten zu sparen. Wie in diesem sehr konkreten Beispiel durchzieht der Approximationsgedanke die gesamte Angewandte Mathematik. Auf einen wichtigen Problemkreis werden wir im Abschnitt 6.6 eingehen.

6.2   Normierte Vektorräume

Die Begriffe der *Länge einer Strecke* und des *Abstands zweier Punkte* sind von grundlegender elementargeometrischer Bedeutung, denn dadurch wird die Messung von Längen und Abständen ermöglicht. Wir übertragen diese Begriffe auf allgemeinere Situationen. Dazu betrachten wir einen Vektorraum V über dem Skalarkörper $\mathbb{K}$.

6.2.1   Definition

Eine Abbildung $\| \cdot \|$ von V in die nichtnegativen reellen Zahlen heißt *Norm*, falls sie folgende Bedingungen erfüllt:

(1) $\|x\| > 0$ für alle $x \in V$, $x \neq o$.

(2) $\|\alpha x\| = |\alpha|\, \|x\|$ für alle $x \in V$, $\alpha \in \mathbb{K}$.

(3) $\|x + y\| \leq \|x\| + \|y\|$ für alle $x, y \in V$.

Man bezeichnet diese drei definierenden Eigenschaften der Reihe nach als

- *Definitheit*: Nur der Nullvektor hat die Länge 0.

- *(Absolute) Homogenität*: Eine Streckung eines Vektors führt zu einer entsprechenden Streckung der Länge.

- *Dreiecksungleichung*: Die Länge einer Summe von zwei Vektoren ist höchstens die Summe der Längen.

Wie für den Betrag reeller oder komplexer Zahlen zeigt man auch die "umgekehrte" Dreiecksungleichung

$$|\, \|x\| - \|y\|\, | \leq \|x - y\| \, .$$

Für den Nullvektor $o \in V$ folgt auf Grund der absoluten Homogenität

$$\|o\| = \|0 \cdot o\| = 0\|o\| = 0 \, .$$

Zusammen mit der Eigenschaft (1) kann man somit aus $\|x\| = 0$ auf $x = o$ schließen und umgekehrt.

So ist z.B. die *euklidische Norm* $\| \cdot \|_2$ von Vektoren $x = (x_1, \ldots, x_n)^T \in \mathbb{K}^n$ definiert durch

$$\|x\|_2 := \left(\sum_{i=1}^{n} |x_i|^2 \right)^{\frac{1}{2}} \, .$$

Da diese Norm spezielle Eigenschaften besitzt, die wir im übernächsten Abschnitt eingehender diskutieren werden, stellen wir den Nachweis, daß $\|\cdot\|_2$ eine Norm ist, bis dahin zurück.

Für die Numerik sind auf $\mathbb{K}^n$ noch zwei weitere Normen, mit denen man "leicht" rechnen kann, von Bedeutung, nämlich die *(Betrag-)Summen-Norm*

$$\|x\|_1 := \sum_{i=1}^n |x_i|$$

und die *Maximum-Norm*

$$\|x\|_\infty := \max_{1 \le i \le n} |x_i| \, .$$

6.2.2 Aufgabe

Man zeige, daß $\|\cdot\|_1$ eine Norm auf $\mathbb{K}^n$ ist.

Daß auch $\|\cdot\|_\infty$ eine Norm auf $\mathbb{K}^n$ ist, überlegen wir uns im folgenden. Die Definitheit und die Homogenität sind evident. Die Dreiecksungleichung folgt mit Hilfe der für $\mathbb{R}$ und $\mathbb{C}$ bekannten Dreiecksungleichung aus der für $i = 1, \ldots, n$ geltenden Ungleichungskette

$$|x_i + y_i| \le |x_i| + |y_i| \le \max_{1 \le i \le n} |x_i| + \max_{1 \le i \le n} |y_i|$$

durch Übergang zum Maximum auf der linken Seite:

$$\max_{1 \le i \le n} |x_i + y_i| \le \max_{1 \le i \le n} |x_i| + \max_{1 \le i \le n} |y_i| \, .$$

Die Summen-Norm, die euklidische Norm und die Maximum-Norm sind Spezialfälle einer allgemeineren Gruppe von Normen auf $\mathbb{K}^n$, den sogenannten l_p-Normen

$$\|x\|_p := \left(\sum_{i=1}^n |x_i|^p \right)^{\frac{1}{p}} , \quad 1 \le p < \infty \, ,$$

wobei man die Maximum-Norm als Grenzfall für $p \to \infty$ auffassen kann. Von den Normeigenschaften sind Definitheit und Homogenität wieder evident. Dagegen ist die Dreiecksungleichung für $1 < p < \infty$ nur mit größerem Aufwand nachzuweisen. Wir verzichten auf den Beweis und führen stattdessen im $\mathbb{R}^2$ Plausibilitätsüberlegungen durch. Dazu skizzieren wir den *Einheitskreis*, der von einer l_p-Norm im $\mathbb{R}^2$ geliefert wird. Das ist die Punktmenge

$$E_p := \left\{ \begin{pmatrix} x_1 \\ x_2 \end{pmatrix} \in \mathbb{R}^2 \mid \|x\|_p = 1 \right\} \, .$$

Offensichtlich ist E_∞ das Einheitsquadrat, E_2 der gewöhnliche euklidische Einheitskreis und E_1 ein auf die Spitze gestelltes Quadrat. Für $1 < p < 2$ erhält man konvexe Bereiche, die innerhalb von E_2 liegen, und für $2 < p < \infty$ ergeben sich Bereiche, die E_2 umfassen.

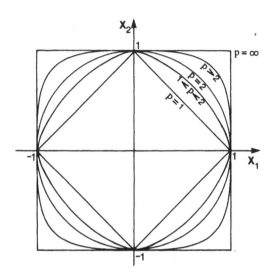

Abb. 6.2. Einheitskreise im $\mathbb{R}^2$ für die l_p-Normen mit $1 \leq p \leq \infty$

Die Abb. 6.2 läßt vermuten, daß man die verschiedenen l_p-Normen gegeneinander abschätzen kann. Sie sind untereinander *äquivalent* in einem Sinne, wie er in der folgenden Aufgabe präzisiert wird.

6.2.3 Aufgabe

Man zeige: Es gibt positive Konstanten σ_{pq}, τ_{pq} (unabhängig von $x \in \mathbb{K}^n$) derart, daß

$$\sigma_{pq}\|x\|_p \leq \|x\|_q \leq \tau_{pq}\|x\|_p$$

für alle $x \in \mathbb{K}^n$ gilt (*Äquivalenz der l_p-Normen*).

6.2.4 Bemerkung

Allgemein bezeichnet man zwei Normen $\|\cdot\|$, $\|\!|\cdot|\!\|$ auf einem Vektorraum V als *äquivalent*, falls Konstanten $\sigma > 0$, $\tau > 0$ existieren, so daß für alle $x \in V$ gilt:

$$\sigma\|x\| \leq \|\!|x|\!\| \leq \tau\|x\| \,.$$

Auf $\mathbb{K}^n$ sind nicht nur die l_p-Normen, sondern sogar alle Normen äquivalent. Dabei ist aber die *endliche* Dimension n entscheidend. Auf nicht endlich-dimensionalen Vektorräumen sind i.a. nicht alle Normen äquivalent. Äquivalente Normen ergeben gleichartige Maßstäbe für die Längenmessung von Vektoren, während es bei nichtäquivalenten Normen vorkommen kann, daß ein Vektor in der einen Norm eine sehr kleine und in der anderen eine sehr große Länge hat.

Mit Hilfe einer Norm kann man auf einem Vektorraum V eine topologische Struktur einführen, indem man in Analogie zu offenen Kugeln in $\mathbb{R}^n$ den Begriff einer ε-Umgebung $U_\varepsilon(x)$ durch

$$U_\varepsilon(x) := \{y \in V \mid \|y - x\| < \varepsilon\}$$

definiert. Auf diesen Aspekt werden wir im Kapitel 9 bei der Behandlung von Iterationsverfahren zurückkommen.

Eine wichtige Klasse von i.a. nicht endlich-dimensionalen Vektorräumen erhält man durch Räume von Funktionen. So bilden die auf einem Intervall $[a, b]$ definierten und dort stetigen, reellwertigen Funktionen einen Vektorraum über $\mathbb{R}$, wenn man die Addition und Skalarmultiplikation punktweise erklärt:

$$(\alpha f + \beta g)(x) := \alpha f(x) + \beta g(x) , \quad x \in [a, b] .$$

Diese Definition ist so zu lesen: Sind f, g zwei stetige Funktionen auf dem Intervall $[a, b]$ und $\alpha, \beta \in \mathbb{R}$, so erhält man die Werte der Funktion $\alpha f + \beta g$ für alle $x \in [a, b]$ durch $\alpha f(x) + \beta g(x)$. Man bezeichnet diesen Vektorraum üblicherweise mit $C[a, b]$. Offensichtlich ist für jedes $n \in \mathbb{N}_0$ der Vektorraum Π_n der Polynome vom Höchstgrad n ein $(n + 1)$-dimensionaler Untervektorraum von $C[a, b]$. Also hat $C[a, b]$ keine endliche Dimension. Auf $C[a, b]$ kann man die *Maximum-Norm* (auch *Čebyšev-Norm* genannt) einführen durch

$$\|f\|_\infty := \max_{a \leq x \leq b} |f(x)| .$$

6.2.5 Aufgabe

Man zeige: Durch $\| \cdot \|_\infty$ erhält man eine Norm auf $C[a, b]$.

Eine Norm, die mit der euklidischen Norm auf $\mathbb{K}^n$ verwandt ist, erhält man auf $C[a, b]$ durch

$$\|f\|_2 := \left\{ \int_a^b (f(t))^2 \, dt \right\}^{\frac{1}{2}} , \quad f \in C[a, b] .$$

(Der Nachweis der Gültigkeit der Dreiecksungleichung ist wieder etwas schwieriger und erfolgt im nächsten Abschnitt.)

6.2.6 Aufgabe

Man zeige mit Hilfe der Funktionenfolge f_n, $n \in \mathbb{N}$,

$$f_n(x) := \begin{cases} 1 - n|x| & , \quad |x| \leq \frac{1}{n} , \\ 0 & , \quad \text{sonst} , \end{cases}$$

daß die Normen $\| \cdot \|_2$ und $\| \cdot \|_\infty$ auf dem Raum $C[-1, 1]$ nicht äquivalent sind.

6.3 Existenz von Bestapproximationen

Für die im folgenden herzuleitenden Resultate benötigen wir Ergebnisse über kompakte Mengen, die aus der Analysis bekannt sind und daher ohne Beweis angegeben werden.

6.3.1   Satz

(1) Eine beschränkte und abgeschlossene Teilmenge $K \subset \mathbb{K}^n$ ist kompakt.

(2) Insbesondere sind die euklidische n-Sphäre

$$S_n := \left\{ x \in \mathbb{K}^n \mid \left(\sum_{\nu=1}^n |x_\nu|^2 \right)^{\frac{1}{2}} = 1 \right\} \subset \mathbb{K}^n$$

und die euklidische n-dimensionale Vollkugel

$$B_n := \left\{ x \in \mathbb{K}^n \mid \left(\sum_{\nu=1}^n |x_\nu|^2 \right)^{\frac{1}{2}} \leq 1 \right\} \subset \mathbb{K}^n$$

sowie allgemein die n-Sphäre

$$\tilde{S}_n := \{ x \in \mathbb{K}^n \mid \|x\| = 1 \} \subset \mathbb{K}^n$$

und die n-dimensionale Vollkugel

$$\tilde{B}_n := \{ x \in \mathbb{K}^n \mid \|x\| \leq 1 \} \subset \mathbb{K}^n$$

für jede Norm $\| \cdot \|$ kompakt.

(3) Eine stetige Funktion $f : K \longrightarrow \mathbb{R}$, $K \subset \mathbb{K}^n$ nimmt auf einer kompakten Menge K ihr Minimum und Maximum an, d.h. es existieren $x_{\min} \in K$ und $x_{\max} \in K$ mit

$$f(x_{\min}) \leq f(x) \leq f(x_{\max}) \quad \text{für alle } x \in K .$$

Das Approximationsproblem (A), mit dem wir uns in diesem Abschnitt befassen, besteht darin, in einem normierten linearen Raum V zu gegebenem $f \in V$ und gegebenem Unterraum $U_n \subseteq V$, $\dim U_n = n$, ein Element $h_0 \in U_n$ mit

(A) $\qquad\qquad \|f - h_0\| \leq \|f - h\| \quad \text{für alle } h \in U_n$

zu bestimmen. Man bezeichnet h_0 als *Bestapproximation* an f bzgl. U_n; auch die Bezeichnungen *Proximum* (lat. "proximum" = das nächste (Element)), *Element bester Approximation* oder *Minimallösung* sind gebräuchlich. Die Größe $\|f - h_0\|$ heißt *Bestapproximationsfehler*.

Für den Beweis des Existenzsatzes für Bestapproximationen benötigen wir zwei vorbereitende Hilfssätze.

6.3.2   Hilfssatz

Es seien $f, u_1, \ldots, u_n \in V$ fest gewählt. Dann ist die Funktion $\varphi : \mathbb{K}^n \longrightarrow \mathbb{R}$,

$$\varphi(\alpha_1, \ldots, \alpha_n) := \left\| f - \sum_{\nu=1}^n \alpha_\nu u_\nu \right\| ,$$

stetig.

Beweis. Mit Hilfe der "umgekehrten" Dreiecksungleichung folgt

$$|\varphi(\alpha_1,\ldots,\alpha_n)-\varphi(\tilde{\alpha}_1,\ldots,\tilde{\alpha}_n)| = \left| \|f - \sum_{\nu=1}^{n}\alpha_\nu u_\nu\| - \|f - \sum_{\nu=1}^{n}\tilde{\alpha}_\nu u_\nu\| \right|$$

$$\leq \left\| f - \sum_{\nu=1}^{n}\alpha_\nu u_\nu - \left(f - \sum_{\nu=1}^{n}\tilde{\alpha}_\nu u_\nu\right) \right\| = \left\| \sum_{\nu=1}^{n}(\tilde{\alpha}_\nu - \alpha_\nu)u_\nu \right\| .$$

Hieraus erhält man mit Hilfe der Dreiecksungleichung und der (absoluten) Homogenität der Norm die Abschätzung

$$|\varphi(\alpha_1,\ldots,\alpha_n) - \varphi(\tilde{\alpha}_1,\ldots,\tilde{\alpha}_n)| \leq \sum_{\nu=1}^{n}|\tilde{\alpha}_\nu - \alpha_\nu|\,\|u_\nu\| \leq \left(\max_{1\leq k\leq n}\|u_k\|\right)\sum_{\nu=1}^{n}|\tilde{\alpha}_\nu - \alpha_\nu| .$$

Wegen der Äquivalenz aller·Normen auf $\mathbb{K}^n$ besagt diese Abschätzung nichts anderes, als daß φ eine stetige Funktion auf $\mathbb{K}^n$ ist.   □

6.3.3 Hilfssatz

Für n linear unabhängige Elemente $u_i \in V$, $i = 1,\ldots,n$, und $M \geq 0$ ist die Menge

$$K := \left\{ \alpha = (\alpha_1,\ldots,\alpha_n) \in \mathbb{K}^n \mid \left\| \sum_{\nu=1}^{n}\alpha_\nu u_\nu \right\| \leq M \right\}$$

eine beschränkte und abgeschlossene, also kompakte Teilmenge von $\mathbb{K}^n$.

Beweis. Wir betrachten die Funktion $\varphi : \mathbb{K}^n \longrightarrow \mathbb{R}$,

$$\varphi(\alpha_1,\ldots,\alpha_n) := \left\| \sum_{\nu=1}^{n}\alpha_\nu u_\nu \right\| .$$

Nach Hilfssatz 6.3.2 (mit $f = o \in V$) ist φ stetig und nimmt somit auf der n-Sphäre $\tilde{S}_n$ das Maximum und das Minimum an:

$$0 \leq \sigma := \min_{\alpha\in\tilde{S}_n}\varphi(\alpha_1,\ldots,\alpha_n) \leq \max_{\alpha\in\tilde{S}_n}\varphi(\alpha_1,\ldots,\alpha_n) =: \tau ;$$

dabei gilt sogar $\sigma > 0$, da $o \notin \tilde{S}_n$. Für $o \neq \alpha \in \mathbb{K}^n$ sei $\mu := \|\alpha\|$. Für $x = \sum_{\nu=1}^{n}\alpha_\nu u_\nu$ setzen wir

$$\frac{1}{\mu}x =: \sum_{\nu=1}^{n}\beta_\nu u_\nu , \qquad \beta_\nu := \frac{\alpha_\nu}{\mu} .$$

Dann folgt

$$\|(\beta_1,\ldots,\beta_n)\| = \frac{1}{\mu}\|\alpha\| = 1 ,$$

also gilt $(\beta_1,\ldots,\beta_n) \in \tilde{S}_n$ und folglich

$$0 < \sigma \leq \varphi(\beta_1,\ldots,\beta_n) \leq \tau ,$$

d.h. $0 < \mu\sigma \leq \left\|\sum_{\nu=1}^{n} \alpha_\nu u_\nu\right\| \leq \mu\tau$. Dies können wir auch schreiben als

$$0 < \sigma\|\alpha\| \leq \left\|\sum_{\nu=1}^{n} \alpha_\nu u_\nu\right\| \leq \tau\|\alpha\|\,,$$

woraus insbesondere

$$\|\alpha\| \leq \frac{1}{\sigma}\left\|\sum_{\nu=1}^{n} \alpha_\nu u_\nu\right\|$$

folgt; für $\alpha = o \in \mathbb{K}^n$ gilt diese Abschätzung trivialerweise. Insgesamt erhalten wir für alle $\alpha \in K$ die Abschätzung

$$\|\alpha\| \leq \frac{M}{\sigma}\,;$$

somit ist K eine beschränkte Teilmenge von $\mathbb{K}^n$.

Daß K eine abgeschlossene Teilmenge von $\mathbb{K}^n$ ist, ist Gegenstand der folgenden Aufgabe.   □

6.3.4 Aufgabe

Man beweise, daß die Menge K von Hilfssatz 6.3.3 eine abgeschlossene Teilmenge des $\mathbb{K}^n$ ist.

Jetzt können wir den Existenzsatz für Bestapproximationen beweisen.

6.3.5 Satz

Für $f \in V$ und $U_n \subseteq V$ mit $\dim U_n = n$ existiert (mindestens) eine Bestapproximation $h_0 \in U_n$ mit

$$\|f - h_0\| \leq \|f - h\| \quad \text{für alle } h \in U_n\,.$$

Beweis. Zunächst bemerken wir, daß Elemente $h \in V$ mit $\|h\| > 2\|f\|$ nicht Bestapproximationen an f bzgl. U_n sein können. Denn mit Hilfe der "umgekehrten" Dreiecksungleichung folgt für derartige h die Ungleichungskette

$$\|f - h\| \geq |\,\|h\| - \|f\|\,| > 2\|f\| - \|f\| = \|f\| = \|f - o\|\,,$$

die zeigt, daß h einen größeren Approximationsfehler liefert als das Nullelement $o \in U_n$. Daher können wir uns bei der Minimum-Suche auf die Menge

$$K := \left\{\alpha \in \mathbb{K}^n \mid \left\|\sum_{\nu=1}^{n} \alpha_\nu u_\nu\right\| \leq 2\|f\|\right\}$$

beschränken, die nach Hilfssatz 6.3.3 (mit $M := 2\|f\|$) kompakt ist.

Nach Wahl einer Basis $\{u_1, \dots, u_n\}$ von U_n ist die Bestapproximation h_0,

$$h_0 = \sum_{\nu=1}^{n} \alpha_\nu^* u_\nu \ ,$$

durch Parameter $\alpha_1^*, \dots, \alpha_n^*$ bestimmt, welche das Minimum der Funktion φ,

$$\varphi(\alpha_1, \dots, \alpha_n) := \left\| f - \sum_{\nu=1}^{n} \alpha_\nu u_\nu \right\| \ ,$$

liefern. Auf Grund von Hilfssatz 6.3.2 ist φ auf K stetig, nimmt also dort das Minimum für $\alpha^* = (\alpha_1^*, \dots, \alpha_n^*)$ an. Dies liefert eine Bestapproximation. $\square$

Für Anwendungen, z.B. bei der Implementierung einer Routine zur Berechnung einer Funktion, ist die Spezialisierung auf den Raum $C[a, b]$ mit der Maximum-Norm und auf die Polynom-Approximation bedeutungsvoll. Wir formulieren als Spezialfall von Satz 6.3.5.

6.3.6 Korollar

Zu gegebenem $f \in C[a, b]$ existiert ein Polynom $p^* \in \Pi_n$ mit

$$\|f - p^*\|_\infty \leq \|f - p\|_\infty \ \ \textit{für alle } p \in \Pi_n \ ,$$

wobei $\|\cdot\|_\infty$ die Maximum-Norm auf $C[a, b]$ bezeichnet.

6.4 Skalarprodukte und unitäre Vektorräume

Eine wichtige Klasse von normierten Vektorräumen erhält man dadurch, daß man die Norm mit Hilfe eines sogenannten Skalarprodukts definiert.

6.4.1 Definition

Sei V ein Vektorraum über $\mathbb{K}$. Eine Abbildung $\langle \cdot, \cdot \rangle : V \times V \longrightarrow \mathbb{K}$ mit den Eigenschaften

(1) $\langle \alpha x + \beta y, z \rangle = \alpha \langle x, z \rangle + \beta \langle y, z \rangle$, $\alpha, \beta \in \mathbb{K}$, $x, y, z \in V$,

(2) $\langle x, y \rangle = \overline{\langle y, x \rangle}$, $x, y \in V$,

(3) $\langle x, x \rangle > 0$, $o \neq x \in V$,

bezeichnet man als *Skalarprodukt (inneres Produkt)* und das Paar $(V, \langle \cdot, \cdot \rangle)$ als *unitären Vektorraum*; im Fall $\mathbb{K} = \mathbb{R}$ spricht man auch von einem *euklidischen Vektorraum*.

Man bezeichnet diese drei definierenden Eigenschaften der Reihe nach als

- *Sesquilinearität*: Dies bedeutet, daß die Abbildung $\langle \cdot, \cdot \rangle$ im ersten Argument zwar linear ist, aber im zweiten Argument nur "fast" linear (semilinear) zu sein braucht; denn auf Grund von (2) gilt

$$\langle x, \gamma u + \delta v \rangle = \bar{\gamma}\langle x, u \rangle + \bar{\delta}\langle x, v \rangle \ .$$

Für $\mathbb{K} = \mathbb{R}$ ist das Skalarprodukt also *bilinear*, d.h. linear in beiden Argumenten.

- *Hermitesche Symmetrie*, falls $\mathbb{K} = \mathbb{C}$; *Symmetrie* für $\mathbb{K} = \mathbb{R}$.

- *(Positive) Definitheit.*

Sofern klar ist, welches Skalarprodukt wir betrachten, schreiben wir kurz V statt $(V, \langle \cdot, \cdot \rangle)$.

Wichtige Beispiele erhält man für die Vektorräume

- $\mathbb{K}^n$ durch $\langle x, y \rangle := \sum\limits_{i=1}^{n} x_i \bar{y}_i$, falls $x = (x_1, \ldots, x_n)^T$, $y = (y_1, \ldots, y_n)^T$,

- Π_n (Polynome vom Höchstgrad n mit reellen Koeffizienten) durch

$$\langle p, q \rangle := \int_{-1}^{1} p(t)q(t) dt \ ,$$

- $C[a, b]$ (stetige reellwertige Funktionen auf dem Intervall $[a, b]$) durch

$$\langle f, g \rangle := \int_{a}^{b} f(t)g(t) dt \ .$$

Die Skalarprodukteigenschaften verifiziert man leicht, wobei nur die Definitheitsbedingung (3) im Fall der Polynome und der stetigen Funktionen einer Zusatzüberlegung bedarf. Speziell gilt für $p \in \Pi_n$

$$\langle p, p \rangle = \int_{-1}^{1} (p(t))^2 \, dt \geq 0 \ .$$

Falls nun $p \neq o$ (Nullpolynom) ist, so hat $(p(t))^2$ höchstens in $2n$ Punkten den Wert Null und ist sonst positiv. Dann folgt aber

$$0 < \int_{-1}^{1} (p(t))^2 \, dt = \langle p, p \rangle \ .$$

Mit entsprechenden Überlegungen unter Verwendung der Stetigkeit zeigt man auch die Definitheit des Skalarprodukts auf $C[a, b]$. Man nutzt dabei aus, daß für eine stetige Funktion f mit $f(x_0) \neq 0$ eine Umgebung des Punktes x_0 existiert, in der f auch noch von Null verschieden ist.

In einem unitären Raum gilt die wichtige *Schwarzsche Ungleichung*[40], die wir im $\mathbb{R}^2$, versehen mit dem üblichen Skalarprodukt, leicht verifizieren können. Für $x = (x_1,\ x_2)^T$, $y = (y_1,\ y_2)^T$ folgt nämlich einerseits

$$|\langle x,y\rangle|^2 = |x_1 y_1 + x_2 y_2|^2 = x_1^2 y_1^2 + 2x_1 y_1 x_2 y_2 + x_2^2 y_2^2$$

und andererseits

$$\langle x,x\rangle\langle y,y\rangle = (x_1^2 + x_2^2)(y_1^2 + y_2^2)\ .$$

Wir erhalten somit

$$\begin{aligned}\langle x,x\rangle\langle y,y\rangle - |\langle x,y\rangle|^2 &= x_1^2 y_1^2 + x_2^2 y_1^2 + x_1^2 y_2^2 + x_2^2 y_2^2 - x_1^2 y_1^2 - 2x_1 y_1 x_2 y_2 - x_2^2 y_2^2\\ &= x_1^2 y_2^2 - 2x_1 y_1 x_2 y_2 + x_2^2 y_1^2 = (x_1 y_2 - x_2 y_1)^2 \geq 0\ ,\end{aligned}$$

d.h. $|\langle x,y\rangle|^2 \leq \langle x,x\rangle\langle y,y\rangle$. Eine derartige Ungleichung gilt in jedem unitären Raum.

6.4.2 Satz

In einem unitären Vektorraum V gilt die Schwarzsche Ungleichung

$$|\langle x,y\rangle|^2 \leq \langle x,x\rangle\langle y,y\rangle\ ,\quad \text{für alle}\ \ x,y \in V\ ,$$

wobei die Gleichheit nur eintritt, falls $x = \lambda y \neq o$ mit geeignetem $\lambda \in \mathbb{K}$ oder $x = o$ oder $y = o$ gilt.

Beweis. Da für $x = o$ oder $y = o$ die Aussage des Satzes trivial ist, setzen wir $x \neq o$ und $y \neq o$ voraus. Es sei $\alpha \in \mathbb{K}$ mit $|\alpha| = 1$ so gewählt, daß $\alpha\langle y,x\rangle = |\langle x,y\rangle|$ gilt. Dann folgt für beliebiges $t \in \mathbb{R}$

$$\begin{aligned}0 \ &\leq\ \langle x - \alpha t y, x - \alpha t y\rangle = \langle x,x\rangle - \alpha t\langle y,x\rangle - \bar{\alpha}t\langle x,y\rangle + t^2\langle y,y\rangle\\ &= \langle x,x\rangle - t\left[\alpha\langle y,x\rangle + \bar{\alpha}\overline{\langle y,x\rangle}\right] + t^2\langle y,y\rangle = \langle x,x\rangle - 2t|\langle x,y\rangle| + t^2\langle y,y\rangle\ .\end{aligned}$$

Das quadratische Polynom p,

$$p(t) := a_1 - 2a_2 t + a_3 t^2\ ,\quad a_1 := \langle x,x\rangle\ ,\quad a_2 := |\langle x,y\rangle|\ ,\quad a_3 := \langle y,y\rangle\ ,$$

hat somit nur nichtnegative Werte auf $\mathbb{R}$, d.h. höchstens eine reelle Doppelnullstelle. Also gilt für die Diskriminante $\dfrac{a_2^2 - a_1 a_3}{a_3^2} \leq 0$, d.h. $a_2^2 - a_1 a_3 \leq 0$ und somit

$$|\langle x,y\rangle|^2 \leq \langle x,x\rangle\langle y,y\rangle\ .$$

Wenn hier wegen $a_3 \neq 0$ die Gleichheit $a_2^2 = a_1 a_3$ eintritt, so folgt rückwärts, daß

$$\langle x - \alpha t y, x - \alpha t y\rangle = 0\ \ \text{für}\ \ t = \frac{a_2}{a_3}$$

ist, woraus auf Grund der Definitheit $x = \alpha t y$ resultiert. $\qquad\square$

Im Raum $\mathbb{K}^n$ gilt $\|x\|_2^2 = \sum\limits_{\nu=1}^{n}|x_\nu|^2 = \langle x,x\rangle$, d.h. $\|x\|_2 = \sqrt{\langle x,x\rangle}$. Wir zeigen, daß man auf entsprechende Weise in jedem unitären Raum eine Norm einführen kann.

---

[40]Schwarz, Hermann Amandus (25.01.1843 – 30.11.1921)

6.4.3 Satz

In einem unitären Vektorraum V läßt sich durch

$$\|x\|_2 := \sqrt{\langle x, x \rangle} \,, \quad x \in V \,,$$

eine Norm einführen. (Man sagt auch, daß die Norm $\|\cdot\|_2$ durch das Skalarprodukt $\langle \cdot, \cdot \rangle$ induziert wird.)

Beweis. Die Eigenschaften des Skalarprodukts $\langle \cdot, \cdot \rangle$ sichern, daß $\|\cdot\|_2$ definit und homogen ist. Die Dreiecksungleichung verifizieren wir mit Hilfe der Schwarzschen Ungleichung. Es gilt nämlich

$$\langle x+y, x+y \rangle = \langle x,x \rangle + \langle x,y \rangle + \overline{\langle x,y \rangle} + \langle y,y \rangle = \langle x,x \rangle + 2\,\mathrm{Re}\,\langle x,y \rangle + \langle y,y \rangle$$
$$\leq \langle x,x \rangle + 2|\langle x,y \rangle| + \langle y,y \rangle \,.$$

Wendet man auf den mittleren Summanden die Schwarzsche Ungleichung an, so folgt

$$\langle x+y, x+y \rangle \leq \langle x,x \rangle + 2\sqrt{\langle x,x \rangle \langle y,y \rangle} + \langle y,y \rangle = \left(\sqrt{\langle x,x \rangle} + \sqrt{\langle y,y \rangle} \right)^2 \,,$$

d.h.

$$\|x+y\|_2 \leq \|x\|_2 + \|y\|_2 \,. \qquad \square$$

Im folgenden sei V mit der im Satz 6.4.3 angegebenen, durch das Skalarprodukt induzierten Norm versehen, falls nichts anderes gesagt wird.

Die Schwarzsche Ungleichung läßt sich auch schreiben als

$$|\langle x,y \rangle| \leq \|x\|_2 \, \|y\|_2 \,.$$

Eine wichtige Anwendung findet sie, um im $\mathbb{K}^n$ die Norm $\|\cdot\|_1$ durch $\|\cdot\|_2$ abzuschätzen. Für $x = (x_1, \ldots, x_n)^T$ mit $x_\nu = |x_\nu| e^{i\varphi_\nu}$ sei $e := (e^{-i\varphi_1}, \ldots, e^{-i\varphi_n})^T$. Dann folgt

$$\|x\|_1 = \sum_{\nu=1}^n |x_\nu| = \sum_{\nu=1}^n x_\nu e^{-i\varphi_\nu} = |\langle x,e \rangle| \leq \|x\|_2 \, \|e\|_2 = \sqrt{n} \|x\|_2 \,.$$

6.4.4 Aufgabe

a) Man schätze im Vektorraum $C[a,b]$ die Norm $\|f\|_1 := \int_a^b |f(t)| dt$ durch die euklidische Norm $\|f\|_2 := \left\{ \int_a^b (f(t))^2 dt \right\}^{\frac{1}{2}}$ ab.

b) Man zeige: In einem unitären Vektorraum gilt die sogenannte *Parallelogramm-Gleichung*

$$\|x+y\|_2^2 + \|x-y\|_2^2 = 2(\|x\|_2^2 + \|y\|_2^2) \quad \text{für alle } x,y \in V \,.$$

Im $\mathbb{R}^2$ macht man sich an Hand einer Skizze leicht die Gültigkeit der Parallelogramm-Gleichung klar.

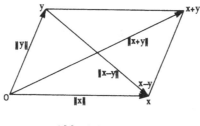

Abb. 6.3

Für einen Vektor $x \in \mathbb{R}^2$ ist $\|x\|_2$ die Länge von x und $\|x\|_2^2$ die Fläche eines Quadrates mit Seitenlänge $\|x\|_2$.

Im $\mathbb{R}^2$ unterscheidet sich die euklidische Norm von der Summen-Norm und der Maximum-Norm unter anderem in der unterschiedlichen geometrischen Form des jeweiligen "Einheitskreises". Bei der Summen-Norm und der Maximum-Norm enthält die zugehörige Einheitskreislinie Geradenstücke, während dies bei der euklidischen Norm nicht der Fall ist (vgl. Abb. 6.2 und 6.4).

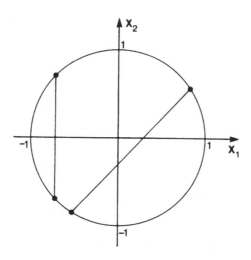

Abb. 6.4. Strenge Konvexität des euklidischen Einheitskreises

Der euklidische Einheitskreis ist *streng konvex*. Verbindet man zwei seiner Punkte geradlinig, so liegt das Verbindungsstück – abgesehen von seinen Endpunkten – ganz im Innern des Einheitskreises. Dies gilt in jedem unitären Vektorraum entsprechend.

6.4.5 Satz

In einem unitären Raum V ist die Einheitskugel

$$E := \{x \in V \mid \|x\|_2 \le 1\}$$

streng konvex, d.h. für $x \ne y$ mit $\|x\|_2 = \|y\|_2 = 1$ und $0 < \lambda < 1$ gilt

$$\|\lambda x + (1-\lambda)y\|_2 < 1 \,.$$

Beweis. Sind x, y zwei verschiedene Punkte mit $\|x\|_2 = \|y\|_2 = 1$ und $\lambda \in \mathbb{R}$ mit $0 < \lambda < 1$ gegeben, so folgt zunächst

$$
\begin{aligned}
\|\lambda x + (1-\lambda)y\|_2^2 &= \|\lambda x\|_2^2 + 2\,\mathrm{Re}\,\langle \lambda x, (1-\lambda)y\rangle + \|(1-\lambda)y\|_2^2 \\
&\le \|\lambda x\|_2^2 + 2|\langle \lambda x, (1-\lambda)y\rangle| + \|(1-\lambda)y\|_2^2 \,.
\end{aligned}
$$

Die Schwarzsche Ungleichung liefert im Fall $x \ne \mu y$, $\mu \in \mathbb{K}$,

$$|\langle \lambda x, (1-\lambda)y\rangle| < \|\lambda x\|_2 \, \|(1-\lambda)y\|_2 \,,$$

also insgesamt

$$
\begin{aligned}
\|\lambda x + (1-\lambda)y\|_2^2 &< \|\lambda x\|_2^2 + 2\|\lambda x\|_2 \, \|(1-\lambda)y\|_2 + \|(1-\lambda)y\|_2^2 \\
&= (\|\lambda x\|_2 + \|(1-\lambda)y\|_2)^2 = (\lambda\|x\|_2 + (1-\lambda)\|y\|_2)^2 \,, \\
&= (\lambda + (1-\lambda))^2 = 1 \,.
\end{aligned}
$$

Wir haben somit, vom Sonderfall $x = \mu y$, $\mu \in \mathbb{K}$, abgesehen $\|\lambda x + (1-\lambda)y\|_2 < 1$ gezeigt.

Im Fall $x = \mu y$, $\mu \in \mathbb{K}$, gilt wegen $\|x\|_2 = \|y\|_2 = 1$ zunächst $|\mu| = 1$ und wegen $x \ne y$ auch $\mu \ne 1$. Also folgt $\mu = e^{i\varphi}$, $0 < \varphi < 2\pi$. Weiterhin erhält man

$$\|\lambda x + (1-\lambda)y\|_2 = \|\lambda\mu y + (1-\lambda)y\| = |\lambda\mu + (1-\lambda)| = |\lambda e^{i\varphi} + (1-\lambda)| \,.$$

Für $0 < \varphi < 2\pi$ beschreibt $z(\varphi) := \lambda e^{i\varphi} + 1 - \lambda$ einen von $z = 1$ verschiedenen Punkt auf dem Kreis mit Radius λ und Mittelpunkt $1 - \lambda$ der komplexen Ebene. Dieser berührt im Fall $0 < \lambda < 1$ den Einheitskreis im Punkt $z = 1$ von innen (vgl Abb. 6.5). Also gilt

$$|z(\varphi)| < 1 \quad \text{für} \quad 0 < \varphi < 2\pi \,.$$

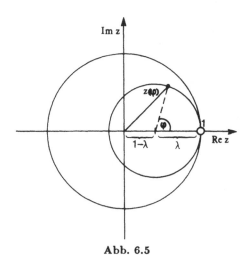

Abb. 6.5

Insgesamt ist damit die strikte Konvexität der Einheitskugel gezeigt.   □

Im $\mathbb{R}^2$ und $\mathbb{R}^3$ stehen die kanonischen Einheitsvektoren e_i aufeinander senkrecht, was sich mit Hilfe des Skalarprodukts darstellt als

$$\langle e_i, e_k \rangle = 0 \text{ für } i \neq k .$$

Dies ist Anlaß zu folgender Definition:

6.4.6 Definition

Zwei Elemente x, y eines unitären Vektorraums V heißen *orthogonal*, falls $\langle x, y \rangle = 0$ gilt.

Wegen $\langle o, y \rangle = 0 \langle o, y \rangle = 0$ ist das Nullelement $o \in V$ zu allen Elementen $y \in V$ orthogonal.

6.4.7 Aufgabe

Sei $L_y := \{x \in V \mid \langle x, y \rangle = 0\}$ die Menge der zu y orthogonalen Elemente. Man zeige:
a) Für $o \neq y \in V$ ist L_y ein (echter) Untervektorraum von V.
b) Für $V = \mathbb{K}^n$ gilt $\dim_{\mathbb{K}} L_y = n - 1$, falls $y \neq o$ gilt.

Die kanonischen Einheitsvektoren e_i des $\mathbb{R}^n$ sind nicht nur paarweise zueinander ortho*gonal*, sondern sogar paarweise zueinander ortho*normal* (zusätzlich auf Länge 1 normiert), d.h. es gilt

$$\langle e_i, e_k \rangle = \delta_{ik} , \quad 1 \leq i, k \leq n .$$

Sie erzeugen ein *kartesisches Koordinatensystem*[41]. Durch "Drehung" erhält man leicht weitere Basen von zueinander orthogonalen Vektoren.

Im $\mathbb{R}^2$ sind z.B. auch die Vektoren

$$\tilde{e}_1 := \frac{1}{2}\begin{pmatrix} \sqrt{2} \\ \sqrt{2} \end{pmatrix}, \quad \tilde{e}_2 := \frac{1}{2}\begin{pmatrix} \sqrt{2} \\ -\sqrt{2} \end{pmatrix}$$

bezüglich des üblichen Skalarprodukts paarweise zueinander orthonormal,

$$\langle \tilde{e}_1, \tilde{e}_2 \rangle = \frac{1}{2} - \frac{1}{2} = 0, \qquad \|\tilde{e}_1\|_2 = \|\tilde{e}_2\|_2 = 1.$$

Ein berühmtes Resultat von Erhard Schmidt[42] besagt, daß man in einem unitären Vektorraum jedes System $\{b_1, \ldots, b_n\}$ von linear unabhängigen Elementen b_i, $i = 1, \ldots, n$, orthonormalisieren kann.

6.4.8 Satz

Aus jedem System linear unabhängiger Elemente b_i, $i = 1, \ldots, n$, des unitären Vektorraums V läßt sich ein orthonormales System $\{u_1, \ldots, u_n\}$ gewinnen, und zwar rekursiv gemäß

$$u_1 := \frac{b_1}{\|b_1\|_2},$$

$$u_\nu := \frac{b_\nu - \sum_{\mu=1}^{\nu-1} \langle b_\nu, u_\mu \rangle u_\mu}{\left\| b_\nu - \sum_{\mu=1}^{\nu-1} \langle b_\nu, u_\mu \rangle u_\mu \right\|_2}, \quad \nu = 2, \ldots, n$$

(Schmidtsches Orthonormalisierungsverfahren).

Beweis. Für den Anfang eines Induktionsbeweises setzen wir

$$u_1 := \frac{b_1}{\|b_1\|_2}.$$

Sind die Vektoren u_μ, $1 \le \mu \le \nu - 1 < n$, so bestimmt, daß

$$\langle u_\rho, u_\tau \rangle = \delta_{\rho\tau}, \quad 1 \le \rho, \tau \le \nu - 1,$$

gilt, so machen wir den Ansatz

$$u_\nu := \frac{b_\nu - \sum_{\mu=1}^{\nu-1} c_{\nu\mu} u_\mu}{\left\| b_\nu - \sum_{\mu=1}^{\nu-1} c_{\nu\mu} u_\mu \right\|_2}.$$

---

[41]Descartes, René (31.03.1596–11.02.1650)
[42]Schmidt, Erhard (14.01.1876 – 06.12.1959)

Da u_μ nur von $b_1, \ldots, b_\mu$, nicht aber von $b_{\mu+1}, \ldots, b_n$, $\mu = 1, \ldots, \nu - 1$, linear abhängt, ist der Nenner in der Definition von u_ν von Null verschieden, d.h.

$$b_\nu - \sum_{\mu=1}^{\nu-1} c_{\nu\mu} u_\mu \neq \mathrm{o} \, ,$$

und es gilt $\|u_\nu\|_2 = 1$. Die Koeffizienten $c_{\nu 1}, \ldots, c_{\nu\,\nu-1}$ ergeben sich aus den Orthogonalitätsbedingungen

$$\langle u_\nu, u_\rho \rangle = 0 \quad \text{für} \ \ 1 \le \rho < \nu \, ,$$

zu $c_{\nu\rho} = \langle b_\nu, u_\rho \rangle$. Also ist u_ν orthonormal zu u_μ, $1 \le \mu < \nu$. $\qquad\square$

6.4.9 Aufgabe

Man bestimme zu der Basis m_ν, $m_\nu(t) = t^\nu$, $\nu = 0, \ldots, 4$, des Vektorraumes $(\Pi_4, \langle \cdot, \cdot \rangle)$,

$$\langle p, q \rangle := \int_{-1}^1 p(t) q(t) dt \, , \quad p, q \in \Pi_4 \, ,$$

eine orthonormale Basis.

Das Skalarprodukt

$$\langle x, y \rangle := \sum_{i=1}^n x_i \bar{y}_i$$

auf dem Raum $\mathbb{K}^n$ hat spezielle Eigenschaften, die wir im folgenden zusammenstellen wollen. Mit Hilfe des als Zeilenvektor geschriebenen Vektors

$$y^H := (\bar{y}_1, \ldots, \bar{y}_n)$$

und des Spaltenvektors $x := \begin{pmatrix} x_1 \\ \vdots \\ x_n \end{pmatrix}$ kann man das Skalarprodukt als Matrixprodukt

von $y^H \in \mathbb{K}^{1 \times n}$ mit $x \in \mathbb{K}^{n \times 1}$ in der Form

$$\langle x, y \rangle = y^H x$$

schreiben. Man bezeichnet y^H als den zu y *konjugiert-transponierten Vektor*. Falls $y \in \mathbb{R}^n$ ist, gilt

$$\langle x, y \rangle = y^T x \, ,$$

wenn $y^T := (y_1, \ldots y_n)$ den zu y *transponierten* Vektor bezeichnet. Aus der Linearen Algebra weiß man, daß

$$L_y : \mathbb{K}^n \longrightarrow \mathbb{K} \, , \qquad x \mapsto y^H x \, ,$$

eine Linearform auf $\mathbb{K}^n$ ist.

Mit Hilfe einer Matrix $A \in \mathbb{K}^{n \times n}$ kann man auf $\mathbb{K}^n$ ein neues Skalarprodukt $\langle \cdot, \cdot \rangle_A$ durch

$$\langle x, y \rangle_A := \langle Ax, y \rangle \, , \quad x, y \in \mathbb{K}^n \, ,$$

einführen. Wir müssen klären, welche Eigenschaften A besitzen muß, damit $\langle \cdot, \cdot \rangle_A$ ein Skalarprodukt ist. Die geforderte Sesquilinearität tritt offensichtlich für beliebige $A \in \mathbb{K}^{n \times n}$ ein. Die Bedingung

$$\langle x, y \rangle_A = \overline{\langle y, x \rangle}_A$$

können wir auch elementweise schreiben. Dies führt zu

$$\langle x, y \rangle_A = \langle Ax, y \rangle = y^H A x = \sum_{i=1}^{n} \bar{y}_i \sum_{k=1}^{n} a_{ik} x_k \; ,$$

$$\overline{\langle y, x \rangle}_A = \overline{\langle Ay, x \rangle} = \overline{x^H A y} = x^T \bar{A} \bar{y}$$

$$= \sum_{i=1}^{n} x_i \sum_{k=1}^{n} \bar{a}_{ik} \bar{y}_k = \sum_{k=1}^{n} \bar{y}_k \sum_{i=1}^{n} \bar{a}_{ik} x_i = \sum_{i=1}^{n} \bar{y}_i \sum_{k=1}^{n} \bar{a}_{ki} x_k$$

(Vertauschung der Summationsreihenfolge und Umbenennung der Summationsindizes). Damit also für alle $x, y \in \mathbb{K}^n$

$$\langle x, y \rangle_A = \overline{\langle y, x \rangle}_A$$

eintritt, muß offensichtlich $a_{ik} = \bar{a}_{ki}$ für $1 \leq i, k \leq n$ gelten; falls A reell ist, bedeutet dies $a_{ik} = a_{ki}$ für $1 \leq i, k \leq n$. Die Definitheitsbedingung

$$\langle x, x \rangle_A > 0 \quad \text{für} \quad o \neq x \in \mathbb{K}^n$$

ergibt für A die weitere Forderung

$$x^H A x > 0 \quad \text{für} \quad o \neq x \in \mathbb{K}^n \; .$$

6.4.10 Definition

Eine Matrix $A \in \mathbb{K}^{n \times n}$ mit

$$a_{ik} = \bar{a}_{ki} \quad \text{für} \quad 1 \leq i, k \leq n \; ,$$

bezeichnet man als *hermitesch*; ist $A \in \mathbb{R}^{n \times n}$ mit

$$a_{ik} = a_{ki} \quad \text{für} \quad 1 \leq i, k \leq n \; ,$$

so heißt A (reell) *symmetrisch*. Gilt zusätzlich

$$x^H A x > 0 \quad \text{für} \quad o \neq x \in \mathbb{K}^n \; ,$$

so heißt A *positiv definit*.

6.4.11 Satz

Ist die Matrix $A \in \mathbb{K}^{n \times n}$ hermitesch und positiv definit, so wird durch

$$\langle x, y \rangle_A := \langle Ax, y \rangle$$

ein Skalarprodukt auf $\mathbb{K}^n$ definiert. Ist $A \in \mathbb{R}^{n \times n}$ symmetrisch und positiv definit, so erhält man ein Skalarprodukt auf $\mathbb{R}^n$.

So wie man einem Spaltenvektor $y \in \mathbb{K}^n$ den konjugiert-transponierten Vektor y^H zuordnet, ist es üblich, einer Matrix $A = (a_{ik})_{i,k=1,\dots,n} \in \mathbb{K}^{n \times n}$ die *konjugiert-transponierte Matrix*

$$A^H := (\overline{a}_{ki})_{k,i=1,\dots,n} \ ,$$

bzw. im reellen Fall, die *transponierte Matrix*

$$A^T := (a_{ki})_{k,i=1,\dots,n}$$

zuzuordnen. Eine Matrix ist also hermitesch, falls $A^H = A$ gilt, und symmetrisch, falls $A^T = A$ gilt.

6.5 Approximation in unitären Vektorräumen

Wir untersuchen nun, wie man in einem unitären Vektorraum Proxima charakterisieren und berechnen kann. Sei also V ein unitärer Vektorraum, dessen Dimension nicht endlich zu sein braucht, und $U_n \subseteq V$, ein n-dimensionaler Untervektorraum. Zu $f \in V$ ist ein $h_0 \in U_n$ gesucht mit

$$(A) \qquad\qquad \|f - h_0\|_2 \leq \|f - h\|_2 \ \text{für alle} \ h \in U_n \ .$$

6.5.1 Satz

In einem unitären Vektorraum V existiert bzgl. eines n-dimensionalen Unterraums U_n für jedes $f \in V$ genau eine Minimallösung $h_0 \in U_n$.

Beweis. Die Existenz einer Minimallösung folgt aus dem Satz 6.3.5. Mit Hilfe der strikten Konvexität der Einheitskugel in unitären Vektorräumen (vgl. Satz 6.4.5) folgt auch deren Eindeutigkeit. Denn für zwei Minimallösungen h_0 und $\tilde{h}_0$ mit $h_0 \neq \tilde{h}_0$ folgt für $0 < \lambda < 1$:

$$
\begin{aligned}
\|f - \lambda h_0 - (1-\lambda)\tilde{h}_0\|_2 \ &= \ \|\lambda(f - h_0) + (1-\lambda)(f - \tilde{h}_0)\|_2 \\[2mm]
&= \ \|f - h_0\|_2 \left\| \lambda \frac{f - h_0}{\|f - h_0\|_2} + (1-\lambda)\frac{f - \tilde{h}_0}{\|f - \tilde{h}_0\|_2} \right\|_2 \\[2mm]
&< \ \|f - h_0\|_2 \ ,
\end{aligned}
$$

da $\dfrac{f - h_0}{\|f - h_0\|_2}$ und $\dfrac{f - \tilde{h}_0}{\|f - \tilde{h}_0\|_2}$ Vektoren mit Norm 1 sind. Also wären alle Vektoren

$$z_\lambda := \lambda h_0 + (1 - \lambda)\tilde{h}_0 \in U_n , \quad 0 < \lambda < 1 ,$$

bessere Approximationen an f als h_0 bzw. $\tilde{h}_0$. Dies führt zum gewünschten Widerspruch und liefert die Eindeutigkeit von h_0.   □

Um für ein $f \in V$ die Minimallösung $h_0 \in U_n$ zu bestimmen, kann man die *Methode der Orthogonalentwicklung* heranziehen. Darunter versteht man folgendes: Mit Hilfe des Verfahrens von Erhard Schmidt kann man eine orthonormale Basis $\{u_1, \ldots, u_n\}$ von U_n als bekannt voraussetzen; es gelte also

$$\langle u_i, u_k \rangle = \delta_{ik} , \quad 1 \leq i, k \leq n .$$

Jedes Element $h \in U_n$ läßt sich in eindeutiger Weise darstellen als

$$h = \sum_{\nu=1}^{n} \alpha_\nu u_\nu .$$

Setzen wir noch $c_\nu := \langle f, u_\nu \rangle$, $\nu = 1, \ldots, n$, so folgt

$$
\begin{aligned}
\left\| f - \sum_{\nu=1}^{n} \alpha_\nu u_\nu \right\|_2^2 &= \langle f, f \rangle - \sum_{\nu=1}^{n} \bar{\alpha}_\nu \langle f, u_\nu \rangle - \sum_{\nu=1}^{n} \alpha_\nu \langle u_\nu, f \rangle + \sum_{\nu=1}^{n} \sum_{\mu=1}^{n} \alpha_\nu \bar{\alpha}_\mu \langle u_\nu, u_\mu \rangle \\
&= \langle f, f \rangle - \sum_{\nu=1}^{n} \bar{\alpha}_\nu c_\nu - \sum_{\nu=1}^{n} \alpha_\nu \bar{c}_\nu + \sum_{\nu=1}^{n} \alpha_\nu \bar{\alpha}_\nu \\
&= \langle f, f \rangle + \sum_{\nu=1}^{n} (\alpha_\nu - c_\nu)(\bar{\alpha}_\nu - \bar{c}_\nu) - \sum_{\nu=1}^{n} c_\nu \bar{c}_\nu \\
&= \langle f, f \rangle + \sum_{\nu=1}^{n} |\alpha_\nu - c_\nu|^2 - \sum_{\nu=1}^{n} |c_\nu|^2 \geq \langle f, f \rangle - \sum_{\nu=1}^{n} |c_\nu|^2 ,
\end{aligned}
$$

wobei das Gleichheitszeichen genau dann eintritt, wenn $\alpha_\nu = c_\nu$, $\nu = 1, \ldots, n$, gilt. Dadurch erhält man dann offensichtlich das Proximum h_0 für f, und dieses hat die Darstellung

$$h_0 = \sum_{\nu=1}^{n} \langle f, u_\nu \rangle u_\nu .$$

Das zum Proximum h_0 gehörende Fehlerelement $f - h_0$ hat die bemerkenswerte Eigenschaft, daß für jedes Basiselement $u_\mu \in U_n$ gilt

$$
\begin{aligned}
\langle f - h_0, u_\mu \rangle &= \langle f - \sum_{\nu=1}^{n} \langle f, u_\nu \rangle u_\nu , u_\mu \rangle = \langle f, u_\mu \rangle - \sum_{\nu=1}^{n} \langle f, u_\nu \rangle \langle u_\nu, u_\mu \rangle \\
&= \langle f, u_\mu \rangle - \langle f, u_\mu \rangle = 0 , \quad \mu = 1, \ldots, n .
\end{aligned}
$$

Das Fehlerelement $f - h_0$ ist somit zu allen Basiselementen $u_\mu \in U_n$ und folglich zu allen Elementen aus U_n orthogonal (Abb. 6.6). Wir halten fest:

6.5.2 Satz

Sei $\{u_1, \ldots, u_n\}$ *eine Orthonormalbasis von* $U_n \subset V$. *Dann hat die Minimallösung von* f *bzgl.* U_n *die Darstellung*

$$h_0 = \sum_{\nu=1}^{n} \langle f, u_\nu \rangle u_\nu .$$

Das zugehörige Fehlerelement $f - h_0$ *ist orthogonal zu allen Elementen von* U_n, *d.h.*

$$\langle f - h_0, u \rangle = 0 \ \textit{für alle} \ u \in U_n .$$

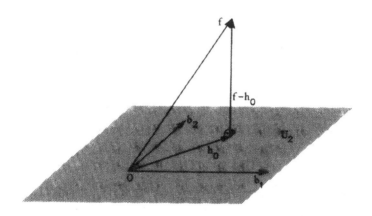

Abb. 6.6

Diesen Satz kann man konstruktiv ausnutzen. Bei Kenntnis einer Orthonormalbasis braucht man "nur" die Skalarprodukte $\langle f, u_\nu \rangle$, $\nu = 1, \ldots, n$, auszuwerten und erhält die Minimallösung in der Form

$$h_0 = \sum_{\nu=1}^{n} \langle f, u_\nu \rangle u_\nu .$$

Kennt man dagegen eine Basis $\{b_1, \ldots, b_n\}$, die nicht notwendigerweise orthonormal ist, so betrachte man das System

$$\langle f - h_0, b_\mu \rangle = 0, \ \mu = 1, \ldots, n ,$$

das nach Satz 6.5.2 gültig ist, d.h.

$$\langle h_0, b_\mu \rangle = \langle f, b_\mu \rangle , \quad \mu = 1, \ldots, n .$$

Für die Koeffizienten α_ν, $\nu = 1, \ldots, n$, der Basisdarstellung

$$h_0 = \sum_{\nu=1}^{n} \alpha_\nu b_\nu$$

von h_0 folgt dann das lineare Gleichungssystem

$$\sum_{\nu=1}^{n} \alpha_\nu \langle b_\nu, b_\mu \rangle = \langle f, b_\mu \rangle \,, \quad \mu = 1, \ldots, n \,.$$

Da h_0 und folglich auch die Koeffizienten α_ν, $\nu = 1, \ldots, n$, eindeutig bestimmt sind, ist dieses lineare Gleichungssystem eindeutig lösbar. Die sogenannte *Gram-Matrix*[43] $(\langle b_\nu, b_\mu \rangle)_{\nu,\mu=1,\ldots,n}$ ist invertierbar.

6.5.3 Satz

Sei $\{b_1, \ldots, b_n\}$ *eine Basis von* U_n. *Dann erhält man die Koeffizienten des Proximums* h_0 *an* f *bzgl.* U_n *in der Darstellung* $h_0 = \sum_{\nu=1}^{n} \alpha_\nu b_\nu$ *als Lösung des linearen Gleichungssystems*

$$\sum_{\nu=1}^{n} \alpha_\nu \langle b_\nu, b_\mu \rangle = \langle f, b_\mu \rangle \,, \quad \mu = 1, \ldots, n \,.$$

6.5.4 Aufgabe

Sei $V = \mathbb{R}^4$ versehen mit dem Skalarprodukt $\langle x, y \rangle := y^T x$ und $U_3 := \mathrm{span}\,(b_1, b_2, b_3)$, $b_1 := (1,1,0,0)^T$, $b_2 := (0,1,1,0)^T$, $b_3 := (0,0,0,1)^T$. Man bestimme das Proximum $h_0 = \sum_{\nu=1}^{3} \alpha_\nu b_\nu$ an $f := (1,1,2,1)^T$ bzgl. U_3 und den Bestapproximationsfehler von f bzgl. U_3.

6.6 Fourier-Čebyšev-Entwicklung stetiger Funktionen

Die Čebyšev-Polynome T_n erster Art (vgl. Abschnitt 2.3) haben eine besondere Bedeutung gewonnen, wenn es darum geht, eine stetige reelle Funktion $f \in C[a,b]$ im Sinne der Maximum-Norm durch Polynome zu approximieren. In der Einleitung zu diesem Kapitel hatten wir bereits darauf hingewiesen, daß die Polynom-Approximation von Funktionen bei der Implementierung der Standard-Funktionen eine wesentliche Rolle spielt.

Wir betrachten auf dem Vektorraum $C[-1,1]$ das Skalarprodukt $\langle \cdot, \cdot \rangle$,

$$\langle f, g \rangle := \frac{2}{\pi} \int_{-1}^{1} f(t) g(t) \frac{dt}{\sqrt{1 - t^2}} \,.$$

Wir machen uns klar, daß tatsächlich ein Skalarprodukt vorliegt: Da der Faktor $\dfrac{1}{\sqrt{1 - t^2}}$ für $t \longrightarrow \pm 1$ unbeschränkt ist, müssen wir die *Existenz* dieses uneigentlichen Integrals nachweisen. Diese zeigt man aber leicht, indem man $t = \cos \tau$ substituiert; dann folgt nämlich

$$\langle f, g \rangle = \frac{2}{\pi} \int_{0}^{\pi} f(\cos \tau) g(\cos \tau) d\tau \,,$$

---

[43]Gram, Jørgen Pedersen (27.06.1850–29.04.1916)

wobei für $f, g \in C[-1, 1]$ der Integrand stetig ist. Die für ein Skalarprodukt in der Definition 6.4.1 geforderten Eigenschaften sind evident.

Für die Čebyšev-Polynome in trigonometrischer Darstellung folgt

$$\langle T_n, T_m \rangle = \frac{2}{\pi} \int_0^\pi T_n(\cos \tau) T_m(\cos \tau) d\tau = \frac{2}{\pi} \int_0^\pi \cos(n\tau) \cos(m\tau) d\tau$$

$$= \frac{1}{\pi} \int_0^\pi \{\cos((n+m)\tau) + \cos((n-m)\tau)\} d\tau = \begin{cases} 2, & \text{falls } n = m = 0 , \\ 1, & \text{falls } n = m \neq 0 , \\ 0, & \text{falls } n \neq m . \end{cases}$$

Die Čebyšev-Polynome sind also bezüglich des betrachteten Skalarproduktes wechselseitig orthogonal. Genauer gilt, wenn man den Sonderfall $n = m = 0$ berücksichtigt:

6.6.1 Satz

Die Polynome $\frac{\sqrt{2}}{2} T_0, T_1, T_2, \ldots$ *sind paarweise orthonormal bzgl. des Skalarproduktes* $\langle \cdot, \cdot \rangle: C[-1, 1] \times C[-1, 1] \to \mathbb{R}$,

$$\langle f, g \rangle := \frac{2}{\pi} \int_{-1}^1 f(t) g(t) \frac{dt}{\sqrt{1 - t^2}} .$$

Da $T_0, \ldots, T_n$ eine Basis von Π_n bilden, erhält man durch $\left\{ \frac{\sqrt{2}}{2} T_0, T_1, \ldots, T_n \right\}$ eine Orthonormalbasis dieses Vektorraums. Aus $p = \sum_{\nu=0}^n \alpha_\nu T_\nu$ folgt

$$\langle p, T_\mu \rangle = \sum_{\nu=0}^n \alpha_\nu \langle T_\nu, T_\mu \rangle = \begin{cases} 2\alpha_0 , & \mu = 0 , \\ \alpha_\mu , & \mu > 0 . \end{cases}$$

Jedes $p \in \Pi_n$ hat somit die sogenannte *Fourier-Čebyšev-Darstellung*

$$p = \frac{1}{2} \langle p, T_0 \rangle + \sum_{\nu=1}^n \langle p, T_\nu \rangle T_\nu .$$

6.6.2 Satz

Jedes Polynom $p \in \Pi_n$ *hat die Fourier-Čebyšev-Darstellung*

$$p = \frac{\alpha_0}{2} + \sum_{\nu=1}^n \alpha_\nu T_\nu , \qquad \alpha_\nu = \frac{2}{\pi} \int_{-1}^1 p(t) T_\nu(t) \frac{dt}{\sqrt{1 - t^2}} , \qquad \nu \in \mathbb{N}_0 .$$

Wir betrachten nun beliebige *stetige* Funktionen $f \in C[-1, 1]$. Die Resultate von Abschnitt 6.5 zeigen, daß für jedes derartige f genau eine Minimallösung $p_n^* \in \Pi_n$ bzgl. der Norm

$$\| \cdot \|_2 := \sqrt{\langle \cdot, \cdot \rangle}$$

existiert; dabei hat p_n^* die Darstellung

$$p_n^* = \frac{1}{2}a_0(f) + \sum_{\nu=1}^{n} a_\nu(f)T_\nu \ .$$

Die sogenannten *Fourier-Čebyšev-Koeffizienten*

$$a_\nu(f) := \langle f, T_\nu \rangle = \frac{2}{\pi} \int_{-1}^{1} f(t)T_\nu(t)\frac{dt}{\sqrt{1-t^2}} \ , \qquad \nu \in \mathbb{N}_0 \ ,$$

bestimmen somit die Minimallösung p_n^* von f bzgl. Π_n.

6.6.3   Satz

Die Minimallösung p_n^* von $f \in C[-1,1]$ bzgl. Π_n und des Skalarproduktes $\langle \cdot, \cdot \rangle$ hat die Darstellung

$$p_n^* = \frac{1}{2}\langle f, T_0 \rangle + \sum_{\nu=1}^{n} \langle f, T_\nu \rangle T_\nu \ .$$

Da für $f \in C[-1,1]$ *alle* Koeffizienten

$$a_\nu(f) = \frac{2}{\pi} \int_{-1}^{1} f(t)T_\nu(t)\frac{dt}{\sqrt{1-t^2}} \ , \quad \nu = 0,1,2,\dots \ ,$$

gebildet werden können, kann man zunächst formal die unendliche Reihe S_f mit

$$S_f(t) := \frac{a_0(f)}{2} + \sum_{\nu=1}^{\infty} a_\nu(f)T_\nu(t)$$

bilden, wobei die Konvergenz eigens zu klären ist. Man bezeichnet S_f als *Fourier-Čebyšev-Reihe* von f.

6.6.4   Satz

Falls die Reihe

$$S_f(1) = \frac{a_0(f)}{2} + \sum_{\nu=1}^{\infty} a_\nu(f)$$

absolut konvergiert, konvergiert die zugehörige Fourier-Čebyšev-Reihe S_f absolut und gleichmäßig für $t \in [-1,1]$; es gilt also $S_f \in C[-1,1]$.

Beweis. Man nutzt aus, daß $|T_\nu(t)| \leq 1$ für $|t| \leq 1$ gilt, und schätzt mit Hilfe der Dreiecksungleichung ab. Da gleichmäßig konvergente Reihen stetiger Funktionen gegen stetige Funktionen konvergieren, gilt $S_f \in C[-1,1]$.   □

Die Vermutung, die Fourier-Čebyšev-Reihe einer Funktion $f \in C[-1,1]$ würde für $t \in [-1,1]$ stets gegen f – eventuell sogar gleichmäßig – konvergieren, läßt sich durch Gegenbeispiele widerlegen. Diese Vermutung erweist sich aber als richtig, wenn die Fourier-Čebyšev-Reihe in $[-1,1]$ *gleichmäßig* konvergiert. Es gilt, was wir hier ohne Beweis festhalten wollen:

6.6.5 Satz

Falls die Fourier-Čebyšev-Reihe S_f *mit*

$$S_f(t) = \frac{a_0(f)}{2} + \sum_{\nu=1}^{\infty} a_\nu(f) T_\nu(t)$$

von $f \in C[-1,1]$ *auf* $[-1,1]$ *gleichmäßig konvergiert, gilt* $f = S_f$, *d.h.*

$$f(t) = \frac{a_0(f)}{2} + \sum_{\nu=1}^{\infty} a_\nu(f) T_\nu(t) \quad \text{für} \ t \in [-1,1] \ .$$

6.6.6 Beispiel

Wir betrachten $f(t) = \sqrt{1 - t^2}$ für $|t| \leq 1$. Dann folgt

$$
\begin{aligned}
a_\nu(f) &= \frac{2}{\pi} \int_{-1}^{1} T_\nu(t) dt = \frac{2}{\pi} \int_0^{\pi} \cos(\nu\tau) \sin\tau d\tau = \frac{1}{\pi} \int_0^{\pi} \{\sin(\nu+1)\tau - \sin(\nu-1)\tau\} \, d\tau \\
&= \begin{cases} 0 & , \quad \text{falls } \nu \text{ ungerade}, \\[2mm] \dfrac{4}{\pi(1-\nu^2)} & , \quad \text{falls } \nu \text{ gerade}. \end{cases}
\end{aligned}
$$

Wir erhalten also die Fourier-Čebyšev-Reihe

$$S_f(t) = \frac{2}{\pi} + \frac{4}{\pi} \sum_{\nu=1}^{\infty} \frac{1}{1 - 4\nu^2} T_{2\nu}(t) \ .$$

Da diese Reihe offensichtlich für $|t| \leq 1$ absolut und gleichmäßig konvergiert, gilt

$$\sqrt{1 - t^2} = \frac{2}{\pi} + \frac{4}{\pi} \sum_{\nu=1}^{\infty} \frac{1}{1 - 4\nu^2} T_{2\nu}(t) \quad \text{für} \ |t| \leq 1 \ .$$

Für $t = 0$ folgt speziell die Reihe

$$1 = \frac{2}{\pi} + \frac{4}{\pi} \sum_{\nu=1}^{\infty} \frac{1}{1 - 4\nu^2} (-1)^\nu$$

oder auch

$$\frac{\pi}{2} = 1 + 2 \sum_{\nu=1}^{\infty} \frac{(-1)^\nu}{1 - 4\nu^2} \ .$$

Diese Reihe liefert prinzipiell eine Möglichkeit zur Berechnung von π. Da die Reihenglieder alternieren und dem Betrage nach eine monotone Nullfolge bilden, garantiert das Leibniz-Kriterium[44] außerdem eine Fehlerschranke. Allerdings ist die Konvergenz relativ langsam. Zur Berechnung von π gibt es wesentlich schnellere Methoden.

Da $\displaystyle\sum_{\nu=1}^{\infty} \frac{1}{\nu^2}$ konvergiert, folgt aus den bisherigen Resultaten, daß die Fourier-Čebyšev-Reihe einer Funktion $f \in C[-1,1]$, deren Fourier-Čebyšev-Koeffizienten mindestens so schnell wie ν^{-2} abnehmen, gegen f konvergiert. Mit Hilfe partieller Integration zeigt man leicht, daß diese "Abnahmegeschwindigkeit" der Fourier-Čebyšev-Koeffizienten für zweimal stetig differenzierbare Funktionen erreicht wird.

---

[44]Leibniz, Gottfried Wilhelm (21.06.1646–14.11.1716)

6.6.7 Satz

Sei f zweimal stetig differenzierbar im Intervall $[-1,1]$. Dann gilt

$$|a_\nu(f)| \le \frac{c}{\nu^2} , \quad \nu = 1,2,\dots ,$$

mit einer nur von f abhängigen Konstanten c, und die Fourier-Čebyšev-Reihe von f konvergiert auf $[-1,1]$ absolut und gleichmäßig gegen f.

Beweis. Mit $\varphi(\tau) := f(\cos\tau)$ erhält man mit zweimaliger partieller Integration

$$
\begin{aligned}
a_\nu(f) &= \frac{2}{\pi}\int_{-1}^{1} f(t)T_\nu(t)\frac{dt}{\sqrt{1-t^2}} = \frac{2}{\pi}\int_0^\pi \varphi(\tau)\cos(\nu\tau)d\tau = -\frac{2}{\pi\nu}\int_0^\pi \varphi'(\tau)\sin(\nu\tau)d\tau \\
&= \frac{2}{\pi\nu^2}\left\{ (\varphi'(\tau)\cos(\nu\tau))\Big|_0^\pi - \int_0^\pi \varphi''(\tau)\cos(\nu\tau)d\tau \right\} , \quad \nu = 1,2,\dots
\end{aligned}
$$

Setzt man

$$m_1 := \max_{0\le\tau\le\pi} |\varphi'(\tau)| , \quad m_2 := \max_{0\le\tau\le\pi} |\varphi''(\tau)| ,$$

so folgt mit Hilfe der Dreiecksungleichung

$$|a_\nu(f)| \le \frac{2}{\pi\nu^2}\{2m_1 + \pi m_2\} .$$

Wählt man $c := \frac{2}{\pi}\{2m_1 + \pi m_2\}$, so ist der erste Teil der Aussage des Satzes bewiesen; der zweite ergibt sich aus den bereits bewiesenen Resultaten dieses Abschnitts.

$\square$

Die Bedeutung der Fourier-Čebyšev-Entwicklung liegt darin, daß sie, obwohl sie mit Hilfe von Integralen definiert ist, auch gute Approximationseigenschaften in der Maximum-Norm hat. Dies wird auch durch das Beispiel des folgenden Abschnitts deutlich.

6.7 Das Prinzip einer Log-Routine

In der Einleitung für dieses Kapitel hatten wir gezeigt, daß die Berechnung von $\log x$ für $x > 0$ zunächst auf

$$\log x = \log\gamma + t\log 2 , \quad x = \gamma\left(\sqrt{2}\right)^{2t} , \quad \gamma\in\left[\frac{1}{\sqrt{2}},\sqrt{2}\right) , \quad t\in\mathbb{Z} ,$$

zurückgeführt wird. Anschließend wird $\log\gamma$ näherungsweise berechnet, indem man z.B. eine auf das Intervall $[-1,1]$ bezogene Polynom-Approximation an die Funktion $\log(1+\frac{\tau}{3}) + \log(\frac{3}{2\sqrt{2}})$ bzw. $\log(\tau+3) - \frac{3}{2}\log 2$ an der Stelle $\tau = 2\sqrt{2}\gamma - 3$ auswertet.

Eine effiziente Möglichkeit, eine solche Polynom-Approximation zu gewinnen, bietet die Fourier-Čebyšev-Entwicklung von $\log(\tau+a)$, $a > 1$. So wie man die Taylor-Reihe

$$\log(x + a) = \log a + \log\left(1 + \frac{x}{a}\right) = \log a + \sum_{\nu=1}^{\infty}(-1)^{\nu-1}\frac{1}{\nu a^\nu}x^\nu , \quad |x| < a ,$$

durch gliedweise Integration der geometrischen Reihe

$$\frac{1}{x+a} = \frac{1}{a}\sum_{\nu=0}^{\infty}(-1)^{\nu}\frac{1}{a^{\nu}}x^{\nu}\,, \quad |x| < a\,,$$

herleiten kann, beschaffen wir uns zunächst die Fourier-Čebyšev-Entwicklung

$$\frac{1}{\tau+a} = \sum_{\nu=0}^{\infty}a_{\nu}T_{\nu}(\tau)\,, \quad |\tau| \leq 1\,,$$

und integrieren diese dann gliedweise, um die gesuchte Entwicklung

$$\log(\tau+a) = \log a + \sum_{\nu=0}^{\infty}\alpha_{\nu}T_{\nu}(\tau)\,, \quad |\tau| \leq 1\,,$$

zu erhalten. Da die rationale Funktion φ,

$$\varphi(\tau) := \frac{1}{\tau+a}\,, \quad a > 1\,,$$

für $|\tau| < a$, also insbesondere für $|\tau| \leq 1$, beliebig oft stetig differenzierbar ist, konvergiert nach Satz 6.6.7 die Fourier-Čebyšev-Entwicklung absolut und gleichmäßig gegen φ. Es gilt somit

$$\frac{1}{\tau+a} = \frac{a_0(\varphi)}{2} + \sum_{\nu=1}^{\infty}a_{\nu}(\varphi)T_{\nu}(\tau)\,, \quad |\tau| \leq 1\,, \qquad a_{\nu}(\varphi) = \frac{2}{\pi}\int_{-1}^{1}\frac{1}{t+a}T_{\nu}(t)\frac{dt}{\sqrt{1-t^2}}\,.$$

Setzt man $t = \cos s$, so folgt

$$a_{\nu}(\varphi) = \frac{2}{\pi}\int_0^{\pi}\frac{\cos(\nu s)}{\cos s + a}ds\,.$$

In einer Formelsammlung (z.B. Bronstein-Semendjajew: "Taschenbuch der Mathematik") findet man für dieses Integral den Wert

$$a_{\nu}(\varphi) = \frac{2}{\sqrt{a^2-1}}\frac{(-1)^{\nu}}{\zeta^{\nu}}\,, \quad \zeta := a + \sqrt{a^2-1}\,.$$

Wir erhalten also

$$\frac{1}{\tau+a} = \frac{1}{\sqrt{a^2-1}}\left\{1 + 2\sum_{\nu=1}^{\infty}\frac{(-1)^{\nu}}{\zeta^{\nu}}T_{\nu}(\tau)\right\}\,, \quad |\tau| \leq 1\,.$$

6.7.1   Satz

Seien $\zeta := a + \sqrt{a^2-1}$, $a > 1$ *und* $|\tau| \leq 1$. *Dann gilt*

$$\frac{1}{\tau+a} = \frac{1}{\sqrt{a^2-1}}\left\{1 + 2\sum_{\nu=1}^{\infty}\frac{(-1)^{\nu}}{\zeta^{\nu}}T_{\nu}(\tau)\right\}\,.$$

6.7.2 Bemerkungen

(1) Die Koeffizienten der Taylorreihe von φ – das ist in diesem Beispiel die geometrische Reihe – nehmen wesentlich langsamer ab als die Koeffizienten der obigen Fourier-Čebyšev-Entwicklung. Während für $a = 3$ bei der geometrischen Reihe erst die Glieder mit $\nu \geq 21$ betragsmäßig kleiner als 10^{-10} sind, ist dies bei der Fourier-Čebyšev-Entwicklung bereits für $\nu \geq 13$ der Fall.

(2) Mit etwas mühsamen, aber elementaren Rechnungen kann man auch die Werte von $a_\nu(\varphi)$ erhalten, die wir der Formelsammlung entnommen haben. Man geht dabei von der nach Multiplikation mit $\tau + a$ zu beweisenden Identität

$$1 = (\tau + a)\left\{\frac{1}{2}a_0(\varphi) + \sum_{\nu=1}^{\infty} a_\nu(\varphi)T_\nu(\tau)\right\}$$

aus, multipliziert gliedweise aus und ordnet um, was wegen der absoluten Konvergenz der Reihe erlaubt ist. Ein anschließender Koeffizientenvergleich ergibt eine Rekursion, deren Lösung man mit den Methoden aus Abschnitt 2.6 bestimmen kann. Diese liefert dann die gesuchten Koeffizienten.

6.7.3 Aufgabe

a) Man zeige: Für $\varphi(\tau) = \dfrac{1}{\tau + a}$, $a > 1$, gilt

$$a_\nu(\varphi) = \frac{2}{\sqrt{a^2 - 1}}\frac{(-1)^\nu}{\zeta^\nu}, \quad \nu = 0, 1, 2, \ldots, \quad \zeta := a + \sqrt{a^2 - 1}.$$

b) Für die Čebyšev-Polynome zeige man die Integrationsformeln:

$$\int^x T_0(t)dt = T_1(x) + \text{const.},$$

$$\int^x T_1(t)dt = \frac{1}{4}T_2(x) + \text{const.},$$

$$\int^x T_\nu(t)dt = \frac{1}{2}\left\{\frac{T_{\nu+1}(x)}{\nu + 1} - \frac{T_{\nu-1}(x)}{\nu - 1}\right\} + \text{const.} \quad \text{für } \nu = 2, 3, \ldots,$$

wobei $\int^x T_\nu(t)dt$ eine Stammfunktion von T_ν bezeichnet.

Da die Reihe

$$\frac{1}{\tau + a} = \frac{1}{\sqrt{a^2 - 1}}\left\{1 + 2\sum_{\nu=1}^{\infty}\frac{(-1)^\nu}{\zeta^\nu}T_\nu(\tau)\right\}$$

für $|\tau| \leq 1$ gleichmäßig konvergiert, können wir gliedweise integrieren und erhalten so mit Hilfe der in Aufgabe 6.7.3 b) angegebenen Formeln

$$\log(\tau + a) = \text{const.} + \frac{1}{\sqrt{a^2 - 1}}\left\{\tau + 2\sum_{\nu=1}^{\infty}\frac{(-1)^\nu}{\zeta^\nu}\int^\tau T_\nu(t)dt\right\}$$

$$= \text{const.} + \frac{1}{\sqrt{a^2 - 1}}\left\{T_1(\tau) - \frac{T_2(\tau)}{2\zeta} + \sum_{\nu=2}^{\infty}\frac{(-1)^\nu}{\zeta^\nu}\left(\frac{T_{\nu+1}(\tau)}{\nu + 1} - \frac{T_{\nu-1}(\tau)}{\nu - 1}\right)\right\}.$$

Da diese Reihe für $|\tau| \leq 1$ absolut konvergiert, ist Umordnen erlaubt. Dies ergibt

$$\log(\tau + a) = \text{const.} + \frac{1}{\sqrt{a^2 - 1}} \sum_{\nu=1}^{\infty} (-1)^{\nu-1} \frac{\zeta - \frac{1}{\zeta}}{\nu \zeta^\nu} T_\nu(\tau) \; .$$

Wegen $\sqrt{a^2 - 1} = \frac{1}{2}(\zeta - \frac{1}{\zeta})$ kann man kürzen und erhält

$$\log(\tau + a) = \text{const.} + 2 \sum_{\nu=1}^{\infty} (-1)^{\nu-1} \frac{1}{\nu \zeta^\nu} T_\nu(\tau) \; , \quad |\tau| \leq 1 \; .$$

Die Konstante läßt sich durch Einsetzen eines speziellen Wertes für τ ermitteln. Beispielsweise liefert $\tau = 0$

$$\text{const.} = \log a - 2 \sum_{\nu=1}^{\infty} (-1)^{\nu-1} \frac{1}{\nu \zeta^\nu} T_\nu(0) = \log a + 2 \sum_{\nu=1}^{\infty} (-1)^{2\nu} \frac{1}{2\nu \zeta^{2\nu}} (-1)^\nu$$

$$= \log a + \sum_{\nu=1}^{\infty} (-1)^\nu \frac{1}{\nu \zeta^{2\nu}} \; ,$$

also

$$\log(\tau + a) = \log a + \sum_{\nu=1}^{\infty} (-1)^\nu \frac{1}{\nu \zeta^{2\nu}} + 2 \sum_{\nu=1}^{\infty} (-1)^{\nu-1} \frac{1}{\nu \zeta^\nu} T_\nu(\tau) \; .$$

Wegen $\log(\tau + a) = \log a + \log(1 + \frac{\tau}{a})$ folgt schließlich

$$\log\left(1 + \frac{\tau}{a}\right) = \sum_{\nu=1}^{\infty} (-1)^\nu \frac{1}{\nu \zeta^{2\nu}} + 2 \sum_{\nu=1}^{\infty} (-1)^{\nu-1} \frac{1}{\nu \zeta^\nu} T_\nu(\tau) \; , \quad |\tau| \leq 1 \; .$$

Man stellt eine weitgehende Analogie zur Taylor-Reihe

$$\log\left(1 + \frac{\tau}{a}\right) = \sum_{\nu=1}^{\infty} (-1)^{\nu-1} \frac{1}{\nu a^\nu} \tau^\nu \; , \quad |\tau| < a \; ,$$

fest, allerdings verbunden mit einer wesentlich rascheren Abnahmegeschwindigkeit der Koeffizienten in der Fourier-Čebyšev-Entwicklung. Für $a = 3$ ist $\frac{1}{\nu a^\nu} < 10^{-10}$ für $\nu \geq 19$, während $\frac{2}{\nu \zeta^\nu} < 10^{-10}$ schon für $\nu \geq 13$ erfüllt ist.

6.7.4 Satz

Für $|\tau| \leq 1$ gilt mit $a > 1$ und $\zeta := a + \sqrt{a^2 - 1}$

$$\log\left(1 + \frac{\tau}{a}\right) = \alpha_0 + 2 \sum_{\nu=1}^{\infty} (-1)^{\nu-1} \frac{1}{\nu \zeta^\nu} T_\nu(\tau) \; , \qquad \alpha_0 := \sum_{\nu=1}^{\infty} (-1)^\nu \frac{1}{\nu \zeta^{2\nu}} \; .$$

6.7.5 Bemerkung

Auf eine ähnliche Art kann man sich auch die Fourier-Čebyšev-Entwicklung des Arcus-Tangens beschaffen. Wegen $\arctan'(x) = (1 + x^2)^{-1}$ leitet man zuerst (z.B. unter Verwendung der Rekursionsformel der Čebyšev-Polynome) die Entwicklung

$$\frac{1}{1 + x^2} = \frac{a_0}{2} + \sum_{\nu=1}^{\infty} a_{2\nu} T_{2\nu}(x) , \quad |x| \leq 1 ,$$

$$a_{2\nu} := \sqrt{2} \frac{(-1)^{\nu}}{(1 + \sqrt{2})^{2\nu}} , \qquad \nu \in \mathbb{N}_0 ,$$

her. Durch gliedweise Integration folgt dann die Reihenentwicklung

$$\arctan(x) = \sum_{\nu=0}^{\infty} c_{2\nu+1} T_{2\nu+1}(x) , \qquad |x| \leq 1 ,$$

$$c_{2\nu+1} := \frac{2(-1)^{\nu}}{(2\nu + 1)(1 + \sqrt{2})^{2\nu+1}} , \quad \nu \in \mathbb{N}_0 .$$

Zum Schluß weisen wir der Vollständigkeit halber noch auf kleinere Probleme hin, die bei der konkreten Implementierung einer Log-Routine auftreten: Durch die endliche Stellenzahl der maschineninternen Arithmetik bedingt, ergeben sich weitere Fehler, und zwar bei den Koeffizienten α_0 und $\frac{1}{\nu \zeta^\nu}$, die man in gerundeter Form verwenden muß, und schließlich bei der Auswertung einer Partialsumme der Fourier-Čebyšev-Reihe mit dem Clenshaw-Algorithmus. Diese Fehler kann man kontrollieren, indem man eine etwas längere Partialsumme verwendet und intern mit höherer Genauigkeit rechnet.

7. Elimination und lineare Gleichungssysteme

7.1 Einleitung

In diesem Kapitel befassen wir uns mit *direkten Methoden zur Auflösung bzw. näherungsweisen Lösung linearer Gleichungssysteme.* Als direkt (im Gegensatz zu iterativ) bezeichnet man diejenigen Verfahren, welche es im Prinzip gestatten, die Lösung bzw. eine bestimmte Näherungslösung eines linearen Gleichungssystems in endlich vielen Schritten zu berechnen (mit *iterativen Methoden* – primär für den *nichtlinearen* Fall – werden wir uns im Kapitel 9 beschäftigen). Auf lineare Gleichungssysteme stößt man in der Praxis an vielen Stellen. Wir betrachten im folgenden zur Motivation ein typisches Beispiel aus der Elektrotechnik.

Elektrische Netzwerke lassen sich mit Hilfe der *Kirchhoffschen Regeln*[45] beschreiben. (Ähnliche Zusammenhänge findet man auch in der Statik, etwa bei der Behandlung von Fachwerken.) Wir betrachten exemplarisch ein Netzwerk mit Spannungsquelle und Widerständen folgenden Typs:

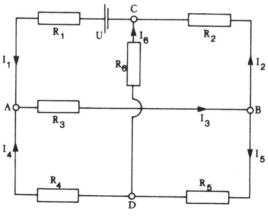

Abb. 7.1

Die Kirchhoffschen Regeln, die das Netzwerk vollständig beschreiben, lauten wie folgt:

---

[45] Kirchhoff, Gustav Robert (12.03.1824–17.10.1887)

- *Knotenregel*: An jedem Knotenpunkt ist die Summe der zufließenden Ströme gleich der Summe der abfließenden Ströme, d.h. es gilt (unter Berücksichtigung der Stromrichtung)

$$\sum I_k = 0 \ .$$

- *Maschenregel*: In jedem beliebig herausgegriffenen, in sich geschlossenen Stromkreis ("Masche") ist die Summe der Spannungsabfälle in den einzelnen Zweigen gleich der Summe der vorhandenen elektromotorischen Kräfte:

$$\sum I_k R_k = \sum U_k \ .$$

Bei gegebenen Widerständen R_k und elektromotorischen Kräften U_k erhält man offensichtlich ein lineares Gleichungssystem für die Ströme I_k, wenn man alle Knoten und Maschen betrachtet. Möglicherweise ergeben sich dabei mehr Gleichungen als Unbekannte; die *redundanten* Gleichungen sind dann zu streichen.

Wir diskutieren exemplarisch das in der obigen Abbildung dargestellte Netzwerk. Die Kirchhoffschen Regeln ergeben je vier Knoten- und Maschengleichungen für die unbekannten Ströme $I_1, \ldots, I_6$. Es wird sich zeigen, daß von diesen acht Gleichungen zwei redundant sind. Im einzelnen gilt:

Knoten:

$$
\begin{array}{lrrrrrrl}
A: & I_1 & & - I_3 & + I_4 & & & = 0 \\
B: & & - I_2 & + I_3 & & - I_5 & & = 0 \\
C: & - I_1 & + I_2 & & & & + I_6 & = 0 \\
D: & & & & - I_4 & + I_5 & - I_6 & = 0
\end{array}
$$

Maschen:

$$
\begin{array}{lrrrrrrl}
ADC: & R_1 I_1 & & & - R_4 I_4 & & + R_6 I_6 & = U \\
BCD: & & R_2 I_2 & & & - R_5 I_5 & - R_6 I_6 & = 0 \\
ABD: & & & R_3 I_3 & + R_4 I_4 & + R_5 I_5 & & = 0 \\
ABC: & R_1 I_1 & + R_2 I_2 & + R_3 I_3 & & & & = U
\end{array}
$$

Wir stellen das System in Matrix-Vektor-Schreibweise dar:

$$
\begin{pmatrix}
1 & 0 & -1 & 1 & 0 & 0 \\
0 & -1 & 1 & 0 & -1 & 0 \\
-1 & 1 & 0 & 0 & 0 & 1 \\
0 & 0 & 0 & -1 & 1 & -1 \\
R_1 & 0 & 0 & -R_4 & 0 & R_6 \\
0 & R_2 & 0 & 0 & -R_5 & -R_6 \\
0 & 0 & R_3 & R_4 & R_5 & 0 \\
R_1 & R_2 & R_3 & 0 & 0 & 0
\end{pmatrix}
\begin{pmatrix}
I_1 \\ I_2 \\ I_3 \\ I_4 \\ I_5 \\ I_6
\end{pmatrix}
=
\begin{pmatrix}
0 \\ 0 \\ 0 \\ 0 \\ U \\ 0 \\ 0 \\ U
\end{pmatrix} .
$$

Man erkennt, daß die Gleichungen z.T. voneinander linear abhängig sind, und zwar die vierte von den drei ersten und die letzte von der fünften, sechsten und siebten. Diese linear abhängigen (redundanten) Gleichungen können wir streichen und erhalten so das System

$$
\begin{pmatrix}
1 & 0 & -1 & 1 & 0 & 0 \\
0 & -1 & 1 & 0 & -1 & 0 \\
-1 & 1 & 0 & 0 & 0 & 1 \\
R_1 & 0 & 0 & -R_4 & 0 & R_6 \\
0 & R_2 & 0 & 0 & -R_5 & -R_6 \\
0 & 0 & R_3 & R_4 & R_5 & 0
\end{pmatrix}
\begin{pmatrix}
I_1 \\ I_2 \\ I_3 \\ I_4 \\ I_5 \\ I_6
\end{pmatrix}
=
\begin{pmatrix}
0 \\ 0 \\ 0 \\ U \\ 0 \\ 0
\end{pmatrix}.
$$

Wir notieren uns typische Eigenschaften dieses Gleichungssystems:

- Die Zeilen der Koeffizienten, welche von den Knotengleichungen herstammen, enthalten nur die Werte -1, 0, 1. Dies rührt von der *topologischen Struktur* des Netzes her; man erkennt, welche Knoten direkt miteinander verbunden sind. Die Knotengleichungen sind außerdem homogen.

- Die Maschengleichungen sind möglicherweise inhomogen, wobei die Inhomogenitäten von den elektromotorischen Kräften herstammen.

- Das System hat eine eindeutig bestimmte Lösung zu jeder rechten Seite. Man kann diesen Sachverhalt physikalisch begründen: Wenn keine elektromotorische Kraft U anliegt, fließen keine Ströme I_k; also hat das homogene System nur die triviale Lösung, und jedes zugehörige inhomogene System ist folglich auf genau eine Weise lösbar.

Das obige Netzwerkproblem ist ein Beispiel für ein eindeutig lösbares lineares Gleichungssystem mit einer Koeffizientenmatrix, die – abgesehen von einer gewissen Anzahl Nullen – keine besondere Struktur hat. Wir werden zeigen, daß für ein solches Problem das *Gaußsche Eliminationsverfahren* und seine Varianten eine akzeptable Lösungsstrategie liefern. Hat die Koeffizientenmatrix des gegebenen Systems eine besondere Struktur, d.h. ist sie beispielsweise symmetrisch und positiv definit oder aber in einem noch zu präzisierenden Sinne zeilenperiodisch, so darf man hoffen, effizientere Verfahren finden zu können, die diese jeweils spezielle Struktur gewinnbringend ausnutzen. Wir werden in diesem Kontext für symmetrische positiv definite Matrizen das Cholesky-Verfahren und für zeilenperiodische Matrizen eine FFT-Strategie kennenlernen. Grundsätzlich ist natürlich stets der Wunsch vorhanden, auch Standardverfahren wie das Gaußsche Eliminationsverfahren möglichst effizient zu implementieren. Ein besonders vielversprechender Vorschlag zur effizienteren Handhabung von Matrizenproblemen geht auf V. Strassen (1969) zurück. Wir werden seine Idee im Abschnitt 7.5 vorstellen.

Schließlich kann es in der Praxis natürlich auch durchaus vorkommen, daß man mehr Informationen zur Verfügung hat, als man zur Lösung eines Problems eigentlich benötigt, und diese Informationen teilweise unvereinbar miteinander sind. Man denke dabei z.B. an eine Menge fehlerbehafteter Meßwerte oder den Datensatz einer statistischen Erhebung. Im mathematischen Sinne hat man es in diesem Fall mit einem sogenannten überbestimmten (linearen) Gleichungssystem zu tun (mehr Gleichungen als Unbekannte), welches i.a. nicht lösbar ist. Der Anwender wird sich in einer solchen Situation jedoch mit einer plausiblen Schätzung für die theoretisch exakt existierende Lösung zufriedengeben, und es stellt sich die Frage, wie man systematisch zu einer derartigen optimalen Schätzung kommt. Im Abschnitt 7.6 werden wir diese Frage – zumindest für den linearen Fall – beantworten.

7.2 Elementare Matrizen und Gleichungssysteme

Für eine übersichtliche und elegante Darstellung des im folgenden zu behandelnden Gaußschen Eliminationsverfahrens benötigen wir zwei spezielle Typen von sogenannten *elementaren Matrizen*, die *Permutationsmatrizen* und die *Dreiecksmatrizen*.

7.2.1 Definition

Eine Matrix $P \in \mathbb{R}^{m \times m}$, die in jeder Zeile und in jeder Spalte genau eine Eins und sonst nur Nullen enthält, heißt (*m-reihige*) *Permutationsmatrix*.

Die Spaltenvektoren a_i von P entstehen also durch Permutation der Spalten e_i der m-reihigen Einheitsmatrix E_m, d.h.

$$a_i = e_{\pi(i)} , \quad i = 1, \ldots, m ,$$

wenn $\pi : \{1, \ldots, m\} \to \{1, \ldots, m\}$ eine Permutation der Zahlen $1, \ldots, m$ bezeichnet. Es gibt also genau $m!$ m-reihige Permutationsmatrizen, z.B.

$$m = 1 : \quad (1) ,$$

$$m = 2 : \quad \begin{pmatrix} 1 & 0 \\ 0 & 1 \end{pmatrix} , \quad \begin{pmatrix} 0 & 1 \\ 1 & 0 \end{pmatrix} ,$$

$$m = 3 : \quad \begin{pmatrix} 1 & 0 & 0 \\ 0 & 1 & 0 \\ 0 & 0 & 1 \end{pmatrix} , \quad \begin{pmatrix} 1 & 0 & 0 \\ 0 & 0 & 1 \\ 0 & 1 & 0 \end{pmatrix} , \quad \begin{pmatrix} 0 & 1 & 0 \\ 1 & 0 & 0 \\ 0 & 0 & 1 \end{pmatrix} ,$$

$$\begin{pmatrix} 0 & 0 & 1 \\ 1 & 0 & 0 \\ 0 & 1 & 0 \end{pmatrix} , \quad \begin{pmatrix} 0 & 1 & 0 \\ 0 & 0 & 1 \\ 1 & 0 & 0 \end{pmatrix} , \quad \begin{pmatrix} 0 & 0 & 1 \\ 0 & 1 & 0 \\ 1 & 0 & 0 \end{pmatrix} .$$

7.2.2 Aufgabe

Man zeige, daß die m-reihigen Permutationsmatrizen bzgl. der Matrix-Multiplikation eine Gruppe bilden.

Man macht sich leicht klar, daß

- Multiplikation einer gegebenen Matrix A von links mit einer Permutations-matrix eine Permutation der Zeilen von A bewirkt,

- Multiplikation einer gegebenen Matrix A von rechts mit einer Permutations-matrix eine Permutation der Spalten von A bewirkt.

7.2.3 Definition

Eine Matrix $L_i \in \mathbb{K}^{m \times m}$ des Typs

$$
L_i = \begin{pmatrix}
1 & & & & & & 0 \\
& \ddots & & & & & \\
& & 1 & & & & \\
& & l_{i+1\,i} & 1 & & & \\
& & \vdots & & \ddots & & \\
& & \vdots & & & \ddots & \\
0 & & l_{mi} & 0 & & & 1
\end{pmatrix},
$$

die sich von der Einheitsmatrix nur in der i-ten Spalte unterhalb der Diagonale, $i \in \{1, \ldots, m\}$, unterscheidet, bezeichnet man als *elementare untere Dreiecksmatrix*.

Elementare untere Dreiecksmatrizen lassen sich auf einfache Weise invertieren. Es gilt

$$
L_i^{-1} = \begin{pmatrix}
1 & & & & & & 0 \\
& \ddots & & & & & \\
& & 1 & & & & \\
& & -l_{i+1\,i} & 1 & & & \\
& & \vdots & & \ddots & & \\
0 & & -l_{mi} & 0 & & & 1
\end{pmatrix}.
$$

7.2.4 Definition

Eine Matrix $L \in \mathbb{K}^{m \times m}$ des Typs

$$
L = \begin{pmatrix}
1 & & & & 0 \\
l_{21} & 1 & & & \\
l_{31} & l_{32} & \ddots & & \\
\vdots & \vdots & \ddots & \ddots & \\
l_{m1} & l_{m2} & \cdots & l_{m\,m-1} & 1
\end{pmatrix}
$$

bezeichnet man als *untere Dreiecksmatrix mit normierter Diagonale*.

7.2.5 Satz

Eine untere Dreiecksmatrix $L \in \mathbb{K}^{m \times m}$ mit normierter Diagonale läßt sich als Produkt von $m - 1$ elementaren unteren Dreiecksmatrizen darstellen.

Beweis. Es sei L_1 die mit Hilfe der ersten Spalte von L gebildete elementare untere Dreiecksmatrix, also

$$
L_1 := \begin{pmatrix}
1 & & & & & 0 \\
l_{21} & 1 & & & & \\
l_{31} & & 1 & & & \\
l_{41} & & & \ddots & & \\
\vdots & & & & \ddots & \\
l_{m1} & 0 & & & & 1
\end{pmatrix}.
$$

Dann verschwindet beim Produkt $(L_1)^{-1}L$ die erste Spalte unterhalb der Diagonale, d.h. es gilt die Darstellung

$$
L^{(1)} := (L_1)^{-1}L = \begin{pmatrix}
1 & & & & 0 \\
0 & 1 & & & \\
0 & l_{32} & \ddots & & \\
\vdots & \vdots & \ddots & \ddots & \\
0 & l_{m2} & \cdots & l_{m\,m-1} & 1
\end{pmatrix}.
$$

Auf diese Weise kann man rekursiv die Elemente unterhalb der Diagonale eliminieren. Es existieren also $m - 1$ elementare untere Dreiecksmatrizen

$$
L_i = \begin{pmatrix}
1 & & & & & & 0 \\
& 1 & & & & & \\
& & \ddots & & & & \\
& & & 1 & & & \\
& & & l_{i+1\,i} & 1 & & \\
& & & \vdots & & \ddots & \\
0 & & & l_{mi} & 0 & & 1
\end{pmatrix},
$$

so daß $(L_{m-1})^{-1}\cdots(L_2)^{-1}(L_1)^{-1}L = E_m$, also

$$
L = L_1 L_2 \cdots L_{m-1}
$$

gilt.   □

Da das Produkt von zwei m-reihigen unteren Dreiecksmatrizen mit normierter Diagonale wieder eine Matrix dieses Typs ist, haben wir auch gezeigt, daß diese

Matrizen eine Gruppe bzgl. der Matrix-Multiplikation bilden. Für L mit der Darstellung $L = L_1 L_2 \cdots L_{m-1}$ gilt $L^{-1} = (L_{m-1})^{-1} \cdots (L_2)^{-1} (L_1)^{-1}$.

7.2.6   Definition

(1) Eine Matrix $D \in \mathbb{K}^{m \times m}$ des Typs

$$D = \begin{pmatrix} d_1 & & & & 0 \\ & d_2 & & & \\ & & \ddots & & \\ & & & \ddots & \\ 0 & & & & d_m \end{pmatrix}$$

heißt *Diagonalmatrix*; wir verwenden auch die Bezeichnung

$$D = \operatorname{diag}(d_1, \ldots, d_m) \,.$$

(2) Eine Matrix $R = (r_{ik})_{i,k=1,\ldots,m} \in \mathbb{K}^{m \times m}$ heißt *obere Dreiecksmatrix*, falls $r_{ik} = 0$ für $i > k$ gilt.

Offensichtlich läßt sich jede *invertierbare* obere Dreiecksmatrix zerlegen in das Produkt einer Diagonalmatrix mit nichtverschwindenden Diagonalelementen und einer oberen Dreiecksmatrix mit normierter Diagonale.

Ein lineares Gleichungssystem

$$Lx = b \quad \text{oder} \quad Rx = b \quad \text{oder} \quad LRx = b \,,$$

wobei L eine untere Dreiecksmatrix mit normierter Diagonale und R eine obere Dreiecksmatrix mit nicht verschwindenden Diagonalelementen sei, läßt sich leicht lösen. Für $Lx = b$ folgt

$$
\begin{array}{rcl}
x_1 & = & b_1 \\
l_{21}x_1 + x_2 & = & b_2 \\
l_{31}x_1 + l_{32}x_2 + x_3 & = & b_3 \\
\vdots \qquad\qquad \vdots & & \vdots \\
l_{m1}x_1 + l_{m2}x_2 + \ldots + l_{m\,m-1}x_{m-1} + x_m & = & b_m \,.
\end{array}
$$

Die Komponenten des Lösungsvektors lassen sich somit rekursiv "von ober her" bestimmen:

$$
\begin{aligned}
x_1 &= b_1 \,, \\
x_2 &= b_2 - l_{21}x_1 \,, \\
&\;\vdots \\
x_m &= b_m - \sum_{\mu=1}^{m-1} l_{m\mu}x_\mu \,.
\end{aligned}
$$

Das System $Rx = b$ löst man in analoger Weise "von unter her":

$$x_m = \frac{1}{r_{mm}} b_m \, ,$$

$$x_{m-1} = \frac{1}{r_{m-1\ m-1}} \left(b_{m-1} - r_{m-1\ m}\ x_m \right) \, ,$$

$$\vdots$$

$$x_1 = \frac{1}{r_{11}} \left(b_1 - \sum_{\mu=2}^{m} r_{1\mu} x_\mu \right) \, .$$

Das System $LRx = b$ formt man in zwei Systeme um, indem man einen Hilfsvektor y als Lösung von $Ly = b$ einführt. Dann entspricht $LRx = b$ den beiden Systemen

$$Ly = b \, , \quad Rx = y \, ,$$

die man der Reihe nach von oben und anschließend von unten her rekursiv lösen kann.

Der dabei entstehende Rechenaufwand ist von der Größenordnung $\frac{1}{2} m^2$ Multiplikationen für jedes System in Dreiecksform. Genauer gilt: Bei der Lösung von $Lx = b$ treten

$$0 + 1 + 2 + \ldots + m - 1 = \frac{m(m-1)}{2}$$

Multiplikationen und ebenso viele Additionen oder Subtraktionen auf. Bei der Lösung von $Rx = y$ sind es

$$1 + 2 + \ldots + m = \frac{(m+1)m}{2}$$

Multiplikationen oder Divisionen und $\frac{1}{2} m(m-1)$ Additionen oder Subtraktionen. Bei der Lösung von $LRx = b$ treten also

$$\frac{m(m-1)}{2} + \frac{(m+1)m}{2} = m^2$$

Multiplikationen oder Divisionen und $m(m-1)$ Additionen oder Subtraktionen auf.

7.3   Das Gaußsche Eliminationsverfahren

Es sei $A \in \mathbb{K}^{m \times m}$, $b \in \mathbb{K}^m$. Wir betrachten das lineare Gleichungssystem $Ax = b$ und setzen zunächst voraus, daß A *invertierbar* ist. Mit Hilfe des *Gaußschen Eliminationsverfahrens* versucht man auf systematische Weise, dieses lineare Gleichungssystem auf eine spezielle Form zu reduzieren, aus der man dann die Lösung leicht ermitteln kann. Man geht dabei rekursiv vor, indem man der Reihe nach die Elemente der Spalten, die unterhalb der Diagonale liegen, eliminiert. Dieses führt auf ein lineares Gleichungssystem in Dreiecksform, das man nach den Ergebnissen des vorherigen Abschnitts leicht lösen kann.

Das gegebene Gleichungssystem habe die folgende Gestalt:

$$\begin{pmatrix} a_{11} & a_{12} & \cdots & a_{1m} \\ a_{21} & a_{22} & \cdots & a_{2m} \\ \vdots & \vdots & & \vdots \\ a_{m1} & a_{m2} & \cdots & a_{mm} \end{pmatrix} \begin{pmatrix} x_1 \\ \vdots \\ \vdots \\ x_m \end{pmatrix} = \begin{pmatrix} b_1 \\ \vdots \\ \vdots \\ b_m \end{pmatrix} .$$

Dieses System formen wir in einem *rekursiven* Prozeß um. Wir setzen dabei zunächst

$$A^{(1)} := A , \quad b^{(1)} := b .$$

Da A invertierbar ist, existiert in der ersten Spalte von $A^{(1)}$ ein von Null verschiedenes Element $a_{k1}^{(1)}$, $1 \le k \le m$, das man als *Pivot-Element* (von engl. *pivot*: Türangel, Drehpunkt) bezeichnet. Durch Vertauschung der ersten mit der k-ten Zeile erreichen wir, daß in der Position $(1,1)$ ein von Null verschiedenes Element steht. Diesen Vertauschungsprozeß leistet die Linksmultiplikation mit der Permutationsmatrix

$$P_1 = \begin{pmatrix} 0 & \cdots & \cdots & 0 & 1 & 0 & \cdots & \cdots & 0 \\ \vdots & 1 & & & 0 & & & & \\ \vdots & & \ddots & & \vdots & & & & \\ 0 & & & 1 & \vdots & & & & \\ 1 & 0 & \cdots & \cdots & 0 & \cdots & \cdots & \cdots & 0 \\ 0 & & & & \vdots & 1 & & & \\ \vdots & & & & \vdots & & \ddots & & \\ \vdots & & & & \vdots & & & \ddots & \\ 0 & & & & 0 & & & & 1 \end{pmatrix} \begin{matrix} \\ \\ \\ \\ \leftarrow k \\ \\ \\ \\ \\ \end{matrix} .$$

$$\underset{\underset{k}{\uparrow}}{}$$

(Ist $k = 1$, so hat man $P_1 = E_m$ zu wählen.) Für

$$\tilde{A}^{(1)} := P_1 A^{(1)} , \quad \tilde{b}^{(1)} := P_1 b^{(1)}$$

gilt also $\tilde{a}_{11}^{(1)} \ne 0$.

Jetzt addieren wir zur k-ten Gleichung, $k = 2,\ldots,m$, das $-\frac{\tilde{a}_{k1}^{(1)}}{\tilde{a}_{11}^{(1)}}$-fache der ersten Gleichung. Dann stehen in der ersten Spalte unterhalb der Diagonale nur Nullen:

$$\begin{pmatrix} \tilde{a}_{11}^{(1)} & \tilde{a}_{12}^{(1)} & \cdots\cdots & \tilde{a}_{1m}^{(1)} \\ 0 & * & \cdots\cdots & * \\ \vdots & \vdots & & \vdots \\ \vdots & \vdots & & \vdots \\ 0 & * & \cdots\cdots & * \end{pmatrix} \begin{pmatrix} x_1 \\ \vdots \\ \vdots \\ \vdots \\ x_m \end{pmatrix} = \begin{pmatrix} \tilde{b}_1^{(1)} \\ * \\ * \\ \vdots \\ * \end{pmatrix} .$$

Diese Umformung läßt sich aber gerade als die Linksmultiplikation mit der elementaren unteren Dreiecksmatrix

$$L_1 := \begin{pmatrix} 1 & & & & 0 \\ l_{21} & 1 & & & \\ \vdots & & \ddots & & \\ \vdots & & & \ddots & \\ l_{m1} & 0 & & & 1 \end{pmatrix}$$

interpretieren, wobei

$$l_{k1} := -\frac{\tilde{a}_{k1}^{(1)}}{\tilde{a}_{11}^{(1)}} , \quad k = 2, \ldots, m ,$$

gesetzt wurde. Aus

$$A^{(1)} x = b^{(1)}$$

erhalten wir also

$$L_1 P_1 A^{(1)} x = L_1 P_1 b^{(1)} .$$

Wir setzen abkürzend

$$A^{(2)} := L_1 P_1 A^{(1)} , \quad b^{(2)} := L_1 P_1 b^{(1)} .$$

Dann hat $A^{(2)}$ die gewünschten Nullen in den Positionen $(k, 1)$, $k = 2, \ldots, m$.

Auf $A^{(2)}$ wendet man nun einen entsprechenden *Eliminationsprozeß* an, der die erste Spalte festläßt und die zweite Spalte unterhalb der Diagonale annulliert. Rekursive Fortführung liefert in $m - 1$ Schritten ein äquivalentes Gleichungssystem in *oberer Dreiecksform*:

$$\underbrace{\begin{pmatrix} * & * & * & \cdots & \cdots & * \\ 0 & * & * & \cdots & \cdots & * \\ 0 & 0 & * & \cdots & \cdots & * \\ \vdots & & \ddots & \ddots & & \vdots \\ \vdots & & & \ddots & \ddots & \vdots \\ 0 & \cdots & \cdots & \cdots & 0 & * \end{pmatrix}}_{A^{(m)}} \underbrace{\begin{pmatrix} x_1 \\ x_2 \\ x_3 \\ \vdots \\ \vdots \\ x_m \end{pmatrix}}_{x} = \underbrace{\begin{pmatrix} * \\ * \\ * \\ \vdots \\ \vdots \\ * \end{pmatrix}}_{b^{(m)}} .$$

Hieraus kann die Lösung x, wie im vorherigen Abschnitt beschrieben, rekursiv "von unten her" berechnet werden.

7.3.1 Bemerkung

Man beachte, daß die Regularität von A nicht ausreicht, in jedem Schritt das Nichtverschwinden des Diagonalelements zu sichern (triviales Beispiel $\begin{pmatrix} 0 & 1 \\ 1 & 0 \end{pmatrix}$).

Man muß also i.a. in der Tat Gleichungen vertauschen, um ein nichtverschwindendes Diagonalelement zu erhalten: Eine Strategie kann sein, möglichst betragsgroße
Pivot-Elemente zu wählen, da dann die Faktoren $l_{\nu\mu}$ alle betragsmäßig kleiner
als Eins sind. Man führt also in jedem Schritt eine *Spalten-Pivot-Suche* durch, die
darin besteht, daß man in der Spalte, die gerade dem Eliminationsprozeß unterwor-
fen wird, ein betragsgrößtes Element auf oder unterhalb der Diagonale als Pivot-
Element wählt. Diese Strategie kann aber im Hinblick auf die numerische Stabilität
ungünstig sein, falls man mit Gleitkomma-Arithmetik fester Stellenzahl arbeitet
(vgl. Bemerkung 7.3.5).

Wir fassen unser Vorgehen algorithmisch und formulieren den *Gauß-Algorithmus*
mit Spalten-Pivot-Suche.

7.3.2 Algorithmus (Gauß-Algorithmus mit Spalten-Pivotisierung)

Gegeben sei ein lineares Gleichungssystem $Ax = b$, A invertierbar,

$$A^{(1)} = \left(a^{(1)}_{ik}\right)_{i,k=1,\ldots,m} := A = (a_{ik})_{i,k=1,\ldots,m}\ ,$$

$$b^{(1)} = \left(b^{(1)}_1 \cdots b^{(1)}_m\right)^T := b = (b_1 \cdots b_m)^T\ .$$

Für $\nu = 1,\ldots,m-1$ bilde man $A^{(\nu+1)} = \left(a^{(\nu+1)}_{ik}\right)_{i,k=1,\ldots,m}$ auf folgende Weise aus
$A^{(\nu)}$:

(1) Pivot-Suche:
 Man bestimme ein Pivot-Element $a^{(\nu)}_{\mu\nu}$, $\mu \in \{\nu,\ldots,m\}$, in der ν-ten Spalte
 gemäß

$$\left|a^{(\nu)}_{\mu\nu}\right| = \max_{\nu \leq i \leq m} \left|a^{(\nu)}_{i\nu}\right|\ .$$

(2) Permutation von Gleichungen:
 Durch Vertauschung der ν-ten mit der μ-ten Gleichung des Systems

$$A^{(\nu)}x = b^{(\nu)}$$

 erhält man das System

$$\tilde{A}^{(\nu)}x = \tilde{b}^{(\nu)}$$

 mit

$$\tilde{a}^{(\nu)}_{\nu\nu} \neq 0\ .$$

(3) Elimination von Spaltenelementen:
 Anschließend werden die Elemente der ν-ten Spalte unterhalb der Diagonale
 mit Hilfe folgender Transformationsformeln eliminiert:

Für $i = \nu + 1,\ \nu + 2,\ \ldots,\ m$ *setze:*

$$l_{i\nu} \;:=\; -\frac{\tilde{a}_{i\nu}^{(\nu)}}{\tilde{a}_{\nu\nu}^{(\nu)}} \,,$$

$$a_{i\nu}^{(\nu+1)} \;:=\; 0 \,,$$

$$a_{ik}^{(\nu+1)} \;:=\; \tilde{a}_{ik}^{(\nu)} + l_{i\nu}\tilde{a}_{\nu k}^{(\nu)} \,, \quad k = \nu+1,\ldots,m \,,$$

$$b_{i}^{(\nu+1)} \;:=\; \tilde{b}_{i}^{(\nu)} + l_{i\nu}\tilde{b}_{\nu}^{(\nu)} \,.$$

Sonst setze man $a_{ik}^{(\nu+1)} := \tilde{a}_{ik}^{(\nu)},\ b_{i}^{(\nu+1)} := \tilde{b}_{i}^{(\nu)}.$

Dann hat die Matrix $A^{(m)}$ *obere Dreiecksform, und das gegebene System* $Ax = b$ *ist äquivalent zu* $A^{(m)}x = b^{(m)}$. *Dieses löst man rekursiv wie im vorigen Abschnitt beschrieben.*

Man braucht a priori nicht zu wissen, ob die Matrix A invertierbar ist, "denn der Gauß-Algorithmus erkennt dies selbst": Sind nämlich für $\nu \in \{1,\ldots,m-1\}$ alle Elemente $a_{\mu\nu}^{(\nu)}$, $\mu = \nu,\ldots,m$, gleich Null, so ist A singulär. Der Eliminationsprozeß muß also abgebrochen werden. Bei Gleitkomma-Arithmetik fester Stellenzahl tritt dies bereits ein, falls das zu wählende Pivot-Element betragsmäßig unterhalb eines positiven "kritischen" Schwellenwerts liegt.

Die Vertauschung im ν-ten Schritt leistet eine Linksmultiplikation mit der Permutationsmatrix

$$P_\nu \;:=\; \begin{pmatrix} 1 & & & 0 & & & & 0 & & & \\ & \ddots & & \vdots & & & & \vdots & & & \\ & & 1 & \vdots & & & & 0 & & & \\ 0 & \cdots & \cdots & 0 & \cdots & \cdots & 0 & 1 & 0 & \cdots & 0 \\ & & & \vdots & 1 & & & 0 & & & \\ & & & 0 & & \ddots & & \vdots & & & \\ & & & \vdots & & & 1 & \vdots & & & \\ 0 & \cdots & 0 & 1 & 0 & \cdots & \cdots & 0 & \cdots & \cdots & 0 \\ & & & 0 & & & & \vdots & 1 & & \\ & & & \vdots & & & & \vdots & & \ddots & \\ & & & 0 & & & & 0 & & & 1 \end{pmatrix} \quad \begin{array}{l} \\ \\ \\ \leftarrow \nu \\ \\ \\ \\ \leftarrow \mu \\ \\ \\ \\ \end{array} \;,$$

$$\begin{array}{cc} \uparrow & \uparrow \\ \nu & \mu \end{array}$$

$$\tilde{A}^{(\nu)} \;:=\; P_\nu A^{(\nu)}, \quad \tilde{b}^{(\nu)} := P_\nu b^{(\nu)} \,.$$

Der Übergang von $\tilde{A}^{(\nu)}$ nach $A^{(\nu+1)}$ läßt sich durch Linksmultiplikation mit der elementaren unteren Dreiecksmatrix

$$
L_\nu := \begin{pmatrix}
1 & & & & & & 0 \\
& \ddots & & & & & \\
& & 1 & & & & \\
& & l_{\nu+1\,\nu} & 1 & & & \\
& & \vdots & & \ddots & & \\
0 & & l_{m\nu} & & 0 & & 1
\end{pmatrix}
$$

deuten, wobei

$$
l_{i\nu} := -\frac{\tilde{a}_{i\nu}^{(\nu)}}{\tilde{a}_{\nu\nu}^{(\nu)}}\,, \quad i = \nu+1,\ldots,m\,,
$$

gesetzt wurde.

7.3.3 Bemerkung

Läßt sich der Gauß-Algorithmus durchführen, ohne Zeilen vertauschen zu *müssen*, d.h., ohne daß im Laufe des Verfahrens irgendwann einmal ein Diagonalelement Null wird, so läßt sich die gesuchte obere Dreiecksmatrix $A^{(m)}$ gemäß den obigen Ausführungen berechnen als

$$
A^{(m)} = L_{m-1}L_{m-2}\cdots L_1 A\,.
$$

Setzt man nun $A^{(m)} =: R$ (obere Dreiecksmatrix) und $L_1^{-1}L_2^{-1}\cdots L_{m-1}^{-1} =: L$ (untere Dreiecksmatrix mit normierter Diagonale), so hat man mit

$$
A = LR
$$

eine sogenannte *LR-Zerlegung* von A gefunden, womit sich der Kreis zum vorherigen Abschnitt schließt. Wir halten fest, daß der ohne Spalten-Pivotisierung durchführbare Gauß-Algorithmus implizit eine LR-Zerlegung von A liefert.

7.3.4 Aufgabe

Man löse das lineare Gleichungssystem

$$
\begin{pmatrix}
2 & 3 & -1 & 0 \\
-6 & -5 & 0 & 2 \\
2 & -5 & 6 & -6 \\
4 & 6 & 2 & -3
\end{pmatrix}
\begin{pmatrix}
x_1 \\ x_2 \\ x_3 \\ x_4
\end{pmatrix}
=
\begin{pmatrix}
20 \\ -45 \\ -3 \\ 58
\end{pmatrix}
$$

und bestimme explizit die Permutationsmatrizen P_ν sowie die elementaren unteren Dreiecksmatrizen L_ν, $\nu = 1, 2, 3$, die bei der Gauß-Elimination mit spaltenweiser Pivot-Suche auftreten.

7.3.5 Bemerkung

Für reguläre Matrizen sichert die Spalten-Pivotisierung, daß der Gauß-Algorithmus nicht vorzeitig abbricht. Diese Pivot-Wahl ist also bei *exakter* Rechnung angezeigt. Sie garantiert aber nicht, daß bei Gleitkomma-Arithmetik der Algorithmus numerisch stabil abläuft. Dies läßt sich durch folgende Überlegungen plausibel machen:

(1) Man kann jedes nicht verschwindende Element $a_{i\nu}^{(\nu)}$, $i \in \{\nu, \dots, m\}$, unter denen im ν-ten Schritt das Pivot-Element zu bestimmen ist, durch Multiplikation der i-ten Gleichung mit einem geeigneten Faktor zum betragsgrößten machen. Eine solche *Skalierung* entspricht einer Änderung des Maßstabs, in dem die Matrix-Elemente gemessen werden. (Bei dem eingangs dieses Kapitels betrachteten elektrischen Netzwerk läuft dies auf eine Änderung der Maßeinheit hinaus, in dem die Widerstände gemessen werden.) Da eine solche, fast kostenfreie Skalierung die Spalten-Pivotisierung so gut wie überflüssig macht, kann man auch nicht erwarten, daß diese Pivot-Strategie die numerische Stabilität immer günstig beeinflußt.

(2) Die Spalten-Pivot-Suche bevorzugt einseitig die Spalten der Matrix, während die Transformationsformeln, welche den Übergang von $\tilde{A}^{(\nu)}$ zu $A^{(\nu+1)}$ beschreiben, symmetrisch in den Elementen $\tilde{a}_{i\nu}^{(\nu)}$ der ν-ten Spalten und $\tilde{a}_{\nu k}^{(\nu)}$ der ν-ten Zeile von $\tilde{A}^{(\nu)}$ sind. Wegen

$$l_{i\nu} = -\frac{\tilde{a}_{i\nu}^{(\nu)}}{\tilde{a}_{\nu\nu}^{(\nu)}}$$

gilt nämlich

$$a_{ik}^{(\nu+1)} = \tilde{a}_{ik}^{(\nu)} - \frac{\tilde{a}_{i\nu}^{(\nu)} \tilde{a}_{\nu k}^{(\nu)}}{\tilde{a}_{\nu\nu}^{(\nu)}}, \quad i, k = \nu + 1, \dots, m .$$

Um hier den durch Auslöschung bedingten Verlust signifikanter Stellen möglichst gering zu halten, kann es angezeigt sein, die Pivot-Suche nicht nur auf die ν-te Spalte zu beschränken, sondern auch die Zeilen im unbehandelten "Rest" von $A^{(\nu)}$ zu berücksichtigen. Umgekehrt gibt es bei einer hermiteschen Matrix keinen Grund, um von der diagonalen Pivot-Wahl abzurücken, falls diese möglich ist (was wir für den positiv definiten Fall im nächsten Abschnitt zeigen werden).

(3) Eine Einbeziehung des unbehandelten "Restes" von $A^{(\nu)}$ in die Pivot-Suche ist auf mehrere Arten möglich. Bei der *Total-Pivot-Suche* wählt man das betragsmaximale unter den Elementen $a_{ik}^{(\nu)}$, $i, k = \nu, \dots, m$, aus. Neben Zeilen- treten also auch Spaltenvertauschungen auf, über die man Buch führen muß, da sie einer Umnumerierung der Komponenten des gesuchten Lösungsvektors entsprechen. Um den Mehraufwand in Grenzen zu halten, wählt man einen Mittelweg, der in einer *skalierten Spalten-Pivot-Suche* besteht. Diese berücksichtigt Spalten und Zeilen gleichermaßen: Im ν-ten Schritt berechnet man für $\lambda = \nu, \dots, m$ die Größen

$$C_\lambda^{(\nu)} := \begin{cases} 0 & , \text{ falls } a_{\lambda\nu}^{(\nu)} = 0 , \\[2mm] \dfrac{|a_{\lambda\nu}^{(\nu)}|}{\sum\limits_{\rho=\nu}^{m} |a_{\lambda\rho}^{(\nu)}|} & , \text{ falls } a_{\lambda\nu}^{(\nu)} \neq 0 , \end{cases}$$

sowie

$$C^{(\nu)} := \max_{\lambda \in \{\nu, \dots, m\}} C_\lambda^{(\nu)} .$$

Falls $C^{(\nu)} = 0$ gilt, ist A singulär, und der Gauß-Algorithmus bricht ab. (Rechnet man mit fester Stellenzahl, so muß man das Eliminationsverfahren bereits abbrechen, wenn $C^{(\nu)}$ einen kritischen Schwellenwert unterschreitet.) Andernfalls bestimmt man $l \in \{\nu, \ldots, m\}$ mit

$$C_l^{(\nu)} = C^{(\nu)}$$

und wählt dann $a_{l\nu}^{(\nu)}$ als Pivot-Element. Diese Auswahlregel sichert, daß im ν-ten Schritt der Verlust an signifikanten Stellen bei der Transformation von $A^{(\nu)}$ nach $A^{(\nu+1)}$ im ganzen unbehandelten "Rest" von $A^{(\nu)}$ etwa gleich ist. Da diese Pivot-Wahl aber nicht über den nächsten Eliminationsschritt "hinaus denkt", garantiert auch sie nicht, daß der Gauß-Algorithmus mit skalierter Spalten-Pivot-Suche in jedem Fall numerisch stabil abläuft. Praktische Erfahrungen zeigen aber, daß diese Methode in vielen Fällen der (unskalierten) Spalten-Pivot-Wahl überlegen ist.

7.3.6 Aufgabe

Man löse das lineare Gleichungssystem

$$\begin{pmatrix} 4 & 98 & 9998 \\ 2 & 9 & 103 \\ 1 & 1 & 1 \end{pmatrix} \begin{pmatrix} x_1 \\ x_2 \\ x_3 \end{pmatrix} = \begin{pmatrix} 10100 \\ 114 \\ 3 \end{pmatrix}$$

mit dem Gaußschen Eliminationsverfahren
a) exakt,
b) mit Spalten-Pivot-Suche bei 3-stelliger Gleitkomma-Arithmetik,
c) mit skalierter Spalten-Pivot-Suche bei 3-stelliger Gleitkomma-Arithmetik.

Im vorherigen Abschnitt hatten wir gezeigt, daß die Auflösung eines m-reihigen linearen Gleichungssystems mit oberer Dreiecksform $\frac{1}{2}m(m+1)$ Multiplikationen oder Divisionen und $\frac{1}{2}m(m-1)$ Additionen oder Subtraktionen erfordert. Wir wollen nun den Rechenaufwand ermitteln, der notwendig ist, um ein beliebiges $(m \times m)$-Gleichungssystems mit regulärer Koeffizientenmatrix mit dem Gaußschen Eliminationsverfahren in die gewünschte obere Dreiecksform zu überführen. Um im ν-ten Schritt die Faktoren $l_{i\nu}$, $i = \nu+1, \ldots, m$, zu ermitteln, sind zunächst $m - \nu$ Divisionen erforderlich. Anschließend werden die Elemente des quadratischen $(m - \nu)$-reihigen Restblocks mit diesen Faktoren multipliziert. Dies sind $(m - \nu)^2$ Multiplikationen. Im ν-ten Schritt sind also

$$m - \nu + (m-\nu)^2 = (m-\nu)(m-\nu+1) = m^2 - (2m+1)\nu + \nu^2 + m$$

Multiplikationen oder Divisionen erforderlich. Insgesamt erhält man daher

$$\mu_m = \sum_{\nu=1}^{m-1} \{m^2 - (2m+1)\nu + \nu^2 + m\}$$

Multiplikationen oder Divisionen. Wegen

$$\sum_{\nu=1}^{m-1} \nu = \frac{m(m-1)}{2} \ , \quad \sum_{\nu=1}^{m-1} \nu^2 = \frac{m(m-1)(2m-1)}{6}$$

folgt

$$\mu_m = (m-1)m^2 - (2m+1)\frac{m(m-1)}{2} + \frac{m(m-1)(2m-1)}{6} + m(m-1)$$

$$= m(m-1)\{m - m - \frac{1}{2} + \frac{m}{3} - \frac{1}{6} + 1\} = \frac{1}{3}m(m^2-1) \ .$$

Entsprechend kann man zeigen, daß $\alpha_m = \frac{1}{3}m(m-1)(m-\frac{1}{2})$ Additionen oder Subtraktionen erforderlich sind, so daß man insgesamt folgenden Satz erhält.

7.3.7 Satz

Um eine reguläre $(m \times m)$-Matrix mit Hilfe des Gauß-Algorithmus in eine obere Dreiecksmatrix zu überführen, benötigt man

$$\mu_m = \frac{1}{3}m(m^2-1)$$

Multiplikationen oder Divisionen sowie

$$\alpha_m = \frac{1}{3}m(m-1)(m-\frac{1}{2})$$

Additionen oder Subtraktionen.

7.3.8 Aufgabe

Man zeige, daß in der Tat $\alpha_m = \frac{1}{3}m(m-1)(m-\frac{1}{2})$ gilt.

7.4 Das Cholesky-Verfahren

Beim Gaußschen Eliminationsverfahren muß man i.a. Zeilen- oder Spaltenvertauschungen vornehmen, um das Nichtverschwinden des Diagonalelements zu sichern. *Diagonale Pivot-Wahl* ist nur bei speziellen Matrizen möglich. Wir zeigen dies für *positiv definite* Matrizen. Im folgenden Satz stellen wir wichtige Eigenschaften positiv definiter Matrizen zusammen.

7.4.1 Satz

Es sei $A \in \mathbb{K}^{m \times m}$ eine positiv definite Matrix. Dann gilt:

(1) A ist regulär.

(2) Die Diagonalelemente von A sind positiv.

(3) Die Eigenwerte von A sind positiv.

Beweis. (1) (indirekt) Angenommen, A ist singulär, d.h. es gibt ein $x \in \mathbb{K}^m \setminus \{o\}$ mit $Ax = o$. Für diesen Vektor x würde somit auch $x^H A x = 0$ gelten. Da $x \neq o$ ist, liefert dies den gewünschten Widerspruch zur positiven Definitheit von A.

(2) Es sei $e_k = (0, \ldots, 0, 1, 0, \ldots, 0)^T$ der k-te kanonische Einheitsvektor von $\mathbb{K}^m$. Da A positiv definit ist, gilt $0 < e_k^H A e_k = a_{kk}$.

(3) Ist λ ein Eigenwert von A und $x \neq o$ ein zugehöriger Eigenvektor, so gilt $x^H A x = x^H \lambda x = \lambda x^H x$. Wegen $x^H A x > 0$ und $x^H x > 0$ folgt

$$\lambda = \frac{x^H A x}{x^H x} > 0 \ .$$

Damit sind alle Eigenwerte von A (reell und) positiv.   □

Bei einer positiv definiten Matrix A können wir versuchen, den Gauß-Algorithmus *symmetrisch* durchzuführen. Dies ergibt dann das sogenannte *Cholesky-Verfahren*[46]. Wir zerlegen $A^{(1)} := A \in \mathbb{K}^{m \times m}$ gemäß

$$A^{(1)} = \left(\begin{array}{c|c} a_{11} & w_1^H \\ \hline w_1 & U_{m-1}^{(1)} \end{array} \right) ,$$

wobei $a_{11} \in \mathbb{R}$ mit $a_{11} > 0$, $w_1 \in \mathbb{K}^{m-1}$, $U_{m-1}^{(1)} \in \mathbb{K}^{(m-1) \times (m-1)}$ seien. Mit

$$L_1 := \left(\begin{array}{c|c} \dfrac{1}{\sqrt{a_{11}}} & 0 \\ \hline -\dfrac{w_1}{a_{11}} & E_{m-1} \end{array} \right) , \quad L_1^{-1} = \left(\begin{array}{c|c} \sqrt{a_{11}} & 0 \\ \hline \dfrac{w_1}{\sqrt{a_{11}}} & E_{m-1} \end{array} \right) ,$$

wobei E_{m-1} die $(m-1)$-reihige Einheitsmatrix bezeichnet, folgt

$$L_1 A^{(1)} L_1^H = \left(\begin{array}{c|c} 1 & 0 \\ \hline 0 & U_{m-1}^{(1)} - \dfrac{w_1 w_1^H}{a_{11}} \end{array} \right) , \quad A^{(1)} = L_1^{-1} \left(\begin{array}{c|c} 1 & 0 \\ \hline 0 & U_{m-1}^{(1)} - \dfrac{w_1 w_1^H}{a_{11}} \end{array} \right) (L_1^{-1})^H \ .$$

Bei $A^{(2)} := L_1 A^{(1)} L_1^H$ sind also die erste Zeile und die erste Spalte eliminiert. Wegen

$$(A^{(2)})^H = L_1 (A^{(1)})^H L_1^H = L_1 A^{(1)} L_1^H = A^{(2)}$$

ist $A^{(2)}$ und somit auch

$$A_{m-1} := U_{m-1}^{(1)} - \frac{w_1 w_1^H}{a_{11}} \in \mathbb{K}^{(m-1) \times (m-1)}$$

---

[46]Cholesky, vgl. Benoit, Note sur une méthode de résolution des équations normales etc. (Procédé du commandant Cholesky), Bull. géodésique 3, (1924), 67–77.

hermitesch. $A^{(2)}$ ist sogar positiv definit. Denn für jeden Vektor $o \neq x \in \mathbb{K}^m$ gilt $y := L_1^H x \neq o$ wegen der Regularität von L_1^H. Folglich ergibt sich

$$x^H A^{(2)} x = x^H L_1 A^{(1)} L_1^H x = (L_1^H x)^H A^{(1)} (L_1^H x) = y^H A^{(1)} y > 0$$

wegen der positiven Definitheit von $A^{(1)}$. Mit $A^{(2)}$ ist aber offensichtlich auch A_{m-1} positiv definit. Man erhält so die "geschachtelte" Zerlegung

$$A =: A_m = L_1^{-1} \begin{pmatrix} 1 & 0 \\ \hline 0 & A_{m-1} \end{pmatrix} (L_1^{-1})^H ,$$

die rekursiv auf A_{m-1} statt A_m angewendet werden kann. Die Rekursion endet nach $m-1$ Schritten mit $A_1 = (a_{mm}^{(m-1)})$, $a_{mm}^{(m-1)} > 0$. Um diese Rekursion aufzulösen, setzen wir sukzessiv ein und ergänzen Matrizen mit einer Zeilenzahl $k < m$ "von links oben her" jeweils durch eine entsprechende Einheitsmatrix E_{m-k} und entsprechende Nullmatrizen-Blöcke. So folgt schließlich mit $\tilde{L}_2 \in \mathbb{K}^{(m-1)\times(m-1)}$ und $A_{m-2} \in \mathbb{K}^{(m-2)\times(m-2)}$ die Gleichungskette

$$
A_m = L_1^{-1} \begin{pmatrix} 1 & 0 \\ \hline 0 & \tilde{L}_2^{-1} \begin{pmatrix} 1 & 0 \\ \hline 0 & A_{m-2} \end{pmatrix} (\tilde{L}_2^{-1})^H \end{pmatrix} (L_1^{-1})^H
$$

$$
= L_1^{-1} \begin{pmatrix} E_1 & 0 \\ \hline 0 & \tilde{L}_2^{-1} \end{pmatrix} \begin{pmatrix} E_2 & 0 \\ \hline 0 & A_{m-2} \end{pmatrix} \begin{pmatrix} E_1 & 0 \\ \hline 0 & (\tilde{L}_2^{-1})^H \end{pmatrix} (L_1^{-1})^H
$$

$$
=: L_1^{-1} L_2^{-1} \begin{pmatrix} E_2 & 0 \\ \hline 0 & A_{m-2} \end{pmatrix} (L_2^{-1})^H (L_1^{-1})^H
$$

$$
= \cdots
$$

$$
= L_1^{-1} L_2^{-1} \cdots L_m^{-1} (L_m^{-1})^H \cdots (L_2^{-1})^H (L_1^{-1})^H .
$$

Es existieren also m untere Dreiecksmatrizen L_i, $i = 1, \ldots, m$, so daß man mit $L := L_1^{-1} L_2^{-1} \cdots L_m^{-1}$ die Zerlegung $A = LL^H$ erhält. Man beachte, daß die Diagonalelemente von L jetzt (im Gegensatz zur LR-Zerlegung beim Gaußschen Eliminationsverfahren) nicht mehr notwendigerweise den Wert Eins haben. Wir fassen zusammen.

7.4.2 Satz (Cholesky-Zerlegung positiv definiter Matrizen)

Eine positiv definite Matrix $A \in \mathbb{K}^{m \times m}$ läßt sich zerlegen in das Produkt einer unteren Dreiecksmatrix L mit ihrer konjugiert-transponierten: $A = LL^H$.

7.4.3 Algorithmus (rekursive Form des Cholesky-Verfahrens)

Es sei $A_m := A \in \mathbb{K}^{m \times m}$ positiv definit. Setze $L^{(0)} := E_m$. Für $i = 1, \ldots, m$ führe man folgende Schritte durch:

(1) *Zerlege $A_{m-i+1} \in \mathbb{K}^{(m-i+1) \times (m-i+1)}$ gemäß*

$$A_{m-i+1} = \left(\begin{array}{c|c} a_{ii}^{(i)} & w_i^H \\ \hline w_i & U_{m-i}^{(i)} \end{array} \right).$$

(2) *Setze*

$$L_i^{-1} := \left(\begin{array}{c|c} E_{i-1} & 0 \\ \hline 0 & \left(\begin{array}{c|c} \sqrt{a_{ii}^{(i)}} & 0 \\ \hline \dfrac{w_i}{\sqrt{a_{ii}^{(i)}}} & E_{m-i} \end{array} \right) \end{array} \right),$$

(Die Einheitsmatrix E_{i-1} tritt nur für $i \geq 2$ auf.)

$$A_{m-i} := U_{m-i}^{(i)} - \frac{w_i w_i^H}{a_{ii}^{(i)}},$$

$$L^{(i)} := L^{(i-1)} L_i^{-1}.$$

Dann ergibt $A = LL^H$ mit $L := L^{(m)}$ die Cholesky-Zerlegung von A.

7.4.4   Bemerkung

Die rekursive Konstruktion des Cholesky-Faktors L zieht nach sich, daß die unterhalb der Diagonale gelegenen Elemente der i-ten Spalte von L mit den entsprechend gelegenen Elementen von $L^{(i)}$, d.h. von L_i^{-1} und somit von A_{m-i+1} übereinstimmen. In jedem Schritt des Cholesky-Verfahrens wird also genau eine Spalte von L erzeugt; dabei bleiben bereits erzeugte Spalten in den folgenden Schritten unverändert.

Zur expliziten Bestimmung der Elemente l_{ik}, $k = 1, \ldots, i$, $i = 1, \ldots, m$, wählen wir eine geeignete Reihenfolge. Man kann beispielsweise *zeilenweise* vorgehen.

Aus $A = LL^H$ erhält man

$$a_{ik} = \sum_{\mu=1}^{m} l_{i\mu} \bar{l}_{k\mu} \,, \quad i, k = 1, \ldots, m \,,$$

woraus wegen der Dreiecksgestalt von L die Darstellung

$$a_{ik} = \sum_{\mu=1}^{\min(i,k)} l_{i\mu} \bar{l}_{k\mu} \,, \quad i, k = 1, \ldots, m \,,$$

folgt. Insgesamt ergibt sich so das Verfahren von Cholesky-Banachiewicz[47].

7.4.5   Algorithmus (Cholesky-Banachiewicz)

Für $i = 1, \ldots, m$ führe jeweils die folgenden beiden Schritte durch:

(1) Für $k = 1, \ldots, i-1$ berechne

$$l_{ik} := \frac{1}{l_{kk}} \left\{ a_{ik} - \sum_{\mu=1}^{k-1} l_{i\mu} \bar{l}_{k\mu} \right\} \,.$$

(2) Berechne

$$l_{ii} := \sqrt{a_{ii} - \sum_{\mu=1}^{i-1} |l_{i\mu}|^2} \,.$$

Man kann bei der Cholesky-Zerlegung auch *spaltenweise* vorgehen. Dies führt auf das Verfahren von Cholesky-Crout[48].

7.4.6   Algorithmus (Cholesky-Crout)

Für $i = 1, \ldots, m$ führe jeweils die folgenden beiden Schritte durch:

(1) Berechne

$$l_{ii} := \sqrt{a_{ii} - \sum_{\mu=1}^{i-1} |l_{i\mu}|^2} \,.$$

---

[47]Banachiewicz, Tadeusz (13.02.1882–17.11.1954)
[48]Crout, Prescott Durant (zeitgenössischer amerikanischer Mathematiker)

(2) Für $k = i+1, \ldots, m$ berechne

$$l_{ki} := \frac{1}{l_{ii}} \left\{ a_{ki} - \sum_{\mu=1}^{i-1} l_{k\mu} \bar{l}_{i\mu} \right\} .$$

Der Rechenaufwand beim Cholesky-Verfahren ist wesentlich niedriger als beim Gauß-Algorithmus. Wir lösen in diesem Zusammenhang folgende Aufgabe.

7.4.7 Aufgabe

Man bestimme den Rechenaufwand an Multiplikationen/Divisionen und Additionen/Subtraktionen, der bei der Cholesky-Zerlegung einer positiv definiten $(m \times m)$-Matrix erforderlich ist.

7.5 Schnelle Matrix-Algorithmen

Die grundlegenden Matrix-Operationen erfordern für eine voll besetzte Matrix $A \in \mathbb{K}^{m \times m}$ eine Anzahl $\sigma(m)$ arithmetischer Grundoperationen (Additionen, Subtraktionen, Multiplikationen, Divisionen), die bei "naiver" Durchführung in der Größenordnung m^3 anwächst. So benötigt man

- $\sigma(m) = m^3$ Multiplikationen für die Matrix-Multiplikation bei Verwendung des üblichen Algorithmus

$$c_{ik} = \sum_{\nu=1}^{m} a_{i\nu} b_{\nu k} , \quad i, k = 1, \ldots, m .$$

- $\sigma(m) = m^2(m-1)$ Additionen für die Matrix-Multiplikation bei Verwendung des üblichen Algorithmus.

- $\sigma(m) = \frac{1}{3}(m^3 - m)$ Multiplikationen oder Divisionen für die Überführung eines linearen Gleichungssystems mit Hilfe des Gauß-Algorithmus in obere Dreiecksform.

V. Strassen[49] erregte deshalb 1969 großes Aufsehen, als er zeigte, daß man die Matrix-Multiplikation, die Matrix-Inversion und die Auflösung linearer Gleichungssysteme "schnell", d.h. mit entscheidend weniger arithmetischen Grundoperationen durchführen kann.

Wie der FFT-Algorithmus beruht auch der Strassen-Algorithmus auf einem rekursiv definierten Halbierungsprozeß in Verbindung mit einer geschickten Sortierung der zu berechnenden Größen. Man betrachte Matrizen $A, B \in \mathbb{K}^{m \times m}$ mit $m = 2^k$. Falls m nicht von dieser Gestalt ist, vergrößert man künstlich die Zeilen- und Spaltenzahl unter Einfügen von entsprechend vielen Nullen. Gesucht wird $C := AB$. Wir zerlegen A, B, C in jeweils 4 gleichgroße quadratische Untermatrizen gemäß

$$A = \begin{pmatrix} A_{11} & A_{12} \\ A_{21} & A_{22} \end{pmatrix} , \quad B = \begin{pmatrix} B_{11} & B_{12} \\ B_{21} & B_{22} \end{pmatrix} , \quad C = \begin{pmatrix} C_{11} & C_{12} \\ C_{21} & C_{22} \end{pmatrix} .$$

[49]V. Strassen, Gaussian elimination is not optimal, Numer. Math. 13 (1969), 354–356.

Dann gilt

$$C_{11} = A_{11}B_{11} + A_{12}B_{21} \; , \qquad C_{12} = A_{11}B_{12} + A_{12}B_{22} \; ,$$
$$C_{21} = A_{21}B_{11} + A_{22}B_{21} \; , \qquad C_{22} = A_{21}B_{12} + A_{22}B_{22} \; ,$$

wobei A_{ik}, B_{ik}, $C_{ik} \in \mathbb{K}^{\frac{m}{2} \times \frac{m}{2}}$ sind. Da hier 8 Produkte von quadratischen $\frac{m}{2}$-Matrizen zu bilden sind, würde eine rekursive Fortführung dieses Vorgehens schließlich $8^k = m^3$ Multiplikationen und $(2^k - 1)4^k = (m - 1)m^2$ Additionen oder Subtraktionen, also insgesamt $2 \cdot 8^k - 4^k$ arithmetische Grundoperationen erfordern. Da dieses Rechenschema der in der üblichen Weise durchgeführten Matrix-Multiplikation entspricht, ist der Rechenaufwand nicht geringer geworden. Einen "schnellen" Algorithmus erhält man durch geschicktes Sortieren, da dann nur 7 statt 8 Produkte von $\frac{m}{2}$-Matrizen zu bilden sind.

7.5.1 Satz

Setzt man

$$M_1 := (A_{11} + A_{22})(B_{11} + B_{22}) \; ,$$
$$M_2 := (A_{21} + A_{22})B_{11} \; ,$$
$$M_3 := A_{11}(B_{12} - B_{22}) \; ,$$
$$M_4 := A_{22}(B_{21} - B_{11}) \; ,$$
$$M_5 := (A_{11} + A_{12})B_{22} \; ,$$
$$M_6 := (A_{21} - A_{11})(B_{11} + B_{12}) \; ,$$
$$M_7 := (A_{12} - A_{22})(B_{21} + B_{22}) \; ,$$

so gilt für die Unterblöcke C_{ik} des Produkts $C = AB$

$$C_{11} = M_1 + M_4 - M_5 + M_7 \; ,$$
$$C_{21} = M_2 + M_4 \; ,$$
$$C_{12} = M_3 + M_5 \; ,$$
$$C_{22} = M_1 - M_2 + M_3 + M_6 \; .$$

Die iterative Anwendung dieser Multiplikationsstrategie bezeichnet man als *Strassen-Algorithmus zur Matrix-Multiplikation*.

Beweis. Durch Einsetzen erhält man

$$
\begin{aligned}
M_1 + M_4 - M_5 + M_7 &= (A_{11} + A_{22})(B_{11} + B_{22}) + A_{22}(B_{21} - B_{11}) \\
&\quad - (A_{11} + A_{12})B_{22} + (A_{12} - A_{22})(B_{21} + B_{22}) \\
&= A_{11}B_{11} + A_{12}B_{21} = C_{11} \; ,
\end{aligned}
$$

$$M_2 + M_4 = (A_{21} + A_{22})B_{11} + A_{22}(B_{21} - B_{11})$$
$$= A_{21}B_{11} + A_{22}B_{21} = C_{21} \; ,$$

$$M_3 + M_5 = A_{11}(B_{12} - B_{22}) + (A_{11} + A_{12})B_{22}$$
$$= A_{11}B_{12} + A_{12}B_{22} = C_{12} \; ,$$

$$M_1 - M_2 + M_3 + M_6 = (A_{11} + A_{22})(B_{11} + B_{22}) - (A_{21} + A_{22})B_{11}$$
$$+ A_{11}(B_{12} - B_{22}) + (A_{21} - A_{11})(B_{11} + B_{12})$$
$$= A_{21}B_{12} + A_{22}B_{22} = C_{22} \; . \qquad \square$$

Man sieht, daß die Hilfsmatrizen $M_\nu \in \mathbb{K}^{\frac{m}{2} \times \frac{m}{2}}$, $\nu = 1, \ldots, 7$, durch jeweils ein Matrix-Produkt berechnet werden können. Zusätzlich fallen bei der Berechnung der Matrizen M_ν und der gesuchten Produkte C_{ik} insgesamt 18 Additionen oder Subtraktionen von $\frac{m}{2}$-Matrizen an.

Es bezeichne $\mu(m)$, $\alpha(m)$, $\sigma(m)$ der Reihe nach die Anzahl der Multiplikationen, der Additionen (oder Subtraktionen) bzw. die Gesamtzahl der arithmetischen Grundoperationen, die beim Strassen-Algorithmus anfallen. Dann gilt

$$\mu(1) = 1 \; ,$$
$$\mu(2^k) = 7\mu(2^{k-1}) = \ldots = 7^k \sigma(1) = 7^k = m^{\log_2 7} \; .$$

Da die Matrix-Addition in der üblichen Weise vorgenommen wird, gilt

$$\alpha(1) = 0 \; ,$$
$$\alpha(2^k) = 7\alpha(2^{k-1}) + 18 \left(\tfrac{1}{2} 2^k \right)^2 = 7\alpha(2^{k-1}) + 18 \cdot 4^{k-1} \; .$$

Dies ist eine inhomogene lineare Rekursion für $\lambda_k := \alpha(2^k)$. Durch Einsetzen folgt $\alpha(2) = 18$, $\alpha(4) = 198$, $\alpha(8) = 1674$, und durch vollständige Induktion verifiziert man, daß

$$\alpha(2^k) = 6(7^k - 4^k) \; , \quad k = 0, 1, 2, \ldots,$$

gilt. Die Gesamtzahl der arithmetischen Grundoperationen beträgt also

$$\sigma(2^k) = \mu(2^k) + \alpha(2^k) = 7^{k+1} - 6 \cdot 4^k \; , \quad k = 0, 1, \ldots$$

7.5.2 Satz

Das Produkt zweier Matrizen $A, B \in \mathbb{K}^{m \times m}$, $m = 2^k$, kann mit Hilfe von $\mu(2^k) = 7^k$ Multiplikationen und $\alpha(2^k) = 6(7^k - 4^k)$ Additionen oder Subtraktionen (von Elementen aus $\mathbb{K}$) gebildet werden. Insgesamt reichen also $\sigma(2^k) = 7^{k+1} - 6 \cdot 4^k$ arithmetische Grundoperationen aus.

Vergleicht man den Rechenaufwand des Strassen-Algorithmus mit demjenigen des üblichen Algorithmus, so stellt man fest, daß der erstere "schnell" ist, d.h. mit in der Größenordnung weniger Rechenoperationen auskommt. Beim üblichen Vorgehen für $m = 2^k$ benötigt man ca. 8^k Multiplikationen und Additionen, während der Aufwand beim Strassen-Algorithmus "nur" ungefähr proportional zu 7^k ist. Da der Quotient $\left(\frac{8}{7}\right)^k$ nur langsam wächst, ist für Matrizen, wie sie in der Praxis vorkommen, der Gewinn des Strassen-Algorithmus nicht erheblich. Das Resultat von Strassen hat aber eine intensive Suche nach "schnellen" Matrix-Algorithmen ausgelöst. Coppersmith und Winograd[50] haben inzwischen einen Algorithmus angegeben, der mit ungefähr $m^{2.388\cdots}$ arithmetischen Grundoperationen auskommt. Im Fall $m = 1024$, also $k = 10$, benötigt der

- übliche Algorithmus ca. 10^9 Multiplikationen,

- der Strassen-Algorithmus ca. $2.8 \cdot 10^8$ Multiplikationen,

- der Coppersmith-Winograd-Algorithmus aber nur ca. $1.4 \cdot 10^7$ Multiplikationen.

Die *Matrix-Inversion* läßt sich ebenfalls "schnell" durchführen im Vergleich zu einem Algorithmus, der auf der Gauß-Elimination aufsetzt und ca. $2m^3$ arithmetische Grundoperationen erfordert. Man partitioniert die invertierbare Matrix $A \in \mathbb{K}^{m \times m}$, $m = 2^k$, und deren Inverse A^{-1} in der naheliegenden Weise. Zunächst sei

$$A = \begin{pmatrix} A_{11} & A_{12} \\ A_{21} & A_{22} \end{pmatrix} .$$

7.5.3 Satz

Ausgehend von einer invertierbaren Matrix $A \in \mathbb{K}^{m \times m}$, $m = 2^k$, berechne man die Matrizen M_ν, $\nu = 1, \ldots, 7$, und B_{ik}, $i, k = 1, 2$, gemäß

$$
\begin{aligned}
M_1 &:= A_{11}^{-1}, & M_2 &:= A_{21}M_1, & M_3 &:= M_1 A_{12}, \\
M_4 &:= A_{21}M_3, & M_5 &:= M_4 - A_{22}, & M_6 &:= M_5^{-1}, \\
B_{12} &:= M_3 M_6, & B_{21} &:= M_6 M_2, & M_7 &:= M_3 B_{21}, \\
B_{11} &:= M_1 - M_7, & B_{22} &:= -M_6.
\end{aligned}
$$

Die Existenz der auftretenden Inversen werde vorausgesetzt. Dann gilt

$$A^{-1} = \begin{pmatrix} B_{11} & B_{12} \\ B_{21} & B_{22} \end{pmatrix} .$$

Die iterative Anwendung dieser Inversionsstrategie bezeichnet man als *Strassen-Algorithmus zur Matrix-Inversion*.

---

[50] D. Coppersmith und S. Winograd, Matrix multiplication via Behrend's theorem, IBM Yorktown Heights, RC 12104, 1986.

Beweis. Man hat zu zeigen, daß

$$A_{11}B_{11}+A_{12}B_{21}=E_{m/2} \, ,$$
$$A_{11}B_{12}+A_{12}B_{22}=0 \, ,$$
$$A_{21}B_{11}+A_{22}B_{21}=0 \, ,$$
$$A_{21}B_{12}+A_{22}B_{22}=E_{m/2}$$

gilt ($E_{m/2}$: $\frac{m}{2}$-reihige Einheitsmatrix, 0 : $\frac{m}{2}$-reihige Nullmatrix). Durch Einsetzen findet man

$$
\begin{aligned}
A_{11}\left(M_1 - M_7\right) + A_{12}\left(M_6 M_2\right) &= A_{11}\left(A_{11}^{-1} - M_3 B_{21}\right) + A_{12}\left(M_6 M_2\right) \\
&= E_{m/2} - A_{11} M_1 A_{12} B_{21} + A_{12}\left(M_6 M_2\right) \\
&= E_{m/2} - A_{12} B_{21} + A_{12}\left(M_6 M_2\right) \\
&= E_{m/2} - A_{12}\left(M_6 M_2\right) + A_{12}\left(M_6 M_2\right) = E_{m/2} \, .
\end{aligned}
$$

Die übrigen drei Identitäten beweist man in der folgenden Aufgabe.   □

7.5.4 Aufgabe

Man zeige die drei restlichen Identitäten von Satz 7.5.3.

Der Rechenaufwand $\sigma(2^k)$, der bei diesem Algorithmus anfällt, läßt sich rekursiv berechnen, indem man beachtet, daß in jedem Schritt 2 Matrix-Inversionen, 6 Matrix-Multiplikationen und 2 Matrix-Additionen (bzw. Subtraktionen) durchgeführt werden müssen. Berechnet man die Matrix-Multiplikationen schnell mit dem Strassen-Algorithmus und die Additionen konventionell, so gilt also

$$
\begin{aligned}
\sigma(1) &= 1 \, , \\
\sigma\left(2^{k+1}\right) &= 2\sigma\left(2^k\right) + 6\left(7^{k+1} - 6 \cdot 4^k\right) + 2\left(2^k\right)^2 \, .
\end{aligned}
$$

7.5.5 Aufgabe

Man zeige mit Hilfe vollständiger Induktion die Beziehung

$$\sigma\left(2^k\right) = 8.4 \cdot 7^k + 9.6 \cdot 2^k - 17 \cdot 4^k \, , \quad k = 0, 1, 2, \ldots$$

Man erkennt, daß sich die Ordnung $m^{\log_2 7}$ des Strassen-Algorithmus der schnellen Matrix-Multiplikation auf diesen Matrix-Inversions-Algorithmus vererbt hat. Natürlich haben wir damit auch einen schnellen Algorithmus zur Auflösung eines linearen Gleichungssystems $Ax = b$, da die Berechnung von $x = A^{-1}b$ bei bekannter Inversen A^{-1} nur ca. m^2 Rechenoperationen erfordert.

Die bisherigen Überlegungen in diesem Abschnitt gingen von einer "beliebigen" Matrix A aus, über die keine weiteren speziellen Eigenschaften bekannt sind. Falls A eine spezielle Struktur hat, z.B. eine Dreiecksmatrix oder eine Bandmatrix mit

$a_{ik} = 0$ für $|i - k| \geq s$ ist, kann man diese besonderen Eigenschaften zur Konstruktion spezieller schneller Algorithmen ausnutzen. Dies hatten wir im Abschnitt 7.2 für die Dreiecksmatrizen gemacht.

Auf gewisse andere Gleichungssysteme kann man FFT-Techniken anwenden. Dies ist möglich, falls das Gleichungssystem eine Faltungsstruktur besitzt. Die Matrix $A \in \mathbb{K}^{m \times m}$ habe die spezielle Gestalt

$$A = \begin{pmatrix} a_0 & a_{-1} & \cdots & \cdots & a_{-m+1} \\ a_1 & a_0 & & & a_{-m+2} \\ \vdots & & \ddots & & \vdots \\ \vdots & & & \ddots & \vdots \\ a_{m-1} & a_{m-2} & \cdots & \cdots & a_0 \end{pmatrix},$$

wobei $a_{ij} = a_{i-j}$, $i,j = 1, \ldots, m$, gelte. Man bezeichnet dann A als *Toeplitz-Matrix*[51]. Gilt außerdem $a_{m-k} = a_{-k}$, $k = 1, \ldots, m-1$, so kann man das lineare Gleichungssystem

$$A \begin{pmatrix} x_0 \\ \vdots \\ x_{m-1} \end{pmatrix} = \begin{pmatrix} b_0 \\ \vdots \\ b_{m-1} \end{pmatrix}$$

nach Einführung der m-periodischen Folgen

$$a := (\ldots, a_0, a_1, \ldots, a_{m-1}, \ldots), \quad b := (\ldots, b_0, b_1, \ldots, b_{m-1}, \ldots)$$

als Faltungsprodukt

$$a * x = b$$

schreiben, wobei $x := (\ldots, x_0, x_1, \ldots, x_{m-1}, \ldots)$ gesucht ist. Ein lineares Gleichungssystem mit dieser speziellen Struktur kann man elegant und schnell mit Hilfe des FFT-Algorithmus lösen. Durch Anwendung des diskreten Fourier-Operators $\mathcal{F}_m$ ergibt sich

$$\mathcal{F}_m(a * x) = \mathcal{F}_m(b),$$

woraus wir mit Hilfe von Aufgabe 5.5.6

$$m \, \mathcal{F}_m(a) \mathcal{F}_m(x) = \mathcal{F}_m(b)$$

erhalten. Falls für alle $\nu \in \mathbb{Z}$ die Komponenten $(\mathcal{F}_m(a))_\nu \neq 0$ sind, folgt

$$(\mathcal{F}_m(x))_\nu = \frac{1}{m} \frac{(\mathcal{F}_m(b))_\nu}{(\mathcal{F}_m(a))_\nu}$$

und hieraus durch inverse diskrete Fourier-Transformation

$$x = \frac{1}{m} \mathcal{F}_m^{-1} \left(\left(\frac{(\mathcal{F}_m(b))_\nu}{(\mathcal{F}_m(a))_\nu} \right)_{\nu \in \mathbb{Z}} \right).$$

Wir erhalten also:

---

[51]Toeplitz, Otto (01.08.1881–15.02.1940)

7.5.6   Satz

Ein lineares Gleichungssystem $a * x = b$ mit der oben angegebenen Faltungsstruktur kann man mit Hilfe von zwei diskreten und einer inversen diskreten Fourier-Transformation schnell lösen. Für $m = 2^k$ benötigt man nur $(3k + 2)2^k$ Multiplikationen oder Divisionen gegenüber $\{\frac{1}{3}2^k(2^{2k} - 1)\} + \{\frac{1}{2}2^k(2^k + 1)\}$ bei der Gauß-Elimination.

Beweis. Vgl. Satz 5.6.6 bzw. Aufgabe 5.6.7.   □

7.6   Ausgleichsrechnung

Die sogenannte *Methode der kleinsten Quadrate (Least-squares)*, die um 1800 von Gauß und unabhängig davon von Legendre[52] entwickelt wurde, dient dazu, für ein überbestimmtes und somit im allgemeinen unlösbares lineares Gleichungssystem eine "plausible" Näherungslösung zu bestimmen. Im einfachsten Fall handelt es sich um folgendes Problem: Die Meßdaten $(t_i, y_i)^T$, $i = 1, \ldots, m$, müßten aus physikalischen oder ökonomischen Gründen eigentlich auf einer Geraden

$$y = \alpha + \beta t\ , \quad t \in \mathbb{R}\ ,$$

liegen, wobei die reellen Parameter α, β nicht bekannt sind. Es geht nun darum, mit Hilfe der Meßdaten "vernünftige" Näherungen α^*, β^* zu berechnen.

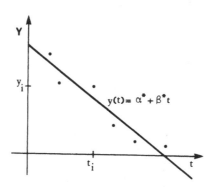

Abb. 7.2

Jeder einzelne Meßpunkt $(t_i, y_i)^T$ ergibt eine lineare Gleichung

$$y_i = \alpha + \beta t_i\ .$$

Insgesamt geht es also darum, α^* und β^* aus dem für $m > 2$ i.a. unlösbaren linearen Gleichungssystem

$$y_i = \alpha + \beta t_i\ , \quad i = 1, \ldots, m\ ,$$

---

[52] Legendre, Adrien-Marie (18.09.1752–10.01.1833)

zu bestimmen. Führt man die sogenannten *Residuen* (von lat. residuum = Überrest)

$$r_i := \alpha + \beta t_i - y_i , \quad i = 1, \ldots, m ,$$

und den zugehörigen *Residuenvektor* $r := (r_1, \cdots, r_m)^T$ ein, so geht es darum, α^* und β^* so zu bestimmen, daß r in einem noch zu präzisierenden Sinn möglichst klein ist. Aus statistischen Gründen hat Gauß vorgeschlagen, α^* und β^* so zu wählen, daß die Quadratsumme der Residuen möglichst klein wird. Mit Hilfe der l_2-Norm auf $\mathbb{R}^m$ können wir das Problem dann auch so formulieren: Es sollen α^*, β^* so bestimmt werden, daß

$$F(\alpha, \beta) := \|r\|_2^2 = \sum_{i=1}^m r_i^2 = \sum_{i=1}^m (\alpha + \beta t_i - y_i)^2$$

minimiert wird, also

$$F(\alpha^*, \beta^*) = \min_{(\alpha, \beta) \in \mathbb{R}^2} F(\alpha, \beta)$$

gilt. Man bezeichnet die so gewonnene Gerade $y = \alpha^* + \beta^* t$ als *Ausgleichsgerade* zu den Meßdaten $(t_i, y_i)^T$, $i = 1, \ldots, m$.

In diesem einfachen Spezialfall kann man leicht die optimalen Parameter α^*, β^* bestimmen. F ist eine beliebig oft differenzierbare Funktion auf $\mathbb{R}^2$. Notwendig für ein Minimum sind also, wie man aus der Analysis weiß, die Bedingungen

$$\frac{\partial F(\alpha, \beta)}{\partial \alpha} = 0 , \quad \frac{\partial F(\alpha, \beta)}{\partial \beta} = 0 .$$

Man erhält

$$\frac{\partial F(\alpha, \beta)}{\partial \alpha} = 2 \sum_{i=1}^m (\alpha + \beta t_i - y_i) ,$$

$$\frac{\partial F(\alpha, \beta)}{\partial \beta} = 2 \sum_{i=1}^m (\alpha + \beta t_i - y_i) t_i .$$

Das Minimum erfüllt also notwendigerweise die beiden Gleichungen (*Normalgleichungen*)

$$\sum_{i=1}^m (\alpha + \beta t_i) = \sum_{i=1}^m y_i ,$$

$$\sum_{i=1}^m (\alpha + \beta t_i) t_i = \sum_{i=1}^m y_i t_i .$$

In Matrixform kann dieses (2×2)-System auch als

$$(N) \quad \begin{pmatrix} m & \sum_{i=1}^m t_i \\ \sum_{i=1}^m t_i & \sum_{i=1}^m t_i^2 \end{pmatrix} \begin{pmatrix} \alpha \\ \beta \end{pmatrix} = \begin{pmatrix} \sum_{i=1}^m y_i \\ \sum_{i=1}^m y_i t_i \end{pmatrix}$$

geschrieben werden. Man sieht, daß die Matrix der Normalgleichungen reell und symmetrisch ist. Mit Hilfe von

$$A := \begin{pmatrix} 1 & t_1 \\ 1 & t_2 \\ \vdots & \vdots \\ 1 & t_m \end{pmatrix} \in \mathbb{R}^{m \times 2}, \quad y := \begin{pmatrix} y_1 \\ y_2 \\ \vdots \\ y_m \end{pmatrix} \in \mathbb{R}^m$$

sowie dem sich daraus ergebenden Matrizen- bzw. Matrix-Vektor-Produkt

$$A^T A = \begin{pmatrix} m & \sum_{i=1}^{m} t_i \\ \sum_{i=1}^{m} t_i & \sum_{i=1}^{m} t_i^2 \end{pmatrix}, \quad A^T y = \begin{pmatrix} \sum_{i=1}^{m} y_i \\ \sum_{i=1}^{m} y_i t_i \end{pmatrix}$$

nimmt das System der Normalgleichungen nun die folgende prägnante Form an:

$$A^T A \begin{pmatrix} \alpha \\ \beta \end{pmatrix} = A^T y .$$

7.6.1 Aufgabe

Man zeige:
a) Für die Hesse-Matrix[53] H_m der zweiten partiellen Ableitungen von F gilt $H_m = A^T A$ und $\det H_m \geq 0$, wobei Gleichheit nur eintritt, wenn alle t_i, $i = 1, \ldots, m$, gleich sind.
b) Die Matrix $A^T A$ mit

$$A := \begin{pmatrix} 1 & t_1 \\ 1 & t_2 \\ \vdots & \vdots \\ 1 & t_m \end{pmatrix}, \quad m \geq 2 ,$$

ist genau dann positiv definit, wenn nicht alle t_i, $i = 1, \ldots, m$, gleich sind.

Unter Verwendung des Resultats von Aufgabe 7.6.1 folgt, daß die Lösung der Normalgleichungen (N) ein eindeutig bestimmtes Minimum liefert, falls nicht alle Punkte t_i, $i = 1, \ldots, m$, $m \geq 2$, gleich sind. Wir erhalten somit:

7.6.2 Satz

Sind mindestens zwei Punkte t_i, $i = 1, \ldots, m$, $m \geq 2$, voneinander verschieden, so ist die Ausgleichsgerade

$$y = \alpha^* + \beta^* t$$

durch die Daten $(t_i, y_i)^T$, $i = 1, \ldots, m$, eindeutig bestimmt, und die optimalen

---

[53]Hesse, Ludwig Otto (22.04.1811–04.08.1874)

Parameter α^*, β^* erhält man als Lösung des Systems der Normalgleichungen

$$
\begin{pmatrix} m & \sum\limits_{i=1}^{m} t_i \\ \sum\limits_{i=1}^{m} t_i & \sum\limits_{i=1}^{m} t_i^2 \end{pmatrix} \begin{pmatrix} \alpha^* \\ \beta^* \end{pmatrix} = \begin{pmatrix} \sum\limits_{i=1}^{m} y_i \\ \sum\limits_{i=1}^{m} y_i t_i \end{pmatrix} .
$$

Was wir exemplarisch für den Fall der Ausgleichsgeraden gezeigt haben, ist der Prototyp von linearen Ausgleichsproblemen. Statt eines linearen Ansatzes $y = \alpha + \beta t$ kann man allgemeiner polynomiale Funktionen p_n, $p_n(t) = \sum\limits_{\nu=0}^{n} \alpha_\nu t^\nu$, betrachten und versuchen, die Koeffizienten α_ν so zu bestimmen, daß p_n "möglichst gut" durch vorgegebene Punkte $\binom{t_i}{y_i}$, $i = 1, \ldots, m$, verläuft, wobei die Meßpunkte t_i alle verschieden seien. Da im Fall $n = m + 1$ das Problem interpolatorisch gelöst werden kann, betrachten wir den Fall $n \leq m + 1$. Dann sind also die Polynomkoeffizienten α_ν, $\nu = 0, \ldots, n$, mit Hilfe des i.a. überbestimmten linearen Gleichungssystems

$$
\sum_{\nu=0}^{n} \alpha_\nu t_i^\nu = y_i , \quad i = 1, \ldots, m ,
$$

zu ermitteln. Man fordert hier wieder, daß der Residuenvektor

$$
r = (r_1, \ldots, r_m)^T , \quad r_i := \sum_{\nu=0}^{n} \alpha_\nu t_i^\nu - y_i ,
$$

minimale l_2-Norm hat. Dieses Problem führt ebenfalls auf ein lineares Gleichungssystem (m Gleichungen für $n + 1$ Unbekannte) vom Typ der Normalgleichungen. Derartige Least-squares-Probleme treten in den Anwendungen oft auf. Man hat dafür spezielle Lösungstechniken entwickelt, die häufig auftretende Besonderheiten dieser Systeme (große Dimensionierung, Singularität der Matrix $A^T A$) berücksichtigen. Wir müssen uns mit einem kurzen Abriß dieser Theorie begnügen und wenden uns nun der Lösung der *allgemeinen Least-squares-Probleme* zu.

Gegeben sei ein lineares Gleichungssystem $Ax = b$, $A \in \mathbb{K}^{m \times n}$, $b \in \mathbb{K}^m$. Ein solches Gleichungssystem kann unlösbar, eindeutig lösbar oder nicht eindeutig lösbar sein. Wir versuchen eine Theorie zu entwickeln, die alle drei Fälle erfaßt.

Gilt für den Residuenvektor

$$
r := r(x) := Ax - b
$$

die Beziehung $r = \mathrm{o}$, so ist x eine Lösung des gegebenen Systems und umgekehrt. Falls $r \neq \mathrm{o}$ gilt, ist x keine Lösung (die ja möglicherweise auch gar nicht existiert). Eine plausible Näherungslösung x^* können wir dadurch bestimmen, daß wir fordern, daß das zu x^* gehörende Residuum r^* minimale l_2-Norm hat, also

(M) $\qquad\qquad \|r^*\|_2^2 := \|Ax^* - b\|_2^2 = \min\limits_{x \in \mathbb{K}^n} \|Ax - b\|_2^2 .$

Der oben behandelte Fall der Ausgleichsgeraden ordnet sich diesem Ansatz unter mit

$$A = \begin{pmatrix} 1 & t_1 \\ \vdots & \vdots \\ 1 & t_m \end{pmatrix} , \quad x^* = \begin{pmatrix} \alpha^* \\ \beta^* \end{pmatrix} , \quad b = \begin{pmatrix} y_1 \\ \vdots \\ y_m \end{pmatrix}$$

Wir bezeichnen die Spaltenvektoren von A mit $a_1, \ldots, a_n$, also

$$A = (a_1, \ldots, a_n) , \quad a_i \in \mathbb{K}^m , \quad i = 1, \ldots, n ,$$

und den von $a_1, \ldots, a_n$ aufgespannten Vektorraum mit U, also

$$U = \mathrm{span}\,(a_1, \ldots, a_n) \subseteq \mathbb{K}^m .$$

Dann gilt für den Residuenvektor

$$r = \sum_{i=1}^{n} x_i a_i - b \in \mathbb{K}^m ,$$

und das obige Minimierungsproblem (M) ist äquivalent damit,

$$a^* = \sum_{i=1}^{n} x_i^* a_i \in U$$

zu finden mit

$$\|a^* - b\|_2^2 = \min_{a \in U} \|a - b\|_2^2 .$$

Nach Satz 6.5.1 existiert a^* und ist eindeutig bestimmt.

Man beachte aber, daß nur im Falle, daß die Spaltenvektoren linear unabhängig sind, also $\dim U = n$ gilt, die Parameter x_i^*, $i = 1, \ldots, n$, und damit auch die gesuchte Least-squares-Lösung x^* durch a^* eindeutig bestimmt sind. Gilt jedoch $\dim U < n$, so bestimmt a^* die Kleinste-Quadrate-Lösung x^* nicht eindeutig.

Nach Satz 6.5.2 ist der optimale Vektor a^* durch die Orthogonalitätsbeziehungen

$$\langle a^* - b, a \rangle = 0 \quad \text{für alle } a \in U$$

charakterisiert. Wegen $U = \mathrm{span}\,(a_1, \ldots, a_n)$ gilt einerseits $a^* = \sum_{k=1}^{n} x_k^* a_k$, und andererseits sind die Orthogonalitätsbeziehungen insbesondere für a_i, $i = 1, \ldots, n$, erfüllt. Also folgt

$$\langle \sum_{k=1}^{n} x_k^* a_k - b, a_i \rangle = 0 , \quad i = 1, \ldots, n ,$$

oder auch

$$\langle \sum_{k=1}^{n} x_k^* a_k, a_i \rangle = \langle b, a_i \rangle , \quad i = 1, \ldots, n .$$

Diese n Beziehungen können wir wegen

$$A = (a_1, \ldots, a_n) , \quad x^* = \begin{pmatrix} x_1^* \\ \vdots \\ x_n^* \end{pmatrix} ,$$

zusammenfassen zu

$$A^H A x^* = A^H b \, .$$

Dies ist jetzt ein lineares Gleichungssystem für x^* mit quadratischer und hermitescher Koeffizientenmatrix $A^H A \in \mathbb{K}^{n \times n}$, das stets lösbar ist, da es den Orthogonalitätsbeziehungen entspricht, welche a^* charakterisieren. Falls $\dim U = n$ gilt, ist die Lösung x^*, wie wir bereits gezeigt haben, eindeutig bestimmt, und beschreibt eine Darstellung von a^* bzgl. einer Basis von U. Die Matrix $A^H A$ ist dann regulär, und wir können x^* explizit angeben als

$$x^* = (A^H A)^{-1} A^H b \, .$$

7.6.3 Satz

Das Ausgleichsproblem (M) hat stets eine Lösung. Falls A maximalen Rang n hat, ist die Lösung x^* eindeutig bestimmt, und es gilt

$$x^* = (A^H A)^{-1} A^H b \, .$$

Die hermitesche Matrix $A^H A \in \mathbb{K}^{n \times n}$ spielt beim Ausgleichsproblem die entscheidende Rolle. Wegen

$$x^H A^H A x = (Ax)^H A x = \|Ax\|_2^2 > 0 \, , \quad \text{falls } Ax \neq o \, ,$$

erkennt man, daß $A^H A$ positiv definit ist, falls aus $x \neq o$ auch $Ax \neq o$ folgt, d.h. wenn die Spalten von A linear unabhängig sind. Die eindeutige Lösbarkeit des Least-squares-Problem (M) im Fall, daß $A \in \mathbb{K}^{m \times n}$ maximalen Rang n besitzt, ist also auch an die positive Definitheit von $A^H A$ gekoppelt.

7.6.4 Bemerkung

Falls A quadratisch und invertierbar ist, gilt

$$(A^H A)^{-1} A^H = A^{-1} (A^H)^{-1} A^H = A^{-1} \, ,$$

d.h. die Matrix

$$A^+ := (A^H A)^{-1} A^H$$

ist eine natürliche Verallgemeinerung des Begriffs der inversen Matrix auf nichtquadratische Matrizen $A \in \mathbb{K}^{m \times n}$ mit Rang $A = n$. Man bezeichnet A^+ in diesem Fall als *Pseudo-Inverse* von A.

Falls Rang $A < n$ gilt, ist die Matrix $A^H A$ nicht invertierbar. Man kann aber auch in diesem Fall der Matrix A eine Pseudo-Inverse A^+ zuordnen, die für invertierbare Matrizen A mit A^{-1} und für Matrizen A, für die $(A^H A)^{-1}$ existiert, mit $(A^H A)^{-1} A^H$ übereinstimmt. Man geht dabei so vor: Wir wissen bereits, daß für jede Matrix A das System der Normalgleichungen

$$A^H A x = A^H b$$

für beliebiges $b \in \mathbb{K}^m$ lösbar ist. Kennt man eine spezielle Lösung $x_0 \in \mathbb{K}^n$, so sind alle anderen Lösungen darstellbar in der Form

$$x = x_0 - v , \quad v \in \mathcal{N}(A^H A) ,$$

wobei $\mathcal{N}(A^H A)$ den Nullraum von $A^H A$, also die Lösungsgesamtheit des homogenen Systems $A^H A v = o$ bezeichnet. Wir suchen nun nach einer Lösung $x^* := x_0 - v^*$ der Normalgleichungen mit minimaler Norm, d.h. eine Lösung des Minimierungsproblems

$$\|x_0 - v^*\|_2 = \min_{v \in \mathcal{N}(A^H A)} \|x_0 - v\|_2 ,$$

welche nach Satz 6.5.1 existiert und eindeutig bestimmt ist. Man kann zeigen, daß für ein beliebiges lineares Gleichungssystem $Ax = b$, $A \in \mathbb{K}^{m \times n}$, $b \in \mathbb{K}^m$, – ob quadratisch oder rechteckig, lösbar oder unlösbar – die Zuordnung

$$b \mapsto x^* := x_0 - v^*$$

durch einen Homomorphismus $A^+ \in \mathbb{K}^{n \times m}$ vermittelt wird, der in den bereits behandelten Fällen mit A^+ übereinstimmt. Man kann also jeder Matrix $A \in \mathbb{K}^{m \times n}$ eine Pseudo-Inverse $A^+ \in \mathbb{K}^{n \times m}$ zuordnen, so daß $x^* := A^+ b$ die Least-squares-Lösung von $Ax = b$ mit minimaler Norm ist.

8. Schwach besetzte Matrizen und Graphen

8.1 Einleitung

Viele Probleme in den Anwendungen lassen sich nur mit Hilfe von "großen" Matrizen formulieren, volks- oder betriebswirtschaftliche Fragestellungen ebenso wie technische oder naturwissenschaftliche Probleme (Lineare Modelle, Optimierungsprobleme, Finite-Element-Methoden). Dabei können sich "sehr große" lineare Gleichungssysteme ergeben, die aber die Besonderheit aufweisen, daß jeweils nur wenige Unbekannte miteinander verknüpft sind. In der Matrix treten also sehr viele Nullen auf; sie ist schwach (dünn) besetzt. Wann man ein lineares Gleichungssystem als "groß" betrachtet, hängt entscheidend von den zur Verfügung stehenden Hilfsmitteln ab. Mit jeder neuen Computergeneration verschieben sich dabei die Grenzen, sowohl was den verfügbaren Speicherplatz als auch was die Rechenzeit anbelangt. Dies bedeutet, daß man heute Probleme mit Standard-Methoden ohne spezielle, auf sie zugeschnittene Techniken lösen kann, die man vor wenigen Jahren nur mit großem Aufwand meistern konnte. Probleme, die heute nur bearbeitet werden können, weil sie schwach besetzte Matrizen enthalten, können vielleicht mit der nächsten Computergeneration ohne Schwierigkeiten mit Standard-Routinen gelöst werden. In diesem Sinn sind die Begriffe "groß" und "dünn besetzt" sehr von der benutzten Hardware abhängig. Während bei voll besetzten quadratischen m-reihigen Matrizen für $m = 100$ bei 10^4 zu speichernden Elementen und einem Rechenaufwand bei der Gauß-Elimination von ca. $\frac{2}{3} \cdot 10^6$ Rechenoperationen keine Probleme auftreten, ist das für $m = 10\,000$ schon anders. Bei einem Speicherbedarf von 2 Bytes pro Matrixelement wären 200 MB Speicherplatz und ca. $\frac{2}{3} \cdot 10^{12}$ Rechenoperationen erforderlich. Für eine Maschine mit 100 Megaflop-Leistung pro Sekunde würde dies einen Zeitaufwand von ca. einer Stunde erfordern. Wenn nun die Anzahl der nichtverschwindenden Elemente um Größenordnungen kleiner als die Gesamtzahl der Matrixelemente ist, ist es angebracht, auf Kosten eines größeren organisatorischen Aufwandes das Besetzungsmuster der Matrix mit nichtverschwindenden Elementen auszunutzen. So reduziert sich für $m = 10\,000$, falls – was in der Praxis wirklich vorkommt – nur maximal 5 Elemente je Zeile von Null verschieden sind, der erforderliche Speicherplatz auf 0.1 MB und der Rechenaufwand auf ca. 10^6 Rechenoperationen. Noch größere Probleme sind nur dann angreifbar, wenn die Matrix schwach besetzt ist. In der Literatur wird von einem Ausgleichsproblem (Abgleichen der geodätischen Meßpunkte in Nordamerika) berichtet, das aus ca. 6 Millionen Gleichungen in ca. 400 000 Unbekannten besteht[54]. Man macht sich leicht klar, daß dieses System nur bearbeitet werden kann, weil der größte Teil der ca. $2.4 \cdot 10^{12}$ Matrixelemente verschwindet und man deshalb "nur" die "relativ wenigen" nichtverschwindenden Elemente abspeichern muß. Auch das zugehörige System der Normalgleichungen mit ca. $1.6 \cdot 10^{11}$ Matrixelementen ist für eine direkte Bearbeitung viel zu groß.

Wesentlich für die Art der Speicherung und die numerische Behandlung (z.B. Gauß-Elimination, Cholesky-Verfahren) von schwach besetzten Matrizen ist es, ob die Nichtnullelemente regelmäßig oder unregelmäßig gestreut in der Matrix verteilt sind. Bei der Berechnung von interpolierenden kubischen Splines hatte sich im Satz 4.7.3 das lineare Gleichungssystem

$$
\begin{pmatrix}
2 & 1 & & & & \text{\Large 0} \\
1 & 4 & 1 & & & \\
 & \ddots & \ddots & \ddots & & \\
 & & & 1 & 4 & 1 \\
\text{\Large 0} & & & & 1 & 2
\end{pmatrix}
\begin{pmatrix}
\alpha_0 \\ \alpha_1 \\ \vdots \\ \alpha_{k-1} \\ \alpha_k
\end{pmatrix}
=
\begin{pmatrix}
3y_0 + m_0 \\ 6y_1 \\ \vdots \\ 6y_{k-1} \\ 3y_k - m_k
\end{pmatrix}
$$

ergeben. Hier ist das Besetzungsmuster sehr regelmäßig; es handelt sich um eine symmetrische, positiv definite Tridiagonalmatrix. Dies liegt daran, daß die geometrische Struktur – in diesem Fall ist es die Verteilung der Stützstellen – sehr regelmäßig ist und *maximal drei benachbarte* Stützstellen verknüpft sind. Von komplizierterer, aber noch sehr regelmäßiger Struktur ist die Matrix, die bei der Tensorierung von kubischen Splines entsteht. Wir haben im Satz 4.10.5 das System

$$
\sum_{\nu=0}^{k} \sum_{\mu=0}^{k} \alpha_{\nu\mu} B_{\mu 3}(j) B_{\nu 3}(i) = f_{ij}, \quad i,j = 0,\dots,k,
$$

hergeleitet. Numeriert man hier die Unbekannten $\alpha_{\nu\mu}$, $\nu,\mu = 0,\dots,k$, zeilenweise, d.h. in der Reihenfolge $\alpha_{00}, \alpha_{01}, \alpha_{02},\dots, \alpha_{0k}, \alpha_{10}, \alpha_{11},\dots, \alpha_{k\,k-1}, \alpha_{kk}$, so hat die Matrix

$$
A := 36 \left(B_{\mu 3}(j) B_{\nu 3}(i) \right)_{\mu,\nu=0,\dots,k}
$$

wegen

$$
36 B_{\mu 3}(j) B_{\nu 3}(i) = \begin{cases}
16, & \text{falls } \nu = i \quad, \quad \mu = j, \\
4, & \text{falls } \nu = i \quad, \quad \mu = j \pm 1, \\
4, & \text{falls } \nu = i \pm 1, \quad \mu = j, \\
1, & \text{falls } \nu = i \pm 1, \quad \mu = j \pm 1, \\
0, & \text{sonst},
\end{cases}
$$

folgende *Blockgestalt*: A ist unterteilt in $(k+1)^2$ quadratische Blöcke der Dimension $k + 1$. Von diesen Blöcken sind die meisten $(k + 1)$-reihige Nullmatrizen. Nur die Blöcke entlang der Diagonalen und die benachbarten Blöcke sind keine Nullmatrizen,

---

[54]G. H. Golub, R. J. Plemmons, Large scale geodetic least-squares adjustment by dissection and orthogonal decomposition, Lin. Alg. Appl. 34 (1980), 3-28.

sondern symmetrische tridiagonale Matrizen, bei denen auf der Diagonale und den beiden Nebendiagonalen jeweils dieselben Elemente stehen. Bezeichnen wir diese Blöcke mit

$$
B := \begin{pmatrix} 16 & 4 & & & \text{\Large 0} \\ 4 & 16 & 4 & & \\ & \ddots & \ddots & \ddots & \\ & & 4 & 16 & 4 \\ \text{\Large 0} & & & 4 & 16 \end{pmatrix}, \quad C := \begin{pmatrix} 4 & 1 & & & \text{\Large 0} \\ 1 & 4 & 1 & & \\ & \ddots & \ddots & \ddots & \\ & & 1 & 4 & 1 \\ \text{\Large 0} & & & 1 & 4 \end{pmatrix},
$$

so hat A die Gestalt

$$
A = \begin{pmatrix} B & C & & & \text{\Large 0} \\ C & B & C & & \\ & \ddots & \ddots & \ddots & \\ & & C & B & C \\ \text{\Large 0} & & & C & B \end{pmatrix}.
$$

Bei $(k+1)^4$ Elementen sind weniger als $9(k+1)^2$ Elemente von Null verschieden. Für wachsende k überwiegen somit die Nullen stark. Schwach besetzte Matrizen dieses Typs treten in den Ingenieurwissenschaften sehr häufig auf und zwar bei den Finite-Element-Methoden, mit denen man das Stabilitätsverhalten von Bauwerken, Werkstücken u.ä. berechnen kann. Dabei ist wesentlich, daß bei diesen Anwendungen jede Unbekannte nur mit ihren direkten "Nachbarn" linear verknüpft ist. (Bei der Spline-Matrix und auch bei den Finite-Element-Methoden liegt dies daran, daß die verwendeten Funktionen, mit denen man durch Linearkombination und Interpolation eine Näherung bestimmt, nur einen schmalen Träger besitzen.) Dadurch ist die gegenseitige Beeinflussung der Unbekannten nur von lokaler Natur, und es treten sehr viele Nullen auf. Numeriert man die Unbekannten geeignet, so hat die zugehörige Matrix eine *Bandstruktur*.

Von ganz anderem Typ sind die Matrizen, die aus geometrisch unregelmäßigen Strukturen entstehen. Hier kann es vorkommen, daß zwar auch nur relativ wenige Matrixelemente von Null verschieden sind, aber die Nichtnull-Elemente weitgehend "zufällig" über die Matrix verteilt sind. Man denke dabei z.B. an volks- oder betriebswirtschaftliche Anwendungen, wobei die Unbekannten mit Firmen zu identifizieren sind und das lineare Gleichungssystem in geeigneter Weise die Geschäftsbeziehungen beschreibt. Wenn nun ein Betrieb nicht nur mit seinen direkten Nachbarn, sondern auch mit weiter entfernten Firmen in Geschäftsbeziehungen steht, so streuen die Nichtnull-Einträge in der Matrix stark. Von ähnlicher Struktur können geodätische Probleme sein.

8.1.1   Beispiel

In ebenem Gelände seien fünf Meßpunkte entsprechend der Abb. 8.1 verteilt. Man mißt alle Winkel zwischen diesen Meßpunkten, soweit freie Sicht besteht (z.B. sei R von S nicht sichtbar), und
verwendet außerdem den Satz über die Winkelsumme im Dreieck. Aus diesen Daten (14 gemessene
Winkel und drei Summenbeziehungen) möchte man durch Ausgleichsrechnung verbesserte Näherungen x_i für diejenigen gemessenen Winkel m_i, $i = 1, \ldots, 9$, bestimmen, welche die Lage der
Meßpunkte zueinander festlegen.

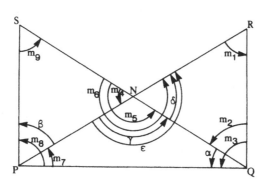

Abb. 8.1

Man erhält das folgende lineare Gleichungssystem

$$
\begin{pmatrix}
1 & 1 & & & -1 & 1 & & & \\
 & -1 & 1 & -1 & 1 & & 1 & & \\
 & & 1 & & & -1 & 1 & 1 & \\
1 & & & & & & & & \\
 & 1 & & & & & & & \\
 & & 1 & & & & & & \\
 & -1 & 1 & & & & & & \\
 & & & 1 & & & & & \\
 & & & & 1 & & & & \\
 & & & & & 1 & & & \\
 & & & & -1 & 1 & & & \\
 & & & & & -1 & 1 & & \\
 & & & & & -1 & & 1 & \\
 & & & & & & 1 & & \\
 & & & & & & & 1 & \\
 & & & & & & -1 & 1 & \\
 & & & & & & & & 1
\end{pmatrix}
\begin{pmatrix}
x_1 \\ x_2 \\ x_3 \\ x_4 \\ x_5 \\ x_6 \\ x_7 \\ x_8 \\ x_9
\end{pmatrix}
=
\begin{pmatrix}
180° \\ 180° \\ 180° \\ m_1 \\ m_2 \\ m_3 \\ \alpha \\ m_4 \\ m_5 \\ m_6 \\ \gamma \\ \delta \\ \varepsilon \\ m_7 \\ m_8 \\ \beta \\ m_9
\end{pmatrix}.
$$

Da die Koeffizientenmatrix $A \in \mathbb{R}^{17 \times 9}$ offensichtlich den maximalen Rang 9 hat, ist die Matrix
$A^T A$ der Normalgleichungen positiv definit und hat ebenfalls den Rang 9. Es gilt

$$A^T A = \begin{pmatrix} 2 & 1 & 0 & 0 & -1 & 1 & 0 & 0 & 0 \\ 1 & 4 & -2 & 1 & -2 & 1 & -1 & 0 & 0 \\ 0 & -2 & 3 & -1 & 1 & 0 & 1 & 0 & 0 \\ 0 & 1 & -1 & 5 & -2 & -1 & -2 & 1 & 1 \\ -1 & -2 & 1 & -2 & 5 & -2 & 1 & 0 & 0 \\ 1 & 1 & 0 & -1 & -2 & \cdot \; 4 & 0 & 0 & 0 \\ 0 & -1 & 1 & -2 & 1 & 0 & 4 & -2 & -1 \\ 0 & 0 & 0 & 1 & 0 & 0 & -2 & 3 & 1 \\ 0 & 0 & 0 & 1 & 0 & 0 & -1 & 1 & 2 \end{pmatrix}$$

Bei diesem Beispiel sind die Nichtnull-Elemente bei A und auch bei $A^T A$ sehr unregelmäßig verteilt. Natürlich besteht bei einem so kleinen Problem keine Notwendigkeit, die Verteilung der besetzten Elemente besonders auszunutzen. Aber bei großen Problemen dieses Typs ist man sehr darauf angewiesen, mit Speicherplatz und überflüssigen arithmetischen Operationen zu sparen. Bei $A^T A$ fällt auf, daß zwar eine Bandstruktur vorliegt, daß aber das Band sehr breit ist und auch in den einzelnen Zeilen (oder Spalten) die Anzahl der Nichtnull-Elemente und ihr Abstand zum Diagonalelement sehr unterschiedlich ist.

Wir werden uns im folgenden auf positiv definite Systeme beschränken, da dann die Cholesky-Zerlegung immer möglich ist und keine Pivotisierung aus Gründen der numerischen Stabilität notwendig ist. Bei der Auflösung solcher Systeme treten mehrere schwerwiegende Probleme auf, die wir im einzelnen diskutieren wollen:

- Wie speichert man große schwach besetzte Matrizen günstig ab?

- Wie numeriert man gegebenenfalls die Unbekannten um, so daß die Nichtnull-Elemente in einem möglichst schmalen Band entlang der Hauptdiagonale konzentriert sind?

- Wie hält man den "Fill-in" bei der Cholesky-Zerlegung einer schwach besetzten Matrix A in Grenzen, um dadurch den zu reservierenden Speicherbereich möglichst klein zu halten? Unter "Fill-in" versteht man das Entstehen von Nichtnull-Elementen an Positionen, die bei A mit Null besetzt sind.

- Wie nutzt man das Besetzungsmuster des Cholesky-Faktors bei der numerischen Lösung des Systems effizient aus, insbesondere um die Anzahl der erforderlichen Rechenoperationen niedrig zu halten?

8.2 Speicherungstechniken für schwach besetzte Matrizen

Ist bei einer Matrix $A = (a_{ij})_{i,j=1,\ldots,m}$ nur eine gewisse, relativ kleine Anzahl $NZ(A)$ von Elementen von Null verschieden (engl. non zero elements), so lohnt es sich, wenn das Besetzungsverhältnis

$$\tau := \frac{NZ(A)}{m^2}$$

einen bestimmten Schwellenwert unterschreitet, das Besetzungsmuster mit Nicht-null-Elementen auszunutzen und nur diejenigen Elemente zu speichern, die von Null verschieden sind. Dies führt aber zu einem gewissen Overhead bei der Programmierung eines Algorithmus, der auf die Elemente von A zugreift; auch sein Laufzeitverhalten kann sich verschlechtern. Ab welchem Wert von τ sich ein Abweichen von der Standard-Speicherung von A als zweidimensionales Array lohnt, hängt von verschiedenen Faktoren ab:

- Größe des zur Speicherung von A frei verfügbaren Bereichs im Arbeitsspeicher.

- Regelmäßigkeit des Besetzungsmusters (Bandmatrix o.ä.).

- Sequentielle oder parallele Verarbeitung.

- Sind mehrere Gleichungssysteme mit gleicher Matrix, aber verschiedenen rechten Seiten zu lösen?

- Sind mehrere Gleichungssysteme mit unterschiedlichen Matrizen, aber gleichem Besetzungsmuster zu lösen?

In anderen Fällen kann sich der Speicherbedarf auch dadurch stark reduzieren, daß sich das Element a_{ij} aus den Indizes i, j berechnen läßt. Dies ist z.B. der Fall bei der Spline-Matrix

$$A = (a_{ij})_{i,j=0,\dots,k}, \quad a_{ij} = \begin{cases} 2 & , \quad \text{falls } i = j = 0 \text{ oder } i = j = k, \\ 4 & , \quad \text{falls } i = j, \ 0 < i < k, \\ 1 & , \quad \text{falls } |i - j| = 1, \\ 0 & , \quad \text{sonst,} \end{cases}$$

aus Satz 4.7.3 oder auch bei der durch Tensorierung entstehenden Spline-Matrix. Hier braucht A nicht notwendig abgespeichert werden, wohl aber der Cholesky-Faktor L von A, da dessen Elemente nicht so einfach formelmäßig angegeben werden können.

Um den Overhead zu begrenzen, kann es sinnvoll sein, das bekannte Besetzungsmuster nicht voll auszunutzen. Es ist möglicherweise vorteilhaft, einige wenige Nullelemente explizit zu speichern, um so ein übersichtliches und einfacher handhabbares Besetzungsmuster zu erhalten. Man ignoriert also in diesem Fall für ein bestimmtes Element a_{ij} die Tatsache, daß es den Wert Null hat, und nimmt es zu denjenigen Elementen hinzu, für die man Speicherplatz reserviert, bzw. die man explizit abspeichert, wenn sich dadurch das Besetzungsmuster leichter beschreiben läßt. Insbesondere wird im folgenden angenommen, daß in jeder Zeile mindestens eine Position besetzt ist.

Da die Information, ob ein Element a_{ij} gleich oder ungleich Null ist, von binärer Art ist, kann man das Besetzungsmuster binär beschreiben, etwa indem man zu

$$A = (a_{ij})_{i,j=1,\dots,m}$$

die zugehörige *Inzidenzmatrix* (von lat. incidens = zusammenfallend)

$$(e_{ij})_{i,j=1,\dots,m}, \quad e_{ij} = \begin{cases} 1, & \text{falls } a_{ij} \neq 0, \\ 0, & \text{falls } a_{ij} = 0, \end{cases}$$

einführt. Graphisch werden wir die Nichtnull-Elemente durch $*$ kennzeichnen. Als Faustregel gilt: Je regelmäßiger das Besetzungsmuster ist, um so kleiner kann der Overhead gehalten werden. Extrembeispiele sind die Diagonalmatrizen

$$A = \text{ diag }(\lambda_1, \ldots, \lambda_m) \; .$$

Hier genügt es, die m Diagonalelemente abzuspeichern; A kann dann vollständig rekonstruiert werden gemäß

$$a_{ij} := \begin{cases} \lambda_i \; , & \text{falls } j = i, \\ 0 \; , & \text{sonst.} \end{cases}$$

Aufwendiger ist die Speicherung von symmetrischen (oder auch hermiteschen) *Bandmatrizen* der Bandbreite w. Hier gilt

$$a_{ij} = 0 \; , \quad \text{falls } |i - j| \geq w \; .$$

Man kann alle Elemente a_{ij} mit $|i - j| < w$ in einem zweidimensionalen Array $B = (b_{ij})_{\substack{i=1,\ldots,m, \\ j=1,\ldots,w}}$ mit $m \cdot w$ Elementen abspeichern, indem man

$$b_{ij} := \begin{cases} a_{i\ i+j-1} \; , & \text{falls } i + j - 1 \leq m \; , \\ 0 \; , & \text{falls } i + j - 1 > m \; , \end{cases}$$

setzt. Aus B kann man A zurückgewinnen gemäß

$$a_{ij} := \begin{cases} b_{i\ j-i+1} \; , & \text{falls } 0 \leq j - i < w \; , \\ 0 \; , & \text{falls } w \leq j - i < m \; , \\ a_{ji} \; , & \text{sonst.} \end{cases}$$

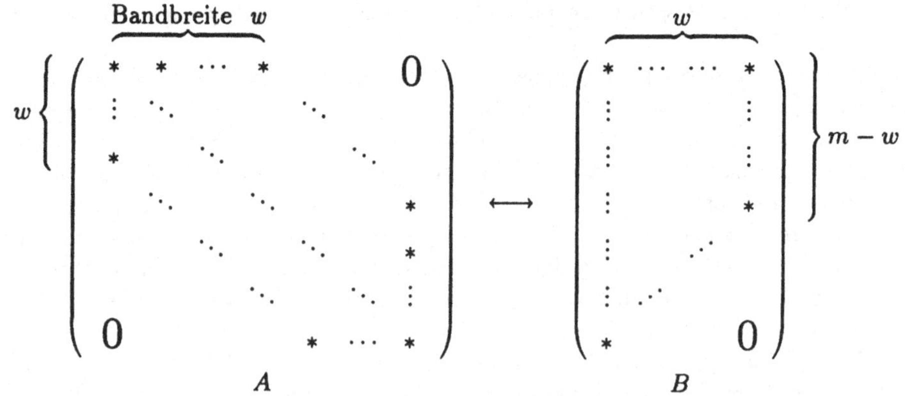

symmetrische $(m \times m)$-Band- $\longleftrightarrow$ $(m \times w)$-Matrix, die alle

matrix der Bandbreite w Nichtnull-Elemente von

                                      A enthält

Abb. 8.2

Falls in einer symmetrischen Bandmatrix die äußeren Schrägzeilen innerhalb des Bandes nicht alle durchgängig besetzt sind, kann es sinnvoll sein, zu einer *Speicherung mit variabler Bandbreite* überzugehen. Dazu definiert man (unter der Annahme, daß in jeder Zeile mindestens eine Position besetzt ist)

$$l_i(A) := \min_{1 \leq j \leq i} \{j \mid a_{ij} \neq 0\}, \quad i = 1, \ldots, m;$$

dadurch wird in der i-ten Zeile das am weitesten links liegende Nichtnull-Element erfaßt. Die *Hülle (Enveloppe)* einer *symmetrisch besetzten* Matrix A definiert man durch

$$\text{Env}(A) := \{(i,j) \mid l_i(A) \leq j \leq i, \quad i = 1, \ldots, m\}$$

(vgl. Abb. 8.3). Sie beschreibt den erforderlichen Speicherbereich bei variabler Bandbreite. (Hier werden Nullen in einer Zeile zwischen $a_{i\,l_i(A)}$ und dem Diagonalelement a_{ii} mit abgespeichert und auch als Nichtnull-Elemente betrachtet.) Man bezeichnet den durch $\text{Env}(A)$ begrenzten Bereich entlang der Hauptdiagonale von A auch als *Profil* und sehr anschaulich, falls man den transponierten Bereich abspeichert, als *"Skyline"* (vgl. Abb. 8.4).

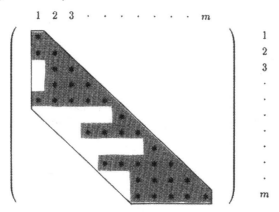

Abb. 8.3. Bandstruktur (eingerahmt) und Hülle (grau unterlegt) einer Matrix

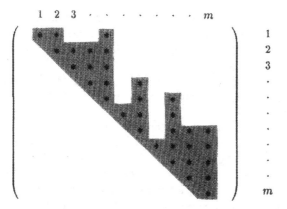

Abb. 8.4. Skyline einer Matrix A, Profil von A^T

Während für Bandmatrizen eine Standardspeicherung mit Hilfe eines zweidimensionalen Arrays angebracht ist, ist dies bei variabler Bandbreite i.a. nicht mehr der Fall. Hier bietet es sich an, die Nichtnull-Elemente von A den Zeilen nach in einem eindimensionalen Array zu speichern und die Position eines Elements a_{ij} mit Hilfe von Indexlisten und Zeigern zu beschreiben. Die s Nichtnull-Elemente der Matrix A könnte man mit Hilfe eines Arrays $\tilde{A}$ der Länge s und eines Integer-Arrays $ADDR$ der Länge m abspeichern. Dabei enthält $\tilde{A}$ die zu speichernden Elemente in der Hülle von A (linear angeordnet), und $ADDR(i)$ beschreibt die Lage des i-ten Diagonalelements von A im Array $\tilde{A}$, d.h. $a_{ii} = \tilde{A}(ADDR(i))$, $i = 1,\ldots,m$. Für die Matrix

$$A = \begin{pmatrix} \begin{array}{cccccc} * & & & & & \\ * & * & & & & \\ & * & * & & & \\ & & & * & & \\ & * & * & * & * & \\ & & * & * & * & * \end{array} \end{pmatrix} \begin{array}{c} 1 \\ 2 \\ 3 \\ 4 \\ 5 \\ 6 \end{array}, $$

also $m = 6$ und $s = 14$, erhalten wir somit

$$\tilde{A} = (a_{11}, a_{21}, a_{22}, a_{32}, a_{33}, a_{44}, a_{52}, a_{53}, a_{54}, a_{55}, a_{63}, a_{64}, a_{65}, a_{66}),$$
$$ADDR = (1, 3, 5, 6, 10, 14).$$

Das Element a_{ij}, $i \geq j$, aus der Hülle von A hat im Array $\tilde{A}$ die Adresse $ADDR(i) + j - i$. Mit $l_1(A) := 1$, $l_i(A) := i - (ADDR(i) - ADDR(i-1)) + 1$, $i = 2,\ldots,m$, gilt also

$$a_{ij} = \begin{cases} \tilde{A}(ADDR(i) + j - i), & j = l_i(A),\ldots,i, \quad i = 1,\ldots,m, \\ 0, & \text{sonst.} \end{cases}$$

Bei positiv definiten Matrizen sind alle Diagonalelemente von Null verschieden. Eine Variante der eben beschriebenen Speichermethode für positiv definite Matrizen arbeitet mit *zwei* eindimensionalen Arrays D, $\tilde{A}$ und einem Integer-Array $ADDR$. Dabei enthält D die Diagonale von A, $\tilde{A}$ die Nichtnull-Elemente unterhalb der Diagonale von A (zeilenweise übertragen) und $ADDR(i)$ einen Indexverweis auf das erste Nichtnull-Element in der i-ten Zeile bezüglich $\tilde{A}$. Man beachte, daß man Zeilen von A (z.B. die erste), in denen – außer dem Diagonalelement – kein derartiges Element auftritt, in $\tilde{A}$ eigens kennzeichnen muß, z.B. durch $ADDR(i) = 0$ oder besser dadurch, daß $ADDR(i)$ auf die nächstfolgende Zeile verweist, die links vom Diagonalelement besetzt ist.

Falls die besetzten Positionen "willkürlich" über die Matrix A gestreut sind, so ergibt sich unter Umständen eine Hülle, die fast ausschließlich mit Nullen besetzt ist und einen unvertretbar großen Teilbereich von A überdeckt. Dann ist es angebracht, die besetzten Positionen "einzeln", d.h. über ihren Zeilen- und Spaltenindex zu erfassen. Dadurch ergibt sich allerdings ein größerer Aufwand für die Datenorganisation, wenn man die besetzten Elemente in einem eindimensionalen Array $\tilde{A}$

speichert. Eine Möglichkeit besteht darin, neben dem Array $\tilde{A}$ zwei Integer-Arrays ZI und SI zu verwenden, in denen die Zeilenindizes bzw. Spaltenindizes der Nichtnull-Elemente entsprechend ihrer Anordnung in $\tilde{A}$ gespeichert sind. Dabei kann die Speicherung der Elemente in $\tilde{A}$ zufällig erfolgen; auch das Einfügen neuer Elemente am Ende der Liste in $\tilde{A}$ ist möglich.

Für die Matrix

$$
A = \begin{array}{c} \begin{array}{ccccccc} 1 & 2 & 3 & 4 & 5 & 6 & 7 \end{array} \\ \left(\begin{array}{ccccccc} * & & & & & * & \\ & * & & & & & \\ & & * & & * & & \\ & * & & & & & \\ & * & & & & & \\ & & & & * & & \\ & & & * & & * & \end{array} \right) \end{array} \begin{array}{c} 1 \\ 2 \\ 3 \\ 4 \\ 5 \\ 6 \\ 7 \end{array}
$$

erhalten wir beispielsweise folgende Arrays:

$$
\begin{aligned}
\tilde{A} &= (a_{23},\, a_{11},\, a_{35},\, a_{17},\, a_{77},\, a_{32},\, a_{74},\, a_{66},\, a_{52},\, a_{42}), \\
ZI &= (2, 1, 3, 1, 7, 3, 7, 6, 5, 4), \\
SI &= (3, 1, 5, 7, 7, 2, 4, 6, 2, 2).
\end{aligned}
$$

Für numerische Zwecke, welche die üblichen Matrixoperationen (Matrix-Vektor-Produkt, Matrixmultiplikation) beinhalten, ist diese Speichertechnik wenig geeignet, da zeilen- oder spaltenweise auf die Matrixelemente zugegriffen wird. Hier ist eine Speicherung mit Hilfe von *Adreßverweisen* oder *verketteten Listen* angebracht.

Eine Möglichkeit besteht darin, die s nichtverschwindenden Matrixelemente sequentiell in einem Array $\tilde{A}$ der Länge s abzuspeichern. Zusätzlich benötigt man Integer-Arrays der Länge m bzw. s, in denen Adressen und Spaltenindizes (Zeilenindizes) gespeichert sind. Die Adreßlisten verweisen zum einen (I in Abb. 8.5) in Form einer Kopfliste ZI (bzw. SI) auf die Position, welche das erste nichtverschwindende Element der i-ten Zeile (oder Spalte) in $\tilde{A}$ einnimmt (II in Abb. 8.5), und zum anderen (III in Abb. 8.5) auf die Position, die das nächste nichtverschwindende Element dieser Zeile (oder Spalte) hat. Ist kein weiteres nichtverschwindendes Element in der i-ten Zeile (Spalte) vorhanden, so wird auf die virtuelle Adresse $-i$ verwiesen.

Die obige Matrix A könnte man dann für zeilenweisen oder spaltenweisen Zugriff wie in Abb. 8.5 angegeben speichern. Dabei veranschaulichen die Pfeile, wie man auf die Elemente einer Zeile oder Spalte zugreift. Beispielsweise existieren in der dritten Zeile zwei nichtverschwindende Elemente und zwar die Elemente a_{32} und a_{35}, die in den Positionen 6 und 3 von $\tilde{A}$ abgespeichert sind, sowie in der siebten Spalte ebenfalls zwei Nichtnull-Elemente, nämlich a_{17} und a_{77}, die man in den Positionen 4 und 5 von $\tilde{A}$ findet.

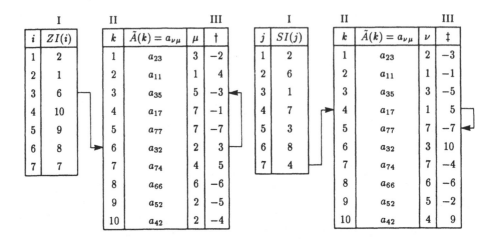

i	ZI(i)
1	2
2	1
3	6
4	10
5	9
6	8
7	7

k	$\tilde{A}(k) = a_{\nu\mu}$	μ	†
1	a_{23}	3	-2
2	a_{11}	1	4
3	a_{35}	5	-3
4	a_{17}	7	-1
5	a_{77}	7	-7
6	a_{32}	2	3
7	a_{74}	4	5
8	a_{66}	6	-6
9	a_{52}	2	-5
10	a_{42}	2	-4

j	SI(j)
1	2
2	6
3	1
4	7
5	3
6	8
7	4

k	$\tilde{A}(k) = a_{\nu\mu}$	ν	‡
1	a_{23}	2	-3
2	a_{11}	1	-1
3	a_{35}	3	-5
4	a_{17}	1	5
5	a_{77}	7	-7
6	a_{32}	3	10
7	a_{74}	7	-4
8	a_{66}	6	-6
9	a_{52}	5	-2
10	a_{42}	4	9

zeilenweiser Zugriff auf a_{32}, a_{35}

† : Spaltennummer des nächsten

   Nichtnull-Elements der Zeile ν

spaltenweiser Zugriff auf a_{17}, a_{77}

‡ : Zeilennummer des nächsten

   Nichtnull-Elements der Spalte μ

Abb. 8.5

Man kann die Information, die man zur eindeutigen Identifizierung eines Elements benötigt, auch in Form von linear verketteten Listen abspeichern. Dies ist in der nachfolgenden Abb. 8.6 angedeutet, wobei ebenfalls die obige Matrix A abgespeichert wird:

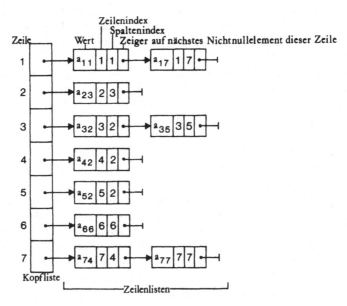

Abb. 8.6

Hier wurde für jede Zeile, die ein Nichtnull-Element enthält, eine Liste angelegt, wobei jedes Listenelement neben dem Wert des zu speichernden Matrixelements noch dessen Zeilen- und Spaltenindex sowie einen Adreßverweis auf das nächste Nichtnull-Element dieser Zeile (oder den leeren Adreßverweis) enthält. Außerdem benötigt man noch eine Kopfliste, die auf die entsprechende Zeilenliste verweist.

8.2.1 Aufgabe

Man realisiere die Abspeicherung von Matrizen mit Hilfe sogenannter *orthogonaler Listen*, bei denen die Listen zeilen- und spaltenweise durch Adreßverweise verkettet sind, so daß sowohl ein zeilen- als auch ein spaltenweiser Zugriff auf die Matrixelemente möglich ist.

8.3   Graphen

Algorithmen, die mit schwach besetzten Matrizen operieren, lassen sich im Fall, daß nur das Besetzungsmuster und nicht die numerischen Werte der Matrixelemente von Bedeutung sind, auch oft übersichtlich mit Hilfe von *Graphen* formulieren.

8.3.1   Definition

(1) Ein Tupel $G := (X, E)$ heißt *(ungerichteter) Graph*, wenn folgendes gilt:

  i) X ist eine nichtleere, endliche Menge, deren Elemente *Knoten* genannt werden.

  ii) E ist eine symmetrische Teilmenge (eine symmetrische zweistellige Relation) des kartesischen Produkts $X \times X$: Aus $(x, y) \in E$ folgt $(y, x) \in E$ für alle $x, y \in X$. Die Elemente von E heißen *Kanten*.

(2) Zwei Knoten $x, y \in X$ mit $(x, y) \in E$ heißen *adjazent* (*benachbart*, von lat. adiacens = angrenzend, anliegend). Eine Kante $(x, x) \in E$ heißt *Schlinge*.

(3) Ist $N := |X|$ die Knotenanzahl und $\alpha : X \longrightarrow \{1, 2, \ldots, N\}$ eine bijektive Abbildung, so bezeichnet man α als *Numerierung*. Ist der Graph $G = (X, E)$ in dieser Weise numeriert, dann bezeichnet man $G^\alpha := (X, E, \alpha)$ als *numerierten Graphen* (häufig bleibt man auch bei Vorliegen einer Numerierung bei der Bezeichnung $G = (X, E)$).

(4) G heißt *reflexiver Graph*, wenn $(x, x) \in E$ gilt für alle $x \in X$; ist $(x, x) \notin E$ für alle $x \in X$, so heißt G *schlingenfrei*.

Jedem (numerierten) Graphen $G = (X, E)$ mit der Knotenmenge $X = \{x_1, x_2, \ldots, x_N\}$ kann man eine symmetrische Matrix $A_G = (a_{ij}^{(G)})_{i,j=1,\ldots,N}$ zuordnen durch

$$a_{ij}^{(G)} = \begin{cases} 1, & \text{falls } (x_i, x_j) \in E, \\ 0, & \text{sonst.} \end{cases}$$

A_G heißt *Adjazenzmatrix*. Sie stellt die charakteristische Funktion der Kantenmenge E dar.

Umgekehrt kann man jeder hermiteschen Matrix $A \in \mathbb{K}^{m \times m}$ einen numerierten ungerichteten Graphen $G_A = (X_A, E_A)$ zuordnen, der das Besetzungsmuster von A beschreibt, indem man

$$X_A := \{1, 2, \ldots, m\}, \qquad E_A := \{(i,j) \mid a_{ij} \neq 0, \; i, j = 1, \ldots, m\}$$

setzt. Wir werden dafür die saloppe Formulierung "*Der* Graph G gehört zur Matrix A" bzw. "A ist *eine* zu G gehörende Matrix" verwenden. Ist A positiv definit, so sind alle Diagonalelemente von Null verschieden, d.h. der zugehörige Graph ist reflexiv.

8.3.2 Beispiel

Es sei

$$A = \begin{pmatrix} 5 & 0 & 7 \\ 0 & 1 & 2 \\ 7 & 2 & 5 \end{pmatrix};$$

dann erhält man den zugehörigen Graphen $G_A = (X_A, E_A)$ mit

$$X_A := \{1, 2, 3\}, \qquad E_A := \{(1,1), (1,3), (2,2), (2,3), (3,1), (3,2), (3,3)\}.$$

Graphisch stellt man einen ungerichteten Graphen (X, E) dar, indem man in der Ebene $|X|$ ($:=$ Anzahl der Elemente der Menge X) paarweise verschiedene Punkte als Knoten markiert und benachbarte Knoten durch Strecken (oder Linien) miteinander verbindet. (Dabei kann der Graph, je nachdem wie man die Knoten gruppiert, auf verschiedene, aber äquivalente Weisen dargestellt werden.) Da wir im folgenden stets reflexive Graphen betrachten, werden wir die in jedem Knoten vorhandene Schlinge nicht eigens kennzeichnen.

8.3.3 Beispiele

(1) Es sei $X := \{1, 2, \ldots, 9\}$, $E := \{(1,i) \mid i \in X\} \cup \{(i,1) \mid i \in X\} \cup \{(i,i) \mid i \in X\}$. Dann ist (X, E) *sternförmig* bezüglich des Knotens 1. Dieser Graph beschreibt das Besetzungsmuster einer Matrix, bei der die Diagonale und die erste Zeile und die erste Spalte besetzt sind.

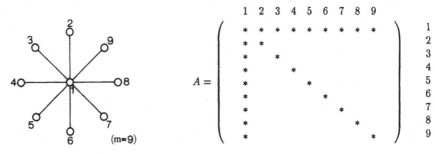

Abb. 8.7

(2) Für $X := \{1,\ldots,9\}$, $E := \{(i,i{+}1) \mid i = 1,\ldots,8\}\cup\{(i{+}1,i) \mid i = 1,\ldots,8\}\cup\{(i,i) \mid i \in X\}$ hat (X,E) die Form einer *linearen Kette* und beschreibt das Besetzungsmuster einer Tridiagonalmatrix (z.B. Spline-Matrix aus Satz 4.7.3).

$$A = \begin{pmatrix} * & * & & & & & & & \\ * & * & * & & & & & & \\ & * & * & * & & & & & \\ & & * & * & * & & & & \\ & & & * & * & * & & & \\ & & & & * & * & * & & \\ & & & & & * & * & * & \\ & & & & & & * & * & * \\ & & & & & & & * & * \end{pmatrix} \begin{matrix} 1 \\ 2 \\ 3 \\ 4 \\ 5 \\ 6 \\ 7 \\ 8 \\ 9 \end{matrix}$$

G_A
1 — 2 — 3 — 4 — 5 — 6 — 7 — 8 — 9

Abb. 8.8

(3) Zu der durch Tensorierung von kubischen B-Splines gewonnenen tridiagonalen Blockmatrix A gehört ein Graph, der die Knotenverteilung widerspiegelt (vgl. Abschnitt 8.1). Für $m = 16$ erhalten wir die in Abb. 8.9 angegebene Matrix. Man sieht, daß beispielsweise in der achten Zeile die Elemente $a_{7\nu}$, $\nu = 2,3,6,7,10,11$, Nichtnull-Elemente sind. Dies ist gleichbedeutend damit, daß in G_A der Knoten 7 adjazent ist zu den Knoten $2,3,6,7,10,11$.

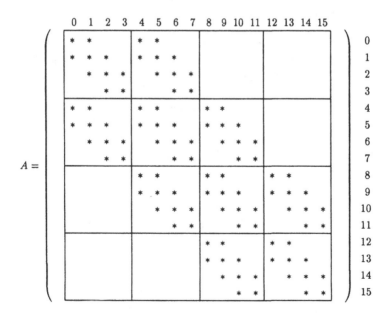

Abb. 8.9

Der zu dieser Matrix gehörende Graph G_A hat die in der Abb. 8.10 angegebene Gestalt. Dabei spiegelt sich die durch Tensorierung einer Tridiagonalmatrix entstandene Struktur der Matrix wider: Die Knoten sind nicht nur längs der Koordinatenrichtungen durch Kanten verbunden, sondern auch schräg längs der Diagonalen. Durch "Tensorierung" der linearen Kette aus Abb. 8.8 entsteht also nicht ein einfaches Quadratgitter, wie man vielleicht erwarten würde, sondern die verwickeltere und in sich stärker gekoppelte Struktur aus Abb. 8.10.

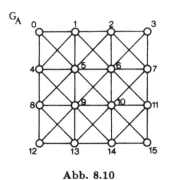

Abb. 8.10

8.3.4   Aufgabe

a) Man bestimme den Graphen (X, E), der aus einem regelmäßigen Achteck durch Triangulierung zum Mittelpunkt hin entsteht (oder dadurch, daß man die außen liegenden Knoten des im Beispiel 8.3.3 (1) betrachteten Sterns verbindet), und gebe eine zugehörige Matrix an.

b) Man bestimme den Graphen (X, E), der zu einem regelmäßigen Achteck (8-gliedrigen Ring) gehört, und gebe eine zugehörige Matrix an. (Auf solche Graphen bzw. Matrizen stößt man in natürlicher Weise bei der periodischen Spline-Interpolation; vgl. Bemerkung 4.6.8 (1).)

Ist P eine m-reihige Permutationsmatrix, so entsteht $B := PAP^T$ aus A dadurch, daß man die Zeilen und Spalten von A symmetrisch umstellt. Mit A ist auch B wieder hermitesch, und die Anzahl der Nichtnull-Elemente von A stimmt mit derjenigen von B überein. Die Struktur des Graphen $G_A := (X_A, E_A)$ ist die gleiche wie diejenige von $G_B := (X_B, E_B)$; verschieden ist dagegen die Numerierung der Knoten.

8.3.5   Beispiel

Sei

$$A = \begin{array}{c} \begin{array}{cccc} 1 & 2 & 3 & 4 \end{array} \\ \begin{pmatrix} * & * & 0 & * \\ * & * & * & 0 \\ 0 & * & * & 0 \\ * & 0 & 0 & * \end{pmatrix} \begin{array}{c} 1 \\ 2 \\ 3 \\ 4 \end{array} \end{array}$$

und G_A

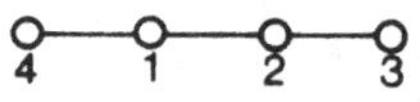

Abb. 8.11

Mit

$$P := \begin{pmatrix} 0 & 0 & 0 & 1 \\ 1 & 0 & 0 & 0 \\ 0 & 1 & 0 & 0 \\ 0 & 0 & 1 & 0 \end{pmatrix}, \quad \text{d.h. der Knotenpermutation} \quad \begin{array}{c} 4 \mapsto 1, \\ 1 \mapsto 2, \\ 2 \mapsto 3, \\ 3 \mapsto 4, \end{array}$$

folgt

$$B = PAP^T = \begin{pmatrix} * & 0 & 0 & * \\ * & * & 0 & * \\ * & * & * & 0 \\ 0 & * & * & 0 \end{pmatrix} \begin{pmatrix} 0 & 1 & 0 & 0 \\ 0 & 0 & 1 & 0 \\ 0 & 0 & 0 & 1 \\ 1 & 0 & 0 & 0 \end{pmatrix} = \begin{pmatrix} \begin{array}{cccc} 1 & 2 & 3 & 4 \end{array} \\ \begin{pmatrix} * & * & 0 & 0 \\ * & * & * & 0 \\ 0 & * & * & * \\ 0 & 0 & * & * \end{pmatrix} \begin{array}{c} 1 \\ 2 \\ 3 \\ 4 \end{array} \end{pmatrix} ;$$

also hat G_B tatsächlich die Gestalt

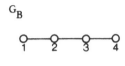

Abb. 8.12

8.3.6 Aufgabe

Man numeriere den im Beispiel 8.3.3 (1) betrachteten 8-strahligen Stern so um, daß die entsprechende Matrix eine möglichst schmale Bandbreite hat.

Wir werden an späterer Stelle an Hand des Graphen G_A einer positiv definiten Matrix A den Ablauf des Cholesky-Verfahrens und den dabei entstehenden Fill-in untersuchen. Bei einem Verfahren vom Gauß-Eliminationstyp, wie es das Cholesky-Verfahren auch ist, müssen bei der Elimination im j-ten Schritt diejenigen Elemente a_{ij}, $i = j+1,\ldots,m$, eliminiert werden, für die $a_{ij} \neq 0$ gilt. Bei der graphentheoretischen Interpretation des Cholesky-Verfahrens bedeutet dies, daß im j-ten Eliminationsschritt bei dem zugehörigen numerierten Graphen diejenigen Knoten $i > j$ betroffen sind, die mit dem j-ten Knoten verbunden sind. Beispielsweise sind in der folgenden Matrix A für $j = 1$ die Knoten 2 und 4 von G_A betroffen.

$$A = \begin{pmatrix} * & * & & * & & \\ * & * & * & & * & \\ & * & * & & & * \\ * & & & * & * & \\ & * & & * & * & * \\ & & * & & * & * \end{pmatrix}$$
↑
j-te Spalte

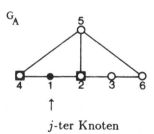
j-ter Knoten

Abb. 8.13

Bei einem Eliminationsverfahren sind also beim zugehörigen Graphen für einen Knoten $y \in X$ die *Adjazenzmenge* der mit ihm verbundenen Knoten und die *Inzidenzmenge* der von ihm ausgehenden Kanten von Bedeutung.

8.3.7   Definition

Sei $G = (X, E)$ ein Graph, $Y \subseteq X$ eine Teilmenge von X.

(1) Die Menge

$$\mathrm{Adj}(Y) := \{z \in X \setminus Y \mid (y, z) \in E \text{ für mindestens ein Element } y \in Y\}$$
$$= \{z \in X \setminus Y \mid z \text{ ist adjazent zu mindestens einem Element aus } Y\}$$

heißt die zu Y gehörende *Adjazenzmenge*; statt $\mathrm{Adj}(\{y\})$ schreibt man kürzer $\mathrm{Adj}(y)$ für die zu $y \in X$ gehörende Adjazenzmenge.

(2) Gilt $(x, z) \in E$, so heißen die Knoten x bzw. z *inzident* zur Kante (x, z).

(3) Ist $Y \subseteq X$, so heißt

$$\mathrm{Inz}(Y) := \{(y, z) \in E \mid y \in Y, \ z \in X \setminus Y\}$$

die zu Y gehörende *Inzidenzmenge*. Insbesondere bezeichnet $\mathrm{Inz}(x) := \mathrm{Inz}(\{x\})$ die Menge aller zu x inzidenten Kanten.

(4) Die Anzahl der Elemente von $\mathrm{Adj}(Y)$, $Y \subseteq X$, bezeichnet man als *Grad* von Y, also $\deg(Y) := |\mathrm{Adj}(Y)|$. Insbesondere versteht man unter $\deg(x)$, $x \in X$, die Anzahl der zu x adjazenten Knoten.

(5) Ein Graph $G_1 = (X_1, E_1)$ heißt *Untergraph (Teilgraph)* von $G = (X, E)$, falls $X_1 \subseteq X$ und $E_1 \subseteq E$.

(6) Ein Untergraph $G_1 = (X_1, E_1)$ von $G = (X, E)$ bildet eine *Clique*, falls alle Elemente von X_1 paarweise verbunden sind.

8.3.8   Bemerkungen

(1) Ist $Y \subseteq X$, so ist $G(Y) := (Y, E(Y))$ mit $E(Y) := \{(x, y) \in E \mid x, y \in Y\}$ der kleinste Untergraph von (X, E), der Y enthält.

(2) Ist A eine hermitesche Matrix und G_A der zugehörige Graph, so sind die zu jeder Clique von G_A gehörenden Untermatrizen von A voll besetzt.

8.3.9   Beispiel

Gegeben sei die Matrix

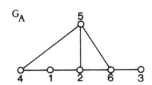

$$A = \begin{pmatrix} \overset{1}{*} & \overset{2}{*} & \overset{3}{} & \overset{4}{*} & \overset{5}{} & \overset{6}{} \\ * & * & & & * & * \\ & & * & & & * \\ * & & & * & * & \\ & * & & * & * & * \\ & * & * & & * & * \end{pmatrix} \begin{matrix} 1 \\ 2 \\ 3 \\ 4 \\ 5 \\ 6 \end{matrix}$$

Abb. 8.14

also $X = \{1, 2, 3, 4, 5, 6\}$,

$$E = \{(1, 2), (1, 4), (2, 1), (2, 5), (2, 6), (3, 6), (4, 1), (4, 5), (5, 2), (5, 4), (5, 6),$$
$$(6, 2), (6, 3), (6, 5)\} \cup \{(i, i) \mid i = 1, \ldots, 6\} \; .$$

Es gilt

$\text{Adj}(2) = \{1, 5, 6\}$,	$\text{Inz}(2) = \{(1, 2), (2, 1), (2, 5), (2, 6), (5, 2), (6, 2)\}$,	$\deg(2) = 3$,
$\text{Adj}(3) = \{6\}$,	$\text{Inz}(3) = \{(3, 6), (6, 3)\}$,	$\deg(3) = 1$,
$\text{Adj}(6) = \{2, 3, 5\}$,	$\text{Inz}(6) = \{(2, 6), (3, 6), (5, 6), (6, 2), (6, 3), (6, 5)\}$,	$\deg(6) = 3$,
$\text{Adj}(\{2, 3, 6\}) = \{1, 5\}$,	$\text{Inz}(\{2, 3, 6\}) = \{(1, 2), (2, 1), (2, 5), (5, 2), (5, 6), (6, 5)\}$.	

Untergraphen von G_A sind beispielsweise

$$G_1 = (\{3\}, \{(3, 3)\}) \; , \quad G_2 = (\{2, 5, 6\}, \{(2, 2), (2, 5), (2, 6), (5, 2), (5, 5), (5, 6), (6, 2), (6, 5), (6, 6)\}) \; .$$

Cliquen des Graphen G_A sind

$$(\{1, 4\}, \{(1, 1), (1, 4), (4, 1), (4, 4)\}) \; , \quad (\{1, 2\}, \{(1, 1), (1, 2), (2, 1), (2, 2)\}) \; ,$$
$$(\{2, 6\}, \{(2, 2), (2, 6), (6, 2), (6, 6)\}) \; , \quad (\{2, 5\}, \{(2, 2), (2, 5), (5, 2), (5, 5)\}) \; ,$$
$$(\{3, 6\}, \{(3, 3), (3, 6), (6, 3), (6, 6)\}) \; , \quad (\{4, 5\}, \{(4, 4), (4, 5), (5, 4), (5, 5)\}) \; ,$$
$$(\{5, 6\}, \{(5, 5), (5, 6), (6, 5), (6, 6)\}) \; ,$$
$$(\{2, 5, 6\}, \{(2, 2), (2, 5), (2, 6), (5, 2), (5, 5), (5, 6), (6, 2), (6, 5), (6, 6)\}) \; .$$

Um die "Größe" eines Graphen G zu beschreiben, benötigt man ein Maß dafür, was man anschaulich als *Durchmesser* bezeichnen würde. Beim obigen Graphen liegt es nahe, die Knoten 3 und 4 als "am weitesten entfernt" zu betrachten und die minimale Anzahl der sie "auf direktem Weg" verbindenden Kanten als Maß für den Durchmesser zu verwenden.

8.3.10 Definition

Es sei $G = (X, E)$ ein Graph mit der Knotenmenge X und der Kantenmenge E.

(1) Für zwei verschiedene Knoten x_0, x_k bezeichnet man die geordnete Menge $\{x_0, x_1, \ldots, x_k\}$ als *Pfad der Länge* k, der x_0 und x_k verbindet, falls $x_\nu \in \text{Adj}(x_{\nu-1})$, $\nu = 1, \ldots, k$, gilt.

(2) Der Graph G heißt *zusammenhängend*, falls für jedes Paar verschiedener Knoten $x, y \in X$ mindestens ein Pfad existiert, der sie verbindet. Andernfalls bezeichnet man G als *nicht zusammenhängend*.

(3) Der *Abstand* $\text{dist}(x, y)$ von zwei Knoten eines zusammenhängenden Graphen ist die Länge des kürzesten Pfades, der x und y verbindet.

(4) Als *Exzentrizität* $\varepsilon(x)$ eines Knotens x eines zusammenhängenden Graphen bezeichnet man die Größe

$$\varepsilon(x) := \max_{y \in X} \text{dist}(x, y).$$

(5) Als *Durchmesser* $\delta(G)$ des zusammenhängenden Graphen G bezeichnet man
die Größe

$$\delta(G) := \max_{x \in X} \varepsilon(x)$$

oder äquivalent

$$\delta(G) := \max\{\operatorname{dist}(x,y) \mid x,y \in G\}.$$

(6) Ein Knoten x heißt *peripherer Knoten*, falls seine Exzentrizität mit dem
Durchmesser des Graphen übereinstimmt, falls also gilt:

$$\varepsilon(x) = \delta(G).$$

8.3.11   Aufgabe

Es sei A eine zum Graphen G gehörende Matrix. Man mache sich die Bedeutung der in obiger
Definition eingeführten Begriffe für A klar.

Sei $G = (X, E)$. Definiert man für $x, y \in X$ auf X die Äquivalenzrelation

"$x \sim y$, falls y durch (mindestens) einen Pfad mit x verbunden ist",

so zerfällt X in eine oder mehrere Äquivalenzklassen $X_1, \ldots, X_k$. Die dadurch
erzeugten Untergraphen $G_i = (X_i, E_i)$, $i = 1, \ldots, k$, bezeichnet man als *Zusammenhangskomponenten* des Graphen G. Also ist G zusammenhängend, falls nur
eine solche Zusammenhangskomponente existiert.

8.3.12   Aufgabe

Man bestimme für den in Abb. 8.15 angegebenen Graphen die Zusammenhangskomponenten und
deren Durchmesser sowie die peripheren Knoten.

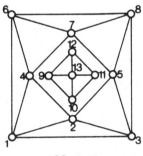

Abb. 8.15

Das Laufzeitverhalten von Graphenalgorithmen hängt empfindlich von der Darstellung der Graphen, d.h. von der gewählten Speichertechnik ab. Im folgenden
werden Adjazenzmengen eine wesentliche Rolle spielen. Deshalb empfiehlt es sich
für unsere Zwecke, einen Graphen durch seine *Adjazenzstruktur* darzustellen. Diese
besteht aus allen *Adjazenzlisten*, die von den Knoten des Graphen erzeugt werden.
Dabei ist die Adjazenzliste des Knotens $x \in X$ eine Liste, die alle Knoten in $\operatorname{Adj}(x)$
enthält. Die Adjazenzstruktur kann dann mit Hilfe zweier Integer-Arrays ADJ und

ADRADJ gespeichert werden; dabei enthält *ADJ* nacheinander die Adjazenzlisten der einzelnen Knoten und *ADRADJ* in der Position i einen Verweis auf diejenige Position, in der in *ADJ* die Adjazenzliste des i-ten Knotens beginnt.

Der Graph G_A aus Abb. 8.14 kann wie in Abb. 8.16 angegeben gespeichert werden:

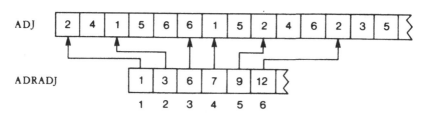

Abb. 8.16

Dieses Schema hat aber den Nachteil, daß a priori die Länge der einzelnen Adjazenzlisten bekannt sein muß. Diesem kann man dadurch begegnen, daß man mit verketteten Listen arbeitet. Man benötigt dazu drei Integer-Arrays *KOPFLISTE*, *NACHBAR* und *KETTE*. Das Array *NACHBAR* enthält alle Adjazenzlisten, wobei für die Knoten eine beliebige Reihenfolge zugelassen ist. $W := KOPFLISTE(i)$ ist ein Adreßverweis, so daß man in $NACHBAR(W)$ einen mit dem i-ten Knoten adjazenten Knoten findet, während $V := KETTE(W)$ einen Adreßverweis auf den nächsten, mit dem i-ten adjazenten Knoten bedeutet, der in $NACHBAR(V)$ gespeichert ist, außer wenn $V = -i$ ist; dies bedeutet, daß kein weiterer Knoten in Adj(i) existiert.

Für den in Abb. 8.14 angegebenen Graphen G_A erhalten wir so beispielsweise Adj(5) = $\{2, 4, 6\}$:

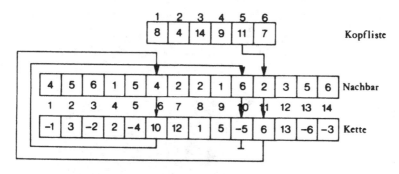

Abb. 8.17

8.4 Sortierung mit dem Cuthill-McKee-Algorithmus

Die zu einem Graphen (Netzwerk) gehörende Matrix kann bei einer ungeschickt gewählten Numerierung der Knoten (Unbekannten) eine unnötig große Bandbreite oder Hülle haben. Wir demonstrieren dies an Hand des folgenden Beispiels.

8.4.1 Beispiel

Gegeben sei der Graph

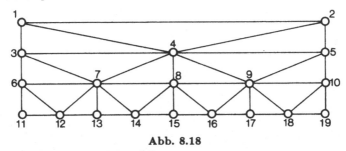

Abb. 8.18

Numeriert man die Knoten in der angegebenen Reihenfolge, so gehört dazu das folgende Besetzungsmuster (die Bandstruktur wird durch den eingerahmten und die Hülle von dem grau unterlegten Teil der Matrix dargestellt):

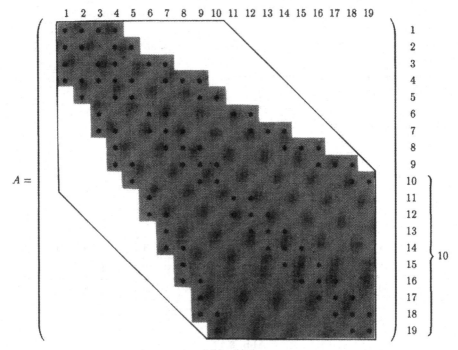

Abb. 8.19

Von den $19^2 = 361$ Elementen sind wegen der Symmetrie nur diejenigen im unteren oder oberen Dreieck relevant, also nur $\sum_{\nu=1}^{19} \nu = 190$ Elemente; davon sind 58 von Null verschieden. Die Bandbreite beträgt $w = 10$; bei einer Speicherung als Bandmatrix sind also ca. 190 Speicherplätze erforderlich. Die Hülle (als besetzt betrachteter linker unterer Teil der Matrix einschließlich der Diagonale) enthält 114 Elemente.

Die Hülle (aber nicht die Bandbreite) kann man dadurch verkleinern, daß man die Knoten in umgekehrter Reihenfolge numeriert – die Numerierung also quasi "auf den Kopf stellt". Anstelle der in Abb. 8.19 angegebenen Matrix erhält man dann das in Abb. 8.20 angegebene Besetzungsmuster, wo die Hülle mit 28 Elementen weniger besetzt ist. Allerdings sind jetzt zurückspringende Zeilen vorhanden. Um die Bandbreite zu verkleinern, muß man zu einer wesentlich anderen Numerierung der Knoten übergehen.

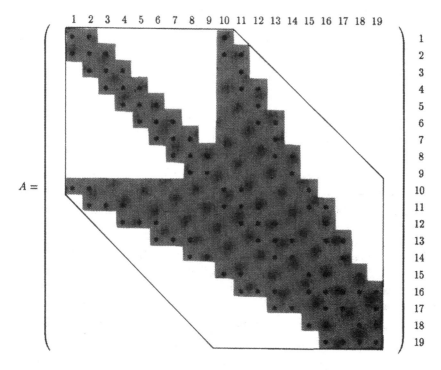

Abb. 8.20

Die Bestimmung einer Numerierung eines Graphen, die zu einer möglichst kleinen Bandbreite oder Hülle einer zugehörigen Matrix gehört, ist ein aufwendiges kombinatorisches Problem. Man begnügt sich deshalb mit wesentlich einfacheren, heuristisch untermauerten Algorithmen, die in der Regel Matrizen mit kleiner Bandbreite oder Hülle erzeugen, aber im Einzelfall weit von der optimalen Lösung entfernt sein können. Die Bestimmung einer optimalen Numerierung, die den Fill-in minimiert, ist sogar ein sogenanntes NP-vollständiges Problem[55].

[55]M. Yannakakis, Computing the minimum fill-in is NP-complete, SIAM J. Alg. Disc. Meth., 2 (1981), 77–79.

Ein sehr effektiver Algorithmus zur Reduzierung der Bandbreite wurde von Cuthill und McKee[56] vorgeschlagen. Er beruht auf der Idee, die Größen β_i, $i = 1, \ldots, m$,

$$\beta_i := i - l_i(A), \quad l_i(A) := \min_{1 \leq j \leq m} \{j \mid a_{ij} \neq 0\},$$

der Reihe nach zu minimieren. (Hier ist wieder angenommen, daß in jeder Zeile mindestens eine Position besetzt ist.)

Ist der Knoten x bereits numeriert und y ein noch nicht numerierter, mit dem Knoten x adjazenter Knoten, so liegt dasjenige Matrixelement, das zur Kante (x, y) im zugehörigen Graphen gehört, nahe an der Diagonale, wenn y möglichst bald nach x numeriert wird.

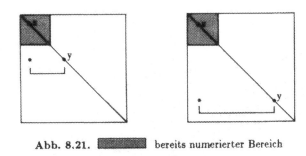

Abb. 8.21.   ▨▨▨▨ bereits numerierter Bereich

Gegeben sei ein ungerichteter Graph $G = (X, E)$, $|X| =: m$. Wir setzen eine Ausgangsnumerierung als bekannt voraus, so daß wir die Knoten mit natürlichen Zahlen identifizieren können. Die Knotenmenge X können wir dann mit einem Array der Länge m identifizieren, das die Zahlen $1, 2, \ldots, m$ in einer gewissen Reihenfolge enthält. Der *Cuthill-McKee-Algorithmus* liefert dann eine neue Numerierung der Knoten, die wir uns in einem schrittweise aufzubauenden Array Y der Länge m gespeichert denken. (Bei der Formulierung des Algorithmus werden wir nicht zwischen Knoten und den diese repräsentierenden Nummern unterscheiden.)

Der Algorithmus von Cuthill-McKee läßt sich verbal so formulieren:

(1) Wähle einen Startknoten x, der die neue Nummer 1 erhält.

· (2) Für $i = 1, 2, \ldots, m$ numeriere man die mit dem i-ten Knoten (in der neuen Numerierung) adjazenten Knoten, die noch nicht neu numeriert sind, in der durch ihren Grad gegebenen Reihenfolge.

Für die *Wahl des Startknotens* sind verschiedene Strategien vorgeschlagen worden. Da periphere Knoten eher kleinere Adjazenzmengen haben werden als "innen liegende", ist es plausibel, einen peripheren Knoten und, falls es davon mehrere gibt, einen mit minimalem Grad als Startknoten zu wählen. Dann ist zu erwarten, daß in der ersten Zeile und ersten Spalte einer zugehörigen Matrix nur wenige Elemente besetzt sind. Weil der Cuthill-McKee-Algorithmus einer schrittweise durchgeführten Minimierung bzgl. des Knotengrades entspricht, wird in der Regel (aber nicht immer) die so getroffene Wahl des Startknotens zu einer kleineren Bandbreite und

[56]E. Cuthill, J. McKee, Reducing the bandwith of sparse symmetric matrices, Proc. 24th Nat. Conf. Assoc. Comput. Mach., ACM Publ. (1969), 157–172.

Hülle führen. Allerdings kann die Bestimmung eines peripheren Knotens zu aufwendig sein, so daß man sich mit sogenannten *pseudo-peripheren* Knoten zufrieden gibt (vgl. Algorithmus 8.4.7).

Da beim Cuthill-McKee-Algorithmus Adjazenzmengen die entscheidende Rolle spielen, ist er nur für zusammenhängende Graphen durchführbar, bzw. bricht ab, wenn eine Zusammenhangskomponente, die den Startknoten enthält, bestimmt ist.

Eine stärker formalisierte und implementierbare Darstellung des Cuthill-McKee-Algorithmus für einen zusammenhängenden Graphen ist die folgende:

8.4.2 Algorithmus von Cuthill-McKee

(1) Man wähle einen Knoten x und setze

$$Y(1) := x \ , \quad Y := \{Y(1)\} \ , \quad Z_1 := \ \text{Adj}(Y) \setminus Y \ .$$

(2) Für $i = 1, 2, \ldots$ führe, solange $Z_i \neq \emptyset$ und $|Y| < m$ ist, folgende Schritte aus:

   a) $Z_i := \text{Adj}(Y(i)) \setminus Y$;

   b) ordne Z_i nach steigendem Knotengrad;

   c) ergänze Y um Z_i.

Falls der Graph zusammenhängend ist, bricht der Algorithmus mit $|Y| = m$ ab, was nach spätestens m Schritten der Fall ist; andernfalls terminiert er nach $i_0 < m$ Schritten mit $|Y| < m$, weil $\tilde{Z}_{i_0} = \emptyset$ ist. Dann enthält Y die neu numerierten Knoten derjenigen Zusammenhangskomponente, welche x enthält. Streicht man alle bereits neu numerierten Knoten durch Bildung von $X \setminus Y$, so kann man den Cuthill-McKee-Algorithmus mit $X \setminus Y$ statt X neu starten und eine weitere Zusammenhangskomponente bestimmen.

8.4.3 Beispiel

Wir wenden den Cuthill-McKee-Algorithmus auf den folgenden Graphen mit dem zugehörigen Besetzungsmuster an:

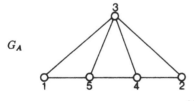

$$G_A \qquad\qquad\qquad\qquad A = \begin{pmatrix} * & & * & & * \\ & * & * & * & \\ * & * & * & * & * \\ & * & * & * & * \\ * & & * & * & * \end{pmatrix} \begin{matrix} 1 \\ 2 \\ 3 \\ 4 \\ 5 \end{matrix}$$

Abb. 8.22

Der Verlauf des Cuthill-McKee-Algorithmus wird duch die folgende Tabelle wiedergegeben:

i	$Y(i)$	Y geordnet	Z_i	Z_i geordnet	Y geordnet
1	1	$\{1\}$	$\{3,5\} \setminus \{1\}$	$\{5,3\}$	$\{1,5,3\}$
2	5	$\{1,5,3\}$	$\{1,3,4\} \setminus \{1,5,3\}$	$\{4\}$	$\{1,5,3,4\}$
3	3	$\{1,5,3,4\}$	$\{1,2,4,5\} \setminus \{1,5,3,4\}$	$\{2\}$	$\{1,5,3,4,2\}$

Eine andere Möglichkeit, den Cuthill-McKee-Algorithmus zu veranschaulichen, arbeitet mit Adjazenzmengen: Zu der Ausgangsnumerierung von G_A gehören die in der nachfolgenden Tabelle angegebenen Adjazenzmengen, die entsprechend dem Knotengrad geordnet werden. Der Algorithmus liefert dann die neue Numerierung:

Mit $x := 1$ folgt $Y(1) = 1$ und anschließend $Y(2) = 5$, $Y(3) = 3$. Die Adjazenzmenge Adj(5) legt $Y(4) = 4$ fest, und mit Hilfe von Adj(3) folgt $Y(5) = 2$, so daß $Y = (1, 5, 3, 4, 2)$ die neue Numerierung des Graphen ist.

i	$X(i)$	Adj(i)	deg(i)	Adj(i) geordnet	$Y(i)$
1	1	3, 5	2	5, 3	1
2	2	3, 4	2	4, 3	5
3	3	1, 2, 4, 5	4	1, 2, 4, 5	3
4	4	2, 3, 5	3	2, 5, 3	4
5	5	1, 3, 4	3	1, 4, 3	2

Man erhält so tatsächlich eine geringere Bandbreite.

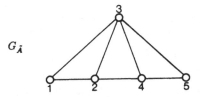

$$G_{\tilde{A}} \qquad\qquad \tilde{A} = \begin{pmatrix} * & * & * & & \\ * & * & * & * & \\ * & * & * & * & * \\ & * & * & * & * \\ & & * & * & * \end{pmatrix} \begin{matrix} 1 \\ 2 \\ 3 \\ 4 \\ 5 \end{matrix}$$

Abb. 8.23

Bei dem zu Beginn dieses Abschnitts untersuchten Graphen hatte sich gezeigt, daß man die Hülle einer zugehörigen Matrix dadurch verkleinern kann, daß man die Numerierung umkehrt. Dies gilt auch für den Cuthill-McKee-Algorithmus. Man kommt so zum *umgekehrten Cuthill-McKee-Algorithmus* (reverse Cuthill-McKee-algorithm).

8.4.4   Umgekehrter Cuthill-McKee-Algorithmus

Ergänze die Schritte (1), (2) des Cuthill-McKee-Algorithmus 8.4.2 durch die Umnumerierungsvorschrift

(3) $\qquad\qquad \tilde{Y}(i) := Y(m + 1 - i), \ i = 1, \ldots, m.$

8.4.5   Aufgabe

Man zeige, daß für den zu Beginn dieses Abschnitts untersuchten Graphen der Matrix A der Cuthill-McKee-Algorithmus bzw. seine Umkehrung das Besetzungsmuster entsprechend einer Matrix $\hat{A}$ bzw. $\tilde{A}$ liefert. Man bestimme die Ersparnis beim benötigten Speicherplatz.

Da die Wahl eines peripheren Knotens als Startknoten nicht immer garantiert, daß der Cuthill-McKee-Algorithmus eine minimale Bandbreite oder Hülle liefert, und weil es aufwendig sein kann, einen solchen zu bestimmen, begnügt man sich in der Praxis i.a. mit *pseudo-peripheren Knoten*. Für einen Graphen in Gestalt einer *linearen Kette*, der zu einer Tridiagonalmatrix gehört, erhält man, ausgehend von einem beliebigen Knoten x, einen peripheren Knoten iterativ, indem man nacheinander die (maximal zweielementigen) Adjazenzmengen durchläuft. Für einen solchen Graphen bricht dieser Algorithmus mit einer Menge $L_{\varepsilon(x)}$ ab, die aus einem (oder zwei) peripheren Knoten besteht.

Beispielsweise erhalten wir für den in Abb. 8.24 angegebenen Graphen ausgehend von $x = 2$ sukzessiv folgende Adjazenzmengen

$$L_0(2):=\text{Adj}(2) = \{1,3\} \, ,$$

$$L_1(2):=\text{Adj}(L_0(2)) \setminus \{2\} = \{4\} \, ,$$

$$L_2(2):=\text{Adj}(L_1(2)) \setminus \{3\} = \{5\} \, .$$

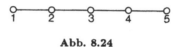

Abb. 8.24

Dieses Beispiel motiviert folgende Strategie: Einen beliebigen Graphen durchsuche man iterativ nach Teilgraphen, die aus möglichst langen linearen Ketten bestehen, und wähle einen Randknoten einer Kette mit maximaler Länge als Startknoten des Cuthill-McKee-Algorithmus.

8.4.6 Definition

Es sei $G = (X, E)$ ein zusammenhängender Graph und $x \in X$. Dann wird die durch die Iterationsvorschrift

$$L_0(x):=\{x\} \, ,$$

$$L_i(x):=\text{Adj}\left(L_{i-1}(x)\right) \setminus \bigcup_{j=0}^{i-1} L_j(x) \, , \quad i = 1, 2, \ldots,$$

die nach $\varepsilon(x)$ Schritten wegen $\bigcup_{i=0}^{\varepsilon(x)} L_i(x) = X$ abbricht, erzeugte Partition (Zerlegung in disjunkte Teilmengen) von X,

$$X = \{L_0(x), \ldots, L_{\varepsilon(x)}(x)\} \, ,$$

als *Schichtung (level structure)* von G *mit Wurzel* x *der Tiefe* $\varepsilon(x)$ bezeichnet.

Zu einer Schichtung $\{L_0(x), \ldots, L_{\varepsilon(x)}(x)\}$ gehören in natürlicher Weise lineare Ketten mit Randknoten x und r, nämlich gerade alle Pfade der Länge $\varepsilon(x)$, die x mit einem Knoten $r \in L_{\varepsilon(x)}(x)$ verbinden. Man versucht nun iterativ, die Kettenlänge zu erhöhen, indem man zu der von einem Knoten $r \in L_{\varepsilon(x)}(x)$ erzeugten Schichtung übergeht, usw. Wenn die Länge der so erzeugten Kette sich nicht mehr erhöht, so liefert die derart erzeugte Kette mit x bzw. r Knoten, die als pseudo-peripheren Knoten in die engere Wahl kommen. Man geht also iterativ nach folgendem Algorithmus vor.

8.4.7 Algorithmus (Bestimmung eines pseudo-peripheren Knotens)

(1) Wähle einen beliebigen Knoten $x \in X$.

(2) Erzeuge die Schichtung $\{L_0(x), \ldots, L_{\varepsilon(x)}(x)\}$ mit Wurzel x.

(3) Wähle einen beliebigen Knoten $r \in L_{\varepsilon(x)}(x)$ mit minimalem Grad.

(4) Erzeuge die Schichtung $\{L_0(r), \ldots, L_{\varepsilon(r)}(r)\}$ mit Wurzel r.
Falls $\varepsilon(r) > \varepsilon(x)$, ersetze x durch r und gehe nach (3).

(5) r ist ein pseudo-peripherer Knoten.

8.4.8 Beispiel

Für den Graphen aus Abb. 8.25 a wird zunächst mit $x = 3$ die in Abb. 8.25 b angegebene Schichtung erzeugt. Nach Wahl von $r = 7$ erhält man eine neue Schichtung (Abb. 8.25 c). Wegen $\varepsilon(7) = 5 > \varepsilon(3) = 3$ muß der Prozeß mit $1 \in L_{\varepsilon(7)}(7)$ im Algorithmus 8.4.7 ab Schritt 3 einmal iteriert werden (Abb. 8.25 d). Wegen $\varepsilon(1) = 5 = \varepsilon(7)$ ist 1 der gesuchte pseudo-periphere Knoten.

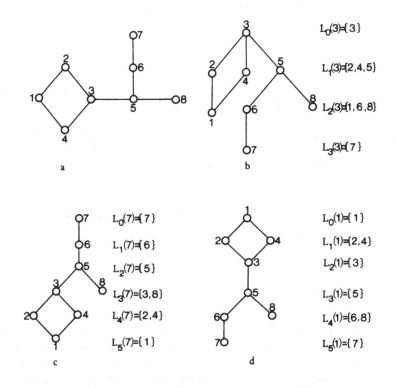

Abb. 8.25

8.5 Symbolische und numerische Cholesky-Faktorisierung

Ein lineares Gleichungssystem $Ax = b$, $A \in \mathbb{K}^{m \times m}$, $b \in \mathbb{K}^m$, mit einer hermiteschen, positiv definiten Matrix A kann man mit *diagonaler* Pivotwahl (ohne Vertauschung von Zeilen oder Spalten) unter Verwendung der Cholesky-Zerlegung $A = LL^H$ auf zwei Gleichungssysteme in Dreiecksform zurückzuführen:

$$Ax = b \quad \Longleftrightarrow \quad Ly = b, \; L^H x = y \; .$$

Falls A schwach besetzt ist, kann es sich aber empfehlen, trotzdem eine *diagonale Pivot-Suche*, die einer gleichlaufenden Umnumerierung der Unbekannten und der Gleichungen entspricht, durchzuführen. Man pivotisiert hier nicht aus Gründen der numerischen Stabilität, sondern um den "Fill-in", also das Auffüllen von $L + L^H$ durch Nichtnull-Elemente an Positionen (k, l), die bei A mit Null besetzt sind, möglichst klein zu halten. Dadurch wird der erforderliche Speicherplatz für L klein gehalten, und bei der anschließenden numerischen Faktorisierung nutzt man dieses Besetzungsmuster aus, um überflüssige Rechenoperationen (Addition oder Multiplikation mit Null) zu sparen.

8.5.1 Beispiel

Es sei (vgl. Beispiel 8.3.5)

$$A = \begin{pmatrix} 4 & 1 & 0 & 1 \\ 1 & 4 & 1 & 0 \\ 0 & 1 & 4 & 0 \\ 1 & 0 & 0 & 4 \end{pmatrix} \begin{matrix} 1 \\ 2 \\ 3 \\ 4 \end{matrix} \; ,$$

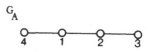

Abb. 8.26

A hat die Cholesky-Zerlegung $A = LL^T$, wobei

$$L = \begin{pmatrix} 2 & 0 & 0 & 0 \\ \dfrac{1}{2} & \dfrac{\sqrt{15}}{2} & 0 & 0 \\ 0 & \dfrac{2}{\sqrt{15}} & \sqrt{\dfrac{56}{15}} & 0 \\ \dfrac{1}{2} & -\dfrac{1}{2\sqrt{15}} & \dfrac{1}{\sqrt{15}\sqrt{56}} & \sqrt{\dfrac{209}{56}} \end{pmatrix} \; ;$$

es sind also gegenüber dem Besetzungsmuster von A die Elemente l_{42}, l_{43} in L zusätzlich belegt. Ordnet man dagegen A, b und entsprechend die Unbekannten um und betrachtet das zu $Ax = b$, $x = (x_1, \ldots, x_4)^T$, $b = (b_1, \ldots, b_4)^T$ äquivalente System $\tilde{A}\tilde{x} = \tilde{b}$, $\tilde{x} = (x_3, x_2, x_1, x_4)^T$, $\tilde{b} = (b_3, b_2, b_1, b_4)^T$ und

$$
\tilde{A} =
\begin{array}{cccc}
1 & 2 & 3 & 4 \\
\end{array}
\left(
\begin{array}{cccc}
4 & 1 & 0 & 0 \\
1 & 4 & 1 & 0 \\
0 & 1 & 4 & 1 \\
0 & 0 & 1 & 4
\end{array}
\right)
\begin{array}{c}
1 \\
2 \\
3 \\
4
\end{array}
\,,
$$

Abb. 8.27

so erhält man die Cholesky-Zerlegung $\tilde{A} = \tilde{L}\tilde{L}^T$ mit

$$
\tilde{L} =
\left(
\begin{array}{cccc}
2 & 0 & 0 & 0 \\
\dfrac{1}{2} & \dfrac{\sqrt{15}}{2} & 0 & 0 \\
0 & \dfrac{2}{\sqrt{15}} & \sqrt{\dfrac{56}{15}} & 0 \\
0 & 0 & \dfrac{\sqrt{15}}{\sqrt{56}} & \sqrt{\dfrac{209}{56}}
\end{array}
\right) ;
$$

hier hat $\tilde{L}$ dasselbe Besetzungsmuster und die gleiche Bandstruktur wie $\tilde{A}$, aber weniger Nichtnull-Elemente und eine schmalere Bandbreite als L. Dieses Beispiel zeigt, daß der Fill-in von der gewählten Numerierung der Unbekannten abhängt.

Bei der Cholesky-Zerlegung einer schwach besetzten Matrix stellen sich mehrere Probleme:

- Man ermittle möglichst *vor* der Faktorisierung das schlimmstenfalls auftretende Besetzungsmuster, um a priori den Speicherplatz bereitstellen zu können.

- Man bestimme *während* der Faktorisierung eine Pivot-Wahl, die zu einem geringen zusätzlichen Fill-in führt.

- Eine Mischung beider Strategien führt auf eine *symbolische Faktorisierung*, die nicht mit numerischen Werten, sondern unter einer worst-case-Annahme an Hand des Besetzungsmusters eines zugehörigen Graphen durchgeführt wird. Man prüft dabei durch logische (binäre) Entscheidungen, wie sich das Besetzungsmuster während der Cholesky-Zerlegung schlimmstenfalls ändern kann.

Die angesprochene worst-case-Annahme besteht darin, daß man eine eventuell auftretende *numerische Kompensation* von Größen, die von Null verschieden sind, durch arithmetische Operationen zu einem verschwindenden Resultat unberücksichtigt läßt.

Während bei der *numerischen* Durchführung der Cholesky-Zerlegung im Algorithmus 7.4.6 sich durch Kompensation einzelne $l_{ki} = 0$ ergeben können, obwohl nicht alle Summanden a_{ki}, $l_{k\mu}\bar{l}_{i\mu}$ verschwinden, nimmt man bei der *symbolischen* Faktorisierung den schlimmsten Fall an. Dies bedeutet, daß man für l_{ki} einen von Null verschiedenen Wert erwartet, falls auch nur einer der Summanden a_{ki}, $l_{k\mu}\bar{l}_{i\mu}$ mit $\mu = 1,\dots,i-1$ von Null verschieden ist. Man erhält dadurch für L ein Besetzungsmuster mit der größtmöglichen Anzahl von besetzten Elementen, die bei einer numerischen Faktorisierung auftreten können. Dies bedeutet, daß das Besetzungsmuster von $F := L + L^H$ i.a. dichter ist als das von A, d.h., daß der Graph

G_F mehr Kanten enthält als G_A. Genauer gilt, wie man dem Algorithmus 7.4.6 (Cholesky-Crout) entnimmt:

8.5.2 Satz

Es sei $G_A := (X, E_A)$, $X = \{1, \ldots, m\}$, ein zu der positiv definiten Matrix A und $G_F := (X, E_F)$ ein zu $F := L + L^H$ gehörender Graph, wobei $A = LL^H$ eine Cholesky-Zerlegung von A sei. Dann gilt unter der Annahme, daß keine numerische Kompensation eintritt:

$$(k,l) \in E_F \Longleftrightarrow \begin{cases} (1) \quad (k,l) \in E_A \\ \text{oder} \quad (2) \quad \text{es existiert ein } \mu \text{ mit } 1 \le \mu < \min(k,l), \\ \qquad \text{so daß } (k,\mu) \in E_F \text{ und } (l,\mu) \in E_F. \end{cases}$$

8.5.3 Beispiel

Wir betrachten die im obigen Beispiel 8.5.1 untersuchte Matrix A mit dem Besetzungsmuster

$$
\begin{matrix} & 1\ 2\ 3\ 4 \\ \begin{pmatrix} * & * & & * \\ * & * & * & \\ & * & * & \\ * & & & * \end{pmatrix} & \begin{matrix} 1 \\ 2 \\ 3 \\ 4 \end{matrix} \end{matrix}
\longrightarrow
\begin{matrix} & 1\ 2\ 3\ 4 \\ \begin{pmatrix} * & * & & * \\ * & * & * & \circledast \\ & * & * & \\ * & \circledast & & * \end{pmatrix} & \begin{matrix} 1 \\ 2 \\ 3 \\ 4 \end{matrix} \end{matrix}
\longrightarrow
\begin{matrix} & 1\ 2\ 3\ 4 \\ \begin{pmatrix} * & * & & * \\ * & * & * & * \\ & * & * & \circledast \\ * & * & \circledast & * \end{pmatrix} & \begin{matrix} 1 \\ 2 \\ 3 \\ 4 \end{matrix} \end{matrix}
$$

Das Besetzungsmuster der ersten Zeile und der ersten Spalte bleibt erhalten, da für $k = 1$ oder $l = 1$ die Bedingung (2) im Satz 8.5.2 leer ist. Die unbesetzten Positionen $(4,2)$ bzw. $(2,4)$ werden besetzt, da $(4,1)$ und $(2,1)$ besetzt sind. Dies bedingt, daß im nächsten Schritt auch die Positionen $(4,3)$ bzw. $(3,4)$ besetzt werden, da $(4,2)$ und $(3,2)$ besetzt sind.

Man sieht, daß die Aussage des obigen Satzes rekursiven Charakter hat. Die Kantenmenge E_F, die man bestimmen will, wird zur Entscheidung, ob eine Kante ihr angehört, mit herangezogen. Dies ist durch den rekursiven Aufbau der Cholesky-Zerlegung bedingt. Darauf gehen wir nun genauer ein.

Beim Cholesky-Verfahren 7.4.3 in der rekursiven Deutung wird aus einer positiv definiten Matrix A in $m-1$ Schritten eine Matrix $F := L + L^H$ aufgebaut. (Es genügen in diesem Zusammenhang $m-1$ Schritte, da der m-te Schritt in 7.4.3 am Besetzungsmuster nichts ändert.) Die Zwischenmatrizen seien mit

$$F_i := L^{(i)} + (L^{(i)})^H, \quad i = 1, \ldots, m-1,$$

und die zugehörigen Graphen mit G_i bezeichnet. Es gilt also

$$F_0 := A, \quad F_{m-1} =: F, \quad G_0 := G_A, \quad G_{m-1} =: G_F.$$

Das Ziel ist, den Graphen G_F aus G_A zu bestimmen, wobei angenommen wird, daß keine numerische Kompensation eintritt.

Im ersten Schritt wird A zerlegt gemäß

$$A = \left(\begin{array}{c|c} a_{11} & w_1^H \\ \hline w_1 & U_{m-1}^{(1)} \end{array} \right)$$

und eine $(m-1)$-reihige Untermatrix A_{m-1} erzeugt gemäß

$$A_{m-1} := U_{m-1}^{(1)} - \frac{w_1 w_1^H}{a_{11}}.$$

Die Elemente der Matrix $\dfrac{w_1 w_1^H}{a_{11}}$ entstehen aus der ersten Spalte von A, und es gilt

$$\left(\frac{w_1 w_1^H}{a_{11}} \right)_{kl} = \frac{a_{k1} \bar{a}_{l1}}{a_{11}}.$$

Auf Grund der Annahme, daß keine numerische Kompensation eintritt, ist also ein Element in der Position (k, l) von A_{m-1} von Null verschieden, wenn $a_{kl} \neq 0$ oder $a_{k1} \bar{a}_{l1} \neq 0$ gilt. (Insbesondere stimmt, wie wir in Bemerkung 7.4.4 bereits festgestellt haben, die erste Spalte von L mit der ersten Spalte von A überein.) Mit Hilfe zugehöriger Graphen läßt sich der erste Schritt so deuten: Ausgehend vom Graphen, der zu A gehört, erhält man den zu A_{m-1} gehörenden Graphen dadurch, daß man den ersten Knoten und die mit ihm inzidenten Kanten streicht und alle Knoten, die mit diesem Knoten verbunden sind, paarweise durch Kanten verbindet, also zu einer Clique macht.

8.5.4   Beispiel

Gegeben sei die in Abb. 8.28 angegebene Matrix A mit dem zugehörigen Graphen G_A.

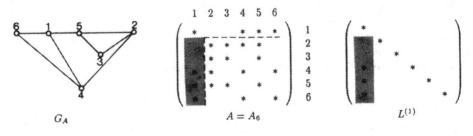

Abb. 8.28

Im nächsten Schritt wird der zweite Knoten eliminiert, dann der dritte usw. (⊛ kennzeichnet jeweils ein neu hinzugekommenes Nichtnull-Element; neu entstehende Kanten sind stärker betont). Auf diese Weise erhält man die in der Abb. 8.29 angegebenen Graphen bzw. Matrizen.

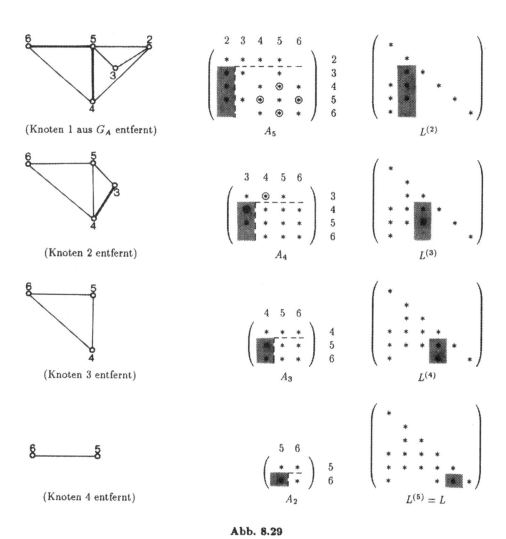

Abb. 8.29

Das symbolisch durchgeführte Cholesky-Verfahren entspricht also einer Folge von sogenannten *Eliminationsgraphen*, bei denen nacheinander Knoten und mit ihnen inzidente Kanten gestrichen und neue Kanten, die den Fill-in repräsentieren, hinzugefügt werden (Algorithmus 8.5.6).

8.5.5 Bemerkung

Ist j der als nächster zu eliminierende Knoten und bilden die Knoten $j, \dots, j+k$ eine Clique, so kann man alle Knoten dieser Clique in einem Schritt eliminieren (vgl. die Knoten $3, 4, 5$ im obigen Beispiel 8.5.4). Denn diese Knoten müssen in den folgenden Schritten nacheinander eliminiert werden. Da sie bereits eine Clique bilden, kommen neue Kanten nicht hinzu.

8.5.6   Algorithmus (symbolische Cholesky-Zerlegung)

Es sei $A = (a_{kl})_{k,l=1,\ldots,m} \in \mathbb{K}^{m \times m}$ *positiv definit und* $G_0 = (X_0, E_0)$ *ein zugehöriger ungerichteter Graph mit* $X_0 := \{1, \ldots, m\}$ *und* $E_0 := \{(k,l) \mid a_{kl} \neq 0\}$. *Für* $i = 1, \ldots, m-1$ *bilde*

$$X_i := X_{i-1} \setminus \{i\} ;$$

$$\tilde{E}_i := E_{i-1} \setminus \mathrm{Inz}(i) ;$$

$$\tilde{F}_i := \{(k,l) \mid k,l \in \mathrm{Adj}(i)\} ;$$

$$E_i := \tilde{E}_i \cup \tilde{F}_i ;$$

$$F_i := \tilde{F}_i \setminus \tilde{E}_i .$$

Dann ist

$$G_F := (X_0, E_0 \cup F_m) , \quad F_m := \bigcup_{i=1}^{m-1} F_i$$

der zu $F := L + L^H$ *gehörende Graph, wobei* L *die bei der Cholesky-Zerlegung auftretende untere Dreiecksmatrix mit* $A = LL^H$ *ist und angenommen wurde, daß im Verlauf ihrer Berechnung keine numerische Kompensation eingetreten ist.*

8.5.7   Aufgabe

Man bestimme symbolisch die Cholesky-Zerlegungen von positiv definiten Matrizen, die zu den nachfolgenden sternförmigen Graphen gehören.

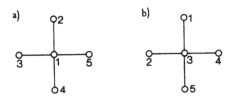

Abb. 8.30

Bisher sind wir davon ausgegangen, daß das Besetzungsmuster *vor* der Cholesky-Zerlegung bereits festliegt, wobei eventuell eine speicherplatzsparende Vorsortierung mit dem Cuthill-McKee-Algorithmus durchgeführt worden ist. Im folgenden werden wir die Umnumerierung *in* den symbolisch durchgeführten Cholesky-Algorithmus einbauen, um so den Fill-in möglichst zu begrenzen. Da eine optimale Sortierung, die den Fill-in minimiert, nur mit großem Aufwand zu gewinnen ist, begnügt man sich wie beim Cuthill-McKee-Algorithmus mit einer Umnumerierung, die schrittweise lokale Minima realisiert. Wir verwenden dabei den Cholesky-Algorithmus in der rekursiven Formulierung mit Hilfe von Eliminationsgraphen. Falls bereits $i-1$ Unbekannte (Knoten) neu numeriert und die entsprechenden Zeilen und Spalten (Kanten) eliminiert wurden, bestimmen wir die als nächste zu eliminierende Spalte durch eine Minimalbedingung. Da beim zugehörigen Graphen bei der Elimination eines Knotens neue Kanten nur über die mit ihm adjazenten Knoten entstehen können, ist es naheliegend, als nächsten Knoten einen mit minimalem Grad zu eliminieren.

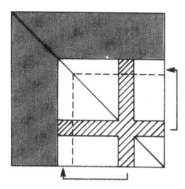 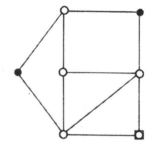

▨ : Zeile bzw. Spalte mit minimaler Anzahl besetzter Elemente

▩ : bereits neu numeriert und eliminiert

▣ : noch nicht numerierter Knoten minimalen Grades

• : bereits numerierte Knoten

Abb. 8.31

Dies ergibt den sogenannten *Minimum-Degree-Algorithmus*.

8.5.8 Algorithmus (Minimum-Degree-Algorithmus)

Es sei $G_0 = (X_0, E_0)$, $|X_0| = m$, *ein numerierter ungerichteter Graph, der zu der positiv definiten Matrix A gehört. Für* $i = 1, \ldots, m$ *führe man folgende Schritte durch:*

(1) Wähle in X_{i-1} *einen Knoten* z *minimalen Grades, der die neue Nummer* i *erhält.*

(2) Ist $i < m$, *so bilde aus* $G_{i-1} = (X_{i-1}, E_{i-1})$ *den Eliminationsgraphen* $G_i = (X_i, E_i)$ *durch Elimination des Knotens* z *entsprechend des* i-*ten Teilschrittes von Algorithmus 8.5.6.*

Die durch Anwenden des Minimum-Degree-Algorithmus erhaltene Umnumerierung von G_0 ist von dessen Ausgangsnumerierung unabhängig. Daher kann das Verfahren auch zur Numerierung ungerichteter (unnumerierter) Graphen benutzt werden.

8.5.9 Beispiel

In Abb. 8.32 ist ein Graph G_0 entsprechend dem Minimum-Degree-Algorithmus numeriert worden. Dabei sind neu entstehende Kanten stärker betont und eliminierte Knoten und Kanten gestrichelt gezeichnet. Durch die Cholesky-Zerlegung sind die Knoten 3 und 7 sowie 5 und 7 zusätzlich adjazent geworden. Obwohl der Knoten 4 bereits in G_0 den höchsten Grad hatte, mußte er nicht als letzter eliminiert werden, da sich sein Grad zwischenzeitlich erniedrigte. $\tilde{G}_0$ zeigt die mit dem Minimum-Degree-Algorithmus erhaltene Numerierung von G_0.

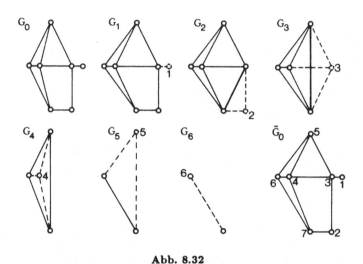

Abb. 8.32

Eine Cuthill-McKee-Numerierung mit anschließender Cholesky-Zerlegung liefert i.a. einen anderen Fill-in als der Minimum-Degree-Algorithmus, wie das Resultat folgender Aufgabe zeigt.

8.5.10 Aufgabe

Gegeben sei eine positiv definite Matrix A mit dem Besetzungsmuster

$$
A = \begin{pmatrix}
* & & * & & & & \\
 & * & * & & & & * \\
* & * & * & * & * & & \\
 & & * & * & * & * & * \\
 & & * & * & * & * & \\
 & & & * & * & * & * \\
 & * & & * & & * & *
\end{pmatrix}
\begin{matrix}
1 \\ 2 \\ 3 \\ 4 \\ 5 \\ 6 \\ 7
\end{matrix} \; .
$$

Man zeige, daß $(1,3,2,5,4,7,6)$ eine der möglichen Numerierungen ist, die der Cuthill-McKee-Algorithmus liefert, und daß dabei die anschließende symbolische Cholesky-Zerlegung zu einem größeren Fill-in führt als bei Benutzung des Minimum-Degree-Algorithmus.

Wenn das Besetzungsmuster des Cholesky-Faktors L symbolisch bestimmt ist, muß man die Cholesky-Zerlegung numerisch bestimmen. Dabei nutzt man das zuvor bestimmte Besetzungsmuster für die Speicherung von L aus; außerdem nutzt man aus, daß arithmetisch höchstens die Elemente verknüpft werden, die entsprechend der gewählten Speichertechnik im besetzten Teil von L liegen.

8.5.11 Bemerkung

Die Effizienz des Minimum-Degree-Algorithmus hängt einerseits von der gewählten Ausgangsnumerierung und zum andern von der Wahl des Knotens ab, welcher als nächster eliminiert wird, wenn in einem Eliminationsschritt mehrere Knoten gleichen Grades vorhanden sind. Überzeugende Experimente von George und Liu[57], die beide entscheidende Beiträge für die Numerik schwach besetzter linearer Gleichungssysteme geleistet haben, belegen einerseits, daß der Aufwand für die symbolische Faktorisierung und eine Vorsortierung mit dem umgekehrten Cuthill-McKee-Algorithmus gegenüber der numerischen Cholesky-Zerlegung nicht ins Gewicht fallen und nur einige Prozent der gesamten CPU-Zeit für die Lösung eines "großen" schwach besetzten, positiv definiten Systems ausmachen. Zum andern empfiehlt es sich, dem Minimum-Degree-Algorithmus eine Sortierung mit dem umgekehrten Cuthill-McKee-Algorithmus vorzuschalten. Dadurch wird die Struktur der Matrix so "verbessert", daß der anschließende Minimum-Degree-Algorithmus in vielen Fällen ein fast optimales Besetzungsmuster für den Cholesky-Faktor L liefert.

8.6 Schwach besetzte Least-squares-Probleme

Zu Beginn dieses Kapitels hatten wir bereits darauf hingewiesen, daß sich bei Ausgleichsproblemen sehr große schwach besetzte lineare Gleichungssysteme ergeben können. Wie im Abschnitt 7.6 gezeigt wurde, führt das lineare Ausgleichsproblem, bei dem ein $x^* \in \mathbb{K}^n$ gesucht wird mit $x^* = \min\limits_{x \in \mathbb{K}^n} \|Ax - b\|_2^2$, $A \in \mathbb{K}^{m \times n}$, $b \in \mathbb{K}^m$, $m \geq n$, im Fall, daß A maximalen Rang n hat, auf das eindeutig lösbare lineare Gleichungssystem

$$A^H A x = A^H b \,,$$

wobei die Koeffizientenmatrix $A^H A$ positiv definit ist. Wir wollen deshalb im folgenden annehmen, daß die Spalten von A linear unabhängig sind und auch nicht "fast linear abhängig", ohne daß wir dies genauer präzisieren. Dann ist das System der Normalgleichungen gutartig genug, um es zur Lösung des Ausgleichsproblems heranziehen zu können. (Andernfalls muß man sich anderer Methoden, sogenannter Orthogonalisierungsverfahren, bedienen, auf die wir hier nicht eingehen.)

Eine Strategie zur Lösung eines schwach besetzten linearen Ausgleichsproblems fußt auf folgenden Teilschritten, die wir mit Ausnahme des ersten bereits untersucht haben:

---

[57] A. George und J.W.H. Liu, The evolution of the minimum degree ordering algorithm, SIAM Rev. 11 (1989), 1–19.

- Man bestimme das Besetzungsmuster von $A^H A$ *symbolisch* aus demjenigen von A (und ordne eventuell mit dem umgekehrten Cuthill-McKee-Algorithmus um).

- Mit Hilfe des Minimum-Degree-Algorithmus und *symbolischer* Cholesky-Zerlegung bestimme man ein platzsparendes Besetzungsmuster für den Cholesky-Faktor L der umgeordneten Matrix $B := P^T A^H A P$.

- Man berechne B und $c := P^T A^H b$ *numerisch* unter Verwendung der bereits bestimmten Speicherstruktur von L.

- Man berechne den Cholesky-Faktor L mit $B = L L^H$ *numerisch* und löse die beiden Gleichungssysteme in Dreiecksform

$$Lz = c, \quad L^H y = z,$$

woraus sich die Lösung $x = Py$ ergibt.

Das Besetzungsmuster von $C := A^H A$ kann man *symbolisch* aus dem Besetzungsmuster von A ableiten. Das Element c_{ik} in der Position (i, k) berechnet man gemäß

$$c_{ik} = \sum_{\nu=1}^{m} \overline{a}_{\nu i} a_{\nu k} \, ;$$

also gilt

$$C = (c_{ik})_{i,k=1,\ldots,n} = \left(\sum_{\nu=1}^{m} \overline{a}_{\nu i} a_{\nu k} \right)_{i,k=1,\ldots,n} = \sum_{\nu=1}^{m} (\overline{a}_{\nu i} a_{\nu k})_{i,k=1,\ldots,n} \, .$$

Hier ist C dargestellt als Summe von m quadratischen, n-reihigen Matrizen

$$H_\nu := (\overline{a}_{\nu i} a_{\nu k})_{i,k=1,\ldots,n} \, .$$

Bezeichnet

$$\tilde{a}_\nu := (\overline{a}_{\nu 1}, \ldots, \overline{a}_{\nu n})^T$$

die ν-te Spalte von A^H, so gilt

$$H_\nu = \tilde{a}_\nu \tilde{a}_\nu^H \, .$$

Insgesamt erhält man eine Darstellung von $A^H A$ als Summe von Matrizen vom Rang 1 (Dyaden).

8.6.1 Lemma

Die Matrix $A^H A$ der Normalgleichungen läßt sich darstellen als

$$A^H A = \sum_{\nu=1}^{m} \tilde{a}_\nu \tilde{a}_\nu^H \, ,$$

wobei $\tilde{a}_\nu$ die ν-te Spalte von A^H bezeichnet.

Sind $G = (X, E)$, $X = \{1, \ldots, n\}$, ein zu $A^H A$ gehörender und entsprechend $G_\nu = (X_\nu, E_\nu)$ ein zu $H_\nu = \tilde{a}_\nu \tilde{a}_\nu^H$ gehörender Graph, so gehört unter der Annahme, daß keine numerische Kompensation eintritt, eine Kante $(k, l) \in E_\nu$ auch zu E; es gilt also $E = \bigcup_{\nu=1}^{m} E_\nu$. Die Kanten von G_ν hängen aber nur vom Besetzungsmuster der ν-ten Zeile von $\overline{A}$ (ν-ten Spalte von A^H) ab, und zwar erzeugt $\tilde{a}_\nu$ einen Graphen, der aus einer Clique besteht.

8.6.2 Beispiel

Für

$$A = \begin{array}{c} \begin{array}{cccc} 1 & 2 & 3 & 4 \end{array} \\ \left(\begin{array}{cccc} * & 0 & * & * \\ 0 & * & * & 0 \\ * & 0 & 0 & * \\ * & 0 & * & 0 \\ * & 0 & * & * \end{array} \right) \end{array} \begin{array}{c} \\ 1 \\ 2 \\ 3 \\ 4 \\ 5 \end{array}$$

folgt

$$\tilde{a}_1 = \begin{pmatrix} * \\ 0 \\ * \\ * \end{pmatrix}, \quad H_1 = \begin{array}{c} \begin{array}{cccc} 1 & 2 & 3 & 4 \end{array} \\ \left(\begin{array}{cccc} * & 0 & * & * \\ 0 & 0 & 0 & 0 \\ * & 0 & * & * \\ * & 0 & * & * \end{array} \right) \end{array} \begin{array}{c} \\ 1 \\ 2 \\ 3 \\ 4 \end{array}, \quad G_1$$

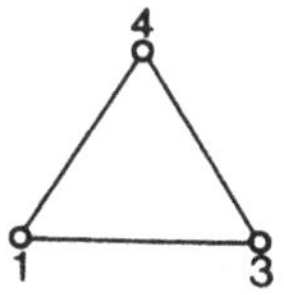

$$\tilde{a}_2 = \begin{pmatrix} 0 \\ * \\ * \\ 0 \end{pmatrix}, \quad H_2 = \begin{array}{c} \begin{array}{cccc} 1 & 2 & 3 & 4 \end{array} \\ \left(\begin{array}{cccc} 0 & 0 & 0 & 0 \\ 0 & * & * & 0 \\ 0 & * & * & 0 \\ 0 & 0 & 0 & 0 \end{array} \right) \end{array} \begin{array}{c} \\ 1 \\ 2 \\ 3 \\ 4 \end{array}, \quad G_2$$

$$\tilde{a}_3 = \begin{pmatrix} * \\ 0 \\ 0 \\ * \end{pmatrix}, \quad H_3 = \begin{array}{c} \begin{array}{cccc} 1 & 2 & 3 & 4 \end{array} \\ \left(\begin{array}{cccc} * & 0 & 0 & * \\ 0 & 0 & 0 & 0 \\ 0 & 0 & 0 & 0 \\ * & 0 & 0 & * \end{array} \right) \end{array} \begin{array}{c} \\ 1 \\ 2 \\ 3 \\ 4 \end{array}, \quad G_3$$

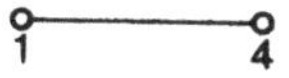

$$\tilde{a}_4 = \begin{pmatrix} * \\ 0 \\ * \\ 0 \end{pmatrix}, \quad H_4 = \begin{array}{c} \begin{array}{cccc} 1 & 2 & 3 & 4 \end{array} \\ \left(\begin{array}{cccc} * & 0 & * & 0 \\ 0 & 0 & 0 & 0 \\ * & 0 & * & 0 \\ 0 & 0 & 0 & 0 \end{array} \right) \end{array} \begin{array}{c} \\ 1 \\ 2 \\ 3 \\ 4 \end{array}, \quad G_4$$

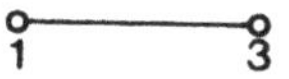

$$\tilde{a}_5 = \begin{pmatrix} * \\ 0 \\ * \\ * \end{pmatrix}, \quad H_5 = \begin{array}{c} \begin{array}{cccc} 1 & 2 & 3 & 4 \end{array} \\ \left(\begin{array}{cccc} * & 0 & * & * \\ 0 & 0 & 0 & 0 \\ * & 0 & * & * \\ * & 0 & * & * \end{array} \right) \end{array} \begin{array}{c} \\ 1 \\ 2 \\ 3 \\ 4 \end{array}, \quad G_5$$

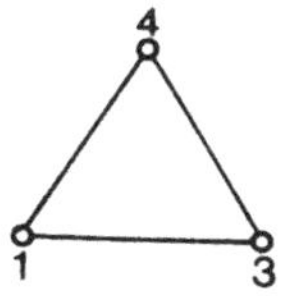

Abb. 8.33. Symbolische Bestimmung der Matrix $A^H A$ der Normalgleichungen

Aus den in Abb. 8.33 angegebenen Zwischenschritten erhalten wir

$$
A^H A = \begin{pmatrix} \overset{1}{*} & \overset{2}{0} & \overset{3}{*} & \overset{4}{*} \\ 0 & * & * & 0 \\ * & * & * & * \\ * & 0 & * & * \end{pmatrix} \begin{matrix} 1 \\ 2 \\ 3 \\ 4 \end{matrix} \ .
$$

Es ist leicht zu sehen, daß bei diesem Vorgehen das Besetzungsmuster von $A^H A$ weit überschätzt werden kann. Denn eine einzige vollbesetzte Zeile erzeugt einen Graphen, bei dem *alle* Knoten verbunden sind; $A^H A$ wäre dann vollbesetzt. Andererseits wäre im Fall, daß die Spalten von A orthogonal zueinander sind, $A^H A$ eine Diagonalmatrix. Das aus Lemma 8.6.1 resultierende Vorgehen ist nur dann angebracht, wenn *alle* Zeilen von A schwach besetzt sind.

8.6.3 Aufgabe

Man bestimme für das im Abschnitt 8.1 behandelte geodätische Problem symbolisch die Struktur von $A^H A$ und vergleiche sie mit dem tatsächlichen Besetzungsmuster. Man diskutiere gesondert den Einfluß der ersten drei ziemlich dicht besetzten Zeilen von A.

9. Iteration und nichtlineare Gleichungen

9.1 Einleitung

Ein Grundproblem der Numerischen Mathematik besteht darin, Methoden zur Lösung von Gleichungen und Gleichungssystemen zu entwickeln. Während man für *lineare* Gleichungssysteme eine vollständige Lösungstheorie sowie effiziente Algorithmen entwickelt hat, sind die für *nichtlineare* Probleme bekannten Resultate vergleichsweise bescheiden. Dies liegt daran, daß man einer nichtlinearen Gleichung i.a. nicht "ansehen" kann, ob sie überhaupt Lösungen hat, und es auch keine konstruktive Methode gibt, die es in endlich vielen Schritten gestattet zu entscheiden, ob z.B. eine beliebige stetige Funktion eine Nullstelle besitzt.

Nichtlineare Gleichungen und Gleichungssysteme treten täglich auf. So wird z.B. die Quadratwurzel einer Zahl $a > 0$ als Lösung der quadratischen Gleichung $x^2 - a = 0$ ermittelt; auf dieser Basis arbeitet jeder Taschenrechner und jeder Compiler. Konkret werden wir darauf im Schlußabschnitt eingehen. Von großer Bedeutung sind Polynomgleichungen, denn beispielsweise sind die Eigenwerte einer Matrix als Nullstellen des charakteristischen Polynoms definiert. Aber auch bei vielen Anwendungen hat man als Teilproblem eine nichtlineare Gleichung oder ein nichtlineares Gleichungssystem zu lösen. Da nur in sehr speziellen Situationen explizite Lösungsformeln (quadratische, kubische Gleichungen) oder explizite Lösungsstrategien bekannt sind, muß man sich mit der Beschaffung von Näherungen begnügen. Eine zentrale Methode ist dabei das Iterationsprinzip, das darin besteht, einer sogenannten Fixpunktgleichung

$$x = \varphi(x)$$

die Iterationsfolge $(x_\nu)_{\nu \in \mathbb{N}_0}$ zuzuordnen, die rekursiv durch die Iterationsvorschrift

$$x_{\nu+1} = \varphi(x_\nu) , \quad \nu = 0, 1, \ldots,$$

definiert ist. Hierbei muß noch ein "geeignetes" x_0 als Startwert vorgegeben werden. Man kann unter recht schwachen Voraussetzungen Kriterien dafür angeben, wann die Iterationsfolge konvergiert und der Grenzwert eine Lösung der gegebenen Gleichung ist.

Ein Iterationsverfahren bis zu einer praktikablen Genauigkeit durchzuführen, ist bei Handrechnung in der Regel ein mühseliges Geschäft. Um so beachtenswerter sind deshalb die frühen Erfolge in der Astronomie (Bahnbestimmung von Planetoiden), die mit sehr umfangreichen numerischen Rechnungen, wobei unter anderem

Iterationsverfahren eingesetzt werden mußten, erzielt wurden. Mit dem Aufkommen programmgesteuerter Rechenmaschinen haben Iterationsverfahren schnell eine überragende Bedeutung gewonnen, da eine Rekursion mit Hilfe einer Schleifenanweisung beliebig oft durchlaufen werden kann, ohne daß es eines Eingreifens von außen bedarf. Einmal programmiert läuft ein Iterationsverfahren ohne weiteres menschliches Zutun von allein ab.

Während man bei nichtlinearen Gleichungen oder Gleichungssystemen in der Regel keine Alternative zu einem Iterationsverfahren hat, stehen diese bei linearen Gleichungssystemen in Konkurrenz mit den Eliminationsverfahren. Dabei hat es sich gezeigt, daß bei gewissen, in den Anwendungen sehr häufig vorkommenden linearen Gleichungssystemen die Iterationsverfahren den Eliminationsverfahren überlegen sein können, wenn es darum geht, eine Lösung mit einer vorgeschriebenen Genauigkeit bei geringstem Rechenaufwand zu berechnen. Dazu kommen Vorteile hinsichtlich des Speicherbedarfs, die in der Vergangenheit eine große Rolle spielten, als schnelle Arbeitsspeicher teuer und deshalb klein waren. Allerdings schwankt die Einschätzung der Verfahren mit der verwendeten Hardware. Wie so oft liegt die Wahrheit in der Mitte: Bei einer bestimmten Problemklasse, die für physikalische Anwendungen (z.B. auch Wettervorhersage) eine zentrale Rolle spielt, sind die (derzeit) schnellsten Methoden sogenannte Hybrid-Verfahren, die eine Mischung von Iterations- und Eliminationsverfahren darstellen.

9.2 Die Parabeliteration

Im Abschnitt 2.6 wurde das qualitative Verhalten von *linearen* Rekursionen mit Hilfe des zugehörigen charakteristischen Polynoms vollständig charakterisiert: Je nachdem, ob alle Nullstellen innerhalb oder außerhalb des Einheitskreises liegen, wachsen alle Lösungen unbeschränkt an, oder sie klingen nach Null ab. Eine ähnliche Typisierung ist bei *nichtlinearen* Rekursionen

$$x_{\nu+1} := \varphi(x_\nu)\,, \quad \nu = 0, 1, 2, \ldots,$$

wobei $\varphi : \mathbb{R} \to \mathbb{R}$ eine gegebene nichtlineare Funktion bezeichnet, i.a. nicht möglich. Schon bei der einfach gebauten nichtlinearen Funktion $\varphi_a : x \mapsto ax(1-x)$ verhalten sich die Iterationsfolgen völlig unterschiedlich, je nachdem wie der Parameter $a \in \mathbb{R}$ gewählt wird (s. das folgende Beispiel). Solche nichtlinearen Iterationen treten in der Numerik häufig auf (Evolutionsprozesse, numerische Lösung von nichtlinearen Gleichungen oder von Differentialgleichungen). In diesem Abschnitt wird deshalb ein Spezialfall untersucht, der trotz seiner Einfachheit wesentliche Probleme, die bei nichtlinearen Rekursionen auftreten können, erkennen läßt.

Eine schöne Motivation für Iterationsverfahren bilden die sogenannten *diskreten dynamischen Systeme*. Ein einfaches Beispiel ist das folgende: In einem Kindergarten sind die Windpocken ausgebrochen – eine bekanntermaßen höchst ansteckende Kinderkrankheit. Das Ziel ist es, ein mathematisches Modell für den epidemiologischen Verlauf dieser Krankheit zu entwickeln. Dazu führt man folgende Bezeichnungen ein:

P :   Gesamtanzahl der Kinder im Kindergarten (Population),

t_ν :   Zeitpunkt t_ν (z.B. der ν-te Tag nach Ausbruch der Epidemie),

$K_\nu := K(t_\nu)$: Anzahl der erkrankten Kinder zum Zeitpunkt t_ν,

$k_\nu := \frac{K_\nu}{P}$: relativer Anteil der zum Zeitpunkt t_ν erkrankten Kinder,

$\alpha :$ Infektionsrate.

In den ersten Tagen nach Ausbruch der Epidemie stellt die Kindergartenleiterin fest, daß die Zahl der erkrankten Kinder von einem Tag zum nächsten ziemlich proportional anwächst, d.h. es gilt eine Rekursion der Gestalt

$$k_{\nu+1} = \alpha\, k_\nu \text{ mit } \alpha > 1 \ .$$

Man bezeichnet diese zweistufige lineare Rekursion als das *lineare Wachstumsmodell*. Verfolgt man diese Rekursion rückwärts, so ergibt sich

$$k_{\nu+1} = \alpha k_\nu = \alpha^2 k_{\nu-1} = \check{} \cdots = \alpha^\nu k_1 = \alpha^{\nu+1} k_0 \ .$$

Wegen $k_0 > 0$, $\alpha > 1$ wächst die Folge $(k_\nu)_{\nu \in \mathbb{N}_0}$ monoton, und sie ist auch unbeschränkt. Daraus folgt, daß ab einem gewissen Zeitpunkt t_μ alle Werte k_ν mit $\nu \geq \mu$ größer als 1 sind im Widerspruch zu ihrer Definition als relative Anteile. Es gibt natürlich nicht nur diesen mathematischen Widerspruch. Auch die Kindergartenleiterin stellt ("experimentell") fest, daß die Formel $k_{\nu+1} = \alpha\, k_\nu$ zwar in den ersten Tagen nach Ausbruch der Epidemie deren Verlauf gut wiedergibt, daß aber danach die Anzahl der Neuerkrankungen stark zurückgeht und nach einiger Zeit auf Null absinkt.

Man versucht deshalb, das offensichtlich zu einfache Modell der Realität besser anzupassen. Es scheint vernünftig zu sein, den Anteil der Infizierten auch proportional zum Anteil $1 - k_\nu$ der Gesunden anzusetzen. Denn nur solange gesunde Kinder vorhanden sind, können sich Neuerkrankungen ergeben, und deren Anzahl wird umso höher sein, je mehr Gesunde vorhanden sind. Insgesamt hat man dann eine zweistufige nichtlineare Rekursion

$$k_{\nu+1} = \alpha\, k_\nu (1 - k_\nu) \ .$$

Falls erst wenige Kinder erkrankt sind, also für k_ν nahe bei Null, gilt

$$k_{\nu+1} \approx \alpha\, k_\nu \ .$$

Andererseits berücksichtigt sie, daß bei einem hohen Krankenstand nur wenige Neuerkrankungen auftreten können, da die infizierenden Viren kaum noch neue Opfer finden. Man bezeichnet dieses verbesserte Modell als das *logistische Wachstumsmodell*, weil es auch berücksichtigt, daß für das Wachstum der Epidemie "Nachschub" in Form von Gesunden vorhanden sein muß.

Um den Verlauf der Epidemie analytisch und graphisch besser darstellen zu können, führt man die beiden sogenannten *Iterationsfunktionen*

$$\varphi_\alpha : x \mapsto \alpha x \ ,$$

$$\psi_\alpha : x \mapsto \alpha x(1 - x) \ ,$$

ein, so daß im einfachen linearen Modell

$$k_{\nu+1} = \varphi_\alpha(k_\nu)$$

und im verbesserten Modell der sogenannten Parabeliteration

$$k_{\nu+1} = \psi_\alpha(k_\nu)$$

gilt. Graphisch erhält man die Werte k_ν, indem man den Graphen von φ_α bzw. ψ_α und die erste Winkelhalbierende zeichnet und ausgehend von $k_0 > 0$ die "Iterationstreppe" durchläuft.

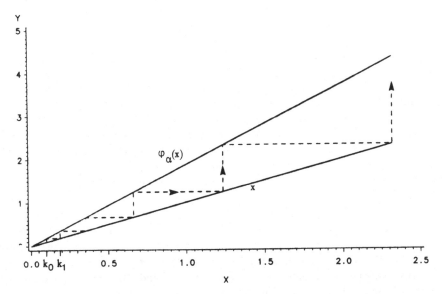

Abb. 9.1. Graph von φ_α für $\alpha = \frac{15}{8}$

Man sieht, daß sich die Iterationstreppe von φ_α in Abb. 9.1 öffnet, d.h. es gilt $k_\nu \to \infty$ für $\nu \to \infty$, während sich für ψ_α in Abb. 9.2 ein von α abhängiger Grenzwert $k_\alpha^* := k^* := \lim_{\nu \to \infty} k_\nu \neq 0$ einstellt. Die Parabeliteration wird ad hoc etwas eingehender untersucht, obwohl im weiteren Verlauf dieses Abschnitts ein allgemeinerer Zugang entwickelt wird.

Falls der Grenzwert k^* existiert, ist der Punkt $(k^*, k^*)^T$ der Schnittpunkt des Graphen von ψ_α mit der ersten Winkelhalbierenden, d.h. k^* ist eine Lösung der Gleichung

$$k^* = \psi_\alpha(k^*) .$$

Man bezeichnet k^* aus naheliegendem Grund als *Fixpunkt* von ψ_α. Mit der Bestimmung von Fixpunkten von Funktionen und Abbildungen befaßt sich dieses Kapitel. Man findet explizit $k^* = \alpha\, k^*(1 - k^*)$. Schließt man den trivialen Fall $k^* = 0$ aus, so folgt

$$k^* = \frac{\alpha - 1}{\alpha} .$$

Es gelte $1 < \alpha \le 2$, was eine realistische Annahme für den zu einem Epidemiemodell gehörenden Parameter α ist. Dann folgt

$$0 < k^* \le \frac{1}{2} \, ,$$

d.h. k^* liegt in dem Teilintervall von $[0,1]$, in dem ψ_α monoton wächst.

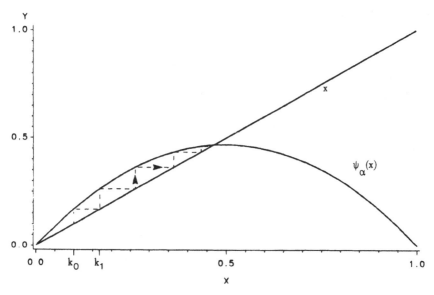

Abb. 9.2. Graph von ψ_α für $\alpha = \frac{15}{8}$

Im folgenden Satz werden die "trivialen" Fälle $k_j \in \{0,1,k^*,\frac{1}{\alpha}\}$ ausgeschlossen, bei denen $k_{j+1} = \psi_\alpha(k_j)$ bereits den Fixpunkt 0 bzw. k^* liefert.

9.2.1 Satz

Gilt beim logistischen Wachstumsmodell $1 < \alpha \le 2$ (also $0 < k^* \le \frac{1}{2}$) und $k_j \ne k^*$ für alle $j \in \mathbb{N}_0$, so gilt für alle $\nu \in \mathbb{N}$:

(1) Aus $k_\nu < k^*$ folgt $k_{\nu+1} < k^*$.

(2) Aus $0 < k_0 < k^*$ folgt $k_{\nu+1} > k_\nu > k_{\nu-1} > \cdots > k_0$.

(3) Aus $k^* < k_\nu < \frac{1}{2}$ folgt $k_{\nu+1} > k^*$.

(4) Aus $k^* < k_0 < \frac{1}{2}$ folgt $k_{\nu+1} < k_\nu < \ldots < k_0$.

(5) Aus $\frac{1}{2} < k_0 < \frac{1}{\alpha}$ folgt $k^* < k_{\nu+1} < k_\nu < \ldots < k_1 < \frac{1}{2}$.

(6) Aus $\frac{1}{\alpha} < k_0 < 1$ folgt $k_1 < \ldots < k_\nu < k_{\nu+1} < k^*$.

Beweis. Man verifiziert die behaupteten Abschätzungen leicht mit Hilfe von elementaren, aus der Analysis bekannten Schlüssen.   □

9.2.2 Satz

Es gelte $1 < \alpha \leq 2$. *Dann konvergiert für jeden Startwert* $0 < k_0 \leq k^* := \frac{\alpha-1}{\alpha}$ *die Iteration des logistischen Wachstumsmodells*

$$k_{\nu+1} = \alpha\, k_\nu(1 - k_\nu)\,, \quad \nu = 0, 1, 2, \ldots,$$

gegen k^*, *und die Folge* $\{k_\nu\}_{\nu \in \mathbb{N}_0}$ *ist monoton.*
(Man sagt auch, daß die Folgenglieder monoton gegen k^* *konvergieren.)*

Beweis. Im vorangehenden Satz 9.2.1 wurde bereits gezeigt, daß die Folge $(k_\nu)_{\nu \in \mathbb{N}_0}$ für $k_0 \leq k^*$ monoton wächst und durch k^* nach oben beschränkt ist. Also konvergiert $(k_\nu)_{\nu \in \mathbb{N}_0}$ gegen einen Wert $z \leq k^*$. Bildet man in der Gleichung

$$k_{\nu+1} = \psi_\alpha(k_\nu)$$

auf beiden Seiten den Grenzwert für $\nu \to \infty$, so folgt wegen der Stetigkeit von ψ_α

$$z = \lim_{\nu\to\infty} k_{\nu+1} = \lim_{\nu\to\infty} \psi_\alpha(k_\nu) = \psi_\alpha(\lim_{\nu\to\infty} k_\nu) = \psi_\alpha(z)\,,$$

also $z = \alpha z(1 - z)$ oder

$$z = \frac{\alpha-1}{\alpha} = k^*\,.$$

(Die Lösung $z = 0$ kommt wegen $0 < k_0 < k_\nu$, $\nu \in \mathbb{N}$, nicht in Betracht.)   □

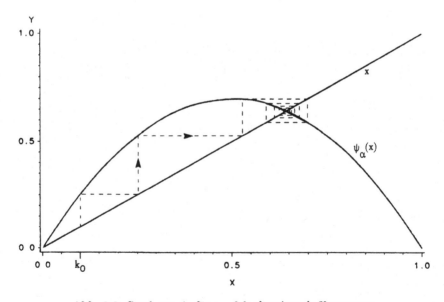

Abb. 9.3. Graph von ψ_α für $\alpha = 2.8$: alternierende Konvergenz

Für $\alpha > 2$ liegt der Fixpunkt $k^* = \frac{\alpha-1}{\alpha}$ im Intervall $(\frac{1}{2}, 1)$, in dem ψ_α monoton fällt. Dies bedeutet, daß dann sicher keine *monotone* Konvergenz vorliegen kann, falls die Iteration überhaupt konvergiert. Man wird vermuten, daß bis zu einem gewissen $\alpha_0 > 2$ noch Konvergenz eintritt, während für alle α jenseits dieses kritischen Wertes α_0 Divergenz zu erwarten ist. Für $\alpha \in (2, \alpha_0)$ liegt *alternierende* Konvergenz vor, d.h. es gilt $(k_\nu - k^*)(k_{\nu+1} - k^*) < 0$.

Die Parabeliteration hat in den letzten Jahren großes Interesse bei Mathematikern, Naturwissenschaftlern und interessierten Laien gefunden, da man an ihr trotz ihrer Einfachheit typische Phänomene von dynamischen Systemen studieren kann. Spannend wird es, wenn man das Verhalten der Parabeliteration für wachsendes α untersucht. Während für $\alpha \in (1, 3)$ und $0 < k_0 < k^* := \frac{\alpha-1}{\alpha}$ die Iterationsfolge stets gegen k^* konvergiert, ergibt sich für $\alpha > 3$ Divergenz. Dies liegt daran, daß für $\alpha > 3$ die Tangente im Fixpunkt zu steil ist. Es gilt nämlich

$$|\psi'_\alpha(k^*)| = |2 - \alpha| > 1 \quad \text{für} \quad \alpha > 3 .$$

Dies bewirkt Divergenz, wie man sich leicht plausibel machen kann. Der Fixpunkt wirkt abstoßend, wie man dieses Verhalten anschaulich bezeichnet.

Wählt man α nur wenig größer als 3, so ergibt sich ein überraschender Effekt. Wird ein Startwert $k_0 \in (0, k^*)$ gewählt, so hat die Iterationsfolge zwei Häufungspunkte ζ_1 und ζ_2, zwischen denen sie "hin und her springt".

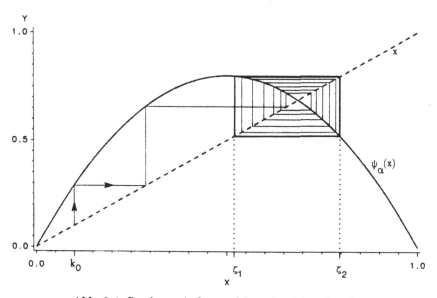

Abb. 9.4. Graph von ψ_α für $\alpha = 3.2$: zweipunktiger Attraktor

Genauer gilt:

$$\lim_{\nu \to \infty} k_{2\nu} = \zeta_1 , \quad \lim_{\nu \to \infty} k_{2\nu+1} = \zeta_2 .$$

Wegen $\zeta_1 = \lim_{\nu \to \infty} k_{2\nu} = \lim_{\nu \to \infty} \psi_\alpha(k_{2\nu-1}) = \psi_\alpha(\lim_{\nu \to \infty} k_{2\nu-1}) = \psi_\alpha(\zeta_2)$ und

$\zeta_2 = \lim_{\nu \to \infty} k_{2\nu+1} = \lim_{\nu \to \infty} \psi_\alpha(k_{2\nu}) = \psi_\alpha(\lim_{\nu \to \infty} k_{2\nu}) = \psi_\alpha(\zeta_1)$ folgt

$$\zeta_1 = \psi_\alpha(\zeta_2) = \psi_\alpha(\psi_\alpha(\zeta_1)) ,$$
$$\zeta_2 = \psi_\alpha(\zeta_1) = \psi_\alpha(\psi_\alpha(\zeta_2)) .$$

Die Grenzpunkte ζ_1, ζ_2 sind also Fixpunkte der "iterierten" Iterationsfunktion $\psi_\alpha \circ \psi_\alpha$. Während für $\alpha \in (1,3)$ jede Iterationsfolge $(k_\nu)_{\nu \in \mathbb{N}_0}$ mit $0 < k_0 < k^*$ gegen den von α abhängigen Fixpunkt k^* konvergiert, "konvergiert" für α wenig größer als 3 jede Iterationsfolge mit Startwert $0 < k_0 < k^*$ gegen den *Zweier-Zyklus* $\{\zeta_1, \zeta_2\}$. Man bezeichnet die Menge anschaulich als *Attraktor* der Iterationsfunktion ψ_α, da sie unabhängig vom gewählten Startwert $0 < k_0 < k^*$ die Iterationsfolge $(k_\nu)_{\nu \in \mathbb{N}_0}$ "anzieht".

Allgemein bezeichnet man die Teilmenge $X \subseteq [0,1]$ als *Attraktor* von ψ_α, wenn für fast alle Startwerte $k_0 \in [0,1]$ *jeder* Punkt von X Häufungspunkt der Iterationsfolge $(k_\nu)_{\nu \in \mathbb{N}_0}$ ist.

Für $\alpha \in (1,3)$ ist der Attraktor von $(k_\nu)_{\nu \in \mathbb{N}_0}$ einpunktig; man hat Konvergenz. Für $\alpha \in (3, 3.449\ldots)$ ist der Attraktor zweipunktig (vgl. Abb. 9.4); die Folge $(k_\nu)_{\nu \in \mathbb{N}_0}$ verhält sich für große ν im allgemeinen wie ein Zweier-Zyklus. Erhöht man α weiter, so ergeben sich 4-punktige (vgl. Abb. 9.5), 8-punktige, allgemein 2^m-punktige Attraktoren. Schließlich ergeben sich Attraktoren, die n-punktig, mit jedem $n \in \mathbb{N}$ sind, d.h. es kann jede beliebige Zykluslänge auftreten.

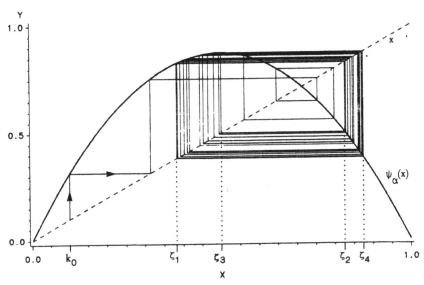

Abb. 9.5. Graph von ψ_α für $\alpha = 3.5$: vierpunktiger Attraktor

Allerdings sind diese Attraktoren (Zyklen der Länge n) wegen der begrenzten Auflösung von Graphik-Ausgabegeräten oft nicht mehr graphisch darstellbar.

Jenseits von $\alpha > 3.569\ldots$ tritt *Chaos* ein, ein Phänomen, das Mathematiker, Physiker, Biologen, Chemiker, ja sogar Astronomen, Ökologen und Volkswirte gleichermaßen fasziniert, weil es in ihren Arbeitsbereichen Systeme gibt, die sich chaotisch verhalten (Beispiele hierfür sind neben den eingangs betrachteten Populationsmodellen etwa chemische Reaktionen, das Wetter, volkswirtschaftliche Modelle,...). Während bei einem n-punktigen Attraktor jede Iterationsfolge $(k_\nu)_{\nu \in \mathbb{N}_0}$ sich schließlich asymptotisch wie ein Zyklus der Länge n verhält, ist im chaotischen Bereich überhaupt keine Regelmäßigkeit mehr vorhanden. Die Iterierten springen völlig "wirr" hin und her; es stellt sich kein vorhersehbarer asymptotischer Grenz-zustand ein.

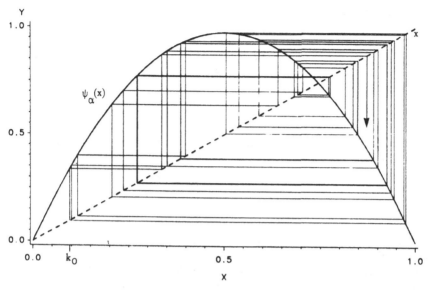

Abb. 9.6. Graph von ψ_α für $\alpha = 3.9$: Chaos

Die Parabeliteration zeigt, daß sich eine nichtlineare Rekursion qualitativ sehr unterschiedlich verhalten kann, je nachdem, welchen Wert ein "Steuerparameter" (in unserem Beispiel ist es die Größe α) hat. Wir werden uns im folgenden nur damit befassen, ob eine gegebene Iteration konvergiert oder divergiert. Die genaue Analyse des Konvergenz-Divergenzverhaltens und die Bestimmung von Attraktoren geht weit über die Zielsetzung dieses Kapitels hinaus.

9.3   Der Banachsche Fixpunktsatz

In diesem Abschnitt geht es darum, Verfahren zur Berechnung von Fixpunkten einer Funktion oder allgemeiner einer Abbildung $\varphi : \mathbb{K}^n \longrightarrow \mathbb{K}^n$ des mit einer Norm $\|\cdot\|$ versehenen Vektorraumes $\mathbb{K}^n$ (Kurzschreibweise $(\mathbb{K}^n, \|\cdot\|)$; vgl. Definition 6.4.1) in sich zu entwickeln, wobei es für theoretische Untersuchungen wegen der Äquivalenz der Normen auf $\mathbb{K}^n$ unerheblich ist, welche konkrete Norm verwendet wird. Bei praktischen Anwendungen spielt dagegen die Wahl der Norm durchaus eine Rolle, da manche Normen leichter als andere berechnet werden können und sie auch für einen konkret gegebenen Vektor unterschiedlich groß ausfallen werden.

9.3.1   Definition

Ein Element $x^* \in \mathbb{K}^n$ heißt *Fixpunkt* der Abbildung $\varphi : \mathbb{K}^n \to \mathbb{K}^n$, falls

$$x^* = \varphi(x^*)$$

gilt.

9.3.2 Beispiele

(1) Es sei $\mathbb{K} = \mathbb{R}$, $n = 1$, $\varphi : x \mapsto \alpha x(1 - x)$. Dann sind die Fixpunkte $x^* = 0$ und $x^* = \frac{\alpha - 1}{\alpha}$ die beiden Lösungen der quadratischen Gleichung

$$x = \alpha x(1 - x) \ .$$

(2) Es sei $\mathbb{K} = \mathbb{R}$, $n \in \mathbb{N}$, $\varphi : x \mapsto Tx + u$, wobei T eine reelle n-reihige quadratische Matrix und $u \in \mathbb{R}^n$ einen Vektor bezeichnet. Ein Fixpunkt x^* von φ ist Lösung des linearen Gleichungssystems

$$x = Tx + u \ ,$$

d.h. $(E_n - T)x = u$, wenn E_n die n-reihige Einheitsmatrix ist.

Zur Bestimmung eines Fixpunkts verwendet man das *Iterationsprinzip*. Ausgehend von einem Startelement $x_0 \in \mathbb{K}^n$ bestimmt man die Folge $(x_\nu)_{\nu \in \mathbb{N}_0}$ iterativ durch die Festsetzung

$$x_{\nu+1} = \varphi(x_\nu) \ , \quad \nu = 0, 1, 2, \ldots$$

Das Ziel bei diesem Verfahren ist es, eine gegen den Fixpunkt x^* konvergierende Folge zu erhalten. Das grundlegende Hilfsmittel dabei ist der *Banachsche Fixpunktsatz*[58], der für eine große Klasse von Abbildungen die Existenz eines Fixpunktes x^* und dessen Eindeutigkeit sowie die Konvergenz der Iterationsfolge $(x_\nu)_{\nu \in \mathbb{N}_0}$ für jedes Startelement x_0 gegen diesen Fixpunkt garantiert.

9.3.3 Definition

Eine Abbildung $\varphi : \mathbb{K}^n \longrightarrow \mathbb{K}^n$ heißt *(gleichmäßig) Lipschitz-beschränkt*[59] *mit der Lipschitzkonstanten* $L \geq 0$, falls für beliebige $x, y \in \mathbb{K}^n$

$$\|\varphi(x) - \varphi(y)\| \leq L\|x - y\|$$

gilt. Man nennt φ eine *kontrahierende Abbildung (Kontraktion)*, falls φ Lipschitz-beschränkt mit einer Lipschitzkonstanten *(Kontraktionszahl)* $L < 1$ ist.

Man beachte, daß die Eigenschaft einer Abbildung, Lipschitz-beschränkt zu sein, nicht von der verwendeten Norm auf $\mathbb{K}^n$ abhängt, da alle Normen auf $\mathbb{K}^n$ äquivalent sind. Dagegen hängt die Größe der Lipschitzkonstanten und damit auch die Kontraktionseigenschaft sehr wohl von der verwendeten Norm ab.

9.3.4 Beispiel

Sei $\mathbb{K} = \mathbb{R}$, $n = 1$, als Norm wird der Betrag verwendet. Dann ist $\varphi : \mathbb{R} \longrightarrow \mathbb{R}$ Lipschitz-beschränkt, falls für beliebige Paare $x, y \in \mathbb{R}$

$$|\varphi(x) - \varphi(y)| \leq L|x - y|$$

gilt. Für $x \neq y$ betrachtet man den Differenzenquotienten $\left|\frac{\varphi(x) - \varphi(y)}{x - y}\right|$. Falls φ stetig differenzierbar ist, liefert der Mittelwertsatz der Differentialrechnung

$$\left|\frac{\varphi(x) - \varphi(y)}{x - y}\right| = |\varphi'(\xi)|$$

---

[58]Banach, Stefan (30.03.1892–31.08.1945)
[59]Lipschitz, Rudolf (14.05.1832–07.10.1903)

mit einem $\xi \in (\min(x,y),\ \max(x,y))$. Die stetig differenzierbare Funktion φ ist also Lipschitz-beschränkt, falls φ' auf $\mathbb{R}$ beschränkt ist, und φ ist eine Kontraktion, falls sogar $|\varphi'(x)| \leq L < 1$ für alle $x \in \mathbb{R}$ gilt.

9.3.5   Satz (Banachscher Fixpunktsatz)

Es sei $\varphi : \mathbb{K}^n \longrightarrow \mathbb{K}^n$ eine kontrahierende Abbildung mit einer Kontraktionszahl $0 \leq L < 1$. Dann gilt:

(1) φ besitzt genau einen Fixpunkt x^*.

(2) Die durch das Iterationsverfahren

$$x_0 \in \mathbb{K}^n\ ,$$
$$x_{\nu+1} := \varphi(x_\nu)\ , \quad \nu = 0,1,2,\ldots$$

definierte Folge $(x_\nu)_{\nu \in \mathbb{N}_0}$ konvergiert für jedes Startelement $x_0 \in \mathbb{K}^n$ gegen den Fixpunkt x^*.

(3) Für $\nu \geq 1$ gelten für den Fehler die Abschätzungen

(3.1) $\qquad \|x_\nu - x^*\| \leq L\|x_{\nu-1} - x^*\|$ *(monotone Abnahme),*

(3.2) $\qquad \|x_\nu - x^*\| \leq \dfrac{L^\nu}{1-L}\|x_0 - x_1\|$ *(a priori-Abschätzung),*

(3.3) $\qquad \|x_\nu - x^*\| \leq \dfrac{L}{1-L}\|x_{\nu-1} - x_\nu\|$ *(a posteriori-Abschätzung).*

Beweis. Der Beweis wird in mehreren Schritten geführt; nacheinander sind folgende Aussagen zu zeigen:

a) Die Iterationsfolge $(x_\nu)_{\nu \in \mathbb{N}_0}$ ist eine Cauchy-Folge.

b) Der Grenzwert dieser Cauchy-Folge ist ein Fixpunkt von φ.

c) Es existiert nur ein Fixpunkt von φ.

d) Es gelten die behaupteten Fehlerabschätzungen.

Vorüberlegung: Für $\sigma \geq \nu$ gilt die Abschätzung

$$\|x_\sigma - x_{\sigma+1}\| \leq L^{\sigma-\nu}\|x_\nu - x_{\nu+1}\|\ .$$

Man verifiziert dies mit Hilfe von $x_l = \varphi(x_{l-1})$, $l = 1,2,\ldots$, und der Kontraktionsbedingung

$$\|\varphi(x_l) - \varphi(x_{l+1})\| \leq L\|x_l - x_{l+1}\|\ .$$

Ausgehend von

$$\|x_\sigma - x_{\sigma+1}\| = \|\varphi(x_{\sigma-1}) - \varphi(x_\sigma)\| \leq L\|x_{\sigma-1} - x_\sigma\|$$

erhält man rekursiv nach $\sigma - \nu$ Schritten

$$\|x_\sigma - x_{\sigma+1}\| \leq L^{\sigma-\nu}\|x_\nu - x_{\nu+1}\| \, .$$

a) Für $\mu > \nu$ erhält man mit Hilfe der Dreiecksungleichung

$$\|x_\nu - x_\mu\| \leq \|x_\nu - x_{\nu+1}\| + \|x_{\nu+1} - x_\mu\| \leq \cdots$$
$$\leq \|x_\nu - x_{\nu+1}\| + \|x_{\nu+1} - x_{\nu+2}\| + \cdots + \|x_{\mu-1} - x_\mu\| \, .$$

Mit der Vorüberlegung läßt sich jeder Summand abschätzen, und man erhält

$$\|x_\nu - x_\mu\| \leq \{1 + L + L^2 + \cdots + L^{\mu-\nu-1}\}\|x_\nu - x_{\nu+1}\| \, .$$

In der geschweiften Klammer steht eine Partialsumme der geometrischen Reihe

$$\sum_{k=0}^{\mu-\nu-1} L^k \leq \sum_{k=0}^{\infty} L^k = \frac{1}{1-L} \, .$$

Es folgt somit

$$\|x_\nu - x_\mu\| \leq \frac{1}{1-L}\|x_\nu - x_{\nu+1}\| \, .$$

Wird die Abschätzung aus der Vorüberlegung nochmals angewendet, so ergibt sich

$$\|x_\nu - x_{\nu+1}\| \leq L^\nu\|x_0 - x_1\| \, ,$$

also insgesamt

$$\|x_\nu - x_\mu\| \leq \frac{L^\nu}{1-L}\|x_0 - x_1\| \, , \quad \mu > \nu \, .$$

Wegen $0 \leq L < 1$ strebt hier die von μ unabhängige rechte Seite für wachsende ν gegen 0. Also ist für jedes Startelement $x_0 \in \mathbb{K}^n$ die zugehörige Iterationsfolge $(x_\nu)_{\nu\in\mathbb{N}_0}$ eine Cauchy-Folge in $\mathbb{K}^n$, wobei es wegen der Äquivalenz der Normen auf $\mathbb{K}^n$ nicht darauf ankommt, welche Norm verwendet wird.

b) Da $(\mathbb{K}^n, \|\cdot\|)$ vollständig ist, besitzt die Cauchy-Folge $(x_\nu)_{\nu\in\mathbb{N}_0}$ ein Grenzelement $x^* \in \mathbb{K}^n$. Es ist zu zeigen, daß x^* ein Fixpunkt von φ ist. Mit Hilfe der Dreiecksungleichung folgt

$$\begin{aligned} 0 \leq \|x^* - \varphi(x^*)\| &\leq \|x^* - x_{\nu+1}\| + \|x_{\nu+1} - \varphi(x^*)\| \\ &= \|x^* - x_{\nu+1}\| + \|\varphi(x_\nu) - \varphi(x^*)\| \\ &\leq \|x^* - x_{\nu+1}\| + L\|x_\nu - x^*\| \, . \end{aligned}$$

Da die Folge $(x_\nu)_{\nu\in\mathbb{N}_0}$ gegen x^* konvergiert, strebt die rechte Seite gegen Null für $\nu \longrightarrow \infty$. Also erhält man $0 = \|x^* - \varphi(x^*)\|$ und daraus wegen der Definitheit der Norm $x^* = \varphi(x^*)$.

c) Daß nur ein Fixpunkt existiert, beweist man indirekt: Für zwei verschiedene Fixpunkte x^*, y^* würde folgen

$$0 < \|x^* - y^*\| = \|\varphi(x^*) - \varphi(y^*)\| \leq L\|x^* - y^*\| < \|x^* - y^*\| \, .$$

Die Ungleichung $\|x^* - y^*\| < \|x^* - y^*\|$ widerspricht aber der Ordnung auf $\mathbb{R}$.

d) Wir wenden uns nun den Fehlerabschätzungen zu. Die Abschätzung (3.1) ist wegen

$$\|x_\nu - x^*\| = \|\varphi(x_{\nu-1}) - \varphi(x^*)\| \le L\|x_{\nu-1} - x^*\|$$

evident. Zum Beweis von (3.2) und (3.3) wird die Ungleichung

$$\|x_\nu - x_\mu\| \le \frac{1}{1-L}\|x_\nu - x_{\nu+1}\|$$

aus Teil a) verwendet. Mit Hilfe der Dreiecksungleichung erhält man

$$\|x_\nu - x^*\| \le \|x_\nu - x_\mu\| + \|x_\mu - x^*\| \le \frac{1}{1-L}\|x_\nu - x_{\nu+1}\| + \|x_\mu - x^*\| \ .$$

Für $\mu \longrightarrow \infty$ gilt $\|x_\mu - x^*\| \longrightarrow 0$; also ergibt sich

$$\|x_\nu - x^*\| \le \frac{1}{1-L}\|x_\nu - x_{\nu+1}\| \ .$$

Wegen $\|x_\nu - x_{\nu+1}\| = \|\varphi(x_{\nu-1}) - \varphi(x_\nu)\| \le L\|x_{\nu-1} - x_\nu\|$ folgt dann einerseits

$$\|x_\nu - x^*\| \le \frac{L}{1-L}\|x_\nu - x_{\nu-1}\|$$

und andererseits mit Hilfe der Vorüberlegung

$$\|x_\nu - x^*\| \le \frac{L^\nu}{1-L}\|x_0 - x_1\| \ . \qquad \square$$

9.3.6 Beispiel

Gegeben sei die Gaußsche Glockenkurve $\varphi : x \mapsto \exp(-x^2)$. Dann folgt

$$\begin{aligned}
\varphi'(x) &= -2x\exp(-x^2) \ , \\
\varphi''(x) &= 4x^2\exp(-x^2) - 2\exp(-x^2) = 2(2x^2 - 1)\exp(-x^2) \ , \\
\varphi'''(x) &= 2x(3 - 2x^2)\exp(-x^2) \ .
\end{aligned}$$

Wegen $\varphi''(\pm\frac{\sqrt{2}}{2}) = 0 \ne \varphi'''(\pm\frac{\sqrt{2}}{2})$ liegen die relativen Extrema von φ' bei $x = \pm\frac{\sqrt{2}}{2}$ mit $|\varphi'(\pm\frac{\sqrt{2}}{2})| = \sqrt{2}\exp(-\frac{1}{2}) < 1$. Also gilt für $x \in \mathbb{R}$

$$|\varphi'(x)| \le \sqrt{2}\exp(-\frac{1}{2}) =: L < 1 \ ,$$

d.h. φ ist eine Kontraktion auf $\mathbb{R}$. Somit besitzt φ genau einen Fixpunkt, der sich ausgehend von einem beliebigen Startwert $x_0 \in \mathbb{R}$ iterativ ermitteln läßt. Mit $x_0 := 0$ erhält man

$$\begin{aligned}
x_1 &= 1 \ , \\
x_2 &= \tfrac{1}{e} \approx 0.36788 \ , \\
x_3 &= \exp\left(-\tfrac{1}{e^2}\right) \approx 0.87342 \ , \\
&\cdots
\end{aligned}$$

Man vermutet den auf Grund des Banachschen Fixpunktsatzes existierenden Grenzwert x^*, also die Lösung der Gleichung $x = \exp(-x^2)$, nach einigen weiteren Iterationen in der Nähe von 0.65. Wegen $\varphi'(x) < 0$ für $x > 0$ liegt alternierende Konvergenz vor (Abb. 9.7).

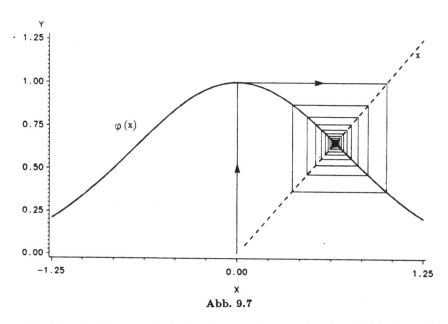

Abb. 9.7

Bei vielen Problemen, die in der Praxis auftreten, ist die Abbildung φ, deren Fixpunkt gesucht wird, nicht auf ganz $\mathbb{K}^n$ definiert, oder sie besitzt die Kontraktionseigenschaft nur auf einem Teil ihres Definitionsbereichs. In diesen Fällen interessiert man sich für eine *lokale Variante des Banachschen Fixpunktsatzes*.

9.3.7 Satz

Sei $D \neq \emptyset$ eine abgeschlossene Teilmenge von $\mathbb{K}^n$. Für die Abbildung $\varphi : D \to D$ gebe es eine reelle Zahl L, $0 \leq L < 1$, so daß für alle $u, v \in D$ gilt:

$$\|\varphi(u) - \varphi(v)\| \leq L\|u - v\| \ .$$

Dann gilt:

(1) φ besitzt genau einen Fixpunkt $x^* \in D$.

(2) Die durch das Iterationsverfahren

$$x_0 \in D \ ,$$
$$x_{\nu+1} := \varphi(x_\nu) \ , \quad \nu = 0, 1, 2, \dots$$

definierte Folge $(x_\nu)_{\nu \in \mathbb{N}_0}$ konvergiert für jeden Startwert $x_0 \in D$ gegen $x^* \in D$.

(3) Für $\nu \geq 1$ gelten die Abschätzungen (3.1) – (3.3) aus Satz 9.3.5.

Der Beweis dieses Satzes verläuft nahezu genauso wie die Beweisschritte a) - d) von Satz 9.3.5. Neben der Kontraktionseigenschaft ist hier wesentlich, daß φ eine Selbstabbildung auf D ist, d.h. daß mit $x \in D$ auch $\varphi(x) \in D$ gilt. Wegen $x_0 \in D$ liegen daher alle Elemente der Folge $(x_\nu)_{\nu \in \mathbb{N}_0}$ in D. Auf diese Weise folgt mit der Rechnung aus a), daß $(x_\nu)_{\nu \in \mathbb{N}_0}$ eine Cauchy-Folge in $D \subset \mathbb{K}^n$ bzgl. einer auf ganz $\mathbb{K}^n$ definierten Norm $\|\cdot\|$ ist. Wegen der Vollständigkeit von $(\mathbb{K}^n, \|\cdot\|)$ existiert $\lim_{\nu \to \infty} x_\nu =: x^* \in \mathbb{K}^n$. Da alle Folgeglieder x_ν in D liegen und D abgeschlossen ist, gilt sogar $x^* \in D$.

Der Nachweis, daß x^* der eindeutig bestimmte Fixpunkt von φ ist, sowie die Gültigkeit der Abschätzungen (3.1) - (3.3) folgen nun wie im Beweis von Satz 9.3.5.

Man beachte, daß im Fall $\mathbb{K} = \mathbb{R}$ z.B. alle Intervalle der Form $[a, b], (-\infty, b]$ und $[a, \infty)$, $a, b \in \mathbb{R}$, abgeschlossen sind. Eine weitere lokale Variante des Banachschen Fixpunktsatzes wird durch das folgende Beispiel motiviert.

9.3.8 Beispiel

Für die Parabeliteration $\varphi : x \mapsto \alpha x(1 - x)$, $\alpha \in [1, 4]$, findet man

$$\varphi'(x) = \alpha(1 - 2x) \, ,$$

also $|\varphi'(x)| < 1$, falls $\alpha|1 - 2x| < 1$, d.h.

$$\frac{1}{2}\left(1 - \frac{1}{\alpha}\right) < x < \frac{1}{2}\left(\frac{1}{\alpha} + 1\right) \, .$$

Man sieht, daß nur für ein schmales Intervall die Kontraktionsbedingung erfüllt ist, z.B. für $\alpha = 2$ in jedem abgeschlossenen Teilintervall von $(\frac{1}{4}, \frac{3}{4})$. Man rechnet auch leicht nach, daß der Fixpunkt $k^* = \frac{\alpha - 1}{\alpha}$ nur für $1 \leq \alpha \leq 3$ im Intervall $[\frac{1}{2}(1 - \frac{1}{\alpha}), \frac{1}{2}(1 + \frac{1}{\alpha})]$ liegt.

Allgemeiner wird nun eine in $D \subset \mathbb{K}^n$, $D \neq \emptyset$ (hier muß D nicht notwendigerweise abgeschlossen sein) liegende Kugel

$$K_r(\xi_0) := \{x \in \mathbb{K}^n \mid \|x - \xi_0\| \leq r\} \subseteq D$$

mit Mittelpunkt ξ_0 und Radius r betrachtet. $K_r(\xi_0)$ ist eine abgeschlossene Teilmenge von $\mathbb{K}^n$. Dies bedeutet, daß eine Abbildung φ, die $K_r(\xi_0)$ in sich abbildet und auf $K_r(\xi_0)$ kontrahierend ist, in $K_r(\xi_0)$ genau einen Fixpunkt hat. Wir untersuchen deshalb, wann φ diese Kugel in sich abbildet. Für $x \in K_r(\xi_0)$ folgt

$$\begin{aligned}
\|\varphi(x) - \xi_0\| &\leq \|\varphi(x) - \varphi(\xi_0)\| + \|\varphi(\xi_0) - \xi_0\| \\
&\leq L\|x - \xi_0\| + \|\varphi(\xi_0) - \xi_0\| \\
&\leq Lr + \|\varphi(\xi_0) - \xi_0\| \, .
\end{aligned}$$

Wird zusätzlich

$$\|\varphi(\xi_0) - \xi_0\| \leq (1 - L)r \, ,$$

gefordert, so erhält man

$$\|\varphi(x) - \xi_0\| \leq Lr + (1 - L)r = r \, ,$$

d.h. für $x \in K_r(\xi_0)$ gilt auch $\varphi(x) \in K_r(\xi_0)$. Zusammengefaßt führt dies auf den folgenden Satz.

9.3.9 Satz

Es gelte $\varphi : D \subseteq \mathbb{K}^n \longrightarrow \mathbb{K}^n$. *Es mögen* $\xi_0 \in D$, $r > 0$ *und* $0 \le L < 1$ *existieren derart, daß die folgenden Bedingungen gelten:*

(1) $K_r(\xi_0) := \{x \in \mathbb{K}^n \mid \|x - \xi_0\| \le r\} \subseteq D$.

(2) Für $u, v \in K_r(\xi_0)$ *gilt* $\|\varphi(u) - \varphi(v)\| \le L\|u - v\|$.

(3) Es gilt die "Kugelbedingung" $\|\varphi(\xi_0) - \xi_0\| \le (1 - L)r$.

Dann besitzt φ *in* $K_r(\xi_0)$ *genau einen Fixpunkt* x^*, *den man konstruktiv mit Hilfe des Iterationsverfahrens, ausgehend von einem beliebigen Startelement* $x_0 \in K_r(\xi_0)$, *ermitteln kann.*

Die Anwendung des Banachschen Fixpunktsatzes 9.3.5 und seiner lokalen Varianten 9.3.7 und 9.3.9 erfordert oft analytisches Geschick und den richtigen Griff in die "Schublade" der Analysis. Das war schon am Beispiel 9.3.8 der Gaußschen Glockenkurve zu sehen. Ein weiteres Beispiel zur lokalen Variante des Banachschen Fixpunktsatzes zeigt ebenfalls, wie man Hilfsmittel aus der Analysis erfolgreich einsetzen kann.

9.3.10 Beispiel

Es soll die Parabeliteration $\varphi : x \mapsto \alpha x(1 - x)$ mit $\xi_0 = \frac{1}{2}$ betrachtet werden. Das Ziel ist es, in Abhängigkeit von α einen Wert für r zu finden, so daß das Iterationsverfahren im Intervall ("Kugel") $[\frac{1}{2} - r, \frac{1}{2} + r]$ konvergiert. Wegen $\varphi'(x) = \alpha(1 - 2x)$ gilt

$$|\varphi'(x)| \le 2\alpha r , \quad \text{falls } x \in \left[\frac{1}{2} - r, \frac{1}{2} + r\right] .$$

Also muß in jedem Fall $r < \frac{1}{2\alpha}$ gelten. Mit $L := 2\alpha r$ ist ferner wegen $\varphi(\xi_0) = \varphi(\frac{1}{2}) = \frac{\alpha}{4}$ die folgende Abschätzung zu verifizieren (vgl. Abb. 9.8):

$$\left|\frac{\alpha}{4} - \frac{1}{2}\right| \le (1 - 2\alpha r)r .$$

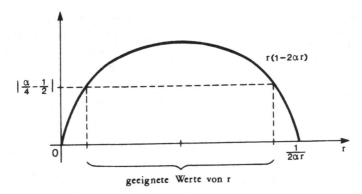

Abb. 9.8

Für $1 < \alpha \le 2$ gilt $|\frac{\alpha}{4} - \frac{1}{2}| = \frac{1}{2} - \frac{\alpha}{4}$. Die Endpunkte des Intervalls auf der r-Achse, welches die geeigneten Werte von r enthält, findet man als die *reellen* Lösungen der quadratischen Gleichung

$$\frac{1}{2} - \frac{\alpha}{4} = (1 - 2\alpha r)r , \quad \text{d.h.} \quad 2\alpha r^2 - r + \frac{1}{2} - \frac{\alpha}{4} = 0 ,$$

also als

$$r_{1,2} = \frac{1}{4\alpha}(1 \pm \sqrt{1 - 4\alpha + 2\alpha^2}) \,.$$

Da nur reelle Lösungen in Betracht kommen, muß die Diskriminante $D(\alpha) := 1 - 4\alpha + 2\alpha^2$ nichtnegativ sein. Wegen $D(\frac{1}{2}(2 \pm \sqrt{2})) = 0$, gilt $D(\alpha) \geq 0$, falls

$$\alpha \geq \frac{1}{2}(2 + \sqrt{2}) \quad \text{oder} \quad \alpha \leq \frac{1}{2}(2 - \sqrt{2})$$

erfüllt ist. Da eingangs $1 < \alpha \leq 2$ vorausgesetzt wurde, ist nur die Ungleichung $\alpha \geq \frac{1}{2}(2 + \sqrt{2})$ von Bedeutung. Man findet somit für $\frac{1}{2}(2 + \sqrt{2}) \leq \alpha \leq 2$ reelle Lösungen

$$r_{1,2} = \frac{1}{4\alpha}(1 \pm \sqrt{1 - 4\alpha + 2\alpha^2}) \,,$$

derart, daß die Parabeliteration $\varphi : x \mapsto \alpha x(1 - x)$ für beliebigen Startwert aus dem Intervall $[\frac{1}{2} - r, \frac{1}{2} + r]$ konvergiert, falls $r < \min\{\frac{1}{2\alpha}, r_1, r_2\}$ gewählt wird.

9.3.11   Aufgabe

Man diskutiere die Anwendung der lokalen Variante des Banachschen Fixpunktsatzes aus Satz 9.3.9 auf die Parabeliteration, falls $2 \leq \alpha \leq 3$ und $\xi_0 = \frac{1}{2}$ gilt.

9.4   Lösung von nichtlinearen Gleichungen

Eine wichtige Grundaufgabe der Numerik ist es, Verfahren bereitzustellen, die es ermöglichen, die Lösung(en) einer nichtlinearen Gleichung

$$(G) \qquad\qquad f(x) = 0 \,, \quad \text{wobei } f : D \subseteq \mathbb{R} \longrightarrow \mathbb{R} \,,$$

zu bestimmen, sofern solche überhaupt existieren. Da man nur für wenige Funktionen explizite Lösungsformeln kennt, z.B. wenn f ein Polynom von höchstens viertem Grad ist, geht man i.a. näherungsweise vor. Man formt dazu die gegebene Gleichung (G) in geeigneter Weise in eine Fixpunktgleichung

$$(F) \qquad\qquad x = \varphi(x) \,, \quad \text{wobei } \varphi : \tilde{D} \subseteq \mathbb{R} \longrightarrow \mathbb{R} \text{ sei } \,,$$

um, auf welche der Banachsche Fixpunktsatz und das Iterationsverfahren anwendbar sind. Da möglicherweise die Lösungsmengen von (F) und (G) nicht gleich sind, muß man, nachdem (F) gelöst ist, durch Einsetzen in (G) prüfen, ob es sich auch um Lösungen von (G) handelt; außerdem kann es vorkommen, daß (G) mehr Lösungen als (F) hat. Aber im Idealfall sind die Gleichungen (G) und (F) äquivalent in dem Sinn, daß ihre Lösungsmengen übereinstimmen.

Eine einfache Möglichkeit, (G) äquivalent in eine Fixpunktgleichung umzuformen, besteht darin, zur Gleichung

$$(G') \qquad\qquad x = x - cf(x) \,, \quad c \neq 0 \,,$$

überzugehen. Es leuchtet ein, daß ein so einfacher Trick nur in manchen Fällen zum gewünschten Erfolg führt.

9.4.1 Aufgabe

Sei $f : D \subseteq \mathbb{R} \longrightarrow \mathbb{R}$ stetig differenzierbar und monoton. Man diskutiere, welche Wahl von c für die Fixpunktgleichung (G') günstig ist.

Eines der meistverwendeten Verfahren in diesem Zusammenhang ist das *Newton-Verfahren*, das auf einer Linearisierung von f mit Hilfe des Taylorschen Satzes beruht. Ist x_ν eine Näherung für die gesuchte Nullstelle x^* der als stetig differenzierbar vorausgesetzten Funktion f, so erhält man $x_{\nu+1}$ als Nullstelle der Tangente an f im Punkt $(x_\nu, f(x_\nu))^T$, sofern diese Tangente nicht waagerecht verläuft, also sofern $f'(x_\nu) \neq 0$ gilt. Gilt $f'(x_\nu) = 0$, so kann das Newton-Verfahren nicht angewendet werden, da eine waagerechte Tangente keinen Schnittpunkt mit der x-Achse besitzt. Dies bedeutet, daß auch im Fall, daß $|f'(x_\nu)|$ klein ist, Probleme auftreten können. Man erkennt also, daß auch diese alte und vielbewährte Methode nicht problemlos ist.

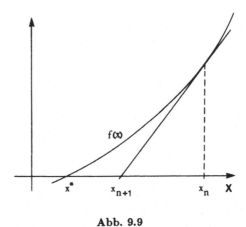

Abb. 9.9

Analytisch kann man die Iterationsvorschrift mit Hilfe des Taylorschen Satzes herleiten. Es gilt nämlich

$$f(x) = f(x_\nu) + f'(x_\nu)(x - x_\nu) + r(x, x_\nu) \,,$$

wobei r eine Funktion mit der Eigenschaft $\dfrac{|r(x, x_\nu)|}{|x - x_\nu|} \to 0$ für $x \to x_\nu$ ist. Die Tangente an f im Punkt $(x_\nu, f(x_\nu))^T$ hat die Gleichung

$$y(x) = f(x_\nu) + f'(x_\nu)(x - x_\nu)$$

und den Schnittpunkt

$$x_{\nu+1} := x_\nu - \frac{f(x_\nu)}{f'(x_\nu)} \,, \quad \text{falls} \ \ f'(x_\nu) \neq 0 \,,$$

mit der x-Achse. Man kann das Vorgehen auch so deuten: Statt (G) betrachtet man die *lineare* Näherungsgleichung

(LG)
$$f(x_\nu) + f'(x_\nu)(x - x_\nu) = 0 , \quad \text{falls} \ f'(x_\nu) \neq 0 .$$

Man kann das Newton-Verfahren für eine Funktion f auch als eine Fixpunkt-iteration für eine Funktion φ deuten, indem man

$$\varphi : x \mapsto x - \frac{f(x)}{f'(x)} , \quad \text{falls} \ f'(x) \neq 0 ,$$

betrachtet. Dann liefert die Rekursion

$$x_{\nu+1} = \varphi(x_\nu) , \quad \nu = 0, 1, \ldots,$$

gerade die Newton-Iteration für f. Wenn man auf φ den Banachschen Fixpunkt-satz 9.3.5 anwenden will, muß man wegen Beispiel 9.3.4 nachweisen, daß die Bedingung $|\varphi'(x)| \leq L < 1$ in einer geeigneten Umgebung der gesuchten Nullstelle von f erfüllt ist. Für eine zweimal stetig differenzierbare Funktion f gilt

$$\varphi'(x) = 1 - \frac{[f'(x)]^2 - f(x)f''(x)}{[f'(x)]^2} = \frac{f(x)f''(x)}{[f'(x)]^2} .$$

Für eine Nullstelle x^* von f mit $f'(x^*) \neq 0$ folgt nun also $\varphi'(x^*) = 0$. In diesem Fall sichert dann die Stetigkeit von f, f' und f'', daß es ein Intervall $I_\delta := [x^* - \delta, x^* + \delta]$, $\delta > 0$, gibt, so daß

$$|\varphi'(x)| \leq L < 1 \ \text{gilt für} \ x \in I_\delta .$$

Die lokale Variante des Banachschen Fixpunktsatzes 9.3.9 mit $\xi_0 = x^*$ und $r = \delta$ (beachte, daß für Kugeln um den Fixpunkt Bedingung (3) von Satz 9.3.9 wegen $\varphi(\xi_0) = \xi_0$ trivial wird) zeigt dann, daß das Newton-Verfahren für einen beliebigen Startwert $x_0 \in I_\delta$ gegen die Nullstelle $x^* \in I_\delta$ von f konvergiert. Man bezeichnet dies als *lokale Konvergenz*.

9.4.2 Satz

Sei x^* eine Nullstelle von f. In einer Umgebung $I_\varepsilon := (x^* - \varepsilon, x^* + \varepsilon)$, $\varepsilon > 0$, von x^* sei f zweimal stetig differenzierbar, und es gelte $f'(x^*) \neq 0$. Dann konvergiert das Newton-Verfahren lokal bei x^* gegen x^*, d.h. es gibt ein Intervall $\tilde{I}_\delta = [x^* - \delta, x^* + \delta] \subset I_\varepsilon$, $\delta > 0$, so daß für $x_0 \in \tilde{I}_\delta$ die durch die Iterationsvorschrift

$$x_{\nu+1} = x_\nu - \frac{f(x_\nu)}{f'(x_\nu)} , \quad \nu = 0, 1, 2, \ldots,$$

definierte Folge $(x_\nu)_{\nu \in \mathbb{N}_0}$ gegen x^* konvergiert.

9.4.3 Beispiel

Wir betrachten die Funktion f, $f(x) = x - \exp(-x^2)$. (Man vergleiche mit dem Beispiel 9.3.6, da eine Nullstelle von f mit einem Fixpunkt der Gaußschen Glockenkurve übereinstimmt.) Die Newton-Iteration lautet hier

$$x_{\nu+1} = x_\nu - \frac{x_\nu - \exp(-x_\nu^2)}{1 + 2x_\nu \exp(-x_\nu^2)} .$$

Mit $x_0 = 0$ erhält man eine sehr rasch konvergierende Folge mit den Iterierten

$$x_1 = 1 \,, \quad x_2 = 0.63582\ldots, \quad x_3 = 0.65294\ldots, \quad x_4 = 0.65292\ldots, \quad \ldots$$

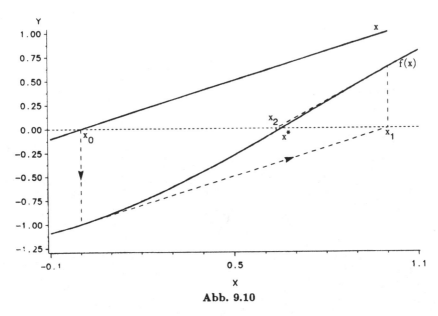

Abb. 9.10

Um die beim Newton-Verfahren auftretenden Ableitungen zu vermeiden, sind verschiedene Varianten vorgeschlagen worden. Beim *vereinfachten Newton-Verfahren* arbeitet man mit einer festen oder zumindest für mehrere Iterationsschritte festgehaltenen Ableitung. Die Iterationsvorschrift kann daher beispielsweise wie folgt lauten:

$$x_0 \in \mathbb{R} \text{ geeignet,} \quad x_{\nu+1} := x_\nu - \frac{f(x_\nu)}{f'(x_0)} \,, \quad f'(x_0) \neq 0 \,, \quad \nu = 0, 1, 2, \ldots$$

Beim *Sekanten-Verfahren* ersetzt man die Ableitung durch den Differenzenquotienten

$$f'(x_\nu) \approx \frac{f(x_\nu) - f(x_{\nu-1})}{x_\nu - x_{\nu-1}} = f[x_{\nu-1}, x_\nu] \,.$$

Ausgehend von zwei Startwerten x_0, x_1, die möglichst so gewählt werden sollten, daß sie die gesuchte Nullstelle einschließen, iteriert man gemäß

$$x_{\nu+1} := x_\nu - \frac{x_\nu - x_{\nu-1}}{f(x_\nu) - f(x_{\nu-1})} f(x_\nu) = x_\nu - \frac{f(x_\nu)}{f[x_{\nu-1}, x_\nu]} \,, \quad \nu = 1, 2, 3, \ldots,$$

wobei sicherzustellen ist, daß der Nenner nicht verschwindet. Dies ist z.B. erfüllt, wenn f in einer gewissen Umgebung der gesuchten Nullstelle streng monoton ist. Man beachte hier die Ähnlichkeit der Iterationsvorschrift für das Sekanten- und das Newton-Verfahren.

Bei einer Variante des Sekanten-Verfahrens, der sogenannten *Regula falsi* (d.h. der "Regel des falschen Ansatzes") sorgt man dafür, daß die gesuchte Nullstelle stets von zwei aufeinanderfolgenden Näherungen eingeschlossen wird. Dies erreicht man so: Die Funktion f sei in einer Umgebung der gesuchten Nullstelle x^* monoton. Man wähle x_0, x_1 so, daß $f(x_0)f(x_1) < 0$ gilt. Iterativ bilde man nun für $\nu \geq 1$ die Folge $(x_\nu)_{\nu=2,3,\dots}$ gemäß der Iterationsvorschrift

$$x_{\nu+1} := x_\nu - \frac{x_\nu - x_{\nu-1}}{f(x_\nu) - f(x_{\nu-1})} f(x_\nu) \; ;$$

falls $f(x_\nu)f(x_{\nu+1}) > 0$ ist, setze $x_\nu := x_{\nu-1}$.

9.4.4   Aufgabe

Man bestimme näherungsweise die Nullstelle der Funktion $f : x \mapsto x - \exp(-x^2)$. Dazu verwende man nacheinander das Newton-Verfahren, das vereinfachte Newton-Verfahren (Startwert jeweils $x_0 := 0$), das Sekanten-Verfahren und die Regula falsi (Startwerte $x_0 := 0$, $x_1 := 2$). Man breche jeweils die Iteration ab, sobald $|x_{\nu+1} - x_\nu| < 10^{-11}$ gilt oder der Nenner der Iterationsfunktion betragsmäßig kleiner als 10^{-11} ist.

Das obige Beispiel 9.4.3 und die Resultate der Aufgabe 9.4.4 lassen vermuten, daß die Regula falsi, das Sekanten- und das Newton-Verfahren unterschiedlich schnell konvergieren. Dies läßt sich gut demonstrieren, wenn man diese Verfahren auf die Funktion f, $f(x) = \frac{1}{x} - a$, $x \in \mathbb{R} \setminus \{0\}$, $a > 0$, anwendet, um eine Näherung für eine Nullstelle von f, d.h. um $\frac{1}{a}$ zu bestimmen. Für das *Newton-Verfahren* lautet in diesem Fall die Iterationsvorschrift

$$x_{\nu+1} = x_\nu - \left(\frac{1}{x_\nu} - a\right)\left(-\left(\frac{1}{x_\nu}\right)^2\right)^{-1} = 2x_\nu - ax_\nu^2 = x_\nu(2 - ax_\nu) \; .$$

Für den relativen Fehler $\delta_\nu = \dfrac{x_\nu - \frac{1}{a}}{\frac{1}{a}} = ax_\nu - 1$ folgt dann

$$\delta_{\nu+1} = ax_{\nu+1} - 1 = 2ax_\nu - a^2x_\nu^2 - 1 = -(ax_\nu - 1)^2 = -\delta_\nu^2 \; .$$

Man erhält hieraus durch sukzessives Einsetzen

$$\delta_{\nu+1} = -\delta_\nu^2 = -\delta_{\nu-1}^4 = \cdots = -\delta_0^{(2^{\nu+1})} \; .$$

Falls man mit $|\delta_0| < 1$ startet, konvergiert die Folge der relativen Fehler also gegen Null. Die Newton-Iterierten x_ν konvergieren dabei gegen $\frac{1}{a}$ und zwar sehr rasch: Der Betrag des relativen Fehlers im $(\nu + 1)$-ten Schritt ist das Quadrat des Betrages des relativen Fehlers im ν-ten Schritt. Man bezeichnet dieses Phänomen als *quadratische Konvergenz*. Sind also bereits k Dezimalstellen exakt, so sind es im nächsten Schritt schon $2k$ Stellen. (Man kann dieses Vorgehen dazu benutzen, um die Division $\frac{b}{a}$ durch eine Multiplikation von b mit einem Näherungswert für $\frac{1}{a}$ zu ersetzen. Da die Iterierten x_ν ebenfalls ohne Division berechnet werden, hat man somit eine schnelle Divisionsmethode, die nur mit Hilfe von Additionen/Subtraktionen und Multiplikationen realisiert werden kann.)

Beim *Sekanten-Verfahren* lautet die Iterationsvorschrift

$$x_{\nu+1} = x_\nu - \frac{x_\nu - x_{\nu-1}}{\frac{1}{x_\nu} - \frac{1}{x_{\nu-1}}}\left(\frac{1}{x_\nu} - a\right) = x_\nu + x_{\nu-1}x_\nu\left(\frac{1}{x_\nu} - a\right) = x_\nu + x_{\nu-1} - ax_\nu x_{\nu-1} \; ,$$

die für $x_{\nu-1} = x_\nu$ in diejenige des Newton-Verfahrens übergeht. Für den relativen Fehler folgt hier entsprechend

$$\delta_{\nu+1} = ax_{\nu+1} - 1 = a(x_\nu + x_{\nu-1}) - a^2 x_\nu x_{\nu-1} - 1 = -(ax_\nu - 1)(ax_{\nu-1} - 1) = -\delta_\nu \delta_{\nu-1} \, .$$

Startet man mit $\delta_0 \neq 0 \neq \delta_1$, so sind alle Werte δ_ν, $\nu \in \mathbb{N}_0$, von Null verschieden. Setzt man $\lambda_\nu := \log |\delta_\nu|$, so folgt

$$\lambda_{\nu+1} = \lambda_\nu + \lambda_{\nu-1} \, .$$

Dies ist die Fibonacci-Rekursion, und man erhält (vgl. Beispiel 2.7.6)

$$\lambda_\nu = \alpha \zeta_1^\nu + \beta(-\zeta_1)^{-\nu} \, , \quad \zeta_1 = \frac{1+\sqrt{5}}{2} \, , \quad \alpha, \beta \in \mathbb{R} \, .$$

Hieraus folgt

$$\begin{aligned}
\lambda_{\nu+1} - \zeta_1 \lambda_\nu &= \alpha \zeta_1^{\nu+1} + \beta(-\zeta_1)^{-\nu-1} - \alpha \zeta_1^{\nu+1} - \beta \zeta_1(-\zeta_1)^{-\nu} \\
&= \beta(-\zeta_1)^{-\nu-1}(1 + \zeta_1^2) \to 0 \quad \text{für } \nu \to \infty \, .
\end{aligned}$$

Durch Anwendung der Exponentialfunktion ergibt sich umgekehrt

$$\frac{|\delta_{\nu+1}|}{|\delta_\nu|^{\zeta_1}} \to 1 \quad \text{für } \nu \to \infty \, .$$

Es gilt also für hinreichend großes ν

$$|\delta_{\nu+1}| \approx |\delta_\nu|^{\zeta_1} \, , \quad \zeta_1 = \frac{1+\sqrt{5}}{2} = 1.618\ldots$$

Das Sekanten-Verfahren konvergiert also langsamer als das Newton-Verfahren. Seine *Konvergenzordnung* beträgt $\frac{1+\sqrt{5}}{2}$.

Bei der *Regula falsi* wird $x_{\nu+1}$ aus x_ν und $x_{\nu-1}$ nach der Formel des Sekanten-Verfahrens

$$x_{\nu+1} = x_\nu + x_{\nu-1} - ax_\nu x_{\nu-1}$$

gebildet. Wegen des konvexen Verlaufs von $f : x \mapsto \frac{1}{x} - a$ ist $x_{\nu+1} \geq \frac{1}{a}$, wie man sich an Hand einer Skizze leicht klar macht. Um die geforderte Einschließung des gesuchten Wertes $\frac{1}{a}$ durch zwei aufeinanderfolgende iterierte Werte x_ν, $x_{\nu+1}$ zu garantieren, muß etwa für $x_0 < \frac{1}{a} < x_1$ die Größe x_ν in jedem Schritt gleich $x_{\nu-1}$ gesetzt werden. Es bleibt also x_0 fest, und die Regula falsi läßt sich in diesem speziellen Fall wie folgt beschreiben:

$$0 < x_0 < \frac{1}{a} < x_1 \, ,$$

$$x_{\nu+1} := x_\nu - \frac{x_\nu - x_0}{f(x_\nu) - f(x_0)} \cdot f(x_\nu) \, .$$

Der relative Fehler in diesem Schritt berechnet sich damit rekursiv gemäß

$$\delta_{\nu+1} := -\delta_0 \delta_\nu \, .$$

Somit ist wegen $\frac{\delta_{\nu+1}}{\delta_\nu} = \text{const.} \neq 0$, $\nu \in \mathbb{N}_0$, die Konvergenzordnung *linear*.

Dieses Konvergenzverhalten ist typisch für Iterationsfolgen $(x_\nu)_{\nu \in \mathbb{N}_0}$, die man erhält, wenn man die betrachteten Verfahren auf eine Funktion f in der Nähe einer einfachen Nullstelle x^* anwendet, wobei zusätzlich $f''(x^*) \neq 0$ gelte (monotoner und konvexer oder konkaver Verlauf von f).

9.4.5 Satz

Die dreimal stetig differenzierbare Funktion $f : D \to \mathbb{R}$, $D \subseteq \mathbb{R}$ offen, habe die Nullstelle x^*; es gelte $f'(x^*) \neq 0 \neq f''(x^*)$. Dann existiert ein Intervall $I_\varepsilon(x^*) := [x^* - \varepsilon,\ x^* + \varepsilon] \subset D$, $\varepsilon > 0$, von x^*, so daß mit $x_0 \in I_\varepsilon(x^*)$ bzw. $x_0, x_1 \in I_\varepsilon(x^*)$ beim Sekanten-Verfahren und zusätzlich $f(x_0)f(x_1) < 0$ bei der Regula falsi die entsprechenden Iterationsverfahren gegen x^* konvergieren. Dabei existieren positive Konstanten c_i, $i = 1, 2, 3$, so daß sich das Konvergenzverhalten folgendermaßen beschreiben läßt:

(1) Für die mit dem Newton-Verfahren erzeugten iterierten Werte x_ν, $\nu \in \mathbb{N}$, gilt mit $d_0 := c_1|x_0 - x^*|$:

$$|x_{\nu+1} - x^*| \leq c_1|x_\nu - x^*|^2 \leq \frac{1}{c_1} d_0^{(2^{\nu+1})} \ , \quad \nu \in \mathbb{N}_0 \ .$$

(2) Für die mit dem Sekanten-Verfahren erzeugten iterierten Werte x_ν, $\nu = 2, 3, \ldots$, gilt mit $d_0 := c_2|x_0 - x^*|$, $d_1 := c_2|x_1 - x^*|$ und falls $d_1 \leq d_0$:

$$|x_{\nu+1} - x^*| \leq c_2|x_{\nu-1} - x^*||x_\nu - x^*| \leq \frac{1}{c_2} d_0^{F_{\nu+1}} \ , \quad \nu \in \mathbb{N}$$

(F_ν: ν-te Fibonacci-Zahl).

(3) Für die mit der Regula falsi erzeugten iterierten Werte x_ν, $\nu = 2, 3, \ldots$, gilt mit $d_0 := c_3|x_0 - x^*|$, $d_1 := c_3|x_1 - x^*|$ und falls $d_1 \leq d_0$:

$$|x_{\nu+1} - x^*| \leq c_3|x_\nu - x^*| \leq \frac{1}{c_3} d_0^{\nu+1} \ , \quad \nu \in \mathbb{N} \ .$$

Beweis. (1) Die behauptete Abschätzung für das Newton-Verfahren läßt sich mit dem Taylorschen Satz, angewendet auf die Iterationsfunktion φ, $\varphi(x) = x - \dfrac{f(x)}{f'(x)}$, in der Nullstelle x^* von f nachweisen. Man erhält wegen $\varphi' = \dfrac{f f''}{(f')^2}$, also $\varphi'(x^*) = 0$, die Gleichungskette

$$\begin{aligned}
x_{\nu+1} - x^* &= \varphi(x_\nu) - x^* = \varphi(x^*) + \varphi'(x^*)(x_\nu - x^*) + \varphi''(\xi_\nu)\frac{(x_\nu - x^*)^2}{2} - \varphi(x^*) \\
&= \varphi''(\xi_\nu)\frac{(x_\nu - x^*)^2}{2} \ ,
\end{aligned}$$

wobei ξ_ν eine geeignete Zwischenstelle zwischen x_ν und x^* bezeichnet. Wegen $\varphi'' = \dfrac{(f')^2 f'' + f f' f''' - 2f(f'')^2}{(f')^3}$, also $\varphi''(x^*) = \dfrac{f''(x^*)}{f'(x^*)} \neq 0$, existieren $0 < m \leq M$ und $I_{\bar\varepsilon}(x^*)$, $\bar\varepsilon > 0$, mit

$$0 < m \leq |\varphi''(x)| \leq M \quad \text{für } x \in I_{\bar\varepsilon}(x^*) \ ,$$

da f dreimal stetig differenzierbar vorausgesetzt war. Also folgt einerseits aus $x_\nu \neq x^*$ auch $x_{\nu+1} \neq x^*$, d.h. das Verfahren bricht nicht mit $x_k = x^*$, $k \in \mathbb{N}$, ab. Andererseits gilt

$$|x_{\nu+1} - x^*| \leq \frac{M}{2}|x_\nu - x^*|^2 \ , \quad \nu \in \mathbb{N}_0 \ .$$

Mit $c_1 := \frac{M}{2}$, $d_\nu := c_1|x_\nu - x^*|$, $\nu \in \mathbb{N}_0$, erhält man also

$$d_{\nu+1} \le d_\nu^2 \le \ldots \le d_0^{(2^{\nu+1})} , \quad \nu \in \mathbb{N}_0 .$$

Wählt man $\varepsilon > 0$ mit $\varepsilon < \min(\tilde{\varepsilon}, \frac{1}{c_1})$, so gilt $d_0 < 1$ für $x_0 \in I_\varepsilon(x^*)$. Wegen

$$|x_{\nu+1} - x^*| = \frac{1}{c_1}d_{\nu+1} \le c_1|x_\nu - x^*|^2 \le \frac{1}{c_1}d_0^{(2^{\nu+1})}$$

folgt dann mit vollständiger Induktion $x_\nu \in I_\varepsilon(x^*)$, $\nu \in \mathbb{N}_0$, sowie $d_\nu \to 0$ für $\nu \to \infty$; es liegt also Konvergenz vor, und es gilt die behauptete Abschätzung für den Fehler.

(2) Im Fall des Sekanten-Verfahrens gilt

$$x_{\nu+1} = x_\nu - \frac{f(x_\nu)}{f[x_{\nu-1}, x_\nu]} , \quad \nu = 1, 2, \ldots$$

Dann folgt also

$$\begin{aligned}
(x_{\nu+1} - x^*)f[x_{\nu-1}, x_\nu] &= (x_\nu - x^*)f[x_{\nu-1}, x_\nu] - f(x_\nu) \\
&= f(x^*) - (f(x_\nu) + (x^* - x_\nu)f[x_{\nu-1}, x_\nu]) .
\end{aligned}$$

Da die Sekante s, $s(x) = f(x_\nu) + (x - x_\nu)f[x_{\nu-1}, x_\nu]$, als lineares Interpolationspolynom gedeutet werden kann, läßt sich die rechte Seite der obigen Gleichung als Interpolationsfehler auffassen. Dann folgt mit Satz 3.5.1 (2)

$$f(x^*) - (f(x_\nu) + (x^* - x_\nu)f[x_{\nu-1}, x_\nu]) = \frac{1}{2}(x_{\nu-1} - x^*)(x_\nu - x^*)f''(\eta_\nu)$$

und andererseits $f[x_{\nu-1}, x_\nu] = f'(\xi_\nu)$, wobei ξ_ν, η_ν geeignete Zwischenstellen bezeichnen. Insgesamt erhält man

$$x_{\nu+1} - x^* = (x_{\nu-1} - x^*)(x_\nu - x^*)\frac{f''(\eta_\nu)}{2f'(\xi_\nu)} .$$

Wegen $\dfrac{f''(x^*)}{f'(x^*)} \ne 0$ existieren $\hat{m}$, $\hat{M}$ und $I_{\hat{\varepsilon}}(x^*)$, $\hat{\varepsilon} > 0$, mit

$$0 < \hat{m} \le \left|\frac{f''(x)}{f'(y)}\right| \le \hat{M} \quad \text{für } x, y \in I_{\hat{\varepsilon}}(x^*) .$$

Mit $c_2 := \frac{\hat{M}}{2}$ folgt also

$$|x_{\nu+1} - x^*| \le c_2|x_{\nu-1} - x^*||x_\nu - x^*| , \quad \nu \in \mathbb{N} .$$

Mit $d_\nu := c_2|x_\nu - x^*|$ gilt dann $d_{\nu+1} \le d_{\nu-1}d_\nu$, $\nu \in \mathbb{N}$. Aus $d_1 \le d_0$ folgt nun mit ähnlichen Überlegungen wie nach Aufgabe 9.4.4 die Ungleichung $d_{\nu+1} \le d_0^{F_{\nu+1}}$ für $\nu \in \mathbb{N}_0$, wobei F_ν die ν-te Fibonacci-Zahl, d.h. das ν-te Glied der Fibonacci-Folge mit $F_0 = F_1 = 1$ bezeichnet. Ähnlich wie beim Newton-Verfahren folgt nun die Existenz von $\varepsilon > 0$ derart, daß mit $x_0, x_1 \in I_\varepsilon(x^*)$ und $d_1 \leq d_0$

$$|x_{\nu+1} - x^*| \leq \frac{1}{c_2} d_0^{F_{\nu+1}} \, , \quad \nu \in \mathbb{N}_0 \, ,$$

mit $d_0 < 1$ gilt. Wegen $F_\nu \geq \nu$, $\nu \in \mathbb{N}$, gilt $d_\nu \to 0$ für $\nu \to \infty$; das Sekanten-Verfahren konvergiert also, und es gilt die behauptete Abschätzung für den Fehler.
(3) Die Untersuchung der Regula falsi verläuft analog zum oben betrachteten Fall der genäherten Reziprokbildung (Stichworte: f lokal konvex/konkav bei x^*).   □

Man erkennt, daß das Newton-Verfahren, das Sekanten-Verfahren und die Regula falsi unterschiedlich schnell konvergieren. Dafür sind die Potenzen $d_0^{(2^\nu)}$, $d_0^{F_\nu}$ und d_0^ν in den Abschätzungen des obigen Satzes 9.4.5 verantwortlich. Da F_ν für große ν näherungsweise proportional zu ζ^ν, $\zeta = \frac{1}{2}(1 + \sqrt{5})$ wächst, gilt

$$\frac{d_0^{(2^\nu)}}{d_0^{F_\nu}} \to 0 \, , \quad \frac{d_0^{F_\nu}}{d_0^\nu} \to 0 \quad \text{für } \nu \to \infty \, .$$

In diesem Satz ist zwar mit Hilfe von oberen Schranken argumentiert worden; aber das Beispiel der genäherten Reziprokbildung zeigt, daß diese Schranken i.a. nicht verbessert werden können.

Eine Einschließung der gesuchten Nullstelle, welche man bei der Regula falsi realisiert, ist auch das Ziel des *Bisektionsverfahrens (Verfahren der sukzessiven Intervall-Halbierung)*. Ausgehend von zwei Startwerten α_0, β_0, welche eine Nullstelle x^* von f einschließen, d.h. mit $f(\alpha_0)f(\beta_0) < 0$, bestimmt man α_ν, β_ν, $\nu = 1, 2, \dots$, iterativ gemäß folgender Vorschrift:

$$z_\nu := \frac{1}{2}(\alpha_{\nu-1} + \beta_{\nu-1}) \, ,$$

$$\alpha_\nu := \begin{cases} z_\nu & , \quad \text{falls } f(\alpha_{\nu-1})f(z_\nu) \geq 0 \, , \\ \alpha_{\nu-1} & , \quad \text{falls } f(\alpha_{\nu-1})f(z_\nu) < 0 \, , \end{cases}$$

$$\beta_\nu := \begin{cases} z_\nu & , \quad \text{falls } f(\beta_{\nu-1})f(z_\nu) \geq 0 \, , \\ \beta_{\nu-1} & , \quad \text{falls } f(\beta_{\nu-1})f(z_\nu) < 0 \, . \end{cases}$$

Falls das Verfahren nicht mit $f(z_{\nu_0}) = 0$, also $z_{\nu_0} = x^*$ abbricht, erhält man wegen $\beta_\nu - \alpha_\nu = \frac{1}{2}(\beta_{\nu-1} - \alpha_{\nu-1}) = \cdots = 2^{-\nu}(\beta_0 - \alpha_0)$ eine Intervallschachtelung $[\alpha_\nu, \beta_\nu] \subset [\alpha_{\nu-1}, \beta_{\nu-1}] \subset \cdots \subset [\alpha_0, \beta_0]$. Da jedes Intervall $[\alpha_\nu, \beta_\nu]$ eine Nullstelle von f enthält, konvergiert das Bisektionsverfahren gegen eine Nullstelle x^* von f. Die Konvergenzordnung ist *linear*: Sind im ν-ten Schritt ν Binärstellen exakt, so sind es im folgenden Schritt $\nu+1$; der Fehler wird in jedem Schritt (mindestens) halbiert.

Ein *nichtlineares Gleichungssystem*

$$f_i(x_1, \dots, x_n) = 0 \, , \quad i = 1, \dots, n \, ,$$

mit n gegebenen, nichtlinearen Funktionen $f_i : \mathbb{R}^n \to \mathbb{R}$ kann man mit einer Modifikation des Newton-Verfahrens iterativ lösen. Faßt man die n Funktionen $f_i, i = 1, \ldots, n$, zu einer Funktion $F : \mathbb{R}^n \to \mathbb{R}^n$ zusammen, so folgt durch Taylor-Entwicklung im Punkt $x^{(\nu)} := (x_1^{(\nu)}, \ldots, x_n^{(\nu)})^T$

$$F(x) = F(x^{(\nu)}) + F'(x^{(\nu)})(x - x^{(\nu)}) + \cdots ;$$

dabei bezeichnet $F'(x^{(\nu)}) = (\frac{\partial f_i}{\partial x_j}|_{x^{(\nu)}})_{i,j=1,\ldots,n}$ die Funktionalmatrix. Eine neue Näherung $x^{(\nu+1)}$ an die gesuchte Nullstelle x^* von F kann man dadurch erhalten, daß man die Taylor-Entwicklung mit dem linearen Glied abbricht und statt des nichtlinearen Gleichungssystems $F(x) = o$ das resultierende lineare Gleichungssystem

$$F(x^{(\nu)}) + F'(x^{(\nu)})(x - x^{(\nu)}) = o$$

nach x auflöst und die Lösung als nächste Iterierte $x^{(\nu+1)}$ verwendet. Dabei werde die Funktionalmatrix als nicht singulär vorausgesetzt. In expliziter Form erhält man so die Iterationsvorschrift

$$x^{(\nu+1)} := x^{(\nu)} - [F'(x^{(\nu)})]^{-1} F(x^{(\nu)}) .$$

Man kann das mehrdimensionale Newton-Verfahren also als Fixpunkt-Iteration für die nichtlineare Funktion $\Phi : \mathbb{R}^n \to \mathbb{R}^n$,

$$\Phi(x) := x - [F'(x)]^{-1} F(x)$$

deuten. Man beachte, daß Φ eine Verallgemeinerung der Iterationsfunktion φ, $\varphi(x) := x - \frac{f(x)}{f'(x)}$, des eindimensionalen Newton-Verfahrens ist.

Das Konvergenzverhalten des mehrdimensionalen Newton-Verfahrens wird durch die Funktionalmatrizen $\Phi'(x)$ bestimmt. Aus

$$\Phi(x) = x - [F'(x)]^{-1} F(x)$$

folgt

$$F(x) = F'(x)(x - \Phi(x))$$

und hieraus (E_n: n-reihige Einheitsmatrix)

$$
\begin{aligned}
F'(x) &= F''(x)(x - \Phi(x)) + F'(x)(E_n - \Phi'(x)) \\
&= F''(x)(x - \Phi(x)) + F'(x) - F'(x)\Phi'(x) .
\end{aligned}
$$

Man erhält nun durch einfache Umformung

$$
\begin{aligned}
\Phi'(x) &= [F'(x)]^{-1} F''(x)(x - \Phi(x)) \\
&= [F'(x)]^{-1} F''(x)[F'(x)]^{-1} F(x) .
\end{aligned}
$$

Speziell für x^* mit $F(x^*) = o$ folgt $\Phi'(x^*) = 0$ (Nullmatrix). Dies bedeutet, daß sowohl die lokale Konvergenz (vgl. Satz 9.4.2) als auch die Konvergenzordnung vom eindimensionalen Fall erhalten bleiben: Bezeichnet $\| \cdot \|$ eine beliebige Norm auf $\mathbb{R}^n$ und wird $x^{(\nu)}$ nahe genug bei x^* gewählt, so kann man wegen $\Phi'(x^*) = 0$ mit Hilfe des Taylorschen Satzes, angewendet auf $\Phi : \mathbb{R}^n \to \mathbb{R}^n$ die Abschätzung

$$\|x^{(\nu+1)} - x^*\| \leq c\|x^{(\nu)} - x^*\|^2 , \quad \nu = 0, 1, 2, \ldots$$

mit $c \in (0, 1)$ zeigen.

9.4.6   Aufgabe

Es sei r_2, $r_2(x) = x^2 + px + q$, $p^2 - 4q > 0$, ein gegebenes quadratisches Polynom mit zwei reellen, verschiedenen Nullstellen α_1, α_2. Dann ergibt der Wurzelsatz von Vieta das nichtlineare Gleichungssystem

$$\alpha_1 \ + \ \alpha_2 \ + \ p \ = \ 0 \, ,$$
$$\alpha_1 \ \cdot \ \alpha_2 \ - \ q \ = \ 0 \, ,$$

für die gesuchten Nullstellen in Abhängigkeit von den Polynomkoeffizienten. Man diskutiere das Konvergenzverhalten des Newton-Verfahrens und berechne im Spezialfall $p := 100$, $q := 1$, ausgehend von $\alpha_1^{(0)} := 10^{-2}$, $\alpha_2^{(0)} := 10^2$ verbesserte Näherungen $\alpha_1^{(2)}$, $\alpha_2^{(2)}$.

9.5   Iterative Lösung von linearen Gleichungssystemen

Das Iterationsprinzip spielt auch bei linearen Gleichungssystemen eine bedeutende Rolle. Zunächst werde ein lineares Gleichungssystem

$$x = Tx + u \, , \quad T = (t_{ik})_{i,k=1,\dots,m} \in \mathbb{K}^{m \times m} \, , \quad u \in \mathbb{K}^m \, ,$$

betrachtet, das bereits Fixpunktform besitzt. Der Raum $\mathbb{K}^m$ sei mit der Maximum-Norm $\| \cdot \|_\infty$, also

$$\|x\|_\infty := \max_{1 \le k \le m} |x_k| \, ,$$

normiert. Um den Banachschen Fixpunktsatz anwenden zu können, benötigt man die Lipschitz-Konstante der Abbildung $\varphi : x \mapsto Tx + u$. Man schätzt dazu in folgender Weise ab:

$$\|\varphi(x) - \varphi(y)\|_\infty \ = \ \|Tx + u - (Ty + u)\|_\infty = \|T(x - y)\|_\infty$$

$$= \ \max_{1 \le i \le m} \left| \sum_{k=1}^m t_{ik}(x_k - y_k) \right| \le \max_{1 \le i \le m} \sum_{k=1}^m |t_{ik}| \, |x_k - y_k|$$

$$\le \ \max_{1 \le i \le m} \sum_{k=1}^m |t_{ik}| \cdot \max_{1 \le k \le m} |x_k - y_k| \, .$$

Führt man den Begriff der *Zeilensummen-Norm* (vgl. Bemerkung 9.5.2) der Matrix T durch

$$\|T\|_\infty := \max_{1 \le i \le m} \sum_{k=1}^m |t_{ik}|$$

ein, so läßt sich die hier hergeleitete Abschätzung in der Form

$$\|\varphi(x) - \varphi(y)\|_\infty \le \|T\|_\infty \|x - y\|_\infty$$

schreiben. Mit Hilfe des Banachschen Fixpunktsatzes erhält man unmittelbar den folgenden Satz, wobei hier und im folgenden die Iterationsstufen durch einen oberen Index gekennzeichnet werden.

9.5.1 Satz

Für die Matrix $T \in \mathbb{K}^{m \times m}$ gelte $\|T\|_\infty < 1$. Dann hat das lineare Gleichungssystem $x = Tx + u$ für jedes $u \in \mathbb{K}^m$ eine eindeutig bestimmte Lösung x^*, und das Iterationsverfahren

$$x^{(0)} \in \mathbb{K}^m \,,$$
$$x^{(\nu+1)} := Tx^{(\nu)} + u \,, \quad \nu = 0, 1, 2, \ldots,$$

konvergiert für jeden Startvektor $x^{(0)}$ gegen x^*.

9.5.2 Bemerkung

Die Bezeichnung "Zeilensummen-Norm" steht im Einklang mit dem bereits bekannten Begriff der Norm. Denn der Raum $\mathbb{K}^{m \times m}$ kann als ein Vektorraum $\mathbb{K}^{m^2}$ aufgefaßt werden, und über diesem Vektorraum hat die Zeilensummen-Norm die Eigenschaften einer Norm. Man kann auch leicht nachweisen, daß zusätzlich eine Verträglichkeitsbedingung mit der Matrix-Multiplikation erfüllt ist, und zwar in der Weise, daß für zwei Matrizen $A, B \in \mathbb{K}^{m \times m}$ die Abschätzung

$$\|AB\|_\infty \le \|A\|_\infty \|B\|_\infty$$

erfüllt ist.

Ein lineares Gleichungssystem wird i.a. nicht in der speziellen Fixpunktform $x = Tx + u$, sondern in der Form

$$Ax = b \,, \quad A \in \mathbb{K}^{m \times m} \,, \quad b \in \mathbb{K}^m \,,$$

gegeben sein. Man muß deshalb versuchen, von dieser Form zur Fixpunktform überzugehen. Zwei Vorgehensweisen, die in ihren Ursprüngen bis auf Gauß zurückverfolgt werden können, sind relativ naheliegend. Bei diesen Verfahren liegt eine Zerlegung der Matrix A in der Form

$$A = L + D + U$$

zu Grunde; dabei bezeichnet D die Diagonale von A und L ("lower") bzw. U ("upper") das linke untere bzw. rechte obere Dreieck von A:

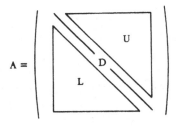

Abb. 9.11

Wie im folgenden Lemma gezeigt wird, kann man im regulären Fall annehmen, daß D invertierbar ist.

9.5.3 Lemma

Ist $A \in \mathbb{K}^{m \times m}$ regulär, so kann man durch Linksmultiplikation mit einer Permutationsmatrix P erreichen, daß alle Diagonalelemente von PA von Null verschieden sind.

Beweis. Man geht analog zur Spalten-Pivotisierung beim Gauß-Algorithmus vor: Im ersten Schritt vertauscht man mit Hilfe einer Permutationsmatrix P_1 die Zeilen von A so, daß in Position $(1,1)$ von $P_1 A$ ein Nichtnull-Element steht. Fährt man rekursiv mit der verbleibenden $(m-1) \times (m-1)$-Untermatrix fort, so hat man nach $m-1$ Schritten Permutationsmatrizen P_i, $i = 1, \ldots, m-1$, so daß $P_{m-1} \cdots P_1 A$ nur Nichtnull-Elemente in der Diagonale enthält.   □

Im folgenden sei A regulär und besitze o.B.d.A. von Null verschiedene Diagonalelemente. Beim *Gesamtschritt-Verfahren* (auch *Jacobi-Verfahren*[60] genannt) bringt man das System

$$(L + D + U)x = b$$

über den Zwischenschritt

$$Dx = -(L + U)x + b$$

auf die äquivalente Fixpunktform

$$x = -D^{-1}(L + U)x + D^{-1}b \ .$$

Man bezeichnet

$$T_G := -D^{-1}(L + U)$$

als die zu A gehörende *Jacobi-Matrix* oder als Iterationsmatrix des Gesamtschrittverfahrens. Für die Konvergenz des Gesamtschritt-Verfahrens

$$x^{(0)} \in \mathbb{K}^m \text{ beliebig,}$$
$$x^{(\nu+1)} := -D^{-1}(L + U)x^{(\nu)} + D^{-1}b \ , \quad \nu = 0, 1, 2, \ldots,$$

ist die Zeilensummen-Norm von T_G entscheidend.

Man schätzt ab unter Beachtung der speziellen Struktur von D und $L + U$

$$\|T_G\|_\infty = \|D^{-1}(L + U)\|_\infty = \max_{1 \le i \le m} \left(\frac{1}{|a_{ii}|} \sum_{\substack{k=1 \\ k \ne i}}^{m} |a_{ik}| \right) \ .$$

Es gilt also $\|T_G\|_\infty < 1$ genau dann, wenn

$$\max_{1 \le i \le m} \left(\frac{1}{|a_{ii}|} \sum_{\substack{k=1 \\ k \ne i}}^{m} |a_{ik}| \right) < 1$$

---

[60]Jacobi, Carl Gustav Jacob (10.12.1804–18.02.1851)

oder äquivalent hierzu, wenn

$$\sum_{\substack{k=1 \\ k\neq i}}^{m} |a_{ik}| < |a_{ii}| \, , \quad i = 1, \ldots, m \, ,$$

gilt. Diese Ungleichungen besagen, daß in jeder Zeile der Matrix A das Diagonalelement dem Betrage nach größer als die Summe der Beträge der Nicht-Diagonalelemente ist. Man bezeichnet diese Bedingung deshalb sehr anschaulich als das *Zeilensummen-Kriterium*. Es folgt so der folgende Konvergenzsatz für das Gesamtschrittverfahren.

9.5.4 Satz

Erfüllt die Matrix $A = (a_{ik})_{i,k=1,\ldots,m} \in \mathbb{K}^{m\times m}$ *das Zeilensummen-Kriterium*

$$|a_{ii}| > \sum_{\substack{k=1 \\ k\neq i}}^{m} |a_{ik}| \, , \quad i = 1, \ldots, m \, ,$$

so konvergiert das Gesamtschritt-Verfahren

$$x^{(0)} \in \mathbb{K}^m \, ,$$
$$x^{(\nu+1)} := -D^{-1}(L+U)x^{(\nu)} + D^{-1}b \, , \quad \nu = 0, 1, \ldots,$$

für jeden Startvektor $x^{(0)}$ *gegen die Lösung des linearen Gleichungssystems* $Ax = b$.

Während sich für theoretische Zwecke, etwa für die Konvergenzuntersuchung die Darstellung in Matrixform

$$x^{(\nu+1)} = -D^{-1}(L+U)x^{(\nu)} + D^{-1}b$$

des Gesamtschritt-Verfahrens besonders eignet, verläuft die numerische Rechnung in einem Iterationsschritt komponentenweise gemäß

$$x_i^{(\nu+1)} = \frac{1}{a_{ii}} \left\{ -\sum_{\substack{k=1 \\ k\neq i}}^{m} a_{ik}x_k^{(\nu)} + b_i \right\} \, , \quad i = 1, \ldots, m \, .$$

An dieser Darstellung setzt das *Einzelschritt-Verfahren* (auch *Gauß-Seidel-Verfahren*[61] genannt) an. Da man Konvergenz des Verfahrens erwartet, wird man annehmen, daß die Komponenten $x_i^{(\nu+1)}$ bessere Näherungen als die Komponenten $x_i^{(\nu)}$ sind. Es scheint daher günstig zu sein, nach Möglichkeit schon die neu berechneten Komponenten $x_i^{(\nu+1)}$ zu verwenden. Man berechnet deshalb in einem Iterationsschritt die Komponenten des iterierten Vektors gemäß

$$x_i^{(\nu+1)} := \frac{1}{a_{ii}} \left\{ -\sum_{k=1}^{i-1} a_{ik}x_k^{(\nu+1)} - \sum_{k=i+1}^{m} a_{ik}x_k^{(\nu)} + b_i \right\} \, , \quad i = 1, \ldots, m \, .$$

---

[61]Seidel, Philipp Ludwig von (24.10.1821–13.08.1896)

Die Matrix-Darstellung dieses Verfahrens erhält man, indem man nach den Iterationsstufen sortiert. Es ergibt sich so wegen

$$a_{ii}x_i^{(\nu+1)} + \sum_{k=1}^{i-1} a_{ik}x_k^{(\nu+1)} = -\sum_{k=i+1}^{m} a_{ik}x_k^{(\nu)} + b_i \,, \quad i = 1,\ldots,m \,,$$

die Darstellung

$$(D + L)x^{(\nu+1)} = -Ux^{(\nu)} + b$$

eines Iterationsschritts. Da mit D auch $D + L$ invertierbar ist, folgt

$$x^{(\nu+1)} = -(D + L)^{-1}Ux^{(\nu)} + (D + L)^{-1}b \,.$$

Für die Konvergenz des Verfahrens ist somit die sogenannte *Gauß-Seidel-Matrix* (Iterationsmatrix des Einzelschritt-Verfahrens)

$$T_E := -(D + L)^{-1}U$$

entscheidend. Falls $\|T_E\|_\infty < 1$ erfüllt ist, konvergiert das Einzelschritt-Verfahren für jeden Startvektor $x^{(0)}$ gegen die gesuchte Lösung von $Ax = b$. Ohne Beweis bemerken wir, daß das Einzelschritt-Verfahren für beliebigen Startvektor $x_0 \in \mathbb{K}^m$ gegen die gesuchte Lösung von $Ax = b$ konvergiert, wenn für A das Zeilensummen-Kriterium erfüllt ist oder A positiv definit ist.

Es ist plausibel, daß das Einzelschritt-Verfahren meistens schneller konvergiert als das Gesamtschritt-Verfahren. Mit dem Aufkommen von Parallelrechnern, die mit mehreren Prozessoren mehrere Rechnungen gleichzeitig ausführen können, ergeben sich aber Vorzüge für das Gesamtschritt-Verfahren, da bei diesem in einem Iterationsschritt so viele neue Komponenten simultan berechnet werden können, wie Prozessoren vorhanden sind. Beim Einzelschritt-Verfahren dagegen müssen die Prozessoren, welche die Komponenten mit höheren Indizes berechnen sollen, auf die Resultate anderer Prozessoren "warten".

Eine weitere wichtige Anwendung findet das Iterationsprinzip bei der sogenannten *Nachiteration*. Es geht dabei darum, die Rundungsfehlereinflüsse, die bei einem direkten Verfahren zur Lösung von $Ax = b$ auftreten, durch einen nachgeschalteten Iterationsprozeß zu dämpfen. Bei einem Eliminationsverfahren vom Gauß-Typ erhält man (nach eventueller Vertauschung von Gleichungen, die wir uns a priori vorgenommen denken) eine durch Rundungseffekte verfälschte LR-Zerlegung und eine genäherte Lösung $\tilde{x}$,

$$A = \tilde{L}\tilde{R} + F \,, \quad \tilde{L}\tilde{R}\tilde{x} = b \,,$$

wobei F eine Fehlermatrix bezeichnet und $\|F\|_\infty$ in der Regel klein ist. Dies impliziert, daß mit A auch die numerisch gewonnenen Dreiecksmatrizen $\tilde{L}$ und $\tilde{R}$ invertierbar sein werden. Dann läßt sich aber das gegebene lineare Gleichungssystem $Ax = b$ äquivalent umformen gemäß folgender Gleichungskette:

$$Ax = b \quad\Leftrightarrow\quad (\tilde{L}\tilde{R} + F)x = b \quad\Leftrightarrow\quad \tilde{L}\tilde{R}x = -Fx + b$$
$$\Leftrightarrow\quad \tilde{L}\tilde{R}x = -(A - \tilde{L}\tilde{R})x + b \quad\Leftrightarrow\quad x = x + \tilde{R}^{-1}\tilde{L}^{-1}(b - Ax) \,.$$

Dieses System hat Fixpunktform

$$x = T_{Nit}x + u , \quad T_{Nit} := (E_m - \tilde{R}^{-1}\tilde{L}^{-1}A) , \quad u := \tilde{R}^{-1}\tilde{L}^{-1}b .$$

Da $\tilde{R}^{-1}\tilde{L}^{-1}$ in der Regel eine gute Näherung für A^{-1} darstellt, ist T_{Nit} "nahe" bei der Nullmatrix, also $\|T_{Nit}\|_\infty$ nahe bei Null. Startet man somit die Nachiteration

$$x^{(\nu+1)} := T_{Nit}x^{(\nu)} + u , \quad \nu = 0, 1, 2, \ldots,$$

mit der mit dem Eliminationsverfahren gewonnenen, in der Regel schon guten Näherung $\tilde{x}$, also $x^{(0)} := \tilde{x}$, so stimmt meist bereits die nach einem oder zwei Iterationsschritten gewonnene Näherung $x^{(\nu)}$ auf volle Maschinengenauigkeit mit der gesuchten Lösung x überein. Allerdings ist es erforderlich, die Berechnung von $x^{(\nu+1)}$ gegen Auslöschung abzusichern. Wegen

$$x^{(\nu+1)} = x^{(\nu)} + \tilde{R}^{-1}\tilde{L}^{-1}(b - Ax^{(\nu)}) , \quad Ax^{(\nu)} \approx b ,$$

tritt bei der Berechnung des *Residuums* $r^{(\nu)} := b - Ax^{(\nu)}$ starke Auslöschung auf. Man muß also $r^{(\nu)}$ mit doppelter Stellenzahl berechnen. Danach bestimmt man die "Korrektur" $z^{(\nu)} := \tilde{R}^{-1}\tilde{L}^{-1}r^{(\nu)}$ aus den beiden Dreieckssystemen

$$\tilde{L}v^{(\nu)} = r^{(\nu)} , \quad \tilde{R}z^{(\nu)} = v^{(\nu)}$$

durch Vorwärts- und Rückwärtseinsetzen, wozu Arithmetik mit einfacher Genauigkeit ausreicht.

9.5.5 Algorithmus (Nachiteration)

Es seien $\tilde{x}$ bzw. $\tilde{L}\tilde{R}$ eine verfälschte Näherungslösung bzw. LR-Zerlegung für das lineare Gleichungssystem $Ax = b$.
Start: Setze $x^{(0)} := \tilde{x}$.
Für $\nu = 0, 1, \ldots$ iteriere man folgendermaßen:

(1) Berechne $r^{(\nu)} := b - Ax^{(\nu)}$ mit doppelter Stellenzahl.

(2) Löse $\tilde{L}v^{(\nu)} = r^{(\nu)}$, $\tilde{R}z^{(\nu)} = v^{(\nu)}$.

(3) Setze $x^{(\nu+1)} := x^{(\nu)} + z^{(\nu)}$.

(Meist ist $x^{(1)}$ oder spätestens $x^{(2)}$ eine Näherung, die auf volle Stellenzahl (einfache Genauigkeit) mit der gesuchten Lösung x übereinstimmt.)

Zum Schluß betrachten wir noch eine nichtlineare Iteration bei Matrizen, die zur numerischen Matrix-Inversion verwendet werden kann. Um die Inverse A^{-1} einer regulären Matrix $A \in \mathbb{K}^{m \times m}$ zu berechnen, kann man die Iterationsvorschrift des Newton-Verfahrens für die Funktion f, $f(x) = \frac{1}{x} - a$, $a > 0$, heranziehen. Ausgehend von der Startmatrix $A^{(0)}$ berechnet man die Matrizen $A^{(\nu)}$ mit Hilfe von

$$A^{(\nu+1)} := A^{(\nu)}(E_m + R_\nu) , \quad R_\nu := E_m - AA^{(\nu)} , \quad \nu = 0, 1, 2, \ldots$$

Bei der Berechnung der Residuenmatrix R_ν sollte man doppelte Stellenzahl verwenden, da mit Auslöschung zu rechnen ist. Diese Iteration eignet sich auch zur Nachiteration, z.B. des Produkts $\tilde{R}^{-1}\tilde{L}^{-1}$, wenn $\tilde{L}\tilde{R}$ eine eliminativ bestimmte genäherte LR-Zerlegung von A bezeichnet.

9.6   Das Prinzip einer Quadratwurzel-Routine

Eine Routine zur Quadratwurzelberechnung, wie sie in jedem Taschenrechner und in jeder Programmiersprache installiert ist, beruht auf einer Approximation der Wurzelfunktion mit einem nachgeschalteten Iterationsverfahren, dem sogenannten *Heron-Verfahren*[62]. Es scheint aber schon viel früher von den Babyloniern benutzt worden zu sein. Newton stellte dann das Heron-Verfahren in allgemeineren Zusammenhang. Tatsächlich ist es gerade das Newton-Verfahren für die Funktion $f : x \mapsto x^2 - a$, $a > 0$.

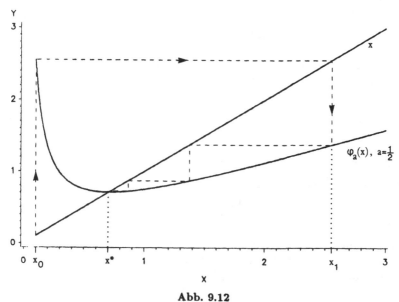

Abb. 9.12

Die Iterationsvorschrift des Heron-(Newton-)Verfahrens lautet

$$x_{\nu+1} := x_\nu - \frac{x_\nu^2 - a}{2x_\nu} \,,$$

also prägnant

$$x_{\nu+1} := \frac{1}{2}\left(x_\nu + \frac{a}{x_\nu}\right) \,, \quad \nu = 0, 1, \dots \,,$$

wobei ein geeigneter Startwert x_0 zu verwenden ist. Für Konvergenzuntersuchungen benötigt man die zugehörige Iterationsfunktion φ_a,

$$\varphi_a(x) := \frac{1}{2}\left(x + \frac{a}{x}\right) \,, \quad x > 0 \,.$$

---

[62]Heron von Alexandria (um 130 n. Chr.)

9.6.1 Satz

Für $a > 0$ gelten für die Iterationsfunktion $\varphi_a : \mathbb{R}^+ \longrightarrow \mathbb{R}^+$, $\varphi_a(x) = \frac{1}{2}(x + \frac{a}{x})$, folgende Aussagen:

(1) φ_a hat genau einen Fixpunkt $x^* = \sqrt{a}$.

(2) φ_a fällt monoton im Intervall $(0, \sqrt{a}]$.

(3) φ_a steigt monoton im Intervall $[\sqrt{a}, \infty)$.

Weiterhin gilt

(4) $\varphi_a(x) > \sqrt{a}$ für $0 < x$, $x \neq \sqrt{a}$.

(5) $\varphi_a(x) < x$ für $x > \sqrt{a}$.

(6) $|\varphi'_a(x)| < 1$ für $x > \frac{\sqrt{3}}{3}\sqrt{a}$.

(7) $0 \leq \varphi'_a(x) < \frac{1}{2}$ für $x \geq \sqrt{a}$.

9.6.2 Aufgabe

Man verifiziere die Aussagen von Satz 9.6.1.

Mit Hilfe der in Satz 9.6.1 bewiesenen Eigenschaften macht man sich leicht das Konvergenzverhalten des Heron-Verfahrens klar.

9.6.3 Satz

Für das Heron-Verfahren gilt:

(1) Aus $x_0 \in (0, \sqrt{a})$ folgt $x_1 > \sqrt{a}$.

(2) Aus $x_0 > \sqrt{a}$ folgt $\sqrt{a} < \cdots < x_\nu < x_{\nu-1} < \cdots < x_0$
(Monotonie der Folge $(x_\nu)_{\nu \in \mathbb{N}_0}$).

(3) Für $x^{(0)} \in (0, \infty)$ beliebig gilt $\lim\limits_{\nu \to \infty} x_\nu = \sqrt{a}$.

Den (absoluten) Fehler $\varepsilon_\nu := |x_\nu - \sqrt{a}|$, der beim Heron-Verfahren auftritt, können wir mit den Methoden von Abschnitt 9.3 abschätzen. Besonders einfach gestaltet sich die Abschätzung der relativen Fehler

$$\delta_\nu := \frac{x_\nu - \sqrt{a}}{\sqrt{a}}, \quad \nu = 0, 1, 2, \ldots$$

Für diese läßt sich bei fest gewähltem ν eine eigene Rekursion herleiten. Verwendet man die Heron-Rekursion, so folgt für $\nu \geq 1$ mit Hilfe elementarer Umformungen

$$
\begin{aligned}
\delta_\nu &= \frac{1}{\sqrt{a}}\left(\frac{1}{2}\left(x_{\nu-1} + \frac{a}{x_{\nu-1}}\right) - \sqrt{a}\right) \\[2mm]
&= \frac{1}{2\sqrt{a}x_{\nu-1}}\left(x_{\nu-1}^2 - 2\sqrt{a}x_{\nu-1} + a\right) = \frac{\sqrt{a}}{2x_{\nu-1}}\left(\frac{x_{\nu-1} - \sqrt{a}}{\sqrt{a}}\right)^2 \\[2mm]
&= \frac{1}{2\left(\dfrac{x_{\nu-1} - \sqrt{a}}{\sqrt{a}} + 1\right)}(\delta_{\nu-1})^2 = \frac{1}{2(1 + \delta_{\nu-1})}\cdot(\delta_{\nu-1})^2 \ .
\end{aligned}
$$

9.6.4   Satz

Der relative Fehler $\delta_\nu := \dfrac{x_\nu - \sqrt{a}}{\sqrt{a}}$ *beim Heron-Verfahren genügt der Iterationsvorschrift*

$$\delta_\nu = \frac{1}{2(1 + \delta_{\nu-1})} \left(\delta_{\nu-1}\right)^2 , \quad \nu = 1, 2, \ldots$$

Diese Iteration läßt die schnelle Konvergenz des Heron-Verfahrens erkennen. Denn für $\delta_{\nu-1} \geq 0$, was wegen Satz 9.6.3 (1) und (2) spätestens für $\nu \geq 2$ erreicht wird, folgt rekursiv für fest gewähltes ν

$$\begin{aligned}
\delta_\nu &\leq \frac{1}{2}(\delta_{\nu-1})^2 \leq \frac{1}{2}\left(\frac{1}{2}(\delta_{\nu-2})^2\right)^2 \leq \ldots \leq 2^{-1}2^{-2}\cdots 2^{-2^{\nu-2}}(\delta_1)^{2^{\nu-1}} \\
&= 2^{-1}2^{-2}\cdots 2^{-2^{\nu-2}}2^{-2^{\nu-1}}(1+\delta_0)^{-2^{\nu-1}}(\delta_0)^{2^\nu} \\
&= 2^{-\sum\limits_{j=0}^{\nu-1} 2^j}(1+\delta_0)^{-2^{\nu-1}}(\delta_0)^{2^\nu} \\
&= 2^{-(2^\nu-1)}(1+\delta_0)^{-2^{\nu-1}}(\delta_0)^{2^\nu} , \quad \nu \geq 1 .
\end{aligned}$$

An späterer Stelle dieses Abschnitts wird eine Näherung x_0 mit einem relativen Fehler δ_0, der betragsmäßig kleiner als $\frac{1}{24}$ ist, verwendet (vgl. Aufgabe 9.6.6). Da nun für $\nu \geq 1$ die relativen Fehler δ_ν der zugehörigen Heron-Näherungen nichtnegativ sind, gelten, ausgehend von $|\delta_0| \leq \frac{1}{24}$, die folgenden Abschätzungen:

$$\begin{array}{llll}
|\delta_0| &\leq 4.1666666667 \cdot 10^{-2} , & \delta_5 &\leq \exp(-1.2383843708 \cdot 10^2) , \\
\delta_1 &\leq 8.3333333334 \cdot 10^{-4} , & \delta_{10} &\leq \exp(-3.9843175491 \cdot 10^3) , \\
\delta_2 &\leq 3.4722222223 \cdot 10^{-7} , & \delta_{20} &\leq \exp(-4.0806502599 \cdot 10^6) , \\
\delta_3 &\leq 6.0281635803 \cdot 10^{-14} , & \delta_{50} &\leq \exp(-4.3815655974 \cdot 10^{15}) , \\
\delta_4 &\leq 1.8169378076 \cdot 10^{-27} , & \delta_{100} &\leq \exp(-4.9332042980 \cdot 10^{30}) .
\end{array}$$

Da ein Heron-Schritt eine Addition, eine Division und eine Multiplikation mit dem Faktor $\frac{1}{2}$ erfordert, liefert das Heron-Verfahren eine kostengünstige Möglichkeit Quadratwurzeln auf sehr viele Dezimalstellen zu berechnen.

Eine Quadratwurzel-Routine besteht aus drei Teilen, nämlich

- Intervallreduktion,

- Berechnung einer Startnäherung,

- Verbesserung dieser Startnäherung mit Hilfe des Heron-Verfahrens.

Im folgenden werden die beiden ersten Teilschritte untersucht. Um $\sqrt{x}$ für $x > 0$ zu berechnen, reduziert man ähnlich wie bei der Logarithmus-Funktion ein beliebiges Argument x auf das Intervall $[1, 4)$ durch

$$x = \xi 2^{2p} , \quad p \in \mathbb{Z} , \quad \xi \in [1, 4) ,$$

so daß

$$\sqrt{x} = \sqrt{\xi 2^p}$$

gilt. Hier wird angenommen, daß man im Dualsystem rechnet, so daß die Multiplikation mit 2^p durch Shift des Kommas ohne echte Multiplikation erreicht wird. Man kann dieses Vorgehen natürlich leicht dem Dezimalsystem oder einem System zu einer beliebigen Basis $\beta > 1$ anpassen. Nach dieser Intervallreduktion genügt es also, die Abbildung

$$f : [1,4) \to [1,4) , \quad S \mapsto \sqrt{S}$$

zu approximieren. Zu diesem Zweck wird zunächst das Intervall $[-1,1]$ affin transformiert gemäß

$$\xi = \tfrac{1}{2}(3t+5) , \quad t \in [-1,1] ,$$
$$t = \tfrac{1}{3}(2\xi - 5) , \quad \xi \in [1,4] .$$

Insbesondere ist $\xi \in [1,4) \Leftrightarrow t \in [-1,1)$. Dann folgt

$$f(\xi) = \sqrt{\xi} = \frac{\sqrt{2}}{2}\sqrt{3t+5} =: g(t) .$$

Eine erste Näherung für $g(t)$ mit $t \in [-1,1]$ beschafft man sich durch lineare Interpolation der Punkte $(-1,1)^T = (-1,g(-1))^T$ und $(1,2)^T = (1,g(1))^T$. Das zugehörige lineare Interpolationspolynom hat die Darstellung

$$h(t) = \frac{1}{2}(t+3) .$$

Der Interpolationsfehler, der bei diesem Vorgehen auftritt, ist nicht vernachlässigbar. Mit Hilfe der Cauchy-Fehlerdarstellung findet man

$$g(t) - h(t) = \frac{g''(\eta)}{2}(t^2 - 1) , \quad \text{wobei} \ \eta \in (-1,1) .$$

9.6.5 Aufgabe

Man zeige, daß für den Interpolationsfehler die folgende Einschließung gilt:

$$\frac{9}{256}(1-t^2) \leq g(t) - h(t) \leq \frac{9}{32}(1-t^2) , \quad t \in [-1,1] .$$

Man kann das Maximum des Fehlers bei linearer Interpolation ziemlich leicht ermitteln. Dieses tritt auf an der Stelle η, an der die Tangente an die Funktion g parallel zur Interpolationsgeraden ist, also für η mit $g'(\eta) = \frac{1}{2}$, d.h. $\frac{\sqrt{2}}{4} \cdot \frac{3}{\sqrt{3\eta+5}} = \frac{1}{2}$. Hieraus folgt $\eta = -\frac{1}{6}$.

Für den maximalen Fehler im Intervall $[-1,1]$ erhält man $|g(t) - h(t)| \leq g(\eta) - h(\eta) = \frac{1}{12}$.

Eine bessere Approximation an g, als sie durch h geliefert wird, erhält man durch h^* mit

$$h^*(t) := h(t) + \frac{1}{24} = \frac{1}{24}(12t + 37)$$

(Mittelparallele zwischen der Sekante h und der Tangente im Punkt $(\eta, g(\eta))^T$).

Es gilt $|g(t) - h^*(t)| \leq \frac{1}{24}$ für $t \in [-1, 1]$, wobei der maximale Fehler für $t = -1$, η und 1 angenommen wird. Man kann sogar zeigen, daß

$$\max_{t \in [-1,1]} |g(t) - h^*(t)| = \min_{p \in \Pi_1} \left(\max_{t \in [-1,1]} |g(t) - p(t)| \right)$$

gilt.

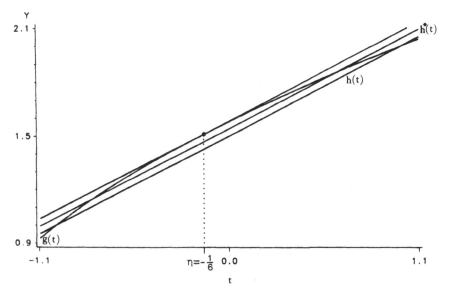

Abb. 9.13

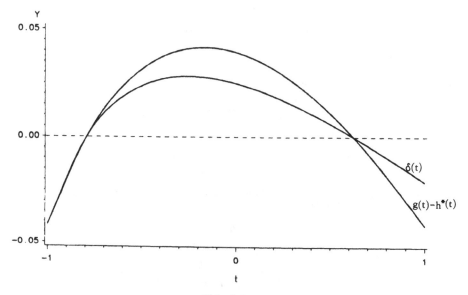

Abb. 9.14

9.6.6 Aufgabe

Man zeige für den relativen Fehler δ mit

$$\delta(t) := \frac{g(t) - h^*(t)}{g(t)}$$

die Abschätzung

$$\max_{-1 \le t \le 1} |\delta(t)| = |\delta(-1)| = \frac{1}{24} = 0.041\overline{6} .$$

9.6.7 Satz

Das lineare Polynom h^*, $h^*(t) = \frac{1}{24}(12t + 37)$, *approximiert die Funktion* g, $g(t) = \frac{\sqrt{2}}{2}\sqrt{3t + 5}$, *im Intervall* $[-1, 1]$ *mit einem betragsmäßig maximalen absoluten und relativen Fehler von jeweils* $\frac{1}{24}$.

Damit sind alle Hilfsmittel bereitgestellt, um eine Quadratwurzel-Routine implementieren zu können. Die Vorgehensweise ist die folgende:

- Stelle $x > 0$ dar in der Form $x = \xi \cdot 2^{2p}$, $p \in \mathbb{Z}$, $\xi \in [1, 4)$.

- Bestimme die lineare Startnäherung aus $\xi_0 := \frac{1}{24}(8\xi + 17)$. (Es gilt $\xi_0 = h^*(t)$ mit $t = \frac{1}{3}(2\xi - 5)$.)

- Verbessere ξ_0 iterativ mit dem Heron-Verfahren gemäß

$$\xi_{\nu+1} = \frac{1}{2}\left(\xi_\nu + \frac{\xi}{\xi_\nu}\right) , \quad \nu = 0, 1, \ldots, N - 1 ,$$

wobei man bei einem zu unterbietenden relativen Fehler δ_N die Anzahl N der Iterationsschritte mit Hilfe von Satz 9.6.4 abschätzen kann.
(Auf Grund von Satz 9.6.3 ist $\delta_\nu \ge 0$ für $\nu \ge 1$.)

- Die gesuchte Näherung für $\sqrt{x}$ ist dann $\xi_N \cdot 2^p$.

9.6.8 Beispiel

Um $\sqrt{1001}$ zu berechnen, geht man aus von

$$1001 = \frac{1001}{256} 2^8 , \quad \text{also} \quad p = 4 , \quad \xi = \frac{1001}{256} .$$

Damit erhält man die Startnäherung

$$\xi_0 = \frac{1}{24}\left(8\frac{1001}{256} + 17\right) = \frac{515}{256} .$$

Aus Satz 9.6.4 folgt, daß mit drei Heron-Schritten der relative Fehler kleiner als 10^{-13} ist. Ein 10-stelliger Taschenrechner liefert die Heron-Iterierten

$$
\begin{aligned}
\xi_0 &= 2.011718750 , \\
\xi_1 &= 1.977704035 , \\
\xi_2 &= 1.977411524 , \\
\xi_3 &= 1.977411503 , \qquad \bullet
\end{aligned}
$$

also $\sqrt{1001} \approx \xi_3 \cdot 2^4 \approx 31.63858405$. Exakt gilt $\sqrt{1001} = 31.6385840391\ldots$.

Lösungshinweise

Es gelten im folgenden die Notationen und Bezeichnungen, die im Lehrtext auftreten.

1.3.2. $z = f(x_1, x_2) := \dfrac{x_1}{x_2}$, $x_2 \neq 0$, $\quad \tilde{z} = f(\tilde{x}_1, \tilde{x}_2) = f(x_1 + \varepsilon_1, x_2 + \varepsilon_2)$,

$\eta = \tilde{z} - z \doteq \dfrac{1}{x_2} \varepsilon_1 - \dfrac{x_1}{(x_2)^2} \varepsilon_2$ (absoluter Fehler),

$\xi = \dfrac{\tilde{z} - z}{z} \doteq \dfrac{1}{x_1} \varepsilon_1 - \dfrac{1}{x_2} \varepsilon_2 = \delta_1 - \delta_2$, $x_1 \neq 0 \neq x_2$ (relativer Fehler).

1.3.7. $p(t) := t^2 + \alpha_1 t + \alpha_2 = (t - z_1)(t - z_2)$.

i) $z_1 = f_1(\alpha_1, \alpha_2) = \dfrac{1}{2} \left(-\alpha_1 + \sqrt{\alpha_1^2 - 4\alpha_2} \right)$,

$z_2 = f_2(\alpha_1, \alpha_2) = \dfrac{1}{2} \left(-\alpha_1 - \sqrt{\alpha_1^2 - 4\alpha_2} \right)$.

Empfindlichkeiten für den absoluten Fehler:

$$\sigma_{11} = \frac{1}{2} \left(-1 + \frac{\alpha_1}{\sqrt{\alpha_1^2 - 4\alpha_2}} \right), \quad \sigma_{21} = \frac{1}{2} \left(-1 - \frac{\alpha_1}{\sqrt{\alpha_1^2 - 4\alpha_2}} \right),$$

$$\sigma_{12} = -\frac{1}{\sqrt{\alpha_1^2 - 4\alpha_2}} = -\sigma_{22}.$$

Konditionszahlen für den relativen Fehler:

$$\tau_{11} = -\frac{\alpha_1}{\sqrt{\alpha_1^2 - 4\alpha_2}} = -\tau_{21},$$

$$\tau_{12} = -\frac{2\alpha_2}{\alpha_1^2 - 4\alpha_2 - \alpha_1 \sqrt{\alpha_1^2 - 4\alpha_2}},$$

$$\tau_{22} = -\frac{2\alpha_2}{\alpha_1^2 - 4\alpha_2 + \alpha_1 \sqrt{\alpha_1^2 - 4\alpha_2}};$$

schlecht konditioniert für $\alpha_2 \approx \frac{1}{4} \alpha_1^2$.

ii) $\alpha_1 = f_1(z_1, z_2) = -(z_1 + z_2)$, $\quad \alpha_2 = f_2(z_1, z_2) = z_1 z_2$.

Empfindlichkeiten für den absoluten Fehler:

$$\sigma_{11} = -1 = \sigma_{12}, \quad \sigma_{21} = z_2, \quad \sigma_{22} = z_1.$$

Konditionszahlen für den relativen Fehler:

$$\tau_{11} = \frac{z_1}{z_1 + z_2}, \quad \tau_{12} = \frac{z_2}{z_1 + z_2}, \quad \tau_{21} = 1 = \tau_{22}.$$

Für $z_1 \approx -z_2$ ist das Problem schlecht konditioniert.

1.4.3. a) *Multiplikation:* Rundung eines maximal $2t$-stelligen exakten Zwischenresultats auf t Stellen, dann Resultat 1.4.1.
b) *Division:* Rundung eines maximal $2t$-stelligen, als exakt angenommenen Zwischenresultats auf t Stellen, dann Resultat 1.4.1.

1.4.6. Seien $S_1 := x_1$, $S_i := S_{i-1} + x_i$ bzw. $\hat{S}_1 := x_1$, $\hat{S}_i := \hat{S}_{i-1} \stackrel{*}{+} x_i$, $i = 2, 3, \ldots, n$. Mit Hilfe von Resultat 1.4.4, t-stellige Gleitkomma-Rechnung folgt:

$$\hat{S}_i = \left(\hat{S}_{i-1} + x_i\right)(1 + \varepsilon_i), \quad |\varepsilon_i| \le 5 \cdot 10^{-t}, \quad i = 2, 3, \ldots, n;$$

rekursiv eingesetzt und $x_i = S_i - S_{i-1}$, $i = 1, \ldots, n$, $S_0 := 0$ verwendet:

$$\hat{S}_n - S_n = \sum_{i=1}^{n-1} \{S_i(1 + \varepsilon_i) - S_i\} \prod_{j=i+1}^{n} (1 + \varepsilon_j) + S_n(1 + \varepsilon_n) - S_n \doteq \sum_{i=2}^{n} \varepsilon_i S_i;$$

große Zwischensummen S_i erzeugen via Auslöschung große Resultatsfehler.

2.2.3. Entwicklung von $q_{\nu+1}(z) = \det(A_{\nu+1} - zE_{\nu+1})$, $2 \le \nu \le n-1$, nach der letzten Spalte. Anfangsbedingungen sichern Gültigkeit der Rekursion auch noch für $\nu = 1$.

2.2.6. Löse Gleichungssystem entsprechend dem Beweis von Satz 2.2.4.

2.3.2. $x \mapsto t := \operatorname{arcosh} x$, $t \mapsto x := \cosh t$, bijektiv für $x \in [1, \infty)$, $t \in [0, \infty)$; $x \ge 1$: Additionstheorem für $\cosh(n+1)t$, $x \le -1$: Symmetrie.

2.3.6. a) $U_n(1) = \left.\dfrac{\sin(n+1)t}{\sin t}\right|_{t=0} = n+1$ (de l'Hospital);
$x \in [-1, 1]$, $t \in [0, \pi]$, Additionstheorem und vollständige Induktion:

$$|U_n(x)| = \left|\frac{\sin(n+1)t}{\sin t}\right| \le |U_{n-1}(x)| + 1 \le n+1.$$

b) $U_n\left(\tilde{x}_k^{(n)}\right) = \dfrac{\sin k\pi}{\sin \frac{k\pi}{n+1}} = 0$, $k = 1, \ldots, n$; Anwenden von Satz 2.3.4 (3);

c) $\dfrac{k+1}{n+2} > \dfrac{k}{n+1} > \dfrac{k}{n+2}$ für $k = 1, \ldots, n$ und ausnutzen, daß $\cos \pi x$ strikt monoton fallend ist für $x \in [0, 1]$.

2.3.8. $\dfrac{r}{r-k}\dbinom{r-k}{k} + \dfrac{r-1}{r-k}\dbinom{r-k}{k-1} = \dfrac{r+1}{r+1-k}\dbinom{r+1-k}{k}$; Rekursionsformel

der Čebyšev-Polynome, Induktionsvoraussetzung, Umordnen.

2.4.4. a) $a_n^{(1)} \;\; := a_n$

$\qquad a_{n-1}^{(1)} \; := 2\alpha a_n^{(1)} + a_{n-1}$

$\qquad a_{n-\nu}^{(1)} \; := 2\alpha a_{n-\nu+1}^{(1)} + a_{n-\nu} - a_{n-\nu+2}^{(1)}\,,\quad \nu = 2, 3, \dots, n\,.$

b)

$$
\begin{array}{r|rrrrrrr}
 & 5 & 2 & 3 & -1 & -4 & 1 & -10 \\
 & - & - & -5 & -7 & -5 & 3 & 12 \\
\frac{1}{2} & - & 5 & 7 & 5 & -3 & -12 & -4 \\
\hline
 & 5 & 7 & 5 & -3 & -12 & -8 & -2 \;\; = p_6(\tfrac{1}{2})\,.
\end{array}
$$

2.5.2. $r_{63}(x) = \dfrac{32x^6 - 48x^4 + 18x^2 - 2}{4x^3 - x^2 - 4x + 1}$; $\quad p_6(1) = p_6(-1) = 0 = q_3(1) = q_3(-1)$;

$\tilde{p}_4(x) = \dfrac{p_6(x)}{x^2 - 1}$, $\quad \tilde{q}_1(x) = \dfrac{q_3(x)}{x^2 - 1}$, $\quad \tilde{r}_{41}(x) = \dfrac{32x^4 - 16x^2 + 2}{4x - 1} = \dfrac{8x^4 - 4x^2 + \frac{1}{2}}{x - \frac{1}{4}}$;

Euklidischer Algorithmus: $\tilde{r}_{41}(x) = 8x^3 + 2x^2 - \dfrac{7}{2}x - \dfrac{7}{8} + \dfrac{\frac{9}{32}}{x - \frac{1}{4}}$.

2.5.4. $\quad r_{01}(x) \;=\; \dfrac{1|}{|x}\,, \quad r_{12}(x) = \dfrac{1|}{|2x} + \dfrac{1|}{|-x}$;

$\qquad r_{n\,n+1}(x) \;=\; \dfrac{1|}{|2x} + \dfrac{1|}{|-2x} + \cdots + \dfrac{1}{|(-1)^{n-1}\cdot 2x} + \dfrac{1}{|(-1)^n x}\,, \quad n \geq 2;$

$\qquad r_{10}(x) \;=\; x\,, \quad r_{21}(x) = 2x + \dfrac{1|}{|-x}\,,$

$\qquad r_{n+1\,n}(x) \;=\; 2x + \dfrac{1|}{|-2x} + \cdots + \dfrac{1}{|(-1)^{n-1}\cdot 2x} + \dfrac{1}{|(-1)^n x}\,, \quad n \geq 2.$

2.5.9. $r_{45}(x) = \dfrac{1}{(x+1)^4} + \dfrac{1}{(x+1)^2} + \dfrac{1}{x-1}$.

2.5.11. T_4-Nullstellen: $\xi_i = \cos\dfrac{2i-1}{8}\pi$, $i = 1, 2, 3, 4$; $\quad \dfrac{1}{T_4(x)} = \displaystyle\sum_{i=1}^{4} \dfrac{\alpha_i}{x - \xi_i}$,

$$
\alpha_i \;=\; \frac{1}{T_4'(\xi_i)} = \frac{1}{4U_3(\xi_i)} = \frac{\sin\dfrac{2i-1}{8}\pi}{4\cdot\sin\dfrac{2i-1}{2}\pi} = \frac{(-1)^{i+1}}{4}\sin\frac{2i-1}{8}\pi\,,
$$

$$
\alpha_1 \;=\; -\alpha_4 = \frac{1}{4}\sin\frac{\pi}{8}\,, \quad \alpha_2 = -\alpha_3 = -\frac{1}{4}\sin\frac{3\pi}{8}\,.
$$

2.6.2. $n < 3$ trivial; $n \geq 3$, $x \in [-1,1]$: Taylorscher Satz liefert
$|\exp(x) - p_n(x)| \leq \dfrac{e}{(n+1)!}$; umgekehrte Dreiecksungleichung:

$$|p_n(x)| \geq |\exp(x) - |\exp(x) - p_n(x)|\,| > \exp(x)\left(1 - \frac{e^2}{(n+1)!}\right) ,$$

analog

$$|p_n'(x)| = |p_{n-1}(x)| \leq \exp(x)\left(1 + \frac{e^2}{n!}\right) ,$$

also $|p_n'(x)| \leq c_n |p_n(x)|$ mit $c_n := \dfrac{1 + \frac{e^2}{n!}}{1 - \frac{e^2}{(n+1)!}} \to 1$ für $n \to \infty$.

2.7.1. a) $o \in S_k$; $x, y \in S_k$, $\alpha, \beta \in \mathbb{K} \Rightarrow \alpha x + \beta y \in S_k$, also S_k Untervektorraum
von S; $\dim S_k = k$ folgt aus b).
b) Seien $\delta^{(\mu)}$ die durch die Anfangswerte $\delta_\nu^{(\mu)} := \delta_{\nu\mu}$, $\nu, \mu = 0, \ldots, k-1$, erzeugten
Folgen. Dann hat $x = (x_\mu)_{\mu \in \mathbb{N}_0} \in S_k$ eine eindeutige Darstellung $x = \sum\limits_{\mu=0}^{k-1} x_\mu \delta^{(\mu)}$;
$\delta^{(\mu)}$, $\mu = 0, \ldots, k-1$, sind linear unabhängig, also $\dim S_k = k$.
c) Seien x irgendeine und v eine spezielle Lösung der inhomogenen Rekursion.
Dann gilt $s := x - v \in S_k$, also $x = v + s$ mit $s \in S_k$.

2.7.7. $H_3(z) = -z^3 + 5z^2 - 8z + 4 = -(z-1)(z-2)^2$,

$$x_{11} = (1)_{n \in \mathbb{N}_0} , \quad x_{12} = (2^{-n})_{n \in \mathbb{N}_0} , \quad x_{22} = (n 2^{-n})_{n \in \mathbb{N}_0} .$$

3.2.2. a) Mit $p(x) = a_0 + a_1 x + a_2 x^2 + a_3 x^3$, $a_0, a_1, a_2, a_3 \in \mathbb{K}$, erhält man

$$\begin{aligned}
p(1) &= a_0 + a_1 + a_2 + a_3 &= 1 , \\
p(-1) &= a_0 - a_1 + a_2 - a_3 &= 1 , \\
p(0) &= a_0 &= 0 .
\end{aligned}$$

Lösung: $\lambda := a_3 \in \mathbb{K}$, $a_0 = 0$, $a_1 = -\lambda$, $a_2 = 1$;

$$p(x) = -\lambda x + x^2 + \lambda x^3 , \quad \lambda \in \mathbb{K} \text{ beliebig} .$$

b) Eine Lösung $p \in \Pi_2$ hätte nach dem Zwischenwertsatz je eine Nullstelle in
$(-1, -\frac{1}{2})$, $(-\frac{1}{2}, \frac{1}{2})$, $(\frac{1}{2}, 1)$, also drei verschiedene Nullstellen, also $p = o$. Widerspruch.

3.2.7. a) Sei $p_n \in \Pi_n$, $n \in \mathbb{N}_0$, definiert durch

$$p_n(x) := \det \begin{pmatrix} 1 & x_0 & \dots & x_0^n \\ \vdots & \vdots & & \vdots \\ 1 & x_{n-1} & \dots & x_{n-1}^n \\ 1 & x & \dots & x^n \end{pmatrix} ;$$

$p_0(x_0) = 1$; $p_n(x_\nu) = 0$ für $\nu = 0, 1, \dots, n-1$, $n \geq 1$,

$$p_n(0) = (-1)^n \det \begin{pmatrix} x_0 & \dots & x_0^n \\ \vdots & & \vdots \\ x_{n-1} & \dots & x_{n-1}^n \end{pmatrix} = (-1)^n x_0 x_1 \dots x_{n-1}\, p_{n-1}(x_{n-1}) .$$

Damit sind $n+1$ Werte des Polynoms p_n bekannt. Nach Satz 3.2.5 ist p_n identisch mit seinem Interpolationspolynom, d.h. es gilt

$$p_n(x) = (-1)^n \prod_{\nu=0}^{n-1} x_\nu\, p_{n-1}(x_{n-1}) \cdot \prod_{\nu=0}^{n-1} \frac{x - x_\nu}{0 - x_\nu} = p_{n-1}(x_{n-1}) \cdot \prod_{\nu=0}^{n-1} (x - x_\nu) .$$

Für $V_n(x_0, \dots, x_n) := p_n(x_n)$ erhalten wir die Rekursionsformel

$$V_n(x_0, \dots, x_n) = p_{n-1}(x_{n-1}) \prod_{\nu=0}^{n-1} (x_n - x_\nu) = V_{n-1}(x_0, \dots, x_{n-1}) \prod_{\nu=0}^{n-1} (x_n - x_\nu)$$

mit $V_0(x_0) = p_0(x_0) = 1$. Wiederholte Anwendung der Rekursion liefert den Beweis der Aussage.

b) Die Koeffizienten $\alpha_0, \dots, \alpha_n$ des Polynoms p lösen

$$\sum_{\nu=0}^{n} \alpha_\nu\, x_k^\nu = y_k, \quad k = 0, 1, \dots, n, \quad \text{d.h.} \quad \begin{pmatrix} 1 & x_0 & \dots & x_0^n \\ \vdots & \vdots & & \vdots \\ 1 & x_n & \dots & x_n^n \end{pmatrix} \begin{pmatrix} \alpha_0 \\ \vdots \\ \alpha_n \end{pmatrix} = \begin{pmatrix} y_0 \\ \vdots \\ y_n \end{pmatrix} .$$

Cramersche Regel:

$$\alpha_i = \frac{1}{V_n(x_0, \dots, x_n)} \cdot \det \begin{pmatrix} 1 & x_0 & \dots & x_0^{i-1} & y_0 & x_0^{i+1} & \dots & x_0^n \\ \vdots & \vdots & & \vdots & \vdots & \vdots & & \vdots \\ 1 & x_n & \dots & x_n^{i-1} & y_n & x_n^{i+1} & \dots & x_n^n \end{pmatrix}, \quad i = 0, \dots, n .$$

$$\uparrow$$
$$i\text{-te Spalte}$$

3.3.2. Nach den Aussagen vor Satz 3.3.1 ist $a_j(y_0, \dots, y_j) = a_j$ der Koeffizient der höchsten Potenz x^j des Interpolationspolynoms zu den Stützstellen $x_0, \dots, x_j$ und den Stützwerten $y_0, \dots, y_j$. Da dieses den Höchstgrad $j-1$ hat, ist $a_j = 0$.

3.3.4. Vollständige Induktion nach $k \in \mathbb{N}_0$; für $k = 0$ trivial. Sei die Induktions-behauptung wahr für alle $l \in \mathbb{N}_0$ mit $0 \leq l \leq k$; Satz 3.3.1 (3) für $l = k + 1$:

$$[y_i, \ldots, y_{i+k+1}] = \frac{[y_{i+1}, \ldots, y_{i+k+1}] - [y_i, \ldots, y_{i+k}]}{x_{i+k+1} - x_i} \; ;$$

Induktionsvoraussetzung benutzen.

3.4.4. $B_0(t) = \dfrac{1}{h} \left((x_1 - t)_+^0 - (x_0 - t)_+^0 \right) = \begin{cases} \dfrac{1}{h} & \text{für } x_0 < t \leq x_1 \,, \\ 0 & \text{für } t \in \mathbb{R} \setminus (x_0, x_1) \,. \end{cases}$

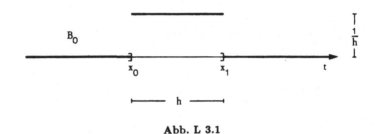

Abb. L 3.1

$$B_1(t) \;=\; \frac{1}{h^2}((x_0 - t)_+ - 2(x_1 - t)_+ + (x_2 - t)_+)$$

$$= \begin{cases} \dfrac{1}{h^2}(-2x_1 + x_2 + t) = \dfrac{1}{h^2}(t - x_0) & \text{für } x_0 \leq t \leq x_1 \,, \\[2mm] \dfrac{1}{h^2}(x_2 - t) & \text{für } x_1 \leq t \leq x_2 \,, \\[2mm] 0 & \text{für } t \in \mathbb{R} \setminus (x_0, x_2) \,. \end{cases}$$

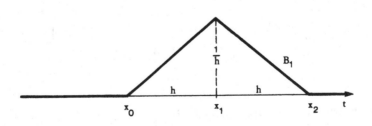

Abb. L 3.2

$$B_2(t) = \frac{1}{2h^3}((x_3-t)_+^2 - 3(x_2-t)_+^2 + 3(x_1-t)_+^2 - (x_0-t)_+^2)$$

$$= \begin{cases} \dfrac{1}{2h^3}((x_3-t)^2 - 3(x_2-t)^2 + 3(x_1-t)^2) & \text{für } x_0 \le t \le x_1\,, \\[2mm] \dfrac{1}{2h^3}((x_3-t)^2 - 3(x_2-t)^2) & \text{für } x_1 \le t \le x_2\,, \\[2mm] \dfrac{1}{2h^3}(x_3-t)^2 & \text{für } x_2 \le t \le x_3\,, \\[2mm] 0 & \text{für } t \in \mathbb{R} \setminus (x_0, x_3)\,. \end{cases}$$

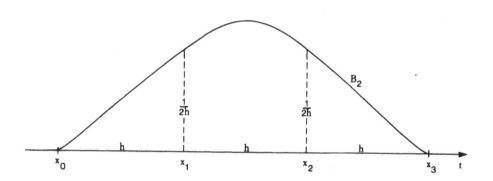

Abb. L 3.3

3.4.5. Beweis indirekt mit Hilfe des Satzes von Rolle und sorgfältiges Abzählen der Nullstellen von $f^{(j)}$, $0 \le j \le k$.

3.5.3. $r_n(x) = \exp(x) - p_n(x) = \dfrac{\exp(\xi_x)}{(n+1)!}\omega_{n+1}(x)$;

mit $x,\ x_k \in [-1,1]$, $k = 0,\ldots,n$, folgt auch $\xi_x \in [-1,1]$; $\dfrac{1}{e} \le \exp(\xi_x) \le e$,

$|x - x_k| \le 2$, $k = 0,\ldots,n$: $|\omega_{n+1}(x)| = \displaystyle\prod_{k=0}^{n} |x - x_k| \le 2^{n+1}$. Also folgt insgesamt

$\displaystyle\max_{x\in[-1,1]} |r_n(x)| \le \dfrac{e \cdot 2^{n+1}}{(n+1)!} \overset{!}{\le} 10^{-10}$. Diese Ungleichung wird erst ab $n = 18$ erfüllt.

Da die Folge $\left(\dfrac{e \cdot 2^{n+1}}{(n+1)!}\right)_{n\in\mathbb{N}_0}$ monoton fällt, gilt $\dfrac{e \cdot 2^{n+1}}{(n+1)!} \le 10^{-10}$ für alle $n \ge 18$.

3.5.5. $x \in [x_0, x_1]$, $x_0 < x_1$; $L_1(x) = |l_0(x)| + |l_1(x)| = 1 = \Lambda_1 := \max\limits_{x \in [x_0, x_1]} L_1(x)$. Mit $\varepsilon := \max\{\varepsilon_0, \varepsilon_1\}$ und Satz 3.5.4 gilt $\max\limits_{x \in [x_0, x_1]} |\eta(x)| \le \varepsilon$ für die Fehlerfunktion η; ε ist also für $x \in [x_0, x_1]$ eine obere Schranke für den durch die beiden fehlerbehafteten Daten verursachten Fehler.

3.6.1. Bei einer interpolatorischen Quadraturformel wird der Integrand q durch sein Interpolationspolynom p an $m + 1$ paarweise verschiedenen Stützstellen ersetzt und dieses dann integriert.
Ist $q \in \Pi_m$, so ist q selbst das interpolierende Polynom, also $q = p$. Somit tritt kein Fehler auf, wenn man q durch p ersetzt, d.h. es gilt $R_m(q) = 0$.

3.6.5. Lagrange-Grundpolynome:

$$l_0(t) \;=\; -\frac{9}{16}\left(t^3 - t^2 - \frac{t}{9} + \frac{1}{9}\right)\,, \qquad l_1(t) \;=\; \frac{27}{16}\left(t^3 - \frac{t^2}{3} - t + \frac{1}{3}\right)\,,$$

$$l_2(t) \;=\; -\frac{27}{16}\left(t^3 + \frac{t^2}{3} - t - \frac{1}{3}\right)\,, \qquad l_3(t) \;=\; \frac{9}{16}\left(t^3 + t^2 - \frac{t}{9} - \frac{1}{9}\right)\,.$$

Es folgt $a_0 = a_3 = \frac{1}{4}$, $a_1 = a_2 = \frac{3}{4}$,

$$\int_a^b f(x)\,dx = \frac{3}{8}h\left\{f(x_0) + 3f(x_1) + 3f(x_2) + f(x_3)\right\} + R^N(f)\,,$$

$$x_\nu = a + \nu h\,, \quad \nu = 0,1,2,3\,, \quad h = \frac{b-a}{3}\,, \quad R^N(q) = 0 \text{ für } q \in \Pi_3\,.$$

3.7.4. $a \le x_0 < \ldots < x_m \le b$, $M_{k,m}(t) = (b-t)_+^{k+1} - (a-t)_+^{k+1} - (k+1)\sum\limits_{\nu=0}^m a_\nu (x_\nu - t)_+^k$.

a) Wegen $(x_\nu - t)_+^k = 0$ für $t > x_\nu$, $x_\nu \le b$, folgt $M_{k,m}(t) = 0$ für $t > b$; ist $t < a$, so gilt für f, $f(x) := (x-t)^k$,

$$M_{k,m}(t) \;=\; (b-t)^{k+1} - (a-t)^{k+1} - (k+1)\sum_{\nu=0}^m a_\nu (x_\nu - t)^k$$

$$\;=\; (k+1)\left\{\int_a^b (x-t)^k\,dx - \sum_{\nu=0}^m a_\nu (x_\nu - t)^k\right\} = (k+1)R_k(f)\,,$$

wobei wegen $f \in \Pi_k$ nach Satz 3.7.2 auch $R_k(f) = 0$ gilt. Insgesamt ist $M_{k,m}(t) = 0$ für alle $t \in \mathbb{R} \setminus [a, b]$.
b) Sei $0 \le j \le k-1$, dann $M_{k,m}^{(j)}(a) = 0$.
i) Ist $j = k-1$, so ist $M_{k,m}^{(k-1)}$,

$$M_{k,m}^{(k-1)}(t) = (k+1)!(-1)^{(k-1)}\sum_{\nu=0}^m a_\nu \left\{(x_\nu - t) - (x_\nu - t)_+\right\}\,,$$

für $a = x_0$ bei $t = a$ nicht differenzierbar.

ii) Für $t \leq a < x_0$ ist $(x_0 - t)_+$ noch einmal differenzierbar, dann $M_{k,m}^{(k)}(a) = 0$, also im Punkt $t = a$ eine Nullstelle der Ordnung $k + 1$.

iii) Sofort einzusehen, da $(x_\nu - t)_+^k = 0$ für $t \geq x_\nu$ erfüllt ist, falls $t \geq b$.

3.7.7. a) $M_{3,2}(t) = (1-t)_+^4 - \dfrac{16}{3}(-t)_+^3 - \dfrac{4}{3}(1-t)_+^3$ für $t \in [-1,1]$; $M_{32}(-t) = M_{32}(t)$;

für $t \in [0,1]$ ist $M_{3,2}(t) = (1 - t)^4 - \dfrac{4}{3}(1 - t)^3 = -\dfrac{1}{3}(1 - t)^3(3t + 1) \leq 0$.

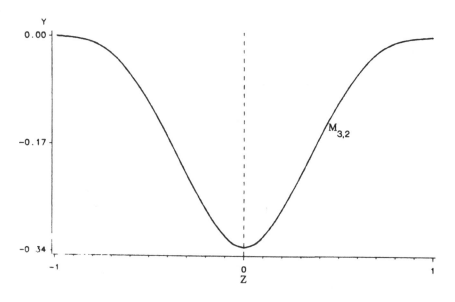

Abb. L 3.4

b) Nach Satz 3.7.5 gilt $R^S(f) := R_3(f) = \displaystyle\int_{-1}^1 \dfrac{f^{(4)}(t)}{4!} M_{3,2}(t)\, dt$;

$M_{3,2}(t) \leq 0$ für $t \in [-1,1]$, erweiterter Mittelwertsatz der Integralrechnung:

$$R^S(f) = \frac{f^{(4)}(\xi)}{24} \int_{-1}^1 M_{3,2}(t)\, dt = \frac{f^{(4)}(\xi)}{24} \cdot 2 \cdot \int_0^1 M_{32}(t)\,dt = -\frac{f^{(4)}(\xi)}{90}, \quad \xi \in (-1,1).$$

3.7.8. a) Mit der Substitution $x = a + th$ erhält man

$$a_{\nu m} = \int_a^b \prod_{\substack{\mu=0 \\ \mu \neq \nu}}^m \frac{x - x_\mu}{x_\nu - x_\mu} = h\frac{(-1)^{m-\nu}}{\nu!(m-\nu)!} \int_0^m \frac{t(t-1)\cdots(t-m)}{t-\nu}\,dt\ .$$

Ersetze ν durch $m - \nu$:

$$a_{m-\nu\ m} = h\frac{(-1)^\nu}{\nu!(m-\nu)!} \int_m^0 \frac{(m-s)(m-s-1)\cdots(-s)}{\nu - s}(-1)ds = a_{\nu m}\ .$$

b) Aus Satz 3.7.5 folgt

$$R_k(f) = b_s h^{k+2} \sum_{\mu=0}^{n-1} f^{(k+1)}(\xi_\mu)\,, \quad \xi_\mu \in [x_\mu, x_{\mu+s}]\,, \quad \mu = 0, s, 2s, \ldots, (n-1)s\,.$$

Wegen $\min\limits_{x \in [a,b]} f^{(k+1)}(x) \le \alpha := \dfrac{1}{n} \sum\limits_{\mu=0}^{n-1} f^{(k+1)}(\xi_\mu) \le \max\limits_{x \in [a,b]} f^{(k+1)}(x)$, existiert auf Grund

des Zwischenwertsatzes für stetige Funktionen ein $\xi \in [a,b]$ mit $f^{(k+1)}(\xi) = \alpha$,

d.h. $\sum\limits_{\mu=0}^{n-1} f^{(k+1)}(\xi_\mu) = n\, f^{(k+1)}(\xi)$.

3.8.2. Zu bestimmen sind die Nullstellen $x_{\nu m}$, $\nu = 0, 1, \ldots, m$, von ω_{m+1}, $m = 0, 1, \ldots, 4$:

$$\omega_1(x) = x \Rightarrow x_{00} = 0\,, \quad \omega_2(x) = x^2 - \frac{1}{3} \Rightarrow x_{01} = -\frac{1}{\sqrt{3}} = -x_{11}\,,$$

$$\omega_3(x) = x^3 - \frac{3}{5}x \Rightarrow x_{02} = -\sqrt{\frac{3}{5}} = -x_{22}\,, \quad x_{12} = 0\,,$$

$$\omega_4(x) = x^4 - \frac{90}{105}x^2 + \frac{9}{105}$$

$$\Rightarrow \quad x_{03} = \sqrt{\frac{45}{105} + \sqrt{\frac{504}{5145}}} = -x_{33}, \quad x_{13} = \sqrt{\frac{45}{105} - \sqrt{\frac{504}{5145}}} = -x_{23}\,,$$

$$\omega_5(x) = x^5 - \frac{10}{9}x^3 + \frac{5}{21}x \Rightarrow x_{24} = 0\,,$$

$$x_{04} = -x_{44} = -\sqrt{\frac{5}{9} + \sqrt{\frac{40}{567}}}, \quad x_{14} = -x_{34} = -\sqrt{\frac{5}{9} - \sqrt{\frac{40}{567}}}\,.$$

m	$x_{\nu m}$	$a_{\nu m}$
0	0	2
1	$\pm\dfrac{1}{\sqrt{3}}$	1
2	0	$\dfrac{8}{9}$
	$\pm\sqrt{\frac{3}{5}}$	$\dfrac{5}{9}$
3	± 0.3399810436	0.6521451549
	± 0.8611363116	0.3478548451
4	0	0.5688888889
	± 0.5384693101	0.4786286705
	± 0.9061798459	0.2369268851

3.8.5. $\displaystyle\int_{-1}^{1}(x^2-1)^{m+1}\,dx = -\frac{m+1}{m+2}\int_{-1}^{1}(x+1)^{m+2}(x-1)^m dx = \cdots$

$\displaystyle= (-1)^{m+1}\frac{(m+1)!(m+1)!}{(2m+2)!}\int_{-1}^{1}(x+1)^{2m+2}\,dx = (-1)^{m+1}\frac{[(m+1)!]^2}{(2m+2)!}\frac{2^{2m+3}}{2m+3}.$

3.8.7. $\displaystyle\frac{d^n}{dx^n}\ln(x+2) = (-1)^{n+1}\frac{(n-1)!}{(x+2)^n}\;;\quad \max_{x\in[-1,1]}\left|\frac{1}{(x+2)^n}\right| = 1\;,\quad n\in\mathbb{N},\ \text{also}$

nach Satz 3.8.6 für $n = 2m+2$ und $f(x) = \ln(x+2)$:

$$|R_{2m+1}(f)| \le \frac{2^{2m+3}}{2m+3}\cdot\frac{[(m+1)!]^4}{[(2m+2)!]^3}\cdot(2m+1)! \overset{!}{\le} \frac{1}{2}\cdot 10^{-10}\;.$$

Man rechnet leicht nach, daß diese Ungleichung erstmals für $m = 13$ erfüllt ist, d.h. man muß mit einer $m+1 = 14$-punktigen Gauß-Formel vom Exaktheitsgrad $k = 2m+1 = 27$ arbeiten.

Trapez-Regel: Beispiel 3.7.3 und Aufgabe 3.7.8 b) mit $s = 1$, $k = 2$

$$R_m^T(f) := R_1(f) = -\frac{h^3 m}{12}f''(\xi) = -(b-a)\frac{h^2}{12}f''(\xi)\;,$$

$$|R_m^T(f)| = 2\frac{h^2}{12}|f''(\xi)| \le \frac{1}{6}\frac{4}{m^2}\max_{x\in[-1,1]}\left|\frac{1}{(x+2)^2}\right| = \frac{2}{3m^2} \overset{!}{\le} 10^{-10}\;.$$

Ungleichung erfüllt für $m\in\mathbb{N}$ mit $m\ge\sqrt{\frac{2}{3}10^{10}}$, also für $m\ge 81650$.
Für die $(m+1)$-punktige Trapez-Regel benötigen wir somit mindestens 81651 Knoten, um die Genauigkeit zu erhalten, die wir mit der Gauß-Formel bereits mit 14 Knoten erreichen konnten.

4.3.3. Betrachte für $n\ge 2$ ($n = 0,1$ trivial) eine Linearkombination

$$p_n := \sum_{\nu=0}^{n}\beta_\nu b_{\nu n} = o\quad\text{(Nullpolynom)};$$

dann speziell $p_n(0) = p_n(1) = 0$, also $\beta_0 = \beta_n = 0$; vollständige Induktion:

$$p_n(t) = \sum_{\nu=1}^{n-1}\beta_\nu b_{\nu n}(t) = t(1-t)\sum_{\nu=0}^{n-2}\tilde\beta_\nu b_{\nu\;n-2}(t)\;,\quad \tilde\beta_\nu := \frac{\binom{n}{\nu+1}}{\binom{n-2}{\nu}}\beta_{\nu+1},\ \nu = 0,\ldots,n-2\;.$$

4.3.7. Beweis durch vollständige Induktion nach k; Induktionsschritt:

$$\begin{aligned}
b_{\nu n}^{(k+1)}(t) &= \prod_{j=0}^{k-1}(n-j)\sum_{\mu=0}^{k}(-1)^\mu\binom{k}{\mu}b'_{\nu-k+\mu\;n-k}(t)\\[4pt]
&= \prod_{j=0}^{k-1}(n-j)\sum_{\mu=0}^{k}(-1)^\mu\binom{k}{\mu}(n-k)\,[b_{\nu-k+\mu-1\;n-k-1}(t) - b_{\nu-k+\mu\;n-k-1}(t)]\\[4pt]
&= \prod_{j=0}^{k}(n-j)\sum_{\mu=0}^{k+1}(-1)^\mu\binom{k+1}{\mu}b_{\nu-(k+1)+\mu\;n-(k+1)}(t)\;,
\end{aligned}$$

folgt mit Hilfe der Beziehungen

$$\binom{k}{\mu} + \binom{k}{\mu-1} = \binom{k+1}{\mu}, \quad \binom{k}{0} = \binom{k+1}{0} = 1, \quad \binom{k}{k+1} = 0.$$

4.4.1. $p(0) = 0 \Rightarrow \beta_0 = 0$; $\quad p(1) = 1 \Rightarrow \beta_3 = 1$;

$$\frac{p(t) - t^3}{t(1-t)} = 3\beta_1(1-t) + 3\beta_2 t \; ; \quad -3(1+t) = 3\beta_1(1-t) + 3\beta_2 t \; ;$$

$$t = 0 \Rightarrow \beta_1 = -1, \quad t = 1 \Rightarrow \beta_2 = -2.$$

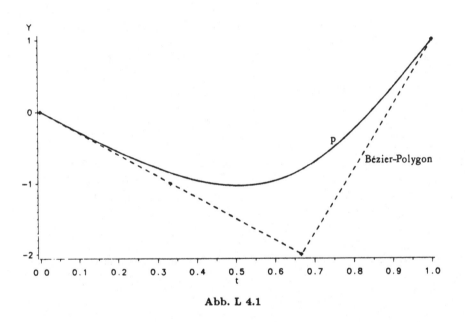

Abb. L 4.1

4.4.3. $y_1, y_2 \in K := \mathrm{conv}(x_0, \ldots, x_m)$ beliebig; dann (elementares Nachrechnen) für $\lambda \in [0, 1]$ auch $z(\lambda) := (1 - \lambda)y_1 + \lambda y_2 \in K$.

4.4.7. $a_k = \dfrac{p^{(k)}(0)}{k!}$ (Satz von Taylor), also $a_k = \binom{n}{k}\Delta^k \beta_0$, lineares Gleichungssystem mit Dreiecksform, Lösung durch vollständige Induktion, $\beta_k = \displaystyle\sum_{\mu=0}^{k} \frac{\binom{k}{\mu}}{\binom{n}{k-\mu}} a_{k-\mu}$, $k = 0, \ldots, n$.

4.4.9. Mit dem de Casteljau-Schema folgt

$$-\tfrac{11}{16} = p\left(\tfrac{1}{4}\right), \quad -1 = p\left(\tfrac{1}{2}\right), \quad -\tfrac{9}{16} = p\left(\tfrac{3}{4}\right).$$

4.5.3. $B_2(t) = -\frac{1}{2}(-t)_+^2 + \frac{3}{2}(1-t)_+^2 - \frac{3}{2}(2-t)_+^2 + \frac{1}{2}(3-t)_+^2$ (vgl. Definition 3.4.2); gesucht ist die Darstellung

$$B_2(t) = \sum_{\mu=0}^{2} \beta_{\mu\nu} b_{\mu\nu}(t-\nu)\,, \quad t \in [\nu, \nu+1]\,, \quad \nu = 0, 1, 2\,;$$

$$B_2(3) = B_2'(3) = 0 \Rightarrow \beta_{22} = \beta_{12} = 0\,; \quad B_2''(3) = 1 \Rightarrow \beta_{02} = \frac{1}{2}\,;$$

$$B_2(0) = B_2'(0) = 0 \Rightarrow \beta_{00} = \beta_{10} = 0\,; \quad B_2''(0) = 1 \Rightarrow \beta_{20} = \frac{1}{2}\,;$$

$$\beta_{02} = \beta_{20} = \frac{1}{2}\,, \quad \beta_{21} = \beta_{02} = \frac{1}{2}\,,$$

$$\beta_{11} - \beta_{01} = \beta_{20} - \beta_{10} = \frac{1}{2} \Rightarrow \beta_{11} = 1\,.$$

Die Bézier-Darstellung von B_2 lautet daher

$$B_2(t) = \begin{cases} \frac{1}{2}b_{22}(t) & ,\ t \in [0,1]\,, \\ \frac{1}{2}b_{02}(t-1) + b_{12}(t-1) + \frac{1}{2}b_{22}(t-1), & t \in [1,2]\,, \\ \frac{1}{2}b_{02}(t-2) & ,\ t \in [2,3]\,, \\ 0 & ,\ t \notin [0,3]\,. \end{cases}$$

4.5.5. Man führe die Hilfsgrößen $d_\mu := 2\beta_{1\mu} - \beta_{2\mu} = 2\beta_{1\,\mu-1} - \beta_{0\,\mu-1}$, $\mu \in \mathbb{Z}$, ein.

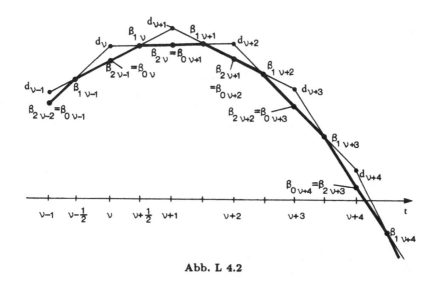

Abb. L 4.2

4.6.3. a) Gerade g_1 durch die Punkte $\begin{pmatrix} \nu - \frac{1}{3} \\ \beta_{2\ \nu-1} \end{pmatrix}$ und $\begin{pmatrix} \nu + \frac{1}{3} \\ \beta_{1\ \nu} \end{pmatrix}$:

$$g_1(\lambda) := \begin{pmatrix} \nu - \frac{1}{3} \\ \beta_{2\ \nu-1} \end{pmatrix} + \lambda \left[\begin{pmatrix} \nu + \frac{1}{3} \\ \beta_{1\ \nu} \end{pmatrix} - \begin{pmatrix} \nu - \frac{1}{3} \\ \beta_{2\ \nu-1} \end{pmatrix} \right] = \begin{pmatrix} \nu - \frac{1}{3} \\ \beta_{2\ \nu-1} \end{pmatrix} + \lambda \begin{pmatrix} \frac{2}{3} \\ \beta_{1\ \nu} - \beta_{2\ \nu-1} \end{pmatrix},$$

$\lambda \in \mathbb{R}$; Gerade g_2 durch die Punkte $\begin{pmatrix} \nu - \frac{2}{3} \\ \beta_{1\ \nu-1} \end{pmatrix}$ und $\begin{pmatrix} \nu + \frac{2}{3} \\ \beta_{2\ \nu} \end{pmatrix}$:

$$g_2(\lambda) = \begin{pmatrix} \nu - \frac{2}{3} \\ \beta_{1\ \nu-1} \end{pmatrix} + \lambda \left[\begin{pmatrix} \nu + \frac{2}{3} \\ \beta_{2\ \nu} \end{pmatrix} - \begin{pmatrix} \nu - \frac{2}{3} \\ \beta_{1\ \nu-1} \end{pmatrix} \right] = \begin{pmatrix} \nu - \frac{2}{3} \\ \beta_{1\ \nu-1} \end{pmatrix} + \lambda \begin{pmatrix} \frac{4}{3} \\ \beta_{2\ \nu} - \beta_{1\ \nu-1} \end{pmatrix},$$

$\lambda \in \mathbb{R}$. Wegen Satz 4.5.4 (3) gilt nun

$$2 \begin{pmatrix} \frac{2}{3} \\ \beta_{1\ \nu} - \beta_{2\ \nu-1} \end{pmatrix} = \begin{pmatrix} \frac{4}{3} \\ 2\beta_{1\ \nu} - 2\beta_{2\ \nu-1} \end{pmatrix} = \begin{pmatrix} \frac{4}{3} \\ \beta_{2\ \nu} - \beta_{1\ \nu-1} \end{pmatrix};$$

die Richtungsvektoren der Geraden g_1 und g_2 sind also kollinear.

b) Die Verbindungsgerade g_3 von $\begin{pmatrix} \nu \\ d_\nu \end{pmatrix}$ und $\begin{pmatrix} \nu + 1 \\ d_{\nu+1} \end{pmatrix}$ ist gegeben durch

$$g_3(\lambda) = \begin{pmatrix} \nu \\ d_\nu \end{pmatrix} + \lambda \left[\begin{pmatrix} \nu + 1 \\ d_{\nu+1} \end{pmatrix} - \begin{pmatrix} \nu \\ d_\nu \end{pmatrix} \right] = \begin{pmatrix} \nu \\ d_\nu \end{pmatrix} + \lambda \begin{pmatrix} 1 \\ d_{\nu+1} - d_\nu \end{pmatrix}, \quad \lambda \in \mathbb{R}.$$

Wegen $P_1 := \begin{pmatrix} \nu + \frac{1}{3} \\ \beta_{1\ \nu} \end{pmatrix} = g_3(\frac{1}{3})$ und $P_2 := \begin{pmatrix} \nu + \frac{2}{3} \\ \beta_{2\ \nu} \end{pmatrix} = g_3(\frac{2}{3})$ liegen P_1, P_2 auf g_3.

4.7.4. Wegen
$$3y_0 + m_0 = 3\beta_{00} + 3(\beta_{10} - \beta_{00}) = 3\beta_{10},$$
$$y_\nu = \beta_{0\ \nu}, \quad \nu = 0, \ldots, k-1,$$
$$3y_k - m_k = 3\beta_{3\ k-1} - 3(\beta_{3\ k-1} - \beta_{2\ k-1}) = 3\beta_{2\ k-1}$$

(vgl. Satz 4.6.7) stimmen die (regulären) Koeffizientenmatrizen und die rechten Seiten der linearen Gleichungssysteme aus Satz 4.7.3 (2) und dem Beweis von Satz 4.6.3 überein. Daher gilt $\alpha_\nu = d_\nu$, $\nu = 0, \ldots, k$. Auf Grund der Beziehungen

$$d_\nu = 2\beta_{1\ \nu} - \beta_{2\ \nu}, \quad \nu = 0, \ldots, k-1, \quad d_k = 2\beta_{2\ k-1} - \beta_{1\ k-1},$$

$$S''(\nu) = 6\Delta^2 \beta_{1\ \nu} = 6(\beta_{0\ \nu} - d_\nu) = 6(S(\nu) - d_\nu), \quad \nu = 0, \ldots, k-1,$$

$$S''(k) = 6\Delta^2 \beta_{1\ k-1} = 6(-d_k + \beta_{3\ k-1}) = 6(\beta_{0\ k} - d_k) = 6(S(k) - d_k)$$

gilt a) $\alpha_\nu = S(\nu) - \frac{1}{6}S''(\nu)$, $\nu = 0, \ldots, k$.
Aus Satz 4.7.3 (3) erhalten wir weiterhin:

b) $\alpha_{-1} = 6y_0 - 4\alpha_0 - \alpha_1 = 2S(0) - S(1) + \frac{2}{3}S''(0) + \dfrac{S''(1)}{6}$,

c) $\alpha_{k+1} = 6y_k - \alpha_{k-1} - 4\alpha_k = 2S(k) - S(k-1) + \frac{1}{6}S''(k-1) + \frac{2}{3}S''(k)$.

4.7.7. Nach Satz 4.7.3 (3) ist das lineare Gleichungssystem

$$
\begin{pmatrix}
2 & 1 & 0 & 0 & 0 \\
1 & 4 & 1 & 0 & 0 \\
0 & 1 & 4 & 1 & 0 \\
0 & 0 & 1 & 4 & 1 \\
0 & 0 & 0 & 1 & 2
\end{pmatrix}
\begin{pmatrix}
\alpha_0 \\ \alpha_1 \\ \alpha_2 \\ \alpha_3 \\ \alpha_4
\end{pmatrix}
=
\begin{pmatrix}
2 \\ 6 \\ 6(\sqrt{5}-1) \\ 6 \\ 2
\end{pmatrix}
$$

zu lösen. Man erhält

$$\alpha_4 = \frac{42\sqrt{5}-14}{168} = \frac{\sqrt{5}}{4} - \frac{1}{12} \approx 0.475683661 \,,$$

$$\alpha_3 = \frac{42\sqrt{5}-208+26\alpha_2}{-97} = \frac{13}{6} - \frac{\sqrt{5}}{2} \approx 1.048632678 \,,$$

$$\alpha_2 = \frac{42\sqrt{5}-52-7\alpha_1}{26} = \frac{7}{4}\sqrt{5} - \frac{31}{12} \approx 1.329785627 \,,$$

$$\alpha_1 = \frac{-10+2\alpha_0}{-7} = \frac{13}{6} - \frac{\sqrt{5}}{2} = \alpha_3 \approx 1.048632678 \,,$$

$$\alpha_0 = \frac{2-\alpha_{-1}}{2} = \frac{\sqrt{5}}{4} - \frac{1}{12} = \alpha_4 \approx 0.475683661 \,,$$

$$\alpha_{-1} = -2y_0' + \alpha_1 = -4 + \frac{13}{6} - \frac{\sqrt{5}}{2} = -\frac{11}{6} - \frac{\sqrt{5}}{2} \approx -2.951367322 \,,$$

$$\alpha_5 = 2y_4' + \alpha_3 = -4 + \frac{13}{6} - \frac{\sqrt{5}}{2} = \alpha_{-1} \,;$$

Also ist $\ S,\ S(t) = \sum\limits_{\nu=-1}^{5} \alpha_\nu B_{\nu 3}(t)$, der gesuchte interpolierende kubische Spline,

dessen Graph $\begin{pmatrix} t \\ S(t) \end{pmatrix}$ für $t \in [0,4]$ im Inneren des von den Punkten

$$\begin{pmatrix} -1 \\ -\frac{11}{6}-\frac{\sqrt{5}}{2} \end{pmatrix}, \quad \begin{pmatrix} 0 \\ \frac{\sqrt{5}}{4}-\frac{1}{12} \end{pmatrix}, \quad \begin{pmatrix} 1 \\ \frac{13}{6}-\frac{\sqrt{5}}{2} \end{pmatrix}, \quad \begin{pmatrix} 2 \\ \frac{7}{4}\sqrt{5}-\frac{31}{12} \end{pmatrix},$$

$$\begin{pmatrix} 3 \\ \frac{13}{6}-\frac{\sqrt{5}}{2} \end{pmatrix}, \quad \begin{pmatrix} 4 \\ \frac{\sqrt{5}}{4}-\frac{1}{12} \end{pmatrix}, \quad \begin{pmatrix} 5 \\ -\frac{11}{6}-\frac{\sqrt{5}}{2} \end{pmatrix}$$

erzeugten konvexen Polygons liegt.

Bemerkung. Man sieht, daß der in Abb. L. 4.3 angegebene Graph des Splines für $x \in [0,4]$ sehr viel Ähnlichkeit mit einem Kreissegment hat. In der Tat erfüllen die Datenpunkte (x_ν, y_ν), $\nu = 0,\dots,4$, die Gleichung $(x-2)^2 + (y+1)^2 = 5$.

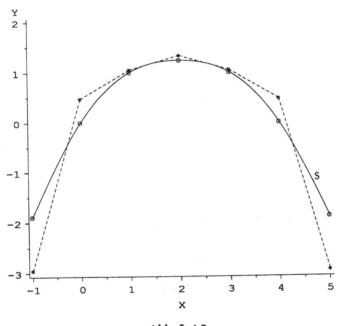

Abb. L 4.3

4.9.2. Halbkreis:
$$\begin{pmatrix} x(t) \\ y(t) \end{pmatrix} = \begin{pmatrix} -\cos t \\ 1 + \sin t \end{pmatrix} , \quad 0 \leq t < \pi .$$

Geradenstücke:
$$\begin{pmatrix} x(t) \\ y(t) \end{pmatrix} = \begin{pmatrix} -\frac{4}{\pi}t + 5 \\ -\frac{5}{\pi}t + 6 \end{pmatrix} , \quad \pi \leq t < \frac{3}{2}\pi , \quad \begin{pmatrix} x(t) \\ y(t) \end{pmatrix} = \begin{pmatrix} \frac{4}{\pi}t - 7 \\ -\frac{3}{2} \end{pmatrix} , \quad \frac{3}{2}\pi \leq t \leq 2\pi ;$$

$$0 < (\dot{x}(t))^2 + (\dot{y}(t))^2 = \begin{cases} \sin^2 t + \cos^2 t = 1 & , \quad 0 \leq t < \pi , \\[2mm] \dfrac{41}{\pi^2} & , \quad \pi \leq t < \dfrac{3}{2}\pi , \\[2mm] \dfrac{16}{\pi^2} & , \quad \dfrac{3}{2}\pi < t \leq 2\pi . \end{cases}$$

4.10.7. Für die Funktion f, $f(x,y) = \sqrt{25 - x^2}$, erhalten wir folgende Daten:

$x = i$	0	1	2	3	4
f_{ij}	5	$\sqrt{24}$	$\sqrt{21}$	4	3

a) Wir gehen wie im Satz 4.10.5 angegeben vor.

$$\begin{pmatrix} 4 & 1 & 0 & 0 & 0 \\ 1 & 4 & 1 & 0 & 0 \\ 0 & 1 & 4 & 1 & 0 \\ 0 & 0 & 1 & 4 & 1 \\ 0 & 0 & 0 & 1 & 4 \end{pmatrix} \begin{pmatrix} \tau_{0j} \\ \tau_{1j} \\ \tau_{2j} \\ \tau_{3j} \\ \tau_{4j} \end{pmatrix} = 6 \begin{pmatrix} 5 \\ \sqrt{24} \\ \sqrt{21} \\ 4 \\ \sqrt{3} \end{pmatrix}, \qquad \begin{aligned} \tau_{0j} &= 6.3568906479432, \\ \tau_{1j} &= 4.5724374082270, \\ \tau_{2j} &= 4.7472366325468, \\ \tau_{3j} &= 3.9340702313209, \\ \tau_{4j} &= 3.5164824421697. \end{aligned}$$

Setzt man diese Werte in das Gleichungssystem

$$\begin{pmatrix} 4 & 1 & 0 & 0 & 0 \\ 1 & 4 & 1 & 0 & 0 \\ 0 & 1 & 4 & 1 & 0 \\ 0 & 0 & 1 & 4 & 1 \\ 0 & 0 & 0 & 1 & 4 \end{pmatrix} \begin{pmatrix} \alpha_{i0} \\ \alpha_{i1} \\ \alpha_{i2} \\ \alpha_{i3} \\ \alpha_{i4} \end{pmatrix} = \begin{pmatrix} \tau_{i0} \\ \tau_{i1} \\ \tau_{i2} \\ \tau_{i3} \\ \tau_{i4} \end{pmatrix}$$

für $i = 0, \ldots, 4$ ein, so erhält man näherungsweise

$$\begin{aligned} \alpha_{00} = \alpha_{04} &= 8.0683612070049, & \alpha_{10} = \alpha_{14} &= 5.8034782489035, \\ \alpha_{01} = \alpha_{03} &= 5.8678990596399, & \alpha_{11} = \alpha_{13} &= 4.2207114537480, \\ \alpha_{02} &= 6.6013864420949, & \alpha_{12} &= 4.7483003854665, \end{aligned}$$

$$\begin{aligned} \alpha_{20} = \alpha_{24} &= 6.0253388028478, & \alpha_{30} = \alpha_{34} &= 4.9932429859073, \\ \alpha_{21} = \alpha_{23} &= 4.3820645838893, & \alpha_{31} = \alpha_{33} &= 3.6314494442962, \\ \alpha_{22} &= 4.9298226568755, & \alpha_{32} &= 4.0853806248332, \end{aligned}$$

$$\begin{aligned} \alpha_{40} = \alpha_{44} &= 4.4632277150615, \\ \alpha_{41} = \alpha_{43} &= 3.2459837927720, \\ \alpha_{42} &= 3.6517317668685, \end{aligned}$$

woraus wir die B-Spline-Darstellung

$$S(x,y) = \sum_{\nu=0}^{4} \sum_{\mu=0}^{4} \alpha_{\nu\mu} B_{\nu3}(x) B_{\mu3}(y)$$

des gesuchten interpolierenden Splines erhalten.

b) Gemäß Satz 4.10.6 (2) berechnen wir im Schritt a) für $k, \lambda = -1, \ldots, 5$

$$y_{k\lambda} = \begin{cases} f_{k\lambda} = \sqrt{25 - k^2} & , \ 0 \le k, \lambda \le 4 , \\ m_{4\lambda} = -\frac{4}{3} & , \ k = 5, \ 0 \le \lambda \le 4 , \\ 0 \text{ sonst.} \end{cases}$$

Hieraus folgt aus Schritt b)

$$\tau_{-1\lambda} = \tau_{1\lambda} = 4.9338010384, \qquad \tau_{0\lambda} = 5.0330994808,$$

$$\tau_{2\lambda} = 4.6255732789, \qquad \tau_{3\lambda} = 4.0593600157,$$

$$\tau_{4\lambda} = 3.1369866584, \qquad \tau_{5\lambda} = 1.3926933506$$

für $\lambda = 0, \ldots, 4$ sowie $\tau_{\lambda\,-1} = \tau_{\lambda 5} = 0$ für $\lambda = -1, \ldots, 5$. Durch Lösen der im Satz 4.10.6 (2) c) angegebenen linearen Gleichungssysteme erhält man schließlich für $\lambda = -1, \ldots, 5$:

$$\alpha_{-1\,\lambda} = \alpha_{1\lambda} = 4.9338010384, \qquad \alpha_{0\lambda} = 5.0330994808,$$

$$\alpha_{2\lambda} = 4.6255732789, \qquad \alpha_{3\lambda} = 4.0593600157,$$

$$\alpha_{4\lambda} = 3.1369866584, \qquad \alpha_{5\lambda} = 1.3926933506$$

als Koeffizienten der gesuchten B-Spline-Darstellung

$$S(x,y) = \sum_{\nu=-1}^{5} \sum_{\mu=-1}^{5} \alpha_{\nu\mu} B_{\nu 3}(x) B_{\mu 3}(y) \,.$$

4.10.8. Als Parameterbereich wähle man beispielsweise

$$B := \{(s,t)^T \mid -\pi \le s \le \pi, \quad -\frac{\pi}{2} \le t \le \frac{\pi}{2}\} \,.$$

Längen- und Breitenkreise werden im Bogenmaß gemessen. Man setzt

$$x(s,t) := r \cos s \cos t \,, \quad y(s,t) := r \sin s \cos t \,, \quad z(s,t) := r \sin t \,.$$

Hierbei ist der Erdradius r ($\approx 6366 km$) vorgegeben. Dann gibt

$$\alpha := \frac{180°}{\pi} s \quad \text{bzw.} \quad \beta := \frac{180°}{\pi} t$$

den Längen- bzw. Breitengrad des Punktes $(x, y, z)^T$ an, und zwar entsprechen positive Werte von α oder β einem Längengrad östlich von Greenwich bzw. einem nördlichen Breitengrad. Man sieht an Hand des Nord- und Südpols, daß die Parametrisierung nicht bijektiv ist.

4.10.9. Auf Grund der in der Aufgabe angegebenen Parametrisierung von F erhalten wir für $j = 0, \ldots, 4$ jeweils die folgenden zu interpolierenden Daten (hochgestellte Kleinbuchstaben kennzeichnen die jeweiligen Koordinatenrichtungen):

gesuchter Interpolationsspline	f_{0j}	f_{1j}	f_{2j}	f_{3j}	f_{4j}
S_{33}^x	$\cos \frac{\pi}{8} j$	0	$-\cos \frac{\pi}{8} j$	0	$\cos \frac{\pi}{8} j$
S_{33}^y	0	$\cos \frac{\pi}{8} j$	0	$-\cos \frac{\pi}{8} j$	0
S_{33}^z	$\sin \frac{\pi}{8} j$	$\sin \frac{\pi}{8} j$	$\sin \frac{\pi}{8} j$	$\sin \frac{\pi}{8} j$	$\sin \frac{\pi}{8} j$.

Die gesuchten kubischen Interpolationssplines S_{33}^x, S_{33}^y, S_{33}^z erhalten wir durch Lösen der im Satz 4.10.5 (3) angegebenen linearen Gleichungssysteme.

Für S_{33}^x, $S_{33}^x(s,t) = \sum\limits_{\nu=0}^{4} \sum\limits_{\mu=0}^{4} \alpha_{\nu\mu}^x B_{\nu3}(s)B_{\mu3}(t)$, erhalten wir näherungsweise

$\tau_{00}^x = -\tau_{20}^x = \tau_{40}^x = 1.5000000000000,$ $\tau_{01}^x = -\tau_{21}^x = \tau_{41}^x = 1.3858192987669\,E+00,$

$\tau_{02}^x = -\tau_{22}^x = \tau_{42}^x = 1.0606601717798,$ $\tau_{11}^x = \tau_{31}^x = 0.0,$

$\tau_{10}^x = \tau_{30}^x = \tau_{12}^x = \tau_{32}^x = 0.0,$ $\tau_{03}^x = -\tau_{23}^x = \tau_{43}^x = 5.7402514854763\,E-01,$

$\tau_{04}^x = \tau_{14}^x = \tau_{24}^x = \tau_{34}^x = \tau_{44}^x = 0.0,$ $\tau_{13}^x = \tau_{33}^x = 0.0,$

$\alpha_{00}^x = -\alpha_{20}^x = \alpha_{40}^x = \quad 1.9192917019351\,E+00,$

$\alpha_{01}^x = -\alpha_{21}^x = \alpha_{41}^x = \quad 1.3228331922597\,E+00,$

$\alpha_{02}^x = -\alpha_{22}^x = \alpha_{42}^x = \quad 1.1042913216276\,E+00,$

$\alpha_{03}^x = -\alpha_{23}^x = \alpha_{43}^x = \quad 6.2396255190889\,E-01,$

$\alpha_{04}^x = \alpha_{24}^x = \alpha_{44}^x = -1.5599063797731\,E-01,$

$\alpha_{10}^x = \alpha_{11}^x = \alpha_{12}^x = \alpha_{13}^x = \alpha_{14}^x = \alpha_{30}^x = \alpha_{31}^x = \alpha_{32}^x = \alpha_{33}^x = \alpha_{34}^x = 0.0.$

Für S_{33}^y, $S_{33}^y(s,t) = \sum\limits_{\nu=0}^{4} \sum\limits_{\mu=0}^{4} \alpha_{\nu\mu}^y B_{\nu3}(s)B_{\mu3}(t)$, folgt entsprechend näherungsweise

$\tau_{00}^y = -\tau_{40}^y = -4.0000000000000\,E-01,$ $\tau_{01}^y = -\tau_{41}^y = -3.6955181300451\,E-01,$

$\tau_{10}^y = -\tau_{30}^y = 1.6000000000000\,E+00,$ $\tau_{11}^y = -\tau_{31}^y = 1.4782072520181\,E+00,$

$\tau_{20}^y = 0.0,$ $\tau_{21}^y = 0.0,$

$\tau_{02}^y = -\tau_{42}^y = -2.8284271247462\,E-01,$ $\tau_{03}^y = -\tau_{43}^y = -1.5307337294604\,E-01,$

$\tau_{12}^y = -\tau_{32}^y = 1.1313708498985\,E+00,$ $\tau_{13}^y = -\tau_{33}^y = 6.1229349178414\,E-01,$

$\tau_{22}^y = 0.0,$ $\tau_{23}^y = 0.0,$

$\tau_{04}^y = \tau_{14}^y = \tau_{24}^y = \tau_{34}^y = \tau_{44}^y = 0.0,$

$\alpha_{00}^y = -\alpha_{40}^y = -5.1181112051602\,E-01,$ $\alpha_{10}^y = -\alpha_{30}^y = 2.0472444820641\,E+00,$

$\alpha_{01}^y = -\alpha_{41}^y = -3.5275551793593\,E-01,$ $\alpha_{11}^y = -\alpha_{31}^y = 1.4110220717437\,E+00,$

$\alpha_{02}^y = -\alpha_{42}^y = -2.9447768576735\,E-01,$ $\alpha_{12}^y = -\alpha_{32}^y = 1.1779107430694\,E+00,$

$\alpha_{03}^y = -\alpha_{43}^y = -1.6639001384237\,E-01,$ $\alpha_{13}^y = -\alpha_{33}^y = 6.6556005536948\,E-01,$

$\alpha_{04}^y = -\alpha_{44}^y = 4.1597503460604\,E-02,$ $\alpha_{14}^y = -\alpha_{34}^y = -1.6639001384243\,E-01,$

$\alpha_{20}^y = \alpha_{21}^y = \alpha_{22}^y = \alpha_{23}^y = \alpha_{24}^y = 0.0;$

analog für S_{33}^z, $S_{33}^z(s,t) = \sum\limits_{\nu=0}^{4} \sum\limits_{\mu=0}^{4} \alpha_{\nu\mu}^z B_{\nu3}(s)B_{\mu3}(t)$:

$$\tau_{00}^z = \tau_{10}^z = \tau_{20}^z = \tau_{30}^z = \tau_{40}^z = 0.0,$$

$$\tau_{01}^z = \tau_{41}^z = \ 4.8571358723261E - 01, \qquad \tau_{02}^z = \tau_{42}^z = 8.9748168381369E - 01,$$

$$\tau_{11}^z = \tau_{31}^z = \ 3.5324624526008E - 01, \qquad \tau_{12}^z = \tau_{32}^z = 6.5271395186451E - 01,$$

$$\tau_{21}^z = \ 3.9740202591759E - 01, \qquad \tau_{22}^z = 7.3430319584757E - 01,$$

$$\tau_{03}^z = \tau_{43}^z = \ 1.1726163297259E + 00, \qquad \tau_{04}^z = \tau_{44}^z = 1.2692307692308E + 00,$$

$$\tau_{13}^z = \tau_{33}^z = \ 8.5281187616427E - 01, \qquad \tau_{14}^z = \tau_{34}^z = 9.2307692307692E - 01,$$

$$\tau_{23}^z = \ 9.5941336068479E - 01, \qquad \tau_{24}^z = 1.0384615384615E + 00,$$

$$\alpha_{00}^z = \alpha_{40}^z = -1.3199207828841E - 01, \qquad \alpha_{10}^z = \alpha_{30}^z = 9.5994238755209E - 02,$$

$$\alpha_{01}^z = \alpha_{41}^z = \ 5.2796831315365E - 01, \qquad \alpha_{11}^z = \alpha_{31}^z = 3.8397695502084E - 01,$$

$$\alpha_{02}^z = \alpha_{42}^z = \ 9.3440034906949E - 01, \qquad \alpha_{12}^z = \alpha_{32}^z = 6.7956389023236E - 01,$$

$$\alpha_{03}^z = \alpha_{43}^z = \ 1.1193203934505E + 00, \qquad \alpha_{13}^z = \alpha_{33}^z = 8.1405119523676E - 01,$$

$$\alpha_{04}^z = \alpha_{44}^z = \ 1.6240160554835E + 00, \qquad \alpha_{14}^z = \alpha_{34}^z = 1.1811025858062E + 00,$$

$$\alpha_{20}^z = -1.0799351859961E - 01,$$

$$\alpha_{21}^z = \ 4.3197407439844E - 01,$$

$$\alpha_{22}^z = \ 7.6450937651140E - 01,$$

$$\alpha_{23}^z = \ 9.1580759464134E - 01,$$

$$\alpha_{24}^z = \ 1.3287404090320E + 00.$$

5.3.2.

$$z = 1 \ \begin{array}{|ccccccc} 1 & 0 & 0 & \ldots & 0 & 0 & -1 \\ -1 & 1 & 1 & \ldots & 1 & 1 & 1 \\ \hline 1 & 1 & 1 & \ldots & 1 & 1 & 0 \end{array} \ , \quad p_N(z) = z^N - 1 = (z-1)\sum_{\nu=0}^{N-1} z^\nu \ .$$

5.3.5. Anwenden von Satz 5.3.3:

$$\sum_{\nu=0}^{N-1} \omega_N^{\mu\nu} \ = \ \sum_{\nu=0}^{N-1} \exp\left(\frac{2\pi i \mu\nu}{N}\right) = \sum_{\nu=0}^{N-1} \cos\left(\frac{2\pi\mu\nu}{N}\right) + i \sum_{\nu=0}^{N-1} \sin\left(\frac{2\pi\mu\nu}{N}\right)$$

$$= \ \begin{cases} N \ , & \text{falls } \mu \equiv 0 \bmod N \ , \\ 0 \ , & \text{sonst.} \end{cases}$$

Division durch N, Aufspaltung in Real- und Imaginärteil.

5.3.7. Analog zum Beweis von (1) verwendet man die Beziehungen

$$2 \sin \alpha \sin \beta = \cos(\alpha - \beta) - \cos(\alpha + \beta) \, ,$$

$$2 \sin \alpha \cos \beta = \sin(\alpha + \beta) + \sin(\alpha - \beta) \, ,$$

$$2 \cos \alpha \cos \beta = \cos(\alpha + \beta) + \cos(\alpha - \beta)$$

und anschließend die Resultate aus Aufgabe 5.3.5 und erhält so (2) – (5).

5.3.9. Auf Grund der Summenorthogonalitätsformeln (4) – (6) aus Satz 5.3.6 folgt sofort, daß $A_{2n}^{-1} = \dfrac{1}{n} A_{2n}^T$ gilt. Hierbei ist

$$
A_{2n} := \begin{pmatrix}
\frac{1}{\sqrt{2}} & \frac{1}{\sqrt{2}} & \cdots & \frac{1}{\sqrt{2}} \\
1 & \cos\left(\frac{\pi}{n}1\right) & \cdots & \cos\left(\frac{\pi}{n}(2n-1)\right) \\
\vdots & \vdots & & \vdots \\
1 & \cos\left(\frac{\pi}{n}(n-1)\right) & \cdots & \cos\left(\frac{\pi}{n}(n-1)(2n-1)\right) \\
\frac{1}{\sqrt{2}} & \frac{1}{\sqrt{2}}\cos\left(\frac{\pi}{n}n\right) & \cdots & \frac{1}{\sqrt{2}}\cos\left(\frac{\pi}{n}n(2n-1)\right) \\
0 & \sin\left(\frac{\pi}{n}1\right) & \cdots & \sin\left(\frac{\pi}{n}(2n-1)\right) \\
\vdots & \vdots & & \vdots \\
0 & \sin\left(\frac{\pi}{n}(n-1)\right) & \cdots & \sin\left(\frac{\pi}{n}(n-1)(2n-1)\right)
\end{pmatrix}
$$

5.4.2. $z := \exp(it) \, , \quad t \in [a, a + 2\pi), \; \mathcal{T}_n(t) = \sum\limits_{\nu=0}^{n} a_\nu \exp(i\nu t) =: p_n(z) = \sum\limits_{\nu=0}^{n} a_\nu z^\nu;$
Fundamentalsatz der Algebra für p_n.

5.4.4. Eulersche Formeln sowie Summenformel für die geometrische Summe zunächst für $t \neq 2k\pi, \; k \in \mathbb{Z}$:

$$
\begin{aligned}
\frac{1}{2} + \sum_{\nu=1}^{n} \cos(\nu t) &= \frac{1}{2} + \frac{1}{2} \sum_{\nu=1}^{n} [\exp(i\nu t) + \exp(-i\nu t)] \\
&= \frac{1}{2} \sum_{\nu=-n}^{n} \exp(i\nu t) = \frac{1}{2} \exp(-int) \sum_{\nu=0}^{2n} \exp(i\nu t) \\
&= \frac{1}{2} \exp(-int) \frac{1 - \exp(i(2n+1)t)}{1 - \exp(it)} \\
&= \frac{1}{2} \frac{\exp(-int) - \exp(i(n+1)t)}{1 - \exp(it)} \\
&= \frac{1}{2} \frac{\exp(-i(n+\frac{1}{2})t) - \exp(i(n+\frac{1}{2})t)}{\exp(-i\frac{t}{2}) - \exp(i\frac{t}{2})} = \frac{1}{2} \frac{\sin\left(\frac{2n+1}{2}t\right)}{\sin(\frac{t}{2})} \, .
\end{aligned}
$$

Die Aussage für $t = 2k\pi, \; k \in \mathbb{Z}$, rechnet man direkt nach, da stets $\cos(\nu t) = 1$.

5.4.6. a) Satz 5.3.3: $l_0(t) = \frac{1}{N} \sum\limits_{\nu=0}^{N-1} \exp(i\nu t)$, denn

$$\cdot\ l_0(x_\mu) = \frac{1}{N} \sum_{\nu=0}^{N-1} \exp\left(i\nu\frac{2\pi\mu}{N}\right) = \frac{1}{N} \sum_{\nu=0}^{N-1} \omega_N^{\mu\nu} = \begin{cases} 1\ , & \text{falls}\ \mu \equiv 0 \bmod N, \\ 0\ , & \text{sonst.} \end{cases}$$

b) Die übrigen Lagrange-Grundpolynome ergeben sich aus l_0 durch Translation:

$l_\lambda(t) = \frac{1}{N} \sum\limits_{\nu=0}^{N-1} \exp\left(i\nu\left(t - \frac{2\pi\lambda}{N}\right)\right)$, $\lambda \in \mathbb{Z}$.

c) Es sei $N = 2n + 1$. Dann gilt nach a) sowie mit Aufgabe 5.4.4:

$$l_0(t) = \frac{1}{2n+1} \sum_{\nu=0}^{2n} \exp(i\nu t) = \frac{1}{2n+1} \exp(int) \sum_{\nu=-n}^{n} \exp(i\nu t)$$

$$= \begin{cases} \dfrac{1}{2n+1} \exp(int) \dfrac{\sin\left(\frac{2n+1}{2}t\right)}{\sin\left(\frac{t}{2}\right)} & ,\ \text{falls}\ t \neq 2k\pi\ , \\[3mm] 1 & ,\ \text{falls}\ t = 2k\pi\ ,\quad k \in \mathbb{Z}\ . \end{cases}$$

5.4.9. $\tau_{2n-1}\left(\frac{\pi\mu}{n}\right) = \frac{a_0}{2} + \sum\limits_{\nu=1}^{n-1}\left\{a_\nu \cos\left(\frac{\pi\mu\nu}{n}\right) + b_\nu \sin\left(\frac{\pi\mu\nu}{n}\right)\right\} + \frac{a_n}{2}\cos\left(\frac{\pi\mu n}{n}\right)$;

Einsetzen und Vertauschung der Summationsreihenfolge:

$$\tau_{2n-1}\left(\frac{\pi\mu}{n}\right) = \sum_{\lambda=0}^{2n-1} f_\lambda \frac{1}{n}\left\{\frac{1}{2} + \sum_{\nu=1}^{n-1}\cos\left(\frac{\pi\lambda\nu}{n}\right)\cos\left(\frac{\pi\mu\nu}{n}\right)\right.$$

$$\left. + \sum_{\nu=1}^{n-1}\sin\left(\frac{\pi\lambda\nu}{n}\right)\sin\left(\frac{\pi\mu\nu}{n}\right) + \frac{1}{2}\right\}\ ;$$

Anwenden der Additionstheoreme für sin- und cos-Funktion sowie Ausnutzen der Summenorthogonalität (Satz 5.3.6) liefert

$$\tau_{2n-1}\left(\frac{\pi\mu}{n}\right) = \sum_{\lambda=0}^{2n-1} f_\lambda \frac{1}{2n} \sum_{\nu=0}^{2n-1}\left[\cos\left(\frac{\pi\lambda\nu}{n}\right)\cos\left(\frac{\pi\mu\nu}{n}\right) + \sin\left(\frac{\pi\lambda\nu}{n}\right)\sin\left(\frac{\pi\mu\nu}{n}\right)\right]$$

$$= \sum_{\lambda=0}^{2n-1} f_\lambda \delta_{\lambda\mu} = f_\mu\ .$$

5.5.2. Es sei $f = (f_\nu)_{\nu\in\mathbb{Z}} \in V_N$ beliebig; wie im Beweis von Satz 5.3.4 folgt

$$\left(\mathcal{F}_N \circ \mathcal{F}_N^{-1}\right)(f) = \mathcal{F}_N\left(\left(\sum_{\lambda=0}^{N-1} f_\lambda \omega_N^{\mu\lambda}\right)_{\mu\in\mathbb{Z}}\right) = \left(\frac{1}{N}\sum_{\nu=0}^{N-1}\left(\sum_{\lambda=0}^{N-1} f_\lambda \omega_N^{\nu\lambda}\right)\omega_N^{-\mu\nu}\right)_{\mu\in\mathbb{Z}}$$

$$= \left(\sum_{\lambda=0}^{N-1} f_\lambda \frac{1}{N}\left(\sum_{\nu=0}^{N-1}\omega_N^{\nu\lambda}\omega_N^{-\mu\nu}\right)\right)_{\mu\in\mathbb{Z}} = (f_\mu)_{\mu\in\mathbb{Z}} = f\ .$$

Analog sieht man $(\mathcal{F}_N^{-1} \circ \mathcal{F}_N)(f) = f$.

5.5.4. a) $\delta^{(r,s,N)} := e^{(r,N)} * e^{(s,N)} = \left(\sum_{\lambda=0}^{N-1} e_\lambda^{(r,N)} \cdot e_{\nu-\lambda}^{(s,N)} \right)_{\nu\in\mathbb{Z}}$

$$= \begin{cases} 1 \, , & \text{falls } (s+r) \equiv \nu \bmod N \, , \\ 0 \, , & \text{sonst.} \end{cases}$$

b) Es seien $\alpha, \beta \in \mathbb{C}$ sowie $f = (f_\nu)_{\nu\in\mathbb{Z}} \in V_N$, $g = (g_\nu)_{\nu\in\mathbb{Z}} \in V_N$ und $h = (h_\nu)_{\nu\in\mathbb{Z}} \in V_N$ beliebig gegeben:

$$f \cdot (\alpha g + \beta h) = (f_\nu \cdot (\alpha g_\nu + \beta h_\nu))_{\nu\in\mathbb{Z}} = \alpha(f \cdot g) + \beta(f \cdot h) \, ,$$

$$f * (\alpha g + \beta h) = \left(\sum_{\lambda=0}^{N-1} f_\lambda (\alpha g_{\nu-\lambda} + \beta h_{\nu-\lambda}) \right)_{\nu\in\mathbb{Z}} = \alpha(f * g) + \beta(f * h) \, .$$

Die "linksseitige" Verträglichkeit zeigt man analog.

c) Mit $f = (f_\nu)_{\nu\in\mathbb{Z}} \in V_N$ und $g = (g_\nu)_{\nu\in\mathbb{Z}} \in V_N$ erhält man:

$$\mathcal{F}_N(f * g) = \left(\frac{1}{N} \sum_{\nu=0}^{N-1} \left(\sum_{\lambda=0}^{N-1} f_\lambda g_{\nu-\lambda} \right) \omega_N^{-\mu\nu} \right)_{\mu\in\mathbb{Z}}$$

$$= N \cdot \left(\frac{1}{N} \sum_{\lambda=0}^{N-1} \left[f_\lambda \omega_N^{-\mu\lambda} \cdot \frac{1}{N} \sum_{\nu=0}^{N-1} g_{\nu-\lambda} \omega_N^{-\mu(\nu-\lambda)} \right] \right)_{\mu\in\mathbb{Z}}$$

$$\mathcal{F}_N(f * g) = N \cdot \left(\frac{1}{N} \left(\sum_{\lambda=0}^{N-1} f_\lambda \omega_N^{-\mu\lambda} \right) \cdot \frac{1}{N} \left(\sum_{\nu=0}^{N-1} g_\nu \omega_N^{-\mu\nu} \right) \right)_{\mu\in\mathbb{Z}} = N \cdot \mathcal{F}_N(f) \cdot \mathcal{F}_N(g) \, .$$

Man beachte, daß ausgenutzt wurde, daß für jedes $\mu \in \mathbb{Z}$ auch $(\omega_N^{\nu\mu})_{\nu\in\mathbb{Z}}$ N-periodisch ist. Der Beweis von $\mathcal{F}_N^{-1}(f * g) = \mathcal{F}_N^{-1}(f)\mathcal{F}_N^{-1}(g)$ verläuft analog.

5.5.6. $c_\mu = \frac{1}{2} \left[\frac{2}{N} \sum_{\lambda=0}^{\frac{N}{2}-1} \left\{ \left(\left(f_\lambda^{(g)} + i f_\lambda^{(u)}\right) \omega_{\frac{N}{2}}^{-\mu\lambda} \right) + \left(\left(f_\lambda^{(g)} - i f_\lambda^{(u)}\right) \omega_{\frac{N}{2}}^{-\mu\lambda} \right) \right\} \right]$

$$= \frac{1}{2} \frac{2}{N} 2 \sum_{\lambda=0}^{\frac{N}{2}-1} f_\lambda^{(g)} \omega_{\frac{N}{2}}^{-\mu\lambda} = \left(\mathcal{F}_{\frac{N}{2}} f^{(g)} \right)_\mu \, .$$

Der Nachweis von $d_\mu = \left(\mathcal{F}_{\frac{N}{2}} f^{(u)} \right)_\mu$ erfolgt analog.

5.6.2. $\mu \in \mathbb{Z}$: $\omega_N^{\mu[\lambda_{k-1},\dots,\lambda_1,\lambda_0]} = \omega_{2^k}^{\mu\left(\sum_{\nu=0}^{k-1} \lambda_\nu 2^\nu\right)} = \prod_{\nu=0}^{k-1} \omega_{2^k}^{\mu\lambda_\nu 2^\nu} = \prod_{\nu=0}^{k-1} \omega_{2^{k-\nu}}^{\mu\lambda_\nu}.$

5.6.4. $k = 4$, $N = 2^k = 16$, FFT-Formel

$(*)$ $\qquad c_\mu^{(16)} = \sum_{\lambda_0=0}^{1} \omega_{16}^{\mu\lambda_0} \sum_{\lambda_1=0}^{1} \omega_8^{\mu\lambda_1} \sum_{\lambda_2=0}^{1} \omega_4^{\mu\lambda_2} \sum_{\lambda_3=0}^{1} \omega_2^{\mu\lambda_3} f_{[\lambda_3,\lambda_2,\lambda_1,\lambda_0]} \, .$

Definiert man $g = (g_\lambda)_{\lambda\in\mathbb{Z}} \in V_{16}$ gemäß $g_{[\lambda_0,\lambda_1,\lambda_2,\lambda_3]} := f_{[\lambda_3,\lambda_2,\lambda_1,\lambda_0]}$, $0 \le \lambda < 16$, so läßt sich die Berechnung von $(*)$ wie folgt veranschaulichen:

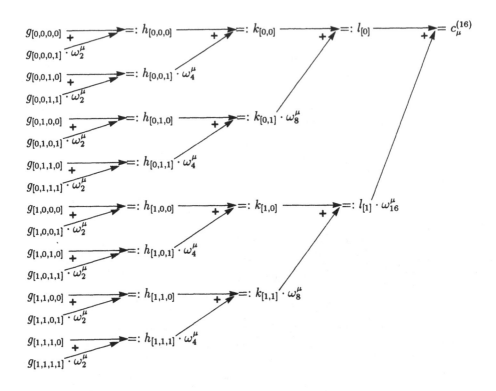

5.6.5. Aufspalten von λ gemäß $\lambda = \lambda_1 p_1 + \lambda_0$ ergibt für $\mu \in \{0, \ldots, N-1\}$:

$$c_\mu^{(N)}(f) = \sum_{\lambda=0}^{N-1} f_\lambda \omega_N^{\mu\lambda} = \sum_{\lambda_0=0}^{p_1-1} \sum_{\lambda_1=0}^{p_2-1} f_{\lambda_1 p_1 + \lambda_0}\, \omega_N^{\mu(\lambda_1 p_1 + \lambda_0)}$$

$$= \sum_{\lambda_0=0}^{p_1-1} \sum_{\lambda_1=0}^{p_2-1} f_{\lambda_1}^{(\lambda_0)} \cdot \omega_{p_2}^{\mu\lambda_1} \omega_N^{\mu\lambda_0} = \sum_{\lambda_0=0}^{p_1-1} \omega_N^{\mu\lambda_0} \sum_{\lambda_1=0}^{p_2-1} f_{\lambda_1}^{(\lambda_0)} \omega_{p_2}^{\mu\lambda_1}\;.$$

5.6.7. Satz 5.5.5 (wende $\mathcal{F}_N^{-1}$ auf (1) an): $c = a * b = N\,\mathcal{F}_N^{-1}\left(\mathcal{F}_N(a) \cdot \mathcal{F}_N(b)\right)$.
Da $N = 2^k$ ist, sind nach Satz 5.6.3 zur Berechnung von $\mathcal{F}_N(a)$ und $\mathcal{F}_N(b)$
jeweils kN Multiplikationen, also insgesamt $2kN$ Multiplikationen erforderlich.
Die Bildung des üblichen Hadamard-Produkts bedarf nochmals N Multiplikationen
sowie die anschließende Invertierung erneut kN Multiplikationen. Berücksichtigt
man schließlich noch die Multiplikation jedes Folgengliedes mit N, so erhält man
insgesamt $(3k+2)N$ Multiplikationen.

5.7.2. Für komplexe Polynome hat man sowohl bei der herkömmlichen Methode
als auch bei der schnellen Polynommultiplikation komplexe Multiplikationen durchzuführen; k_{krit} ist diejenige natürliche Zahl, für die erstmals

$$(3k_{krit} + 5)\, 2^{k_{krit}+1} < 2^{2k_{krit}}$$

gilt, was erstmals für $k_{krit} = 6$ erfüllt ist. Also ist die schnelle Polynommultiplikation für komplexe Polynome und Polynomgrade $s - 1 \geq 2^6 - 1 = 63$ der herkömmlichen Multiplikation überlegen.

5.7.3. Seien $p, q \in \mathbb{N}_0$ zwei maximal 65 536-stellige nichtnegative Dezimalzahlen.

1. Schritt: Stelle p und q in 10-adischer Darstellung dar:

$$p = [p_{2^{16}-1}, \ldots, p_0] \ , \quad p_0, \ldots, p_{2^{16}-1} \in \{0, 1, \ldots, 9\} \ ,$$
$$q = [q_{2^{16}-1}, \ldots, q_0] \ , \quad q_0, \ldots, q_{2^{16}-1} \in \{0, 1, \ldots, 9\} \ .$$

2. Schritt: Definiere zu $\dot{p}$ und q gehörige 2^{17}-periodische Folgen $(2s = 2^{17})$

$$\tilde{p} := (\ldots, 0, p_0, p_1, \ldots, p_{2^{16}-1}, 0, 0, \ldots, 0, p_0 \ldots) \ ,$$
$$\tilde{q} := (\ldots, 0, q_0, q_1, \ldots, q_{2^{16}-1}, 0, 0, \ldots, 0, q_0 \ldots) \ .$$

3. Schritt: Falte die 2^{17}-periodischen Folgen $\tilde{p}$ und $\tilde{q}$ "schnell" im Sinne der FFT-Strategie von Satz 5.6.6 und erhalte die 2^{17}-periodische Folge $\tilde{r} := \tilde{p} * \tilde{q}$, $\tilde{r} =: (\ldots, 0, r_0, r_1, \ldots, r_{2^{17}-2}, 0, r_0, \ldots)$.

4. Schritt: Reidentifiziere $\tilde{r} = \tilde{p} * \tilde{q}$ gemäß Satz 5.7.1 mit $r := p \cdot q$ im Sinne der Zehnerpotenzsumme

$$r = \sum_{\nu=0}^{2^{17}-2} r_\nu 10^\nu \ .$$

5. Schritt: Überführe $\tilde{r}$ (falls für die weitere Rechnung notwendig) mit Hilfe des Euklidischen Divisionsalgorithmus wieder in eine *echte* Dezimaldarstellung. Beachte dabei, daß der maximal mögliche Stellenübertrag wegen

$$0 \leq r_\nu \leq s(b-1)^2 = 2^{16} \cdot 81 = 5308416 < 10^7$$

mit maximal 7 Zehnerpotenzen erfaßt werden kann, d.h., entsprechend Abschnitt 5.7 gilt $l = 6$ und

$$r_\nu = \sum_{\mu=0}^{6} r_{\nu\mu} 10^\mu \ , \quad 0 \leq r_{\nu\mu} < 10 \ .$$

Die weitere Verrechnung von möglichen Überträgen ist klar (vgl. die Ausführungen im Abschnitt 5.7).

6.2.2. Direktes Nachrechnen, Dreiecksungleichung der Betragsfunktion.

6.2.3. Spezialfall: Es gibt positive Konstanten $\gamma_1, \gamma_2 \in \mathbb{R}$, so daß gilt

$$(*) \qquad \gamma_1 \|x\|_1 \leq \|x\|_p \leq \gamma_2 \|x\|_1 \, , \quad x = (x_1, \ldots, x_n)^T \in \mathbb{K}^n \, .$$

Sei e_ν der ν-te kanonische Einheitsvektor. Dann gilt

$$\|x\|_p = \| \sum_{i=1}^{n} x_i e_i \|_p \leq \sum_{i=1}^{n} |x_i| \, \|e_i\|_p = \sum_{i=1}^{n} |x_i| = \|x\|_1 \, .$$

Dies ist die zweite Ungleichung in $(*)$ mit $\gamma_2 = 1$. Die erste Ungleichung folgt für $1 < p < \infty$ mit Hilfe der Hölderschen Ungleichung[63]: Wird r so gewählt, daß $\frac{1}{r} + \frac{1}{p} = 1$ ist, so gilt $\sum_{i=1}^{n} |y_i x_i| \leq \|y\|_r \|x\|_p$. Für $y = (1, \ldots, 1)^T$ folgt $\|x\|_1 \leq n^{\frac{1}{r}} \|x\|_p$. Für $p = \infty$ ist $\|x\|_1 = \sum_{i=1}^{n} |x_i| \leq n \max_{1 \leq i \leq n} |x_i| = n \|x\|_\infty$,

$$\gamma_1 = \begin{cases} n^{-\frac{1}{r}} = n^{\frac{1}{p}-1} & , \quad 1 \leq p < \infty \, , \\ \frac{1}{n} & , \quad p = \infty \, . \end{cases}$$

Wendet man $(*)$ auf $\|\cdot\|_q$ statt $\|\cdot\|_p$ an, so gibt es zwei – ebenfalls von x unabhängige – positive Konstanten $\tilde{\gamma}_1$ und $\tilde{\gamma}_2$ mit $\tilde{\gamma}_1 \|x\|_1 \leq \|x\|_q \leq \tilde{\gamma}_2 \|x\|_1$. Unter Hinzunahme von $(*)$ folgt daher

$$\frac{\tilde{\gamma}_1}{\gamma_2} \|x\|_p \leq \|x\|_q \leq \frac{\tilde{\gamma}_2}{\gamma_1} \|x\|_p \, .$$

Die Konstruktion zeigt, daß wir $\sigma_{pq} := \frac{\tilde{\gamma}_1}{\gamma_2}$ und $\tau_{pq} := \frac{\tilde{\gamma}_2}{\gamma_1}$ von x unabhängig wählen können.

6.2.5. Direktes Nachrechnen, Dreiecksungleichung für die Betragsfunktion.

6.2.6. Wären die beiden Normen äquivalent, so gäbe es von n unabhängige Konstanten $c_1, c_2 > 0$ mit $c_1 \|f_n\|_2 \leq \|f_n\|_\infty = 1 \leq c_2 \|f_n\|_2$. Wegen

$$\|f_n\|_2 = \left(\int_{-\frac{1}{n}}^{\frac{1}{n}} (1 - n|x|)^2 dx \right)^{\frac{1}{2}} = \sqrt{\frac{2}{3n}}$$

folgt insbesondere $1 \leq c_2 \sqrt{\frac{2}{3n}} \to 0$ für $n \to \infty$. Widerspruch!

---

[63] Hölder, Otto (22.12.1859 – 29.08.1937)

6.3.4. Sei $(\alpha^{(m)})_{m\in\mathbb{N}}$, $\alpha^{(m)} = (\alpha_1^{(m)}, \ldots, \alpha_n^{(m)}) \in K$ für alle $m \in \mathbb{N}$, eine Folge mit $\lim\limits_{m\to\infty} \alpha^{(m)} = \alpha$. Nach Satz 6.3.2 ist die Abbildung

$$\varphi : \mathbb{K}^n \to \mathbb{R}, \quad \varphi(\alpha) := \|\sum_{\nu=1}^{n} \alpha_\nu u_\nu\|$$

stetig. Daher gilt $\lim\limits_{m\to\infty} \varphi(\alpha^{(m)}) = \varphi(\alpha)$. Wegen $0 \le \varphi(\alpha^{(m)}) \le 2\|f\|$ für alle $m \in \mathbb{N}$ gilt auch $0 \le \varphi(\alpha) \le 2\|f\|$, also $\alpha \in K$.

6.4.4. a) Schwarzsche Ungleichung: $\|f\|_1 = \int_a^b |1 \cdot f(t)|dt \le \sqrt{b-a}\,\|f\|_2$.
b) Addition von

$$\|x+y\|_2^2 = \langle x+y, x+y \rangle = \langle x, x \rangle + \langle x, y \rangle + \langle y, x \rangle + \langle y, y \rangle ,$$
$$\|x-y\|_2^2 = \langle x-y, x-y \rangle = \langle x, x \rangle - \langle x, y \rangle - \langle y, x \rangle + \langle y, y \rangle .$$

6.4.7. a) Offenbar ist $L_y \subseteq V$. Direktes Nachrechnen zeigt $L_y \ne \emptyset$, da $o \in L_y$, $x+z \in L_y$ für $x, z \in L_y$, $\lambda x \in L_y$ für $\lambda \in \mathbb{K}$, $x \in L_y$; $y \notin L_y$, also ist L_y ein echter Untervektorraum von V.
b) Das homogene lineare Gleichungssystem

$$\langle x, y \rangle = \sum_{i=1}^{n} x_i \bar{y}_i = x_1 \bar{y}_1 + \ldots + x_n \bar{y}_n = 0 , \quad y \ne o ,$$

bestehend aus einer Gleichung für die Unbekannten $x_1, \ldots, x_n$, hat den Rang 1. Daher besitzt der Lösungsraum L_y die Dimension $\dim_{\mathbb{K}} \mathbb{K}^n - 1 = n - 1$.

6.4.9. Schmidtsches Orthonormalisierungsverfahren: $u_0(t) = \dfrac{1}{\sqrt{2}}$, $u_1(t) = \sqrt{\dfrac{3}{2}}t$,

$$u_2(t) = \sqrt{\frac{5}{8}}(3t^2 - 1) , \quad u_3(t) = \sqrt{\frac{7}{8}}(5t^3 - 3t) , \quad u_4(t) = \frac{3}{8\sqrt{2}}(35t^4 - 30t^2 + 3) .$$

6.5.4. Die Koeffizienten $\alpha_1, \alpha_2, \alpha_3$ von $h_0 = \sum\limits_{\nu=1}^{3} \alpha_\nu b_\nu$ erhält man auf Grund von Satz 6.5.3 als Lösung des linearen Gleichungssystems

$$\begin{pmatrix} 2 & 1 & 0 \\ 1 & 2 & 0 \\ 0 & 0 & 1 \end{pmatrix} \begin{pmatrix} \alpha_1 \\ \alpha_2 \\ \alpha_3 \end{pmatrix} = \begin{pmatrix} 2 \\ 3 \\ 1 \end{pmatrix} ,$$

also $\alpha_1 = \frac{1}{3}$, $\alpha_2 = \frac{4}{3}$, $\alpha_3 = 1$, d.h. $h_0 = \left(\frac{1}{3}, \frac{5}{3}, \frac{4}{3}, 1\right)^T$ ist das gesuchte Proximum; $\|f - h_0\|_2 = \frac{2}{\sqrt{3}}$ ist der (euklidische) Abstand von f zum Proximum h_0 und somit zu U_3.

6.7.3. a) Die Identität $1 = (\tau + a)\left(\frac{1}{2}a_0(\varphi) + \sum_{\nu=1}^{\infty} a_\nu(\varphi)T_\nu(\tau)\right)$, $a > 1$, und die Rekursion der Čebyšev-Polynome liefern

$$T_0(\tau) = 1 = \frac{a_0}{2}(\tau + a) + \sum_{\nu=1}^{\infty} a_\nu(\tau T_\nu(\tau) + a\, T_\nu(\tau))$$

$$= \frac{a_0}{2}(\tau + a) + \sum_{\nu=1}^{\infty} a_\nu\left(\frac{1}{2}T_{\nu+1}(\tau) + \frac{1}{2}T_{\nu-1}(\tau) + aT_\nu(\tau)\right).$$

Umordnen und Koeffizientenvergleich:

$$a_1 + a_0 a = 2, \qquad a_{\nu-1} + 2aa_\nu + a_{\nu+1} = 0, \quad \nu \geq 1.$$

Die Rekursion $a_\nu + 2aa_{\nu-1} + a_{\nu-2} = 0$, $\nu \geq 2$, hat (Satz 2.7.5) die Lösung

$$a_\nu = \lambda \frac{(-1)^\nu}{\zeta^\nu} + \mu(-1)^\nu \zeta^\nu, \quad \zeta := a + \sqrt{a^2 - 1}, \quad \nu \geq 0,$$

mit $\mu = 0$ (da sonst die Fourier-Čebyšev-Reihe nicht konvergiert) und $\lambda = \dfrac{2}{\sqrt{a^2 - 1}}$

(wegen $a_1 + a_0 a = 2$), also $a_\nu(\varphi) = \dfrac{2}{\sqrt{a^2 - 1}} \dfrac{(-1)^\nu}{\zeta^\nu}$, $\nu \in \mathbb{N}_0$, $\zeta := a + \sqrt{a^2 - 1}$,

b) Für $\nu \geq 2$ sei o.B.d.A. $x \in [-1, 1]$. Additionstheorem für die Sinus-Funktion, Substitution $t := \cos\theta$:

$$\int^x T_\nu(t)dt = -\int^{\arccos x} \cos(\nu\theta)\sin\theta\, d\theta + \text{const.}$$

$$= -\frac{1}{2}\int^{\arccos x} \sin((\nu+1)\theta) - \sin((\nu-1)\theta)d\theta + \text{const.}$$

$$= \frac{1}{2}\left(\frac{\cos((\nu+1)\theta)}{\nu+1} - \frac{\cos((\nu-1)\theta)}{\nu-1}\right)\Bigg|_{\theta=\arccos x} + \text{const.}$$

$$= \frac{1}{2}\left(\frac{T_{\nu+1}(x)}{\nu+1} - \frac{T_{\nu-1}(x)}{\nu-1}\right) + \text{const.}$$

7.2.2. Produkt zweier Permutationsmatrizen ist Permutationsmatrix; P Permutationsmatrix, dann $PP^T = E_m$; Nachrechnen der Gruppen-Axiome.

7.3.4.

$$P_1 := \begin{pmatrix} 0 & 1 & 0 & 0 \\ 1 & 0 & 0 & 0 \\ 0 & 0 & 1 & 0 \\ 0 & 0 & 0 & 1 \end{pmatrix}, \quad L_1 := \begin{pmatrix} 1 & 0 & 0 & 0 \\ \frac{1}{3} & 1 & 0 & 0 \\ \frac{1}{3} & 0 & 1 & 0 \\ \frac{2}{3} & 0 & 0 & 1 \end{pmatrix},$$

$$P_2 := \begin{pmatrix} 1 & 0 & 0 & 0 \\ 0 & 0 & 1 & 0 \\ 0 & 1 & 0 & 0 \\ 0 & 0 & 0 & 1 \end{pmatrix}, \quad L_2 := \begin{pmatrix} 1 & 0 & 0 & 0 \\ 0 & 1 & 0 & 0 \\ 0 & \frac{1}{5} & 1 & 0 \\ 0 & \frac{2}{5} & 0 & 1 \end{pmatrix},$$

$$P_3 := \begin{pmatrix} 1 & 0 & 0 & 0 \\ 0 & 1 & 0 & 0 \\ 0 & 0 & 0 & 1 \\ 0 & 0 & 1 & 0 \end{pmatrix}, \quad L_3 := \begin{pmatrix} 1 & 0 & 0 & 0 \\ 0 & 1 & 0 & 0 \\ 0 & 0 & 1 & 0 \\ 0 & 0 & -\frac{1}{22} & 1 \end{pmatrix},$$

Resultat:

$$\underbrace{\begin{pmatrix} -6 & -5 & 0 & 2 \\ 0 & -\frac{20}{3} & 6 & -\frac{16}{3} \\ 0 & 0 & \frac{22}{5} & -\frac{19}{5} \\ 0 & 0 & 0 & -\frac{5}{22} \end{pmatrix}}_{A^{(4)}} \underbrace{\begin{pmatrix} x_1 \\ x_2 \\ x_3 \\ x_4 \end{pmatrix}}_{x} = \underbrace{\begin{pmatrix} -45 \\ -18 \\ \frac{104}{5} \\ \frac{5}{11} \end{pmatrix}}_{b^{(4)}},$$

Lösung $x = (1, 7, 3, -2)^T$.

7.3.6. In b) und c) verwenden wir dabei die im Abschnitt 1.4 eingeführte normalisierte Gleitkomma-Arithmetik mit 3-stelliger Mantisse im Dezimalsystem. Die Rundungen werden dabei nach der dort vorgestellten Rundungsfunktion ausgeführt.
a) Exakte Rechnung ergibt Lösung $(1,1,1)^T$.
b) Rundung auf 3 Mantissenstellen; Lösung $(0.190 \cdot 10^3, 0.425 \cdot 10^1, 0.974 \cdot 10^0)^T$.
c) Rundung wie in b); Lösung $(0.100 \cdot 10^1,\ 0.100 \cdot 10^1,\ 0.100 \cdot 10^1)^T$ (zufällig (!) exaktes Resultat).

7.3.8. Gemäß dem Gauß-Algorithmus 7.3.2 werden im ν-ten Schritt bezogen auf die Koeffizientenmatrix des Systems $(m - \nu)^2$ Additionen oder Subtraktionen durchgeführt. Insgesamt sind daher

$$\alpha_m = \sum_{\nu=1}^{m-1} (m - \nu)^2 = \sum_{\nu=1}^{m-1} (m^2 - 2m\nu + \nu^2) = \frac{1}{3} m(m-1)\left(m - \frac{1}{2}\right)$$

Additionen oder Subtraktionen erforderlich.

7.4.7. Der Algorithmus nach Cholesky-Banachiewicz und der Algorithmus nach Cholesky-Crout erfordern gleichen Aufwand.
    Gemäß dem Algorithmus nach Cholesky-Banachiewicz werden im i-ten Schritt $\sum_{k=1}^{i-2} k + (i-1) = \frac{1}{2}(i-1)i$ Multiplikationen und $i - 1$ Divisionen durchgeführt. Also Anzahl der durchzuführenden Multiplikationen oder Divisionen

$$\mu_m = \sum_{i=1}^{m} \left(\frac{1}{2}(i-1)i + i - 1 \right) = \frac{m}{6}(m^2 + 3m - 4).$$

Entsprechend erhält man für die Additionen oder Subtraktionen

$$\alpha_m = \sum_{i=1}^{m} \frac{1}{2}(i-1)i = \frac{1}{6}m(m^2 - 1).$$

Die ebenfalls noch notwendigen m Quadratwurzelberechnungen fallen vom Rechenaufwand her nicht ins Gewicht.

7.5.4. $A_{11}B_{12} + A_{12}B_{22} = (A_{11}M_1A_{12} - A_{12})M_6 = (A_{11}A_{11}^{-1} - E_{m/2})A_{12}M_6 = 0,$

$$
\begin{aligned}
A_{21}B_{11} + A_{22}B_{21} &= A_{21}(A_{11}^{-1} - M_3B_{21}) + A_{22}M_6M_2 \\
= M_2 - A_{21}M_3M_6M_2 + A_{22}M_6M_2 &= (M_6^{-1} - M_4 + A_{22})M_6M_2 \\
= (M_5 - M_4 + A_{22})M_6M_2 &= (M_4 - A_{22} - M_4 + A_{22})M_6M_2 = 0\,,
\end{aligned}
$$

$$
A_{21}B_{12} + A_{22}B_{22} = A_{21}M_3M_6 - A_{22}M_6 = (M_4 - A_{22})M_6 = M_5M_6 = E_{m/2}\,.
$$

7.5.5. $\sigma(2^0) = 8.4 \cdot 7^0 + 9.6 \cdot 2^0 - 17 \cdot 4^0 = 1;$

$$
\begin{aligned}
\sigma(2^{k+1}) &= 2\sigma(2^k) + 6(7^{k+1} - 6 \cdot 4^k) + 2(2^k)^2 \\
&= 8.4 \cdot 7^{k+1} + 9.6 \cdot 2^{k+1} - 17 \cdot 4^{k+1}\,.
\end{aligned}
$$

7.6.1. a)

$$
H_m = \begin{pmatrix} \dfrac{\partial^2 F(a,b)}{\partial a^2} & \dfrac{\partial^2 F(a,b)}{\partial a \partial b} \\[2mm] \dfrac{\partial^2 F(a,b)}{\partial b \partial a} & \dfrac{\partial^2 F(a,b)}{\partial b^2} \end{pmatrix} = \begin{pmatrix} 2m & 2\displaystyle\sum_{i=1}^m t_i \\ 2\displaystyle\sum_{i=1}^m t_i & 2\displaystyle\sum_{i=1}^m t_i^2 \end{pmatrix} = 2A^T A\,;
$$

$t := (t_1,\ldots,t_m)^T,\ e := (1,\ldots,1)^T \in \mathbb{R}^m$, Cauchy-Schwarzsche Ungleichung:

$$
\det H_m = 4(m\|t\|_2^2 - |\langle t,e\rangle|^2) \geq 4(m\|t\|_2^2 - \|t\|_2^2\|e\|_2^2) = 0\,,
$$

wobei Gleichheit nur im Fall $t_1 = \ldots = t_m = \alpha$ für ein $\alpha \in \mathbb{R}$ eintritt.
b) Bekanntlich ist eine Matrix $B \in \mathbb{R}^{2\times2}$ genau dann positiv definit, wenn $b_{11} > 0$ und $\det B > 0$ gilt (alle Hauptminoren positiv). Für $B := A^T A = \frac{1}{2}H_m$ folgt dies aus a) wegen $m > 0$.

8.2.1. Zusätzlich zu der vor dem Aufgabentext angegebenen zeilenorientierten Speicherstruktur verkettet man die Listenelemente noch spaltenweise. Hierfür wird eine weitere Kopfliste angelegt, die auf die entsprechenden Spalten verweist. Die im Lehrtext angegebene Matrix A kann dann wie folgt gespeichert werden:

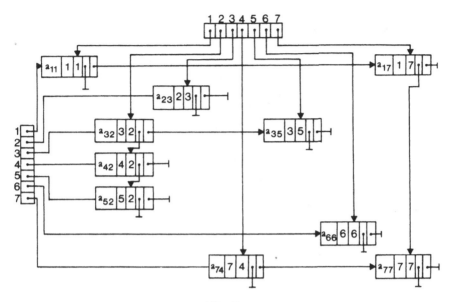

Abb. L 8.1

8.3.4.

a)

G_A

$$A = \begin{matrix} & 1 & 2 & 3 & 4 & 5 & 6 & 7 & 8 & 9 \\ 1 & * & * & * & * & * & * & * & * & * \\ 2 & * & * & * & & & & & & * \\ 3 & * & * & * & * & & & & & \\ 4 & * & & * & * & * & & & & \\ 5 & * & & & * & * & * & & & \\ 6 & * & & & & * & * & * & & \\ 7 & * & & & & & * & * & * & \\ 8 & * & & & & & & * & * & * \\ 9 & * & * & & & & & & * & * \end{matrix}$$

b)

G_A

$$A = \begin{matrix} & 1 & 2 & 3 & 4 & 5 & 6 & 7 & 8 \\ 1 & * & * & & & & & & * \\ 2 & * & * & * & & & & & \\ 3 & & * & * & * & & & & \\ 4 & & & * & * & * & & & \\ 5 & & & & * & * & * & & \\ 6 & & & & & * & * & * & \\ 7 & & & & & & * & * & * \\ 8 & * & & & & & & * & * \end{matrix}$$

Abb. L 8.2

8.3.6. Sei $\pi: \{1,\ldots,9\} \to \{1,\ldots,9\}$ eine Permutation und $G_{\tilde{A}}$ der Graph, der aus G_A durch die Permutation der Knoten entsteht:

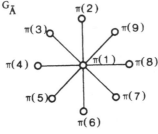

Abb. L 8.3

Die zu $G_{\tilde{A}}$ gehörende Matrix $\tilde{A}$ hat die Gestalt

$$
\tilde{A} =
\begin{array}{ccccccccc}
1 & 2 & 3 & 4 & 5 & 6 & 7 & 8 & 9
\end{array}
\left(
\begin{array}{ccccccccc}
* & & & * & & & & & \\
 & * & & * & & & & & \\
 & & * & * & & & & & \\
* & * & * & * & * & * & * & * & * \\
 & & & * & * & & & & \\
 & & & * & & * & & & \\
 & & & * & & & * & & \\
 & & & * & & & & * & \\
 & & & * & & & & & *
\end{array}
\right)
\begin{array}{c}
1 \\ 2 \\ 3 \\ 4 \\ 5 \\ 6 \\ 7 \\ 8 \\ 9
\end{array}
\quad \leftarrow \text{Zeile } \pi(1)
$$

$$\uparrow$$
$$\text{Spalte } \pi(1)$$

Man sieht, daß die Bandbreite der Matrix sich verringert, wenn $\pi(1) = k$ und aus Symmetriegründen $\pi(k) = 1$ für $k = 1$ bis $k = 5$ gewählt wird, und wieder zunimmt, wenn $\pi(1) = k$ und $\pi(k) = 1$ für $k = 6$ bis $k = 9$ definiert wird. Wählt man

$$
\pi : \begin{cases}
1 \mapsto 5 , \\
5 \mapsto 1 , \\
k \mapsto k , \quad k \in \{2,3,4,6,7,8,9\} ,
\end{cases}
$$

also

$$
P =
\begin{array}{ccccccccc}
1 & 2 & 3 & 4 & 5 & 6 & 7 & 8 & 9
\end{array}
\left(
\begin{array}{ccccccccc}
0 & 0 & 0 & 0 & 1 & 0 & 0 & 0 & 0 \\
0 & 1 & 0 & 0 & 0 & 0 & 0 & 0 & 0 \\
0 & 0 & 1 & 0 & 0 & 0 & 0 & 0 & 0 \\
0 & 0 & 0 & 1 & 0 & 0 & 0 & 0 & 0 \\
1 & 0 & 0 & 0 & 0 & 0 & 0 & 0 & 0 \\
0 & 0 & 0 & 0 & 0 & 1 & 0 & 0 & 0 \\
0 & 0 & 0 & 0 & 0 & 0 & 1 & 0 & 0 \\
0 & 0 & 0 & 0 & 0 & 0 & 0 & 1 & 0 \\
0 & 0 & 0 & 0 & 0 & 0 & 0 & 0 & 1
\end{array}
\right)
\begin{array}{c}
1 \\ 2 \\ 3 \\ 4 \\ 5 \\ 6 \\ 7 \\ 8 \\ 9
\end{array} ,
$$

so hat PAP^T minimale Bandbreite:

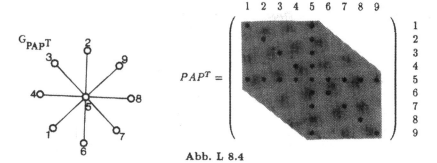

$$PAP^T =$$

Abb. L 8.4

8.3.11. Sei $X = \{1, 2, \ldots, 7\}$ und G_A gegeben durch

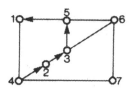

Abb. L 8.5

Wählt man den Pfad $\{4, 2, 3, 5, 1\}$, so erhalten wir in der zugehörigen Matrix A den (mit durchgezogenen Linien) eingetragenen Pfad (wegen des symmetrischen Besetzungsmusters hätte man auch den gestrichelt gezeichneten Pfad wählen können).

$$A = \begin{pmatrix} \ast & \ast & & \ast & \ast & & \\ & \ast & \ast & \ast & & & \\ & \ast & \ast & \ast & & \ast & \\ \ast & \ast & \ast & \ast & & & \ast \\ \ast & & \ast & & \ast & & \\ & & \ast & & \ast & \ast & \ast \\ & & \ast & & & \ast & \ast \end{pmatrix} \begin{matrix} 1 \\ 2 \\ 3 \\ 4 \\ 5 \\ 6 \\ 7 \end{matrix} \quad , \quad \text{bzw. } A = \begin{pmatrix} \ast & & & \ast & \ast & & \\ & \ast & \ast & \ast & & & \\ & \ast & \ast & \ast & \ast & \ast & \\ \ast & \ast & \ast & \ast & & & \ast \\ \ast & & \ast & & \ast & & \\ & & \ast & & \ast & \ast & \ast \\ & & \ast & & & \ast & \ast \end{pmatrix} \begin{matrix} 1 \\ 2 \\ 3 \\ 4 \\ 5 \\ 6 \\ 7 \end{matrix} \quad ,$$

G_A ist zusammenhängend, d.h. A zerfällt nicht in quadratische Blöcke entlang der Hauptdiagonale.

Für den nicht-zusammenhängenden Graphen

$$, B = \begin{pmatrix} & & & & \\ & & & & \\ & & & & \\ & & & & \\ & & & & \end{pmatrix} \begin{matrix} 1 \\ 2 \\ 3 \\ 4 \\ 5 \end{matrix} \quad ,$$

Abb. L 8.6

zerfallen G_B und B in zwei Zusammenhangskomponenten.

Betrachtet man den Graphen

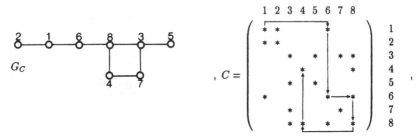

Abb. L 8.7

so gilt beispielsweise $\text{dist}(1,4) = 3$. Der Pfad $\{c_{11}, c_{16}, c_{66}, c_{68}, c_{88}, c_{84}, c_{44}\}$, bei dem Diagonal- und Nichtdiagonalelemente einander abwechseln, enthält drei Nichtdiagonalelemente, die Nichtnullelemente sind.

Es gilt $\varepsilon(1) = 4 = \text{dist}(1,7) = \text{dist}(1,5)$. In A beschreibt die Exzentrizität die maximale Anzahl der Nichtnullelemente, die nicht auf der Hauptdiagonale liegen, entlang der kürzestmöglichen Pfade von einem Diagonalelement zu einem anderen. Analog übertragen sich die Begriffe "Durchmesser" (hier ist $\delta(G_C) = 5$) und "periphere Knoten" (hier: $2, 5, 7$ bzw. c_{22}, c_{55}, c_{77}).

8.3.12. G besitzt zwei Zusammenhangskomponenten $G_i = (X_i, E_i)$, $i = 1, 2$, mit

$X_1 = \{9, 10, 11, 12, 13\}$,

$E_1 = \{(9,9), (9,10), (9,12), (9,13), (10,9), (10,10), (10,11), (10,13),$
$\quad\quad (11,10), (11,11), (11,12), (11,13), (12,9), (12,11), (12,12), (12,13),$
$\quad\quad (13,9), (13,10), (13,11), (13,12), (13,13)\}$,

$X_2 = \{1, 2, 3, 4, 5, 6, 7, 8\}$,

$E_2 = \{(1,1), (1,2), (1,3), (1,4), (1,6), (2,1), (2,2), (2,3), (2,4), (2,5),$
$\quad\quad (3,1), (3,2), (3,3), (3,5), (3,8), (4,1), (4,2), (4,4), (4,6), (4,7),$
$\quad\quad (5,2), (5,3), (5,5), (5,7), (5,8), (6,1), (6,4), (6,6), (6,7), (6,8),$
$\quad\quad (7,4), (7,5), (7,6), (7,7), (7,8), (8,3), (8,5), (8,6), (8,7), (8,8)\}$

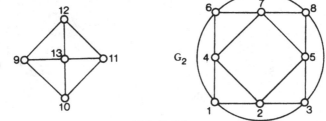

Abb. L 8.8

Es ist $\delta(G_1) = 2$. Daher sind $9, 10, 11, 12$ periphere Knoten, da die Pfade von 9 nach 11, von 10 nach 12 bzw. von 11 nach 9 und von 12 nach 10 diese Länge haben.

Entsprechend ist $\delta(G_2) = 2$, und jeder Knoten aus X_2 ist ein peripherer Knoten von G_2:

Da G_2 ungerichtet ist und "symmetrische Gestalt" hat, kann man jeden Knoten auf einem Pfad der Länge ≤ 2 von jedem anderen Knoten aus erreichen.

8.4.5. Analog zu Beispiel 8.4.3 erhält man bei Wahl von $X(11) = 11$ als peripheren Knoten $(X(19)$ wäre auch möglich):

$i = X(i)$	Adj(i)	deg(i)	Adj(i) geordnet	$Y(i)$	$\tilde{Y}(i)$
1	2, 3, 4	3	2, 3, 4	11	19
2	1, 4, 5	3	1, 5, 4	6	18
3	1, 4, 6, 7	4	1, 6, 4, 7	12	17
4	1, 2, 3, 5, 7, 8, 9	7	1, 2, 3, 5, 8, 7, 9	3	10
5	2, 4, 9, 10	4	2, 10, 4, 9	7	16
6	3, 7, 11, 12	4	11, 3, 12, 7	13	15
7	3, 4, 6, 8, 12, 13, 14	7	13, 3, 6, 12, 14, 8, 4	1	9
8	4, 7, 9, 14, 15, 16	6	15, 14, 16, 4, 7, 9	4	5
9	4, 5, 8, 10, 16, 17, 18	7	17, 5, 10, 16, 18, 8, 4	14	2
10	5, 9, 18, 19	4	19, 5, 18, 9	8	8
11	6, 12	2	6, 12	2	14
12	6, 7, 11, 13	4	11, 13, 6, 7	5	4
13	7, 12, 14	3	12, 14, 7	9	1
14	7, 8, 13, 15	4	13, 15, 8, 7	15	13
15	8, 14, 16	3	14, 16, 8	16	7
16	8, 9, 15, 17	4	15, 17, 8, 9	10	3
17	9, 16, 18	3	16, 18, 9	17	12
18	9, 10, 17, 19	4	19, 17, 10, 9	18	6
19	10, 18	2	10, 18	19	11

Der Cuthill-McKee-Algorithmus liefert die Umnumerierung Y; durch dessen Umkehrung erhalten wir die Numerierung $\tilde{Y}$. Der zu Y gehörende Graph hat die Gestalt (in Klammern sind die entsprechenden Knotennumerierungen von $\tilde{Y}$ angegeben):

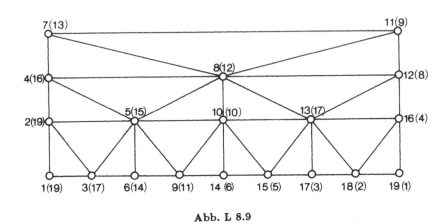

Abb. L 8.9

Mit dem Cuthill-McKee-Algorithmus erhält man die in Abb. L 8.10 angegebene
Matrix

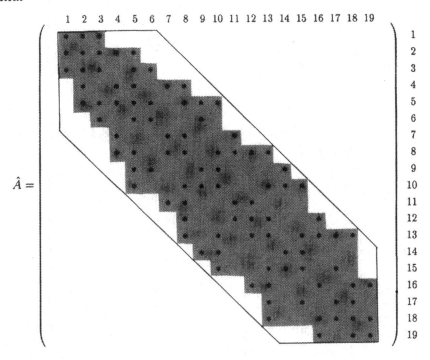

Abb. L 8.10

Der umgekehrte Cuthill-McKee-Algorithmus liefert die in Abb. L 8.11 angege-
bene Matrix $\tilde{A}$ (die durchgezogenen Linien geben die Hülle von $\tilde{A}$ an, während die
gestrichelten die von $\hat{A}$ andeuten); $\tilde{A}$ benötigt 18 Speicherplätze weniger als $\hat{A}$.

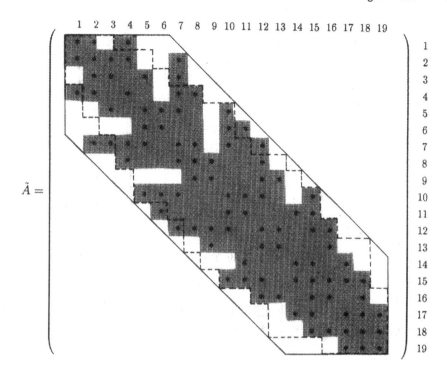

$$\tilde{A} =$$

Abb. L 8.11

8.5.7. a) (⊛ bezeichnen neu hinzugekommene Nichtnull-Elemente)

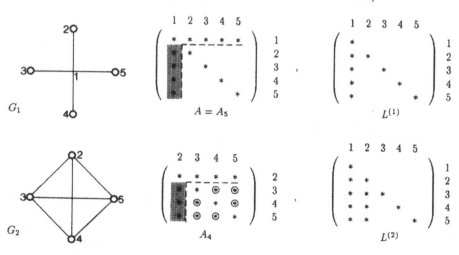

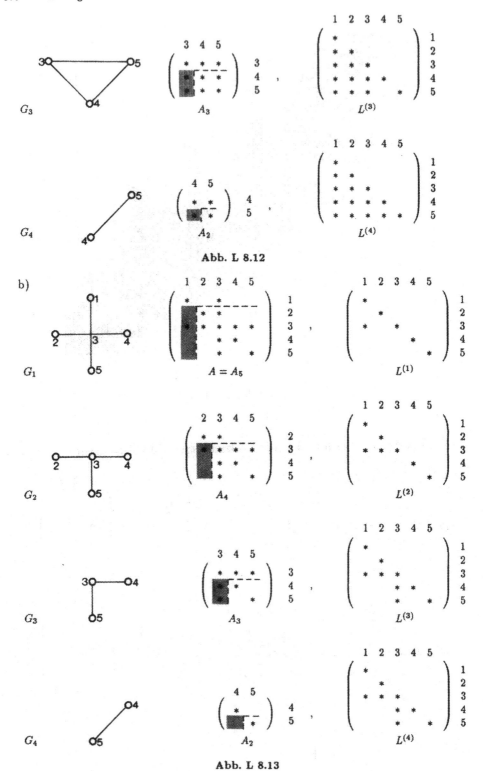

Abb. L 8.12

Abb. L 8.13

8.5.10. Zu dem im Aufgabentext angegebenen Besetzungsmuster und der zugehörigen Ausgangsnumerierung liefert der Cuthill-McKee-Algorithmus bei Wahl des Knotens 1 als Ausgangsknoten folgende Umnumerierung:

$i = X(i)$	Adj(i)	deg(i)	Adj(i) geordnet	$Y(i)$
1	3	1	3	1
2	3, 7	2	7, 3	3
3	1, 2, 4, 5	4	1, 2, 5, 4	2
4	3, 5, 6, 7	4	5, 6, 7, 3	5
5	3, 4, 6	3	6, 3, 4	4
6	4, 5, 7	3	5, 7, 4	7
7	2, 4, 6	3	2, 6, 4	6

Die anschließende Cholesky-Zerlegung liefert uns eine Folge G_{8-j} von Graphen:

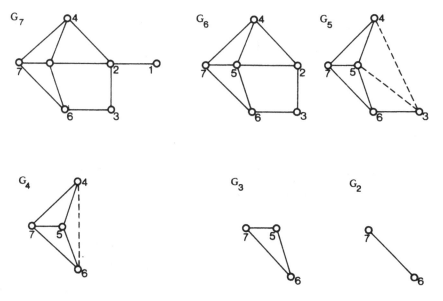

Abb. L 8.14

Die zugehörigen Matrizen A_{8-j} und die entsprechenden Zwischenmatrizen $L^{(j)}$, $j = 1, \ldots, 6$, haben dann die folgende Gestalt ($\circledcirc$ seien neu hinzugekommene Nichtnull-Elemente):

$$
A_7 = \begin{pmatrix} * & * & & & & & \\ * & * & * & * & * & & \\ & * & * & & & * & \\ & * & & * & * & * & * \\ & * & & * & * & * & * \\ & & * & & * & * & * \\ & & & * & * & * & * \end{pmatrix} \begin{matrix} 1 \\ 2 \\ 3 \\ 4 \\ 5 \\ 6 \\ 7 \end{matrix}
\qquad
\begin{matrix} 1 & 2 & 3 & 4 & 5 & 6 & 7 \end{matrix}
$$

$$
L^{(1)} = \begin{pmatrix} * & & & & & & \\ * & * & & & & & \\ & & * & & & & \\ & & & * & & & \\ & & & & * & & \\ & & & & & * & \\ & & & & & & * \end{pmatrix} \begin{matrix} 1 \\ 2 \\ 3 \\ 4 \\ 5 \\ 6 \\ 7 \end{matrix}
$$

$$
A_6 = \begin{pmatrix} * & * & * & * & & \\ * & * & & & & * \\ * & & * & * & * & * \\ * & & * & * & * & * \\ & * & & * & * & * \\ & & * & * & * & * \end{pmatrix} \begin{matrix} 1 \\ 2 \\ 3 \\ 4 \\ 5 \\ 6 \end{matrix}
$$

$$
L^{(2)} = \begin{pmatrix} * & & & & & & \\ * & * & & & & & \\ & * & * & & & & \\ & * & & * & & & \\ & * & & & * & & \\ & & & & & * & \\ & & & & & & * \end{pmatrix} \begin{matrix} 1 \\ 2 \\ 3 \\ 4 \\ 5 \\ 6 \\ 7 \end{matrix}
$$

$$
A_5 = \begin{pmatrix} * & \circledast & \circledast & * & \\ \circledast & * & * & & * \\ \circledast & * & * & * & * \\ * & * & * & * & * \\ & * & * & * & * \end{pmatrix} \begin{matrix} 3 \\ 4 \\ 5 \\ 6 \\ 7 \end{matrix}
$$

$$
L^{(3)} = \begin{pmatrix} * & & & & & & \\ * & * & & & & & \\ & * & * & & & & \\ & * & * & * & & & \\ & * & * & & * & & \\ & & * & & & * & \\ & & & & & & * \end{pmatrix} \begin{matrix} 1 \\ 2 \\ 3 \\ 4 \\ 5 \\ 6 \\ 7 \end{matrix}
$$

$$
A_4 = \begin{pmatrix} * & * & \circledast & * \\ * & * & * & * \\ \circledast & * & * & * \\ * & * & * & * \end{pmatrix} \begin{matrix} 4 \\ 5 \\ 6 \\ 7 \end{matrix}
$$

$$
L^{(4)} = \begin{pmatrix} * & & & & & & \\ * & * & & & & & \\ & * & * & & & & \\ & * & * & * & & & \\ & * & * & * & * & & \\ & & * & * & & * & \\ & & & * & & & * \end{pmatrix} \begin{matrix} 1 \\ 2 \\ 3 \\ 4 \\ 5 \\ 6 \\ 7 \end{matrix}
$$

$$
A_3 = \begin{pmatrix} * & * & * \\ * & * & * \\ * & * & * \end{pmatrix} \begin{matrix} 5 \\ 6 \\ 7 \end{matrix}
$$

$$
L^{(5)} = \begin{pmatrix} * & & & & & & \\ * & * & & & & & \\ & * & * & & & & \\ & * & * & * & & & \\ & * & * & * & * & & \\ & & * & * & * & * & \\ & & & * & * & & * \end{pmatrix} \begin{matrix} 1 \\ 2 \\ 3 \\ 4 \\ 5 \\ 6 \\ 7 \end{matrix}
$$

$$A_2 = \begin{array}{c} \begin{matrix} 6 & 7 \end{matrix} \\ \begin{pmatrix} * & * \\ * & * \end{pmatrix} \end{array} \begin{matrix} \\ 6 \\ 7 \end{matrix} , \qquad L^{(6)} = \begin{array}{c} \begin{matrix} 1 & 2 & 3 & 4 & 5 & 6 & 7 \end{matrix} \\ \begin{pmatrix} * & & & & & & \\ * & * & & & & & \\ & * & * & & & & \\ & * & * & * & & & \\ & * & * & * & * & & \\ & & * & * & * & * & \\ & & & * & * & * & * \end{pmatrix} \end{array} \begin{matrix} \\ 1 \\ 2 \\ 3 \\ 4 \\ 5 \\ 6 \\ 7 \end{matrix}$$

Abb. L 8.15

Also hat

$$L^{(6)} + (L^{(6)})^H = \begin{array}{c} \begin{matrix} 1 & 2 & 3 & 4 & 5 & 6 & 7 \end{matrix} \\ \begin{pmatrix} * & * & & & & & \\ * & * & * & * & * & & \\ & * & * & * & * & * & \\ & * & * & * & * & * & * \\ & * & * & * & * & * & * \\ & & * & * & * & * & * \\ & & & * & * & * & * \end{pmatrix} \end{array} \begin{matrix} \\ 1 \\ 2 \\ 3 \\ 4 \\ 5 \\ 6 \\ 7 \end{matrix}$$

33 Nichtnull-Elemente. Durch Anwenden des Minimum-Degree-Algorithmus erhält man zunächst den im Beispiel 8.5.9 angegebenen Graphen $\tilde{G}_0$. Zum Vergleich geben wir die zu ihm gehörende Matrix $L + L^H$ an:

$$L + L^H = \begin{array}{c} \begin{matrix} 1 & 2 & 3 & 4 & 5 & 6 & 7 \end{matrix} \\ \begin{pmatrix} * & & * & & & & \\ & * & * & & & & * \\ * & * & * & * & * & & * \\ & & * & * & * & * & * \\ & & * & * & * & * & * \\ & & & * & * & * & * \\ & * & * & * & * & * & * \end{pmatrix} \end{array} \begin{matrix} \\ 1 \\ 2 \\ 3 \\ 4 \\ 5 \\ 6 \\ 7 \end{matrix}$$

(31 Nichtnull-Elemente). Diese Matrix hat offenbar einen geringeren Fill-in als $L^{(6)} + (L^{(6)})^H$. Beim Minimum-Degree-Algorithmus kommen nur zwei neue Kanten hinzu, während beim Cuthill-McKee-Algorithmus mit anschließender Cholesky-Zerlegung drei neue Kanten hinzukommen.

8.6.3 Betrachtet man das Besetzungsmuster der Matrix

$$
A = \begin{pmatrix}
 & 1 & 2 & 3 & 4 & 5 & 6 & 7 & 8 & 9 & \\
 & * & * & & & * & * & & & & 1 \\
 & & * & * & * & * & & * & & & 2 \\
 & & & * & & & * & * & * & 3 \\
 & * & & & & & & & & & 4 \\
 & & * & & & & & & & & 5 \\
 & & & * & & & & & & & 6 \\
 & & * & * & & & & & & & 7 \\
 & & & * & & & & & & & 8 \\
 & & & & * & & & & & & 9 \\
 & & & & & * & & & & & 10 \\
 & & & & * & * & & & & & 11 \\
 & & & & * & * & & & & & 12 \\
 & & & & * & & * & & & & 13 \\
 & & & & & & * & & & & 14 \\
 & & & & & & & * & & & 15 \\
 & & & & & & * & * & & & 16 \\
 & & & & & & & * & & & 17 \\
\end{pmatrix}
$$

so sieht man, daß beispielsweise die zu H_ν, $\nu = 4,5,9,10,12$, gehörenden Graphen in dem zu H_1 gehörenden Graphen G_1 enthalten sind. Entsprechend sind die zu $H_6, H_7, H_8, H_{11}, H_{14}$ gehörenden Graphen in G_2 und G_{15}, G_{16}, G_{17} in G_3 enthalten. Somit brauchen nur G_1, G_2, G_3, G_{13} betrachtet zu werden:

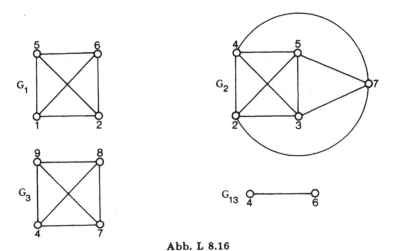

Abb. L 8.16

Hieraus ergibt sich (vgl. das tatsächliche Besetzungsmuster von $A^H A$ im Abschnitt 8.1):

$$A^H A = \begin{pmatrix}
* & \circledcirc & & & \circledcirc & \circledcirc & & & \\
\circledcirc & * & + & + & \circledcirc & \circledcirc & + & & \\
& + & * & + & + & & + & & \\
& + & + & * & + & \bullet & + & \times & \times \\
\circledcirc & \circledcirc & + & + & * & \circledcirc & + & & \\
\circledcirc & \circledcirc & & \bullet & \circledcirc & * & & & \\
& + & + & + & + & & * & \times & \times \\
& & & \times & & & \times & * & \times \\
& & & \times & & & \times & \times & * \\
\end{pmatrix} \begin{matrix} 1 \\ 2 \\ 3 \\ 4 \\ 5 \\ 6 \\ 7 \\ 8 \\ 9 \end{matrix}$$

Abgesehen von den Diagonalelementen $*$ und in den Graphen wiederholt auftretenden Knoten stammen die Einträge $\circledcirc$ aus G_1, $+$ aus G_2, $\times$ aus G_3 und $\bullet$ aus G_{13}. Streicht man in A die ersten 3 Zeilen, so ergibt sich die Matrix

$$\tilde{A} = \begin{pmatrix}
* & & & & & & & & \\
& * & & & & & & & \\
& & * & & & & & & \\
& * & * & & & & & & \\
& & & * & & & & & \\
& & & & * & & & & \\
& & & & & * & & & \\
& & * & * & & & & & \\
& & & * & * & & & & \\
& & * & & * & & & & \\
& & & & & * & & & \\
& & & & & & * & & \\
& & & & & * & * & & \\
& & & & & & & * & \\
\end{pmatrix} \begin{matrix} 1 \\ 2 \\ 3 \\ 4 \\ 5 \\ 6 \\ 7 \\ 8 \\ 9 \\ 10 \\ 11 \\ 12 \\ 13 \\ 14 \end{matrix}$$

Hier sind G_2, G_3 in G_4 und G_5, G_6 in G_8 sowie G_7 in G_{10} und G_{11}, G_{12} in G_{13} enthalten, so daß auch hier nicht alle zu H_ν gehörenden Graphen G_ν betrachtet werden müssen, sondern nur

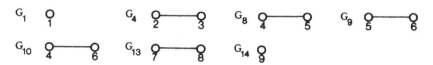

Abb. L 8.17

Es resultiert ein wesentlich dünneres Besetzungsmuster:

$$\tilde{A}^H \tilde{A} = \begin{pmatrix}
* & & & & & & & & \\
& * & * & & & & & & \\
& * & * & & & & & & \\
& & & * & * & * & & & \\
& & & * & * & * & & & \\
& & & * & * & * & & & \\
& & & & & & * & * & \\
& & & & & & * & * & \\
& & & & & & & & * \\
\end{pmatrix} \begin{matrix} 1 \\ 2 \\ 3 \\ 4 \\ 5 \\ 6 \\ 7 \\ 8 \\ 9 \end{matrix}$$

9.3.11. Wir gehen analog zu Beispiel 9.3.10 vor. Zunächst gilt wieder

$$|\varphi'(x)| \leq 2\alpha r, \quad \text{falls} \quad x \in \left[\frac{1}{2} - r, \frac{1}{2} + r\right].$$

Abermals muß daher $r < \frac{1}{2\alpha}$ gelten. Für $2 < \alpha \leq 3$ gilt ferner

$$\left|\frac{\alpha}{4} - \frac{1}{2}\right| = \frac{\alpha}{4} - \frac{1}{2}.$$

Die Endpunkte des Intervalls auf der r-Achse, welches die geeigneten Werte von r hinsichtlich der Kugelbedingung enthält, sind die reellen Lösungen der Gleichung

$$\frac{\alpha}{4} - \frac{1}{2} = r(1 - 2\alpha r), \quad \text{also} \quad r_{1,2} = \frac{1}{4\alpha}\left(1 \pm \sqrt{1 + 4\alpha - 2\alpha^2}\right).$$

Damit die Lösungen reell sind, muß $D(\alpha) := 1 + 4\alpha - 2\alpha^2 \geq 0$ sein. Wegen $D(\alpha_{1,2}) = 0$ für $\alpha_1 := \frac{1}{2}(2 + \sqrt{6})$ sowie $\alpha_2 := \frac{1}{2}(2 - \sqrt{6})$ gilt $D(\alpha) \geq 0$ für $\alpha_2 \leq \alpha \leq \alpha_1$. Da wir $\alpha \in (2,3]$ vorausgesetzt haben, kommt nur die Ungleichung $2 < \alpha \leq \frac{1}{2}(2 + \sqrt{6})$ in Betracht. Für diese Werte von α finden wir reelle Lösungen $r_{1,2}$, so daß die Parabeliteration $\varphi : x \mapsto \alpha x(1 - x)$ für beliebigen Startwert aus dem Intervall $\left[\frac{1}{2} - r, \frac{1}{2} + r\right]$ konvergiert, falls $r < \min\left\{\frac{1}{2\alpha}, r_1, r_2\right\}$ gewählt wird.

9.4.1. Von der Fixpunktform $x = x - cf(x) =: \varphi(x)$, $c \neq 0$, geht man über zu dem Iterationsverfahren

$$(*) \qquad \begin{cases} x_0 \in D \subseteq \mathbb{R} \text{ geeignet,} \\ x_{\nu+1} := x_\nu - cf(x_\nu). \end{cases}$$

Man kann diese Iterationsvorschrift so deuten, daß man als Näherung für die gesuchte Nullstelle x^* von f, ausgehend von x_ν, die Nullstelle $x_{\nu+1}$ der Geraden y,

$$y(x) := f(x_\nu) + \frac{1}{c}(x - x_\nu),$$

verwendet. Diese Gerade verläuft durch $(x_\nu, f(x_\nu))^T$ und hat die Steigung $\frac{1}{c}$.

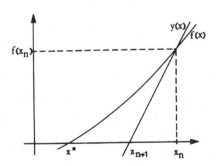

Abb. L 9.1

Mit Hilfe des Banachschen Fixpunktsatzes macht man sich folgendes klar: Besitzt die stetig differenzierbare Funktion $f : D \subseteq \mathbb{R} \to \mathbb{R}$ im Punkte $x^* \in D$ eine Nullstelle und verläuft f in einer Umgebung von x^* streng monoton, so konvergiert die mit dem Iterationsverfahren (*) erzeugte Folge $(x_\nu)_{\nu \in \mathbb{N}_0}$ gegen x^*, wenn es eine Umgebung $U(x^*)$ gibt, so daß

$$|\varphi'(x)| = |1 - cf'(x)| < 1 \quad \text{für alle } x \in U(x^*)$$

gilt und $x_0 \in U(x^*)$ gewählt wurde. Notwendig hierfür ist $c \neq 0$ und

$$\text{sign } c = \text{sign } f'(x) \quad \text{für alle } x \in U(x^*) \,.$$

9.4.4. Wir erhalten folgende Ergebnisse:

ν	Newton-Verfahren	Sekanten-Verfahren	Regula falsi
0	0.0000000000E+00	0.0000000000E+00	0.0000000000E+00
1	1.0000000000E+00	2.0000000000E+00	2.0000000000E+00
2	6.3582467285E-01	6.7076181037E-01	6.7076181037E-01
3	6.5293716884E-01	6.4819386898E-01	6.4928128494E-01
4	6.5291864044E-01	6.5291462598E-01	6.5291557325E-01
5	6.5291864042E-01	6.5291864143E-01	6.5291863790E-01
6	6.5291864042E-01	6.5291864042E-01	6.5291864042E-01

Für das vereinfachte Newton-Verfahren geben wir nur einen Teil der Iterierten an:

vereinfachtes Newton-Verfahren:					
ν	x_ν	ν	x_ν	ν	x_ν
0	0.0000000000E+00	60	6.5289622878E-01	120	6.5291863885E-01
1	1.0000000000E+00	61	6.5293774865E-01	121	6.5291864176E-01
20	6.3970265727E-01	80	6.5291771692E-01	140	6.5291864035E-01
21	6.6416843818E-01	81	6.5291942780E-01	141	6.5291864047E-01
40	6.5237473291E-01	100	6.5291860237E-01	153	6.5291864043E-01
41	6.5338235039E-01	101	6.5291867286E-01	154	6.5291864041E-01
				155	6.5291864042E-01

9.4.6. Mit $\alpha = (\alpha_1, \alpha_2)^T$, $f_1(\alpha_1, \alpha_2) := \alpha_1 + \alpha_2 + p$, $f_2(\alpha_1, \alpha_2) = \alpha_1 \cdot \alpha_2 - q$ sowie $F := (f_1, f_2)^T$ hat man das nichtlineare Gleichungssystem

$$F(\alpha) = o$$

zu lösen. Die Funktionalmatrix $F'(\alpha)$ lautet damit

$$F'(\alpha) = \begin{pmatrix} 1 & 1 \\ \alpha_2 & \alpha_1 \end{pmatrix} .$$

Für $\alpha_1 = \alpha_2$ ist $F'(\alpha)$ also singulär. Für $\alpha_1 \approx \alpha_2$ wird das Newton-Verfahren nur in einer sehr kleinen Umgebung des Punktes $(\alpha_1, \alpha_2)^T$ konvergieren. Auch sind Startvektoren $(\alpha_1^{(0)}, \alpha_2^{(0)})^T$ mit $\alpha_1^{(0)} \approx \alpha_2^{(0)}$ ungeeignet, da bei der Berechnung der Inversen der Funktionalmatrix numerische Probleme auftreten können.

Im vorgeschlagenen Spezialfall $p = 100$, $q = 1$ erhält man nun - ausgehend von $(\alpha_1^{(0)}, \alpha_2^{(0)})^T = (10^{-2}, 10^2)^T$ - die Iterierten

$$\begin{pmatrix} \alpha_1^{(1)} \\ \alpha_2^{(1)} \end{pmatrix} = \begin{pmatrix} \frac{100}{3333} \\ -\frac{333400}{3333} \end{pmatrix} = \begin{pmatrix} 0.0300\ldots \\ -100.0300\ldots \end{pmatrix} \quad \text{und} \quad \begin{pmatrix} \alpha_1^{(2)} \\ \alpha_2^{(2)} \end{pmatrix} = \begin{pmatrix} -\,0.0099\ldots \\ -99.9900\ldots \end{pmatrix} .$$

Die exakten Nullstellen von r_2 sind

$$\begin{pmatrix} \alpha_1 \\ \alpha_2 \end{pmatrix} = \begin{pmatrix} 7\sqrt{51} - 50 \\ -7\sqrt{51} - 50 \end{pmatrix} = \begin{pmatrix} -\,0.0100\ldots \\ -99.9899\ldots \end{pmatrix} .$$

9.6.2. Nach Voraussetzung gilt $x > 0$, $a > 0$.
(1) Für $x > 0$ gilt $x = \varphi_a(x)$, $a > 0 \Leftrightarrow x^2 - a = 0$. Wegen $x \in \mathbb{R}^+$ kommt nur $x^* = \sqrt{a}$ als Lösung dieser Gleichung in Frage.
(2) Diese Aussage gilt wegen $\varphi_a'(x) \leq 0 \Leftrightarrow x^2 - a \leq 0 \overset{x \geq 0}{\Leftrightarrow} x \leq \sqrt{a}$.
(3) Entsprechend gilt $\varphi_a'(x) \geq 0 \Leftrightarrow x^2 - a \geq 0 \overset{x \geq 0}{\Leftrightarrow} x \geq \sqrt{a}$.
(4) Durch direktes Nachrechnen folgt

$$\varphi_a(x) > \sqrt{a} \Leftrightarrow \frac{1}{2}\left(x + \frac{a}{x}\right) > \sqrt{a} \overset{x \geq 0}{\Leftrightarrow} x^2 - 2x\sqrt{a} + a > 0 \Leftrightarrow (x - \sqrt{a})^2 > 0 .$$

(5) Es ist $\varphi_a(x) < x \Leftrightarrow \frac{a}{x} < x \overset{x \geq 0}{\Leftrightarrow} \sqrt{a} < x$.
(6) Es gilt

$$|\varphi_a'(x)| = \frac{1}{2}\left|1 - \frac{a}{x^2}\right| < 1 \qquad \Leftrightarrow \qquad -2 < 1 - \frac{a}{x^2} < 2$$

$$\Leftrightarrow \quad -3x^2 < -a < x^2 \overset{x \geq 0}{\Leftrightarrow} x > \sqrt{\frac{a}{3}} = \frac{\sqrt{3}}{3}\sqrt{a} \overset{a \geq 0}{\Leftrightarrow} -3x^2 < -a .$$

(7) Entsprechend erhalten wir

$$0 \leq \varphi_a'(x) < \frac{1}{2} \quad \Leftrightarrow \quad 0 < a \leq x^2 \overset{x \geq 0}{\Leftrightarrow} x \geq \sqrt{a} .$$

9.6.5. Da g'',

$$g''(t) = -\frac{\sqrt{6}}{8}\left(t + \frac{5}{3}\right)^{-\frac{3}{2}} , \quad t \in [-1, 1] ,$$

monoton wachsend ist, folgt für alle $\eta \in [-1, 1]$

$$g''(-1) = -\frac{9}{16} \leq g''(\eta) \leq g''(1) = -\frac{9}{128} \quad.$$

Ist $t \in [-1, 1]$, so gilt für den Interpolationsfehler die Einschließung

$$\frac{9}{256}(1 - t^2) \leq g(t) - h(t) \leq \frac{9}{32}(1 - t^2) \quad.$$

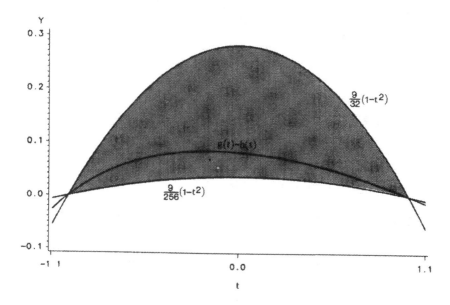

Abb. L 9.2

9.6.6. Für die Funktion δ,

$$\delta(t) = 1 - \frac{\frac{1}{24}(12t + 37)}{\frac{\sqrt{2}}{2}\sqrt{3t + 5}} = 1 - \frac{\sqrt{2}}{24} \cdot \frac{12t + 37}{\sqrt{3t + 5}},$$

gilt

$$\delta'(t) = -\frac{\sqrt{2}}{24} \frac{12(3t + 5) - \frac{3}{2}(12t + 37)}{(3t + 5)^{\frac{3}{2}}} \quad.$$

Es ist

$$\delta'(t) = 0 \iff 36t + 60 - 18t - \frac{111}{2} = 0 \iff t = -\frac{1}{4},$$

sowie

$$\delta\left(-\frac{1}{4}\right) = \frac{6 - \sqrt{34}}{6} \approx 0.02817\ldots$$

Weiterhin sind $\delta(-1) = -\frac{1}{24} = -0.041\bar{6}\ldots$ und $\delta(1) = -\frac{1}{48} \approx -0.02083\ldots$
Daher besitzt $|\delta|$ bei $t = -1$ das absolute Maximum in $[-1, 1]$.

Literatur

Es sind nur einige wichtige Monographien und ausgewählte Lehrbücher angegeben, die zu einem weiteren Studium der in diesem Buch angeschnittenen Probleme dienen können. Einige Originalarbeiten sind bereits als Fußnoten zitiert worden.

Lehrbücher

Böhm, W., Gose, G. und Kahmann, J.: Methoden der Numerischen Mathematik. Braunschweig: Vieweg 1985.

Brosowski, B. und Kreß, R.: Einführung in die Numerische Mathematik I, II. Mannheim: Bibliographisches Institut 1975, 1976.

Hämmerlin, G.: Numerische Mathematik I, 2. Auflage. Mannheim: Bibliographisches Institut 1978.

Hämmerlin, G. und Hoffmann, K. H.: Numerische Mathematik, 2. Auflage. Berlin – Heidelberg – New York – London – Paris – Tokyo: Springer 1991.

Henrici, P.: Elemente der numerischen Analysis. Mannheim – Wien – Zürich: Bibliographisches Institut 1972.

Kulisch, U.: Grundlagen des numerischen Rechnens. Reihe Informatik/19. Mannheim: B.I.–Wissenschaftsverlag 1976.

Locher, F.: Einführung in die Numerische Mathematik. Darmstadt: Wiss. Buchgesellschaft 1978.

Maess, G.: Vorlesungen über numerische Mathematik I, II. Basel – Boston – Stuttgart: Birkhäuser 1985, 1988.

Reimer, M.: Grundlagen der Numerischen Mathematik I, II. Wiesbaden: Akad. Verlagsgesellschaft 1980, 1982.

Rutishauser, H.: Vorlesungen über numerische Mathematik 1, 2. Basel – Stuttgart: Birkhäuser 1976.

Schmeisser, G. und Schirmeier, H.: Praktische Mathematik. Berlin – New York: Walter de Gruyter u. Co. 1976.

Schwarz, H. R.: Numerische Mathematik. Stuttgart: B.G. Teubner 1986.

Stiefel, E.: Einführung in die numerische Mathematik. Stuttgart: B.G. Teubner 1967.

Stoer, J.: Einführung in die Numerische Mathematik I, 5. Auflage. Berlin – Heidelberg – New York – London – Paris – Tokyo – Hong Kong: Springer 1989.

Stoer, J. und Bulirsch, R.: Einführung in die Numerische Mathematik II, 3. Auflage. Berlin – Heidelberg – New York – London – Paris – Tokyo – Hong Kong: Springer 1978.

Stummel, F. und Hainer, K.: Praktische Mathematik. Stuttgart: B.G. Teubner 1971.

Monographien

Ben–Israel, A., and Greville, T. N. E.: Generalized Inverses. New York – London – Sydney – Toronto: John Wiley & Sons, Inc. 1974.

Böhmer, K.: Spline- Funktionen. Stuttgart: B.G. Teubner 1974.

De Boor, C.: A Practical Guide to Splines. Berlin – New York – Heidelberg: Springer 1978.

De Boor, C.: Splinefunktionen. Basel – Boston – Berlin: Birkhäuser 1990.

Bulirsch, R. und Stoer, J.: Darstellung von Funktionen in Rechenautomaten. In: Sauer, R. und Szabo, I. (Hrsg.): Mathematische Hilfsmittel des Ingenieurs, Teil III, 352 – 446. Berlin – Heidelberg – New York: Springer 1968.

Brass, H.: Quadraturverfahren. Göttingen: Vandenhoeck und Ruprecht 1977.

Brigham, E. O.: The Fast Fourier Transform. Englewood Cliffs: Prentice – Hall 1974.

Davis, Ph. J.: Interpolation and Approximation. New York: Blaisdell Publ. Comp. 1963.

Davis, Ph. J., and Rabinowitz, Ph.: Numerical Integration. Waltham – Toronto – London: Blaisdell Publ. Comp. 1967.

Engels, H.: Numerical Quadrature and Cubature. London – New York – Toronto – Sydney – San Francisco: Academic Press 1980.

Farin, G. E.: Curves and Surfaces for Computer Aided Geometric Design. A Practical Guide, 2nd ed. San Diego – London: Academic Press 1990.

George, J. A., and Liu, J. W. H.: Computer Solution of Large Sparse Positive Definite Systems. Englewood Cliffs: Prentice Hall, Inc. 1981.

Golub, G. H., and van Loan, C. F.: Matrix Computations. Baltimore: The John Hopkins University Press 1983.

Heitzinger, W., Troch, I. und Valentin, G.: Praxis nichtlinearer Gleichungen. München – Wien: C. Hanser 1984.

Hart, J. F.: Computer Approximations. New York – London – Sydney: John Wiley & Sons, Inc. 1968.

Hoschek, J. und Lasser, D.: Grundlagen der geometrischen Datenverarbeitung. Stuttgart: B.G. Teubner 1989.

Householder, A. S.: The Theory of Matrices in Numerical Analysis. New York: Dover Publications, Inc. 1964.

Kiełbasiński, A. und Schwetlick, H.: Numerische lineare Algebra. Eine computerorientierte Einführung. Thun – Frankfurt/Main: Verlag Harri Deutsch 1988.

Krylov, V. I.: Approximate Calculation of Integrals. New York – London: The MacMillan Company 1962.

Lawson, Ch. L., and Hanson, R. J.: Solving Least Squares Problems. Englewood Cliffs: Prentice–Hall 1974.

Meinardus, G.: Approximation von Funktionen und ihre numerische Behandlung. Berlin – Göttingen – Heidelberg – New York: Springer 1964.

Natanson, I. P.: Konstruktive Funktionentheorie. Berlin: Akademie-Verlag 1955.

Pissanetsky, S.: Sparse Matrix Technology. London – Orlando – San-Diego – San Francisco – New York – Toronto – Montreal – Sydney – Saõ Paulo: Academic Press 1984.

Rivlin, Th. J.: The Chebyshev Polynomials. New York – Chichester – Brisbane – Toronto: John Wiley & Sons 1974.

Schmidt, G. und Ströhlein, T. H.: Relationen und Graphen. Berlin – Heidelberg – New York – London – Paris – Tokyo: Springer 1989.

Schumaker, L. L.: Spline Functions: Basic Theory. New York – Chichester – Brisbane – Toronto: John Wiley & Sons, Inc. 1981.

Schwarz, H. R., Rutishauser, H. und Stiefel, E.: Numerik symmetrischer Matrizen. Stuttgart: B.G. Teubner 1968.

Steffensen, J. F.: Interpolation, 2nd ed. New York: Chelsea Publishing Company 1965.

Weissinger, J.: Spärlich besetzte Gleichungssysteme. Mannheim – Wien – Zürich: B.I.–Wissenschaftsverlag 1990.

Wilkinson, J. H.: Rundungsfehler. Berlin – Heidelberg – New York: Springer 1969.

Wimp, J.: Computation with Recurrence Relations. Boston – London – Melbourne: Pitman Publications, Inc. 1984.

Young, D. M.: Iterative Solution of Large Linear Systems. New York – London: Academic Press 1971.

Tafelwerke und Handbücher

Bronstein, I. N. und Semendjajew K. A.: Taschenbuch der Mathematik, 22. Auflage. Thun – Frankfurt/Main: Verlag Harri Deutsch 1985.

Köckler, N.: Numerische Algorithmen in Softwaresystemen. Stuttgart: B.G. Teubner 1990.

NAG: Fortran Library. The Numerical Algorithm Group Ltd. Wilkinson House, Jordan Hill Road, Oxford OX2 8DR, U.K. 1990.

Piessens, R., de Doncker, E., Überhuber, C. W., and Kahaner, D. K.: Quadpack. A Subroutine Package for Automatic Integration. Berlin – Heidelberg – New York: Springer 1983.

Press, W. H., Flannery, B. P., Teukolsky, S. A., and Vetterling, W. T.: Numerical Recipes, 3rd ed. Cambridge University Press 1987.

Wilkinson, J. H. and Reinsch, Ch.: Linear Algebra. Handbook for Automatic Computation, vol. II. Berlin – Heidelberg – New York: Springer 1971.

Symbolverzeichnis

$\displaystyle\sum_{n=0}^{s} a_n$ $:= \begin{cases} a_0 + a_1 + \ldots + a_s, & \text{falls } s \geq 0, \\ 0 & , \text{ falls } s < 0 \end{cases}$

$\displaystyle\prod_{n=0}^{s} a_n$ $:= \begin{cases} a_0 \cdot a_1 \cdots a_s, & \text{falls } s \geq 0 \\ 1 & , \text{ falls } s < 0 \end{cases}$

$\emptyset$	leere Menge
$\cup$	Vereinigung
$\cap$	Durchschnitt
$\setminus$	Mengendifferenz
$X \times Y$	kartesisches Produkt der Mengen X und Y
$\in$	Element von
$:=$	definierende Gleichheit
$a \sim b$	a wird formal b zugeordnet
$[a,b],\ (a,b),\ [a,b),\ (a,b]$	abgeschlossenes, offenes bzw. halboffenes Intervall mit Randpunkten a und b
$\Rightarrow$	logische Implikation
$\Leftrightarrow$	logische Äquivalenz
$\square$	Ende eines Beweises
$f : A \to B$	Abbildung f mit Definitionsbereich A und Wertebereich B
$a \mapsto b$	a wird auf b abgebildet
$f(\cdot)$	$\cdot$ symbolisiert einen Platzhalter für das Argument der Funktion f

lim, lim sup, lim inf	Limes, Limes superior, Limes inferior
min, max	Minimum bzw. Maximum
$f(x-), f(x+)$	links- bzw. rechtsseitiger Grenzwert der Funktion f an der Stelle x
$\dfrac{d}{dx}, \dfrac{\partial}{\partial x_j}$	Ableitung nach x bzw. partielle Ableitung nach der j-ten Komponente von x
$\dfrac{d^k}{dx^k}$	$\left(\dfrac{d}{dx}\right) \circ \cdots \circ \left(\dfrac{d}{dx}\right)$ (k-mal)
$\delta_{\nu\mu}$	$:= \begin{cases} 1, & \nu = \mu, \\ 0, & \nu \neq \mu \end{cases}$; Kronecker-Symbol
$n!$	Fakultät-Funktion
sign	Signum-Funktion
$\|x\|, \|X\|$	Absolutbetrag von x, Kardinalität der Menge X
$\lfloor x \rfloor$	Gauß-Klammer, größte ganze Zahl $\leq x$
$\dbinom{n}{\nu}$	$:= \dfrac{n(n-1)\cdots(n-\nu+1)}{\nu!}$; Binomialkoeffizient
$C^k[a,b]$	Vektorraum der k-mal stetig differenzierbaren Funktionen auf dem Intervall $[a,b]$
$C[a,b]$	$:= C^0[a,b]$
$\det A$	Determinante der Matrix A
$\mathbb{N}, \mathbb{Z}$	Menge der natürlichen bzw. ganzen Zahlen
$\mathbb{N}_0$	$:= \mathbb{N} \cup \{0\}$
$\mathbb{R}, \mathbb{C}$	Körper der reellen bzw. komplexen Zahlen
$\mathbb{R}^+$	Menge der positiven reellen Zahlen
$\mathbb{K}$	Körper der reellen oder der komplexen Zahlen
K^n	Vektorraum der geordneten n-tupel über dem Körper K
$K^{m \times n}$	Vektorraum der $(m \times n)$-Matrizen mit Elementen aus dem Körper K
0	Nullmatrix
A^{-1}	zu A inverse Matrix

e_i	i-ter kanonischer Einheitsvektor	
x^T, A^T	zu x transponierter Vektor, Transponierte einer Matrix A	3
x^H, A^H	zu x konjugiert transponierter Vektor, zu A konjugiert transponierte Matrix	215
$\approx$	näherungsweise gleich	6
$\doteq$	Gleichheit in linearer (erster) Näherung	7
$f(x)\vert_{x=y}$	Auswertung der Funktion f an der Stelle y	11
$\circ$	Komposition von Abbildungen; $(f_1 \circ f_2)(x) := f_1(f_2(x))$	13
Df	Funktionalmatrix von f	14
$M_\beta(t, [L, U])$	Menge der normalisierten Maschinenzahlen	17
$rd(z)$	gerundeter Wert von z	15
$\tilde{z}$	Näherung für z	
δ_{rd}	relativer Rundungsfehler	18
$\overset{*}{+}, \overset{*}{-}, \overset{*}{\times}, \overset{*}{/},\ f^*$	maschinenintern realisierte Gleitkommaoperationen für $+, -, \times, /$ bzw. für die Funktion f	19
Grad p	Grad des Polynoms p	25
m_ν	Monom vom Grad ν; $m_\nu(x) = x^\nu$	25
Π_n	$(n+1)$-dimensionaler Vektorraum der Polynome vom Höchstgrad n	26
dim, $\dim_{\mathbb{K}}$	Dimension eines Vektorraums bzw. eines $\mathbb{K}$-Vektorraums	26
span	"Aufspann"; span $(x_1, \ldots, x_n)$ ist der von $x_1, \ldots, x_n$ erzeugte Vektorraum	26
$(x_n)_{n \in I}$	Folge bestehend aus den Elementen x_n, $n \in I$	26
$(a_{ik})_{\substack{i=1,\ldots,m \\ k=1,\ldots,n}}$	Matrix mit den Elementen a_{ik}, $i = 1, \ldots, m$, $k = 1, \ldots, n$	26
E_n	n-reihige Einheitsmatrix	27
$\circ$	Nullelement eines Vektorraums	27
T_n, U_n	n-tes Čebyšev-Polynom erster bzw. zweiter Art	29
(m, n)	Typ einer rationalen Funktion	39

Index

G. Schmidt, T. Ströhlein

Relationen und Graphen

1989. IX, 306 S. 200 Abb. (Mathematik für Informatiker)
Brosch. DM 54,– ISBN 3-540-50304-8

Dieses Buch gibt eine neuartige systematische Darstellung der Diskreten Mathematik; sie orientiert sich an Methoden der Relationenalgebra. Ähnlich, wie man es sonst nur für die weit entwickelte Analysis im kontinuierlichen Fall und die Matrizenrechnung gewohnt ist, stellt dieses Buch auch für die Behandlung diskreter Probleme geeignete Techniken und Hilfsmittel sowie eine einheitliche Theorie bereit.

Die einzelnen Kapitel beginnen jeweils mit anschaulichen und motivierenden Beispielen und behandeln anschließend den Stoff in mathematischer Strenge. Es folgen jeweils praktische Anwendungen. Diese entstammen der Semantik der Programmierung, der Programmverifikation, dem Datenbankbereich, der Spieltheorie oder der Theorie der Zuordnungen und Überdeckungen aus der Graphentheorie; sie reichen aber auch bis zu rein mathematischen „Anwendungen" wie der transfiniten Induktion.

Im Anhang ist dem Buch eine Einführung in die Boolesche Algebra und in die Axiomatik der Relationenalgebra beigegeben, sowie ein Abriß der Fixpunkt- und Antimorphismen-Theorie.

Springer-Verlag
Berlin
Heidelberg
New York
London
Paris
Tokyo
Hong Kong
Barcelona
Budapest

F. L. Bauer, M. Wirsing
Elementare Aussagenlogik

1991. X, 210 S. 88 Abb. 6 Tab. (Mathematik für Informatiker)
Brosch. DM 49,– ISBN 3-540-52974-8

Dieses Buch über Elementare Aussagenlogik (wie auch seine geplante Fortsetzung über Elementare Prädikatenlogik und Universelle Algebra) ist aus Vorlesungen an der Technischen Universität München entstanden. Es basiert auf der Überzeugung, daß für Studierende der Informatik nicht nur ein anderer Aufbau des mathematischen Grundstudiums geboten ist als etwa für Ingenieure oder Physiker, sondern auch ein anderes Menü, als es sich an unseren Universitäten nach den GAMM-NTG-Empfehlungen der siebziger Jahre eingebürgert hat. Neben den unentbehrlichen Einführungsvorlesungen in Mathematik sind für die Informatiker vor dem Vordiplom handwerkliche Grundkenntnisse in Logik und Universeller Algebra erforderlich – als Grundlage für die Praktische und die Theoretische Informatik im zweiten Studienabschnitt.

Im Gegensatz zu vielen anderen Büchern über Logik ist dieses für den Anfänger der Informatik geschrieben und didaktisch auf sein Niveau eingestellt. Dabei sind sonst eher außerhalb der Aussagenlogik liegende Gegenstände wie die Schaltlogik systematisch einbezogen worden, wo immer es möglich war: von dem für die Programmiersprachen so wichtigen Gebiet der dyadischen Fallunterscheidungen über die Resolventenmethode, die den Anschluß an die Prädikatenlogik vorbereitet, bis zu modalen Aussagenlogiken. Die eingestreuten Übungsaufgaben greifen häufig Gedanken auf, die im Text nur nebenbei erwähnt sind, und stellen Querbezüge her. Die Lösungshinweise am Ende des Buches bieten manche Überraschungen.

Springer-Verlag
Berlin
Heidelberg
New York
London
Paris
Tokyo
Hong Kong
Barcelona
Budapest

Druck: Weihert-Druck GmbH, Darmstadt
Bindearbeiten: Theo Gansert Buchbinderei GmbH, Weinheim